Der Industriebau

Erster Band

Die bauliche Gestaltung von Gesamtanlagen und Einzelgebäuden

Von

Dr.-Ing. Hermann Maier-Leibnitz
ord. Professor an der Techn. Hochschule in Stuttgart

Mit 564 Textabbildungen

Springer-Verlag Berlin Heidelberg GmbH
1932

Der Industriebau

In zwei Bänden

Erster Band

Die bauliche Gestaltung von Gesamtanlagen und Einzelgebäuden

Von

Hermann Maier-Leibnitz

———

Zweiter Band

Planung und Ausführung von Fabrikanlagen
unter eingehender Berücksichtigung der
allgemeinen Betriebseinrichtungen

Von

Erich Heideck und Otto Leppin

Springer-Verlag Berlin Heidelberg GmbH
1932

ISBN 978-3-642-94029-3   ISBN 978-3-642-94429-1 (eBook)
DOI 10.1007/978-3-642-94429-1

**Alle Rechte, insbesondere das der Übersetzung
in fremde Sprachen, vorbehalten.**

Vorwort.

In dem vorliegenden ersten Band des Werkes über Industriebau ist versucht, eine in sich abgeschlossene Darstellung der baulichen Gestaltung von industriellen Gesamtanlagen und Einzelbauten zu geben. Bei den Gesamtanlagen war mit Rücksicht auf den zweiten Band, der die Planung und Ausführung von Fabrikanlagen unter eingehender Berücksichtigung der allgemeinen Betriebseinrichtungen behandelt, eine Beschränkung auf das Grundsätzliche möglich, in der Form von Gesichtspunkten für die Planung. Dagegen wurden die Einzelgebäude in ihrem Aufbau ausführlich behandelt. Bei ihrem wichtigsten Teil, den Traggerippen, wurde eine strenge Systematik gegeben. Voraus geht eine kurze Auseinandersetzung mit den Bauweisen, die für die Ausführung der Traggerippe in Betracht kommen, sowie eine Übersicht über die lastübertragenden und raumschließenden Bauelemente, d. h. eine Baukonstruktionslehre des Industriebaus, bei der die Konstruktionen des allgemeinen Hochbaus als bekannt vorausgesetzt werden. Als Ergänzung dazu werden bei den Ausführungsbeispielen weitere Einzelheiten gebracht, von deren konstruktiver Durchbildung Lebensdauer und Unterhaltungskosten wesentlich abhängen. Bei der Erläuterung der Traggerippe wurden statische Betrachtungen nur insoweit angestellt, als sie zur Klarstellung und Veranschaulichung des Kraftflusses notwendig waren.

Die Probleme der zweckmäßigen Tageslichtzuführung, der natürlichen Entlüftung und der Kranausrüstung erforderten naturgemäß eine besonders ausführliche Behandlung. Bei der Tageslichtzuführung wurde gezeigt, daß man sich nicht mit Faustregeln zu begnügen braucht, sondern daß es sehr wohl möglich ist, die vielen Ausführungsarten kritisch gegeneinander abzuwägen.

Bei den Hallenbauten, den Eingeschoßbauten und den Mehrgeschoßbauten lassen sich zwanglos verschiedene Bautypen und dabei wieder verschiedene Ausführungsarten unterscheiden, die durch besonders charakteristische ausgeführte Beispiele erläutert werden. Ich habe mich nicht auf deutsche Beispiele beschränkt, sondern auch eine größere Anzahl ausländischer Ausführungen herangezogen. Daß dabei das klassische Land des Industriebaus, die Vereinigten Staaten von Nordamerika, nicht zu kurz kommen durfte, versteht sich von selbst. Dort sind jene Forderungen besonders gut erfüllt, die für den Industriebau charakteristisch sind: Bei den Gesamtanlagen Anpassung an den Betriebsvorgang, bei den Einzelbauten Möglichkeit der Erweiterung und Umstellung auf eine andere als die ursprünglich vorgesehene Fabrikation, sowie rascher Baufortschritt[1].

Wenn in dem vorliegenden Werk das Äußere der Industriebauten, das was man heute noch landläufig Architektur nennt, nur kurz behandelt wurde, so hat dies einen doppelten Grund. Einerseits ergibt sich im Industriebau die äußere Erscheinung aus den konsequent aufgebauten Traggerippen durch Betonung der nur raumumschließenden Funktion der Wände unter Mitwirkung des guten Geschmacks eigentlich von selbst. Andererseits ist aus einer größeren Anzahl von Veröffentlichungen zu ersehen, welche äußere Formgebung der Zeitgeschmack bevorzugt, in dem oft ein gewisses Reklamebedürfnis zum Ausdruck kommt.

Zu vollbefriedigenden Bauten kann der Industrielle nur kommen, wenn er sich eines Bauberaters bedient, der neben Verständnis für betriebstechnische Fragen die Bauelemente und die verschiedenen für den Industriebau in Betracht kommenden, auf wissenschaftlichen Grundlagen aufgebauten Bauweisen beherrscht. Wenn die Absolventen der Architekturabteilungen unserer Hochschulen bei den interessanten und lohnenden

---

[1] Siehe den Aufsatz des Verfassers: Amerikanische Praxis im Industriebau, Z. VDI 1932.

Aufgaben des Industriebaus nicht beiseite stehen wollen, müssen sie sich einer entsprechenden Ausbildung unterziehen. Das ist ohne wesentliche Mehrbelastung möglich, wie Versuche z. B. an der Stuttgarter Technischen Hochschule zeigen.

Es ist zu hoffen, daß aus dem Studium und dem Zurateziehen des vorliegenden Bandes sowohl der Industrielle, der an einen Neubau oder Umbau seines Werkes denkt, als auch jeder Bauberater des Industriebaus, ob er von der Architekten- oder der Bauingenieurseite herkommt, Nutzen haben wird. Den Bedürfnissen der Studierenden kommt das Buch besonders entgegen; ist es doch im Zusammenhang mit meinen seit dem Jahr 1919 gehaltenen Vorlesungen über Industriebau entstanden. Es soll nicht nur zur Erwerbung von Kenntnissen aus dem Sondergebiet des Industriebaus dienen, sondern auch allgemein ein Wegweiser sein für die wichtige Ausbildung in der Fähigkeit, Traggerippe von Bauwerken zu gestalten.

Alle Anregungen und jedes weitere Material zur Ausgestaltung des Buches werden mir stets außerordentlich wertvoll sein.

Planmaterial und Lichtbilder für das vorliegende Werk haben Firmen und Einzelpersonen mir in zuvorkommendster Weise zur Verfügung gestellt. Meine Assistenten haben mich im Lauf der Jahre bei Anfertigung der Zeichnungen, die teilweise bei meinen Vorlesungen schon Verwendung fanden, unterstützt. Besonders zu erwähnen ist die unermüdliche Hilfe meines Assistenten, Dipl.-Ing. Karl Haisch, bei der endgültigen Abfassung des Manuskriptes und beim Lesen der Korrekturen. Die Verlagsbuchhandlung Julius Springer hat in anerkennenswertester Weise sich bemüht, dem Buch eine vorbildliche Ausstattung zu geben. Ihnen allen, ohne deren Hilfe ein Gelingen des Werkes unmöglich gewesen wäre, sage ich auch an dieser Stelle herzlichen Dank.

Stuttgart, im September 1932.

Hermann Maier-Leibnitz.

Inhaltsverzeichnis.

Abkürzungen.

R. G. O. = Reichsgewerbeordnung

Zeitschriften	Firmen.
(nach dem „Kurztitelverzeichnis technisch-wissenschaftlicher Zeitschriften", Berlin 1931).	AEG = Allgemeine Elektrizitäts-Gesellschaft
Bauing. = Der Bauingenieur	Demag = Deutsche Maschinenfabrik A. G., Duisburg
Bautechn. = Die Bautechnik	
Beton u. Eisen = Beton und Eisen	Dywidag = Dyckerhoff & Widmann A. G.
Fact. ind. Managem. = Factory and Industrial Management	GHH = Gutehoffnungshütte
	Lauchhammer = Mitteldeutsche Stahlwerke A. G., Werk Lauchhammer
Glastechn. Ber. = Glastechnische Berichte	
Ind. Engng. = Industrial Engineering	MAN = Maschinenfabrik Augsburg-Nürnberg A. G.
Stahlbau = Der Stahlbau	
Stahl u. Eisen = Stahl und Eisen	ME = Maschinenfabrik Eßlingen
Trans. Illum. Engng. Soc. = Transactions of the Illuminating Engineering Society	RBD = Reichsbahn-Direktion
	SSW = Siemens-Schuckertwerke
	S & H = Siemens & Halske
Werkst.-Techn. = Werkstatttechnik	
Zbl. Bauverw. = Zentralblatt der Bauverwaltung	
Z. VDI = Zeitschrift des Vereines deutscher Ingenieure	

Berichtigungen.

Seite 77, 2. Zeile unter der Abb. 119:

$$\text{statt}\quad \sqrt{\frac{1}{K}},\ \sqrt{\frac{2}{K}}\quad \text{usw. lies:}\quad \sqrt{\frac{1}{k}},\ \sqrt{\frac{2}{k}}\quad \text{usw.}$$

Seite 77, 4. Zeile unter der Abb. 119:

$$\text{statt}\quad \pi\left(\sqrt{\frac{1}{k}}\right)^2;\ \pi\left[\left(\sqrt{\frac{2}{k}}^{\,2}-\sqrt{\frac{1}{k}}^{\,2}\right)\right]\quad \text{lies:}\quad \pi\left(\sqrt{\frac{1}{k}}\right)^2;\ \pi\left[\left(\sqrt{\frac{2}{k}}\right)^2-\left(\sqrt{\frac{1}{k}}\right)^2\right]\quad \text{usw.}$$

Seite 114, Abb. 190 statt: „Ausführung Demag" lies „Ausführung MAN".
Seite 153, 16. Zeile von oben statt: „Type II" lies „Type III".
Seite 164, 1. Zeile von unten statt: „Type II" lies „Type III".
Seite 175, 3. Zeile von oben statt: „Soerabaga" lies „Soerabaja".
Seite 225, statt: „Abb. 224" lies „Abb. 424".

Maier-Leibnitz, Industriebauten.

I. Übersicht und Gesamtanlagen.

A. Das Wesen des Industriebaus.

Wenn der Begriff „Industrie" die erst durch die moderne Technik ermöglichte Herstellung von Waren im weitesten Sinn zwecks wirtschaftlicher Verwertung umfaßt, so ist eine Industrieanlage eine Gesamtheit baulicher Anlagen, in denen sich diese industrielle Tätigkeit abspielt. Diese soll nach dem Grundsatz vor sich gehen, die Waren in einem möglichst wirtschaftlichen Betriebsvorgang, der sich vom Heranführen des Rohmaterials bis zum Versand des Fertigfabrikates erstreckt, herzustellen. Diesem Grundsatz muß beim Entwurf und bei der Durchführung der Gesamtanlagen und ihrer Teile durch gemeinsame Arbeit des von seinen Betriebsingenieuren unterstützten Industriellen, des Bauingenieurs und des Architekten in weitgehendem Maß Rechnung getragen werden. Dabei sind die rein industriellen Forderungen in Einklang zu bringen einerseits mit denen des Arbeitnehmerschutzes in hygienischer und unfallverhütender Beziehung, andererseits mit denen des Schutzes der Nachbarschaft. Der Arbeitnehmerschutz soll sich nicht nur auf die Einhaltung der gewerbepolizeilichen Bestimmungen beschränken, im besonderen in hygienischer Beziehung nicht nur auf die Erhaltung der Gesundheit der Werksangestellten. Man muß vielmehr die Erhöhung ihrer Leistungsfähigkeit anstreben. Zu den Rücksichten auf die Umwelt und auf die in der Fabrik tätigen Personen gehört auch eine ansprechende Gestaltung des Ganzen und der Einzelbauten. Man sieht heute ein, daß durch eine angenehme Umgebung die Einstellung der Arbeitnehmer zu ihrer Arbeitsstätte günstig beeinflußt wird. Das Resultat dieser Einsicht und der Berücksichtigung der erwähnten Forderungen sind Bauanlagen, von im besten Sinn des Wortes, moderner Sachlichkeit, wenn bei ihnen alle Möglichkeiten der auf wissenschaftlicher Einsicht beruhenden neuzeitlichen Bauweisen ausgeschöpft sind.

Um die wesentlichen Gesichtspunkte für den Bau derartiger Anlagen zu zeigen, müssen zweierlei Betrachtungen angestellt werden. Erstens sind die einzelnen Bauten und die Einzelanlagen einer solchen industriellen Gesamtanlage für sich ins Auge zu fassen; zweitens muß man ihre Summe als ein Ganzes zu erfassen suchen, d. h. als ein gegliedertes, vielfach ineinandergreifendes Gefüge von Industrie-Einzelbauten und technischen Einzelanlagen. Zu diesen gehören z. B. Lagerplätze, Silos, auch Schiebebühnenanlagen.

Für die Auswahl verschiedener Möglichkeiten läßt sich bei der Betrachtung beider Fälle ein gemeinsames Grundprinzip aufstellen. Wenn man von den später zu behandelnden Forderungen der Erweiterungsfähigkeit und Umstellungsmöglichkeit, sowie von der augenblicklichen finanziellen Leistungsfähigkeit eines Unternehmens absieht, so ist diejenige Gesamtanlage und in der Gesamtanlage derjenige Einzelbau am geeignetsten, bei welchem bei gleicher betriebstechnischer Eignung die Summe der auf eine bestimmte Zeiteinheit bezogenen Betriebskosten im weiteren Sinn ein Kleinstwert ist. Dazu sind folgende Einzelposten zu rechnen: die Verzinsung der Baukosten, die Bauunterhaltungskosten, die Abschreibungskosten, die Feuerversicherungskosten sowie die Aufwendungen für Beleuchtung, Heizung, Lüftung und Staubbeseitigung. Etwas allgemeiner kann man sagen, daß nicht die Anlagekosten maßgebend sind, sondern die Betriebskosten. Die Erfüllung dieses Grundprinzips ist zunächst eine theoretische Forderung, für die es im Einzelfall bei der Vielgestaltigkeit der Praxis keine mathematisch genaue Lösung gibt, an die aber bei jeder Anlage gedacht werden muß. Es ist notwendig, an diese Forderung zu erinnern; denn gerade der sogenannte Praktiker geht oft zum Nachteil des Bauherrn über sie hinweg. Es sei betont, daß dieses Entscheidungsprinzip nur beim Vergleich verschiedener Ausführungsmöglichkeiten gleicher betriebstechnischer Eignung gilt. Bei verschiedener betriebstechnischer Eignung ist der Vergleich unter den verschiedenen Ausführungsmöglichkeiten schwieriger, weil jeder Eignungsklasse ein bestimmter, schwer zu schätzender, rein betriebstechnischer Aufwand entspricht.

B. Übersicht über die industriellen Einzelbauten.

Betrachtet man die Einzelbauten für sich, so sind folgende allgemeine Grundsätze zu beachten. Die Einzelbauten haben erstens den ganz elementaren Zweck zu erfüllen, die Menschen und Betriebseinrichtungen gegen Witterungseinflüsse zu schützen, und zwar so, daß alle Forderungen berücksichtigt werden, die zum Schutz des Lebens und der Gesundheit der Arbeiter dienen (gewerbepolizeiliche Forderungen). Die Bauten müssen zweitens auch ein Produktionsmittel sein, d. h. sie müssen so beschaffen sein, daß der ordnungsmäßige Betriebsvorgang nicht nur nicht behindert, sondern gefördert wird. Dazu müssen an einzelnen Bauteilen die Antriebsvorrichtungen angebracht werden können, andere Bauteile müssen so ausgebildet sein, daß sie zugleich als Tragkonstruktion für die Transporteinrichtungen, namentlich für die Hebezeuge (Hängebahnen und Kranbahnen) zu verwenden sind.

Bei irgendeinem Bearbeitungsraum kann die Grundrißbildung nur erfolgen auf Grund eines Plans über die Maschinen, Apparate und Betriebseinrichtungen, den der Betriebssachverständige zu liefern hat. Dazu werden die Projektionen der Maschinen in einem bestimmten Maßstab gezeichnet und ausgeschnitten, dann mit Nadeln auf der Zeichnung befestigt und solange verschoben, bis die endgültige Grundrißlösung gefunden ist. Bei diesem Maschinenaufstellungsplan ist Raum zu lassen für Reinigen der Maschinen, Lagerung der Zwischenerzeugnisse, für den Materialverkehr und den Arbeiterverkehr, weiter für übersichtlich gelegene, wenn nötig durch Krane versetzbare Meisteraufenthaltsräume. Der Maschinenaufstellungsplan richtet sich nach dem Gang der Bearbeitung (Fließarbeit!); er wird beeinflußt durch die Antriebsanordnung der Transmissionen, von welchen er nur beim Einzelantrieb unabhängig ist und durch die Hebezeuge samt deren Unterstützungskonstruktion; er muß sich nach dem oben angeführten wirtschaftlichen Grundprinzip des Industriebaus den bautechnischen Möglichkeiten der Raumüberdeckung und der Ausbildung des Traggerippes, vor allem aber den davon abhängigen Stützenstellungen anpassen. Unregelmäßige Stützenstellungen braucht man deshalb aber nicht zu scheuen. Man sieht auch hier wieder deutlich, daß der Betriebssachverständige und der Bauingenieur in gemeinsamer Planung den verschiedenen Gesichtspunkten Rechnung zu tragen haben; dabei muß einer der beiden auch das Werkstattförderwesen beherrschen.

Die Querschnittsbildung eines Fabrikraums wird erstens beeinflußt durch die schon erwähnten gewerbepolizeilichen Forderungen genügenden Luftraums, der Heizungsmöglichkeit, guter Entlüftung, der Staubbeseitigung und genügender Tagesbeleuchtung (man beachte die entsprechenden Bestimmungen der Reichsgewerbeordnung), zweitens durch die Antriebsmöglichkeiten, und endlich durch die erwähnten, mit den übrigen Baukonstruktionen ein Ganzes bildenden Tragkonstruktionen für Hebe- und Transportvorrichtungen und durch deren Lichtraumprofile.

Die Bauform der Industrieeinzelbauten muß sich natürlich ihrem Verwendungszweck anpassen. Man kann unterscheiden Kraftversorgungsräume, Lagerräume und die besonders wichtige Gruppe der eigentlichen Fabrikationsräume, der Bearbeitungswerkstätten, bei denen die Einzelbearbeitung und der Zusammenbau (z. B. bei Maschinenbauanstalten) je eine besondere Lösung der Raumausbildung erfordert. Trotz ihres verschiedenen Verwendungszwecks kann man wegen ihrer grundsätzlichen baulichen Verschiedenheit unterscheiden: 1. Hallenbauten, 2. Eingeschoßbauten, 3. Mehrgeschoßbauten.

Für die Hallenbauten, bei denen sich der Fußboden ungefähr in Geländehöhe befindet, sind hohe, weitgespannte Räume charakteristisch. Dabei sind bei der baulichen Gestaltung alle möglichen Bedürfnisse für die Kranausrüstung mit zu erfüllen.

Durch die Eingeschoßbauten werden weitflächige Arbeitsräume geschaffen, deren Fußboden ungefähr in Geländehöhe, deren Dach in mäßiger Höhe über dem Fußboden liegt, wobei die Unterstützungskonstruktionen nicht wesentlich durch Krane, wohl aber durch die Transmissionsanlage beeinflußt werden.

Hallenbauten, Eingeschoßbauten und Mehrgeschoßbauten kommen in Gesamtanlagen als Einzelgebäude, vielfach aber miteinander kombiniert vor.

Die Gesichtspunkte für die Wahl der einen oder anderen Gebäudeart sind so mannigfaltig wie die Herstellungsverfahren in den einzelnen Industrien selbst. Es gibt Industrien, bei denen die Arbeitsräume auf ebene Erde gelegt werden müssen, bei anderen sind Mehrgeschoßbauten ratsam. Bei räumlich beschränkten Grundstückflächen und hohen Bodenpreisen müssen Mehrgeschoßbauten gewählt werden, auch dann, wenn gewisse Unzuträglichkeiten, wie mangelnde Übersicht und erschwerte Transportverhältnisse in Kauf zu nehmen sind.

Bei allen drei oben erwähnten Bauformen erscheinen für den Industriebau charakteristische, teilweise normalisierungsfähige Bauelemente: 1. Raumumschließende, wie die Dachhaut, und zwar die durchsichtige und die undurchsichtige, die Decken, die Wände und Fenster, 2. Bauelemente, die sich gliedern in Treppen, Tore, Fußboden und Entlüftungsvorrichtungen, und 3. die eigentlichen Tragkonstruktionen. Bei diesen Traggerippen und deren Teilen, also den Stützen, Unterzügen, Deckenträgern und der eigentlichen Dachkonstruktion, spielt die Wahl der Bauweisen eine große Rolle; ob für diese Haupttragkonstruktionen 1. tragendes Mauerwerk und Baustahl, 2. tragendes Mauerwerk und Eisenbeton, 3. ein tragendes Gerippe in reiner Stahlbau- oder 4. in reiner Eisenbetonbauweise je mit nur raumumschließenden Wänden, oder ob 5. für die Dachkonstruktion an Stelle der bisher genannten Bauweisen der Ingenieurholzbau gewählt werden soll, erfordert große Sachkenntnis und in jedem einzelnen Fall reifliche Überlegung. Der Entwurfsverfasser, der diese Wahl treffen soll, muß die Eigenart aller Bauweisen kennen. Er darf die Mühe nicht scheuen, die notwendigen Überlegungen und Berechnungen anzustellen, welche Bauweise das oben erwähnte, allgemeine wirtschaftliche Grundprinzip des Industriebaus am besten erfüllt, unter Beachtung der für industrielle Bauanlagen charakteristischen Forderung der Möglichkeit der Erweiterung und der oft notwendig werdenden Umstellung auf eine andere als die ursprünglich vorgesehene Fabrikation, wobei einzelne Bauteile, unter Umständen der ganze Aufbau, ohne Betriebsstörung und ohne zu große Kosten leicht zu ändern sein müssen. In manchen Fällen ist darauf zu achten, daß die Bauten wieder abgebrochen werden können bei Wiederverwendbarkeit der abgebrochenen Teile. Zur Erzielung der Erweiterungsfähigkeit werden zweckmäßigerweise die Außenwände, soweit überhaupt eine Erweiterung in Betracht kommt, so durchgebildet, daß sie ohne wesentliche Betriebsstörung ganz oder teilweise entfernt werden können. Dies ist der Fall, wenn die Wände nicht in die Haupttragkonstruktionen einbezogen werden, wenn den Wänden nur eine raumumschließende Funktion zugemutet wird, d. h. wenn sie z. B. als Stahlfachwerkwände oder als Prüßwände ausgebildet werden.

Der Forderung der Umstellungsmöglichkeit entsprechen an bautechnischen Mitteln folgende:

Bei Hallenbauten und Eingeschoßbauten wird nur ein Teil der Stützen, welche für Kranbahnunterstützungen und für die Aufnahme von Transmissionsträgern in verhältnismäßig kleinen Entfernungen anzuordnen sind, für die Übernahme der Dachlasten ausgebildet, so daß die andern, wenn sich ein Bedürfnis für weitgespannte Räume herausstellt, jederzeit, ohne den Bestand des Traggerippes zu gefährden, herausgenommen werden können.

Alle Zwischenwände, namentlich diejenigen bei Mehrgeschoßbauten werden so durchgebildet, daß sie jederzeit versetzt oder ganz entfernt werden können. Alle Elemente des Traggerippes, die später schwer oder nur mit Betriebsstörung verstärkt werden können, werden für größere Lasten bemessen, als für den ersten Betriebszweck unbedingt erforderlich ist. Bei den Stahlstützen eines Hallenbaus z. B. wird man das Fundament und den Stützenfuß so bemessen, daß ohne weiteres größere Kranlasten aufgenommen werden können. Die Stützenstiele werden so dimensioniert, daß eine spätere Verstärkung und deren Anschluß an den Stützenfuß ohne weiteres möglich ist. Bei Kranbahnanschlüssen muß auf eine leichte Auswechselbarkeit Rücksicht genommen werden, bei der Festsetzung der Dachunterkante auf die höheren Lichtraumprofile eines schwereren Krans. Im allgemeinen bleiben die einer solchen vorausschauenden Überlegung entsprechenden Mehrkosten in ganz bescheidenen Grenzen.

C. Gesichtspunkte für die Planung von Gesamtanlagen.

Eine zuverlässige Entscheidung, ob ein bestimmtes Grundstück für eine industrielle Anlage geeignet ist oder nicht, läßt sich unter anderem nur auf Grund eines Gesamtplans treffen, dessen Entwurf zweierlei vorausgehen muß: erstens, Erfassung des als zweckmäßig erkannten Betriebsvorgangs, niedergelegt in einem Betriebsdiagramm; zweitens, Festlegung der Größe der einzelnen Räume für die Verwaltung, die Kraftversorgung, die Werkstätten, Lagerhäuser und Lagerplätze.

Der Entwurf der Gesamtanlage besteht dann noch in der Eingruppierung der Einzelgebäude und Einzelanlagen in das Verkehrsnetz, das aus Werkstraßen und Werkgleisen mit den die Verbindung vermittelnden Weichen, Drehscheiben und Schiebebühnen besteht.

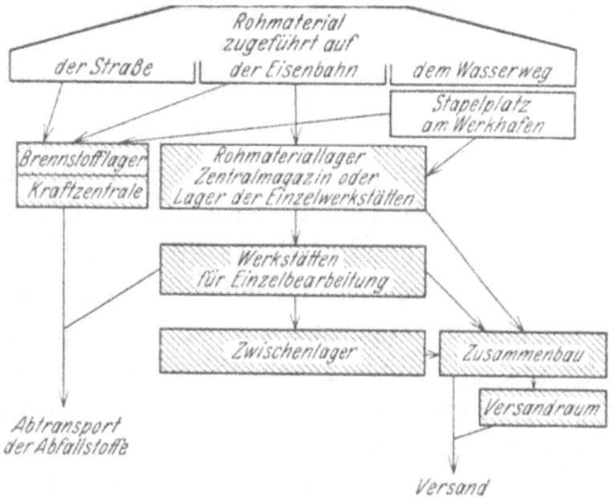

Dazu muß man sich ein klares Bild über den Verkehr machen, und zwar nicht nur über den Materialverkehr, sondern auch über den Verkehr der im Werk tätigen Menschen, über den Verkehr zwischen Verwaltungsgebäude und den einzelnen Werkstätten, sowie vor allem über einen geordneten Zufluß und Abfluß der Arbeitermassen, der in kurzer Zeit unter einwandfreier Kontrolle über die Einhaltung der Arbeitszeit vor sich gehen soll.

Abb. 1.

Von der glücklichen Lösung des Materialverkehrs und des Transportproblems hängt nicht in letzter Linie die Rentabilität des gesamten Unternehmens ab, weil unproduktive Löhne, die ihre Ursache in einer verbauten Anlage haben, im Wettbewerb durch nichts ausgeglichen werden können.

Wie durch ein Betriebsdiagramm der Betriebsvorgang (Materialverkehr und Bearbeitungsverlauf) bei einer Maschinenfabrik anschaulich gemacht werden kann, zeigt Abb. 1. Eines der eingezeichneten Rechtecke stellt die Werkstätten für Einzelbearbeitung dar, die je nach der Art der Fabrikation aus verschiedenen Gebäuden bestehen können, z. B. aus einer Gießerei, dem Zwischenlager für Gießereierzeugnisse und der spanabhebenden Werkstätte.

Auch bei dem Zusammenbau ergibt sich vielfach fabrikationstechnisch, und damit meist auch baulich, eine Trennung in Kleinmontierung, Zwischenlager für in der Kleinmontierung zusammengebaute Einzelteile und Zusammenbau ganzer Maschinen. Die Zwischenlager sind nötig, wenn die vorhergehende Fabrikation mit der nachfolgenden nicht so abgestimmt werden kann, daß in allen Fällen eine unmittelbare Weiterverarbeitung möglich ist, wie es z. B. bei Reihenherstellung durch Fließarbeit angestrebt wird. Handelt es sich z. B. um eine Fabrik, in der Krane hergestellt werden, so ergibt sich das Teilschaubild der Abb. 2.

Bei der Gebäudegruppierung und der Einzelausgestaltung der Gesamtanlage kommen noch weitere Betriebs- und Baurücksichten in Betracht. Um vor Einsprüchen der Nachbarschaft sicher zu sein, ist es notwendig, die im Sinne der Gewerbeordnung lästigen Betriebe (siehe § 16 der RGO.) möglichst weit weg von den Anliegern zu legen. Bei Stahlbauwerkstätten z. B. ist

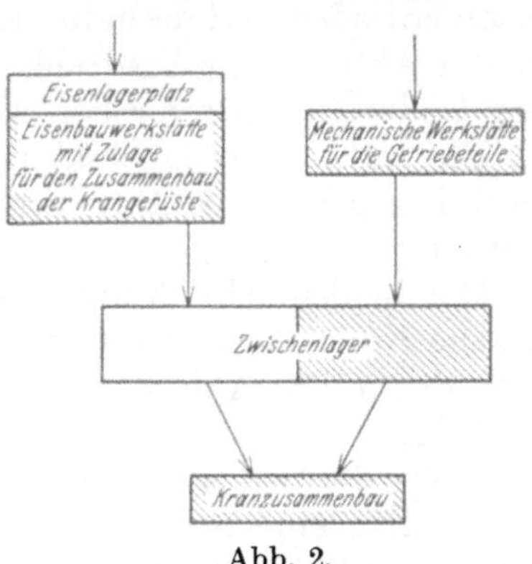

Abb. 2.

verlangt, daß sie 100 m von bewohnten Grundstücken und 30 m von der Straße entfernt liegen.

Das Kraftwerk ist vor allem deshalb, weil es Abdampf für Heizzwecke abgibt, zentral anzuordnen, möglichst in dem Schwerpunkt der Werkstätten, die geheizt werden müssen. Durch die elektrische Energieübertragung ist man im übrigen in der Disponierung der Lage der einzelnen Werkstätten viel freier als früher, wo die rein mechanische Transmissionsübertragung weit vom Kraftwerk abgelegene Werkstätten nicht zugelassen hat.

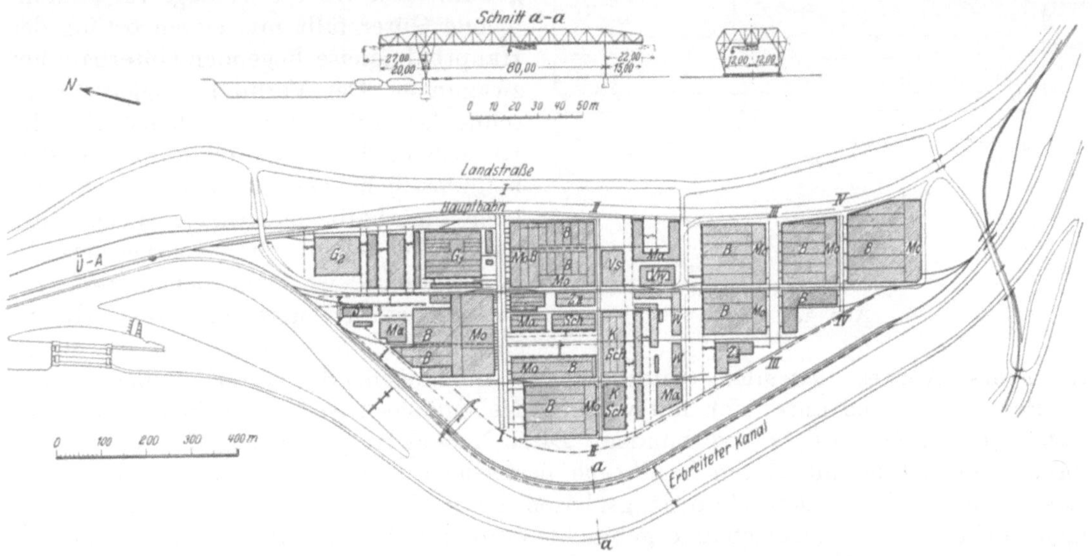

Abb. 3. Fabriklageplan (Schema Durchgangsbahnhof).

B Bearbeitungswerkstätte, *G* Gießerei, *Ma* Magazin, *Mo* Montierung, *S* Sägewerk, *Sch* Schmiede, *KSch* Kesselschmiede, *Ü-A* Übergabeanlage, *Vs* Versand, *Vw* Verwaltungsgebäude, *W* Wohlfahrtsgebäude, *I, II, III, IV, V* Schiebebühnen.

Die Wasserzuleitung und die Wasserableitung beeinflussen die Straßenbreiten und die Straßenführung. Bei ihr sprechen auch die Rücksichten auf die Feuersicherheit mit, die sonst noch besondere Maßregeln bei der Gesamtanlage erfordern. Es empfiehlt sich, die Wasserzuleitung zu trennen in eine solche für Trinkwasser und Nutzwasser. Bei ihrer Bemessung sind oft die großen, für die Kondensationsanlagen erforderlichen Wassermengen ausschlaggggebend. Im übrigen gelten für die Leitungsnetze die im städtischen Tiefbau geltenden Grundsätze.

Das oben genannte Verkehrsnetz ist an die Hauptverkehrsadern anzuschließen. Es kommen in Betracht der Anschluß an die Landstraße, die durch den modernen Kraftwagenverkehr sehr an Bedeutung gewonnen hat, an die Haupteisenbahnlinie und an die Wasserstraße. Beim Anschluß an den Wasserweg ist zu beachten, daß erstens die Güter rasch entladen und deshalb meist vorläufig gestapelt werden müssen — dies kommt auch in der Abb. 1 zum Ausdruck — und daß zweitens der Werkhafen vor allem der Zufuhr der Rohstoffe, weniger der Abfuhr der Fertigfabrikate dient.

Ehe die Einzelausbildung des Verkehrsnetzes näher behandelt wird, soll an zwei Beispielen die Durchführung der bisher besprochenen Gesichtspunkte erläutert werden.

Die beiden Abb. 3 und 6 stellen Grundrisse von Maschinenfabriken dar, bei denen für die Herstellung verschiedenartiger Einzelfabrikate das Betriebsdiagramm der Abb. 1 gilt. Bei der in Abb. 3 dargestellten Anlage erfolgt der Anschluß an drei Verkehrsadern wie folgt:

a) An die Landstraße an drei voneinander unabhängigen Stellen, am Nordende des Werks über eine Straßenüberführung hinweg, in der Mitte und am Südende des Werks durch eine Straßenunterführung hindurch. Innerhalb des Werks sind eine Anzahl Werkstraßen angeordnet, welche die drei Hauptzugangspunkte miteinander verbinden. Parallel und rechtwinklig zu ihnen laufen weitere, meist geschlossene Ringe bildende, gepflasterte Straßen.

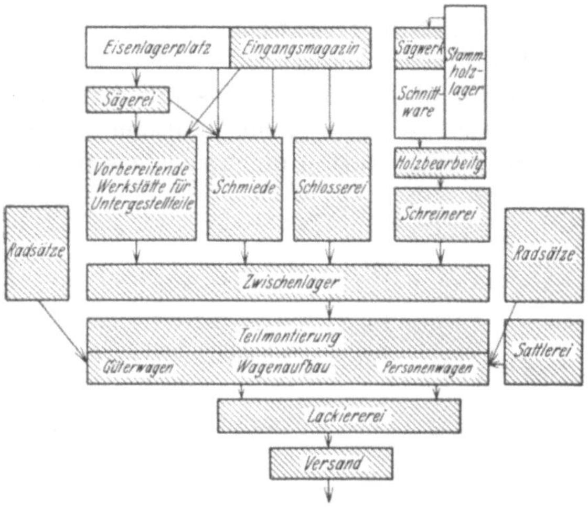

b) Was den Bahnanschluß anbelangt, so ist das mit einem Durchgangsbahnhof vergleichbare Schema für die Gleisführung gewählt. Die Übergabeanlage für ankommende Güter fällt mit einem östlich der Hauptbahngleise liegenden Güterbahnhof zusammen. Das Verbindungsgleis durchschneidet auf einer Weichenstraße die Hauptbahngleise. In dem Auszugsgleis befindet sich eine Gleiswaage. Zum Verkehr innerhalb der Anlage dienen drei durchgehende, von dem Auszugsgleis abzweigende Gleise, von denen zwei zusammengeführt und mit den Hafengleisen verbunden sind und in einem

Abb. 4.

südlich des Werkes liegenden Güterbahnhof (für abgehende Güter) endigen. Die Hauptlängsgleise sind unter sich mit weiteren Nebenlängsgleisen durch Schiebebühnenanlagen (*I, II, III, IV, V*) verbunden. Diese Nebenlängsgleise führen in die Einzelgebäude hinein oder auf durch Laufkrane bestrichene Lagerplätze. Wenn die Lagerplätze rechtwinklig zu den Hauptlängsgleisen geführt werden, und wenn Eisenbahnwagen nicht in die Einzelgebäude gebracht werden müssen, wirken, wie die Abb. 3 und 6 zeigen, die Krananlagen selbst wieder gleisverbindend und zugleich platzsparend.

c) Den Anschluß an die Wasserstraße vermittelt eine den örtlichen Verhältnissen entsprechend in einer Kurve fahrende Verladebrücke mit Drehlaufkatze. Der von dieser Verladebrücke bestrichene Lagerplatz dient (siehe auch Abb. 1) als Stapelplatz am Werkhafen (= dem verbreiterten Schiffahrtskanal). Zu seiner Verbindung mit den einzelnen angrenzenden Lagerplätzen dient wieder die erwähnte Verladebrücke. Durch die Hauptlängsgleise (Längsstraßen) und die Schiebebühnenanlagen (oder Kranbahnen) ist die Gesamtanlage in einzelne Teile getrennt. In dem nordöstlichen Teil z. B. befindet sich die gemeinsame Gießereianlage (Hauptgebäude ähnlich wie der Bau der Abb. 156 bis 163 in dem III. Abschnitt Hallenbauten).

In dem nordwestlichen Teil des Lageplans der Abb. 3 werden Güterwagen und Personenwagen hergestellt. Wie sich bei dieser Fabrikation die Einzelgebäude und Einzelanlagen dem Betriebsgang anpassen, soll an Hand der Abb. 4 und 5a und b auseinandergesetzt werden. Bei der Herstellung von Güterwagen ist folgendes zu beachten:
1. Die Radsätze werden von einer Sonderfabrik geliefert und müssen auf Gleisen nach Anlieferung vorläufig abgestellt werden; 2. die Untergestelle und die damit fest verbundenen Gerippe für den Oberbau bestehen aus einer Stahlkonstruktion, deren Herstellung und Bearbeitung genau wie die von Stahlbauwerken erfolgt, wogegen die Formgebung der Achshalter, Federböcke und Zugstangen in einer besonderen Schmiede und Schlosserei geschieht; 3. für die Herstellung der hölzernen und holzverschalten Seitenwände, Stirnwände, Fußboden und Dach ist ein Sägwerk und eine Holzbearbeitungswerkstätte notwendig; 4. die Gerippe der Türen werden in der erwähnten Schlosserei hergestellt. Für die gesamte Fabrikation

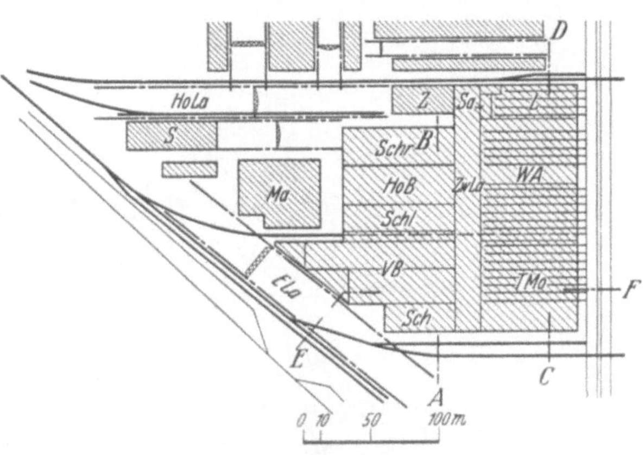

Abb. 5a.

ELa Eisenlagerplatz, *HoLa* Stammholz-Lager, *HoB* Holzbearbeitung, *L* Lackiererei, *Ma* Magazin, *S* Sägewerk, *Sa* Sattlerei, *Sch* Schmiede, *Schl* Schlosserei, *Schr* Schreinerei, *TMo* Teilmontierung, *VB* Vorbereitende Werkstätten, *Wa* Wagenaufbau, *Z* Zentrale, *ZwLa* Zwischenlager.

ergibt sich das Diagramm der Abb. 4, dessen Umsetzung in Bauten der Grundriß Abb. 5a und die Schnitte der Abb. 5b zeigen. Das Zwischenlager befindet sich in dem Querschiff, das durch einen Laufkran bestrichen wird. Die Kranbahnen der benachbarten Längsschiffe kragen zur Transporterleichterung in das Querschiff herein. Die Bearbeitung der dem Zwischenlager zugeführten Teile erfolgt in nördlich davon

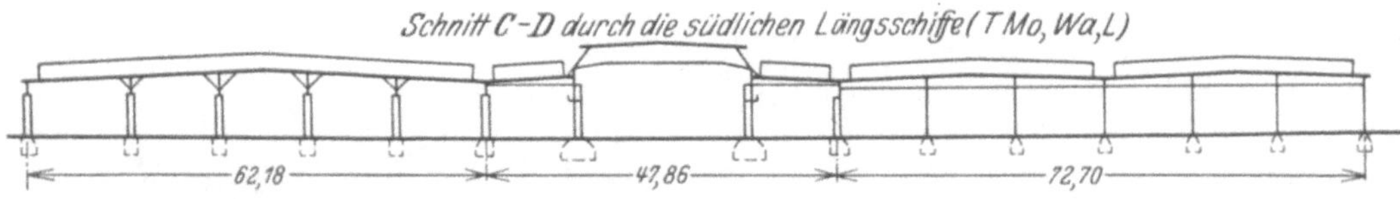

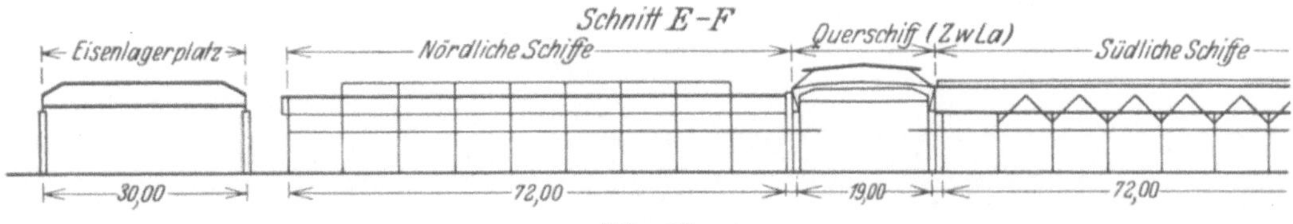

Abb. 5b.

gelegenen Bauteilen, die in idealer Weise dem Betriebsdiagramm angepaßt sind. Man beachte dabei auch die möglichst zweckmäßige Lage der Lagerplätze und der Zentrale (neben der Holzbearbeitungswerkstätte zur Verwendung der Holzabfälle). Die Fertigstellung der Wagen erfolgt in den südlichen Längsschiffen, wobei zum Transport außer den Kranen die Schiebebühne herangezogen werden muß. Das im Betriebsdiagramm angedeutete Hintereinanderschalten der einzelnen Räume war mit Rücksicht auf die Gesamtanlage des Werkes nicht möglich.

Bemerkenswert bei der geschilderten Teilanlage ist das auch heizungstechnisch er-

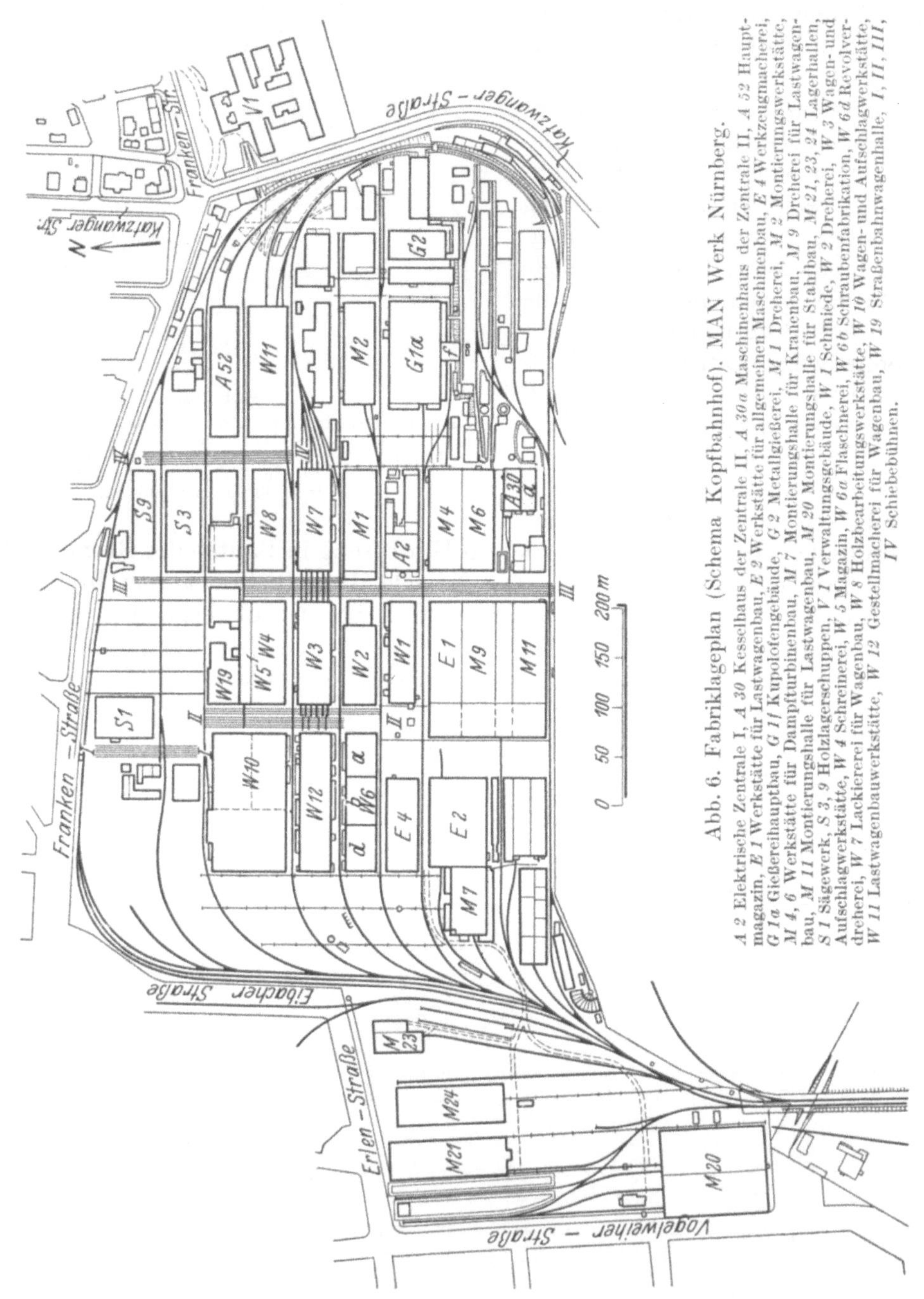

Abb. 6. Fabriklageplan (Schema Kopfbahnhof). MAN Werk Nürnberg.

A 2 Elektrische Zentrale I, *A 30* Kesselhaus der Zentrale II, *A 30a* Maschinenhaus der Zentrale II, *A 52* Hauptmagazin, *E 1* Werkstätte für Lastwagenbau, *E 2* Werkstätte für allgemeinen Maschinenbau, *E 4* Werkzeugmacherei, *G 1a* Gießereihauptbau, *G 11* Kupolofengebäude, *G 2* Metallgießerei, *M 1* Dreherei, *M 2* Montierungswerkstätte, *M 4, 6* Werkstätte für Dampfturbinenbau, *M 7* Montierungshalle für Kranenbau, *M 9* Dreherei für Lastwagenbau, *M 11* Montierungshalle für Lastwagenbau, *M 20* Montierungshalle für Stahlbau, *M 21, 23, 24* Lagerhallen, *S 1* Sägewerk, *S 3, 9* Holzlagerschuppen, *V 1* Verwaltungsgebäude, *W 1* Schmiede, *W 2* Dreherei, *W 3* Wagen- und Aufschlagwerkstätte, *W 4* Schreinerei, *W 5* Magazin, *W 6a* Flaschnerei, *W 6b* Schraubenfabrikation, *W 6d* Revolverdreherei, *W 7* Lackiererei für Wagenbau, *W 8* Holzbearbeitungswerkstätte, *W 10* Wagen- und Aufschlagwerkstätte, *W 11* Lastwagenbauwerkstätte, *W 12* Gestellmacherei für Wagenbau, *W 19* Straßenbahnwagenhalle, *I, II, III, IV* Schiebebühnen.

strebenswerte Zusammenlegen von vielen Einzelräumen zu einem Gesamtbau mit zusammenhängendem Dach.

Während die Abb. 3, was die Führung der Gleise anbelangt, dem Schema des Durchgangsbahnhofs entspricht, zeigt Abb. 6 und 6a (Werk Nürnberg der MAN) bei einseitigem

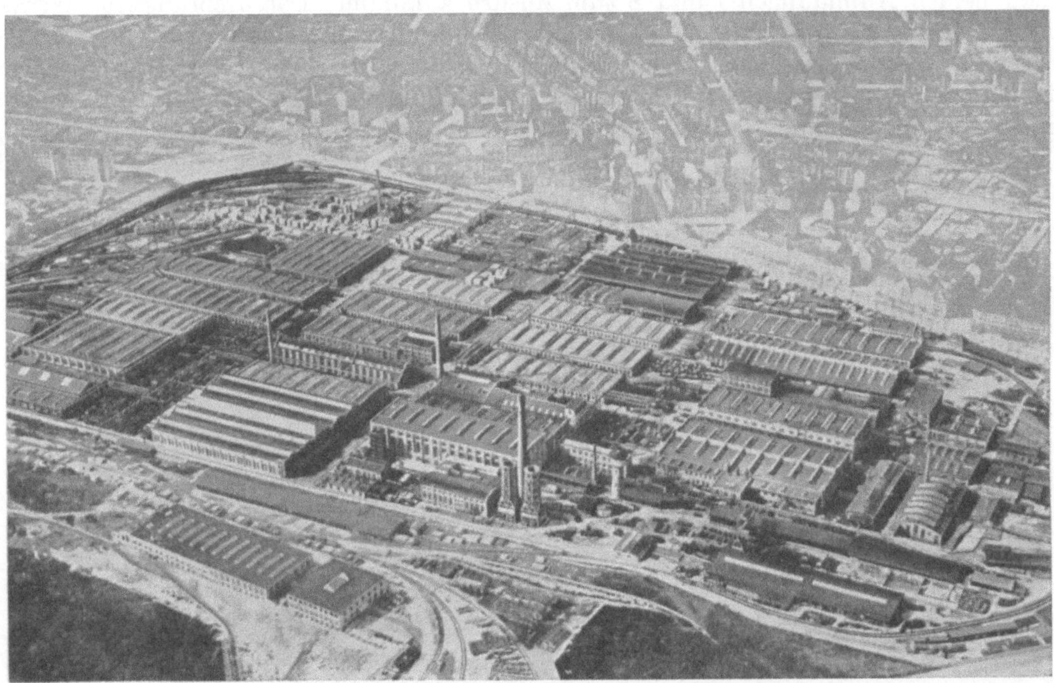

Abb. 6a. MAN Werk Nürnberg. Flugbild.

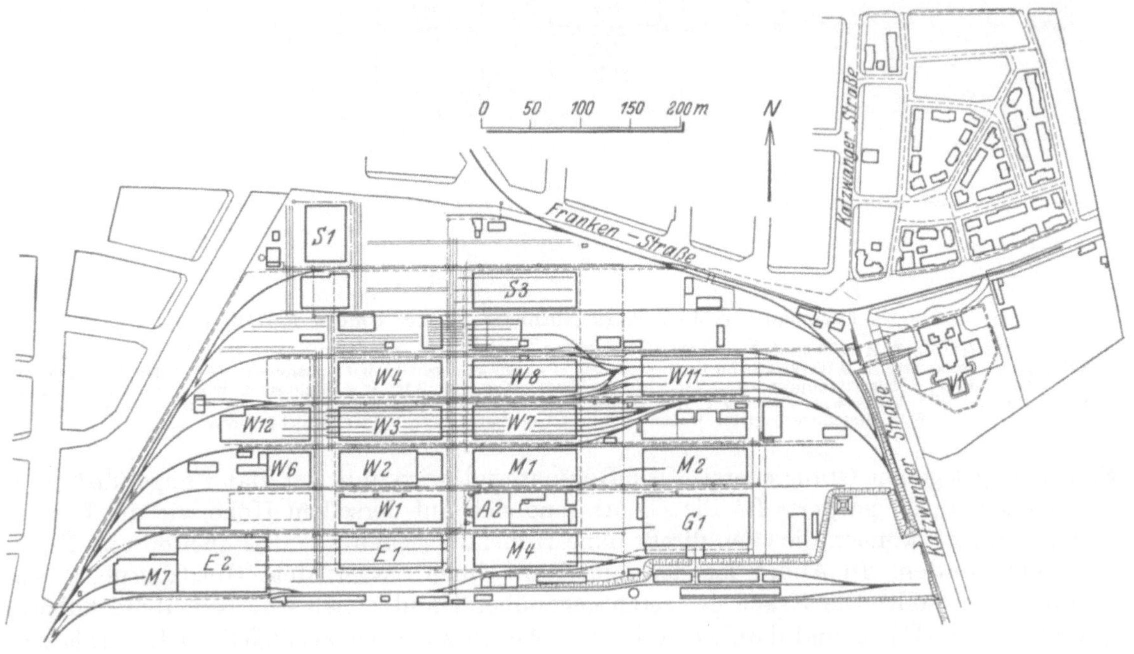

Abb. 7. Lageplan der MAN Werk Nürnberg. (Ursprünglicher Plan.)

A 2 Zentrale, *E 1, 2* Werkstätte für Stahlhochbau, *G 1* Gießerei, *M 1* Dreherei, *M 2* Montierungswerkstätte, *M 4* Werkstätte für Gasmotorenbau, *M 7* Rohrbiegerei, *S 1* Sägewerk, *S 3* Holzlagerschuppen, *V 1* Verwaltungsgebäude, *W 1* Schmiede, *W 2* Schlosserei, *W 3* Aufschlagwerkstätte, *W 6* Flaschnerei, *W 7* Lackierwerkstätte, *W 8* Holzbearbeitungswerkstätte, *W 11* Werkstätte für Luxuswagen, *W 12* Gestellmacherei für Wagenbau.

Anschluß an die Eisenbahn das Schema des Kopfbahnhofs. Unter der Abbildung ist die Verwendung der wichtigsten Einzelgebäude angegeben. Die Schiebebühnenanlagen sind auch hier mit *I* bis *IV* bezeichnet. Dieses Werk hat eine interessante Baugeschichte, die in den beiden Abbildungen 7 und 8 zum Ausdruck kommt. Der ursprüngliche Werksgrundriß, Abb. 7*, wurde, um den Eisenbahnwagenumlauf zu verbessern, in die Anlage der Abb. 8 umgebaut, aus der schließlich, um weiteren Platz für Erweiterungen freizubekommen, durch eine nochmalige Änderung der Gleisanlage die der Abb. 6 gebildet wurde. Auch der dadurch innerhalb des ringförmigen Gleisnetzes zur Verfügung stehende Platz genügte noch nicht für die Werkserweiterung, für die westlich von den Zufahrtsgleisen ein mit einer neuen Gleisanlage erschlossener Platz herangezogen wurde.

Bemerkenswert ist die Ausnützung des Geländeunterschieds zur Begichtung der im

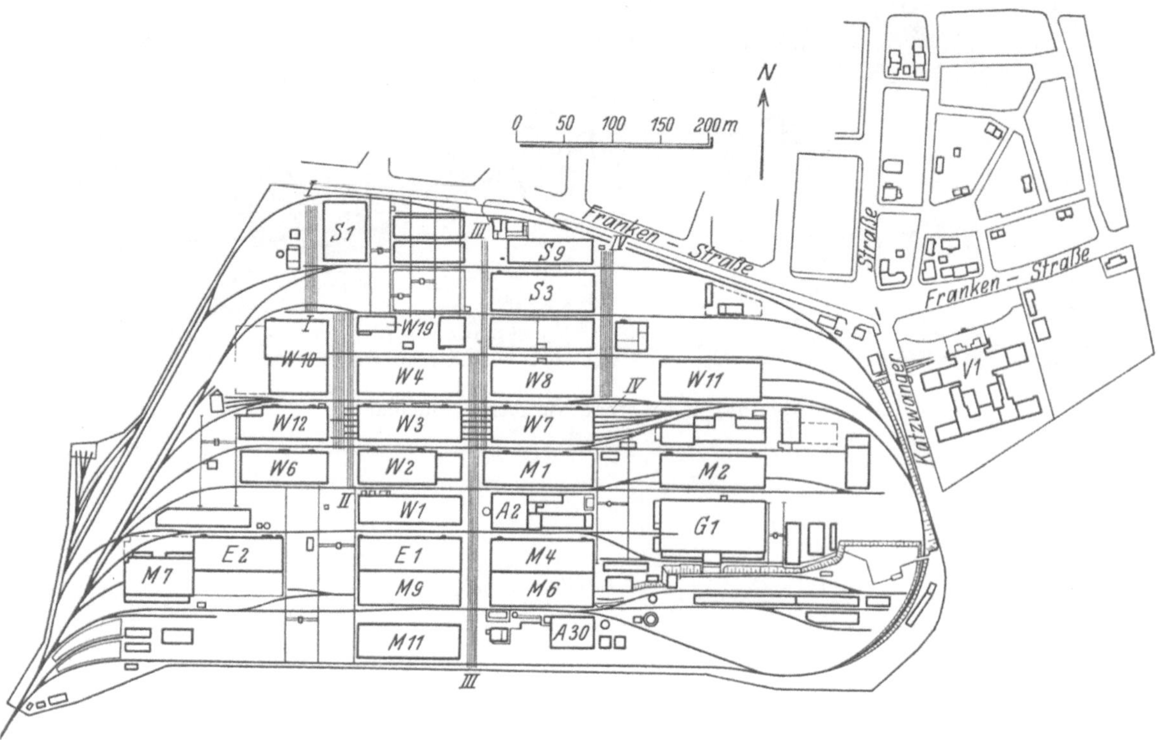

Abb. 8. Lageplan der MAN Werk Nürnberg. (Erster Umbau 1897/1901.)

A 2 Elektrische Zentrale I, *A 30* Zentrale II, *E 1* Werkstätte für Dieselmotorenbau, *E 2* Stahlhochbau, *G 1* Gießerei, *M 1* Dreherei, *M 2* Montierungswerkstätte, *M 4* Werkstätte für Gasmotorenbau, *M 6* Montierungshalle, *M 7* Apparatebau, *M 9, 11* Montierungshalle, *S 1* Sägewerk, *S 3, 9* Holzlagerschuppen, *V 1* Verwaltungsgebäude, *W 1* Schmiede, *W 2* Schlosserei, *W 3* Aufschlagwerkstätte, *W 6* Flaschnerei, *W 7* Lackierwerkstätte, *W 8* Holzbearbeitungswerkstätte, *W 10* Aufschlagwerkstätte, *W 11* Hauptmagazin, *W 12* Gestellmacherei für Wagenbau, *W 19* Lagerhalle, *I, II, III, IV* Schiebebühnen.

Südosten gelegenen Graugießerei. Das Rohmaterial wird mit der Bahn angeführt und in Lagerschuppen gelagert. Da die Gichtbühne sich auf derselben Höhe wie die Lagerplätze befindet, können die Öfen direkt ohne Höhenüberwindung mit Roheisen und Koks beschickt werden. In Abb. 9 ist der mit Kranbahnen ausgerüstete Holzlagerplatz des Werkes dargestellt. Die Krane gestatten gegenüber Handbetrieb eine bedeutend höhere Stapelung der Hölzer und damit eine bessere Ausnutzung der kostspieligen Lagerplätze, ferner rasches Arbeiten, gefahrlosen Betrieb und eine erhebliche Ersparnis an Bedienungsmannschaft.

Die hauptsächlichsten Hilfsmittel für den Materialverkehr innerhalb des Werkes sind: 1. der sogenannte gleislose Transport[1] auf den Werkstraßen mit Hilfe von

---

* Siehe Z. VDI 1903.

[1] Siehe Ausschuß für wirtschaftliche Fertigung, die gleislose Flurförderung Teil I, II und III. Beuthverlag 1929.

Handkarren, Hubtransportwagen, Elektrokarren, Raupenschlepper und von motorisch betriebenen Lastenzügen; 2. der Gleistransport auf einem Normal- und Schmalspurgleisnetz, vermittelt durch Werklokomotiven (gewöhnliche und feuerlose Dampflokomotiven, elektrische Lokomotiven), durch schienenfreie Schleppmittel, durch solche die sich

Abb. 9. Holzlagerplatz der MAN Werk Nürnberg. 4 Laufkrane, 3 t bzw. 8 t Tragfähigkeit, 24,5 bzw. 21 m Spannweite, mit je 2 Laufkatzen.

auf dem Gleis bewegen, durch ortsfeste Zugmittel (Spillanlagen, Abb. 10), seltener durch Hand; 3. **Hängebahnen**, automatisch oder durch Führerstandlaufkatzen betrieben;

Abb. 10. Spillanlage (Ausführung: Demag).

4. **Krane** zum Entladen und Beladen sowie zum Transport innerhalb der Werkstätten, wobei durchgehende Gleise in den einzelnen Werkstätten gespart werden können; 5. **Bandtransport**.

Besonders wichtig ist der Materialverkehr auf den Gleisanlagen[1], die, wie die Abb. 3 und 6 zeigen, für die Anlage des Verkehrsnetzes von besonderer Bedeutung sind. Dabei ist zu beachten, daß in Deutschland bei normalspurigen Gleisen folgende Halbmesser eingehalten werden müssen: 180 m bzw. 140 m bzw. 100 m, wenn Hauptbahnlokomotiven bzw. Wagen über 4,5 m Radstand bzw. Wagen mit 4,5 m und kleinerem Abstand auf das

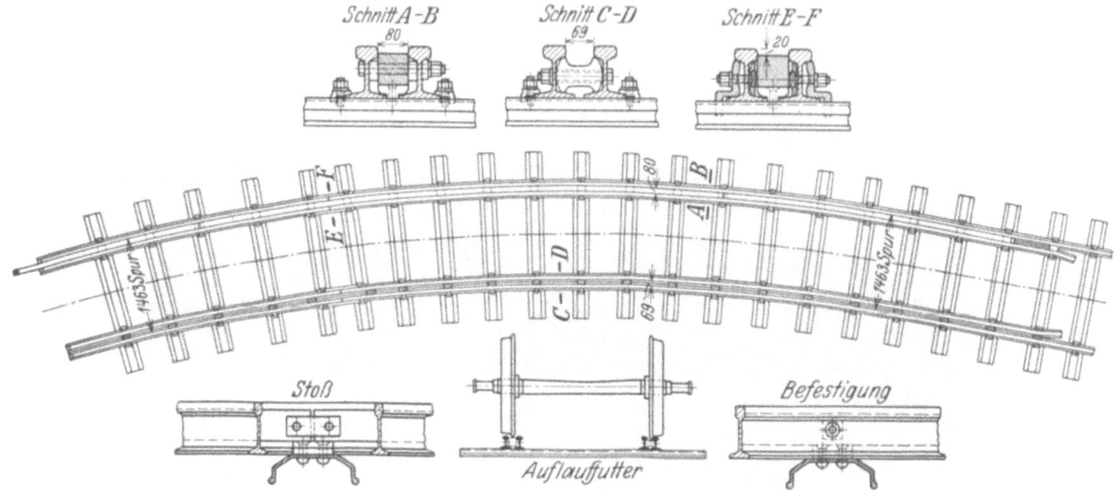

Abb. 11. Auflaufgleiskurve „Bauart Vögele".

Verkehrsnetz übergehen sollen. Die Deutsche Reichsbahngesellschaft hat allgemeine Bedingungen für Privatgleisanschlüsse (PAB) aufgestellt, in denen alle betrieblichen Vorschriften und die für einen solchen Gleisanschluß geltenden rechtlichen Verhältnisse enthalten sind. Beim Vergleich deutscher mit amerikanischen Fabrikanlagen ist zu beachten, daß bei diesen viel kleinere Halbmesser mit Rücksicht auf die allgemein bei Wagen üblichen Drehgestelle zulässig sind.

Neuerdings ist übrigens auch in Deutschland eine Erleichterung in der Gleisgestaltung dadurch eingetreten, daß die Reichsbahn für den Übergang von zweiachsigen Reichsbahnwagen und von Wagen mit Drehgestellen bei Industriegleisen den Einbau von Auflaufgleiskurven gestattet, wobei ein kleinster Halbmesser von 35 m möglich ist. Sie beruhen darauf, daß die Außenräder der Fahrzeuge nicht auf dem Kegelmantel der normalen Lauffläche, sondern auf dem Spurkranz abrollen und die Innenräder durch eine besondere Zwangsschiene geführt werden.

In den Abb. 11 und 12 sind zwei Ausführungsarten für diese Auflaufbogengleise dargestellt. Bei der Bauart der Abb. 11 (J. Vögele A.G., Mannheim) laufen die beiden normalen Schienenprofile durch. Auf der inneren Bogenseite werden die Fahrzeuge durch eine Zwangsschiene geführt, die in gleicher Höhe liegt wie die Laufschienenoberkante. Neben der äußeren Laufschiene ist ebenfalls auf die ganze Bogenlänge eine Beischiene

Abb. 12a) und b). Auflaufgleiskurve „Bauart Deutschland".

---

[1] Siehe Nehse u. Kümmell: Die Privatanschlußgleise der Reichsbahn in rechtlicher und in technischer Hinsicht. Berlin 1931.

angeordnet. Zwischen diesen beiden Schienen befindet sich ein Lauffutter aus Stahl, dessen Oberkante 20 mm tiefer als die Schienenoberkante ist. Auf diesem Lauffutter bewegt sich der Spurkranz. Am Anfang und Ende des Gleisbogens ist das Futter so geformt, daß ein stoßfreies Übergehen des Spurkranzes von der normalen Außenschiene auf das Lauffutter erfolgt. Diese Auflaufgleiskurve läßt sich ohne Störung des Fuhrwerkverkehrs leicht in gepflasterte Fabrikhöfe einbauen. Bei der Bauart der Abb. 12 (Maschinenfabrik Deutschland, Dortmund) rollt der Spurkranz des äußeren Rads auf einer erbreiterten Schiene, einer sogenannten Breitkopfauflaufschiene ab, auf die der Spurkranz mit Hilfe der aus Abb. 12b) ersichtlichen Rampe geführt wird. Ein Ausführungsbeispiel für eine solche Auflaufkurve zeigt Abb. 13. Man sieht daraus, daß infolge der beschränkten Platzverhältnisse bei Einhaltung der sonst üblichen Gleishalbmesser die im Lageplan gestrichelt eingezeichnete Drehscheibe notwendig gewesen wäre.

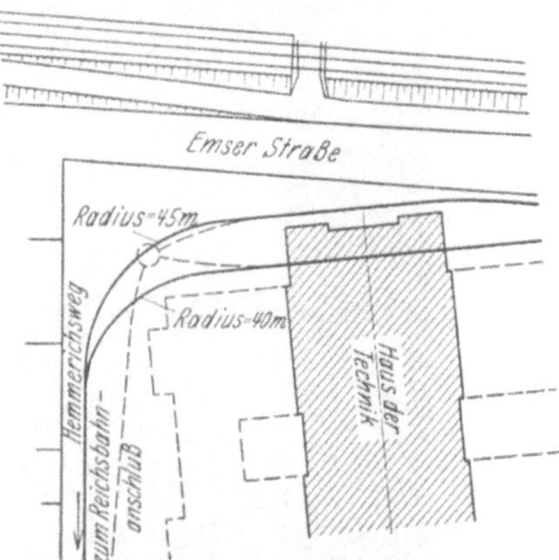

Abb. 13. Gleisanschluß des Hauses der Technik, Frankfurt.

Die Deutsche Reichsbahngesellschaft hat für den Bau und Betrieb von solchen Auflaufbogengleisen besondere „Grundsätze" aufgestellt, in denen zunächst ausgesprochen wird, daß Gleisanlagen mit Bogen unter 100 m Halbmesser nur Notbehelfe sind. Sie verlangt, daß bei der Aufstellung des Entwurfs für den Neu- oder Umbau einer Anschlußgleisanlage eingehend geprüft wird, ob die scharfen Bogen unter 100 m nicht durch eine andere Anordnung der Anschlußgleise, Laderampen, Fabrikgebäude usw. vermieden werden können. Die Anlage ist so zu gestalten, daß die Wagen nur gezogen werden. Dabei sollen Seilzüge tunlichst nur nach innen wirken. In diesen „Grundsätzen" sind alle bautechnischen Einzelvorschriften enthalten. Es wird dort weiter ausgeführt, daß Auflaufbogengleise und die nach demselben Grundsatz wie diese gebauten Auflaufweichen von zweiachsigen Wagen bis 8 m Achsstand, sowie von allen Wagen mit zweiachsigen Drehgestellen befahren werden dürfen, daß dagegen Wagen mit mehr als zwei in einem gemeinsamen Rahmen gelagerten Achsen und Wagen mit drei und mehrachsigen Drehgestellen nicht auf diesen Auflaufbogen bewegt werden dürfen. Wagen mit einem Achsabstand bis 6,5 m und Wagen mit zweiachsigen Drehgestellen dürfen gleichzeitig in beliebiger Zahl durch alle Bogen, Wagen mit einem Achsabstand von mehr als 6,5 bis 8 m gleichzeitig in beliebiger Zahl durch Bogen von 50 m Halbmesser und mehr gezogen werden. In allen übrigen Fällen sind die Wagen einzeln zu ziehen.

Die beiden oben besprochenen Gesamtanlagen (Abb. 3 und 6) sind insofern zwei typische Beispiele für das Verkehrsnetz einer industriellen Gesamtanlage, als dem ersten Beispiel eine Gleisanlage entspricht, die mit einem Durchgangsbahnhof verglichen werden kann, während das des andern das Schema des Kopfbahnhofs zeigt. Bei der letztgenannten Anordnung hat man versucht, durch ein Umlaufgleis den Materialdurchgang zu verbessern. In beiden Fällen besteht die Gleisanlage aus Hauptlängsgleisen, die aus einem Stammgleis mit Hilfe von Weichen abzweigen, und aus Nebenlängsgleisen, die in Einzelgebäude eingeführt sind oder meist durch Krane bestrichene Lagerplätze bedienen. Die Haupt- und Nebenlängsgleise können durch Weichen, Drehscheiben, Schiebebühnen und auch durch Krane miteinander verbunden sein.

Drehscheiben eignen sich im allgemeinen nur für geringen Verkehr. Bei beschränkten Grundstücksverhältnissen und zur Verbesserung der Gleisanlagen in bestehenden Anlagen leisten sie auch heute immer noch sehr gute Dienste (siehe z. B. Abb. 28). Die konstruktive Durchbildung und der Antrieb der Drehscheiben können hier nicht im einzelnen behandelt werden. Die Drehscheiben müssen, damit keine Personen in die Grube hineinstürzen können, und auch der Wagenverkehr sich ungehindert über die Drehscheibe abwickeln kann, entsprechend abgedeckt werden. Die Durchmesser der Drehscheiben richten sich natürlich nach der Größe der Wagen, welche über die Drehscheiben befördert werden sollen.

Abb. 14. Unversenkte Schiebebühne mit Spill (Ausführung: MAN).

Schiebebühnen, unversenkte, versenkte und halbversenkte in Form von Portalschiebebühnen (s. Abb. 14, 15 und 16) treten an Stelle von Weichen, wenn es sich darum handelt, Platz zu sparen. Wie auch aus der Abb. 3 hervorgeht, empfiehlt es sich, bei ver-

Abb. 15. Versenkte Schiebebühne (Ausführung: M.E.).

senkten Schiebebühnen die Hauptlängsgleise über die Schiebebühnengruben mit Gegenneigung wegzuführen und sie durch mit Weichen verbundene Parallelgleise an den Schiebebühnenverkehr anzuschließen (Abb. 17). Auf diese Weise ist erreicht, daß die Hauptlängsgleise bei einem Versagen der Schiebebühnen nicht in Mitleidenschaft gezogen werden. Die Schiebebühnen werden oft mit Winden versehen, um damit in einfacher Weise die Wagen über die Schiebebühnen weg von einer Seite zur andern befördern zu können.

Wie sowohl Abb. 3 als auch Abb. 6 zeigt, kann auch durch Krananlagen eine zweckentsprechende Verbindung der Hauptlängsgleise geschaffen werden. Schmalspurgleisanlagen werden neben Normalspuranlagen in größeren industriellen Anlagen heute kaum mehr eingebaut. Der Verkehr auf ihnen wurde durch den oben erwähnten sogenannten gleislosen Transport verdrängt. Andererseits gibt es auch heute noch große industrielle Werke, die nur eine Schmalspurgleisanlage besitzen. Man hat sich seinerzeit dazu wegen

Abb. 16. Portalschiebebühne, 60 t Tragkraft, 20 m Nutzlänge. (Ausführung: MAN, Baujahr 1920.)

der kleinen, platzsparenden Gleishalbmesser entschlossen und die Unannehmlichkeit in Kauf genommen, daß die Wagen, welche auf der normalspurigen Hauptbahn ankommen, an der Übergabeanlage auf Rollbockanlagen abgesetzt werden müssen.

An Hand der folgenden ausgeführten Beispiele sollen die Gesichtspunkte, die beim Entwurf von Gesamtanlagen zu berücksichtigen sind, noch weiter herausgearbeitet werden, namentlich hinsichtlich des Verkehrsnetzes und seiner Anschlüsse an die Hauptverkehrsadern, sowie hinsichtlich der Lagerplätze.

Ausführungsbeispiel 1: Abb. 18 und 19. Der Lageplan des Werkes Gary der American Bridge Co.[1] zeigt in der Anordnung seiner Lagerplätze und Fabrikationsräume deutlich die Umsetzung des Betriebsdiagramms in die Wirklichkeit. Das Hauptgebäude der Anlage besteht aus zwei Einheiten: den Stahlbauwerkstätten *I* und *II*, die in der Mitte durch einen Querbau verbunden sind. Jede Einheit ist 214 m

Abb. 17.

lang und 86 m breit. In diesen Gebäuden (Längenschnitt s. Abb. 19)[2] dienen die Krane, deren Kranbahnen an den Dachkonstruktionen aufgehängt sind, nur dem Quertransport. Der Längstransport erfolgt entweder automatisch durch Bewegen des Arbeitsstücks von Maschine zu Maschine auf Rollen oder durch Längsgleise. Das Walzeisenlager (*27*) liegt südlich vom Hauptgebäude, es wird durch Längsgleise, welche von der Eisenbahnlinie abzweigen, versorgt. Diese steht in direkter Verbindung mit dem großen Walzwerk der Illinois Steel Co. (siehe Ausführungsbeispiel *11*, Abb. 39). Der Calumetfluß südlich

---

[1] Siehe Dencer-Mitzkat: Amerikanischer Eisenbau, S. 15. Berlin 1928.
[2] Siehe Försters Taschenbuch 5. Aufl. Bd. 1 S. 783.

des Werkes ist schiffbar; er gibt Gelegenheit, später im Werk den Bau von Kähnen und Flußschiffen aufzunehmen. Die Fertiglager befinden sich unter den Kranbahnen (*12*). Nördlich von ihnen liegt die Mechanische Werkstätte (*6*) und die Schmiede (*4*), so daß dort bearbeitete Teile leicht an die Stelle, wo die fertigen Baustahlkonstruktionen ein

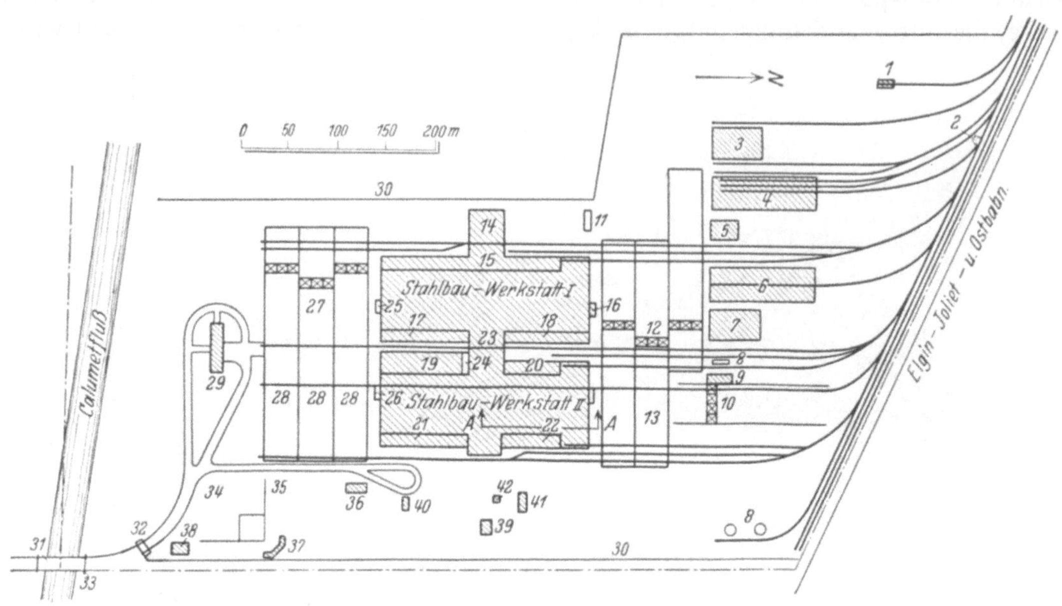

Abb. 18. Werk Gary der American Bridge Company.

1 Lokomotivschuppen, *2* Waage, *3* Magazin, *4* Schmiede, *5* Elektrische Reparaturwerkstatt, *6* Mechanische Werkstatt, *7* Magazin, *8* Öltanks, *9* Anstreicherei, *10* Portalkran der Zulage, *11* Inspektor, *12* Fertiglager, *13* Kranbahn, *14* Behälterbau, *15* Trägerbau, *16* Versandbüro, *17* Werkstatt für kleine Konstruktionsteile, *18* Feineisenkonstruktion, *19* Vorzeichnerei, *20* Nietenfabrik, *21* Biegewerkstatt, *22* Kraftzentrale, *23* Querbau, *24* Werkzeuge, *25* Büro, *26* Betriebsleiter, *27* Eisenlager, *28* Kranbahn, *29* Verwaltungsgebäude, *30* Umzäunung, *31* Einfahrt, *32* Pförtner, *33* Brücke, *34* Baseballplatz, *35* Tennisplätze, *36* Modellager, *37* Garagen, *38* Turnhalle, *39* Zimmerei, *40* Krankenhaus, *41* Speisehaus, *42* Klempnerei.

und derselben Bestellung versandbereit liegen, gebracht werden können. An das Hauptgebäude können weitere Einheiten angebaut werden. Die Anlage in der Ausbaugröße der Abb. 18 entspricht einer monatlichen Leistung von 12 000 t.

Ausführungsbeispiel 2: Abb. 20 bis 23. Diese Anlage[1] dient der Lagerung von Walzwerkerzeugnissen und von anderen Stahlwaren, welche zum Weiterverkauf an Industrie, Handwerk und Handel bestimmt sind. Sie würde sich auch ohne weiteres als Stahlbauanstalt eignen. Da sie eine mustergültige Gesamtanordnung und viele vorbildliche, teilweise neuartige technische Einzellösungen aufweist, erscheint eine eingehende Beschreibung dieses Beispiels als Muster für eine kleinere industrielle Gesamtanlage angezeigt.

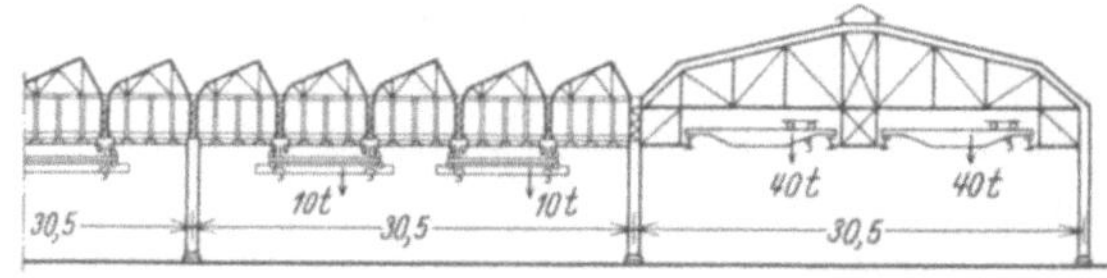

Abb. 19. Gary Plant der American Bridge Company.
Gebäudeschnitt *A—A*.

Wie der Lageplan zeigt, wird das Material zum Teil im Freien (Freilager), zum Teil in einer Halle (Hallenlager) gelagert. Jeder ankommende und abgehende Eisenbahnwagen wird voll und leer gewogen. Alle für das Hallenlager bestimmten Materialien können dort ungestört von Witterungseinflüssen entladen und sortiert werden. Im ganzen können ca. 11 000 t waagrecht zu lagerndes Material: Konstruktions-, Moniereisen und anderes Material in großen Längen untergebracht werden, weiter in dem einen Seitenschiff der

---

[1] Siehe **Maier-Leibnitz**: Die Lagerplatzanlage der Firma S. Weil, G.m.b.H. Eisengroßhandlung, Feuerbach. Bauztg., Stuttg. 1924.

Halle senkrecht aufgestellt ca. 3000 t Stabeisen, außerdem ca. 500 t Bleche und auf und unter der eingebauten Galerie ca. 300 t Kleineisenzeug. Im ganzen reicht demnach die

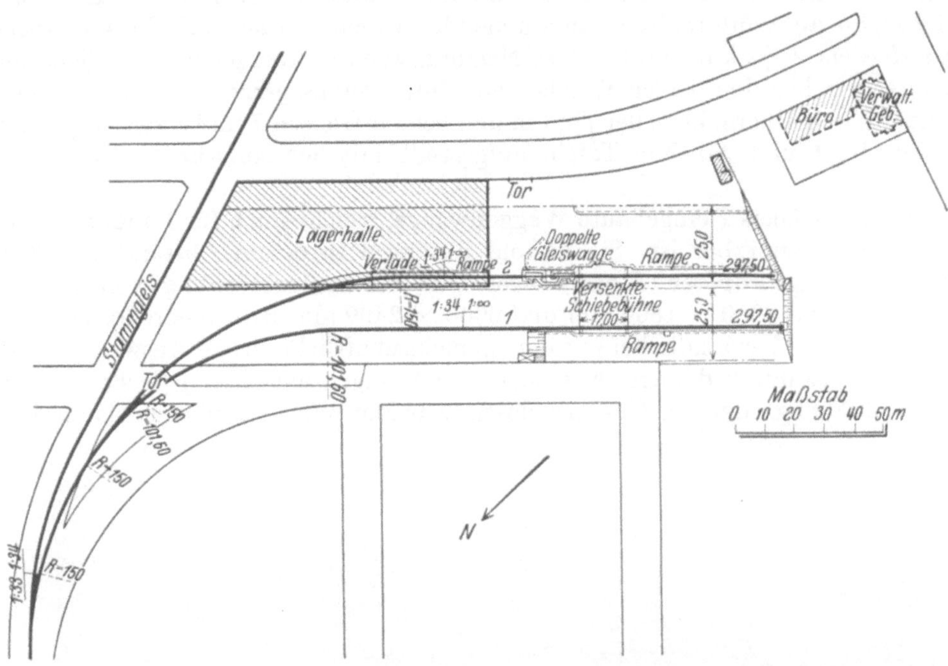

Abb. 20. S. Weil, G. m. b. H. Eisengroßhandlung, Feuerbach. Baujahr 1924.

Anlage aus für die Lagerung von rund 15000 t Material. Um die Materialzuführung, das Verwiegen, das Ab- und Aufladen, das Sortieren und den Materialabtransport möglichst zu vereinfachen, sind folgende Einzelanlagen geschaffen worden:

Abb. 21. Gesamtansicht.

1. Eine leistungsfähige normalspurige Gleisanlage. Sie zweigt mit Hilfe einer Innen- bogenweiche von dem städtischen Industriestammgleis ab. Das in 1 : 34 ansteigende Gleis verzweigt sich mit Hilfe einer zweiten Innenbogenweiche ($R = 150/100$ m) in die beiden

Verladegleise *1* und *2*. Als Schienen der Anlage sind durchweg Rillenschienen verwendet worden. Die beiden Verladegleise liegen zum größten Teil in der Waagrechten. Der Betrieb zwischen dem 3,87 km entfernten Anschlußbahnhof und der Übergabeanlage wird durch die Reichsbahn aufrechterhalten. Ankommende Wagen werden auf Gleis *1*, abgehende Wagen auf Gleis *2*, je kurz hinter dem Neigungswechsel übergeben. Zur Sicherung des Betriebs ist zwischen den beiden Weichen ein Entgleisungssperrschuh mit Kontrollschloß eingebaut. An den Übergabestellen sind in den beiden Gleisen *1* und *2* zwei weitere Sperrschuhe eingebaut und daneben Tafeln aufgestellt mit der Aufschrift: Halt für Lokomotiven.

2. Eine in das Gleis *2* eingebaute Waggonwaage, welche auch für Landfuhrwerke und für Kraftwagen benutzbar ist. Sie besteht aus zwei in einem Abstand von 3000 mm hintereinander angeordneten Einzelwaagen mit Gleisunterbrechung von je 50 000 kg Wiegefähigkeit und 8000 × 1800 mm und 6000 × 2400 mm Brückengröße. Diese Einzelwaagen sind durch Verbundhebel auf eine gemeinschaftliche dritte Auswiegevorrichtung geschaltet, so daß durch die drei Auswiegevorrichtungen entweder jede Brücken-Einzellast bis zu 50 000 kg oder die Gesamtbelastung beider Waagenbrücken bis zu 80 000 kg

Abb. 22. Versenkte Schiebebühne, 80 t Tragkraft (Ausführung: M.E. 1924).

ausgewogen werden kann. Die Bauart dieser Verbundwaggonwaage gestattet die Verwiegung von zwei-, drei- und vierachsigen Eisenbahnwagen mit einem größten Radabstand bis zu 16,5 m. Fuhrwerke und Lastkraftwagen können mit der kleinen Waagenbrücke verwogen werden.

3. Eine Schiebebühne zum Versetzen von Eisenbahnwagen im Gesamtgewicht von 80 t von Gleis *1* nach Gleis *2* und umgekehrt (Abb. 22, Lichtbild). Sie ist in vier Punkten durch je zwei Laufrollen abgestützt. Die nutzbare Schienenlänge der Schiebebühne beträgt 17 m. Die Fahrschienen bestehen beiderseits aus zwei gekuppelten E-Schienen. Um das Maß zwischen den Oberkanten des Normalspurgleises und der Schiebebühnenbahn mit Rücksicht auf ein ungehindertes Befahren der Schiebebühnengrube durch Fuhrwerke möglichst klein zu gestalten, sind die Endquerträger der Schiebebühne als schmale Blechträger ausgebildet worden. Sie bewegen sich in Kanälen außerhalb der Schiebebühnengleise. Auf diese Weise konnte das erwähnte Maß auf 170 mm eingeschränkt werden. In halber Spannweite der Schiebebühne beträgt die Grubentiefe mit Rücksicht auf die Höhe der normalen Querträger 430 mm. Die auf die Querträger entfallenden Lasten werden durch vollwandige Hauptträger nach den Laufrollenwagen weitergeleitet. Der Antrieb der mit einer Geschwindigkeit von 25 m in der Minute fahrenden Schiebebühne erfolgt durch einen Drehstrommotor, durch den unter Zwischenschaltung einer Vorgelegewelle je eine Laufrolle auf jedem Fahrbahnstrang angetrieben wird. Durch Anordnung

einer besonderen Klauenkupplung ist es möglich, den Drehstrommotor auch zum Antrieb einer auf der Schiebebühne aufmontierten Windetrommel zu benützen, mit deren Hilfe Rangierbewegungen der Eisenbahnfahrzeuge vorgenommen werden können. Dazu wird das Seil der Windetrommel über Umlenkrollen geführt, welche auf den Hauptträgern der Schiebebühne befestigt sind. Der Antrieb befindet sich in einem besonderen, mit Holz verschalten, mit der Schiebebühne fest verbundenen Führerhaus. Die Stromzuführung erfolgt in einem unterirdischen Schleifleitungskanal.

4. Elektrisch betriebene Laufkrane von 25 m Stützweite und von 5 t Tragkraft, normaler Bauart ohne Galerieträger. Diese verkehren auf zwei Kranbahnen, deren Fahrschienen rund 8 m über Gleis *1* und 10 m über Gleis *2* liegen. Die Kranbahnen bestehen, soweit sie nicht mit der Halle in feste Verbindung gebracht werden konnten, aus 2 m hohen Fachwerkträgern mit Stützweiten, die zwischen 13,50 und 22 m schwanken.

Zur Aufnahme der in der Längsrichtung der Bahnen hauptsächlich durch Bremswirkung der Krane entstehenden Kräfte ist in jeder Kranbahnreihe je ein Portal eingeschaltet.

5. Eine zweischiffige Halle. Das Hauptschiff ist dadurch mit der Gleis- und Laufkrananlage in unmittelbare Verbindung gebracht, daß einerseits das Gleis *2* seitlich eingeführt und durch die eine Giebelwand durchgeführt ist, und daß andererseits der eine der beiden Krane — ungehindert durch die er-

Abb. 23. Gleiseinführung in die Halle.

wähnte Giebelwand — sowohl in der Halle als auch auf dem Freilager verkehren kann. Die Halle hat unter Anpassung an das zur Verfügung stehende Grundstück Trapezform, die eine Längsseite ist 88,15 m, die andere 108,30 m lang. Um das Gleis *2* seitlich einführen zu können, mußten vier normale Wandstützen des Hallentraggerippes entfallen und durch einen in der Wand liegenden fachwerkartig ausgebildeten Unterzug ersetzt werden. Die Abb. 23 zeigt im Lichtbild die dadurch bedingte Wandausbildung. Durch Kranlasten wird dieser 27 m weit gespannte Träger exzentrisch beansprucht. Dieser Kraftwirkung wird begegnet durch zwei ebenfalls auf 27 m angeordnete Fachwerkträger, von denen der eine in der Dachebene, der andere unterhalb der Decke eines Einbaus im Hauptschiff der Halle angeordnet ist.

6. Eine Schmalspurgleisanlage auf dem Hallenfußboden.

7. Eine Reihe von Vorrichtungen, um das Lagern des Materials zu erleichtern. Auf dem Freilager sind eine Anzahl Betonfundamente aufgeführt. Deren Oberkanten liegen in der Neigung. Durch quer gelegte Unterstützungseisen kann das Material so gelagert werden, daß Regenwasser rasch abläuft. Die senkrechte Lagerung von Stabeisen im Seitenschiff geschieht mit Hilfe besonderer Gestelle, die von Blechen in Holzgestellen. Kleineisenwaren werden übersichtlich auf der Zwischendecke des oben erwähnten Einbaus im Hauptschiff aufbewahrt.

Ausführungsbeispiel 3: Abb. 24, 25, 26. Das Werk Mettingen der Maschinenfabrik Eßlingen stellt den ersten Ausbau des in Abb. 3 dargestellten allgemeinen Beispiels dar. Das Werk dient der Herstellung von Eisenbahnmaterial (Lokomotiven und Wagen),

Kranen, Stahlbauten, Kesseln und von Erzeugnissen des allgemeinen Maschinenbaus und umfaßt eine Grundfläche von 310 000 qm, von denen 118 000 qm überbaut sind. Der Anschluß an die Landstraße erfolgt an zwei voneinander unabhängigen Stellen: am südlichen Ende des Werks durch eine Straßenunterführung hindurch, am Nordende des Werks über eine Straßenüberführung hinweg. Das Werk muß sich zunächst mit einem einseitigen Bahnanschluß begnügen, da infolge der örtlichen Verhältnisse das mit einem Durchgangsbahnhof vergleichbare Schema für die Gleisführung sich zunächst nicht durchführen ließ. Die Übergabeanlage fällt mit dem Güterbahnhof der Reichsbahn zusammen. Das aus Gleisen, Schiebebühnen und Straßen bestehende Verkehrsnetz, in welches die Werkstätten einzugruppieren waren, besteht aus folgendem: Innerhalb des Werkes sind drei Hauptlängsgleise durchgeführt, welche an ihren beiden Enden und in

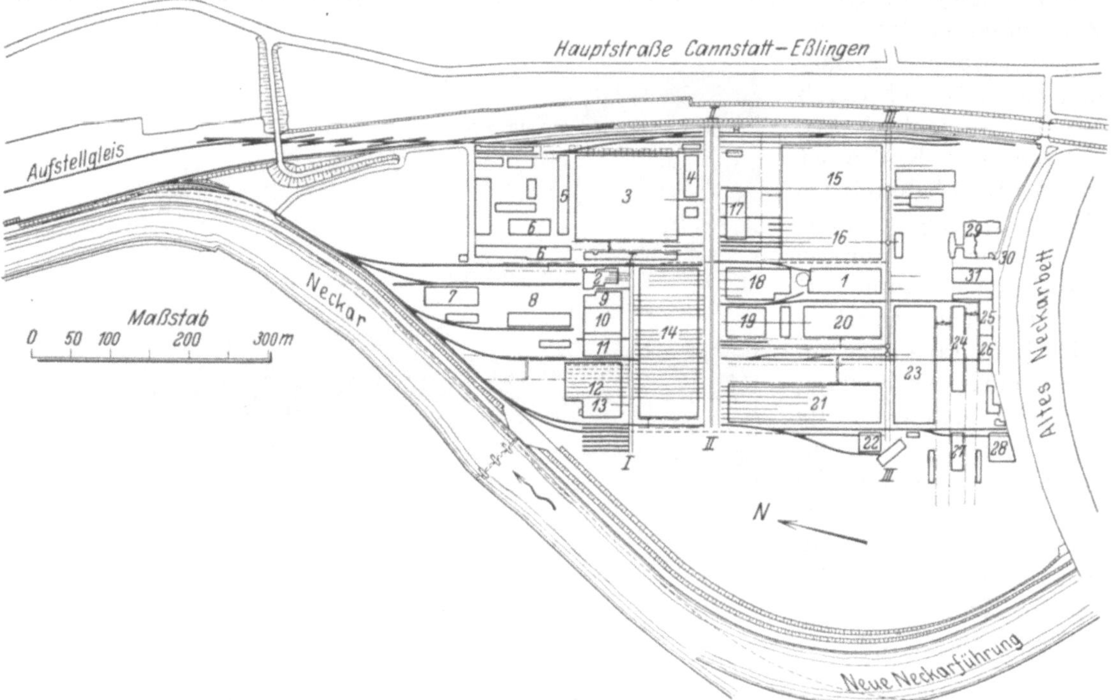

Abb. 24. Lageplan der Maschinenfabrik Eßlingen, Werk Mettingen. (Erbaut 1908/13, vergrößert 1918.)

1 Kraftzentrale I, *2* Kraftzentrale II, *3* Gießerei, *4* Metallgießerei, *5* Modellschreinerei, *6* Modellhaus, *7* Holzhalle, *8* Holzlagerplatz, *9* Sägewerk, *10* Holzbearbeitung, *11* Wagenbauschlosserei, *12* Wagenbauwerkstatt, *13* Wagenbauschmiede, *14* Werkstätten für Wagenbau, *15* Mechanische Werkstatt, *16* Montierung, *17* Versand, *18* Kranmontierung, *19* Zentralmagazin, *20* Schmiede, *21* Stahlbauwerkstätte, *22* Beizschuppen, *23* Kesselschmiede, *24* Eisenbahn-Sicherungswesen, *25* Magazin, *26* Rohrbiegerei, *27* Lagerhalle, *28* Rohrlager, *29* Verwaltungsgebäude, *30* Pförtnerhaus, *31* Speisehalle. *I, II, III* Schiebebühnen.

der Mitte Schiebebühnenanlagen überschneiden. Diese Schiebebühnenanlagen dienen dazu, die auf den drei Hauptgleisen eingehenden Wagen auf Nebenlängsgleise, welche zum größten Teil in Werkstätten hinein und auf die Lagerplätze führen, zu verteilen. Die 370 m lange Hauptschiebebühnenanlage mit versenkter Grube von 20 m nutzbarer Gleislänge (Abb. 25) besteht aus zwei Teilen, deren Tragfähigkeit je 80 t und deren Geschwindigkeit 100 m in der Minute beträgt.

Es war vorgesehen, daß jede Hälfte der Schiebebühne den Verkehr zwischen den einzelnen Werkstätten des an sie grenzenden Fabrikteils besorgt, beide zusammen in gekuppeltem Zustand den Verkehr zwischen denjenigen beiden Fabrikteilen, in welche die ganze Anlage durch die Laufbahn dieser Schiebebühne zerlegt wird. Der praktische Betrieb der Schiebebühnenanlage sah jedoch von dem ungekuppelten Betrieb ab. Im Laufe der Zeit wurde infolge des gesteigerten Verkehrs noch ein Anhängewagen, welcher mit der Schiebebühne verbunden ist, und welchen eine der Abbildungen zeigt, notwendig.

Außer dieser Normalspurgleisanlage dient dem Verkehr innerhalb des Werks eine

Anzahl Werkstraßen. Von diesen ist die Hauptverkehrsstraße von besonderer Bedeutung. Sie verbindet die beiden oben erwähnten Werkeingänge miteinander. Parallel und senk-

Abb. 25. Versenkte Schiebebühne (siehe *II—II* Lageplan Abb. 24; Ausführung: M.E.).

recht zu ihr laufen weitere, meist geschlossene Ringe bildende, gepflasterte Straßen. Außer dem Straßennetz besorgt den Verkehr zwischen den einzelnen Lagerplätzen und Werkstätten und den Verkehr zwischen den Werkstätten untereinander ein weit ver-

Abb. 26. Maschinenfabrik Eßlingen, Werk Mettingen. Luftbild.

zweigtes Schmalspurgleisnetz, das an einzelnen Stellen auch den Verkehr über die drei Schiebebühnen hinweg vermittelt.

Bei Betrachtung des Lageplans ergibt sich eine Vierteilung der Anlage, und zwar durch die Hauptverkehrsstraße und durch die Hauptschiebebühne. Im nordöstlichen Teil, also östlich der Hauptverkehrsstraße und nördlich der Hauptschiebebühne ist die

Gießerei mit sämtlichen Nebenanlagen untergebracht. Westlich von dieser Gebäudegruppe liegen alle Werkstätten für die Herstellung von Eisenbahnwagen. Es ist hier bei vollem Ausbau dieses Teils des Werks ein ununterbrochener Arbeitsgang ohne Rückwege vom Hereinführen des Holzes und des Eisens auf mit Kranen bedienten Lagerplätzen bis zur Fertigstellung der einzelnen Wagentypen möglich. Auf dem südwestlichen Teil des Fabrikgrundstücks befindet sich eine Anzahl Werkstätten, die durchweg einen ähnlichen Arbeitsgang aufweisen, nämlich: Die Werkstätte für Eisenbahnsicherungswesen, die Kesselschmiede, die Stahlbauwerkstätte, die Hauptschmiede und die Kranmontierungswerkstätte. Auch das Zentralmagazin und die Hauptzentrale sind in diesem Fabrikteil

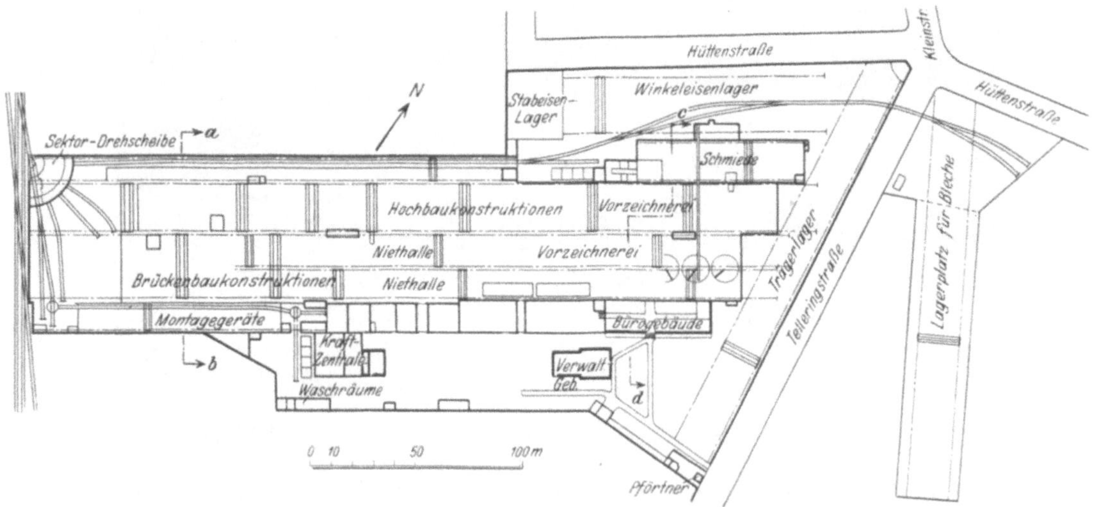

Abb. 27a. Lageplan der Stahlbauanstalt Flender A.-G., Benrath (Umbau 1919).

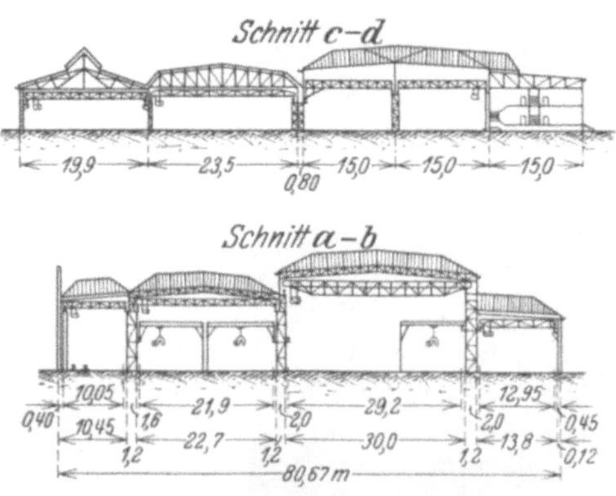

Abb. 27b. Gebäudeschnitte.

untergebracht. Eine zweite Zentrale ist zwischen Gießerei und Wagenbau gelegt. Die Teilung der Krafterzeugungsanlage ist deshalb vorgenommen, um bei der zweiten Zentrale die Verbrennung des in den Holzbauwerkstätten der Gießerei und des Wagenbaus anfallenden Abfallholzes ohne zu große Transporte zu ermöglichen und um die Heizung der Wagenbauwerkstätten zu erleichtern. Auf dem südöstlichen Teil des Fabrikgeländes liegt die mechanische Werkstätte, zusammengebaut mit den Montierungen für den Lokomotivbau und für den allgemeinen Maschinenbau und außerdem das Verwaltungsgebäude.

Auf die Verbindung des Werks mit dem später zu erwartenden Kanal ist bei der Anlage der Lagerplätze Rücksicht genommen worden. An der aus dem Lageplan ersichtlichen Stelle ist ein Wehr geplant. Dadurch kann oberhalb dieses Wehrs an der Uferlinie des gestauten Neckars eine großzügige Hafenanlage so gebaut werden, daß die eingehenden Werkstoffe rasch entladen und vorläufig gelagert werden können, um nach Bedarf den in der Nähe liegenden Lagerplätzen der einzelnen Betriebsabteilungen zugeführt zu werden.

Der Arbeiterverkehr erfolgt durch das Fabriktor in der Nähe des Verwaltungsgebäudes. Alle Waschräume sind in der Nähe der Bearbeitungswerkstätten, meist in den Unterkellerungen untergebracht. Die Kontrolluhren stehen zwischen den Waschräumen und den Arbeitsplätzen.

In dem Verwaltungsgebäude sind die kaufmännischen und diejenigen technischen Büros der Abteilungen, für welche im Werk Mettingen fabriziert wird. Das Betriebsbüro befindet sich in einem von Westen nach Osten verlaufenden, nach Süden zu gelegenen Anbau an die mechanische Werkstätte.

Die Wasserversorgung des Werks ist getrennt in eine Trinkwasser- und in eine Nutzwasserversorgung. Das Nutzwasser, vor allem das für die Kondensationsanlage der Dampfmaschinen, wird aus dem Neckar entnommen.

Zur Kanalisation des ganzen Werks mußte ein umfangreiches Rohrnetz gebaut werden, welches vorerst das Brauch- und Regenwasser gemeinsam nach einem Absitzbecken, einem See, führt, welcher durch die Entnahme von Kies für den Bau des Werks entstand.

Abb. 28. Sektor-Drehscheibe (Ausführung: Spieß, Siegen).

Ausführungsbeispiel 4: Abb. 27a und b. Bei dem endgültigen Umbau der Brückenbauanstalt Flender A.-G., Benrath[1] mußte auf die eingeengte Lage des Grundstücks

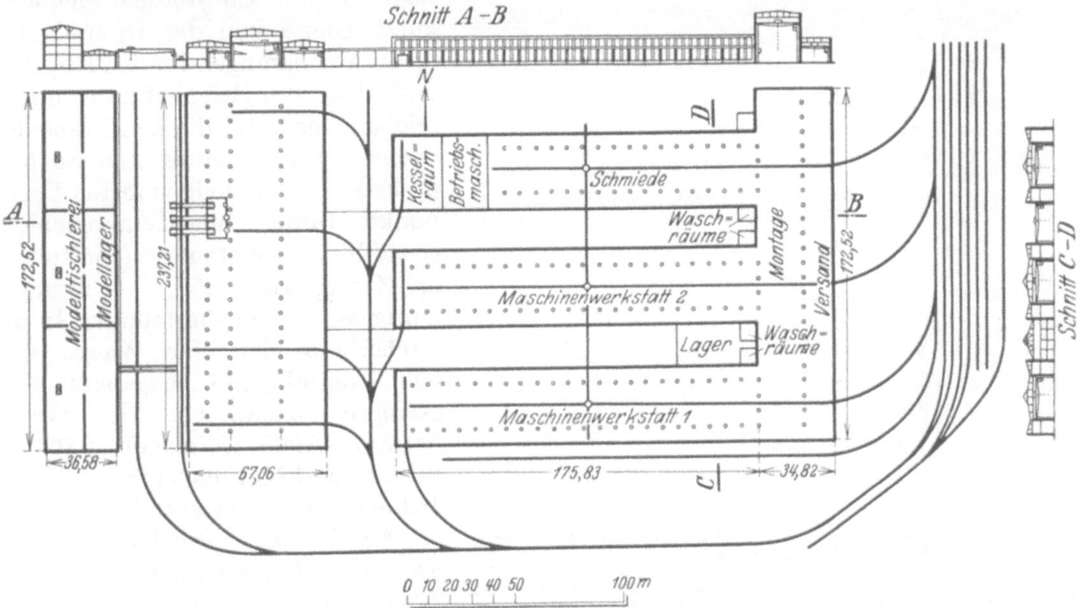

Abb. 29. Lageplan der Maschinenfabrik Allis Chalmers Co., West-Allis, Wsc.

an den Längsseiten zwischen zwei großindustriellen Werken und an den Schmalseiten zwischen der Eisenbahn einerseits und einer städtischen Straße andererseits Rücksicht genommen werden. Die Gesamtanlage besteht in der Hauptsache aus einer vierschiffigen Halle und zwei Stahllagerplätzen, die durch Laufkrane bedient werden. An der Bahnseite

---

[1] Siehe Bauing. 1922 S. 257.

schließt sich an die Längsschiffe eine Art Querhalle an, welche der Verbindung des Werks mit der Staatsbahn dient. Das wichtigste Hilfsmittel dafür ist eine in der Querhalle ein-

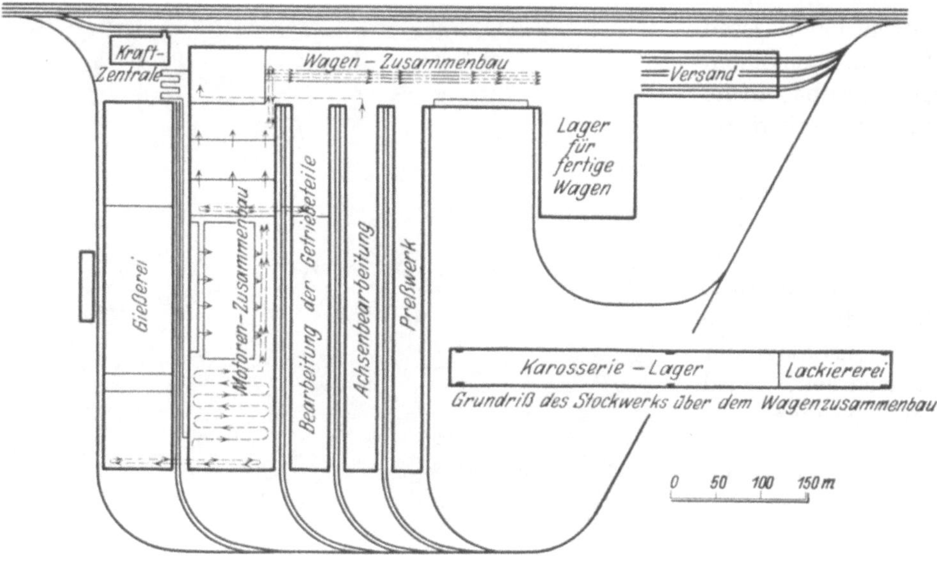

Abb. 30.

gebaute Sektordrehscheibe (Abb. 28), welche die Werkgleise untereinander und mit dem aus dem Werk ausführenden Bahnhofsgleis verbindet. Wie die Abb. 27a zeigt, ist nur ein langer Gleisstrang im Werk vorhanden, der durch das eine der Hallenschiffe zum Lager führt. Im übrigen genügen kurze Gleise von der Drehscheibe, deren Abmessungen für den längsten und schwersten Eisenbahnwagen ausreichen, bis unter die Laufkrane der anderen Hallenschiffe. Die Sektordrehscheibe hat keinen festen Drehpunkt. Infolge eines entsprechend gewählten Übersetzungsverhältnisses im Zahngetriebe läuft sie zwangsläufig auf einem Viertelkreis. In die Drehscheibe ist eine Waage von 80 t Tragfähigkeit eingebaut. Die gesamte Grundfläche des Werks beträgt 48000 m², wovon 30800 m² bebaut sind und 6900 m² auf Kranbahnen im Freien entfallen.

Ausführungsbeispiel 5: Abb. 29. Das Werk Allis Chalmers Co.[1] in West Allis Wisc. ist eine ältere, aber in ihrer Grundrißbildung heute noch durchweg moderne amerikanische

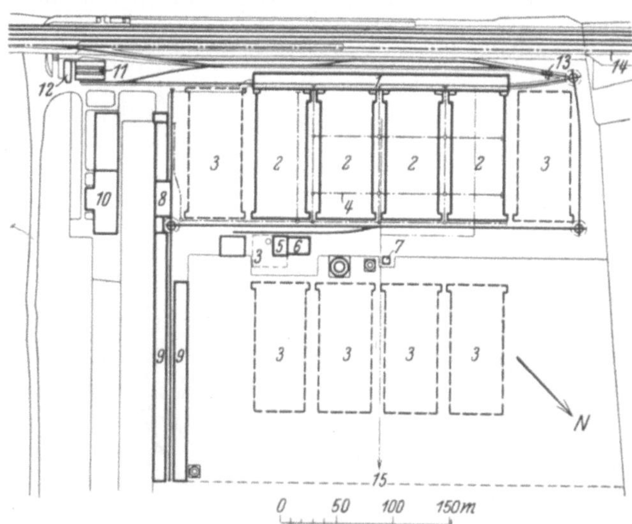

Abb. 31. Lageplan der Mühlenbauanstalt und Maschinenfabrik vorm. Gebr. Seck, Sporbitz bei Dresden. (Baujahr 1917/18.)

1 Verladehalle, *2* Fabrikationshallen (dreischiffig), *3* Spätere Erweiterung, *4* Schmalspurgleis, *5* Kesselhaus, *6* Kohlenschuppen, *7* Azetylenhaus, *8* Trockenkammer, *9* Holzlagerschuppen, *10* Büro- und Speisehaus, *11* Fahrradschuppen, *12* Pförtnerhaus, *13* Waage, *14* Aufstellgleis, *15* Zur Kläranlage.

Maschinenfabrik. In der Abbildung sieht man von links nach rechts das Gebäude der Modelltischlerei, in dem auch das Modellager untergebracht ist, dann die Gießerei, und in dem gabelförmigen Bau zwei Maschinenwerkstätten, eine Schmiede und rechtwinklig dazu die Montierungshalle, an die ein Schiff für den Versand angebaut ist. Die Höfe

---

[1] Siehe Z. VDI 1904 S. 599.

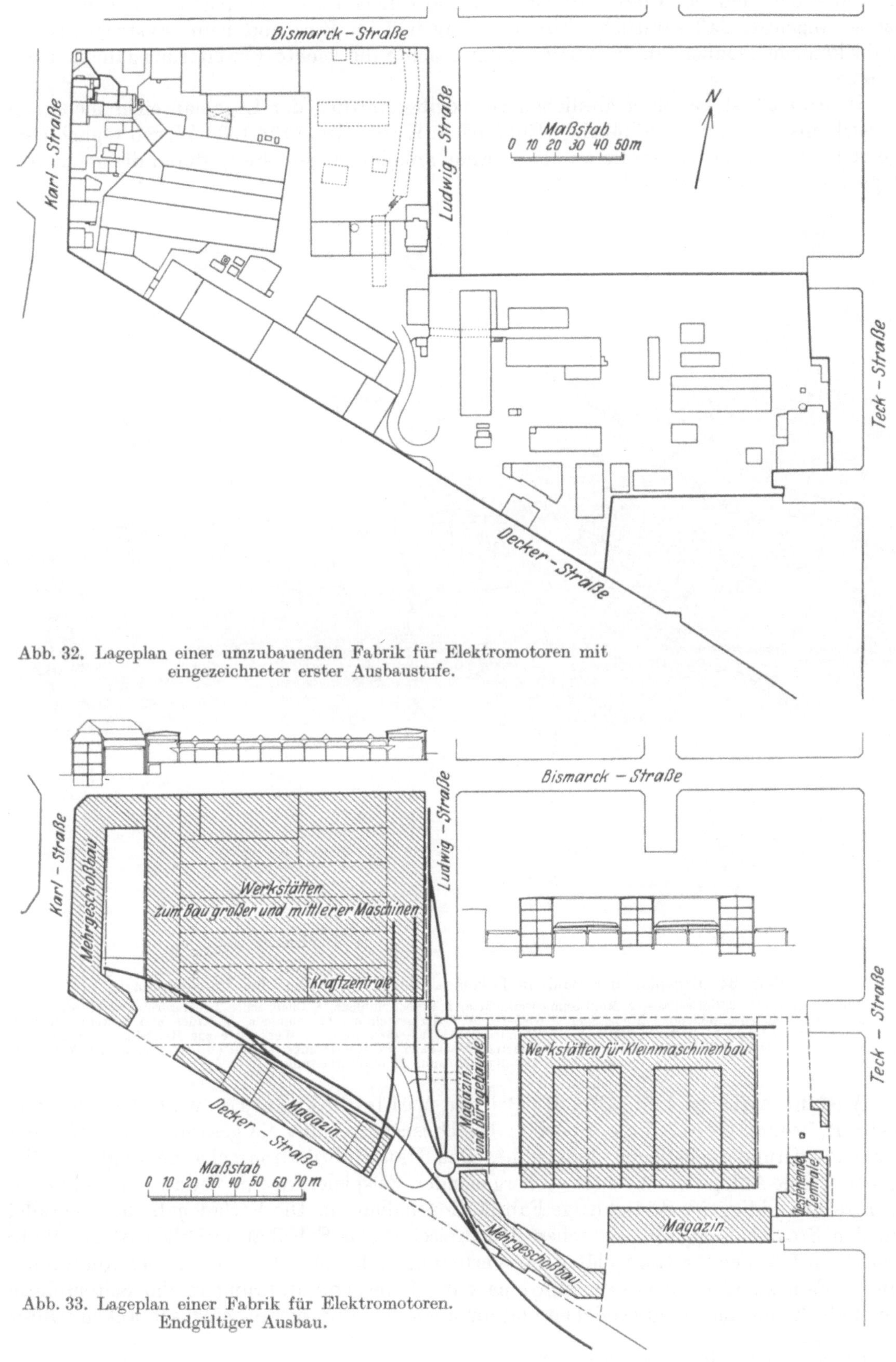

Abb. 32. Lageplan einer umzubauenden Fabrik für Elektromotoren mit
eingezeichneter erster Ausbaustufe.

Abb. 33. Lageplan einer Fabrik für Elektromotoren.
Endgültiger Ausbau.

zwischen den Gebäuden des gabelförmigen Baus dienen als Lagerplätze. Die Gleiswaage ist so angelegt, daß sämtliche Eisenbahnwagen beim Ein- und beim Austritt aus der Fabrikanlage darüber fahren müssen. Man beachte die leichte Erweiterungsfähigkeit der Anlage.

In Abb. 30 ist bei einer ähnlichen Grundrißgestaltung der Lageplan einer modernen amerikanischen Automobilfabrik[1] (Entwurf A. Kahn, Inc.) für 1500 Wagen täglich dargestellt, bei der die Rohstoffe an einem Ende ankommen und stetig durch die ganze Anlage bis zum anderen Ende fließen.

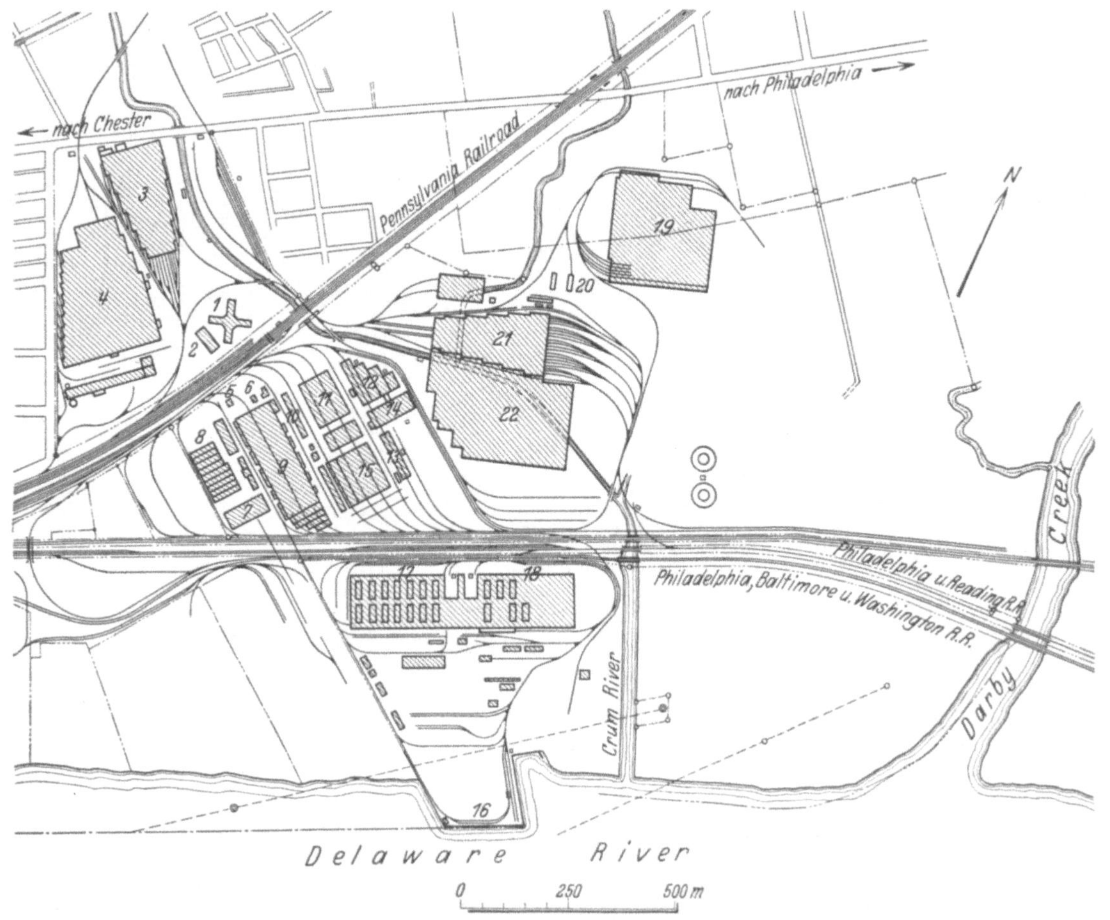

Abb. 34. Lageplan der Baldwin Lokomotivfabrik Eddystone bei Philadelphia.

1 Verwaltungsgebäude, *2* Speisehaus, *3* Montierungswerkstätte, *4* Kesselschmiede, *5* Chemisches Laboratorium, *6* Physikalisches Laboratorium, *7* Modellschreinerei, *8* Modellager, *9* Gießerei, *10* Federherstellung, *11* Schmiede, *12* Räder- und Achsenherstellung, *13* Bremsenprobierstand, *14* Kistenherstellung, *15* Schmiede, *16* Wasseranschluß, *17* Werkstätte zur Herstellung der Zylinder, *18* Rahmenwerkstätte, *19* Behälter- und Tenderwerkstätten, *20* Waage, *21* Montierungswerkstätten, *22* Mechanische Werkstätte einschließlich Metallgießerei und Metallbearbeitung.

Ausführungsbeispiel 6: Abb. 31. Bei der Mühlenbauanstalt und Maschinenfabrik, vorm. Gebr. Seck, Sporbitz bei Dresden, beträgt die gesamte zur Verfügung stehende Grundstücksfläche 288 000 m². Das Hauptfabrikationsgebäude zeigt dieselbe gabelförmige Anlage wie die zwei vorhergehenden Beispiele. An eine Verladehalle schließen sich rechtwinklig vier dreischiffige Fabrikationshallen an. Die Verladehalle liegt parallel zu den Staatsbahngleisen. Zwischen den dreischiffigen Fabrikationshallen ist ein Platz von 12 m frei, der für Lagerplätze zur Verfügung steht. Man hat sich zu der Anordnung dieser Fabrikhöfe entschlossen, um eine gute Tageslichtzuführung in die Seitenschiffe der Fabrikationshallen zu erreichen und um auch die Feuersgefahr einzuschränken. Unter

---

[1] Siehe Fact. ind. Managem. 1928 S. 318.

der Verladehalle sind die Wasch- und Ankleideräume untergebracht. Sie ist mit einem oberen Stockwerk versehen. Das Fabrikgrundstück hat je ein besonderes Zufuhr- und Abholgleis. Ein Verladegleis läuft durch die ganze Verladehalle. Weitere durch Dreh-

scheiben miteinander verbundene Gleise versorgen das Eisenlager, das Holzlager und dienen der Kohlenzufuhr.

Ausführungsbeispiel 7: Abb. 32 und 33. Die Abbildungen zeigen einen Entwurf des Verfassers für eine Fabrik für Elektromotoren vor und nach dem geplanten Umbau. Die wesentlichen Teile der neuen Anlage sind zwei große Fabrikationsgebäude, von denen im einen große und mittlere Maschinen, im anderen Kleinmotoren hergestellt werden sollen. Der erst-

Abb. 35. Baldwin Lokomotivfabrik Eddystone bei Philadelphia. Luftbild.

genannte Bau besteht aus längsverlaufenden Bearbeitungsschiffen, an die sich auf beiden Seiten rechtwinklig dazu Querschiffe anschließen. Der wichtigste Teil des Fabrikbaus für Kleinmotoren ist ein gabelförmiger Hochbau; in den Höfen sind Eingeschoß-Bauten untergebracht. Um den oberen Teil des Werks in Anschluß mit der Eisenbahn zu bringen, müssen zwei Drehscheiben eingebaut werden, was bei dem unteren, tiefer gelegenen Teil

des Werks nicht notwendig ist. Wie man aus den Lageplänen sieht, war es möglich, drei der älteren Gebäude in die neue Anlage einzubeziehen, ohne den für ihren Entwurf maßgebenden Leitgedanken zu stören.

Ausführungsbeispiel 8: Abb. 34 und 35. Die **Baldwin Lokomotive Co.**, Eddystone bei Philadelphia Pa. ist die größte amerikanische Lokomotivfabrik. Bei Vollbetrieb werden 8000 Arbeiter beschäftigt und täglich

Abb. 36. General Electric Co., Schenectady (N. Y.) Works. Luftbild.

10 große Lokomotiven hergestellt, wobei gleichzeitig 150 Lokomotiven im Bau sind. Bemerkenswert ist das im Grundriß mit *21* bezeichnete Gebäude, in dem die Montierung der Lokomotiven vorgenommen wird. Ähnlich wie bei dem Ausführungsbeispiel 1 erfolgt das Vorrücken der Arbeitsstücke automatisch in der Längsrichtung; für den Quertransport dienen Krane.

Ausführungsbeispiel 9: Abb. 36. Das Schenectady-Werk der **General Electric Co.** ist die größte Fabrikationsstätte der General Electric Co. in U.S.A. Es enthält mehr als 353 Gebäude mit einer benutzbaren Grundfläche von 613000 m² und nimmt eine Fläche von mehr als 2610000 m² ein. Abweichend von vielen anderen amerikanischen

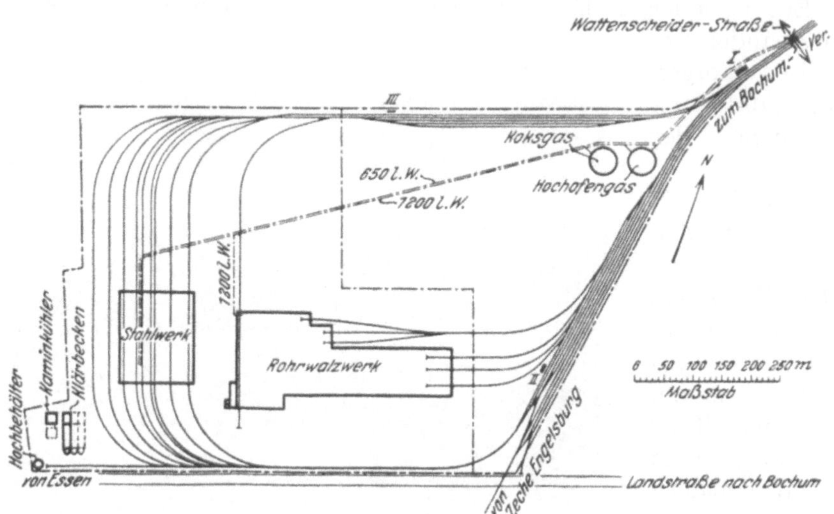

Abb. 37. Lageplan des Werkes Höntrop des Bochumer Vereins.

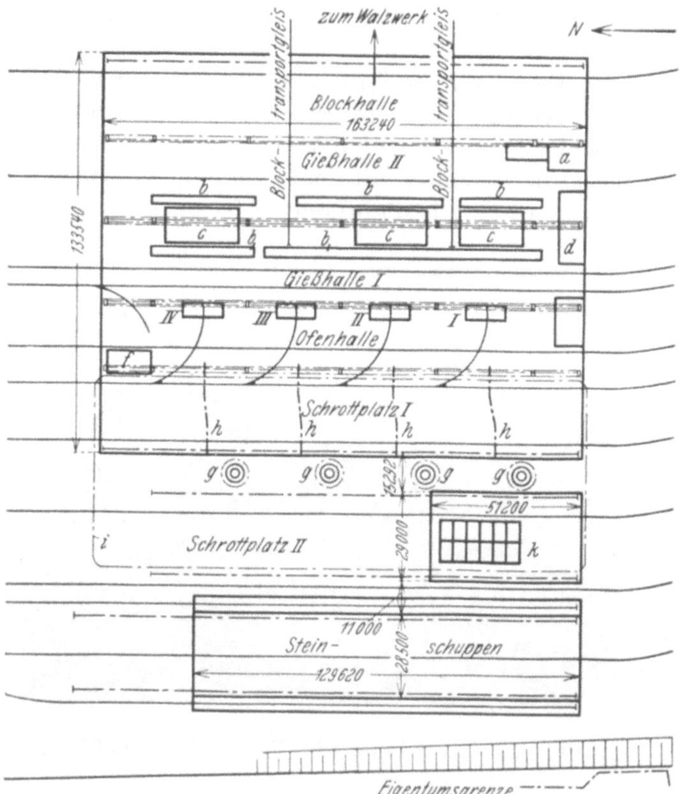

Abb. 38. Grundriß des Stahlwerks der Abb. 37.
a Pfannenausbesserung, *b* Gießgrube, *c* Kokillenrost, *d* Schmiede und Schlosserei, *e* Laboratorium, *f* Schaltraum, *g* Schornstein, *h* Rauchrohr, *i* Muldentransportkatze, *k* Bunkeranlage.

Fabriken, bei denen die Werkstätten unter einem Dach vereinigt sind, sind in Schenectady die verschiedenen Fabrikationsprozesse in voneinander unabhängigen Einzelgebäuden untergebracht.

Ausführungsbeispiel 10: Abb. 37 und 38. Das 1924 in Betrieb genommene Werk Höntrop[1] des Bochumer Vereins ist eines der modernsten deutschen Rohrwalzwerke. Die überbaute Fläche beträgt 80000 m², wovon auf die beiden Hauptgebäude, das für das Siemens-Martin-Stahlwerk 31400 m² und auf das des Rohrwalzwerks 38100 m² entfallen. Der Grundriß des Stahlwerks ist aus Abb. 38 zu ersehen. Das Dach dieses 133,54 m breiten Gebäudes ist so geformt, daß das gesamte Regenwasser in große Betonrinnen an den Längsseiten abläuft.

Ausführungsbeispiel 11: Abb. 39. Der Umfang und die Leistungsfähigkeit des Werks der Illinois Steel Co. in Gary[2] sind auch für

---

[1] Siehe Stahl u. Eisen 1926 Nr. 13 u. 14.

[2] Siehe Koppenberg: Eindrücke aus der Eisenindustrie der Vereinigten Staaten von Nordamerika S. 52. Berlin: Julius Springer 1926.

amerikanische Verhältnisse ganz ungewöhnlich. Das Werk enthält: 12 Hochöfen, Kokerei, 3 Martinwerke mit 42 Öfen, ein Block- und Schienenwalzwerk, ein Universal- und Blechwalzwerk, ein Mittel- und Feineisenwalzwerk und ein Radscheibenwalzwerk.

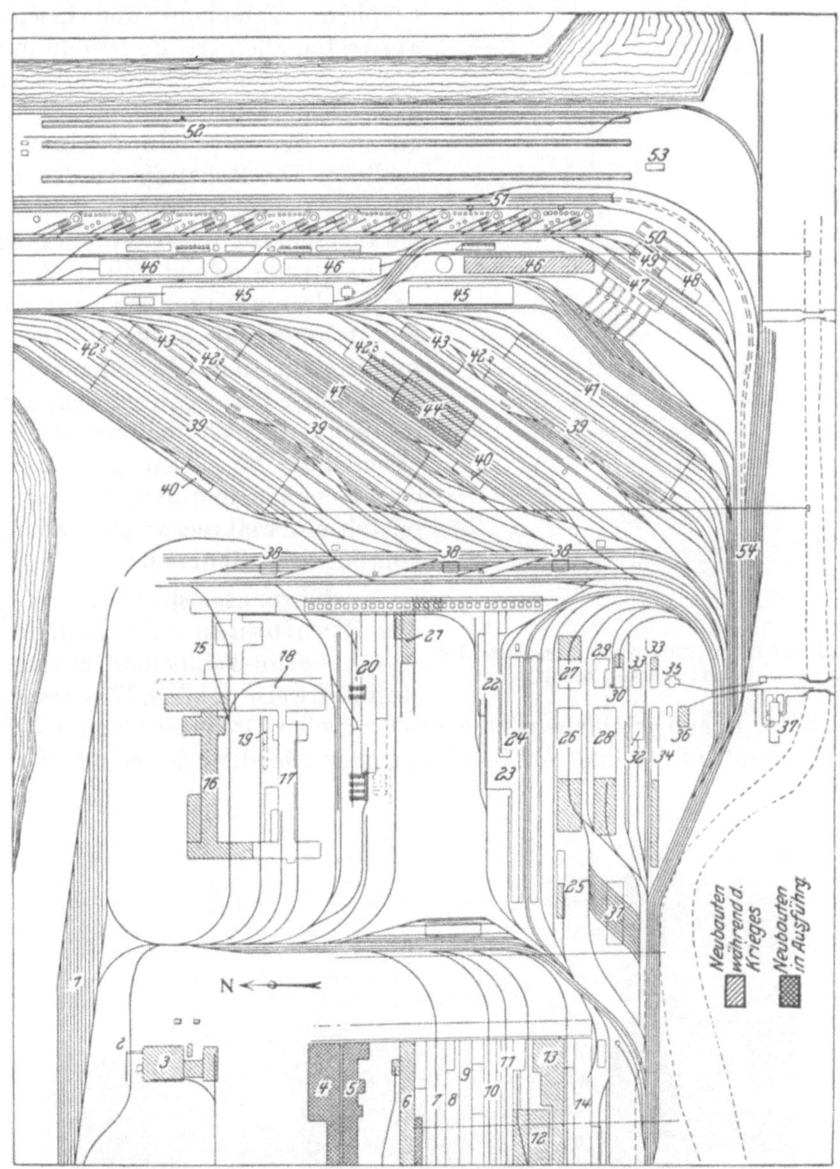

Abb. 39. Lageplan des Werkes Gary der Illinois Steel Co.

1 Rangierbahnhof Nord, *2* Hofkran, *3* Räderfabrik, *4* 508er Streifenwalzwerk, *5* 305er Streifenwalzwerk, *6* 254er Feinstraße Nr. 2, *7* 254er Feinstraße Nr. 1, *8* 305er Straße Nr. 2, *9* 305er Straße Nr. 1, *10* 356er Straße, *11* 457er Straße, *12* Adjustage für Unterlagsplatten, *13* 508er Handelseisenstraße, *14* Achsenwalzwerk, *15* 914er Brammenstraße, *16* 4 m breites Blechwalzwerk, *17* Universalwalzwerk bis 1,5 m Breite, *18* Brammenlager, *19* Gaserzeuger, *20* Knüppelstraße, *21* 1016 Blockwalzwerk, *22* Schienenstraße, *23* Wärmbetten, *24* Adjustagen, *25* Walzenlager, *26* Mechanische Werkstätten, *27* Kesselhaus, *28* Gießerei, *29* Schmiede, *30* Elektrotechnische Reparaturwerkstatt, *31* Lokomotivschuppen, *32* Lager, *33* Modellager, *34* Steinlager, *35* Eingangsgebäude, *36* Automobilschuppen, *37* Verwaltungsgebäude, *38* Stripper, *39* Stahlwerke, *40* Steinfabriken, *41* Schrottlager, *42* Mischer, *43* Fallwerke, *44* Duplexanlage, *45* Kraftwerke, *46* Gebläsehäuser, *47* Gießmaschine, *48* Fallwerk, *49* Pfannenreparaturwerkstätte, *50* Steinlager, *51* Hochöfen, *52* Erzlager, *53* Agglomerieranlage, *54* Rangierbahnhof Süd.

Bemerkenswert sind die große Übersichtlichkeit und die guten Transportverhältnisse im Werk. Der Gesamtversand der Walzwerke an Fertigprodukten betrug in einem Rekordmonat 257000 t.

Ausführungsbeispiel 12: Abb. 40 bis 42. Die Siemens-Schuckert-Werke in Berlin sind mit Hilfe eines Stichkanals an die Wasserstraße angeschlossen. Durch eine Verladebrücke (Abb. 41) wird das Kohlenlager versorgt. Im übrigen ist für Verladezwecke der Portalkran der Abb. 42 bestimmt.

Ausführungsbeispiel 13: Abb. 43. Das Werk der Fa. C. Lorenz A.-G., Berlin-Tempelhof[1] dient der Massenanfertigung von Telegraphen-, Telephon- und Eisenbahnsignalapparaten aller Art. Es besteht in der Hauptsache aus einem Hochbau mit Lichthöfen (a) und einem Eingeschoßbau (c), an den sich an zwei Seiten je ein Zweigeschoßbau anschließt. Die Rohstoffe werden teilweise auf der Eisenbahn, teilweise auf dem Wasserweg herangeschafft. Die Verbindung mit der Wasserstraße erfolgt mit Hilfe eines Laufkrans, dessen Kranbahn über das Ufer des Schiffahrtskanals auskragt. Der Kran kann unmittelbar das Kesselhaus (e) bedienen, sowie auch den Schienenweg. Er stellt also im Werk die Verbindung von Schiff und Eisenbahn dar. Den Transport zwischen dem Hochbau und dem Eingeschoßbau vermittelt ein weitverzweigtes Schmalspurnetz von 500 mm Spurweite.

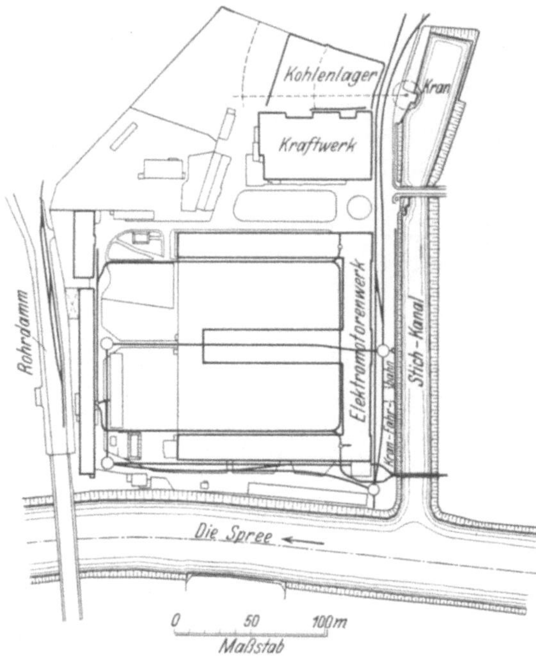

Abb. 40. Stichkanal des Elektromotorenwerks der Siemens-Schuckert-Werke, Berlin.

Ausführungsbeispiel 14: Abb. 44 und 45. Der **Stahlbauanstalt Steffens & Nölle A.-G.,** Berlin-Tempelhof werden die Rohstoffe teilweise auf dem Wasserweg zugeführt. Das Entladen der Krane geschieht mittels zweier großer Drehkrane von je 5 t Tragfähigkeit. Diese können unmittelbar auf den Lagerplatz abladen, der seinerseits durch eine

Abb. 41.

Verladeanlage bedient wird. Auf ihrer hochliegenden Kranfahrbahn verkehrt ein fahrbares, nach beiden Seiten auskragendes Laufkrangerüst mit einem fahrbaren Drehkran.

Die **Ausführungsbeispiele 15 und 16** beziehen sich auf zwei **Kabelwerke,** von denen das eine (Abb. 46 und 47) zu den SSW gehört, das der Abb. 48 bis 50 zur AEG. Das erst-

<hr>

[1] Siehe Werkst.-Techn. 1922 Heft 8.

genannte Werk befindet sich an dem erbreiterten Hohenzollernkanal. Die Verbindung zwischen Wasserstraße, Gleisanlage und Werk erfolgt durch zwei Verladebrücken

Abb. 42.

(Abb. 47). Das Kabelwerk der Abb. 48* weist eine sehr große Wasserfront auf. Für die Versorgung des Kohlenlagers dient eine Verladebrücke, deren eine Abstützung um eine vertikale Achse drehbar ist und deren anderer Auflagerpunkt auf einem Kreissegment fahren kann. Zum Vergleich und als Beispiel, wie sehr industrielle Einzelgebäude ihren Verwendungszweck wechseln, ist in Abb. 49 der erste Ausbau dieser Anlage dargestellt. Nach einer Notiz in der Z. VDI 1912, S. 1147 kamen für dieses Werk im ersten Ausbau in Betracht:

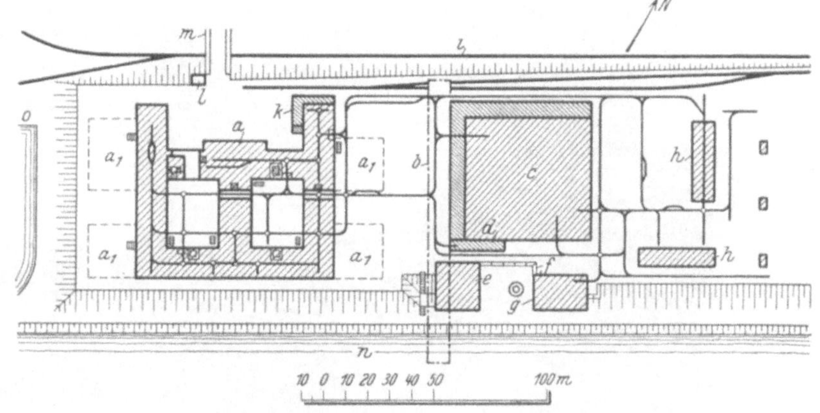

Abb. 43. Lageplan der C. Lorenz A.G., Berlin-Tempelhof.

a Hochbau, a_1 Erweiterung, b Kranbahn, c Hallenbau, e Kesselhaus, f Futtermauer, g Neue Tischlerei, h Lager, i Hafenbahn, k Rampe, l Pförtner, m Lorenz-Weg, n Teltowkanal, o Hafen.

Rohstoffanfuhr auf dem Wasserweg . . . . 82 000 t
Auf der Eisenbahn . . . . 8 000 t
Abfuhr von Fertigfabrikaten auf dem Wasserweg . . . . . . 8 000 t
Mit der Eisenbahn . . . . 64 000 t

---

* Siehe Z. VDI 1929 S. 1849.

Diese Zahlen zeigen deutlich, daß, wie oben erwähnt, die Wasserstraße hauptsächlich der Zufuhr der Rohmaterialien dient, während die Abfuhr in den meisten Fällen auf der Eisenbahn erfolgt.

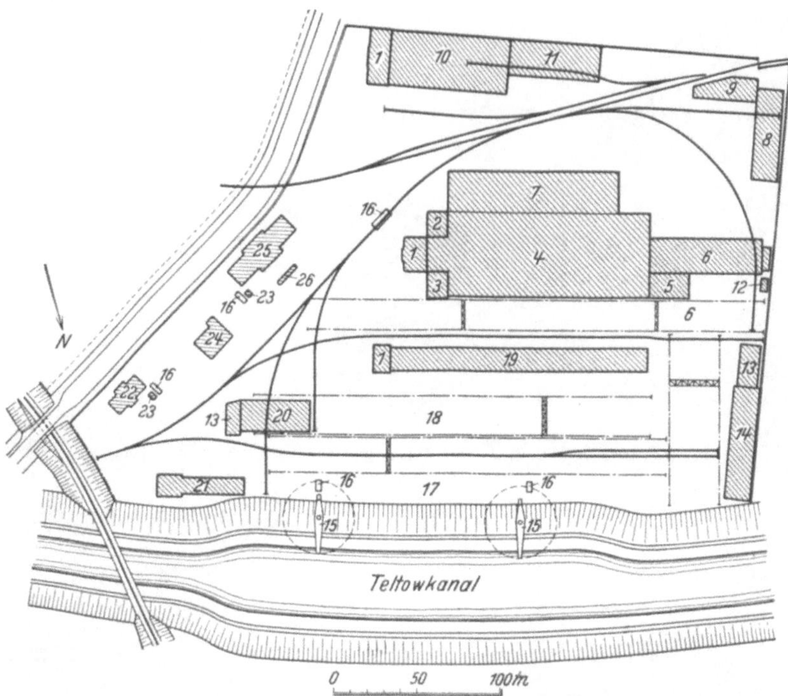

Abb. 44. Lageplan der Stahlbauanstalt Steffens und Nölle A.G., Berlin-Tempelhof.

1 Bürogebäude, *2* Schraubenmagazin, *3* Waschräume, *4* Bearbeitungs- und Montierungshalle, *5* Schmiede, *6* Zulage, *7* Röhrenlager, *8* Rüstzeughalle, *9* Offener Schuppen für Rüstzeug, *10* Maschinenbauhalle, *11* Montierungshalle, *12* Öllager, *13* Lagerschuppen, *14* Halle für Trägerbau, *15* Drehkran, *16* Waage, *17* Lagerplatz für schwere Träger, *18* Lagerplatz für leichte Träger, *19* Lagerschuppen für Bleche und Stabeisen, *20* Lagerschuppen für Stabeisen, *21* Stallgebäude, *22* Ehemaliges Bürogebäude, *23* Pförtnerhaus, *24* Garage, *25* Speisehaus, *26* Fahrradschuppen.

Abb. 45.

Ausführungsbeispiel 17: Abb. 51 und 52. Bei der Fabrik für den Zusammenbau von Fordautomobilen in Long Beach, Kalifornien (Entwurf Albert Kahn, Inc.), ist der ganze

Betrieb in einem zusammenhängenden Gebäudekomplex untergebracht. Die Verladung geschieht mit Hilfe eines fahrbaren Bockkrans, auf dem sich ein fester Drehkran befindet. Mit dessen Hilfe ist das Beladen und Verladen auch hoher Schiffe ohne weiteres möglich.

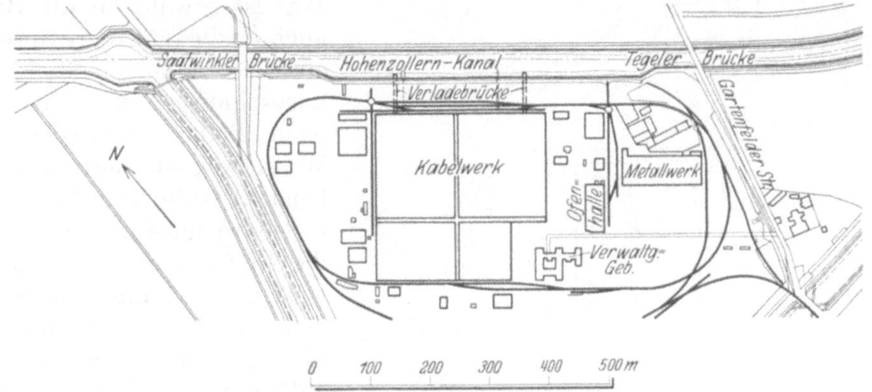

Abb. 46. Lageplan des Kabelwerks der Siemens-Schuckert-Werke, Berlin. (Baujahr 1911.)

Abb. 47. Verladeanlage zu Abb. 46.

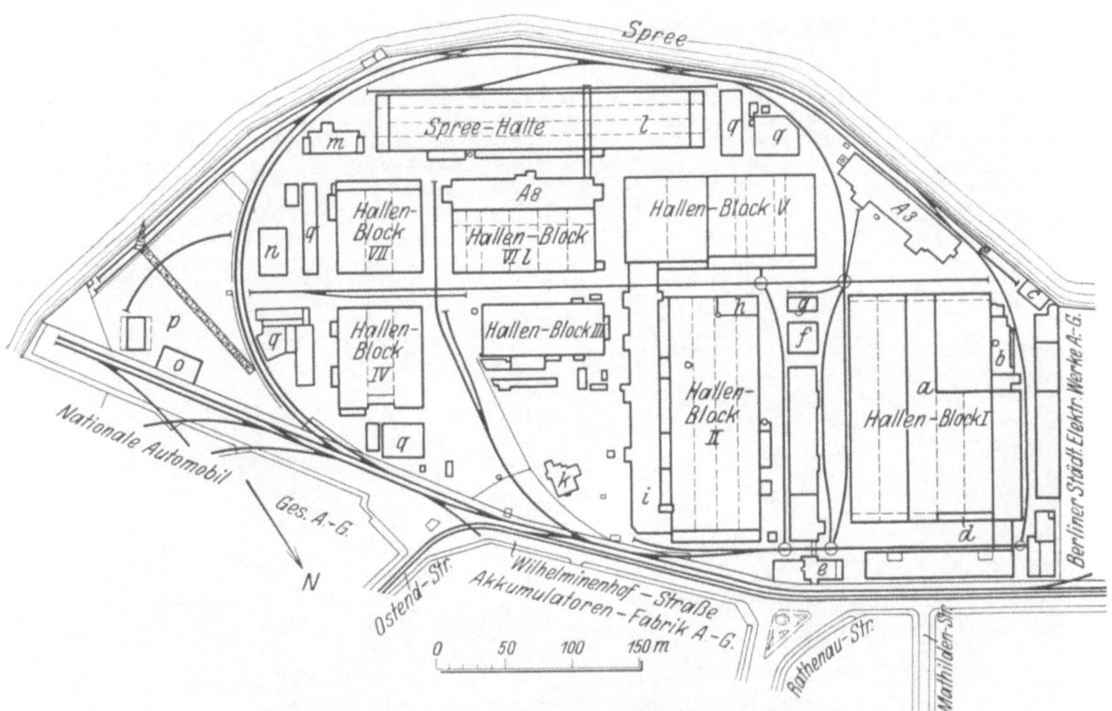

Abb. 48. Lageplan des Kabelwerkes der AEG Berlin. (Umbau 1927/28.)

a Starkstromkabelfabrik, b Kesselhaus 1, c Vorläufiges Kabellager, d Schaltstation 1, e Altes Verwaltungsgebäude, f Gasanstalt, g Schaltstation 2, h Kesselhaus 2, i Verwaltungsgebäude, k Wohnhaus, l Fernmeldekabelfabrik, m Kraftwagenschuppen, n Desgl. und Ausbesserungswerkstatt, o Drehrostgaserzeuger, p Kohlenlager, q Schuppen.

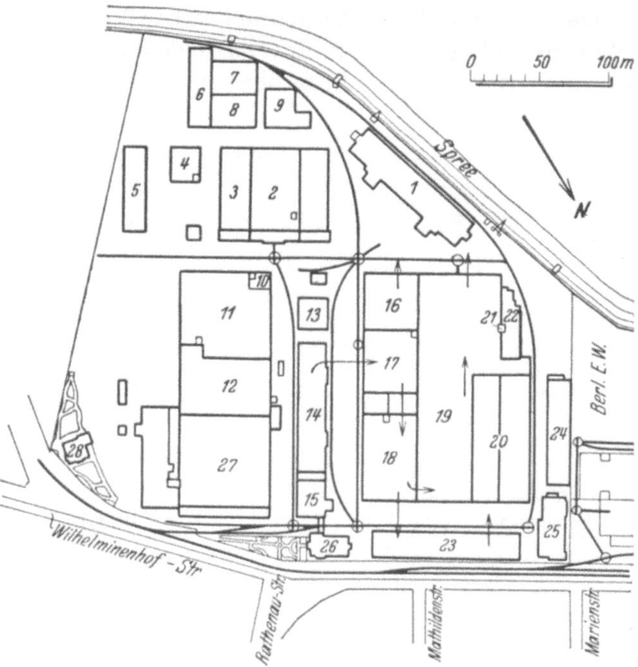

Abb. 49. Lageplan des Kabelwerkes der AEG Berlin. (Ursprünglicher Plan.)

1 Gießerei und Papierrohrfabrik, *2* Metallpresserei, *3* Mechanische Werkstätte, *4* Schmiede, *5* Rohstofflager, *6* Tischlerei, *7* Rohstofflager, *8* Drahtweberei, *9* Schraubenlager, *10* Kesselhaus II, *11* Blech- und Bandwalzwerk, *12* Stangenpresserei und Rohrwalzwerk, *13* Gasanstalt, *14* Metallager, *15* Emailledrahtfabrik, *16* Telephonkabelfabrik, *17* Drahtwalzwerk, *18* Drahtzieherei, *19* Bleikabelfabrik, *20* Gummifabrik, *21* Elektrotechnisches Laboratorium, *22* Kesselhaus I, *23* Fabrik isolierter Drähte, *24* Isoliermaterialfabrik, *25* Kantine, *26* Verwaltungsgebäude, *27* NAG-Fabrik, *28* Direktionsvilla.

Ausführungsbeispiel 18: Abb. 53. Der Kohlenlagerplatz (*b*) des Großkraftwerks Klingenberg-Berlin[1] ist sowohl an die Bahn, wie auch an die schiffbare Spree mittels eines 500 m langen Stichkanals (*a*) angeschlossen. Die Kohle kann also nach Bedarf entweder auf dem Wasserweg oder mit der Bahn vom benachbarten Güterbahnhof Rummelsburg zugeführt werden. Durch die Greifer zweier Verladebrücken (*c*) wird die ankommende Kohle auf den 120 m breiten Kohlenlagerplatz (*b*) oder nach der Kohlenaufbereitungsanlage (*d*) mit Hilfe einer Standbahn und einer besonderen Kohlenförderbrücke befördert. In der Kohlenaufbereitungsanlage geht die Kohle zuerst nötigenfalls durch die Brechanlage, dann weiter über Kohlenbunker und Trockentrommel zur Mühle, wo sie zu Staub gemahlen wird. Mittels einer Kohlenstaubrohrleitung wird die gemahlene Kohle

[1] Siehe Bauing. 1928 S. 752.

Abb. 50. Kabelwerk der AEG Berlin. Luftbild.

nach den beiden Kesselanlagen (*e*) befördert. Die Kesselhäuser umschließen das Vor-
wärme- und Pumpengebäude (*f*). Die Turbinenhalle (*g*) mit den Abmessungen von 25 m

Abb. 51. Ford Assembly Plant, Californien. (Entwurf von
Albert Kahn, Inc., Detroit.)

Abb. 52. Ford Assembly Plant, Californien.

auf 146 m schließt sich unmittelbar an die eben genannten Gebäude an. Eine Reihe
von Vorbauten, in denen Transformatoren und die Kondensationspumpen untergebracht

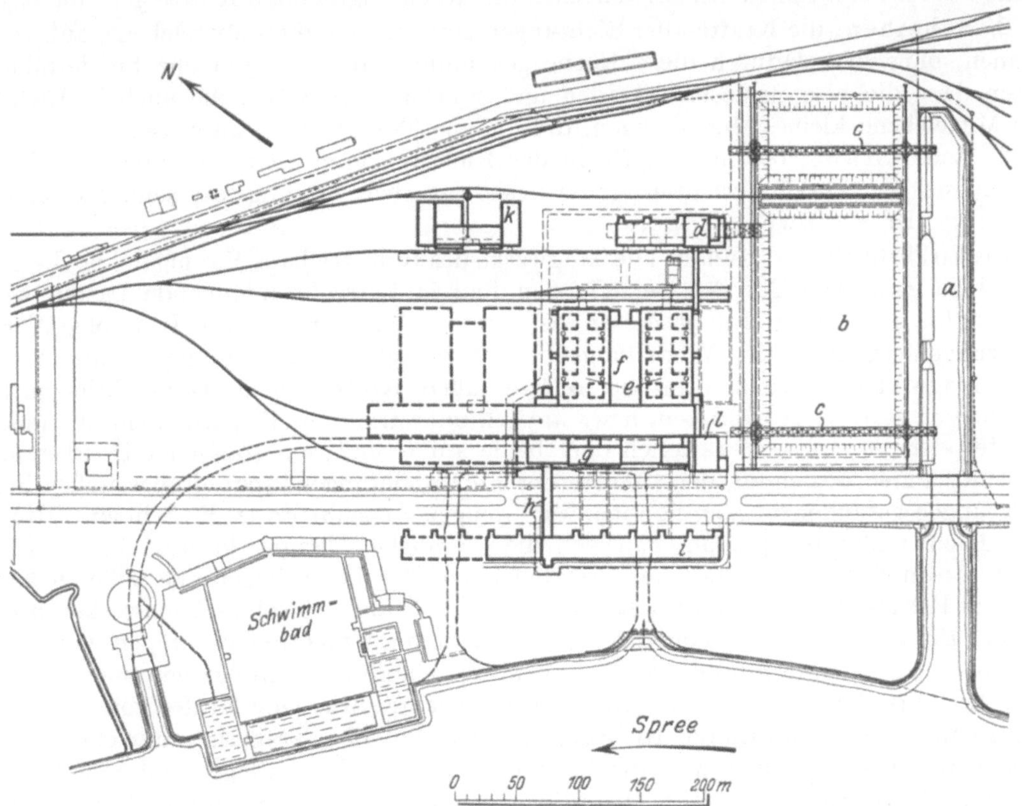

Abb. 53. Lageplan des Großkraftwerks Klingenberg-Berlin. Baujahr 1925/26.

sind, ist an die Turbinenhalle angebaut. Der erzeugte Strom wird von hier mittels Kabeln
über die Verbindungsbrücke (*h*), die über die Chaussee führt, nach dem Schalthaus (*i*)

zur Verteilung und Weitergabe geleitet. Das im Norden liegende, mit einem besonderen Gleisanschluß ausgerüstete Werkstätten- und Lagergebäude (*k*) und das Büro- und Verwaltungsgebäude (*l*) vervollständigen die Anlage. Die beabsichtigte spätere Erweiterung ist in der Abbildung gestrichelt eingezeichnet. Der Bedarf an Wasser zum Niederschlagen des Dampfes für die Turbinenkondensation beträgt 15 m³/sec. Diese Wassermenge wird der Spree entnommen und ihr durch einen Auslaufkanal ohne Verunreinigung, um einige Grade erwärmt, wieder zugeleitet.

II. Bauweisen und Bauelemente.

A. Charakterisierung der beim Aufbau der Traggerippe verwendeten Bauweisen.

1. Statische Betrachtung der Traggerippe.

Wenn man das Traggerippe eines Baues unter Abstraktion von seinen anderen Eigenschaften rein statisch betrachtet, so spricht man von einem Tragwerk. Ein solches, im allgemeinen räumliches Tragwerk, kann ein den Raum stetig erfüllender Vollkörper sein. Es kann aber auch aus folgenden einzelnen Teilen bestehen:

1. **Tragkörper**, die Kräfte aller Richtungen aufnehmen können. Dazu gehören z. B. die Schalen, Gebilde, die aus gekrümmten Flächen geformt sind und eine im Verhältnis zur Flächenausdehnung geringe Wanddicke aufweisen, ebenso die Platten, die sozusagen ebene Schalen sind, mit einer Mittelebene, die durch angreifende Kräfte gekrümmt sind.

2. **Scheiben**, die Kräfte aller Richtungen einer Ebene, ihrer Mittelebene, aufnehmen können, ohne daß dadurch diese Ebene gekrümmt wird. Als einfache Sonderfälle gehören dazu die biegungsfesten geraden und gekrümmten Stäbe, die auch in Richtung der Mittelebene kleine Abmessungen, d. h. kleine Trägerhöhen, aufweisen.

3. **Reine Stäbe**, die nur Kräfte in der Richtung ihrer Achse aufzunehmen haben. Soweit sie Druckkräfte erhalten, müssen sie natürlich biegungsfest sein. Sie sind die Elemente der **Fachwerkträger**.

In Wirklichkeit sind beinahe alle Tragwerke des Industriebaus Raumgebilde, die gegen irgendwie gerichtete, für den betreffenden Bau in Betracht kommende Lasten widerstandsfähig sein müssen. Infolge dieser Lasten und anderer Ursachen (z. B. infolge Wärmeänderungen gegenüber der Aufstellungstemperatur, Schwinderscheinungen) entstehen bei allen Tragwerken innere Kräfte und weitere äußere Kräfte, die Stützenreaktionen. Man spricht von statisch bestimmten, bzw. statisch unbestimmten Trägern, wenn die inneren Kräfte oder die Stützenreaktionen oder beide auf Grund rein statischer Überlegungen, bzw. nur unter Zuziehung der Gesetze der Formänderungen, speziell elastischer Formänderungen gefunden werden können. Mit wenigen Ausnahmen (z. B. Schalen-, Rippenoder Fachwerkkuppeln) kann man sich die räumlichen Tragwerke aus ebenen Teilen, den **ebenen Trägern**, zusammengesetzt denken. Bei diesen liegen alle äußeren Kräfte und die Resultanten der inneren Kräfte (z. B. die Stabkräfte eines Fachwerks) in einer Ebene. Ein solcher ebener Träger kann aus mehreren Trägerteilen (Trägerstücken oder Scheiben) bestehen, d. h. aus solchen Teilen, zwischen denen infolge gewisser konstruktiver Mittel (Gelenke, bewegliche Zwischenauflager) resultierende Kräfte von bekanntem Angriffspunkt und bekannter Richtung wirken. Bei den Trägern unterscheidet man zweckmäßigerweise je nach der Anzahl und Anordnung der Auflager und Scheiben verschiedene **Trägerarten** (z. B. Balken, Bogen, Gelenkträger, Hängewerke, Sprengwerke). Der Verlauf der Begrenzung oder Achse gibt Veranlassung zur Unterscheidung verschiedener **Trägerformen** (z. B. Parallelträger, Dreiecksträger, Trapezträger, Parabelträger, Halbparabelträger) und die Gliederung der Scheiben zur Unterscheidung verschiedener **Trägersysteme** (z. B. Blechträger, Gitterträger, Fachwerkträger einfachen und mehrfachen Systems, Ständerfachwerkträger, Strebenfachwerkträger, Rautenfachwerkträger). Wie bei Besprechung des Aufbaus der Traggerippe der Hallen- und der Mehrgeschoßbauten gezeigt wird, kommen als Träger und Trägerteile des Industriebaus vor allem in Betracht: vollwandige oder in Fachwerksystem ausgebildete, einfache und durchlaufende Balken mit Zwischengelenken oder ohne solche, als Bogen oder Rahmen gelagerte Scheiben, Binderscheiben mit gelenkigen Auflagerpunkten, im Fundament eingespannte Stützen mit oberem Abschlußgelenk, Pendelstützen (Scheiben mit einem oberen und unteren Abschlußgelenk). Die Bemessung der Teile dieser Träger hat, soweit es sich um reine Fachwerkstäbe handelt, auf **Zug oder Druck**, bei biegungsfesten Stäben auf reine Biegung oder zusammengesetzte Biegung mit Längskräften zu geschehen, im allgemeinen so, daß nirgends die **zulässige Beanspruchung** überschritten wird. Man versteht darunter diejenige rechnungsmäßige Zug-, Druck-, Schub- und Hauptspannung, bezogen auf die Flächeneinheit, welcher der Baustoff des Bauwerks unterworfen werden darf. Dieser Nachweis, welcher einen genügenden Sicherheitsgrad aller einzelnen Teile eines Bauwerks verbürgen soll, wird durch eine statische Berechnung, für deren Aufstellung die üblichen Regeln der Baustatik gelten, erbracht.

Die Festsetzung der zulässigen Beanspruchung erfolgt so, daß gegen Bruch und Versagen der einzelnen Bauteile und ihrer Verbindungen, oft auch gegen Eintreten wesentlicher bleibender Formänderungen genügende Sicherheit vorhanden ist. Eine allen Umständen Rechnung tragende Festsetzung der Sicherheitszahl und der zulässigen Beanspruchungen ist unmöglich. Die den augenblicklichen Anschauungen entsprechenden zulässigen Werte sind in den behördlichen Vorschriften niedergelegt, von denen die wichtigsten, in Deutschland gültigen, bei Besprechung der einzelnen Bauweisen angeführt sind.

2. Die Stahlbauweise.
a) Die Festigkeitseigenschaften des Stahls.

Für Stahlbauwerke sind in Deutschland außer Gußeisen, Gußstahl und Schmiedestahl, die hauptsächlich für Auflager und Gelenke in Frage kommen, die Hauptbaustoffe: Der Baustahl St. 37 (früher als Flußeisen bezeichnet) und der hochwertige Baustahl St. 52, in Amerika Medium Steel, und Sonderbaustähle[1]. Zunächst sollen die für die Festsetzung der zulässigen Beanspruchungen wichtigsten Eigenschaften dieser beiden deutschen Baustoffe dargelegt werden.

Unterwirft man einen Probestab aus Stahl in den nach den Normalbedingungen für die Lieferung von Stahlbauwerken (DIN 1000) festgesetzten Abmessungen einer Zerreißprobe, so ergeben sich zwischen den Beanspruchungen und den Dehnungen

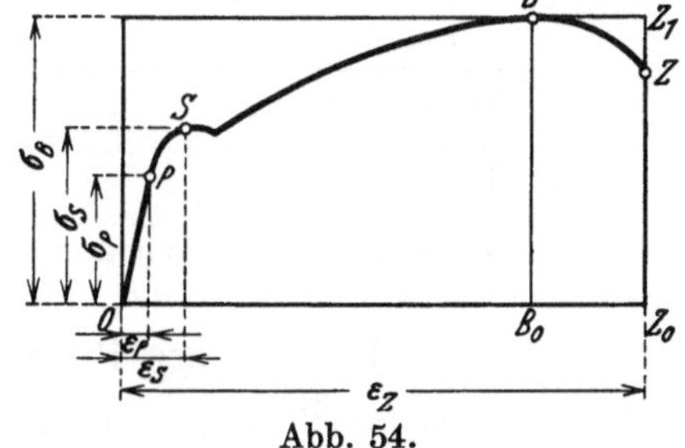

Abb. 54.

Beziehungen, die in dem Spannungsdehnungsdiagramm der Abb. 54 dargestellt sind.

Die Beanspruchungen $\sigma = \dfrac{P}{F}$ sind dabei auf den ursprünglichen Stabquerschnitt bezogen. Für Spannungen unter σ_P (der Spannung an der Proportionalitätsgrenze) sind die Längenänderungen Δl der Meßstrecke l und damit die Dehnungen $\varepsilon = \dfrac{\Delta l}{l}$ proportional den Spannungen σ. Die ε können also in diesem Bereich geschrieben werden $\varepsilon = \dfrac{\sigma}{E}$, wo E der sogenannte Elastizitätsmodul (von derselben Dimension wie σ) ist. Die sogenannte Elastizitätsgrenze (σ_E), deren genaue Festsetzung meßtechnisch schwierig ist, liegt in der Nähe der Proportionalitätsgrenze. Bei Fortsetzung des Zugversuchs über σ_P hinaus, zeigt sich bei σ_S (der Streckgrenze) plötzlich eine starke Dehnung, ein Strecken des

---

[1] Maier-Leibnitz: Über die Bemessungsgrundlagen des amerikanischen Stahlhochbaus. Stahlbau 1930 S. 214.

Materials. Bei weiterer Fortsetzung des Versuchs zeigt sich bei σ_B, der größten erreichbaren Beanspruchung, der Zug- oder Bruchfestigkeit, an einer oder mehreren Stellen eine Einschnürung des Stabes, der nach Erreichung einer Bruchdehnung ε_Z reißt. Die Bruchdehnung besteht aus zwei Teilen. Der eine Teil ist ungefähr proportional der Meßlänge, und unabhängig vom Querschnitt, der andere Teil rührt von der örtlichen Verlängerung an der Einschnürung her. Er ist unabhängig von der Meßlänge, er wächst mit der Querschnittsfläche. Die Bruchdehnung ist also um so größer, je größer die Querschnittsfläche ist. Damit die Versuchswerte vergleichbar sind, müssen Normallängen und Normalquerschnitte vereinbart werden. In Deutschland werden Langstäbe und Kurzstäbe unterschieden (DIN 1605). Für die Festsetzung der zulässigen Beanspruchung eines Baustoffs sind von Bedeutung: die Zugfestigkeit, die Streckgrenze und die Bruchdehnung; die Streckgrenze deshalb, weil ein Konstruktionsglied auch im ungünstigsten Fall keine wesentliche bleibende Formänderung zeigen soll, wie sie bei Überschreiten der Streckgrenze eintritt. Dabei darf allerdings nicht vergessen werden, daß die Streckgrenze keine unveränderliche Größe ist. Denn wird mit einem Stab, der über die Streckgrenze hinaus belastet war, ein neuer Versuch angestellt, so zeigt sich sowohl eine neue P-Grenze als auch eine neue höhere Streckgrenze (bisweilen höher als die größte erreichte Beanspruchung bei dem ersten Versuch). Für die Sicherheit eines Bauwerks bei dynamischen Wirkungen ist von großer Wichtigkeit die Dehnbarkeit des verwendeten Baustoffs. Sie ist auch von Bedeutung in den Fällen, in denen sich die Spannungen nicht gleichmäßig auf einen Querschnitt verteilen. Bei der Abnahme des Baustoffs (die Bedingungen dafür sind enthalten in den Normalbedingungen für die Lieferung von Stahlbauwerken DIN 1000) wird deshalb außer der Mindestzugfestigkeit σ_B auch eine Mindestbruchdehnung verlangt. Sie wird in der Regel in Prozent der ursprünglichen Meßlänge l_0 angegeben

$$\left(\delta = \frac{\varDelta l}{l_0} \cdot 100\%\right).$$

Über die für den deutschen Hochbau in Betracht kommenden Stahlsorten geben die Werte der nachstehenden Tabelle Auskunft:

	Flußstahl St. 37	Hochwertiger Stahl St. 52
Zugfestigkeit σ_B	3,7—4,5 t/cm²	5,2—6,2 t/cm²
Spannung an der Streckgrenze σ_S	2,4 t/cm²	3,6 t/cm²
Bruchdehnung δ	20%	20%
Elastizitätsmodul E	2100 t/cm²	2100 t/cm²
Wärmeausdehnungszahl ε_t für l_0 (linear) . . .	0,000012	0,000012

b) Zulässige Beanspruchungen bei Zug und Biegung.

Die zulässigen Beanspruchungen sind bei St. 37 und St. 52 den für die Abnahme dieser Stähle vorgeschriebenen Beanspruchungen σ_S an der Streckgrenze von 2,4 bzw. 3,6 t/cm² proportional. Darüber hinausgehend ist noch folgendes zu beachten. Bei Kranbahnen ist die Verkehrslast mit einer die dynamische Wirkung berücksichtigenden Stoßzahl φ zu multiplizieren, die von der Trägerstützweite und der Art der Kraftübertragung abhängig ist. Für Wechselstäbe und Wechselträger, d. h. für solche Bauteile, in denen durch ständige Last und durch Verkehrslast unter Berücksichtigung der Stoßzahl φ abwechselnd Zug- und Druckspannungen auftreten, ist ein der Theorie der Schwingungsfestigkeit Rechnung tragendes Bemessungsverfahren vorgeschrieben, das darin besteht, daß bei einem gegenüber der absoluten Höchststabkraft (bzw. dem Höchstmoment) erhöhten Wert die zulässigen Beanspruchungen nicht überschritten werden dürfen.

In den deutschen Hochbaubestimmungen[1] unterscheidet man:

---

[1] Bestimmungen über die bei Hochbauten anzunehmenden Belastungen und über die zulässigen Beanspruchungen der Baustoffe vom 24. Dez. 1919 mit ergänzendem Erlaß vom 25. Febr. 1925, abgedruckt z. B. in dem Taschenbuch: Stahl im Hochbau 8. Auflage 1930.

1. Belastungsfall: gleichzeitig ungünstigste Wirkung der ständigen Last, der Verkehrslast und der Schneelast.

2. Belastungsfall: außerdem Windlast und Wärmeschwankungen.

Im sogenannten Normalfall sind die σ_{zul} folgende:

1. Belastungsfall $\sigma_{zul} = 1,2 \ \text{t/cm}^2$.

2. Belastungsfall $\sigma_{zul} = 1,4 \ \text{t/cm}^2$.

Im sogenannten Ausnahmefall:

1. Belastungsfall $\sigma_{zul} = 1,4 \ \text{t/cm}^2$.

2. Belastungsfall $\sigma_{zul} = 1,6 \ \text{t/cm}^2$.

Der „Ausnahmefall" der Hochbauvorschriften darf zugrunde gelegt werden, wenn für eine den strengsten Anforderungen genügende Durchbildung, Berechnung und Ausführung unter Zugrundelegung der Normalbedingungen (DIN 1000) volle Sicherheit gewährleistet und die Bauausführung durch einen zuverlässigen, mit der Standsicherheitsberechnung vertrauten Ingenieur überwacht wird.

Für hochwertigen Baustahl St. 52 dürfen in allen Fällen die oben angegebenen Werte der σ_{zul} um 50% erhöht werden.

Handelt es sich um die Bemessung eines auf Zug beanspruchten Fachwerkstabs, so gilt für die erforderliche verschwächte Querschnittsfläche:

$$\text{erf. } F = \frac{S_{\max}}{\sigma_{zul}},$$

wobei $S_{\max}$ die größte Stabkraft des Stabes ist.

Den größten Querschnitt eines auf Biegung beanspruchten, in beiden Richtungen symmetrischen Trägers findet man mit Hilfe der Beziehung:

$$\text{erf. } W = \frac{M}{\sigma_{zul}}.$$

Der Nachweis und die Forderung, daß bei einem statisch unbestimmten Träger nirgends die zulässige Beanspruchung überschritten ist, wird der tatsächlichen Tragfähigkeit[1] solcher Träger aus dehnbarem Baustahl nicht gerecht, wie in Abb. 55 nachgewiesen ist. Betrachtet man z. B. den in der Abb. 55

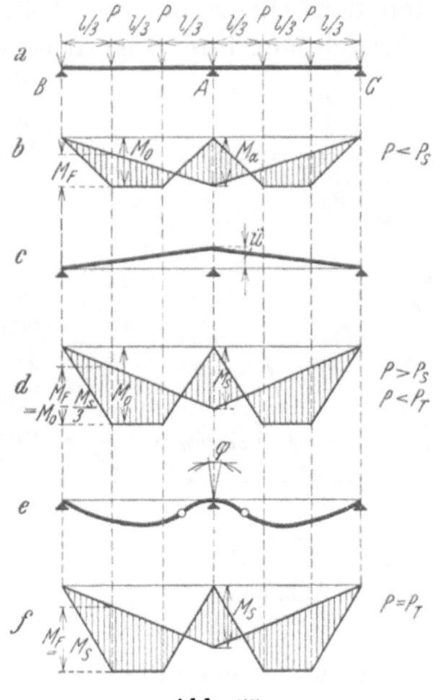

Abb. 55.

dargestellten durchlaufenden Träger auf gleich hohen Stützen B, A, C mit auf die ganze Länge gleichem Querschnitt, in den Drittelspunkten durch gleich große Lasten P belastet, und denkt man sich diese von 0 an wachsend, so ist, solange nirgends die Beanspruchung $\sigma = \dfrac{M}{W}$ die Elastizitätsgrenze (oder etwas weniger genau die Spannung σ_s an der Streckgrenze) erreicht, nach der üblichen Theorie der durchlaufenden Balken das Moment über der Stütze

$$M_a = M_o = \frac{P l}{3},$$

---

[1] Kist: Die Zähigkeit d. Mater. als Grundl. f. d. Berechn. v. Brücken, Hochbaut. und ähnl. Konstr. aus Flußeisen. Eisenbau 1920 Heft 23. Grüning: Die Tragfähigk. stat. unbest. Tragwerke aus Stahl bei belieb. wiederholter Belast. Berlin 1926. Maier-Leibnitz: Beitr. z. Frage d. tatsächl. Tragfähigk. einf. und durchlauf. Balkenträger aus Baustahl St. 37 u. aus Holz. Bautechn. 1928 Heft 1 u. 2; Versuche m. eingespannt. u. einf. Balken von T-Form aus St. 37. Bautechn. 1929 Heft 20. Fritsche: Die Tragfähigk. v. Balken aus Stahl mit Berücksichtigung des plast. Verformungsvermögens. Bauing. 1930 Heft 49—51. Kazinczy: Die Weiterentwicklung d. Plastizitätslehre. Technika, Budapest Jg. 12 (1931). Girkmann: Bemessung v. Rahmentragwerken unter Zugrundelegg. eines idealplastischen Stahls. Wien 1931. Kann: Der Momentenausgleich durchlaufender Traggebilde im Stahlbau. Berlin u. Leipzig 1932.

d. h. der Träger ist nur für dieses größte Moment zu bemessen. Bezeichnet man mit P_s diejenige Last, bei der an der Stütze die Beanspruchung σ den Wert σ_s gerade erreicht, so treten bei steigenden Werten P (also $P > P_s$) über und in der Nähe des Stützenquerschnitts kleine, geometrisch begrenzte Formänderungen ein, die sich dadurch auswirken, daß bei einer Entlastung des Trägers eine Balkenform nach Abb. 55c mit einer einem Kaltbiegen, einem vielfach bei Bearbeitung des Baustahls geübten und zulässigen Arbeitsvorgang, entsprechenden Überhöhung entsteht. Diese Überhöhungen $\ddot{u}$ wachsen annähernd proportional mit den Werten $(P - P_s)$ und bedingen, weil ein solcher überhöhter Träger sich genau so verhält wie ein Träger mit gesenkter Mittelstütze, daß die Stützenmomente bei $P > P_s$ nicht wesentlich anwachsen können über einen Wert $M_s = \sigma_s \cdot W$ (Stadium Abb. 55d). Die genannten Überhöhungen $\ddot{u}$ sind dabei bleibenden Verbiegungen φ (Abb. 55e) proportional, diese wieder aus geometrischen Gründen annähernd den Kräften $(P - P_s)$. Unterwirft man irgendeinen statisch bestimmten Balken, z. B. den Balken der Abb. 56a, einem Biegeversuch, so ergeben sich die bleibenden Verbiegungen φ zwischen zwei Querschnitten im Abstand $\varDelta s$ bei wachsenden Momenten M nach dem Diagramm der Abb. 56b, wie sich natürlich auch theoretisch aus der Spannungsdehnungslinie folgern läßt. Daraus folgt wieder, daß wachsenden, bleibenden Verbiegungen über der Mittelstütze ein ziemlich konstant bleibendes Stützenmoment M_s (etwas genauer M_s') entspricht. Erreicht schließlich das größte Feldmoment

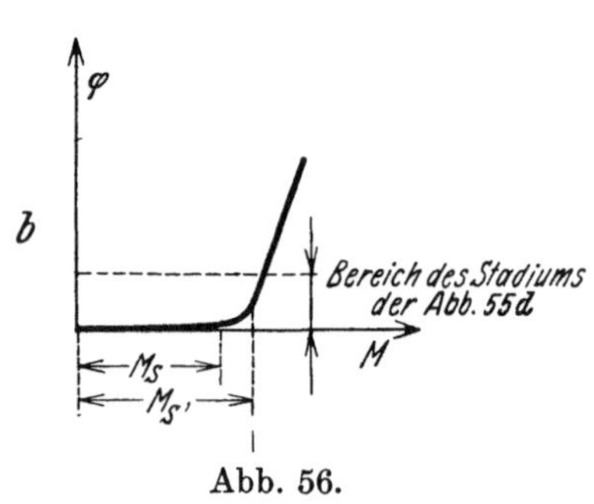

Abb. 56.

$$M_f = M_o - \frac{M_s}{3} = \frac{Pl}{3} - \frac{M_s}{3} \text{ den Wert } M_s = \sigma_s \cdot W_s,$$

so ist praktisch das Tragvermögen des Balkens (also bei einem Wert P_T) erschöpft (Abb. 55f), weil bei Werten von $P > P_T$ die bleibenden Formänderungen sowohl in der Nähe der Stütze als auch an der Stelle des größten Feldmomentes ungehemmt wachsen. Der Wert von P_T ergibt sich aus der vorhergehenden Gleichung oder unmittelbar aus der Abb. 55f zu: $P_T = \dfrac{4 M_s}{l}$ und damit das für die tatsächliche Tragfähigkeit maßgebende Feldmoment = Stützenmoment zu $\dfrac{P_T l}{4}$. Die zulässige Kraft P_{zul} ist also nicht auf Grund des nach der üblichen baustatischen Theorie sich ergebenden Stützenmoments $\dfrac{Pl}{3}$, sondern auf Grund des kleineren Moments $\dfrac{Pl}{4}$ zu berechnen. Nach diesem eben angegebenen Verfahren können für jeden bestimmten Belastungsfall die tatsächliche Tragfähigkeit und die Werte P_{zul} jedes durchlaufenden oder eingespannten Balkens bestimmt werden, wobei das durch P_s charakterisierte Stadium, z. B. bei Belastung nur eines Feldes, auch an der Stelle eines Feldmoments eintreten kann. Es bildet sich eben dort sozusagen ein Gelenk mit konstantem Biegungsmoment M_s. Andere statisch unbestimmte Trägerarten sind ähnlich zu behandeln.

c) Die zulässigen Beanspruchungen bei einteiligen Druckstäben
(zentrischer Kraftangriff).

In den „Hochbaubestimmungen" werden für die Werte der Knickspannungen, d. h. der Schwerpunktsspannungen σ_k im Augenblicke des Ausknickens (Abb. 57) folgende einfache Annahmen gemacht: Bezeichnet man mit $\lambda = \dfrac{l}{i}$, wo $i = \sqrt{\dfrac{J}{F}}$ ist, den Schlankheitsgrad eines Stabes, so ist σ_k, wenn λ zwischen 0 und 60 liegt, gleich der Spannung an der Streckgrenze σ_s, wenn λ größer als 100 ist, so ist σ_k aus der Eulerschen Gleichung zu entnehmen; wenn λ zwischen 60 und 100 liegt, dann besteht zwischen den σ_k und den λ

ein lineares Gesetz. Für Baustahl St. 37 zeigt die Abb. 57 den Linienzug, welcher die σ_k begrenzt.

Für die einzelnen Belastungsfälle, denen die σ_{zul} von 1,2 und 1,4 t/cm² bei St. 37 entsprechen, können die $\sigma_{d\,zul}$ bei den verschiedenen Schlankheitsgraden ebenfalls der Abb. 57 entnommen werden. Die Kurven der $\sigma_{d\,zul}$ sind nach folgenden Grundsätzen festgelegt. Im sogenannten elastischen Bereich erhält man die $\sigma_{d\,zul}$, indem man die aus der Eulergleichung abgeleiteten Werte σ_k durch einen Sicherheitsgrad n dividiert. Der Wert n ist in den Fällen, bei denen $\sigma_{zul} = 1,4$ t/cm² ist, zu 3,5 gewählt. In dem anderen Falle ($\sigma_{zul} = 1,2$ t/cm²) ergibt er sich analog (siehe Abb. 57). Im unelastischen Bereich liegen die Endpunkte der σ_k auf einer Parabel, die dadurch bestimmt ist, daß dem Schlankheitsgrad $\lambda = 100$ ein Wert $\sigma_{d\,zul} = \dfrac{\text{Eulerwert}}{n}$ entspricht und daß die Parabel bei $(0, \sigma_{zul})$ eine horizontale Tangente aufweist.

Für den hochwertigen Baustahl St. 52 ergeben sich ähnliche Kurven. Bemerkenswert ist, daß im elastischen Bereich (wegen der gleich großen E) die $\sigma_{d\,zul}$ für beide Baustoffe dieselben sind.

Handelt es sich um das Nachrechnen eines Druckstabes, so ist für ihn zu bestimmen: die Knicklänge l, das kleinste Trägheitsmoment J und der unverschwächte Querschnitt F. Dann ist zu berechnen: der Trägheitsradius $i = \sqrt{\dfrac{J}{F}}$ und der Schlankheitsgrad $\lambda = \dfrac{l}{i}$. Aus der Kurve ist das entsprechende $\sigma_{d\,zul}$ zu entnehmen; dann ist nachzuprüfen, ob das tatsächliche $\sigma = \dfrac{P}{F}$ kleiner ist als das $\sigma_{d\,zul}$.

Man kann auch folgendermaßen vorgehen (ω-Verfahren): Man behandelt den Druck-

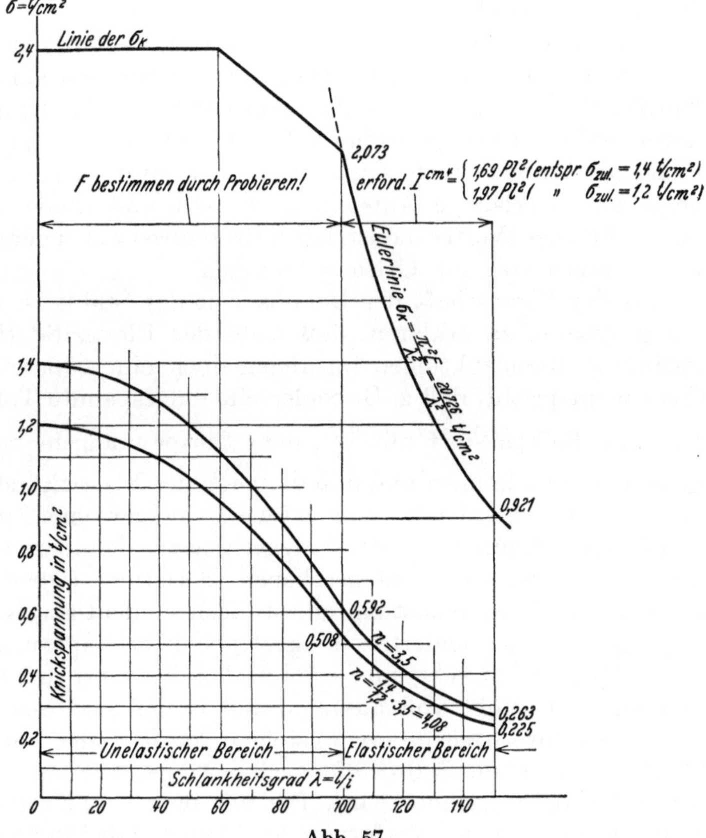

Abb. 57.

stab wie einen Zugstab mit einem nutzbaren Querschnitt $=$ dem unverschwächten F und einer Belastung $= \omega \cdot P$. Da bei voller Ausnützung das erforderliche F entweder gerechnet werden kann, wie oben angegeben, aus $\dfrac{P}{\sigma_{d\,zul}}$ oder aber aus $\dfrac{\omega \cdot P}{\sigma_{zul}}$, so folgt durch Gleichsetzen beider Ausdrücke $\omega = \dfrac{\sigma_{zul}}{\sigma_{d\,zul}}$. Wenn durch eine Kurve oder tabellarisch die für sämtliche Belastungsfälle beim selben Baustoff gleichen ω für die einzelnen Schlankheitsgrade gegeben sind, so kann man in folgender Reihenfolge vorgehen: Bestimmen von λ wie oben, von ω aus einem Diagramm oder einer Tabelle und dann der ideellen Spannung $\dfrac{\omega \cdot P}{F}$, welche kleiner sein muß als σ_{zul}.

Die Dimensionierung von schlanken Druckstäben kann mit Hilfe der in Abb. 57 eingetragenen Beziehungen für das erf. J erfolgen.

Bei exzentrisch beanspruchten Druckstäben oder solchen, die außer einer zentrischen

Druckkraft ein Biegungsmoment aufzunehmen haben, ist nachzuweisen, daß

$$\sigma = \frac{\omega \cdot P}{F} + \frac{M}{W}$$

kleiner ist als σ_{zul}.

d) Eigenart der Stahlkonstruktionen.

Seine weitgehende und vielseitige Anwendung im Industriebau verdankt der Stahl seinen Eigenschaften. Er ist von gleichmäßiger chemischer und physikalischer Beschaffenheit, die einwandfrei vor der Verwendung prüfbar ist; er hat eine hohe Festigkeit gegen Beanspruchungen auf Zug, Druck und Abscherung; er ist ein vom Wetter unabhängiger Baustoff; er ist, vernünftig verwendet, im Gebrauch unveränderlich; er ist innerhalb der Gebrauchsspannungen vollkommen elastisch; er ist zäh und hat ein großes Dehnungsvermögen.

Jeder dieser Eigenschaften des Baustoffes entspricht eine bestimmte Eigenart der Stahlkonstruktionen, die sie in mancher Hinsicht vor anderen Bauweisen auszeichnet. Charakteristisch für die Stahlbauweise ist ferner die Trennung des zum fertigen Gerippe führenden Arbeitsvorgangs in die leicht kontrollierbare, präzise, mit Hilfe von Maschinen erfolgende Werkstattarbeit und in die bei guter Disponierung in erstaunlich kurzer Zeit mögliche, zuverlässige Aufstellung an Ort und Stelle. Die Stahlbauweise ist eine im besten Sinn des Wortes industrialisierte Bauweise, bei der die modernen Rationalisierungsbestrebungen voll zur Geltung kommen.

Aus der Eigenschaft der Dehnbarkeit des Stahls ist es, wie oben an einem Beispiel gezeigt wurde, zu erklären, daß nach der Elastizitätstheorie berechnete, statisch unbestimmte Konstruktionen im allgemeinen ein größeres Tragvermögen haben, als der Theorie entspricht, daß z. B. beiderseits eingespannte Träger und die Mittelfelder durchlaufender Balken statt mit $\frac{q\,l^2}{12}$, dem Einspannungsmoment an der Stütze, mit $\frac{q\,l^2}{16}$ berechnet werden können und daß die nach der Elastizitätstheorie zu fürchtenden Stützensenkungen durchlaufender Balken im allgemeinen ohne Einfluß auf die Tragfähigkeit sind.

Ein statisch unbestimmtes Traggerippe aus dehnbarem Material behält im allgemeinen unter irgendeiner unvorhergesehenen Belastung (Überbelastung) seine Tragfähigkeit, wenn unter dieser Belastung ein statisch eindeutiger Kraftfluß in dem für diesen Belastungsfall dimensionierten Traggerippe überhaupt möglich ist. Bei einer rechnungsmäßig über die Streckgrenze erfolgenden Beanspruchung an einer Stelle, tritt an einer anderen noch nicht voll ausgenutzten Stelle eine Spannungserhöhung ein, die selbst wieder bis zur Streckgrenze ansteigen kann (siehe Beispiel S. 39). Darin besteht die Überlastbarkeit, die Selbsthilfe solcher Träger, die von alten Praktikern mit Schlauheit des Materials bezeichnet wird. Die vor dem endgültigen Versagen einer solchen Konstruktion eintretenden Verformungen bleiben dabei in Grenzen, die unter dem liegen, was man bei Kaltbearbeitung Stahlteilen erfahrungsgemäß zumuten darf.

Diese mit der Dehnbarkeit zusammenhängende Eigenart der statisch unbestimmten Tragwerke aus Stahl ist von Bedeutung für die Auswahl der Trägerarten und Trägersysteme der Stahltraggerippe von Industriebauten und für ihre Einzelausbildung. (Bevorzugung statisch unbestimmter Gebilde, steifer Verbindungen, sowie Vermeidung von Gelenken.)

Der Stahl als Baustoff legt dem Entwerfenden keine Beschränkungen in der Auswahl der Gestaltungsmöglichkeiten auf. Wirtschaftliche Traggerippe erhält er aber nur dann, wenn bei der allgemeinen Anordnung der Bauten darauf Rücksicht genommen wird, daß ein klarer Kraftfluß durch das ganze Gerippe hindurch bis zu den Fundamenten vorhanden ist, und wenn möglichst viele gleichartige und einfach miteinander zu verbindende Tragwerksteile verwendet werden können.

Die Eigenschaften des Stahls, daß er leicht rostet und bei höheren Hitzegraden seine Festigkeit verliert, erfordern bei einzelnen Arten von Industriebauten besondere, wirtschaftlich ins Gewicht fallende, aber technisch einwandfrei ausführbare Vorkehrungen.

e) Verbindungsmittel mit besonderer Berücksichtigung der Schweißung.

Die Verbindung der Walzeisenprofile zu zusammengesetzten, gegen Zug, Druck und Biegung widerstandsfähigen Stäben und dieser Stäbe wiederum zu ebenen und räumlichen Tragwerken, geschieht heute noch, abgesehen von der untergeordneten Verwendung von Schrauben, in überwiegendem Maße durch die altbewährte Nietung. Die Nietverbindungen (hauptsächlich die Stöße und die Knotenpunktsanschlüsse) ordnen sich durchaus organisch in den Gesamtaufbau der Traggerippe ein; denn sie verhalten sich, was ihre Festigkeit, Elastizität und Dehnbarkeit anbelangt, ganz ähnlich wie der Baustoff, aus dem die einzelnen Teile des Traggerippes bestehen. Die Nietverbindungen können auf ihre Zuverlässigkeit leicht und sicher nachgeprüft werden; sie haben dieselben guten Eigenschaften wie der Baustoff Stahl. Wenn man die Fachliteratur des Stahlbaus der letzten Jahre studiert, so fällt es auf, daß trotz der ausgezeichneten Bewährung der Nietverbindungen die Schweißung im Stahlbau, vor allem im Hochbau, sich mehr und mehr eingebürgert hat. Zunächst wurde die Möglichkeit der Verwendung der Schweißung von den Werken vor Augen geführt, die an der Einführung der Schweißverfahren unmittelbar interessiert sind. Aber auch die stahlverarbeitende Industrie sucht sich neuerdings die mit der Schweißung verbundenen Vorteile zunutze zu machen.

Ob die Schweißung im Wettbewerb mit dem bisherigen Verfahren für die Herstellung der Verbindung von Stahlbauwerken sich ganz oder nur bei solchen Bauten und Bauteilen, wo sie besondere Vorteile gegenüber der Nietung aufweist, durchsetzen wird, läßt sich heute natürlich noch nicht sagen. Durch die in Preußen vom Ministerium für Volkswohlfahrt am 10. Juli 1930 erlassenen Vorschriften für die Ausführung geschweißter Stahlhochbauten, die sich auch auf die zulässigen Spannungen der Schweißverbindungen und ihre Abnahme erstrecken, ist dem freien Wettbewerb zwischen Schweißung und Nietung der Weg geöffnet [1].

Der Hauptvorteil, der sich bei geschweißten Stahlkonstruktionen gegenüber genieteten ergibt und der Grund ihrer eventuellen wirtschaftlichen Überlegenheit ist, besteht in der Ersparnis an Baustoff und ist in erster Linie dadurch bedingt, daß bei der Querschnittsbestimmung der auf Zug und Biegung beanspruchten Stäbe Nietverschwächungen nicht abgezogen zu werden brauchen. Im übrigen hängt die Baustoffersparnis mit weiteren, für den Konstrukteur besonders wichtigen Vorteilen der geschweißten Stahlkonstruktionen zusammen. Denn es ist bei ihrer Anwendung möglich, den Entwurf der Einzelheiten zu vereinfachen und mit größerer Freiheit die Teile eines Traggerippes zu formen.

Erwähnenswert ist noch, daß mit der Einführung der Schweißung eine Verbilligung der Zeichenarbeit und die Möglichkeit mehr monolithischen Bauens und der Verwendung durchlaufender Träger verbunden ist. Auch zu Umänderungen und zu nachträglichen Verstärkungen der Traggerippe kann die Schweißung herangezogen werden.

Hier kann natürlich nicht das ganze Gebiet der Schweißung von Stahlkonstruktionen behandelt werden. Es sei nur noch auf einige Punkte hingewiesen: 1. Die Wirtschaftlichkeit der Schweißung wird ungünstig dadurch beeinflußt, daß es bei geschweißten Stahlkonstruktionen nicht ganz einfach ist, die Bauteile während der Schweißarbeiten an gegenseitiger Verschiebung zu hindern. 2. Die erforderliche Verhinderung des Verziehens der Bauteile infolge Schrumpfspannungen stellt der Werkstatt und der Baustelle schwierige Aufgaben. 3. Die Güte der Schweißnaht ist abhängig vom Können und guten Willen des Schweißers, von der Güte des Schweißmaterials und von den richtigen Schweißgeräten. 4. Die Frage der Ermüdbarkeit der Schweißverbindung, und zwar des Schweißmaterials und besonders der von der Schweißung in Mitleidenschaft gezogenen Stabteile, ist heute noch nicht geklärt, obwohl darüber schon wegweisende Versuche unternommen worden sind.

---

[1] Siehe auch Vorschriften für geschweißte Stahlbauten. Berlin 1931.

In diesem Zusammenhang sei noch erwähnt, daß der Konstrukteur bei der Gestaltung der Schweißverbindungen und auch schon beim Aufbau der zusammengesetzten Stäbe sich von der Eigenart der Nietkonstruktion freimachen und lernen muß, der Eigenart der Schweißung gerecht zu werden.

3. Eisenbetonbauweise.

a) Das Wesen des Eisenbetons und seine Festigkeitseigenschaften.

Der Baustoff der Eisenbetonbauweise ist Beton, in den Einlagen aus Baustahl meist in Form von Rundeisen eingebettet sind. Diese Eiseneinlagen werden an den Stellen und in der Richtung eingelegt, wo im entsprechenden isotropen Körper Zugspannungen auftreten. Die Verbundwirkung, das statische Zusammenwirken und die praktische Bewährung des Eisenbetonbaus beruhen auf folgenden Eigenschaften:

1. Der Beton schützt bei genügender Umhüllung das Eisen gegen Rost. 2. Diese Umhüllung bietet, weil die Wärmeleitzahl des Betons gering ist, starken Schutz gegen Feuer. 3. Das Eisen haftet sehr stark am Beton. 4. Die Wärmeausdehnungszahlen des Betons und des Eisens sind ungefähr gleich groß. 5. Die Bauausführung ist ohne große Betriebseinrichtungen und ohne große Vorbereitungen in kurzer Zeit möglich.

Erschwerend für die Gesamtanordnung eines Bauwerks aus Eisenbeton ist die Eigenschaft des Schwindens des Betons.

Für den bei Eisenbetonbauten verwendeten Stahl (in Deutschland St. 37 und ausnahmsweise St. 52) gelten die Ausführungen am Anfang der Besprechung der Stahlbauweise.

Über die Eigenschaften des bei Eisenbetonbauten verwendeten Betons und über die Maßregeln, welche für die Erreichung der Güte des Betons notwendig sind, geben die Bestimmungen des deutschen Ausschusses für Eisenbeton 1932 (DIN 1047 und 1048) erschöpfende Auskunft. Man hat neuerdings auf Grund von Versuchsergebnissen die Wichtigkeit der richtigen Kornzusammensetzung des Betons erkannt, von der, abgesehen von der Güte des Zements, die Festigkeitseigenschaften des Betons abhängig sind. Man verlangt von ihm, wenn gewöhnlicher Handelszement verwendet wird, allgemein eine Mindestdruckfestigkeit (Würfelfestigkeit) nach 28 tägiger Erhärtung von 120 kg/cm². Bei Verwendung von hochwertigem, frühhochfestem Zement ist der verlangte Wert 160 kg/cm². Die Bauzeit von Eisenbetonbauten hängt in besonderem Maße von den Schalungsfristen ab, die bei Verwendung von hochwertigem Zement wesentlich gekürzt werden dürfen.

b) Die zulässigen Beanspruchungen von Eisenbetonträgern.

Wenn die oben angeführten Werte der Würfelfestigkeit eingehalten sind, ist zulässig:

    Bei Säulen:
    Für den Beton mit Handelszement . . . . 35 kg/cm²
    Für den Beton mit hochwertigem Zement . . . . 45 kg/cm²
       Bei einfacher Biegung und bei Biegung mit Längskraft:
    Für die Stahleinlagen . . . . 1200 kg/cm²
    Für den Beton . . . . 40 bzw. 50 kg/cm²

Diese Werte erhöhen sich bei hohen Querschnitten um 10 kg/cm² und ermäßigen sich bei dünnen Platten um 10 kg/cm². Im übrigen dürfen die angegebenen Betonbeanspruchungen bei Einhaltung gewisser Bedingungen dann erhöht werden, wenn die Würfelfestigkeit höher ist als die unter a) angegebene.

c) Grundsätze für die Berechnung der Eisenbetonkonstruktionen.

Während man bei Trägern aus Baustahl, abgesehen von den oben erwähnten Ausnahmefällen, die Beanspruchungen unter den Gebrauchslasten nach der Elastizitätstheorie rechnet, wobei also die rechnungsmäßigen Beanspruchungen σ praktisch gleich den tatsächlichen Beanspruchungen sind, so daß man wenigstens bei statisch bestimmten

Trägern in dem Verhältnis: berechnetes $\sigma : \sigma_s$ einen Maßstab für die Sicherheit gegen den Eintritt bleibender Formänderungen hat, geht man bei der Berechnung von Eisenbetonträgern grundsätzlich anders vor. Man rechnet nicht mit den tatsächlichen unter den Gebrauchslasten bestehenden Spannungen. Man legt vielmehr für die Berechnung der Beanspruchungen einen Formänderungszustand zugrunde, wie er in der Nähe des Bruchzustands vorhanden ist, so daß bei statisch bestimmten Trägern die rechnungsmäßige Eisenspannung σ_e sich zu der Beanspruchung der Eiseneinlagen an der Streckgrenze σ_s verhält, wie die Gebrauchslast zu der Bruchlast bzw. zu der Last, bei welcher der Träger praktisch versagt. Das Verhältnis $\sigma_e : \sigma_s$ gibt also ein richtiges Bild über die tatsächliche Sicherheit. Die zulässigen Betonspannungen σ_b werden im übrigen so gewählt, daß die Sicherheit gegen Zerdrücken des Betons größer ist als gegen Erreichen der Streckgrenze des Eisens.

d) Besondere Eigenart der Eisenbetonkonstruktionen.

Die Eisenbetonkonstruktionen werden im allgemeinen mit Hilfe von Schalungen in ihrer endgültigen Lage hergestellt, wobei die Festigkeit der Traggerippe in hohem Maße von der Sorgfalt der nicht ganz leicht zu überwachenden Baustellenarbeit abhängig ist. Im übrigen entstehen so monolithische Bauwerke, bei denen im Gegensatz zu dem Stahlskelettbau Teile der einzelnen Bauelemente wie der Decken, der Balken, der Unterzüge, sowohl zu dem einen, als auch zu dem andern Bauelement gehören. Eine Decke z. B. wird gewöhnlich als 1 m breiter Balken rechteckigen Querschnitts zwischen Trägern aufgefaßt, der Träger selbst als Plattenbalken, dessen Druckgurt ein Teil der Decke ist. Dadurch entstehen natürlich wirtschaftliche Vorteile, andrerseits aber auch, wenn man den im I. Abschnitt unter B erwähnten Forderungen des Industriebaus in vollem Maße gerecht werden will, wieder Nachteile der Eisenbetonbauweise. Diesen Nachteilen sucht man dadurch zu begegnen, daß man bei industriellen Eisenbetonbauten fertige, sogenannte vorbetonierte Bauteile verwendet, die auf einem Werkplatz fabrikmäßig hergestellt werden[1]. In den Abschnitten III und IV wird dies an Hand einiger Ausführungsbeispiele gezeigt.

e) Die wichtigsten Bauelemente des Eisenbetons bei Industriebauten.

Diese sind der rechteckige Balken (Abb. 58a), die als solcher aufgefaßte Decke mit Hauptarmierung in einer Richtung (Abb. 58b), der Plattenbalken (Abb. 58c), die Rippen-

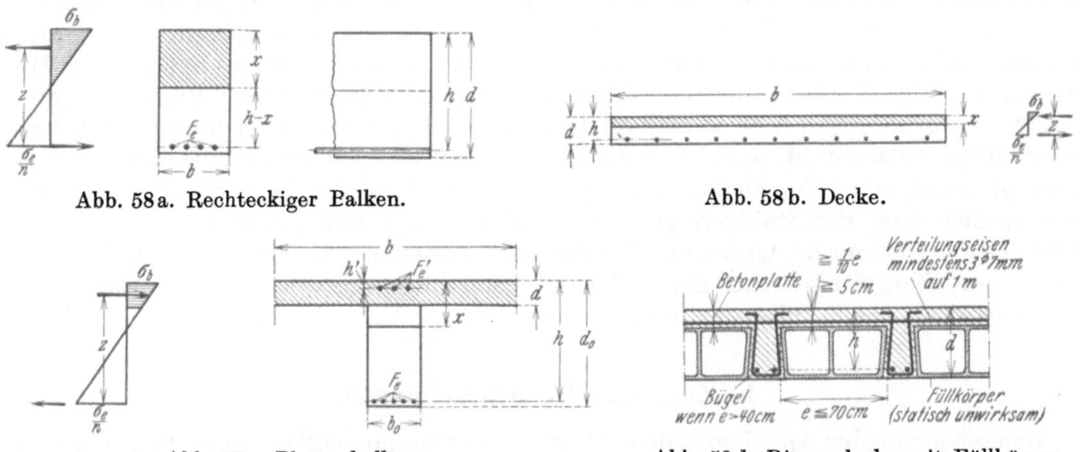

Abb. 58a. Rechteckiger Balken.　　　　Abb. 58b. Decke.

Abb. 58c. Plattenbalken.　　　　Abb. 58d. Rippendecke mit Füllkörper.

decke mit Füllkörpern oder ohne solche (Abb. 58d, e), kreuzweise bewehrte Platten, Pilzdecken (Abb. 58f) und die Stützen. Bei diesen kommen in Betracht: 1. solche mit

---

[1] Siehe Kleinlogel, Fertigkonstruktionen im Beton- und Eisenbetonbau: Berlin 1929.

einfacher Bügel-Bewehrung (Abb. 58g), bei denen die Längsbewehrung höchstens 6 % des Betonquerschnitts ausmachen darf. Als wirksamer Querschnitt darf dem Betonquerschnitt einer solchen Säule noch der n-fache Eisenquerschnitt zuge-

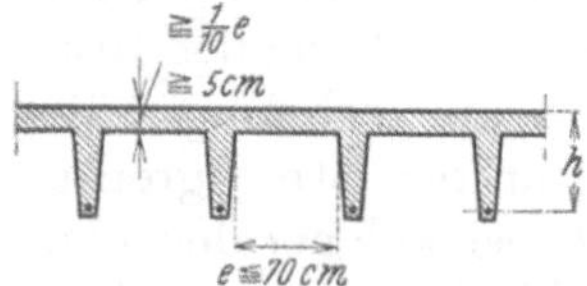

Abb. 58e. Rippendecke ohne Füllkörper (Hohlstegdecke).

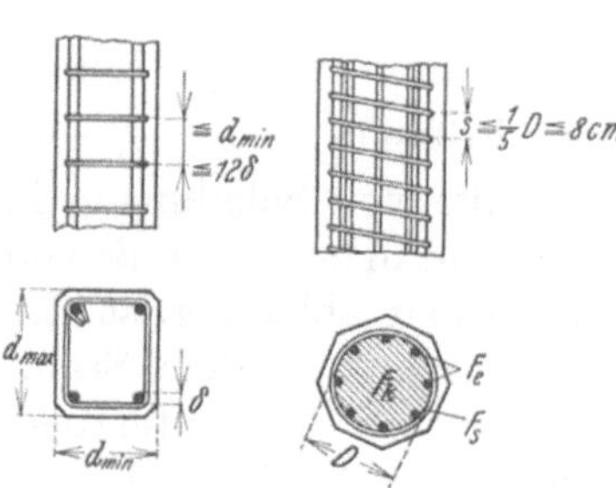

Abb. 58g.
Stütze mit einfacher Bügelbewehrung.

Abb. 58h.
Umschnürte Stütze.

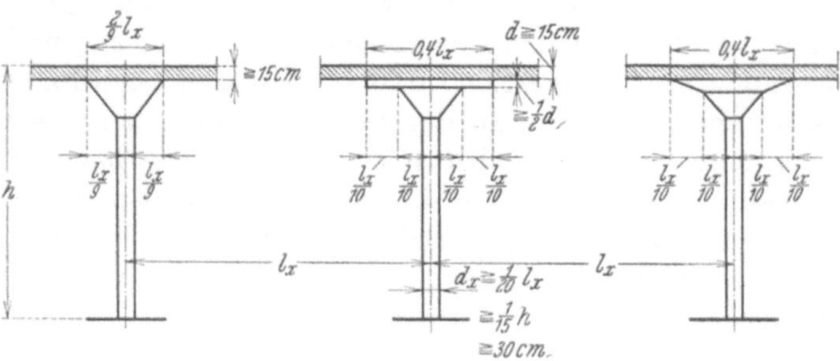

Abb. 58f. Pilzdecken.

schlagen werden, wobei n das Verhältnis der Elastizitätsmoduln von Eisen und Beton ist, das zu 15 angenommen werden darf. 2. Umschnürte Säulen (Abb. 58h). Durch die Umschnürung wird der Betonkern F_k selbst unter hohem Druck am Ausweichen wirksam gehindert. Es ist auf diese Weise möglich, bei stark belasteten Stützen mit kleinen Querschnitten auszukommen. Schlanke Säulen müssen nach dem oben S. 41 erwähnten ω-Verfahren berechnet werden. Die Innenstützen gewöhnlicher Hochbauten werden im allgemeinen auf mittigen Druck bemessen, bei den Außenstützen muß die durch ihre steife Verbindung mit den Trägern und Decken bedingte Rahmenwirkung berücksichtigt werden.

4. Die Holzbauweise.

a) Allgemeines.

Wie sich bei der Beschreibung der Hallen- und Eingeschoßbauten zeigt, werden im Industriebau neuerdings auch ingenieurmäßig berechnete und durchgebildete Holzkonstruktionen verwendet. Sie treten an Stelle handwerksmäßig aufgebauter Traggerippe deshalb, weil sich bei ihnen infolge besserer Ausnützung des Baustoffes in statischer Hinsicht und infolge Verbesserung der Stabverbindungen wirtschaftliche Vorteile ergeben. Über die Anforderungen, welche man an die Beschaffenheit des für solche Konstruktionen verwendeten Holzes stellt, sowie über die Prüfung der Bauglieder geben die nachstehenden unter b) angeführten Vorschriften Auskunft. Der Aufbau der Traggerippe aus Holz ist ganz ähnlich dem der Stahlgerippe. Außer vollwandigen Balkenträgern, die bei großen Stützweiten I-förmigen Querschnitt aufweisen, kommen für die Binder von Hallenbauten vor allem Fachwerkträger in Betracht, deren Systeme sich grundsätzlich nicht von denjenigen der Stahlbinder unterscheiden.

b) Zulässige Beanspruchungen.

Abgesehen von den Angaben in den „Hochbaubestimmungen" kommen die den neueren Versuchen mit Holz und Holzverbindungen Rechnung tragenden Bestimmungen für Holztragwerke[1] der Deutschen Reichsbahngesellschaft in Betracht, deren wichtigste Werte (σ_{zul} in kg/cm²) folgende Tabelle enthält:

---

[1] 3. Auflage, Berlin 1931. Siehe auch DIN E 1052.

Art der Beanspruchung	Eiche und Buche	Nadelholz
a) Druck in der Faserrichtung.	100	80
b) Biegung.	110	100
c) Zug in der Faserrichtung.	110	100
d) Druck rechtwinklig zur Faserrichtung auf ganzer Breite (Schwellendruck) .	35	15
e) Ebenso, aber nur auf einen Bruchteil der Breite (Stempeldruck)	40	25
f) Abscherung in der Faserrichtung	20	12

Die Linie der σ_k wird dabei nach Abb. 59 angenommen, im elastischen Bereich ($\lambda > 100$) nach der Eulerformel, im unelastischen Gebiet nach einem Geradeliniengesetz.

Die Werte $\sigma_{d\,zul} = \dfrac{\sigma_k}{\nu}$ einteiliger Druckstäbe bei den einzelnen Schlankheitsgraden sind so gewählt, daß man ν zwischen 3,75 (bei $\lambda = 0$) und 4,875 (bei $\lambda = 150$) annimmt.

Für die Nachrechnung der Druckstäbe nach dem ω-Verfahren, so daß $\dfrac{\omega \cdot P}{F} < \sigma_{zul}$ (also 100 bzw. 80 kg/cm²), gilt folgende Tabelle für die ω.

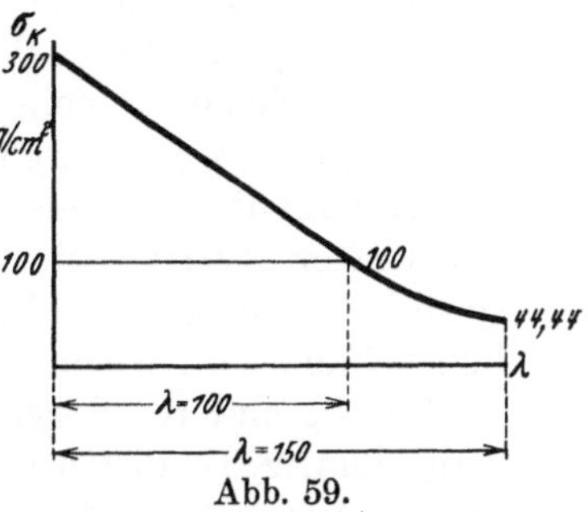

Abb. 59.

Schlankheitsgrad =	0	20	40	60	80	100	120	140	150
Eiche und Buche	1,00	1,22	1,53	2,00	2,81	4,50	6,70	9,41	10,97
Nadelholz	1,00	1,20	1,47	1,87	2,49	3,60	5,36	7,53	8,77

c) Verbindungsmittel.

Auch darüber geben die Bestimmungen für Holztragwerke der Deutschen Reichsbahn rechnerische Grundlagen. Die Güte der Holzkonstruktionen hängt in erster Linie von der zuverlässigen Durchbildung der Verbindungen der einzelnen Holzteile zu Stäben und der Stäbe zu ganzen Trägern ab. Bei Stabverbindungen verwendet man vielfach Stahlbolzen, um die ringförmige Dübel so eingelegt werden, daß der Lochleibungsdruck ein zulässiges Maß nicht überschreitet. Es ist zu beachten, daß Knotenpunktsverbindungen von Holzkonstruktionen an die Gestaltungsfähigkeit des Ingenieurs sehr große Anforderungen stellen, wenn er bei diesen Verbindungen dieselbe Sicherheit und dieselbe Übersichtlichkeit des Kraftflusses erreichen will, wie bei den entsprechenden Verbindungen im Stahlbau. Neben den Bolzenverbindungen kommen auch Verleimungen vor; auch von der direkten Übertragung von Druckkräften durch unmittelbare Berührung macht man häufig Gebrauch. Bei solchen Verbindungen muß beachtet werden, daß die starken Schwinderscheinungen quer zur Faser starke Formänderungen der Tragwerke hervorrufen können, deren Vermeidung besondere Maßregeln erfordert.

B. Die lastübertragenden und raumumschließenden Bauelemente des Industriebaus.

1. Undurchsichtige Dachhaut.

Bei der Dachhaut von Industriebauten ist neben genügender Dichtheit, mehr oder weniger hoher Lebensdauer, Feuersicherheit und Isolierfähigkeit vor allem ein möglichst geringes Eigengewicht anzustreben, weil durch die Gewichte der Dachhaut auch die Kosten der Unterkonstruktion und der Traggerippe wesentlich beeinflußt werden. Diese hängen übrigens auch von der Dachneigung ab. Steile Dächer erfordern mehr Dachfläche wie flache und bieten große Windangriffsflächen; flache Dächer müssen aber für größere Schneelasten bemessen werden.

Mit Rücksicht auf einen raschen Baufortschritt soll die Dachhaut leicht und schnell verlegt werden können. Zur Erleichterung von Gebäudeumänderungen und Betriebsumstellungen ist es erwünscht, daß man die Dachhaut auch ohne Schwierigkeit entfernen und wieder verwenden kann. Die Bedeutung der einzelnen Forderungen schwankt je nach dem Zweck des Baues. Man wird von der Dachhaut eines offenen Lagerschuppens nicht dasselbe verlangen, wie von der eines Maschinenhauses oder von der einer Fabrikationshalle mit hochwertigen Arbeitsmaschinen und empfindlichen Fabrikaten.

Im folgenden kann es sich nicht darum handeln, die Dachdeckungen mit allen Einzelheiten zu beschreiben. Wir müssen uns darauf beschränken, das Wesen der wichtigsten, im Industriebau üblichen Dachdeckungen kurz zu charakterisieren. Bei der Gesamtanordnung ist der wirtschaftliche Standpunkt zu berücksichtigen, daß die Kosten, erstens der Dachhaut, zweitens der Unterkonstruktion der Dachhaut, die im allgemeinen Fall aus Latten, Sparren und Pfetten besteht, und drittens des Traggerippes des Gebäudes, soweit es von der Dachhaut beeinflußt wird, also vor allem der Binder, zusammen möglichst klein sein sollen.

Mit besonderer Sorgfalt müssen die Abdichtungen der Dachdeckungen mit anderen Bauteilen, z. B. der Anschluß an Mauerwerk, ausgeführt werden. Dasselbe gilt für die Dachrinnen und Abfallrohre. Von der richtigen Ausbildung dieser Teile sind in besonderem Maße die Unterhaltungskosten des Daches abhängig. Bei der Wahl der Baustoffe für diese Abdichtungen sind die Gesichtspunkte maßgebend, welche, was die Korrosionsfrage anbelangt, bei den Glasdächern erwähnt werden. Bei dem Anschluß an aufgehendes Mauerwerk muß auf die möglichen Formänderungen der Dachhaut und der Dachkonstruktion Rücksicht genommen werden, wenn man nachträglich kostspielige Dichtungen vermeiden will. Bei der Bemessung der Rinnenquerschnitte, namentlich von Zwischenrinnen, kann man nicht weit genug gehen. Unter allen Umständen muß die handwerkliche Regel, daß auf den Quadratmeter zu entwässernde Dachfläche 1,2 cm² Rinnenquerschnitt zu wählen ist, eingehalten werden. Dabei muß man beachten, daß die Rinnen bei Teerpappdächern durch abfließenden Teer und, z. B. bei Hüttenwerken, durch Flugasche verschmutzt werden können. Das Rinnengefälle soll nicht kleiner als 1 % gewählt werden und namentlich innere Abfallrohre sollen für 1 m² zu entwässernde Dachfläche mindestens 1 cm² Rohrquerschnitt erhalten. Die Einläufe in die Abfallrohre müssen durch Sickerhauben geschützt werden. Bei den Abdichtungen darf infolge der Kapillarität kein Wasser unter die äußere Dachhaut gelangen.

a) Das Holzpappdach und verwandte Dacharten.

(Abb. 60a bis g.)

Beim Holzpappdach liegt Dachpappe auf Holzschalung. Die Holzschalung ist abgestützt durch Sparren auf Pfetten oder unmittelbar auf Pfetten. Diese Dachdeckung findet vor allem bei untergeordneten Gebäuden Verwendung. Bei einer Sparrenentfernung von 1 bis 1,5 m ist die Stärke der möglichst mit Nut und Feder versehenen Schalung nicht unter 2,5 cm.

Die Pfettenabstände werden üblicherweise zwischen 2,5 und 3 m gewählt. Bei ganz einfachen Bauten begnügt man sich oft damit, die Schalbretter unmittelbar auf die hölzernen Pfetten zu nageln, die Bretter also in der Dachneigung zu verlegen. Der wasserdichte Überzug besteht meist aus Dachpappe, bei der verschiedene Lagen aufeinander geklebt werden. Damit der Teer nicht abläuft, soll die Dachneigung nicht größer als 10 % sein; bei größeren Dachneigungen verwendet man teerfreie Pappe. Die Befestigung der Sparren auf den Pfetten kann außer durch Klemmplatten (Abb. 60a) durch Hakennägel und durch Verschraubung der Sparren mit Winkeleisenstücken, welche in feste Verbindung mit den Pfetten gebracht sind, erfolgen.

Traufpunkte für mehr oder weniger primitive Bauten zeigen die Abb. 60c und d, Anschlüsse an den Giebelwänden und an hochgehendes Mauerwerk die Abb. 60e und f, den Anschluß an einen Dachaufbau die Abb. 60g. Bei diesem sind Jalousiebleche verwendet, deren Größe üblicherweise so bemessen wird, daß drei Jalousiebleche aus einer

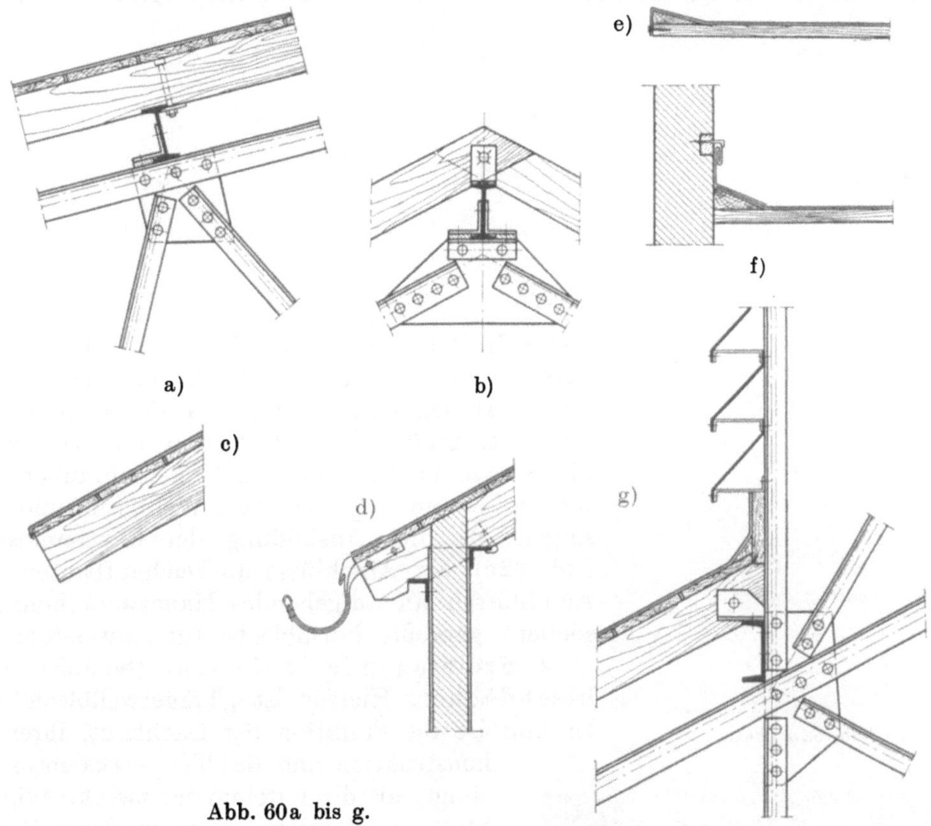

Abb. 60a bis g.

verzinkten Blechtafel von 1 m Breite herausgeschnitten werden können. Man kann natürlich auch Metallüberzüge aus Kupfer und Zink auf einer solchen Holzschalung anbringen.

Eine bessere Isolierung als mit dem vorgenannten Dach erhält man mit dem sogenannten Holzzementdach (Abb. 61). Es kommt nur für ganz flache Neigungen in Betracht und nur dort, wo auf Dichtheit und gute Isolierung gegen Wärme und Kälte allergrößter Wert gelegt wird. Da es sehr schwer ist, ist es nur für kleine Gebäudebreiten zweckmäßig. Die Dichtung besteht aus mehrfachen Papplagen, die durch eine bituminöse Masse miteinander verklebt sind. Auf diese Dichtung kommt zunächst eine dünne Schicht Sand und darüber 6 bis 8 cm Feinkies.

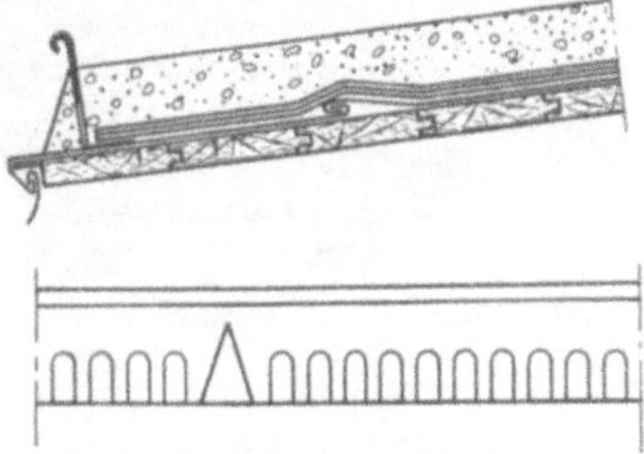

Abb. 61. Holzzementdach.

b) Das Wellblechdach.
(Abb. 62a bis d.)

Diese Dachdeckung hat die Vorzüge und Nachteile einer reinen Metalldeckung. Da sie ein sehr geringes Eigengewicht hat, erfordert sie eine sehr leichte Unterkonstruktion. Sie kann in kurzer Zeit eingebaut werden und ist verhältnismäßig feuersicher. Weil sie wenig Fugen hat, kann sie bei genügender Neigung leicht dicht gehalten werden. Dieses Dach ist aber verhältnismäßig teuer und isoliert schlecht gegen Wärme, Kälte und Schall; auch tritt leicht Schwitzwasser auf. Wenn das Blech mit Rauch und Gasen in Berührung kommt, hat es, trotz der üblichen Verzinkung, nur eine geringe Lebensdauer. Der starken Ausdehnung des Wellblechs durch Sonnenbestrahlung kann durch entsprechende konstruktive Maßregeln Rechnung getragen werden.

Das Wellblechdach kommt in zwei Ausführungen vor:

1. Als sogenanntes gestütztes, ebenes Wellblechdach. Dabei wird sogenanntes „flaches Wellblech" in Stärken von 1 bis 2 mm auf Pfetten aufgelagert und mit diesen

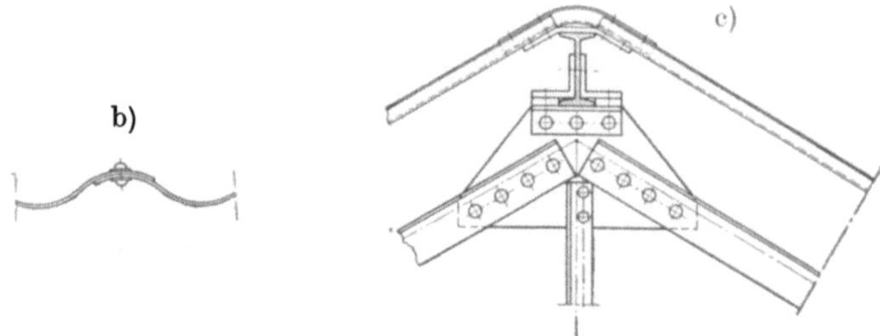

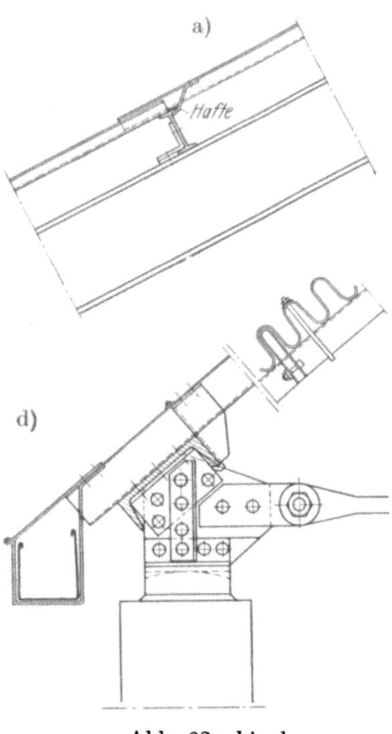

Abb. 62a bis d.

durch Haften verbunden (Abb. 62a). Die Stoßfugen werden durch Vernietung (Abb. 62b) gedichtet. Bei offenen Hallen, und, wenn Saugwirkung zu berücksichtigen ist, genügt die Befestigung mit Haften allein nicht, man muß noch durch Hakenschrauben für eine weitere Verbindung zwischen Wellblech und Pfetten sorgen. Bei der Ausbildung der Firstpunkte (siehe Abb. 62c), der Anschlüsse an Dachaufbauten und bei Anschlüssen an aufgehendes Mauerwerk kommen besondere, gepreßte Formbleche zur Anwendung.

2. Freitragende, gebogene (bombierte) Wellblechdächer. Hierfür ist „Trägerwellblech" üblich. In ihm ist die Funktion der Dachhaut, ihrer Unterkonstruktion und des Tragwerks insofern vereinigt, als die miteinander zweckmäßig in den Stoß- und Lagerfugen verbundenen Wellblechtafeln als ein Zweigelenkbogen wirken, dessen Horizontalschub durch Zugankerrundeisen aufgenommen wird. Der Dachschub der Wellblechtafeln wird bei der Anordnung der Abb. 62d durch Blechschuhe, welche in einzelnen Wellenbergen vernietet sind, auf Längsträger (aus U-Eisen bestehende Traufeisen) übertragen. Diese Längsträger können entweder in einzelnen Punkten unterstützt sein oder durchgehend auf Mauerwerk auflagern. Damit die obere Wellblechfläche von den Längsträgern nicht abgehoben werden kann, müssen noch einzelne, oben schon erwähnte Verankerungsschrauben, die ebenfalls aus der Abbildung ersichtlich sind, angeordnet werden. Solche freitragende Wellblechdächer werden bis zu einer Stützweite von 25 m ausgeführt.

Bemerkenswert ist eine hierher gehörende Art der Dachdeckung mit sogenanntem „protected metal", das ebenfalls als gestütztes Wellblechdach ausgeführt wird. Man kann diese Dachdeckung in Amerika bei vielen Bauten der

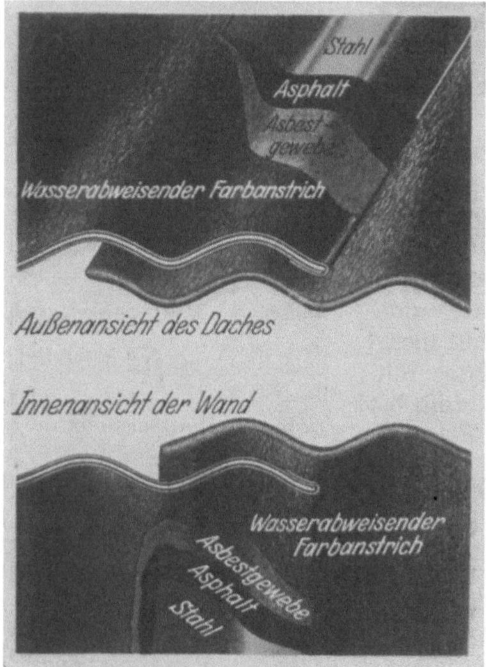

Abb. 63a. Protected Metal. Ausführung: H. H. Robertson Co., Pittsburgh Pa.

chemischen Industrie, bei Schmieden, Hütten- und Walzwerken, sowie Gießereien beobachten, also bei Bauten, bei denen es weniger auf große Isolierfähigkeit als auf weitgehende Korrosionssicherung der Dachhaut gegen Säure und alkalische Dämpfe ankommt. Es widersteht jahrelang ohne irgendwelche kostspielige und betriebsstörende Unterhaltungsarbeiten den durch den Säuregehalt der Luft besonders agressiven atmosphärischen Einflüssen. Änderungen am Dach sind leicht möglich.

Bei diesem „protected metal" werden Stahlbleche durch beiderseits aufeinanderfolgende Lagen von Asphalt, Asbestgewebe und einer wasserabweisenden Farbschicht geschützt (Abb. 63a). Das „protected metal" wird nicht nur für Dachdeckungen, son-

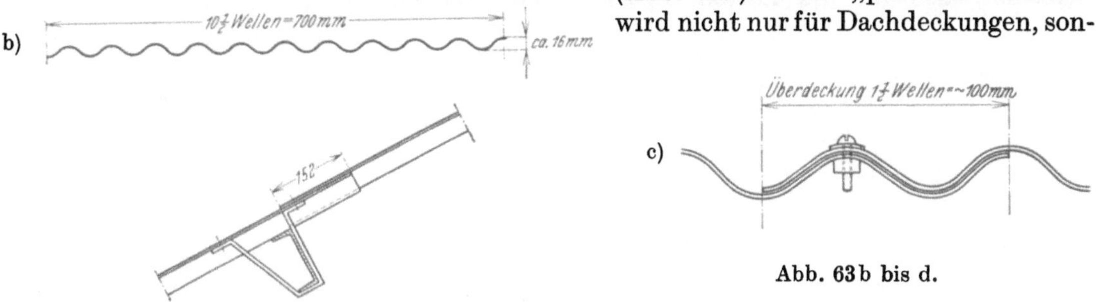

Abb. 63b bis d.

dern auch für Wandabdeckungen verwendet. Die Abb. 63b zeigt einen Schnitt durch eine gewellte Tafel für die Dachdeckung. Die Breite derselben beträgt 700 mm, die Überdeckung, wie in Abb. 63c dargestellt, 1½ Wellen = 100 mm. Auf Abb. 63d sieht man die Befestigung der Tafeln an den Pfetten, wie sie am Anfang und Ende jeder Platte ausgeführt ist; bei Anordnung von Zwischenpfetten erfolgt sie auf dieselbe Weise. Die Firstabdeckungsbleche (Abb. 63e) werden in Längen von 1,5 und 3 m hergestellt. Abb. 63f

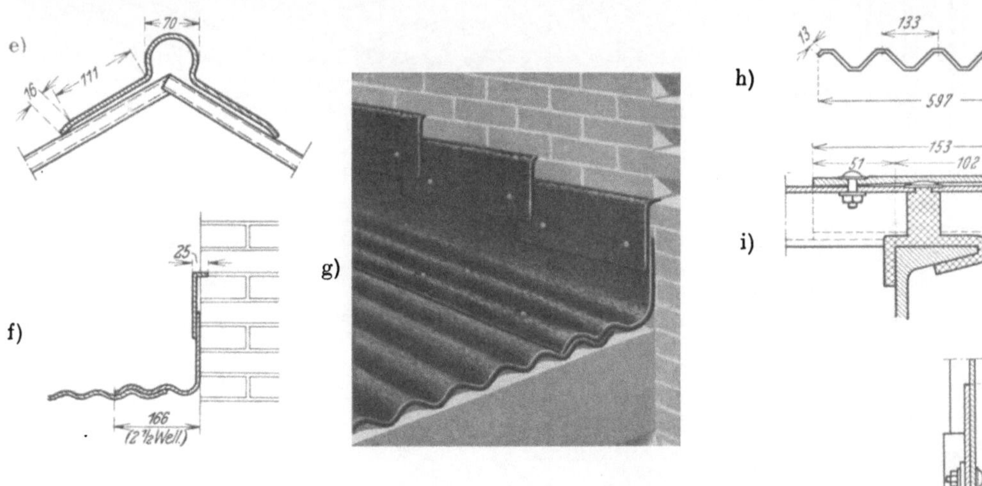

Abb. 63e bis k.

und g zeigen den Anschluß an Mauerwerk, bei welchem die Überdeckung 2½ Wellen beträgt. Diese Anschlußbleche sind 1,5 bis 3 m lang.

Für große Pfettenentfernungen wird nicht die übliche Wellblechform verwendet, sondern die V-Form (Abb. 63h). Abb. 63i zeigt ihre Befestigung an den Pfetten.

Für die Wandabdeckungen nimmt man 710 mm breite gewellte Tafeln (11 Wellen), die an den Wandriegeln wie in Abb. 63k befestigt werden. Diese Platten überdecken sich auf eine Welle.

Bemerkenswert ist, daß in die mit „protected metal" gedeckten Dächer unmittelbar auch Glasflächen eingebaut werden können, die, wie im III. Abschnitt unter Hallenbauten (Abb. 124f) dargelegt ist, eine sehr wirkungsvolle und billige Tageslichtzuführung in das Gebäudeinnere ermöglichen. Weitere Anwendungsbeispiele dieses „protected metal" findet man in dem III. und IV. Abschnitt: „Hallen- und Eingeschoßbauten".

4*

c) Das Falzziegeldach.

Das Falzziegeldach mit Ziegeln großen Formats ist auch heute noch als feuersicheres Dach bei industriellen Bauten mit starker Hitzeentwicklung, also in Gießereien Schmieden und Stahlwerkshallen gebräuchlich, wobei meistens, wie in Abb. 64a und b, die Falzziegel unmittelbar auf eisernen Latten aufgelagert sind. Der Stahlaufwand für die Unterkonstruktion, also für die Latten, Sparren und Pfetten, ist

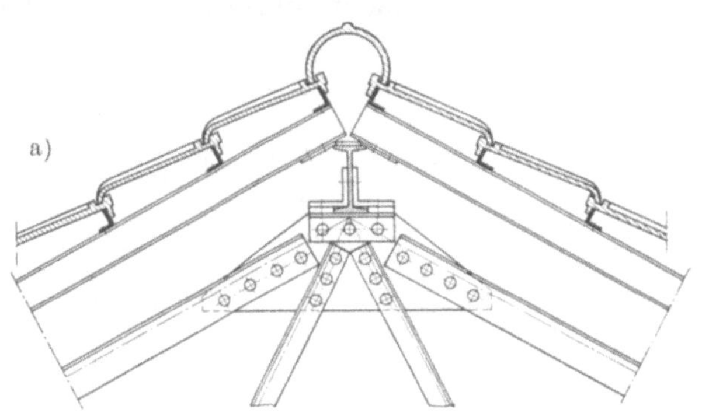

Abb. 64a und b.

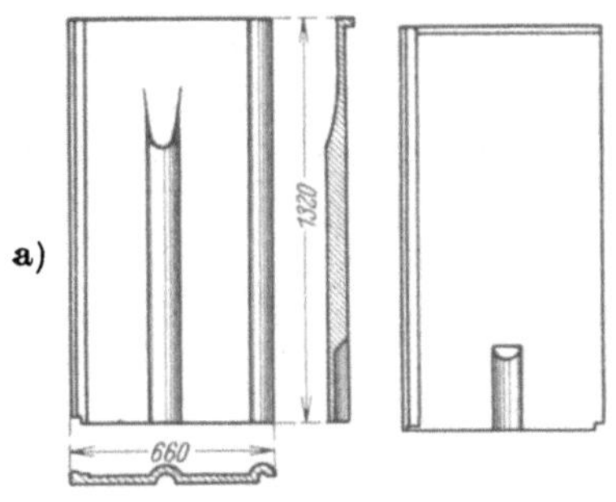

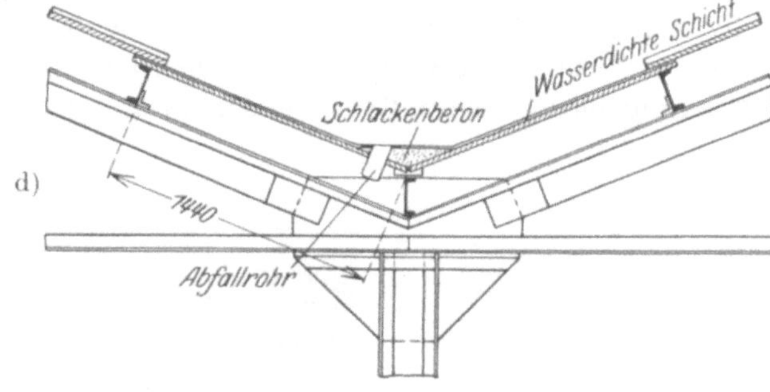

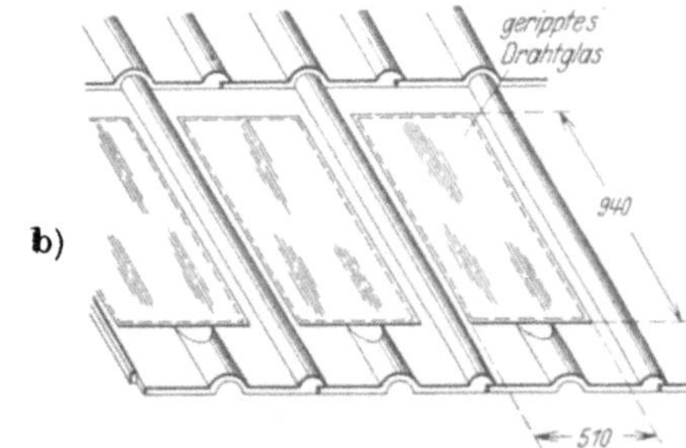

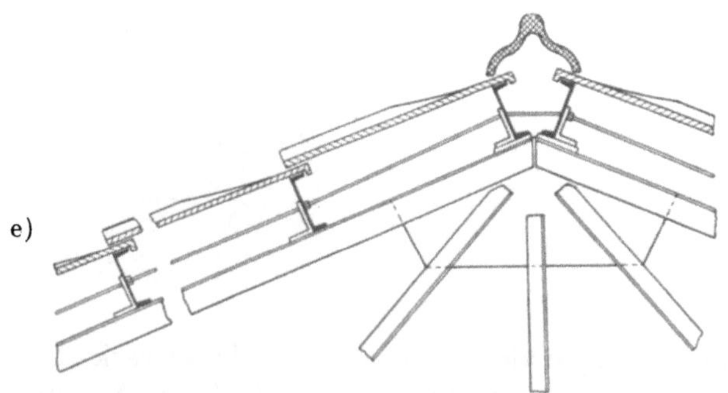

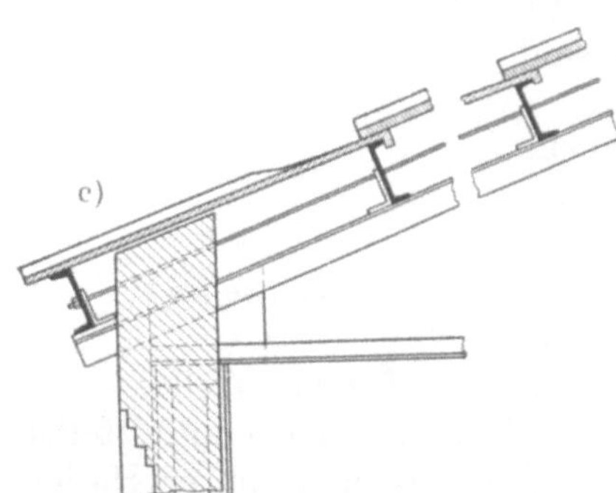

Abb. 65a bis e. Beton-Ziegel.
Ausführung: American Cement Tile
Manufacturing Co., Pittsburgh, Pa.

aber verhältnismäßig groß. Die Dachneigung soll nicht unter 30° betragen.

Statt dieser Tonfalzziegel werden in Amerika für dieselben Zwecke großformatige Betonziegel (cement tiles) verwendet (Abb. 65a bis e). In den Zementmörtel der 0,66 m breiten, 1,32 m langen Ziegel ist ein verzinktes Stahlgewebe eingebettet. Die Ziegel liegen unmittelbar auf den Stahlpfetten. Die Überdeckung jeder Ziegelreihe durch die obere beträgt 100 mm; dementsprechend ist der Pfettenabstand 1,220 m. Die seitliche Überdeckung beträgt 50 mm. In diese Betonziegel können Glasplatten eingelegt werden (Abb. 65b.) Eine Traufausbildung ist aus Abb. 65c ersichtlich, eine Dachkehle aus Abb. 65d und ein Firstpunkt aus Abb. 65e.

d) Die Dachhaut aus Asbestzement.

Abb. 66 zeigt den Querschnitt einer gewellten Tafel, Abb. 67 ihre Befestigung auf Stahl- und Holzpfetten. Der Baustoff (Eternit, Fulgurit), der in weichem Zustand gewalzten Platten, besteht aus Asbest und Zement. Er ist feuersicher und wetterbeständig. Es werden auch ebene Platten aus diesem Baustoff hergestellt. Sie können ähnlich wie Naturschieferdächer und wie das Glas von Oberlichtern auf Sprossen verlegt werden.

Bei solchen nicht armierten Dachdeckungsarten ist jedoch eine gewisse Vorsicht am Platze. Es ist vorgekommen, daß Menschen durchgebrochen sind. Wenn nötig, ist zu prüfen, ob diese Art der Dachhaut der von der Berliner Baupolizei geforderten Stoßprobe genügt, die

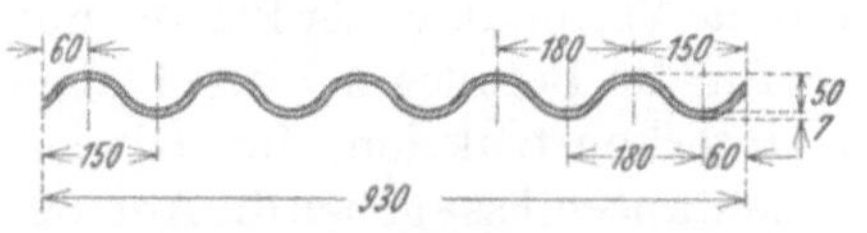

Abb. 66. Asbest-Wellplatten. Ausführung: Deutsche Asbestzement A.G.

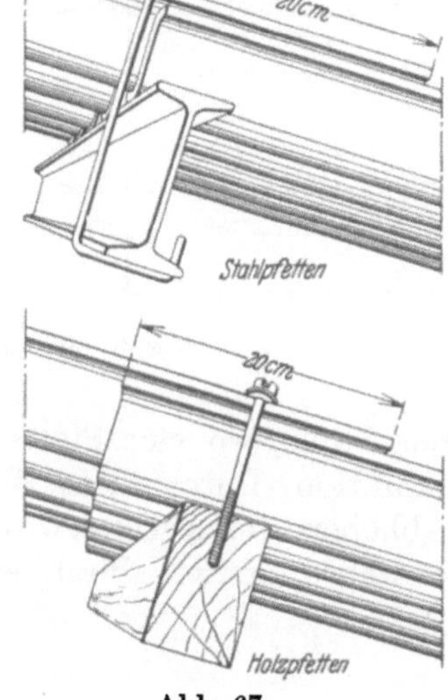

Abb. 67.

dem Umstand Rechnung trägt, daß ein von einem höheren Punkt herabfallendes Werkzeug das Dach nicht durchschlagen darf.

e) Das Betondach.

1. An Ort und Stelle gestampft. Bei den Betonbauten wird das Dach, abgesehen von den Schalendächern, meistens als Platte auf Pfetten verwendet. Die Platte wird hier statisch als durchlaufender Träger angesehen und erhält dementsprechend ihre Hauptarmierung in der Richtung der Dachneigung. Statt der vollen Deckenplatten können natürlich auch Rippendecken mit und ohne Füllkörpereinlagen angeordnet werden, die unter Umständen unter Vermeidung der Pfetten von Binder zu Binder gespannt werden können. Bei den Ausführungsbeispielen von Hallen- und Eingeschoßbauten sind einige solche Anordnungen gezeigt. Man kann auf solche Betondecken, wenn sie stärker geneigt sind, auch eine Falzziegeldachhaut legen, deren Latten mit Hilfe einbetonierter Dübel befestigt werden.

Hierher gehört auch die Spritzbetondachhaut nach dem Torkret-Verfahren. Unter Verwendung von scharfem feinem Sand wird Beton auf eine Drahtgewebeeinlage gespritzt, die sich von Pfette zu Pfette spannen kann. Die Dichtigkeit der Betonmasse ist sehr groß und dementsprechend auch die Betonfestigkeit. Rinnen, Dachrinnen und Oberlichtaufkantungen können in einem Stück mit der Dachhaut hergestellt werden. Infolge der Dichtigkeit des Betons wurde bei manchen Bauten auf eine besondere, wasserdichte Haut aus Teer- oder teerfreier Pappe verzichtet.

Bei Pfetten aus Baustahl in I-Form kommt außer der Torkret-Dachhaut die sogenannte Vouten-Decke in Betracht (siehe z. B. Abb. 100 des 3. Unterabschnitts). Um eine bessere Isolierwirkung zu erzielen, wird für diese Decken vielfach Bimsbeton, z. B. in dem Mischungsverhältnis 1 (Zement) : 2 (Sand) : 3 (Bimskies) verwendet. Da diese Decken infolge der Bewegungen und Erschütterungen der Unterkonstruktion, z. B. beim Befahren durch Krane, schwer rissefrei zu halten sind, nimmt man heute bei sehr vielen industriellen Hallenbauten

2. fabrikmäßig hergestellte Bimsbetonplatten. Ihre Fabrikation ist leicht zu überwachen. Infolgedessen ist ihr Baustoff von gleichmäßiger Beschaffenheit und ihr

Gewicht geringer als das einer gestampften Decke. Nachträgliche Risse können bei dieser Dachhaut vermieden werden. Sie ist leicht und jederzeit zu verlegen. Man kann sie ohne Schwierigkeit entfernen und wieder verwenden. Durch Aussparung von Hohlräumen kann die Isolierfähigkeit der Platten erhöht werden. Diese Bimsbetonplatten kommen in den drei Formen der Abb. 68a, b und c vor: Abb. 68a Stegplatten, Abb. 68b die aus einzelnen Längs- und Querrippen mit dazwischen liegenden dünneren Spiegelflächen bestehenden Kassettenplatten, Abb. 68c: Stegkasettenplatten. Die Plattenabmessungen betragen mit Rücksicht auf die Handlichkeit selten mehr als 0,50 m auf 2,30 m (= der Pfettenentfernung). Für die Verbindung der Platten miteinander, für die Befestigung der Platten auf der Unterkonstruktion, für Rinnen- und Oberlichtanschlüsse geben die Abb. 69a bis f einige Beispiele. Abb. 69a zeigt die Verbindung der Platten unter sich an

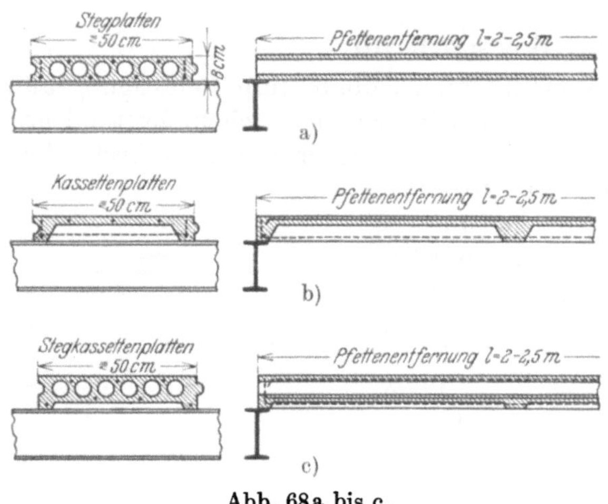

Abb. 68a bis c.

der Stelle, wo vier Platten zusammenkommen und ihre Befestigung an der Unterkonstruktion. Durch diese Halterbefestigung ist sowohl ein Abgleiten der Platten, als ein Abheben durch Unterwind verhindert. Bei dem Firstpunkt der Abb. 69b werden die Bewehrungseisen durch eine Drahtverknüpfung miteinander verbunden. Der Zwickel

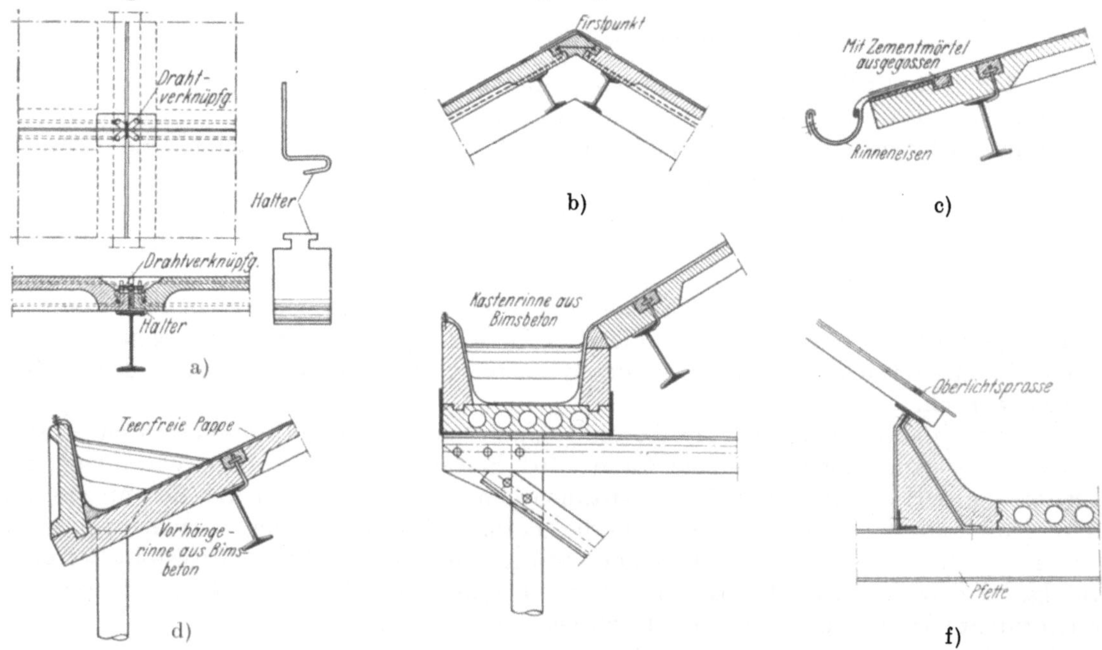

Abb. 69a bis f. Ausführung: Friedrich Remy A.G.

wird mit Kiesbeton vergossen. Auf Abb. 69c und d ist eine Vorhängerinne aus Blech bzw. aus Bimsbeton, auf Abb. 69e eine Kastenrinne aus Bimsbeton und aus Abb. 69f ist der Anschluß eines raupenförmigen Oberlichts ersichtlich.

f) Die Leichtsteindachdecken.

Diese Art der Dachhaut ist nach dem Sprachgebrauch der deutschen Eisenbetonbestimmungen eine Stein-Eisendecke, bei der poröse Ziegelsteine (Abb. 70 und 71) verwendet werden. Die Schalung für die Herstellung der Decke wird an den I- oder U-Eisen-pfetten angehängt. In die durchgehenden, nachträglich mit Zementmörtel ausgegossenen Längsfugen der Steine werden nach dem Bewehrungsgrundsatz des Eisenbetons Rund-eisen eingelegt. Gegen Abheben der Decke, z. B. infolge der Saugwirkung des Windes, müssen besondere Windhaken (Abb. 70d und 71d) vorgesehen werden. Außer den Hohlsteinen der Abb. 70a werden auch Nasensteine (Abb. 71a) verwendet, wobei die Betonfugen unten nicht sichtbar sind und außerdem ein Abbröckeln der vor-stehenden Betonteil-chen an der Unterseite der Decke unmöglich ist. Die Eisen werden mit Abstandhaltern

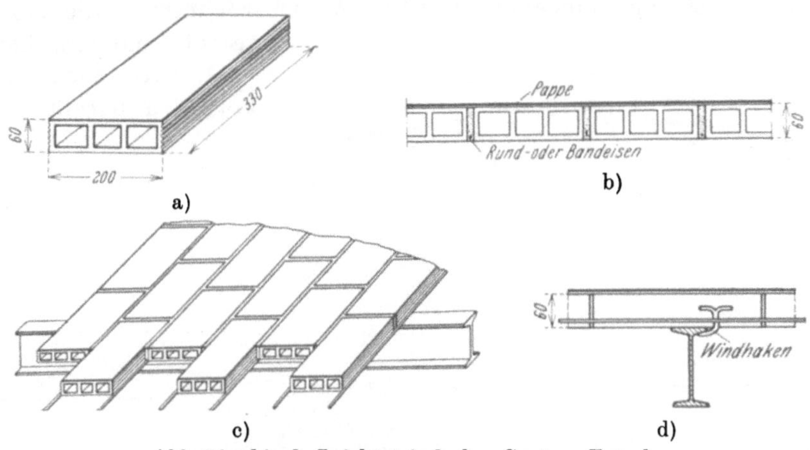

Abb. 70a bis d. Leichtsteindecke, System Zomak.

versehen eingebracht. Die Städt. Baupolizei Berlin läßt z. B. für die Ausführung von Leichtsteindachdecken von 6 bis 10 cm Stärke bei einer Dachneigung von nicht mehr als 15° bei durchlaufender Anordnung Stützweiten von 2,54 bis 4,32 m zu.

Wie schon an verschiedenen Stellen erwähnt wurde, müssen die unter e) und f) behandel-ten sogenannten „massiven Decken" genau wie die unter a) genannte Holzschalung durch

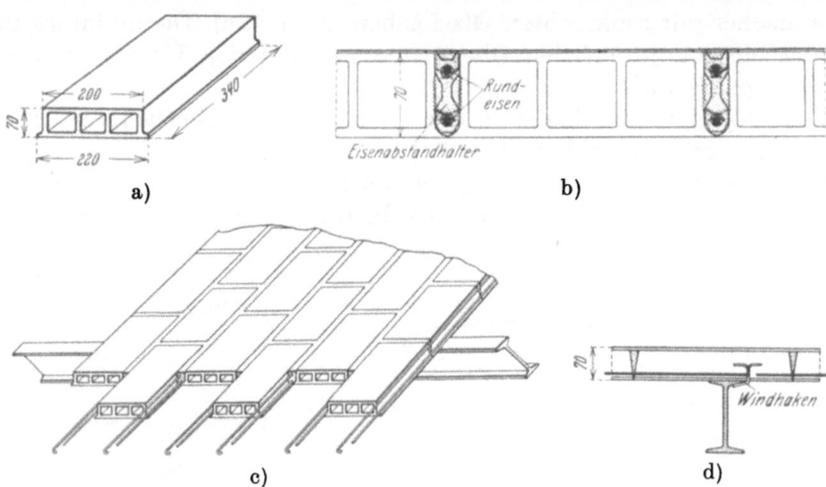

Abb. 71a bis d. Nasenleichtsteindecke, System Zomak.

eine besondere Schicht wasserundurchlässig gemacht werden. Bei kleinen Dachneigungen kann man dazu die gut bewährte Teerdachpappe verwenden. Für größere Dachneigungen ist nur teerfreie Dachpappe geeignet. Denn bei Teerpappen würde der Teer abfließen und Glasscheiben und Rinnen verschmutzen. Statt Pappen aufzubringen, ist auch schon mit Erfolg eine Abdichtung der Dachdecken durch eine gummiartige Masse erzielt worden.

2. Durchsichtige Dachhaut (Oberlichter).

Glasflächen im Dach werden dann angeordnet, wenn gewöhnliche Fenster zur Tages-beleuchtung eines Raumes nicht mehr ausreichen.

a) Allgemeine Anordnung der Glasflächen.

Mit Rücksicht auf ihre erforderliche Abdichtung und auf die leichte Entfernbarkeit von Schnee und Schmutz ist eine Mindestneigung der Glasflächen von 20°, besser von 45° erwünscht. Hat das Dach selbst eine solche Neigung, so können in seine Fläche unmittelbar Glasbänder eingebaut werden. An Oberlichtarten, die bei Industriebauten in Betracht kommen, kann man unterscheiden:

1. Satteldachförmige Oberlichter, in der Form von parallel zu den Bindern liegenden

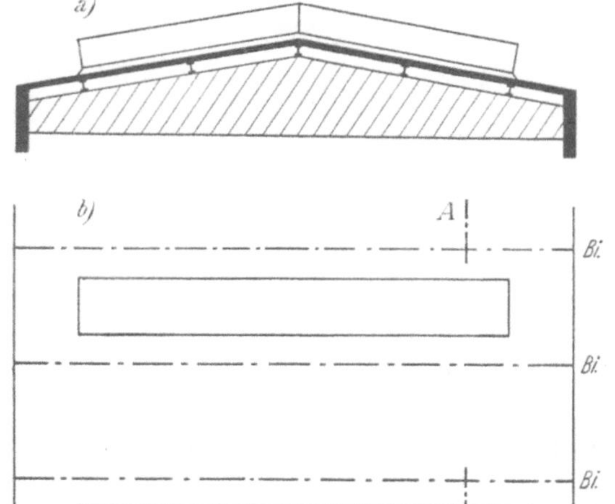
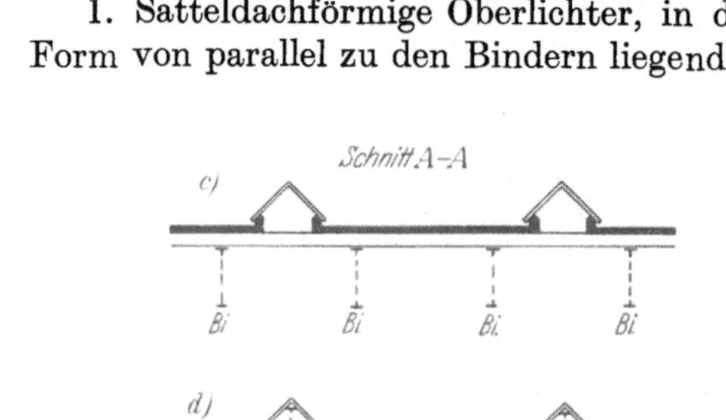

Abb. 72a bis e.

Raupenoberlichtern (Abb. 72a, b, c). Wie in Abb. 72d können die Binder in diesen Oberlichtern liegen.

2. Boileaudächer mit senkrechten Glasflächen (Abb. 72e). Die undurchsichtige Dachhaut ruht abwechselnd je auf den Obergurten und auf den Untergurten aufeinanderfolgender Binderpaare auf.

3. Satteldachförmige Oberlichter in der Form von Firstoberlichtern (Abb. 73).

4. Mansardförmige Oberlichter (Abb. 74).

5. Glasstreifen in den stark geneigten, nach Norden gerichteten Dachflächen der Sägedächer (Abb. 75).

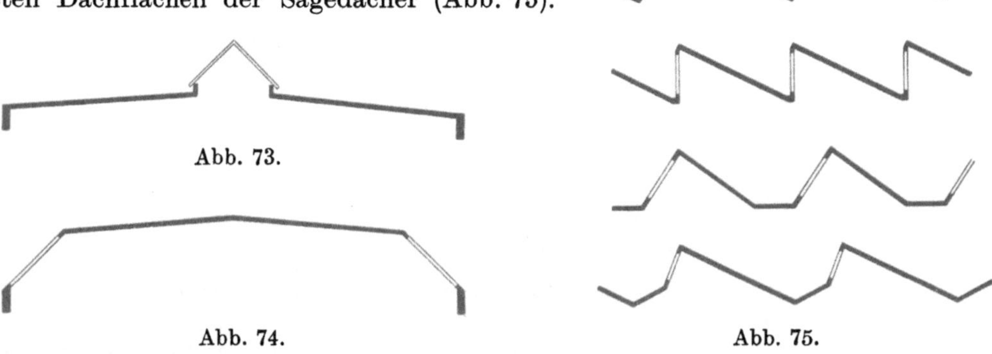

Abb. 73.

Abb. 74.

Abb. 75.

6. Kombinationen, z. B. von Raupenoberlichtern und mansardförmigen Oberlichtern oder von diesen und Firstoberlichtern.

Bezüglich der Größe der Glasflächen und ihrer Verteilung (siehe III. Abschnitt, A) lassen sich allgemein gültige Regeln schwer aufstellen, schon deshalb, weil die Größe der Lichtabsorption durch das Glas, Dachkonstruktionsteile und Transmissionen unsicher ist. Wenn man das vom Himmelsgewölbe ausgestrahlte Licht als gleichmäßig und als ungehindert in den Raum eindringend ansehen kann, so lassen sich auf Grund der Abmessungen der Lichtöffnungen eines Baues wenigstens für Vergleichszwecke brauchbare Werte der Beleuchtungsstärken einzelner Flächenelemente aufstellen. Bei Räumen, die geheizt werden müssen, wird die Entscheidung über die Größe der Glasflächen dadurch erschwert, daß Glas stark abkühlend wirkt, d. h. der an und für sich wünschenswerte Umfang der Oberlichtflächen findet seine Grenze in den wirtschaftlich tragbaren Aufwendungen für die Heizung. Um diese zu verbilligen, ist unter Umständen von der Möglichkeit doppelter Glasflächen Gebrauch zu machen. Bei satteldachförmigen Oberlichtern verwendet man Staubdecken genannte Innenoberlichter, die mit Rücksicht auf die Schwitzwasserabführung in der Neigung liegen sollen. Bei einfachen Glasflächen ist jedenfalls für genügende Dichtung im First, an der Traufe und an den Zwischenfugen zu achten. Die Tatsache, daß direktes Sonnenlicht für viele Arbeitsprozesse störend ist und auf manche Waren verderblich wirkt, hat zu der Wahl von Sägedächern mit nach Norden gerichteten Glasbändern geführt. Diese Dachart ist aber infolge ihrer großen Dachabwicklung und der nicht einfachen Wasserabführung verhältnismäßig teuer und erfordert hohe Heizungskosten. Anordnungen mit satteldachförmigen Oberlichtern wären ihr, auch mit Rücksicht auf das Aussehen, vorzuziehen, wenn preiswerte Glasarten, welche die schädlichen Sonnenstrahlen und Wärmestrahlen abhalten, zur Verfügung stünden, oder, wenn es gelänge, die unerwünschten Strahlen durch entsprechend ausgebildete Innenoberlichter abzuwehren.

b) Die Einzelausbildung der Glasflächen.

Für den Einbau von lichtdurchlässigen Teilen in die undurchsichtige Dachhaut kommen in Betracht: In Dachplatten, z. B. in die amerikanischen cement tiles ein-

gelegte Glastafeln, Glasziegel und der sogenannte Glasbeton, bei dem Glasprismen zwischen Eisenbetonlängs- und Querrippen eingebettet sind. Durch die Form der Glasprismen läßt sich übrigens die Richtung der einfallenden Lichtstrahlen ändern. Abb. 76a zeigt ein Anwendungsbeispiel von Glasbeton bei einem Hallenbau, Abb. 76b den Querschnitt durch eine Glasbeton-Oberlichtfläche mit Fugenabdichtung, Bauweise Luxfer, D.R.P. Man begnügt sich hier nicht mit einem in kurzen Zeitabständen

Abb. 76a. Maschinenbauhalle der Firma Carl Zeiss, Jena. Betongläser, System Solfac.

zu erneuernden Schutzanstrich der Oberseite der Betonrippen, versieht vielmehr die mit Beton ausgefüllten Fugen zwischen den Gläsern mit einem etwa 4 mm starken Bitumenaufstrich, der sich auch noch in den Glasrand erstreckt, dort Halt findet und mögliche Trennungsfugen zwischen Glas und Beton überdeckt. Solcher Glasbeton eignet sich in einfacherer Ausführung auch für senkrechte Glasflächen. Über Versuche mit Bauteilen aus Eisenbeton und Glas siehe die Abhandlung von Graf[1].

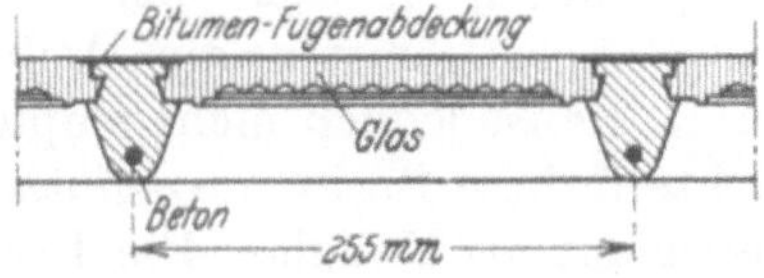

Abb. 76b. Glasbeton. System Luxfer.

Eine weitere Möglichkeit für Einschalten von Glasflächen in die Dachhaut besteht in

---

[1] Glastechn. Ber. Jg. 4 (1927) Heft 9 u. 10.

der Verwendung von gewelltem Drahtglas, das statisch ähnlich wie Wellblech wirkt und ähnlich wie dieses auf den Pfetten befestigt wird. Bei der amerikanischen Ausführung der Abb. 77a bis e beträgt die größtzulässige Stützweite der Glastafeln 150 cm, ihre normale Breite 70 cm. Die Fuge des Längsstoßes (Abb. 77b) wird durch ein äußeres und inneres Deckblech geschlossen. Zur Erreichung einer guten Abdichtung wird unter das äußere Blech Asphaltpappe gelegt. Die Befestigung der beiden Bleche an der Glasplatte geschieht durch Schrauben, die einen Abstand von 30 cm voneinander haben. Beim Glasstoß über einer Pfette (Abb. 77c) wird zwischen die beiden Glastafeln ein etwa 5 mm dicker imprägnierter Filzstreifen gelegt, um ein sattes Aufliegen der beiden Platten aufeinander und zugleich einen dichten Abschluß zu erhalten. Auf den oberen Flansch der Pfette ist ein Streifen Asphaltpappe gelegt, um ein hartes Aufliegen der Glasplatte zu verhindern. Die Befestigung der Glaseindeckung an den Pfetten geschieht ähnlich wie bei Wellblechdächern durch Haften. Abb. 77d und e zeigen die Ausbildung je eines First-

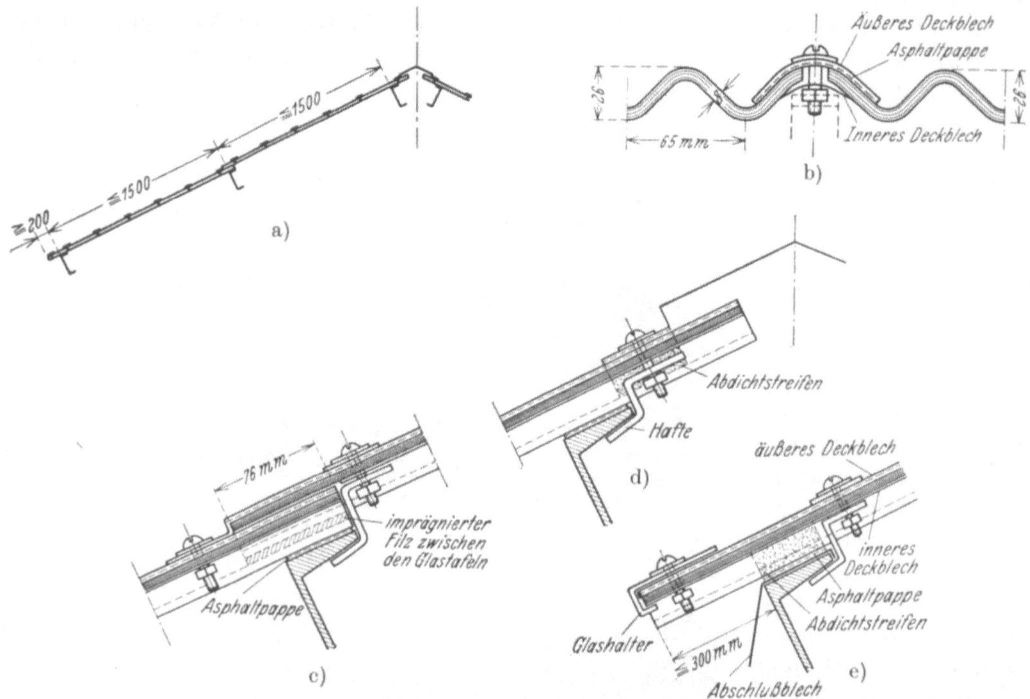

Abb. 77a bis e. Corrugated wire glass. Ausführung: David Lupton's Sons Co., Philadelphia, Pa.

und Traufpunktes. Die Hohlräume, die bei jedem Wellenberg am Traufpunkt entstehen, werden durch einen Abdichtstreifen geschlossen, der aus einer asphaltartigen Masse besteht.

Die gebräuchlichste Ausführungsart von Glasflächen, die wie in Abb. 72 bis 75 angeordnet sind, ist die unter Verwendung von sogenannten Oberlichtsprossen, welche die Funktion der Sparren in Dachkonstruktionen übernehmen. Auf ihnen werden in ihren Längskanten die Glastafeln zweckentsprechend aufgelagert. Diese bestehen heute selten aus Rohglas, meistens aus Drahtglas, 6 bis 8 mm stark, 2,20 bis 3,20 m lang und bis 84 cm breit. Es ist jedoch nicht empfehlenswert, bei durch Wind und Schnee belasteten Oberlichtern diese Breite auszunützen. Drahtglas hat im allgemeinen keine größere Biegungsfestigkeit als Rohglas. Die Drahteinlage soll lediglich das Herabfallen von Glasstücken verhindern oder zum mindesten verzögern. Die Glastafeln werden statisch meist als 1 m breite Träger auf zwei Stützen aufgefaßt mit einer Stützweite gleich der Entfernung der Auflager auf den Sprossen. Diese Träger haben die rechtwinklig zum Dach wirkenden Komponenten des Eigengewichts und des Schneedrucks, sowie die rechtwinklig zum

Dach wirkend angenommenen Windlasten aufzunehmen. Die in der Dachrichtung wirkenden Komponenten des Eigengewichts und der Schneelast (der sogenannte Dachschub) werden, soweit dies nicht durch Reibung geschieht, an Glashaltern auf die Sprossen übertragen. Diese selbst werden außer auf Biegung noch durch Längskräfte beansprucht, deren Größe von der Gesamtanordnung der Sprossen und Pfetten abhängt. Bei dieser statischen Auffassung hängt die Wahl der Glasbreite außer von den Lasten von der Biegungsfestigkeit des Drahtglases ab, die infolge des Fehlens von entsprechenden Abnahmevorschriften übrigens auch mit der Breite der Proben sehr wechselt, z. B. bei 10 und 20 cm breiten Proben von 220 bis 670 kg/cm². Die tatsächliche Bruchfestigkeit der Glastafeln, einwandfreie Auflagerung vorausgesetzt, wird auch von den Durchbiegungen der Sprossen und der Unterkonstruktion beeinflußt, wobei zu beachten ist, daß der Elastizitätsmodul des Drahtglases etwa gleich 700 000 kg/cm² ist und das Drahtglas keine bleibenden Formänderungen erleiden kann. Tatsächlichen Ausführungen entsprechende Versuche mit großen Glasplatten auf eisernen Sprossen[1] zeigen für Drahtglas eine rechnungsmäßige Biegungsbruchfestigkeit, die bis auf 100 kg/cm² heruntergeht (bei Rohglas bis 127 kg/cm²). Wählt man als σ_{zul} 70 kg/cm², so darf man bei einer Nutzlast von 100 kg/cm² und einer Glasdicke von 7 mm die Glasbreite nicht größer als 63 cm wählen. Der Krümmungshalbmesser des Glases ist bei $\sigma = 70$ kg/cm²

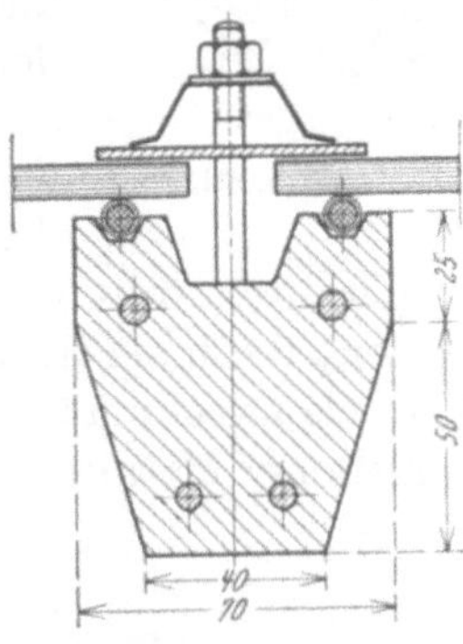

Abb. 78. Eisenbetonsprosse. Ausführung: Koerfer.

3500 cm. Er darf naturgemäß auch bei den Sprossen nicht größer sein. Ihre Trägheitsmomente sind dementsprechend zu wählen, wenn nicht schon die Forderung einer Begrenzung der Sprossenbiegungsbeanspruchung größere Trägheitsmomente bedingt. Nach der angegebenen Quelle soll bei Stahlsprossen, die als Balken auf zwei Stützen gelagert sind, das Trägheitsmoment J betragen:

$$\text{bei } l = 100 \text{ cm mindestens } J = 1{,}0 \text{ cm}^4$$
$$l = 150 \text{ cm mindestens } J = 3{,}0 \text{ cm}^4$$
$$l = 200 \text{ cm mindestens } J = 5{,}8 \text{ cm}^4$$
$$l = 250 \text{ cm mindestens } J = 9{,}3 \text{ cm}^4$$

Als Baustoff der Sprossen verwendet man meistens Flußstahl St. 37. Wenn dabei für Sicherung gegen Korrosion gesorgt wird, und das ist durch Anstriche, Verzinkung und neuerdings in vollkommener Weise mit Hilfe von Emaillierung oder galvanischer Verbleiung möglich, so sind diese Sprossen solchen aus Holz und Eisenbeton vorzuziehen; denn bei Holzsprossen ist zu befürchten, daß sie im Laufe der Zeit ihre Form ändern, und Eisenbeton (Abb. 78) bleibt bei den kleinen Abmessungen der Sprossen nicht rissefrei, ist auch in feuchtem Zustand nicht säurefest. Bei Dächern mit Sprossen aus Holz und Eisenbeton macht der Zusammenbau und die einwandfreie Glasauflagerung gewisse Schwierigkeiten. Die Verdunklung ist größer als bei Stahlsprossen.

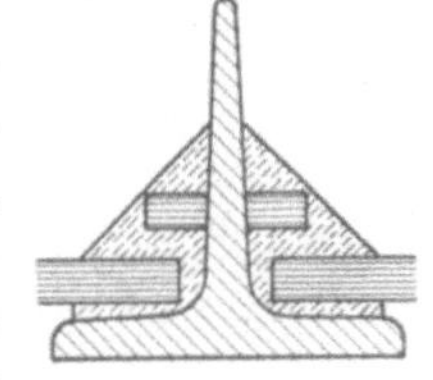

Abb. 79.

In bezug auf die Auflagerung der Glastafeln auf den Sprossen unterscheidet man zwischen Kittverglasung und kittloser Verglasung. Bei der Kittverglasung werden meist T-Eisen (aber auch I-ähnliche Eisen, z. B. Streckenbogeneisen) verwendet, wobei die Gläser in bekannter Weise in Kittfälze gelegt werden. Gegen Abheben der Glastafeln dienen ca. 4 mm starke Stifte, welche nach dem Verlegen der Glastafeln durch den Sprossensteg gesteckt werden. Bei dieser Art der Verglasung (Abb. 79) besteht keine Sicherheit gegen Abtropfen des Schwitzwassers; der Kitt wird mit der Zeit hart, die Auflagerung starr, und da kein Ausgleich möglich ist, entstehen Risse, namentlich bei Temperaturänderungen und bei Erschütterungen der Unterkonstruktion durch Krane, Windstöße usw. Das Streichen der Kittfälze erfordert dauernde Kosten für die Unterhaltung.

---

[1] Graf: Z. VDI Bd. 72 (1928) S. 566ff.

Trotzdem entstehen undichte Stellen durch Rissigwerden des Kittes und dadurch, daß der Rost den Kitt vom Steg der T-Eisen-Sprossen absprengt. Recht lästig ist auch der Umstand, daß der Kitt nur bei trockenem Wetter an Glas und Eisen haftet, bei schlechtem Wetter also die Arbeit der Eindeckung stockt.

In Abb. 80 ist eine in England verwendete T-Eisensprosse dargestellt, welche vollständig mit einem Bleimantel umkleidet ist. Sie gehört schon zu den kittlosen Glasdächern.

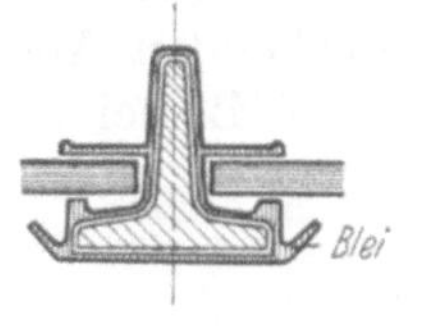

Abb. 80.

Zu diesen ist man seit einer Reihe von Jahren übergegangen, um die geschilderten Nachteile der Kittverglasungen zu vermeiden. Nach den heute vorliegenden Erfahrungen ist es aber notwendig, der Korrosionsfrage die ernsteste Beachtung zu schenken, wenn man unliebsame Ausbesserungen und nach einer Anzahl von Jahren sogar Erneuerungen der Glasdächer vermeiden will. Einzelne Teile der Glasdächer werden entweder direkt durch Regen und Schnee naß oder durch Schwitzwasser. Die Eisenteile verrosten, wenn sie nicht durch geeignete Mittel geschützt werden. Nur solche Anordnungen sind als zweckmäßig zu bezeichnen, bei denen dafür gesorgt ist, daß durch Berührung verschiedener Metalle, z. B. Blei und Eisen, Zink und Kupfer unter Hinzutritt angesäuerten

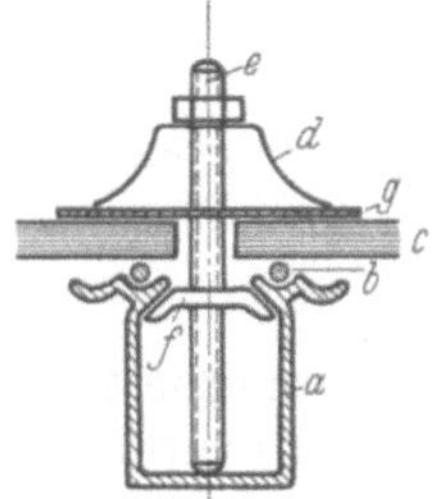

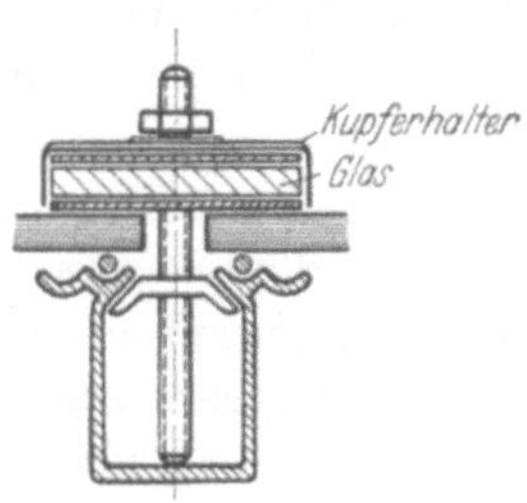

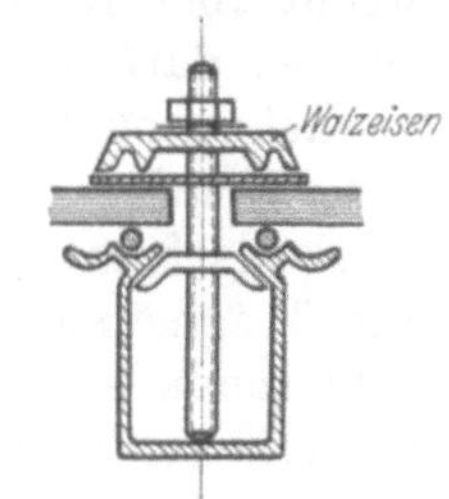

Abb. 81 a.	Abb. 81 b.	Abb. 81 c.
Ausführung: J. Eberspächer.	Ausführung: J. Eberspächer.	Ausführung: J. Eberspächer.

Wassers (Regenwasser und Schwitzwasser) keine metallzerstörenden chemischen Einflüsse entstehen. Metallzerstörende Säuren sind in kleinen Mengen überall vorhanden. Treten sie in besonders großer Menge in Form von schwefliger Säure, Salpetersäure, Am-

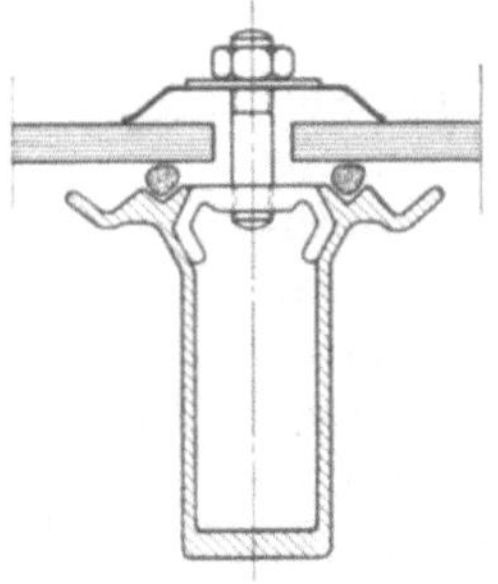

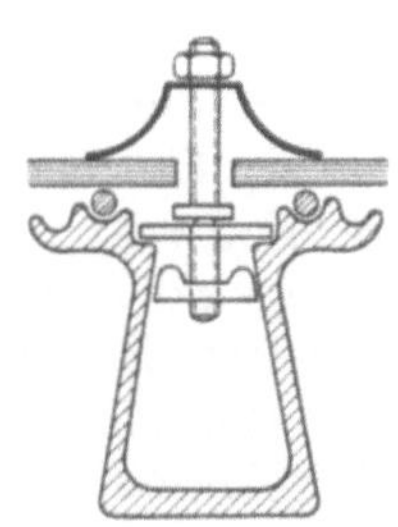

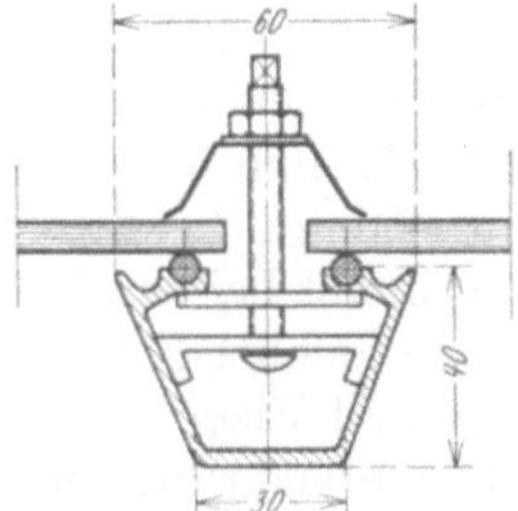

Abb. 81 d.	Abb. 81 e.	Abb. 81 f.
Ausführung: Claus Meyn.	Ausführung: G. Zimmermann.	Ausführung: Koerfer.

moniak und Kohlensäure, wie in Gießereien, Schmieden, Bahnhofshallen und chemischen Fabriken auf, so genügen für die Sprossen, die bei Stahlbauwerken üblichen Rostschutzfarben nicht mehr; auch das Verzinken versagt bei Anwesenheit von schwefliger Säure und schwefelsaurem Ammoniak. Erfolgversprechend für den Schutz der Sprossen ist die oben schon erwähnte Emaillierung und die galvanische Verbleiung, wenn es hierbei gelingt, eine absolut blasen- und porenfreie Oberfläche herzustellen. Bei Verfahren, bei denen die Metallüberzüge nicht porenfrei sind, besteht die Gefahr, daß durch die erwähnten elektrochemischen Einflüsse eine rasche Materialzersetzung vor sich geht.

Bei den gegenwärtig hauptsächlich verwendeten Sprossen kann man drei Typen unterscheiden, die, wie folgt, beispielsweise durch Abbildungen belegt sind: 1. geschlossene

Rinnensprosse (Abb. 81a bis f), 2. von Innenluft umspülte Rinnensprosse (Abb. 82a bis c), 3. Einstegsprosse (Abb. 83a bis f).

Die geschlossenen Rinnensprossen der Abb. 81 sind durchweg mit Rücksicht auf die Materialausnützung so ausgebildet, daß ihre neutrale Achse bei einfacher Biegung in halber Profilhöhe verläuft. Ihre oberen Flanschen sind mit Doppelrillen versehen. Die äußeren dienen zur Abführung des Schwitzwassers, in den inneren liegen witterungsbeständige Schnüre (b), die eine den Unebenheiten des Glases (c) Rechnung tragende, möglichst schmiegsame Glasauflagerung gewährleisten sollen. Neuerdings wird dazu Triolin verwendet. Die früher üblichen Teerstricke vermodern unter den Witterungseinflüssen, Bleischnüre sind unter Umständen gefährlich, da nach Zerstörung der Farbschicht auf den Sprossen die erwähnten elektrochemischen Einflüsse sich geltend machen können. Die Glasfugen über den Sprossen werden durch Deckschienen (d) überbrückt, wenn nötig mit Rücksicht auf Wärmeschutz unter Zwischenschaltung eines teerfreien Pappstreifens (g). Dadurch (durch d und g) werden die Rinnensprossen hinreichend gegen Staub und Wasser und das Glas gegen Abheben (z. B. durch Windunterdruck oder durch Saugwirkung) geschützt. Die Deckschienen werden durch Schraubenbolzen (e) auf das Glas gepreßt, wobei diese bei den Sprossen der Abb. 81a durch eine gußeiserne Brücke (f) gegen das Rinnenprofil festgelegt werden. Die einzelnen Sprossen der Abb. 81 unterscheiden sich vor allem

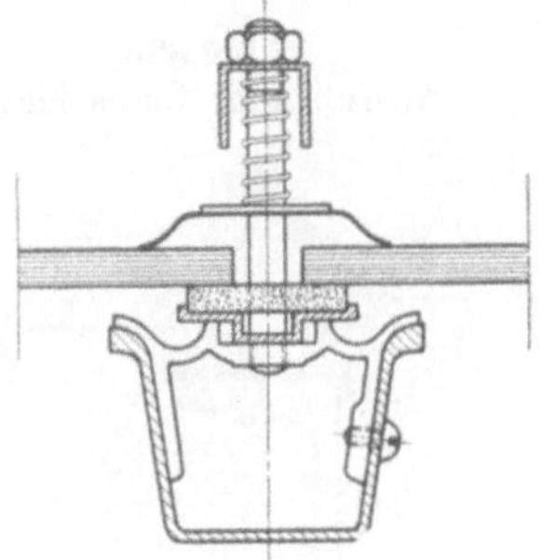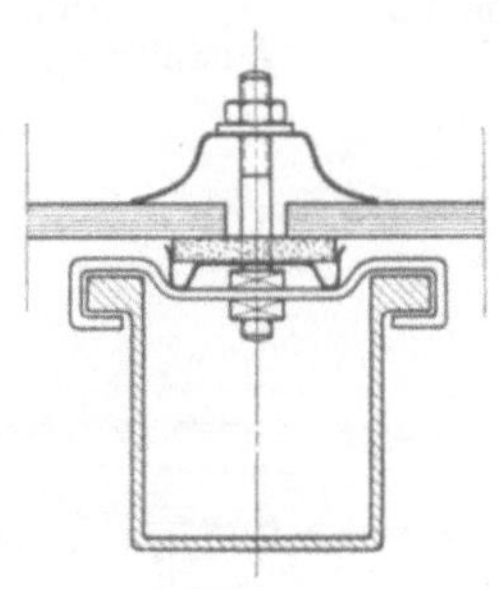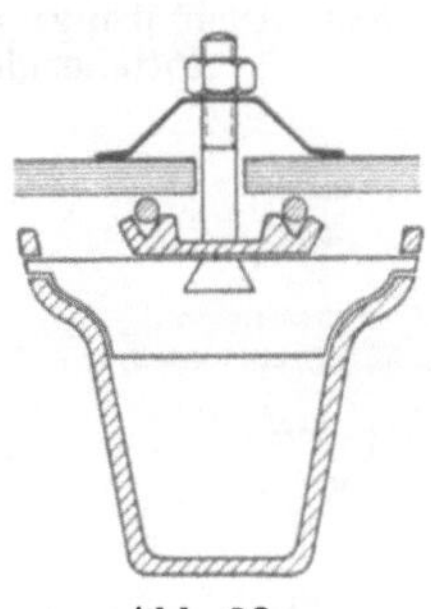

Abb. 82a.
Ausführung: Claus Meyn.
Abb. 82b.
Ausführung: J. Eberspächer.
Abb. 82c.
Ausführung: J. Lorenz.

durch die verschiedenartige Befestigung des Schraubenbolzens mit dem Rinnenprofil. Wenn besondere Korrosionsgefahr besteht, empfiehlt es sich, Anordnungen wie in Abb. 81b und c zu verwenden. In Abb. 81b ist die Deckschiene aus Drahtglas, in Abb. 81c aus emailliertem oder verbleitem Walzeisen hergestellt, wobei ebenfalls zwischen Deckschiene und Glas ein witterungsbeständiger Pappstreifen eingeschaltet ist. Glasdeckschienen empfehlen sich nur dann, wenn sie mit drahtfreiem Rand geliefert werden. Geht der Draht bis an den Rand — das Folgende gilt auch für die Drahtglastafeln —, so gibt dies Veranlassung zu Glasbruch, weil das Gewebe Gelegenheit zum Rosten hat und durch die dabei eintretende Volumenvergrößerung der Draht sprengend wirkt.

Die luftumspülten Rinnensprossen (Abb. 82a bis c) erfüllen denselben Zweck wie die geschlossenen. Die Glasauflagerung erfolgt bei den Sprossen der Abb. 82a und b auf Filzstreifen. Diese ruht selbst wieder auf Schienen, welche mit der Rinnensprosse zweckentsprechend verbunden sind.

Bei der amerikanischen Ausführung mit einer Stegsprosse nach Abb. 83a dienen als Sprossen (a) (Sparren der Glasdachhaut) Winkel- oder U-Eisen. Die Schwitzwasserrinnen (b) sind Teile eines entsprechend geformten Kupferstreifens. Darauf befindet sich eine dem Glas sich anschmiegende Asphaltlage (d). Die tragende Sprosse ist durch den Asphaltstreifen (c) vollkommen von der Schwitzwasserrinne getrennt. Auch die Glaslücke ist durch einen solchen Asphaltstreifen (i) überdeckt. Die Deckschiene (e) wird durch den Bolzen (g) und durch zwei Muttern mit der Tragsprosse fest verbunden. Deutsche Stegsprossenprofile zeigen die Abb. 83b, c und d. Durch den vertikalen Ansatz am Flansch des Obergurtes der Sprosse (Abb. 83b) kann eine zweckmäßige Befestigung der Deckschienenschrauben erreicht werden; durch die Form des Unterflansches ist für sichere Abführung etwa durchdringenden Regenwassers und des Schwitzwassers gesorgt. Alle diese Stegsprossen sind aus dem Bestreben entstanden, den Nachteil der nicht genügend gegen Korrosion geschützten U-Rinnensprossen zu vermeiden, der darin besteht, daß nach Verlegen des Glases das Innere der Sprosse nicht mehr gereinigt und gestrichen werden kann. Deshalb hat die Sprosse Abb. 83c im oberen Teil eine flache Mulde, die nach Abheben der Deckschiene ohne zu große Umstände nachgesehen, gereinigt und nachgestrichen werden kann. Ähnliche, die Unterhaltung erleichternde Vorteile werden durch die Sprosse der Abb. 83d zu erreichen versucht, bei denen das Glas nur auf

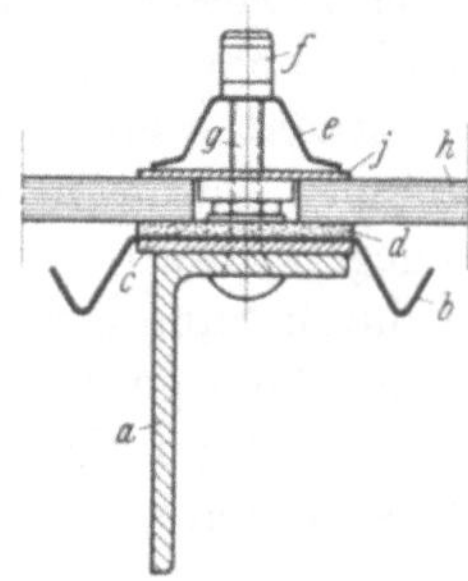

Abb. 83a. Ausführung: H. H. Robertson Co. Pittsburgh, Pa.

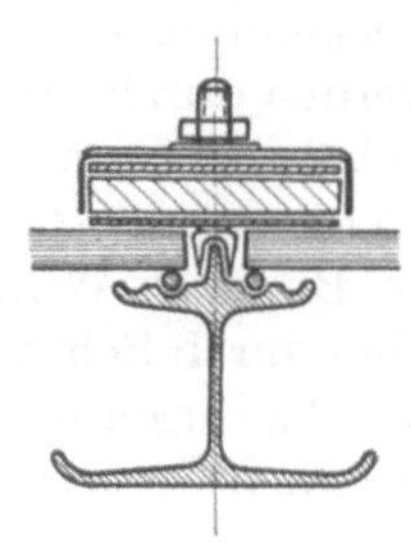

Abb. 83b.
Ausführung: J. Eberspächer.

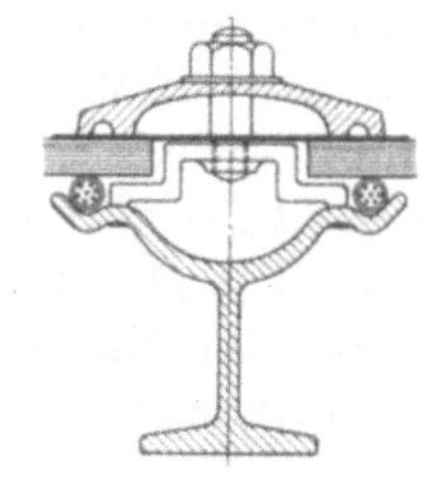

Abb. 83c.
Ausführung: Claus Meyn.

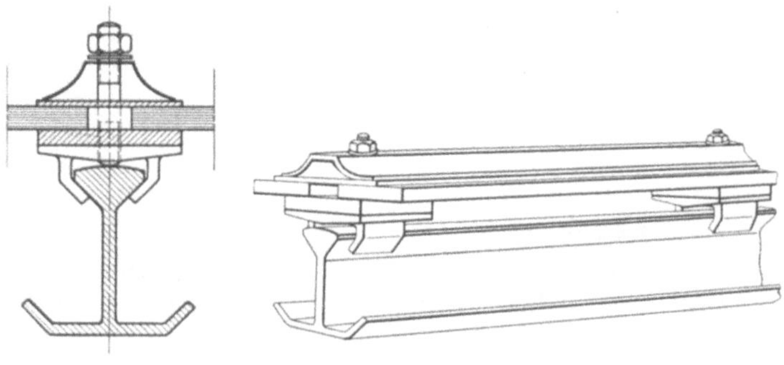

Abb. 83d. Ausführung: C. Bönecke.

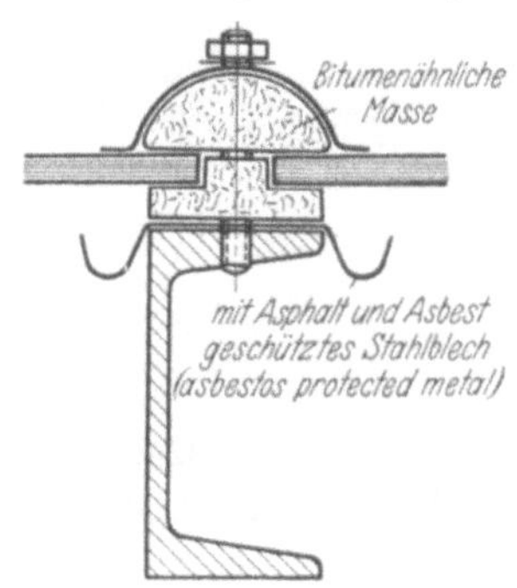

Abb. 83e.

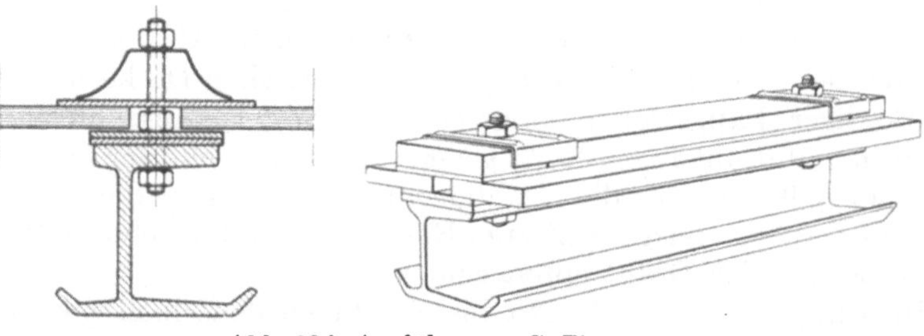

Abb. 83f. Ausführung: G. Zimmermann.

einzelnen kleinen ebenen Flächen sozusagen punktförmig aufliegt. Bei der amerikanischen Anordnung nach Abb. 83e besteht die Schwitzwasserrinne aus mit säurefestem Material ummanteltem Stahlblech (asbestos protected metal). Das Glas sitzt hier auf einem bituminösen Mittel auf und wird durch ein solches überdeckt. Die Deckschiene besteht aus demselben Material wie die Schwitzwasserrinne. Bei dieser Anordnung sind teilweise ähnliche Anstände zu befürchten wie bei Kittverglasung, wenn die Asphaltlagen im Lauf der Zeit hart werden. Bei der Sprosse der Abb. 83f ist die Querschnittsform so gewählt, daß die Befestigung des Deckschienenbolzens an der Sprosse leicht möglich ist.

Zusammenfassend ist kritisch zu den drei Sprossentypen zu sagen:

Da bei der luftumspülten Rinnensprosse leicht Staub und Rauch in die für die Unterhaltung unzugänglichen Rinnen gelangen kann, ist dieser die geschlossene Rinnensprosse in allen denjenigen Fällen überlegen, wo es sich um Eindeckung von Räumen mit starker

Staub- und Rauchentwicklung handelt. Wird bei dieser für eine korrosionssichere Auskleidung der Rinnen oder besser noch für einen ganzen solchen Überzug gesorgt, so erscheint sie auch der Stegsprosse gegenüber mindestens als gleichwertig; der einfacheren Befestigung der Deckschienenbolzen wegen ist die geschlossene Rinnensprosse der Stegsprosse sogar vorzuziehen.

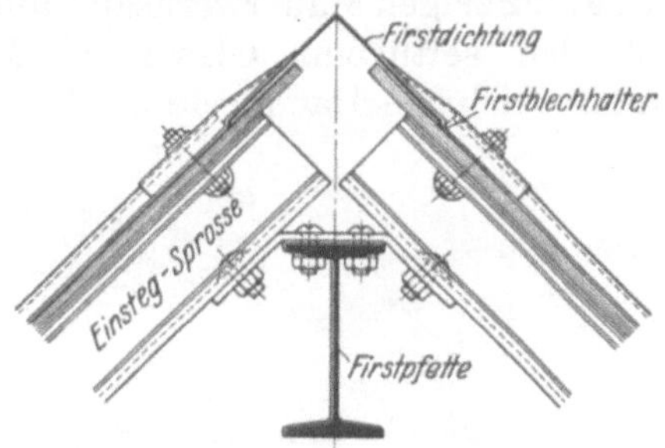

Abb. 84a. Ausführung: J. Eberspächer.　　Abb. 84b. Ausführung: Eickelkamp & Schmid.

Für die Haltbarkeit der Glasdächer sind von besonderer Bedeutung die Übergänge zur undurchsichtigen Dachdeckung, die First- und Traufdichtungen, für welche die Abb. 84 bis 94 einige Beispiele geben.

Bei satteldachförmigen Oberlichtern werden die Firstpunkte entweder durch Pfetten gestützt oder, wie meist bei Raupenoberlichtern, freitragend ausgeführt. In diesem Fall vereinigen die Sprossen in sich die Funktion der Sparren, Pfetten und Binder. Statisch betrachtet bilden sie Dreigelenkbogen. Der Firstpunkt eines solchen freitragenden Oberlichts ist in Abb. 84a dargestellt. Die Sprossen sind an einen durchlaufenden Winkel angeschlossen (unvollkommenes Gelenk); die Lücke zwischen den Glastafeln wird durch ein winkelförmiges Blech (z. B. verzinktes Eisenblech oder Kupfer) gedeckt, das selbst durch gepreßte Formbleche und durch die obersten Schraubenbolzen mit den Sprossen verbunden ist. Einen entsprechenden Traufpunkt, eine sogenannte Oberlichtzarge in Beton, zeigt die Abb. 85. Ihre Höhe über der undurchsichtigen Dachdeckung ist so zu bemessen, daß weder Regen noch

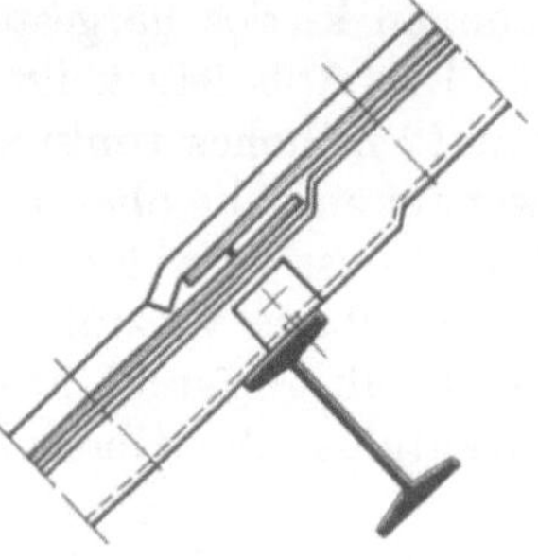

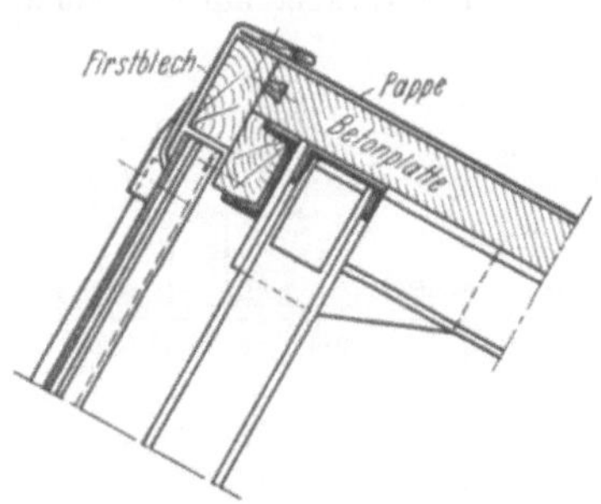

Abb. 85.
Ausführung: J. Eberspächer.

Abb. 86.
Ausführung: J. Eberspächer.

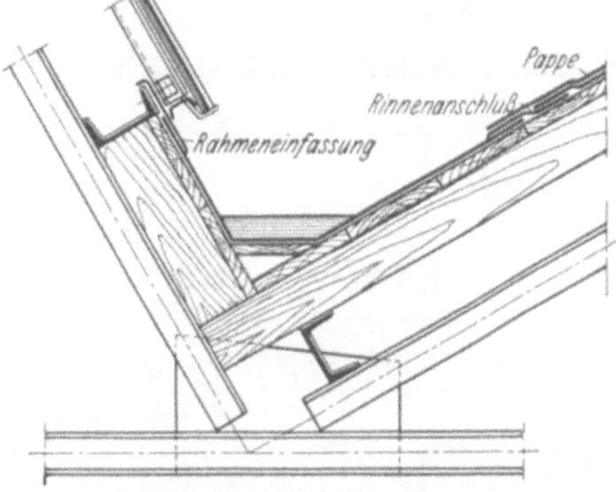

Abb. 87. Ausführung: J. Eberspächer.　　Abb. 88. Ausführung: J. Eberspächer.

Schnee ins Gebäudeinnere eindringen kann. Zu beachten ist bei diesem Punkt der schon oben erwähnte Glashalter und die Abdichtung der Fuge an der Glastraufe mit

Hilfe der sogenannten Traufleiste. Bei einem Scheibenstoß über der Pfette (Abb. 86) muß die Sprosse gekröpft werden.

Abb. 87, 88 bzw. 89 und 90 stellen den First- und Traufpunkt eines sägedachförmigen bzw. eines mansardförmigen Glasdachs vor.

Abb. 91, 92 zeigen Mauerwerksanschlüsse, Abb. 93 den seitlichen Glasanschluß an eine undurchsichtige Dachdeckung. Wichtig

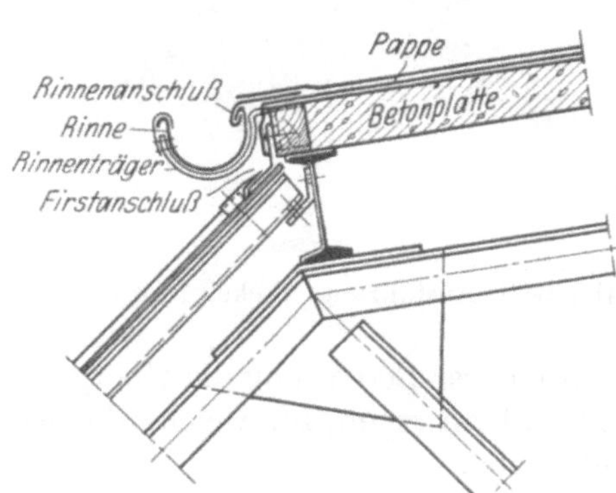

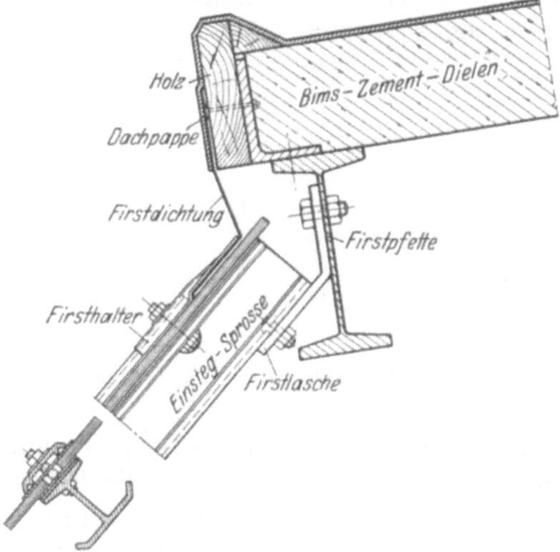

Abb. 89a. Ausführung: J. Eberspächer.   Abb. 89b. Ausführung: Eickelkamp & Schmid.

ist, daß auch bei allen diesen Blechdichtungen und Glashaltern die Gefahren beachtet werden, die durch Rost und Elektrolyse drohen. Auch senkrechte Glasbänder (Abb. 94) können kittlos hergestellt werden.

Die Abb. 94a zeigt einen Schnitt durch ein 12 m hohes senkrechtes Glasband. Verwendet sind die oben in Abb. 81d dargestellten Sprossen, welche nach der Bearbeitung im Vollbade verzinkt wurden. Die Verglasung selbst besteht aus 6 bis 8 mm starkem Drahtglas. Als Glasauflager dienen Asbest-

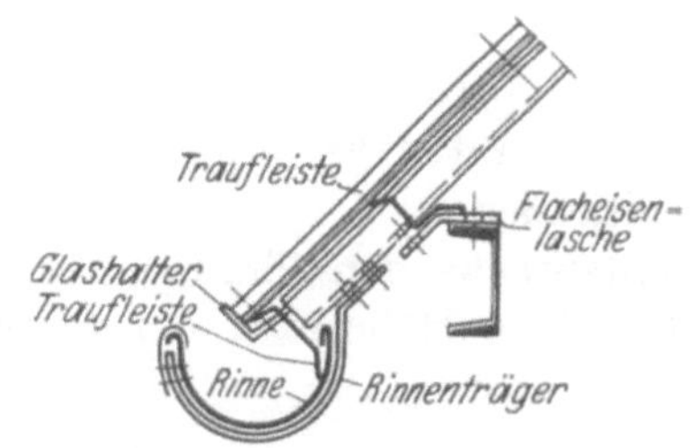

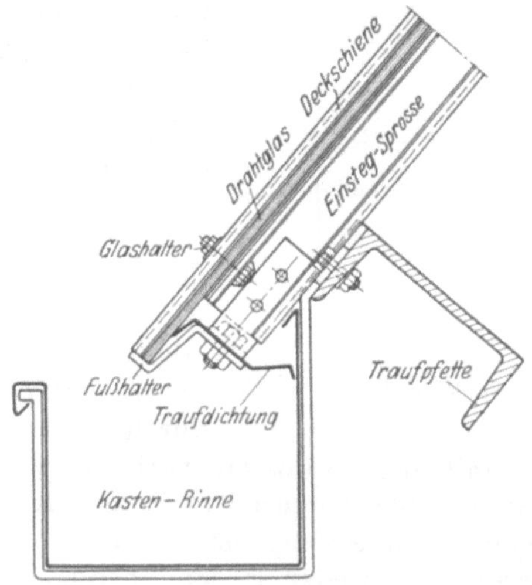

Abb. 90a. Ausführung: J. Eberspächer.   Abb. 90b. Ausführung: Eickelkamp & Schmid.

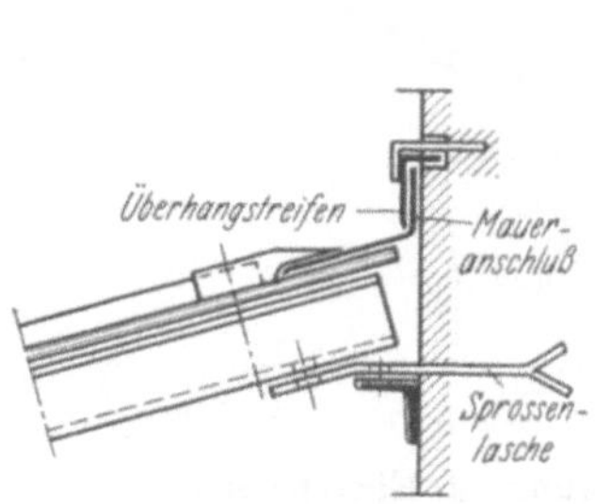

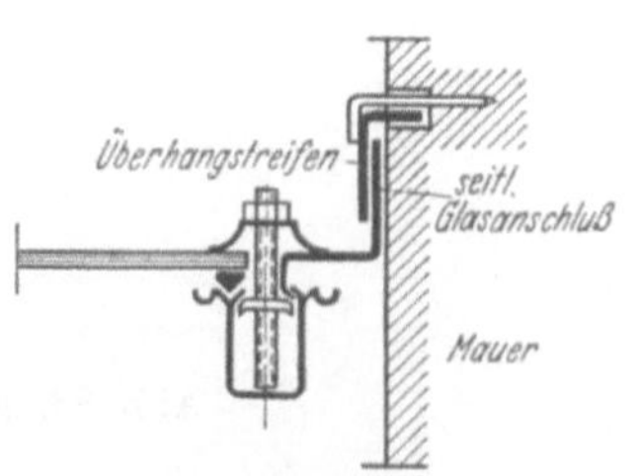

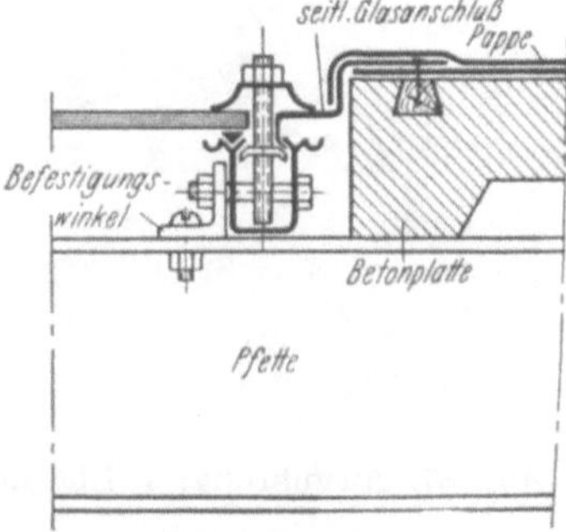

Abb. 91.   Abb. 92.   Abb. 93.
Ausführung: J. Eberspächer.   Ausführung: J. Eberspächer.   Ausführung: J. Eberspächer.

kordeln. Aus der Abb. 94b sind die Glasstöße, die Ausbildung des Anschlusses der senkrechten Verglasung an die undurchsichtige Dachhaut und die Ausbildung des Fußpunktes ersichtlich. Weitere den Abbildungen dieses Teilabschnitts entsprechende Beispiele werden bei den Hallen- und Eingeschoßbauten vorgeführt.

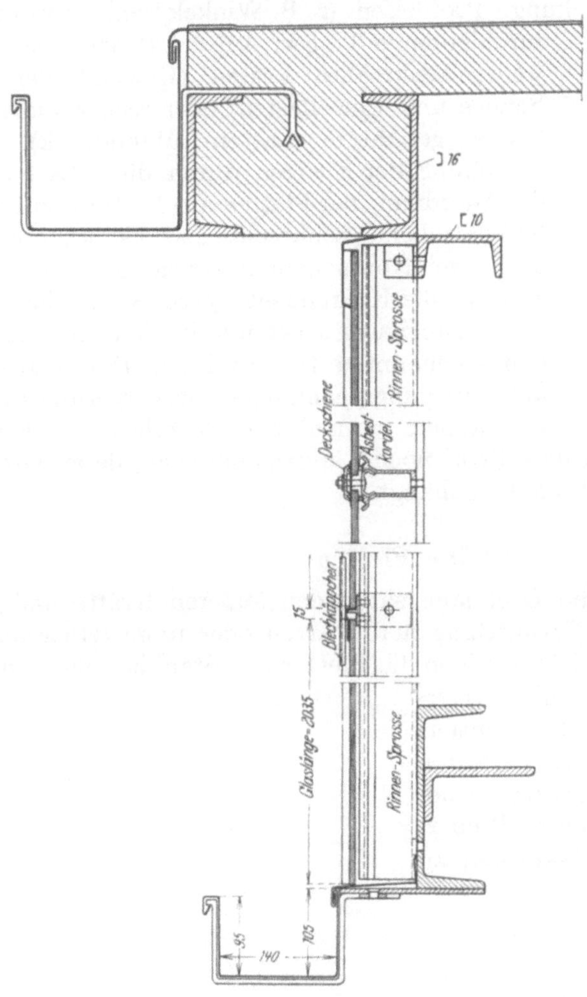

Abb. 94b.

Abb. 94a und b. Senkrechte Verglasung der Messehalle Nr. 20, Leipzig.
Ausführung: Claus Meyn, Frankfurt a. M.

3. Die Unterkonstruktion der Dachhaut.

Abgesehen von einigen am gegebenen Ort besprochenen Ausnahmefällen werden die auf die Dachhaut entfallenden Lasten einschließlich deren Eigengewicht auf Latten, Sparren und Pfetten weitergegeben, die ihrerseits ihre Auflagerkräfte den Bindern oder binderähnlich wirkenden Teilen des Traggerippes zuleiten. Zur Standsicherung der Binder und zur Gewährleistung der bei der Bemessung ihrer Teile angenommenen Knicklängen dienen Dachverbände zwischen einzelnen Binderpaaren, deren statische Wirkung bei den Hallenbauten näher auseinandergesetzt wird. Diese Verbände bestehen bei Balkenbindern aus den Obergurtstäben, den Pfettenstücken zwischen den erwähnten Binderpaaren und besonders eingefügten Diagonalen. Sie gewährleisten die räumliche

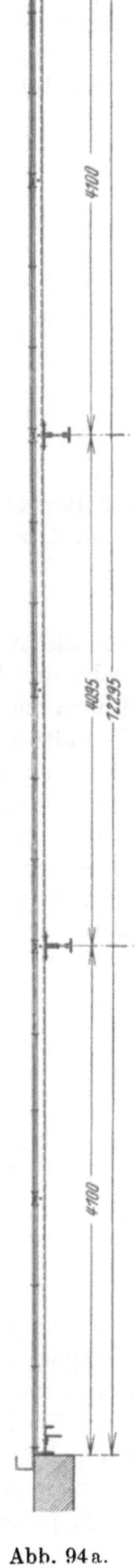

Abb. 94a.

Wirkung der gesamten Dachkonstruktion und dürfen nicht verwechselt werden mit den im folgenden erwähnten Konstruktionen zur Aufnahme des Dachschubs.

a) Die Sparren

bestehen sehr oft aus Holz; aus Stahl meist nur dann, wenn für die Latten, wie bei der oben erwähnten Falzziegeldeckung, Profileisen (z. B. Winkeleisen) gewählt sind. Die Sparren bilden schräg liegende, durchlaufende Träger. Auf ein Sparrenfeld wirken entweder senkrechte Lasten (Gewicht der Dachhaut, Schnee und Einzellasten) oder rechtwinklig zur Dachfläche gerichtete Lasten (Winddruck). Die Beanspruchung der Sparren durch diese Lasten hängt von der Anordnung der Pfetten ab. Ist Q die auf ein Sparrenfeld entfallende senkrechte Last, so kann nach Abb. 95 Q in zwei Komponenten zerlegt gedacht werden, und zwar in die Komponente $Q \cdot \cos \alpha$, welche rechtwinklig zur Dachneigung wirkt, und in die Komponente $Q \cdot \sin \alpha$, den sogenannten Dachschub. Die Sparren erleiden außer Biegungsspannungen, hervorgerufen durch $Q \cdot \cos \alpha$ und andere normal zur Dachfläche wirkende Lasten

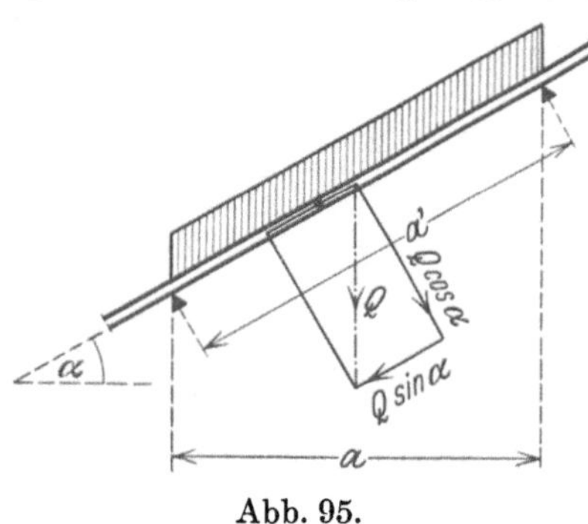

Abb. 95.

unter Berücksichtigung der Stützweite a' noch Längsspannungen, deren Größe von der Art der Übertragung des Dachschubs abhängt.

b) Die Pfetten

haben die Aufgabe, die auf die Dachhaut wirkenden äußeren Kräfte und das Eigengewicht der Dachhaut durch Vermittlung der Sparren oder unmittelbar aufzunehmen und nach den Bindern weiterzuleiten. Wenn die Pfetten aus Stahl bestehen, so wird meist ein I-, seltener ein U- oder Z-förmiger Querschnitt gewählt. Bei großen Binderentfernungen kommen auch Fachwerkpfetten vor, die dann besonders angezeigt sind, wenn es sich darum handelt, auch die Binderuntergurte gegen seitliches Ausknicken zu sichern.

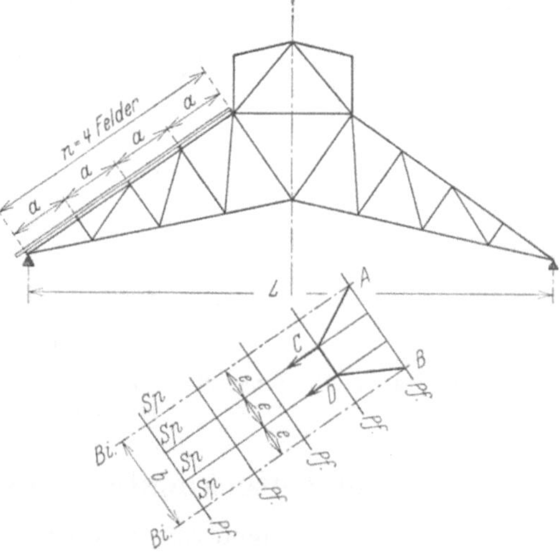

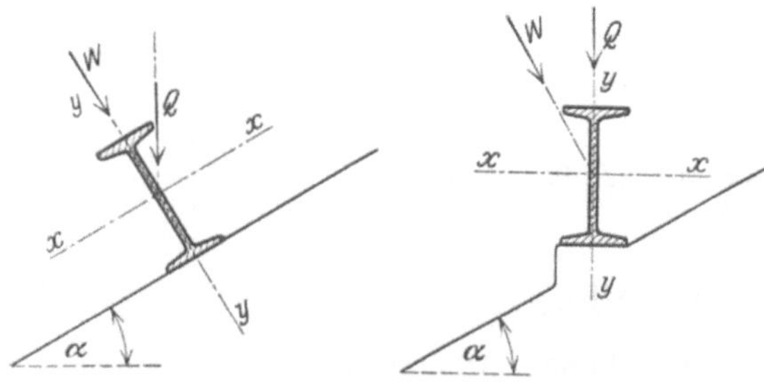

Abb. 96a und b.   Abb. 97.

Werden Pfetten mit I-förmigem Querschnitt (Walzträger, Blechträger oder Fachwerkträger) verwendet, so können sie, wie die Abb. 96a und b zeigen, in bezug auf den Steg (die yy-Achse) entweder rechtwinklig zur Dachfläche oder senkrecht angeordnet werden. Die in die xx-Achse fallenden Komponenten der Lasten Q und W beanspruchen in beiden Fällen, wenn keine besonderen Vorkehrungen getroffen werden, die Pfetten sehr ungünstig. Um unnötig große Pfettenprofile zu vermeiden, ordnet man deshalb in der Dachfläche besondere Verbände an, welche bei der Pfettenlage der Abb. 96a den bei der Besprechung der Sparren erwähnten Dachschub $Q \cdot \sin \alpha$, bei senkrecht stehenden Pfetten die in die Dachfläche fallende Komponente von W aufnehmen. Sind Sparren aus Stahl vorhanden, so kann man nach Abb. 97 vorgehen. Die Pfetten stehen hier mit Rücksicht

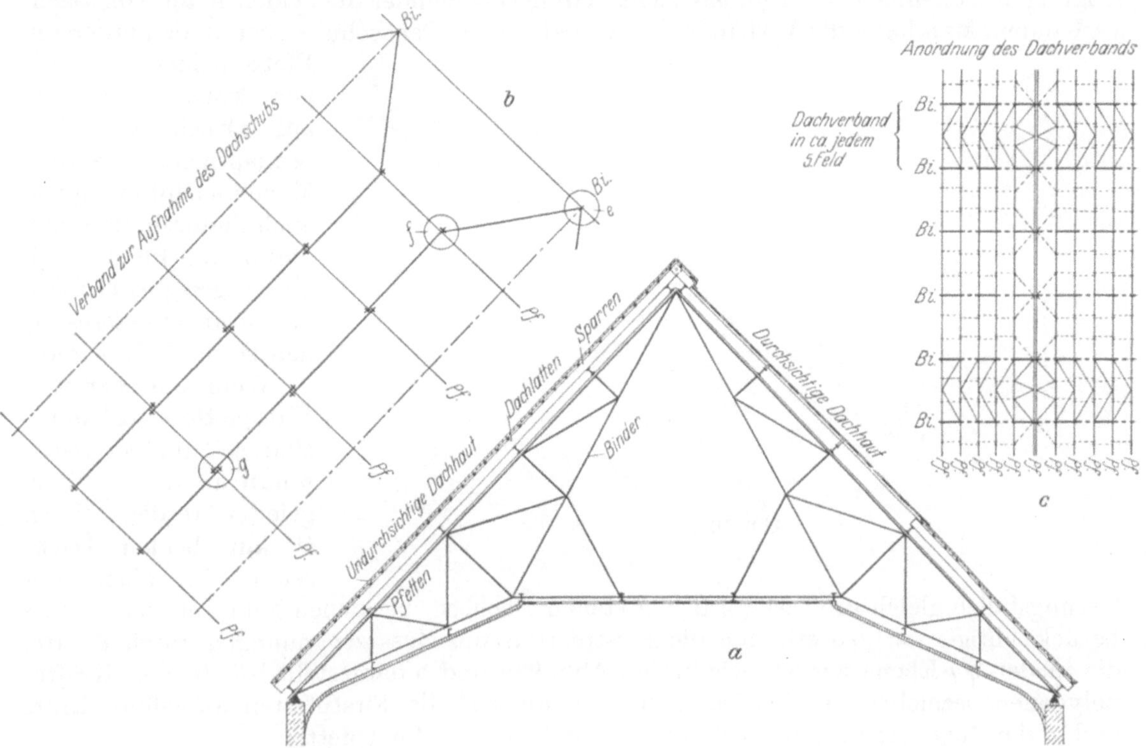

auf einen leichten Anschluß der Pfetten an die Binder rechtwinklig zum Obergurt der Binder. Der Dachschub der $n = 4$ Sparrenfelder wird in den Punkten C und D je als Last $4 Q \cdot \sin \alpha$ in einen Hängewerksträger $ABCD$ eingeleitet, der durch Einfügen der beiden auf Zug beanspruchten Stäbe AC und DB entsteht. Die Stäbe AB und CD sind Pfettenstücke, welche durch die Kräfte in C und D Zusatzkräfte erhalten. Bei der vorliegenden Anordnung werden die Sparren durch den Dachschub in den drei unteren Stützweiten auf Zug, sonst auf Druck beansprucht. Die Sparrenlängsspannungen hängen also,

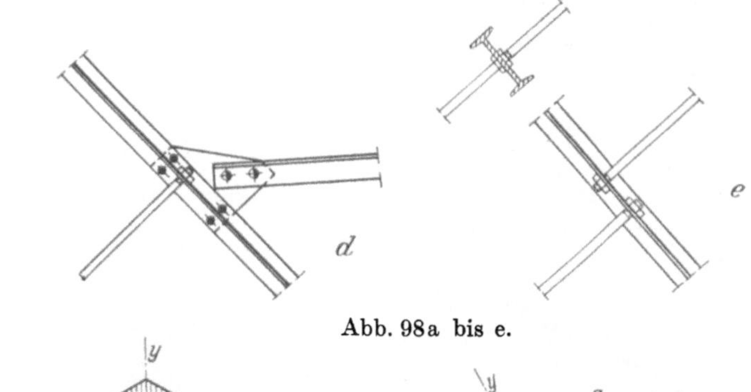

Abb. 98a bis e.

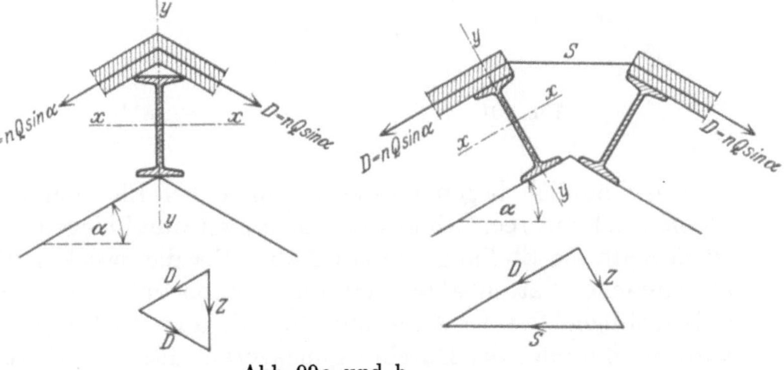

Abb. 99a und b.

wie schon oben erwähnt wurde, von der Anordnung der Konstruktionen für die Aufnahme des Dachschubs ab. Bei Holzsparren, die enger liegen als die Stahlsparren der Abb. 97 ist

die sichere Übertragung von $n \cdot Q \cdot \sin \alpha$ auf den Verband nicht ohne weiteres gewährleistet. Man verwendet dann, wie aus Abb. 98 zu ersehen ist, Zugstangen zwischen den
Pfetten. Die Pfetten haben dann noch kleine Biegungsmomente in Richtung der Dachneigung aufzunehmen. In Abb. 98c sieht man nebeneinander die beiden Arten von Dach-
verbänden. Man kann die Verbände zur Aufnahme des Dachschubs auch in den untersten

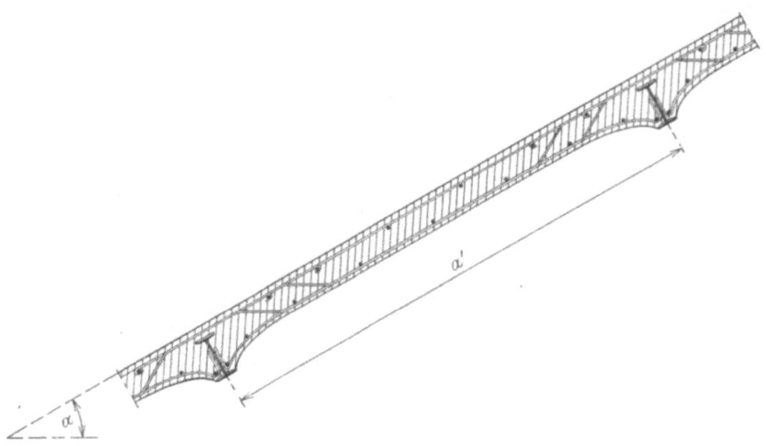

Abb. 100.

Pfettenfeldern anord-
nen, wobei die Sparren
auf Druck zusätzlich
beansprucht werden.
Manchmal hilft man sich
auch dadurch, daß man
die unterste Pfette durch
ein aufgelegtes U-Eisen
verstärkt und dieses für
den Dachschub bemißt.

Wenn ein oder zwei
Firstpfetten vorhanden
sind, so kann der Dach-
schub an diese weiter-
geleitet werden. Wenn
Q auf beiden Dach-
seiten in allen Be-
lastungsfällen gleich groß ist (z. B. bei steilen Dächern, bei denen kein Schneedruck zu
berücksichtigen ist), so erhalten die Firstpfetten nur Zusatzspannungen durch Kräfte,
die in der yy-Ebene wirken, wie in den Abb. 99a und b dargestellt ist. In den Kräfte-
polygonen bezeichnet D den Dachschub, Z die auf die Firstpfetten ausgeübte Kraft
und S die Zugkraft in dem Verbindungsstab bei zwei Firstpfetten.

Wenn die Dachhaut, wie man aus Abb. 100 sieht, fest mit den Pfetten verbunden und
in sich starr ist, dann bildet das Dachhautstück zwischen zwei Pfetten zusammen mit

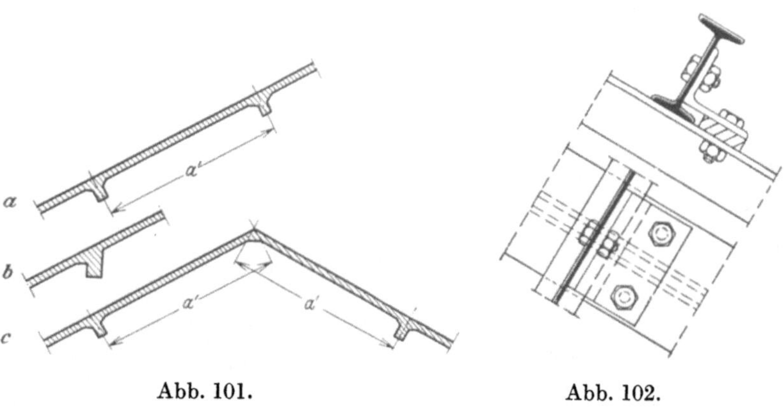

Abb. 101.   Abb. 102.

diesen einen Träger in
der Dachebene von der
Höhe a' und der Stütz-
weite b ($=$ Binderent-
fernung). Dieser unter
Umständen zur Auf-
nahme des Dachschubs
entsprechend zu bemes-
sende Träger überträgt,
ohne die Pfetten in der
xx-Ebene wesentlich auf
Biegung zu beanspru-
chen, den Dachschub
auf die Binder in den
Pfettenstützpunkten.

Ganz ähnlich liegen die Verhältnisse bei Eisenbetonpfetten (Abb. 101a bis c). Sie
können sich nur rechtwinklig zur Dachhaut durchbiegen. Vom statischen Standpunkt aus
ist deshalb die Stellung wie auf Abb. 101a die zweckmäßigste. Die Pfetten haben dann
als einfache Plattenbalken nur die Komponenten $Q \cdot \cos \alpha$ der senkrechten Dachlasten
aufzunehmen. Bei der Anordnung b), die aus schalungstechnischen Gründen oft gewählt
wird, muß infolge der Durchbiegungsverhältnisse der Platte die Nullinie ebenfalls parallel
zur Dachhaut verlaufen.

Wegen der faltwerkartigen Wirkung der Dachhaut erübrigt sich im allgemeinen eine
besondere Firstpfette. Es genügt eine ausrundende Verstärkung, die als Gurt der beiden

im First zusammentreffenden Träger von der Höhe a' und der Stützweite b aufzufassen ist.

Die Pfettenbefestigung an den Bindern ist besonders einfach, wenn Stahlpfetten rechtwinklig zum Bindergurt stehen. Abb. 102 gibt die entsprechende Lösung (DIN 1008). Senkrecht stehende Pfetten werden bei Fachwerkbindern zweckmäßigerweise unmittelbar am Knotenblech befestigt.

Was die Trägerart der Pfetten anbelangt, so kommt in Betracht die Ausführung als: a) Träger auf zwei Stützen; b) durchlaufender Träger ohne Gelenke; c) durchlaufender Träger

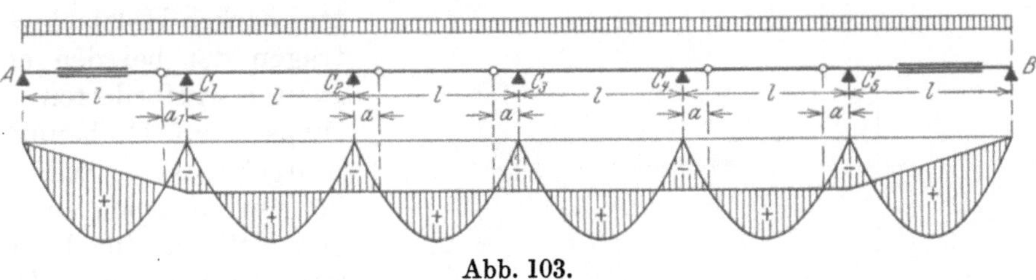

Abb. 103.

mit Gelenken. — Bei dem Gelenkträger wie auf Abb. 103 ist die Gelenklage so gewählt, daß, abgesehen von den Endfeldern, überall gleiche Feldmomente und Stützenmomente $\left(= \dfrac{q\,l^2}{16}\right.$, d. h. halb so groß wie beim einfachen Träger von der Stützenweite $l\big)$ entstehen. In den Endfeldern ist eine Verstärkung des Pfettenprofils nötig, die man aber vermeiden kann, wenn man die Endfelder kleiner wählt, d. h. wenn man den Abstand der Endbinder verkürzt.

Für die Pfettengelenke gibt es verschiedene Ausbildungsmöglichkeiten. Die deutschen Industrienormen schlagen für Stahlpfetten in DIN 1009 die in der Abb. 104 dargestellten Anordnungen vor. Ein Gelenk einer Holzpfette zeigt Abb. 105.

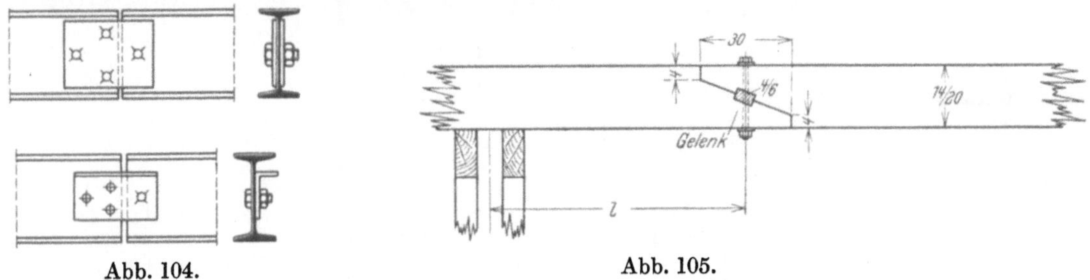

Abb. 104.   Abb. 105.

Bei dem durchlaufenden gelenklosen Träger mit großer Felderzahl nähert sich das Feldmoment dem Wert $\dfrac{q\,l^2}{24}$, das Stützenmoment dem Wert $\dfrac{q\,l^2}{12}$. Dieses Moment ist unter Zugrundelegung der üblichen Elastizitätstheorie bei Walzträgern, die in demselben Profil durchgehen, für die Querschnittsbemessung maßgebend. Daraus würde folgen, daß Pfetten aus Walzprofilen mit Gelenken wirtschaftlicher sind, wenn es auf die Einhaltung einer vorgeschriebenen Mindestdurchbiegung nicht ankommt. Die gelenklose Pfette weist aber kleinere Durchbiegungen auf und bietet bei der Anordnung der Verbände zur Aufnahme des Dachschubs keine Schwierigkeiten. Wenn die Profile der Momentenlinie angepaßt werden können, ist sie unter allen Umständen der Gelenkpfette vorzuziehen.

Berücksichtigt man die neueren Untersuchungen über die tatsächliche Tragfähigkeit durchlaufender Träger in Baustahl, so ist für die Bemessung der Mittelfelder solcher in einem Profil durchgehender Träger ebenfalls das Moment $\dfrac{q\,l^2}{16}$ maßgebend. Solche Träger sind steifer als entsprechende Gelenkträger und gegen mögliche Ungleichmäßigkeiten der Belastung q pro lfm. Träger unempfindlicher.

4. Die Wände.

Als rasch herstellbare, raumumschließende Außen- und Innenwände industrieller Eingeschoß- und Hallenbauten — und nur solche Wände sollen hier besprochen werden —

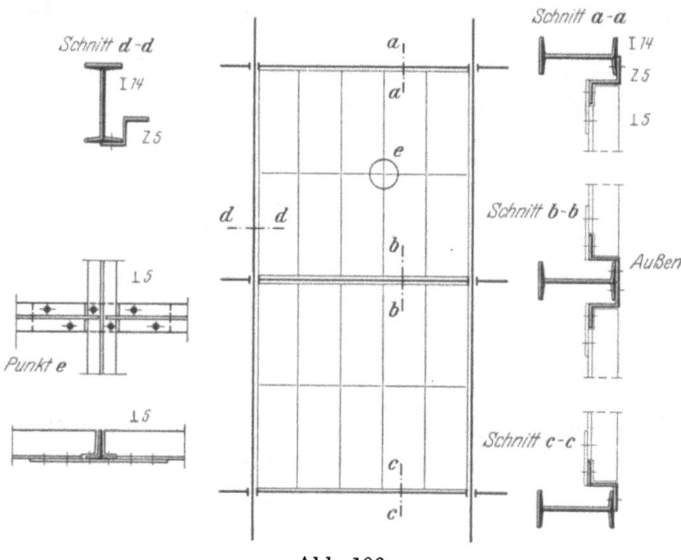

Abb. 106.

kommen, wenn für das Gebäudetraggerippe die Stahlbauweise gewählt wird, hauptsächlich Stahlfachwerkwände in Betracht, bei Holztragwerken Holzfachwände. Sie tragen der bei den erwähnten Bauten geforderten Erweiterungs- und Umbaumöglichkeit weitgehendst Rechnung. Sie können natürlich auch als tragende Wände für die Aufnahme von Decken- und Dachlasten ausgebildet werden.

Die Bauelemente des Wandgerippes von Stahlfachwerken sind grundsätzlich dieselben wie bei hölzernen Fachwerkwänden, also: 1. Stiele (Haupt- und Zwischenstiele); 2. Riegel, wobei der obere Abschlußriegel auch Rähm, der untere Abschlußriegel Schwelle genannt wird. Diese kann gleichmäßig auf dem Sockel oder in einzelnen Punkten unter-

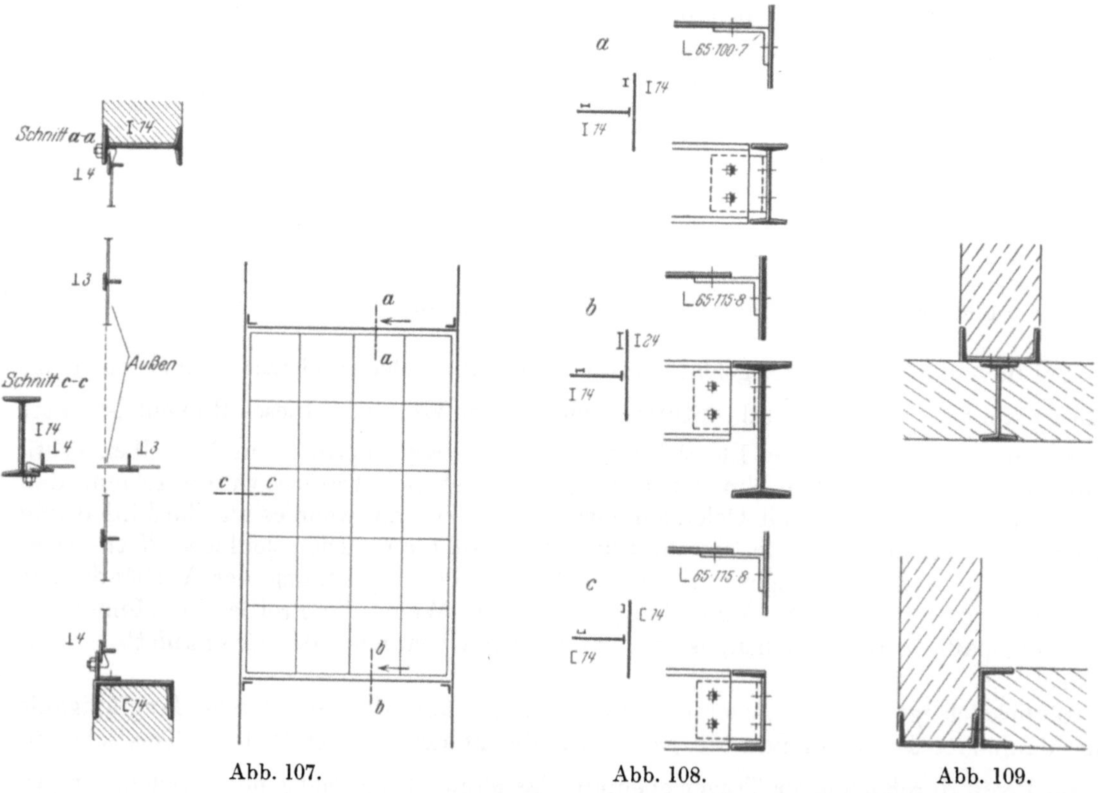

Abb. 107.   Abb. 108.   Abb. 109.

stützt sein (freitragende Schwelle). Im übrigen kann man Haupt-, Zwischen-, Fenster- und Türriegel unterscheiden. 3. Streben. Die undurchsichtigen Wandteile bestehen, wenn kein besonderer Wärmeschutz erforderlich ist, meist aus ½ Stein starkem, verputztem oder unverputztem Mauerwerk (Fache bis 16 m²), auch aus Wellblech, oder dem oben erwähnten protected metal, die durchsichtigen aus Roh- und Drahtglas oder aus gewöhnlichem Fensterglas. Mit Rücksicht auf die Unterhaltung und die Baukosten

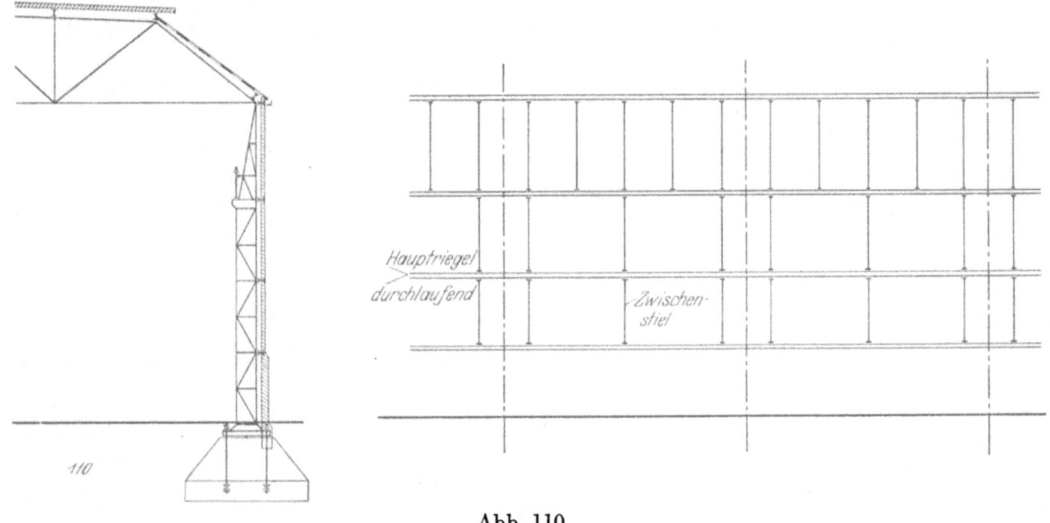

Abb. 110.

empfiehlt es sich, bei einem Bauwerk möglichst wenige verschiedene Scheibenformate zu wählen. Bei Rohglas sind normale Breiten 50 bis 60 cm, normale Längen 150 bis 200 cm; bei Fensterglas ist 3 mm Stärke und sind Abmessungen 30·42 bis 34·46 zu empfehlen. Die Fensterrahmen bei Rohglas können aus Z-Eisen nach Abb. 106, bei Fensterglas aus T-Eisen nach Abb. 107 bestehen.

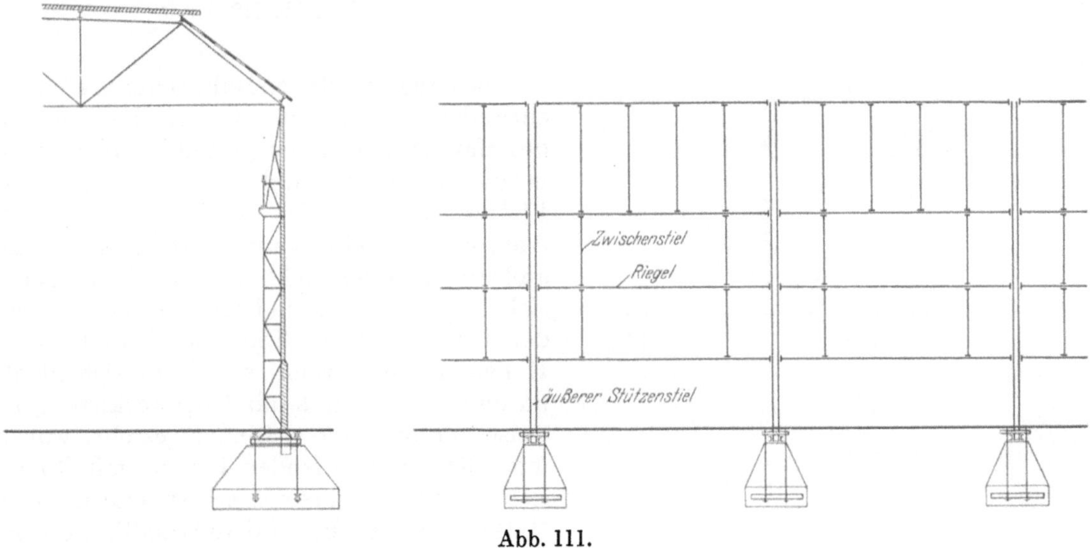

Abb. 111.

    Die Querschnitte der Stiele, Riegel und Streben werden auf Grund statischer Überlegungen bestimmt. Außer Vertikallasten ist namentlich der Winddruck auf die als Platten anzusehenden Wandfache für die Dimensionierung maßgebend. Soweit als möglich sucht man mit I- und U-Eisen NP 14 oder 140 mm hohen, dünnwandigen I- und U-Eisen auszukommen (DIN 1025 und 1026). Die sich kreuzenden Wandglieder werden, wie die Abb. 108a bis c zeigen, rechtwinklig abgeschnitten und mit Hilfe ungleichschenkliger Winkeleisen miteinander durch Verschraubung und Vernietung verbunden (DIN 1005 bis 1007). Für die Pfosten rechtwinklig sich kreuzender Wände wählt man Querschnitte wie auf Abb. 109.

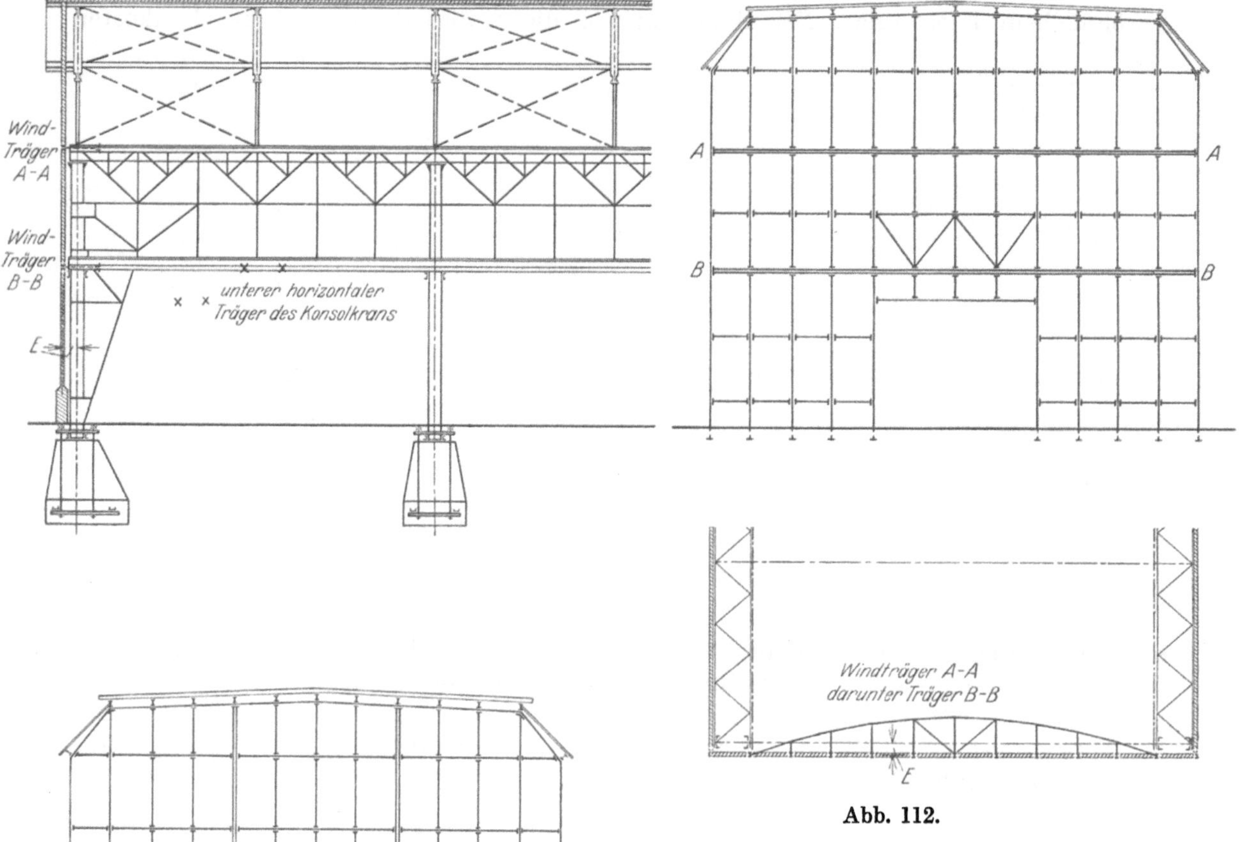

Abb. 112.

Die Längswände von Hallenbauten können entweder wie in Abb. 110 vor die Stützen des Haupttraggerippes gestellt werden, wobei die Hauptriegel ähnlich wie durchlaufende Pfetten wirken, oder sie können wie auf Abb. 111 so eingebaut werden, daß die äußeren Stützenstiele in der Wandfläche sichtbar erscheinen und zugleich Hauptstiele der Wände bilden. Die Giebelwände von Hallenbauten werden, soweit es sich nicht um endgültige Wände handelt, zweckmäßigerweise vor den ersten Binder gestellt, wobei man die durchlaufenden Pfetten mit Rücksicht auf eine leichte spätere Erweiterung der Halle noch über die vordere Wandfläche vorkragen läßt. Die Aufteilung der Wandfläche kann wie auf Abb. 112 oder 113 erfolgen. In Abb. 112 sind bei einer Halle, in der außer Laufkranen auch Konsolkrane verkehren, an dafür besonders geeigneten Stellen zwei horizontale Träger verwendet,

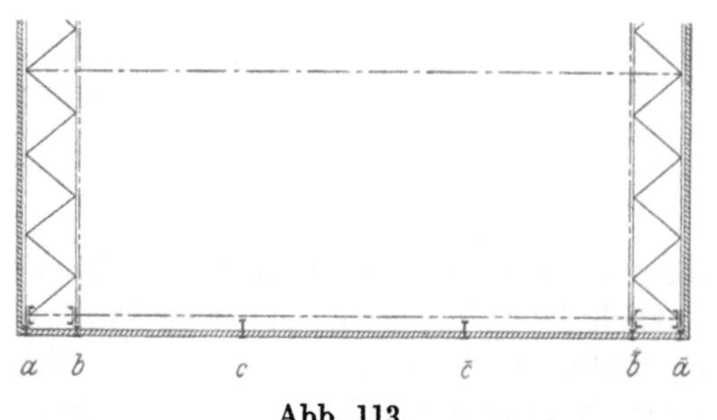

Abb. 113.

von denen je eine Gurtung in der Wand liegt; in Abb. 113 sind Hauptstiele die wichtigsten Teile des Wandgerippes, im übrigen erscheinen je Zwischenstiele und

Zwischenriegel. Bei der zuletzt genannten Anordnung wird ein größerer Teil des auf die Wand entfallenden Winddrucks auf den zwischen je zwei Binderpaaren in den Dach-

Abb. 114. Turbinenhalle der Bergmann Elektr. Werke, Rosenthal. Ausführung: Breest & Co.

flächen angeordneten Windverband (räumliches Tragwerk) geleitet als im ersten Fall. Ob die eine oder andere Wandausbildung zweckmäßiger ist, ist von Fall zu Fall auch mit Rücksicht auf das Ausfahrmaß der in der Halle verkehrenden Krane zu entscheiden. Auch bei größeren Mauerstärken als ½ Stein und bei armierten Wänden (z. B. sogenannten Prüßwänden) empfiehlt es sich, solche Wandtraggerippe mit größeren Fachen als bei gewöhnlichen Eisenfachwerkwänden zu verwenden. Bei Hallen in Holzbauweise geht man, was die Wände anbelangt, ganz ähnlich vor.

Die Außenansicht von dreischiffigen Hallenbauten zeigen die Abb. 114 und 115. Daß mit solchen Fachwerkwänden auch äußerlich das Wesen der Industriebauten zum Ausdruck gebracht werden kann, geht aus den Abb. 116 (Hochleistungsprüffeld) und Abb. 117 (Kompressorengebäude) hervor,

Abb. 115. Dreischiffige Halle der Bethlehem Steel Co., U.S.A.

Abb. 116. Hochleistungsprüffeld des Schaltwerks in Siemensstadt-Berlin.

bei denen lediglich durch die Verteilung von durchsichtigen und undurchsichtigen Wandteilen eine reizvolle Wirkung der Bauten erzielt ist.

Abb. 117. Kompressorenhalle der Ruhrchemie A. G., Holten.
Ausführung: Gutehoffnungshütte.

III. Hallenbauten.

Die Hallenbauten dienen zur Erzielung von Räumen mit betriebstechnisch geforderten großen Breiten- und Höhenabmessungen. Die im IV. Abschnitt besprochenen Eingeschoßbauten können als einfacher Sonderfall mehrschiffiger Hallenbauten aufgefaßt werden. Der Aufbau der Traggerippe von Hallenbauten wird beeinflußt von der Art der Tageslichtzuführung, der Entlüftung (Rauchabführung), der Regenwasserableitung, der Kranausrüstung, sowie den nach Betriebsgrundsätzen zu wählenden Stützenentfernungen. Im folgenden sollen Tageslichtzuführung, Entlüftung und Kranausrüstung, insoweit als sie die Gestaltung der Hallenbauten beeinflussen, besprochen werden.

A. Zuführung von Tageslicht.

Die Tageslichtzuführung erfolgt außer durch senkrechte Fensterflächen in den Wänden und im Dach durch die im II. Abschnitt unter B, 2 beschriebenen satteldachförmigen und mansardförmigen Oberlichter, bei Eisenbetonbauten auch durch Glasbausteine (Glasprismen), die zwischen Eisenbetonrippen eingebaut werden.

Bezüglich der Größe und Verteilung der Glasflächen ist zu beachten, daß die Helligkeit an irgendeiner Stelle im Gebäudeinnern abhängt von der Lage und dem Flächeninhalt des wirksamen Himmelsgewölbestücks. Außerdem ist reflektiertes Licht von Einfluß. Anzustreben ist, daß an den einzelnen Arbeitsstellen das zugeführte Tageslicht möglichst gleichmäßig ist.

Unter der Annahme, daß alle Teile des Himmelsgewölbes eine gleiche Lichtmenge ausstrahlen, läßt sich für jedes Flächenelement im Halleninnern ein relativer Lichtwert ausrechnen; und z. B. für waagerechte oder geneigte Flächenelemente in einer gleichen Höhe über dem Hallenfußboden lassen sich diese Lichtwerte graphisch auftragen. Kennt man den für Arbeitsstellen mindestens notwendigen Tageslichtquotienten, d. h. das Verhältnis der Beleuchtungsstärke eines irgendwie geneigten, z. B. waagerechten Flächenelements im Halleninnern zu der Beleuchtungsstärke eines horizontalen Flächenelements im Freien, so kann man durch Ausrechnung der Tageslichtquotienten die in einem bestimmten Fall möglichen Anordnungen der Glasflächen auf ihre Zweckmäßigkeit prüfen, allerdings zunächst unter Verzicht auf die Berücksichtigung der Reflexwirkung.

Man beachte einerseits, daß zu kleine Tageslichtzuführungsöffnungen künstliche Beleuchtung und dadurch dauernde Betriebskosten bedingen, andererseits, daß Glasflächen stark abkühlend wirken. Bei jedem Gebäude ist also ein zweckentsprechender Ausgleich zu schaffen zwischen den Forderungen guter Tagesbeleuchtung und billiger Heizung. Daß hierüber die Meinungen noch stark auseinander gehen, zeigt die 1930 gebaute Fabrikanlage der Simonds Saw and Steel Company in Fitchburg Mass. U.S.A., wo in dem 109,7 m breiten und 170,6 m langen Eingeschoßbau weder Fenster noch Oberlichter eingebaut sind. Durch gleichmäßige künstliche Beleuchtung, leichtere Heizbarkeit der Räume, ihre Abkühlung im Sommer, Regelung der Luftfeuchtigkeit, Reinhaltung der Luft und ähnliche Maßregeln erhofft die Firma eine Erhöhung der Wirtschaftlichkeit des Werks von 33% gegenüber der üblichen Ausführungsart[1].

Der Begriff des Tageslichtquotienten (T.Q.) ist als brauchbarer Vergleichswert für verschiedene bauliche Möglichkeiten schon mehrfach vorgeschlagen worden. So hat E. Möhler in dem Aufsatz: Beurteilung der Tagesbeleuchtung in Werkstätten vom Standpunkt des Betriebsingenieurs, erschienen im 3. Band der ausgewählten Arbeiten des Lehrstuhls für Betriebswissenschaften an der Technischen Hochschule Dresden (Berlin 1926), wertvolle Versuchsergebnisse des T.Q., den er an ausgeführten Industriebauten gefunden hat, veröffentlicht. Mit der Vorausberechnung des T.Q. hat er sich nicht befaßt, weil er glaubt, daß eine theoretische Berechnung der Beleuchtungsstärken an den Arbeitsplätzen unmöglich sein dürfte. Diese vermeintlichen Schwierigkeiten, welche sich durch die Bestimmung des T.Q. an Hand der Gebäudezeichnungen ergeben, sind jedoch keineswegs groß, wenn man die Überlegungen berücksichtigt, welche der verstorbene Oberbaurat Burchhard[2] in Hamburg für die Klärung der Tageslichtzuführung in Höfe usw. angestellt hat.

Bei der Bestimmung des oben definierten Tageslichtquotienten (T.Q.) wird im folgenden über dem betrachteten Flächenelement ein gleichmäßig bedeckter halbkugelförmiger Himmel mit gleicher Lichtstärke aller seiner Flächenelemente, also eine diffus leuchtende Himmelshalbkugel mit gleichförmig verteilter Leuchtdichte als lichtspendend angenommen. Diese einfache Annahme entspricht dem Hauptzweck der bei den verschiedenen Gebäudearten durchgeführten Untersuchungen, in einem bestimmten Fall einen Vergleich zwischen verschiedenen möglichen Anordnungen von Tageslichtzuführungsöffnungen anstellen zu können. Sie genügt auch dem anderen Zweck, einen Raum so mit Glasflächen zu versehen, daß er nicht schlechtere Tageslichtverhältnisse aufweist, als ein anderer bestehender Raum, von dem man weiß, daß er vom betriebstechnischen Standpunkt aus genügend beleuchtet ist. Dadurch wird folgendes festgesetzt: ein Platz in diesem Raum ist in einer bestimmten Tageszeit eines trüben Tages mit gleichmäßig bedecktem Himmel, oder, wie man sich ausdrücken kann, bei einer „konventionell ungünstigen Tageslichtintensität" (Ružička gibt sie mit 2000 Lux an, Möhler mit 3000 bis 4000 Lux), noch genügend beleuchtet. Die Tatsachen, daß das Tageslicht je nach dem Stand der Sonne und je nach der Bewölkung großen Schwankungen unterworfen ist, und daß in wenigen Minuten Beleuchtungsunterschiede von vielen Tausend Lux eintreten können, sind für unsere Betrachtungen belanglos, erklären aber die Schwierig-

---

[1] Ind. Engng. November 1930. Im Januar 1932 war die Anlage gebaut, aber noch nicht im Betrieb.

[2] Die wichtigsten hierher gehörenden Aufsätze von Burchhard sind: Zbl. Bauverw. 1919 S. 597: Die natürliche Beleuchtung des Hofes (Abb. 6 und 9); Zbl. Bauverw. 1922 S. 442: Ein neuer Tageslichtmesser (es wird hier der T.Q. als Vergleichswert empfohlen); Zbl. Bauverw. 1924 S. 450: Eine durchgreifende Änderung der Hamburger Bauordnung (Tageslichtzuführung in Höfe s. auch die Bauordnung für die Stadt Hamburg S. 107ff. Hamburg 1926).

keiten der photometrischen Bestimmung des T. Q. und der Ausdeutung photometrischer Messungen überhaupt.

Bei den folgenden Untersuchungen ist auf Absorption des Lichts durch das Glas selbst und auf die Verdunklung durch Fenster- und Oberlichtsprossen, durch Verschmutzung der Glasflächen, sowie auf etwaige Mattierung der Gläser keine Rücksicht genommen, auch nicht auf irgendwelche Reflexwirkungen. Beides muß natürlich in Rechnung gestellt werden, wenn man durch Wand- und Dachöffnungen an einem bestimmten Platz einen T. Q. von bestimmter Größe, der natürlich je nach der Art der an dem Platz zu leistenden Arbeit wechselt, haben will. E. Möhler empfiehlt bei feinen und feinsten Arbeiten T. Q. von 0,5 bis 1,33 %.

Wie schon lange bekannt ist[1], ist für ein Flächenelement in einem Punkt irgendeiner Ebene der T. Q. gleich dem Verhältnis des Flächeninhalts der Projektion des für dieses Flächenelement wirksamen, also von dem Punkt aus sichtbaren Himmelsflächenstücks auf die Ebene des Elements zu dem Flächeninhalt derjenigen Kreisfläche, welche der Projektion der gesamten Himmelshalbkugel auf die Waagrechte entspricht. Da, wie man sieht, der T. Q. unabhängig ist von dem Radius der Himmelshalbkugel, kann man bei den folgenden Untersuchungen über dem zu untersuchenden Flächenelement eine Hilfshalbkugel vom Halbmesser eins verwenden.

Zunächst soll der angeführte Satz für zwei einfache Beispiele bewiesen und anschaulich gemacht werden.

In Abb. 118 handelt es sich um ein waagerechtes, in Brüstungshöhe eines Fensters liegendes Flächenelement bei O. Die Fensterhöhe ist h. Das Fenster sei unendlich lang. Der nach O lichtspendende Teil des Himmelsgewölbes ist in der den Punkt O enthaltenden Querschnittebene begrenzt durch den Kreisbogen PS. Ein um den Winkel β über dem Horizont liegendes Flächenelement dF, z. B. das eingezeichnete in der Gebäudequerschnittsebene, gibt zu der Beleuchtungsstärke des in Betracht gezogenen Flächenelements bei O einen Beitrag, der proportional ist dem Ausdruck: $dF \cdot \sin\beta$ (Gesetz von Lambert). $dF \cdot \sin\beta$ ist aber $= dF'$, der Horizontalprojektion von dF. Die ganze Beleuchtungsstärke des Flächenelements bei O ist der Summe der dF', d. h.

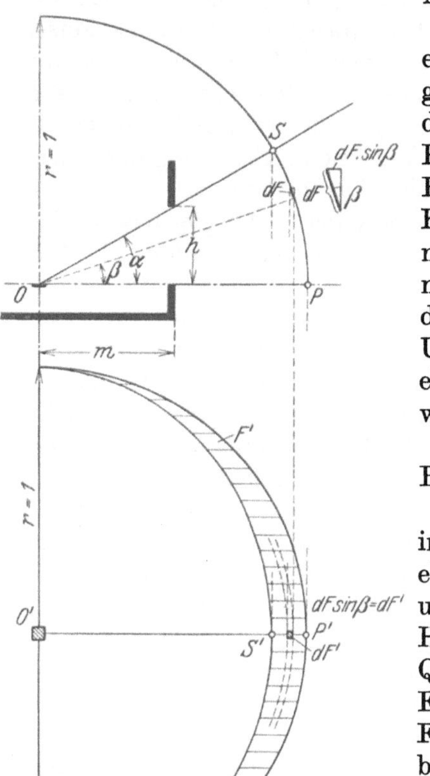

Abb. 118.

der Horizontalprojektion des zur Wirkung kommenden Teils der Himmelshalbkugel, also der im Grundriß schraffierten Fläche F' proportional. F' ist der Unterschied des Halbkreises mit dem Halbmesser r und der halben Ellipse mit den Halbachsen r und $O'S'$. Andrerseits ist die Beleuchtungsstärke eines freiliegenden horizontalen Flächenelements proportional der Projektion der ganzen lichtspendenden Himmelshalbkugel, d. h. der Fläche des Kreises vom Halbmesser r, also wenn $r = 1$ ist, proportional dem Wert π.

Der Tageslichtquotient ist also im Falle der Abb. 118 in Übereinstimmung mit dem oben allgemein ausgesprochenen Satz

$$\text{T. Q.} = \frac{F'}{\pi}. \tag{1}$$

In ganz analoger Weise ergibt sich im Fall der Abb. 119 für ein senkrechtes, durch das-

---

[1] Z. B. Wiener: Lehrbuch der darstellenden Geometrie 1884; Burchhard: Zbl. Bauverw. 1919 S. 597.

selbe Fenster Tageslicht empfangendes Flächenelement beim Punkt O, daß der

$$\text{T.Q.} = \frac{F''}{\pi} \tag{2}$$

ist, wobei F'' die Projektion des von O aus sichtbaren Himmelsstücks auf die senkrechte Ebene durch O darstellt.

Wenn man z. B. mit Hilfe des Verfahrens der darstellenden Geometrie die Projektionen des von O aus sichtbaren Himmelsflächenstücks bestimmt hat, so kann man unmittelbar den Wert des T.Q. anschreiben.

Bei unregelmäßigen Lichtöffnungen ist die aus dem vorhergehenden sich ergebende Art der Bestimmung des T.Q. umständlich. Man benützt dann zweckmäßigerweise das Burchhardsche Meßblattverfahren, das auf folgendem beruht: Man teilt die Himmelshalbkugel in n, z. B. 1000, Teile gleicher Lichtwirkung in bezug auf das zu betrachtende, z. B. horizontale Flächenelement ein. Die Projektionen dieser Felder müssen nach dem oben angeführten Satz gleich groß sein. Die Kugelflächenteilung läßt sich also unmittelbar aus den n gleich großen Flächenteilen der Himmelshalbkugelprojektion ableiten. Wenn m (z. B. $= 50$) gleiche Kreissektoren für die Kreisflächeneinteilung gewählt

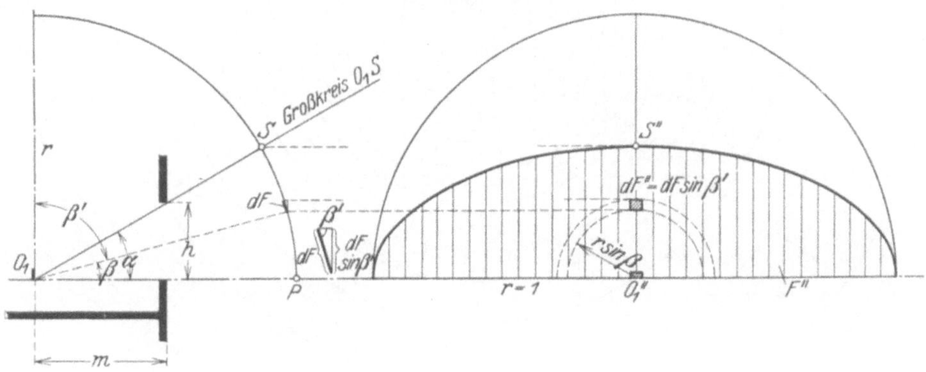

Abb. 119.

werden, so müssen noch $k = \dfrac{n}{m}$ (z. B. $= 20$) Kreisringe gleichen Flächeninhalts gebildet werden, die durch die Halbmesser $\sqrt{\dfrac{1}{k}}$, $\sqrt{\dfrac{2}{k}}$ usw. begrenzt werden, wenn der Halbmesser der Himmelshalbkugel $= 1$ ist. Die Flächen der Kreisringe sind

$$\pi\left(\sqrt{\tfrac{1}{k}}\right)^2; \ \pi\left[\left(\sqrt{\tfrac{2}{k}}^{\,2} - \sqrt{\tfrac{1}{k}}^{\,2}\right)\right]$$

usw.; also $\dfrac{\pi}{k}$; $\dfrac{\pi}{k}$ usw. Dann zeichnet man ein für allemal von dem Punkt O ein zentralperspektivisches Bild dieser so eingeteilten Himmelshalbkugel in bezug auf eine zweckmäßig gelegte, z. B. horizontale Ebene in einem Abstand e cm von dem betreffenden Flächenstück. Man erhält so ein Meßblatt I und kann auf ihm die Anzahl der Teile x ablesen, welche der wirksamen Lichtöffnung des Gebäudes entsprechen. Dazu ist nur notwendig, von O aus die Zentralprojektion der Lichtöffnungen auf dieselbe Projektionsebene auf durchsichtiges Papier zu zeichnen. Die Anzahl x der Flächenteile kann man durch Auflegen des Lichtöffnungsbildes auf das Meßblatt I unmittelbar ablesen. Der T.Q. ergibt sich dann zu $\dfrac{x}{n} \cdot 100\%$.

Da das Meßblatt I sich nur über einen bestimmten Raumwinkelbereich ausdehnt, muß man, um den Einfluß tiefliegender Lichtzuführungsöffnungen auf die Beleuchtungsstärke eines waagrechten Flächenelementes zu bestimmen, sich eines Meßblattes II bedienen. Man erhält es, wenn man die Teile gleicher Lichtwirkung der Himmelshalbkugel in bezug auf das betrachtete horizontale Flächenelement bei O von diesem Punkt aus zentral auf eine im Abstand e von O gelegene Vertikalebene projiziert. Um in dem betrachteten Fall den Beitrag für den T. Q. zu erhalten, muß man genau wie oben beschrieben vorgehen, zuerst von O aus für dieselbe Vertikalebene die Zentralprojektion der in Be-

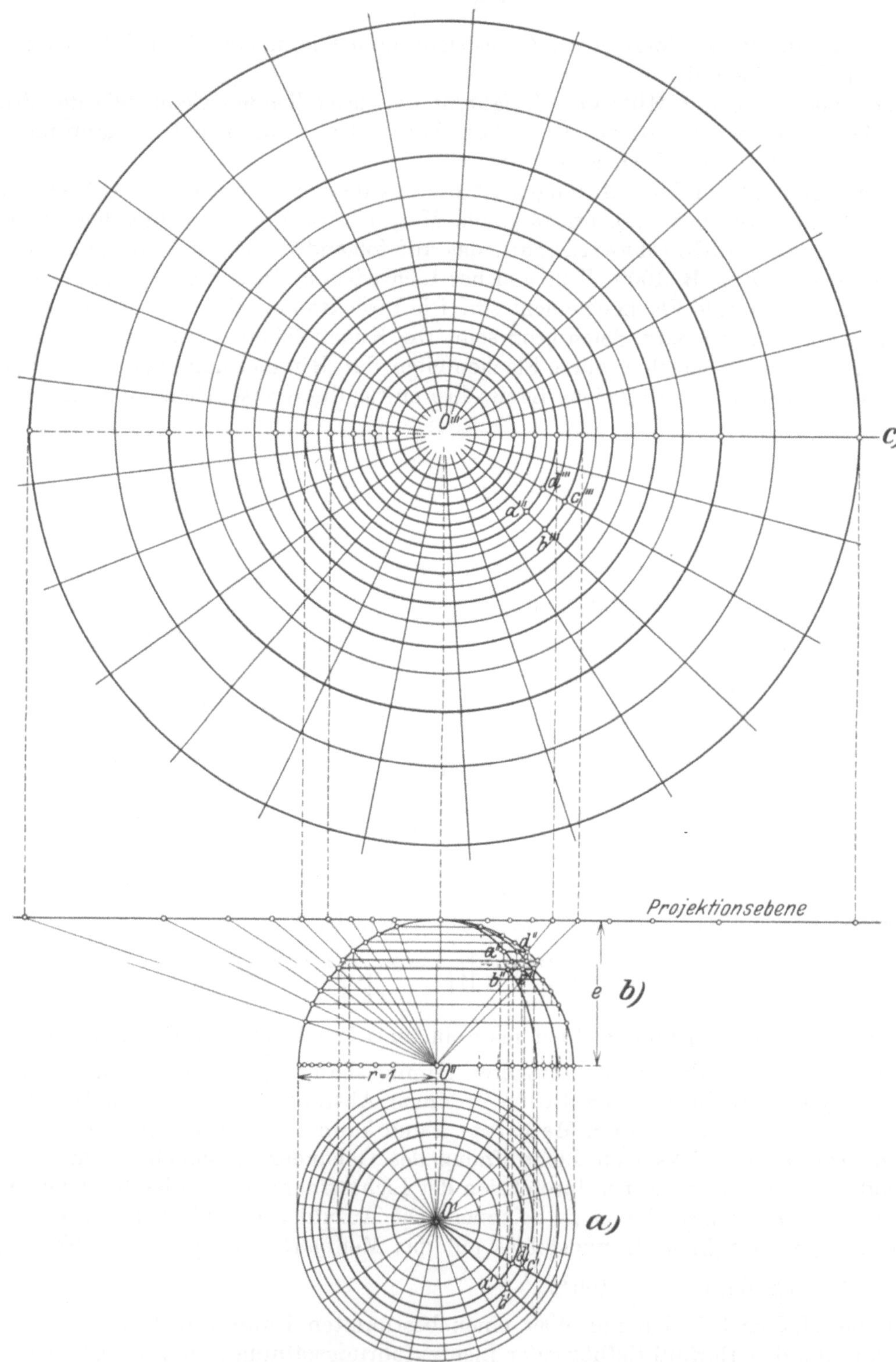

Abb. 120. Konstruktion des Lichtmeßblattes I.

tracht kommenden Lichtzuführungsöffnungen zeichnen und dann die Anzahl x der Flächenteile des Meßblatts II abzählen, die durch Auflegen des zweiten Bildes überdeckt werden.

Die Konstruktion des Lichtmeßblatts I zeigt Abb. 120a bis c. Der Grundriß der Himmelshalbkugel wird, wie oben schon ausgeführt wurde, in $n = m \cdot k = 25 \cdot 10 = 250$ gleich große Flächen eingeteilt. Diese n Flächenteile sind die Projektionen von n Kugelflächenteilen, von denen jeder in bezug auf das horizontale Flächenelement bei O eine gleiche Lichtwirkung hervorbringt. $abcd$ sei ein solcher Kugelflächenteil. Die im Grundriß erhaltene Einteilung kann vom Grundriß in den Aufriß übertragen werden, wie es für das Feld $abcd$ in der Abb. 120b geschehen ist. Die Punkte a und d einerseits und b und c andererseits liegen auf Parallelkreisen der Kugel; a', b', c', d' sind ihre Projektionen auf den Grundriß (Abb. 120a), a'', b'', c'', d'' ihre Projektionen auf den Aufriß (Abb. 120b). Von dieser so eingeteilten Himmelshalbkugel ist jetzt ein zentralperspektivisches Bild in bezug auf die im Abstand e (z. B. $= 10$ cm) vom betrachteten Flächenelement bei O gelegene Horizontalebene zu zeichnen. Der Abstand e ist in der Abb. 120 der Einfachheit halber so groß angenommen wie die Einheit des Himmelskugelhalbmessers. Die Zentralprojektion des Feldes $abcd$ ergibt die Fläche $a''' b''' c''' d'''$. Die entsprechenden Punkte a''' und d''' einerseits, und b''' und c''' andererseits liegen im Meßblatt I ebenfalls wieder auf Parallelkreisen, deren Halbmesser, wie aus Abb. 120b ersichtlich ist, konstruiert werden. Sie lassen sich natürlich auch leicht rechnerisch bestimmen.

Abb. 121 zeigt die Anwendung eines solchen Meßblatts I (im ganzen $2 \cdot 1000$ Teile). Gesucht ist der T. Q. für ein horizontales Flächenelement in dem Punkt $m = O$ eines 25 m breiten und 49 m langen Hallenbaues infolge der linksseitigen mansardförmigen

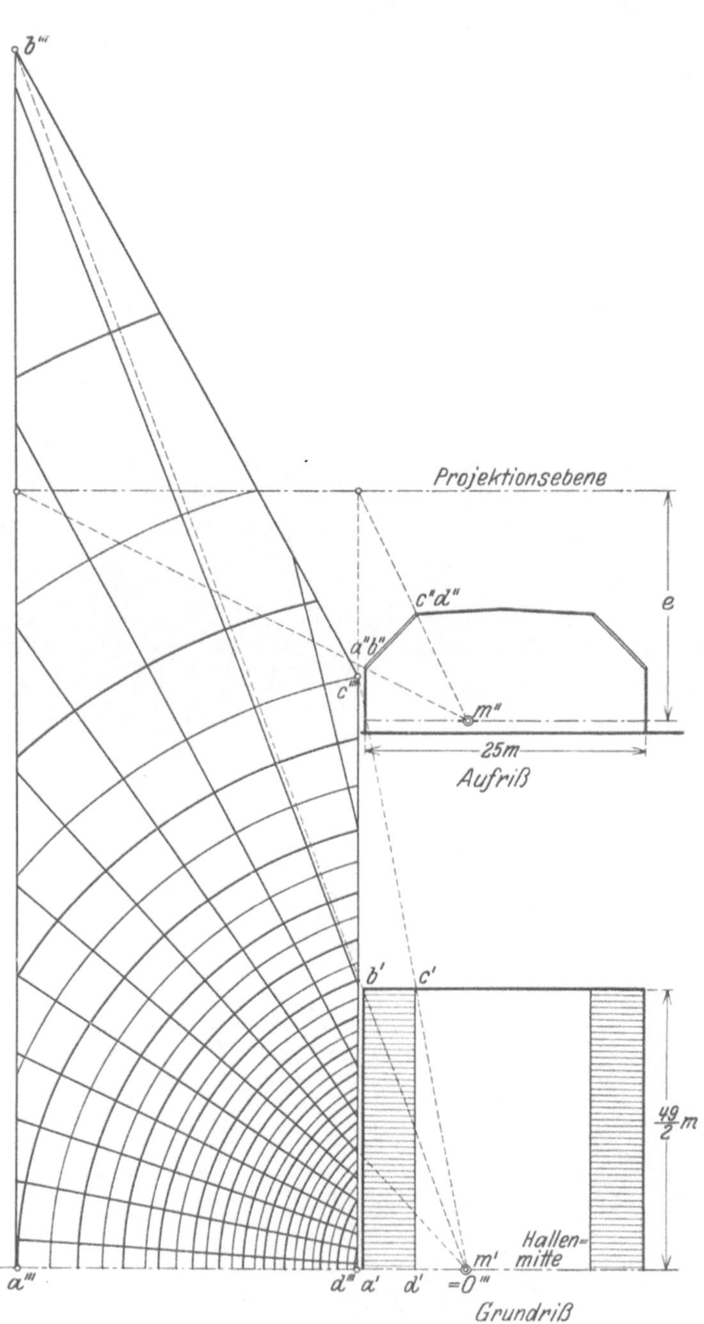

Abb. 121. Anwendung des Lichtmeßblattes I.

Lichtöffnungen ($2 \cdot$ Fläche $abcd$). Man zeichnet die Zentralprojektion des von m aus sichtbaren Himmelsstücks auf eine horizontale Ebene, welche wie die bei der Konstruktion des Meßblatts I verwendete in der Entfernung e vom Punkt m liegt. Da Punkt m in der Mitte der Längsrichtung der Halle liegt, ist nur die Zeichnung der halben Projektionsfläche der wirksamen Lichtöffnung nötig. Die Projektion ergibt das Trapez $a''' b''' c''' d'''$.

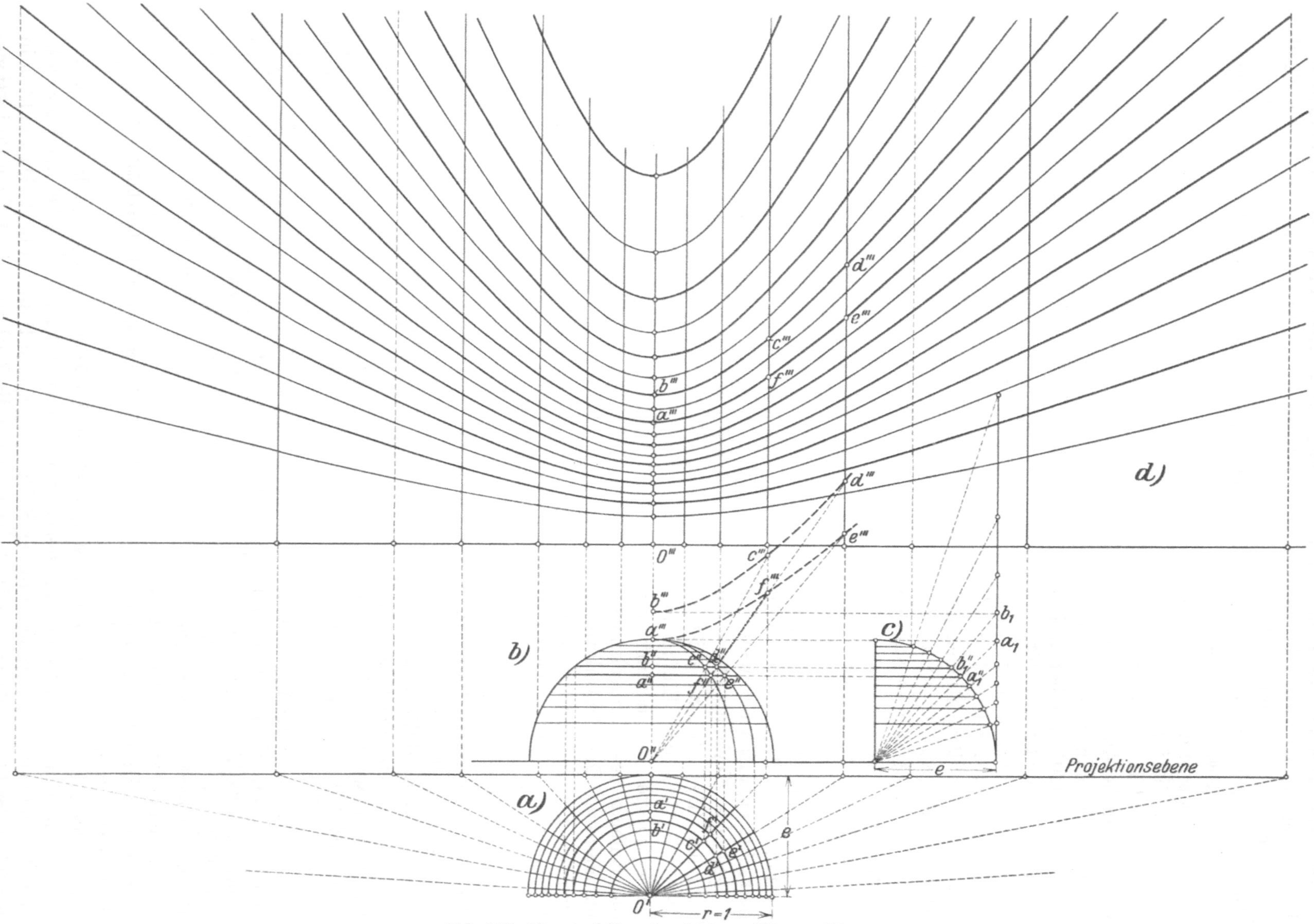

Abb. 122. Konstruktion des Lichtmeßblattes II.

Denkt man sich nun vom Punkt m aus die n Felder gleicher Lichtwirkung der Himmelshalbkugel ebenfalls zentralperspektivisch auf die eben verwendete Ebene projiziert und zeichnet man diese Projektionen auf, soweit sie innerhalb der Zentralprojektion $a''' \, b'''$ $c''' \, d'''$ liegen, so erhält man das Bild der Abb. 121, wobei die Anzahl y der projizierten n Felder der Himmelshalbkugel innerhalb des Trapezes $a''' \, b''' \, c''' \, d'''$ zu liegen kommt. Es ist dann der T.Q. im Punkte m

$$= 2 \cdot \frac{y}{n} \cdot 100\% \, .$$

In dem Fall des Beispiels wird

$$\mathrm{T.Q.} = 2 \cdot \frac{110{,}3}{1000} \cdot 100 = 22{,}06\% \, .$$

Zeichnet man die Zentralprojektion der Lichtöffnung auf durchsichtiges Papier, und legt man diese Projektion in der richtigen Lage zu $m' = O'''$ auf das Lichtmeßblatt I auf, so kann die Anzahl y der überdeckten Felder ohne weiteres abgelesen werden.

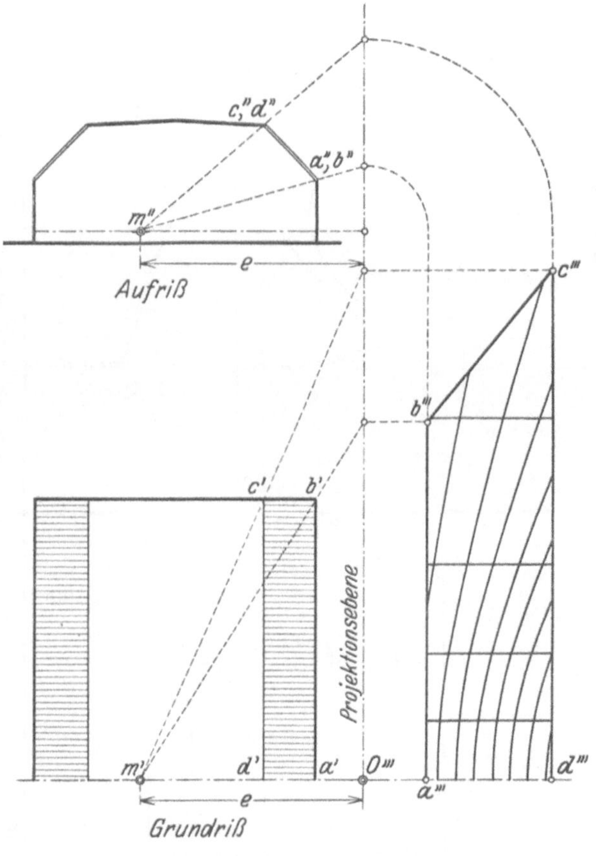

Das Lichtmeßblatt II ist die Projektion der nach den obigen Angaben eingeteilten Himmelshalbkugel in bezug auf eine vertikale Projektionsebene im Abstand e vom Punkt O. Seine Konstruktion ist in Abb. 122a bis d gezeigt, wobei e wieder gleich der Einheit des Himmelskugelhalbmessers gewählt ist. Zur Erläuterung der Konstruktion ist die Zentralprojektion $c''' \, d''' \, e''' \, f'''$ des Kugelflächenstücks $cdef$ eingezeichnet, und außerdem die Zentralprojektionen a''' und b''' der Punkte a und b. Punkt a liegt auf der Kugel gleich hoch wie die Punkte e und f, Punkt b gleich hoch wie die Punkte c und d. Die Punkte a und b liegen auf dem Großkreis der Kugel, dessen Ebene rechtwinklig zur Projektionsebene ist. Die Horizontalprojektionen der genannten Punkte (Abb. 122a) sind a', b', c', d', e', f', ihre in Abb. 122b dargestellten Vertikalprojektionen $a'', b'', c'', d'', e'', f''$. Mit Hilfe der Umklappung in Abb. 122c können ohne weiteres in der Abb. 122b die Zentralprojektionen a''' und b''' gezeichnet werden,

Abb. 123. Anwendung des Lichtmeßblattes II.

wobei zufällig der Punkt a''' im Abstand r über dem Punkt O liegt. Da die Punkte c und f, d und e je auf einem Kugelgroßkreis liegen, deren Ebenen die Projektionsebene der Zentralprojektion in senkrechten Linien schneiden, erhält man für c''' und f''', sowie d''' und e''' ohne weiteres je einen geometrischen Ort, je eine vertikale Gerade. Je ein zweiter geometrischer Ort sind die Verbindungslinien der Punkte c'', d'', e'' und f'' mit O'', weil die Zentralprojektionen der vier Punkte c, d, e und f die Spuren der vier Geraden Oc, Od, Oe und Of in der gewählten Projektionsebene sind. Die Punkte c''' und f''' einerseits und die Punkte e''' und f''' andererseits hätte man auch mit Hilfe der Umklappungen der Kugelgroßkreise finden können, so wie man in Abb. 122c die Punkte a_1 und b_1 bestimmt hat, die ebenso hoch liegen wie die Punkte a''' bzw. b'''.

Die Abb. 122d stellt das Lichtmeßblatt II dar, wobei die in der Abb. 122b konstruierten Punkte $a''', b''', c''', d''', e''', f'''$ noch einmal eingetragen sind.

a)
b | Schnitt a-a
a | Schnitt b-b
Gebäude-Mitte
b
a
28,6%
28,6%
b)
b | Schnitt a-a
a | Schnitt b-b
b
a
11,8%
11,8%
c)
b
Schnitt a-a
a | Schnitt b-b
b
a
42,8%
42,8%
d)
29,6%
14,7%
e)
40,5%
28,6%
f)
39,0%
41,5%
g)
27,8%
h)
23,0%
i)
18,5%

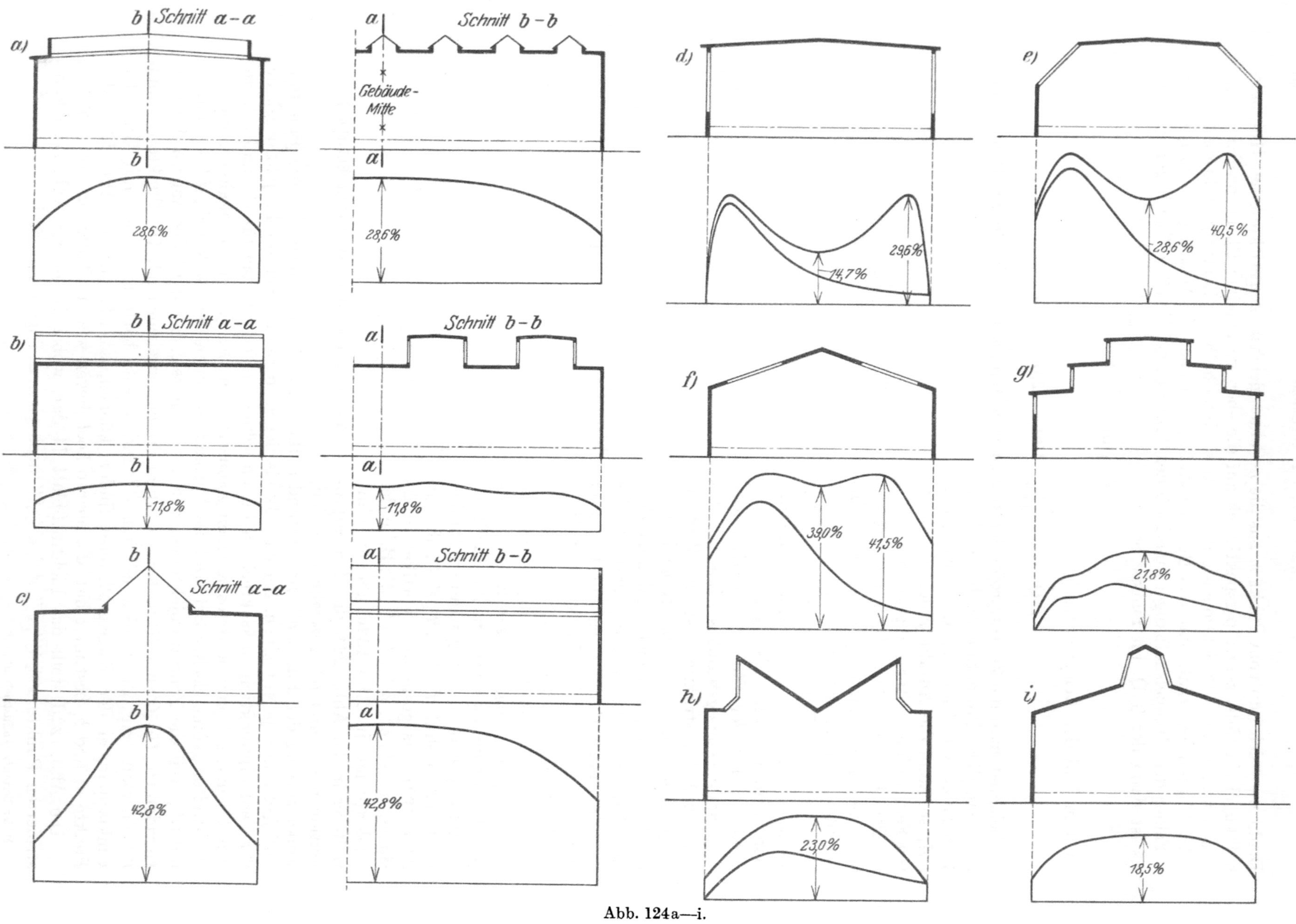

Abb. 124a—i.

Die Anwendung des Lichtmeßblatts II zeigt Abb. 123. Der T. Q. soll für ein horizontales Flächenelement im Punkt m des Hallenbaues mit den oben angegebenen Abmessungen infolge der rechtsseitigen mansardförmigen Lichtöffnung bestimmt werden. Man geht in ganz analoger Weise wie bei der Anwendung des Meßblattes I vor. Man zeichnet die Zentralprojektion der Lichtöffnung auf die im Abstand e vom betrachteten Flächenstück befindliche Vertikalebene und legt diese Projektion so auf das Lichtmeßblatt II, daß die Punkte O''' der Abb. 123 und des Lichtmeßblattes zusammenfallen. Durch Abzählen der von der Projektion überdeckten Anzahl y von Feldern des Meßblattes, erhält man den

T. Q. zu $2 \cdot \dfrac{y}{n} \cdot 100\% = 2 \cdot \dfrac{22{,}5}{500} \cdot 100 = 9{,}00\%$.

Handelt es sich darum, den T. Q. für ein vertikales Flächenelement bei O zu finden, so verwendet man sinngemäß das Meßblatt I, um den Beitrag von unteren Lichtöffnungen des Gebäudes zu bestimmen, Meßblatt II bei mehr oben, z. B. in der Dachhaut angeordneten Öffnungen.

In der Abb. 124a bis i sind bei einer Halle von 25 m lichter Breite und 49 m lichter Länge für horizontale Flächenelemente in 1,0 m Höhe über dem Fußboden in dem mittleren Gebäudequerschnitt und teilweise auch im mittleren Gebäudelängenschnitt die T. Q. aufgetragen.

Die Lichtzuführungsöffnungen sind lediglich für Vergleichszwecke so gewählt, daß bei allen Anordnungen die eingebaute wirksame Glasfläche 53% der Hallengrundfläche beträgt, also unbekümmert darum, ob dies mit Rücksicht auf andere Gesichtspunkte zweckmäßig ist oder nicht. Die T. Q.-Kurven sind maßstäblich aufgetragen. Eingetragen sind aber nur die jeweiligen Größtwerte. Die unteren Kurven beziehen sich auf den Fall einseitiger Lichtbänder. Bemerkenswert ist, daß im Falle der Abb. 124c bei unendlich langem Firstoberlicht sich als Größtwert der T. Q. 44,1% statt 42,8% ergeben würde, im Falle der Abb. 124e 29,6% statt 28,6%. Sowohl in diesen beiden Fällen, als auch bei allen in der Längsrichtung des Gebäudes verlaufenden Glasbändern sind die Unterschiede der genaueren Berechnung und der rasch zu erledigenden Näherungsberechnung mit unbegrenzt langen Öffnungen verhältnismäßig klein, so daß man sich für Vergleichszwecke oft mit diesen begnügen kann. Man beachte die Überlegenheit der Glasflächenanordnung nach Abb. 124f über alle anderen, sowohl was die Größe der T. Q. anbelangt, als auch die Gleichmäßigkeit der Beleuchtung.

Bezüglich der Wirkung der Sonnenstrahlen und der Mittel zu ihrer Abhaltung wird auf S. 208 des IV. Abschnitts (Sägedächer) verwiesen. Bei der Besprechung der Ein- und Mehrgeschoßbauten wird auf das im vorhergehenden Behandelte bezug genommen.

Außer der im vorhergehenden benützten, im Text und in einer Fußnote erwähnten Literatur über Tageslichtzuführung sei noch auf zwei Schriften[1] hingewiesen, in denen sich auch noch weitere Literaturstellen finden. In der Abhandlung von W. C. Randall und A. J. Martin wird auch ein Weg gezeigt, wie man die Reflexwirkung einer Außenwand berücksichtigen kann.

B. Entlüftung.

Von Einfluß auf die Raumgestaltung, namentlich der Hallendächer sind die Anordnungen für natürliche Lüftung. Sie bezwecken, daß der Rauch und die verbrauchte Luft möglichst ungehindert abziehen können, und bestehen aus Abführungsöffnungen und diesen entsprechend zu bemessenden Luftzuführungsöffnungen. Für die Rauchabführung in sogenannten Laternenaufbauten im First von Satteldächern eignen

---

[1] 1. Frühling, H. G.: Tagesbeleuchtung von Innenräumen, ihre Messung und ihre Berechnung nach der Wirkungsgradmethode. Dissertation Berlin 1928.

2. Trans. Illum. Engng. Soc. Bd. 25 Nr. 3 March 1930 enthält: a) Calculation of daylighting and indirect artificial lighting by Protractor-Method by H. H. Higbie and W. Turner Szymanowski. b) Predetermination of daylighting by the Fenestra-Method by W. C. Randall and A. J. Martin, je mit Diskussion.

sich besonders gut um eine vertikale Achse drehbare, z. B. aus Holz hergestellte Klappen,
weil sie den Austritt des warmen Luftstroms nicht wesentlich behindern und weil sie je
nach Windrichtung unter Ausnutzung der Saugwirkung leicht regulierbar sind. Die viel
verwendeten festen oder beweglichen Jalousien sind nur für die Luftzuführungsöffnungen
brauchbar.

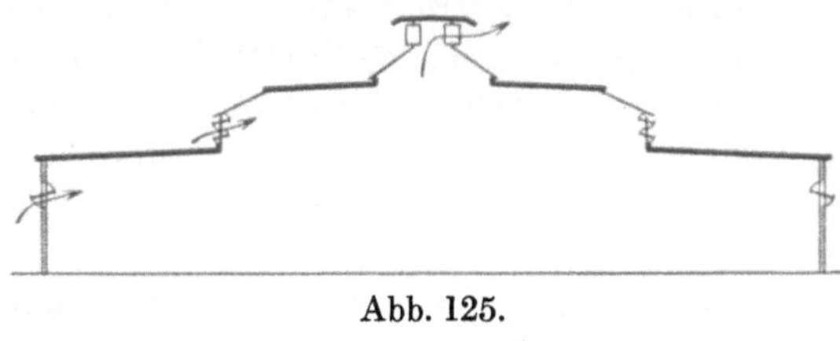

Abb. 125.

Die Abb. 125 bis 127 zeigen zweckentsprechende Entlüftungseinrichtungen und
eine empfehlenswerte Anordnung der Glasflächen für mehrschiffige Hallen, wie sie für
Schmieden, Stahlwerke, Gießereien und für
ähnliche Industrieeinzelbauten, bei denen
mit starker Hitze- und Rauchentwicklung
zu rechnen ist, verwendet werden. Die Rauchabführung erfolgt durch die oben erwähnten Klappen, die Luftzuführung durch solche Klappen oder durch Jalousien in
senkrechten Flächen, die in das Dach eingeschaltet sind. Damit kein Regen und Schnee
eindringen kann, ist für entsprechend hohe Zargen und genügend große Überstände der
Dachaufbauten zu sorgen. Bei dem in Abb. 126 dargestellten vierschiffigen Hallenbau
von $15 + 18 + 18 + 15$ m Breite sind die Wände als nur 12 cm starke Prüßwände aus-

Abb. 126. Preßwerk Wasseralfingen. Entwurf des Verfassers. Baujahr 1917.

geführt worden, die sich an ein weitmaschiges, aus Stielen und Riegeln bestehendes
Stahlfachwerk anlehnen.

Der in Nordamerika vielfach bei Hallen, übrigens auch bei Eingeschoßbauten verwendeten Dachform der Abb. 128 (Pond truss roof) wird eine sehr rasche Abführung
des Rauches und der verbrauchten Luft durch die bei aufgeklappten Glasstreifen ent-

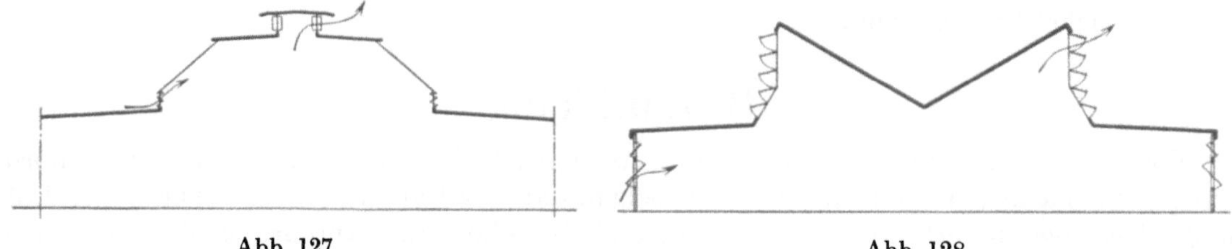

Abb. 127.   Abb. 128.

stehenden Öffnungen nachgerühmt. Die Verwendung des in U.S.A. auf den Namen von
C. P. Pond patentierten Daches war ursprünglich für Gießereien und ähnliche Gebäude
gedacht, in denen infolge des Arbeitsprozesses Hitze und Gase entstehen. Es ist damit
bezweckt, den Fabrikraum schnell und nachhaltig von Hitze, Rauch und verdorbener
Luft zu befreien. Die großen Abführungsöffnungen sind so gelegt, daß sie ungehindert
die aufsteigende warme Luft ausströmen lassen. In dem V-förmigen Teil kann sich nirgends

verbrauchte Luft festsetzen. In Abb. 129a ist dargestellt, wie der Rauch bei einem leichten, von links nach rechts gerichteten Wind abzieht, wenn die unteren Teile der durchlaufenden Glasbänder geschlossen sind. Bei ungewöhnlich breiten Gebäuden mit mehreren Ponddächern müssen dazwischen zur Erreichung von Lufteinlaßöffnungen A-förmige, ebenfalls mit durchlaufenden Glasbändern versehene Dachaufbauten angeordnet werden, wie man aus dem Gießereiteilquerschnitt der Abb. 129b sieht. Die Lufteinlaßöffnungen befinden sich konsequenterweise über der Kernmacherei, von der keine warme Luft abzuführen ist. Das Entlüftungsprinzip eines Ponddachs beruht also darauf, daß Luftzüge von erhitzten Gegenständen sich sehr rasch erheben, wenn die umgebende Luft kalt ist. Für

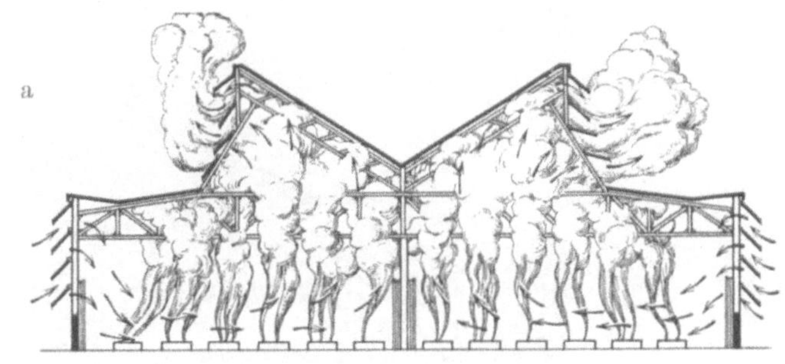

Abb. 129a und b.

die Luftströmungen, die von Öfen, Walzen usw. ausgehen, brauchen die freien Auslaßöffnungen nur richtig gelegt zu werden. Außerdem müssen entsprechende Einlaßöffnungen

Abb. 130. Ford Stahlwerk in Fordson. Entwurf: Albert Kahn Inc., Detroit. Aus „Industrial Management" 1928.

für frische Luft vorgesehen werden. Niedrige Dächer sind anzustreben, weil dann die Gase entweichen, während sie noch heiß und noch nicht mit kalter Luft vermischt sind.

Abb. 131. Gießerei der Lunkenheimer Co., Cincinnati, O. Ponddach über der Formerei, im Vordergrund die Gußputzerei. Glasdächer von David Lupton's Sons Co., Philadelphia.

Ein Ponddach braucht nur die Höhe, welche das Kranlichtprofil erfordert. Man sieht das Ponddach in U.S.A. nicht nur in Gebäuden, für die es ursprünglich bestimmt war, sondern auch in solchen für die Herstellung von Automobilen, Gummifabrikaten, von Glas, von Flugzeugen und von Maschinen aller Art. Die Abb. 130 bis 133 zeigen die Außenansichten

Abb. 132. Gießerei der Defiance Machine Works, Defiance, O. Entwurf: C. A. Hardy. Glasbänder
ausgeführt von David Lupton's Sons Co., Philadelphia.

einiger ausgeführter Beispiele. Siehe auch bei den Eingeschoßbauten, IV. Abschnitt S. 200.
Wenn man das Ponddach mit anderen Dachformen vergleicht, so ist bezüglich der

Abb. 133. Seamless Steel Tubes, Detroit. Entwurf: Albert Kahn Inc., Detroit.
Aus Behme „Der moderne Zweckbau".

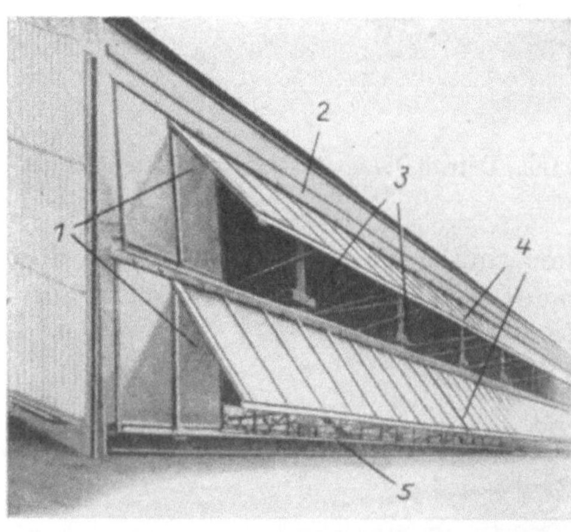

Abb. 134. Glasband. Ausführung: David Lupton's Sons Co., Philadelphia.
1 Sturmscheiben, 2 Fensterabschluß, 3 Bewegungsantrieb,
4 Ausdehnungsfugen, 5 Zarge.

Tageslichtzuführung zu erwähnen, daß die inwendige, geneigte, undurchsichtige Dachhaut Licht nach unten reflektiert und dadurch die Lichtverteilung gleichmäßiger macht.

Die durchgehenden, um eine obere waagerechte Drehachse aufklappbaren Glasbänder (continuous sash) sind charakteristisch für viele amerikanische Industriebauten, wo sie auch bei anderen Dachformen als Verglasungen und in den Außenwänden verwendet werden. Unter Einschaltung von wettersicheren Ausdehnungsfugen kommen bis 300 m lange, durch einen Motor angetriebene, aufklappbare Glasbänder vor, die dadurch, daß der Drehpunkt oben angeordnet ist, auch bei Regen und Sturm wettersicher sind. An den Enden müssen allerdings feste Sturmscheiben vorgesehen werden (siehe Abb. 134). In den folgenden Abb. 135 bis 139 sieht man die erwähnten Glasbänder bei mansardförmigen Dachaufbauten (Abb. 135 und 136) und bei Boileau-Dächern (Abb. 137, 138 und 139). Bei den Bauten der Abb. 138 und 139 bestehen die Wände und die Dachhaut aus dem im II. Abschnitt unter B, 1 erwähnten protected metal. Man beachte auch, daß die senkrechten Glasflächen der Boileau-Dächer nicht durchgehen, sondern im First an einem Laternenaufbau aufhören (Lichtbuchten).

Abb. 135. Gießerei der Ford Motor Co.

Abb. 136. Zusammenbau-Werkstätte der Chrysler Corporation, Detroit. Entwurf: Smith, Hinchman & Grylls. Aus „Architectural Forum" 1929.

Abb. 137. Schmiedegebäude der New Departure Mfg. Co., Bristol, Conn. Baujahr 1920.

Abb. 138. Standard Steel Car Co., Hammond, Ind. Dachhaut ausgeführt von H. H. Robertson Co., Pittsburgh.

Wie bei den Eingeschoßbauten näher dargelegt ist, kann auch durch zylindrische, röhrenförmige Dachaufsätze, wie die der Abb. 140, für einen genügenden Luftwechsel gesorgt werden, wobei man in der Gestaltung der Dachform der Halle freier wird.

Die Wirksamkeit der besprochenen Anordnungen für natürliche Entlüftung von Hallenbauten hängt ab

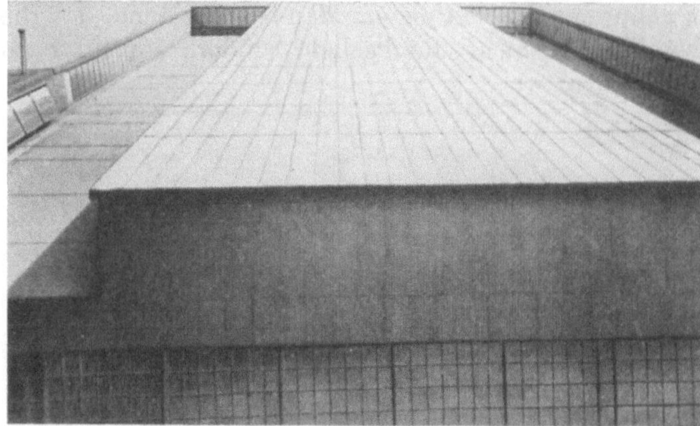

Abb. 139. Youngstown Sheet & Tube Co., Indiana Harbor, Ind. Dachhaut ausgeführt von H. H. Robertson Co., Pittsburgh.

Abb. 140. Crane Enamelware Co. Ventilatoren ausgeführt von H. H. Robertson Co., Pittsburgh. Baujahr 1926.

1. von den Flächen der Abführungsöffnungen und Luftzuführungsöffnungen,

2. von dem Höhenunterschied beider, der sich bei 3. auswirkt,

3. von dem Temperaturunterschied zwischen der Luft im Halleninneren und außen,

4. von der Geschwindigkeit und Richtung des Windes, sowie von der Ausnützung seiner Saugwirkung (siehe Abb. 343 c).

Abb. 141. Laufkatze vom Fußboden aus bedient. Ausführung M. E.

C. Ausrüstung der Hallen mit Kranen und Hebezeugen.

Die in Hallen verwendeten Werkstattförderer, vor allem die verschiedenen Arten von Kranen, sind von besonderem Einfluß auf die Querschnittsgestaltung. Durch ihre Kraftwirkungen beeinflussen sie ganz wesentlich die Gesamtanordnung und die Einzelausbildung der Traggerippe. Verteuernd wirken vor allem horizontale, durch die Kranausrüstung bedingte Kräfte, die z. B. für Konsolkrane charakteristisch sind, die aber auch bei normalen Laufkranen beim Anfahren und namentlich beim Bremsen des Krans und der Katzen auftreten. Die Wahl der Krane nach wirtschaftlichen Grundsätzen kann demnach nur im Zusammenhang mit der Wahl des Traggerippes und mit Berücksichtigung seiner durch die Kranausrüstung verursachten Mehrkosten getroffen werden. Die Hallengestaltung und die Wahl der Kranausrüstung muß also Hand in Hand gehen.

1. Besprechung der Hub- und Fördermittel.

Im folgenden werden zunächst diejenigen Hub- und Fördermittel besprochen, deren Hubhöhen, lichte Raumprofile und Kraftwirkungen bei der baulichen Gestaltung von Hallen zu berücksichtigen sind, und zwar nur insoweit, als sie die Baukonstruktionen beeinflussen. Es kommen in Betracht:

a) Fahrbare Flaschenzüge und Laufkatzen auf Hängebahnen.

Wenn sie leistungsfähig sein sollen, werden sie mit motorischem Fahr- und Hubwerksantrieb ausgestattet, wobei die Anlasser entweder vom Boden aus mit Schnüren

Abb. 142. Führerstandslaufkatze. Ausführung Demag.

betätigt werden (Abb. 141) oder von einem Führerstand aus (Führerstandslaufkatze, Abb. 142 und 143). Die Hängebahnträger können so wie in der Abb. 141 als Unterflanschfahrbahnen unmittelbar am Gebäudetraggerippe befestigt werden, oder als

Abb. 143. Führerstandslaufkatze. Ausführung Demag.

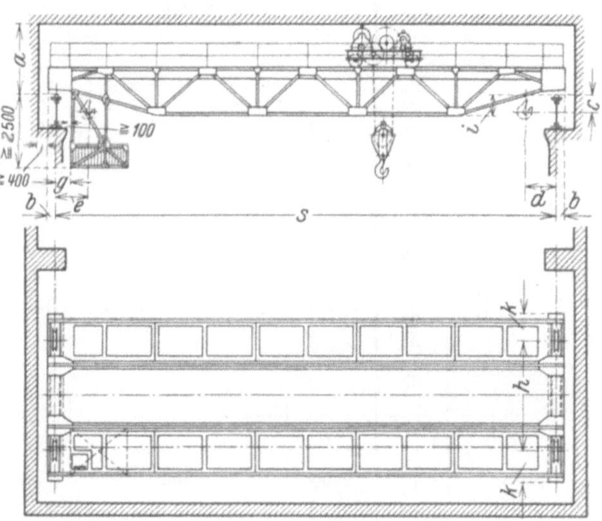

Abb. 144.

Oberflanschfahrbahnen mittelbar mit Hilfe von Konsolen. In beiden Fällen können die Fahrbahnen gerade oder gekrümmt sein; d. h. mit Hilfe einer solchen Hängebahn können Werkstücke längs einer geraden oder gekrümmten Linie gehoben und transportiert werden.

b) Laufkrane.

1. Normale Laufkrane. Sie bestehen aus dem Krangerüst, bei dem Hauptträger, Galerieträger und Querträger zu unterscheiden sind, und der auf den Hauptträgern fahrenden Katze, einer auf einem vierrädrigen Wagen befestigten Winde. Die Fahrbewegungen des Krangerüstes und der Katze, sowie das Lastheben und Senken erfolgt bei Laufkranen meist mit Hilfe von Motoren. Man spricht dann von Dreimotorenkranen. Ihre lichten Raumprofile und wesentlichen Abmessungen sind nach DIN 698 in Abb. 144 dargestellt. Die Einzelmaße und die Raddrücke von elektrisch betriebenen Laufkranen mit vier Laufrädern können bei Spannweiten von 10 bis 30 m und für eine Tragkraft von 5 bis 75 t der folgenden Zahlentafel* entnommen werden. Zu beachten ist, daß das in der Abb. 144 angegebene, seitlich freizuhaltende Maß von 400 mm dann einzuhalten ist, wenn die Krananlage regelmäßig betreten wird.

Tragkraft 5 bis 15 Tonnen [1].

Tragkraft N t	Stützweite s m	a Kleinstmaß	b	c	d	e	g	Radstand h	i	k	Raddruck (ohne Hilfshub)[2] t	Schienenbreite mm	Tonnengewicht G des vollständigen Krans ohne Hilfshub	mit Hilfshub
	10							2400	250		6,0		10,0	
	12							2500	400		6,3		11,0	
	14	1600		400				2600	550		6,5	45	12,0	
	16							2700	700		6,8		13,0	
	18							2800	900		7,1		14,1	
5	20		200		850	750	400	3000	1000	500	7,5		15,5	—
	22							3200	1100		7,8		17,0	
	24							3400	1400		8,2		18,5	
	26	1600		300				3600	1500		8,5	55	20,2	
	28							3800	1600		8,8		21,9	
	30							4000	1800		9,0		23,7	
	10							2600	250		7,5	45	11,2	
	12							2600	400		7,8	45	12,2	
	14	1700		400				2600	550		8,1	55	13,4	
	16							2700	600		8,5	55	14,4	
	18							2800	800		8,8	55	15,8	
7,5	20		220		900	800	400	3000	1000	550	9,2	55	17,2	—
	22							3200	1100		9,5		19,1	
	24							3400	1300		9,9		20,9	
	26	1800		300				3600	1400		10,3	55	22,5	
	28							3800	1500		10,8		24,5	
	30							4000	1700		11,3		26,6	
	10							2800	150		9,0		13,0	15,0
	12							2800	300		9,4		14,0	16,1
	14	1800		400				2800	500		9,7	55	15,1	17,3
	16							2800	600		10,1		16,5	18,7
	18							2800	700		10,4		18,0	20,2
10 (3)	20		230		950 (950)	1000 (1500)	400	3000	850	600	10,9		19,6	21,8
	22							3200	1000		11,3		21,6	23,9
	24							3400	1200		11,8		23,6	25,8
	26	1900		300				3600	1300		12,2	65	25,6	27,7
	28							3800	1500		12,8		27,5	30,0
	30							4000	1600		13,4		30,0	32,2
	10							3200	250		12,2		16,2	18,3
	12							3200	400		12,7		17,6	19,7
	14	2100		400				3200	550	600	13,1	55	19,1	21,2
	16							3200	700		13,6		20,7	22,9
	18							3200	900		14,0		22,4	24,6
15 (3)	20		250		1000 (1000)	1100 (1600)	500	3200	1000		14,6		24,5	26,6
	22							3200	1100		15,2		26,5	28,7
	24							3400	1400		15,7		28,5	30,8
	26	2200		300				3600	1500	650	16,2	65	30,8	33,0
	28							3800	1600		16,8		33,2	35,4
	30							4000	1800		17,4		36,0	38,0

[1] Zu beachten Bemerkung S. 92 oben.   [2] Zuschläge für Krane mit Hilfshub siehe Tafel S. 92 oben.

---

* Siehe Stahl im Hochbau, 8. Aufl. S. 683 bis 685.

Fortsetzung: **Tragkraft 20 bis 75 Tonnen[1].**

Tragkraft N (t)	Stützweite s (m)	Richtmaße in mm									Raddruck (ohne Hilfshub)[2] (t)	Schienenbreite (mm)	Tonnengewicht G des vollständigen Krans	
		a Kleinstmaß	b	c	d	e	g	Radstand h	i	k			ohne Hilfshub	mit Hilfshub
20 (5)	10	2150	275	500	1050 (1050)	1100 (1950)	600	3400	250	650	15,3	65	18,5	21,0
	12								250		15,7		20,0	22,5
	14								550		16,0		21,5	24,1
	16								600		16,6		23,5	26,0
	18								800		17,2		25,5	28,0
	20								1000		17,9		27,5	30,0
	22	2250		400				3400	1100		18,5	65	30,2	32,8
	24							3500	1400		19,1	65	32,5	37,0
	26							3600	1400		19,7	65	35,0	37,5
	28							3800	1500		20,3	65	37,5	40,0
	30							4000	1700		20,9	75	40,0	42,8
30 (7,5)	10	2300	300	700	1200 (1200)	1150 (2150)	600	4000	150	600	20,6	75	22,9	26,0
	12								300	600	21,3		24,5	27,8
	14								500	600	22,0		26,5	29,6
	16								600	650	22,7		28,5	31,6
	18								700	650	23,1		30,7	34,0
	20								850	650	24,1		33,0	36,2
	22	2400		600					1000	650	24,8		35,3	38,6
	24								1200	650	25,5		38,0	41,0
	26								1400	650	26,1		40,7	44,0
	28								1500	700	26,9		43,5	47,0
	30								1600	750	27,6		46,7	50,0
40 (7,5)	10	2500	325	750	1300 (1300)	1400 (2150)	600	4000	100	650	26,4	75	27,4	30,8
	12								150		27,2		29,4	32,8
	14								300		28,0		31,6	35,1
	16								450		28,8		33,9	37,4
	18								600		29,6		36,3	39,7
	20								800		30,4		38,6	42,0
	22	2600		650					950	700	31,2	75	41,5	45,0
	24								1100	700	32,0	75	44,3	47,9
	26								1300	700	32,7	90	47,1	50,7
	28								1500	750	33,5	90	50,2	53,8
	30								1600	800	34,3	90	53,5	57,0
50 (10)	10	2600	350	800	1400 (1400)	1500 (2250)	600	4200	100	650	31,8	90	32,0	36,9
	12								200		32,8		33,8	38,9
	14								300		33,7		36,1	41,1
	16								450		34,7		38,6	43,7
	18								600		35,7		41,4	46,5
	20								800		36,6		44,2	49,3
	22	2700		700					950	700	37,5	100	47,8	53,0
	24								1100	700	38,5		51,0	56,0
	26								1300	700	39,4		54,8	60,0
	28								1400	750	40,4		58,8	64,0
	30								1500	800	41,3		62,8	68,0
60 (10)	10	2800	375	900	1450 (1450)	1550 (2450)	600	4400	100	650	37,3	100	36,8	42,3
	12								150		38,4		39,2	44,6
	14								300		39,5		42,0	47,3
	16								450		41,2		44,8	50,3
	18								600		42,9		48,0	53,3
	20								800		43,6		51,5	57,0
	22	2900		800					950	700	44,3	120	55,4	61,0
	24								1100	750	45,4		59,4	65,0
	26								1200	750	46,5		64,0	69,5
	28								1400	750	47,7		68,8	74,2
	30								1500	800	48,8		73,5	79,0
75 (15)	10	3000	400	1000	1500 (1500)	1600 (2550)	600	4600	50	750	45,0	100	42,3	48,3
	12								100		46,7	100	45,2	51,2
	14								200		48,4	120	48,2	54,4
	16								400		49,9	120	52,2	58,2
	18								500		51,3	120	56,2	62,3
	20								700		52,7	120	60,3	66,4
	22	3100		900					700	850	54,0	120	65,3	71,6
	24								800		55,4		70,3	76,6
	26								1000		56,7		75,5	81,6
	28								1200		58,2		81,2	87,3
	30								1300		59,7		86,8	93,0

[1] Zu beachten Bemerkung S. 92 oben. [2] Zuschläge für Krane mit Hilfshub siehe Tafel S. 92 oben.

Um kleinere Lasten schneller heben zu können, werden die Laufkrane auch mit Hilfshubwerk ausgeführt, vorwiegend bei solchen für Hüttenwerke und Maschinenfabriken. Die obere Tragfähigkeitszahl kennzeichnet die des Haupthubwerkes, die in ( ) gesetzte diejenige des Hilfshubwerkes. Die in ( ) gesetzten Richtmaße d und e gelten für die Ausbildung mit Hilfshubwerk.

Die angegebenen Raddrücke verstehen sich für Krane ohne Hilfshub. Für solche mit Hilfshub sind folgende Zuschläge zu machen:

Kran-Nutzlast . . . . =	10	15	20	30	40	50	60	75	t
Hilfshub-Nutzlast . . . . =	3	3	5	7,5	7,5	10	10	15	t
Mehr-Raddruck . . . . =	0,9	1,0	1,2	1,4	1,6	2,1	2,4	2,6	t

Die Angaben für diese, für das Maß i und für die Tonnengewichte entsprechen den Ausführungen der „Demag", A.-G., Duisburg.

2. Laufkrane mit zwischenlaufender Katze und Untergurtlaufkatzen. Das ganze Krangerüst und die höchste Hakenstellung liegt dabei meist über der Oberkante der Kranbahn (Abb. 145a). Bei kleineren Lasten verwendet man auch Laufkrane mit sogenannter Untergurtlaufkatze (Abb. 145b und c). Diese Laufkrane können mit einer Hängebahnanlage so in Verbindung gebracht werden, daß deren Führerstandslaufkatze bei entsprechender Stellung des Laufkrans auf diesen fahren kann.

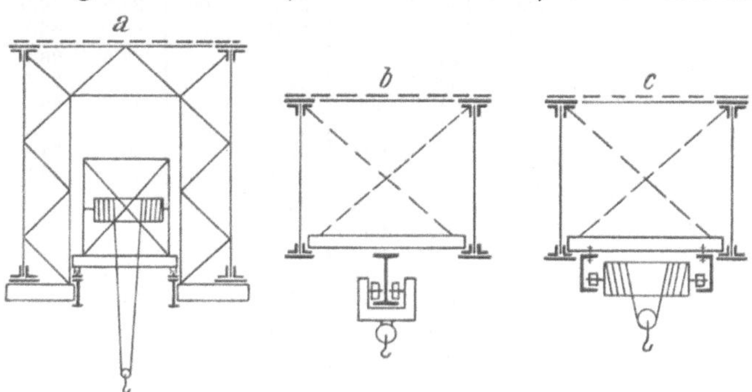

Abb. 145a—c.

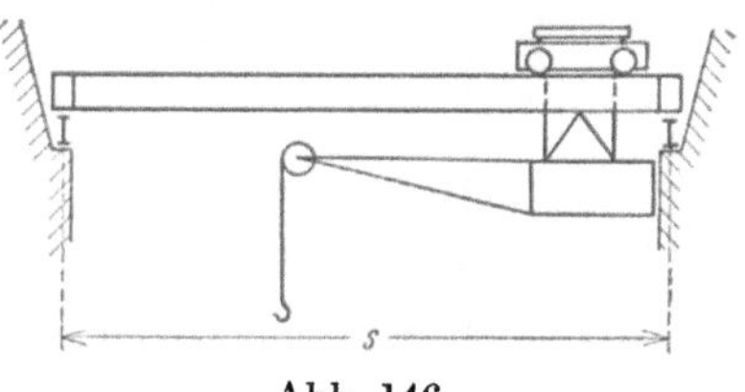

Abb. 146.

c) Laufkrane mit Drehlaufkatze.

Die auf den Hauptträgern des Krangerüsts laufende Katze trägt eine Drehscheibe mit Verlängerung nach unten und daran angebautem Ausleger (Abb. 146). Solche Drehlaufkatzen können auch für sich allein an dem Traggerippe einer Halle, z. B. an den Untergurten von zwei an den Dachbindern aufgehängten Kranbahnträgern, laufen.

d) Laufkrane mit Auslegerkatze.
(Abb. 147a und b.)

An der Katze ist ein starrer Ausleger angebaut, der als Laufbahn für eine zweite Katze dient.

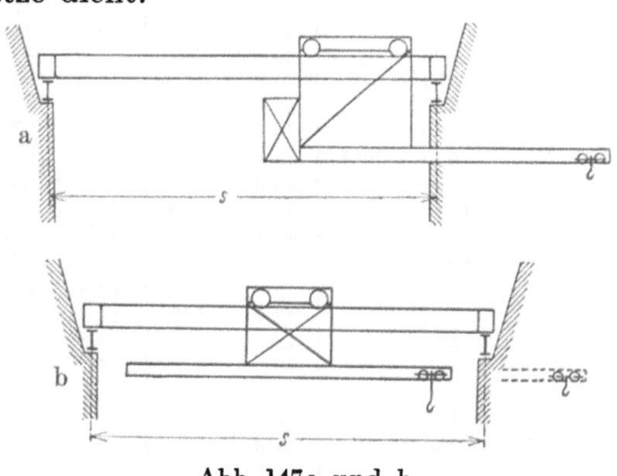

Abb. 147a und b.

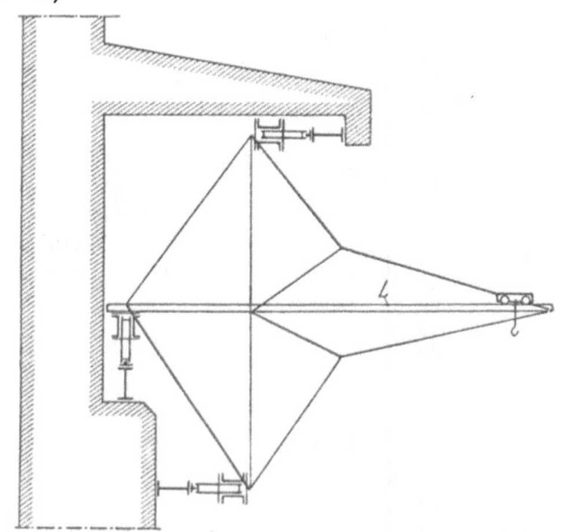

Abb. 148.

e) Konsolkrane mit starrem Ausleger.

Diese werden auch Wandlaufkrane genannt (Abb. 148). Sie bestehen aus einer Katze, deren beiden Laufkranträgern L und einem als Raumtragwerk aufzufassenden Krangerüst, an dem die als Balken auf zwei Stützen wirkenden Laufkranträger aufgelagert sind. An dem Traggerippe des Baues sind drei Laufkranträger, zwei waagerechte und ein senkrechter notwendig.

f) Konsolkrane mit drehbarem Ausleger.

Sie werden auch Wandlaufdrehkrane genannt (Abb. 149 und 150). Der im Krangerüst eingebaute Drehkran kann entweder einen Drehbereich von 180⁰ oder einen solchen von

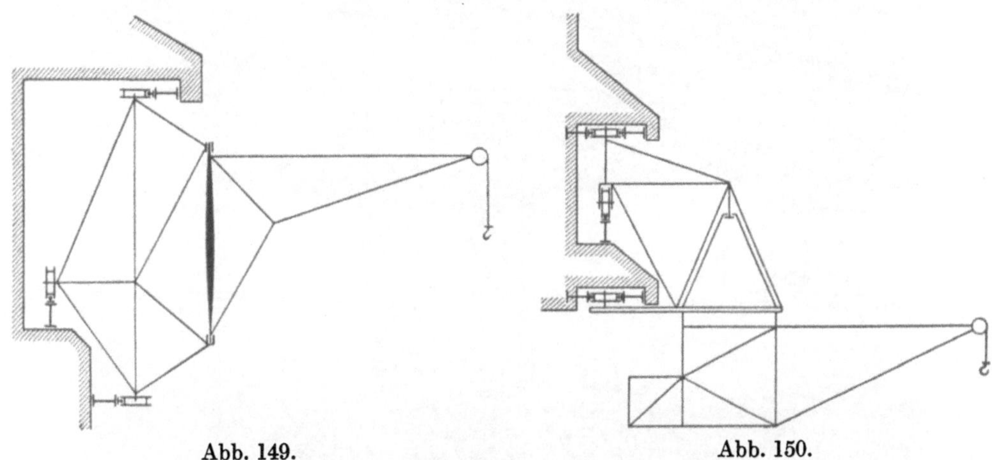

Abb. 149.   Abb. 150.

360⁰ haben. Der drehbare Ausleger gestattet, Hindernissen, z. B. einem seitlich im selben Hallenschiff arbeitenden normalen Laufkran, auszuweichen.

Wenn man die Laufräder von Konsoldrehkranen in Drehgestellen ruhen läßt, so können die Kranlaufbahnen auch gekrümmt werden; d. h. man kann Konsolkrane auch in Kurven laufen lassen.

g) Velozipedkrane.

Sie werden auch Einschienendrehkrane genannt (Abb. 151). Zur Standsicherung bei quer zur Fahrbahn gerichtetem Ausleger sind obere waagerechte Führungsträger notwendig. Bei ortsveränderlichen Velozipedkranen im Gebäudeinnern kann der obere Führungsträger an der Gebäudekonstruktion befestigt werden (Abb. 152), bei Kranen im Freien ist ein besonderer oberer Kranbahnträger notwendig (Abb. 153).

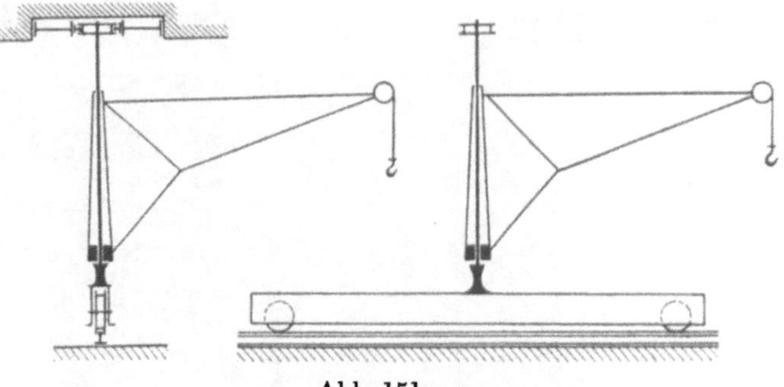

Abb. 151.

h) Feste Drehkrane.

Sie werden an Gebäudestützen befestigt, entweder mit fester Lastrolle oder mit einer auf dem Ausleger fahrbaren Katze (Abb. 154).

i) Sonderkrane für Stahlwerke und Walzwerke.

(Muldentransportkrane, Beschickkrane, Tiefofenkrane.)

Es handelt sich hier um Laufkrane, deren Katzen den besonderen industriellen Bedürfnissen angepaßt sind.

2. Kranbahnträger.

Die Radlasten der Krane werden zunächst auf Kranschienen übertragen. Die Kranbahnträger selbst werden vielfach noch zu anderen Zwecken, z. B. als Unterzüge für Zwischenbinder, Befestigung von Transmissionen, herangezogen.

Die Breite b (in Zentimeter) der oben ebenen Kranschienen wird mit Hilfe der Beziehung bestimmt:

$$b = \frac{R}{D \cdot p},$$

wo R den Raddruck in Kilogramm, D den Raddurchmesser in Zentimeter und p einen

Abb. 152. Velozipedkran, 3 t Tragkraft, 4,8 m Ausladung. Ausführung MAN.

Abb. 153. Velozipedkran. Ausführung Demag.

Beiwert bedeutet, der für Stahlgußräder und für Schienen in Stahl von Eisenbahnschienenqualität zu 20 bis 40 angenommen wird, je nachdem es sich um rasch oder langsam fahrende Krane, also solche mit größerer oder kleinerer Abnutzung der Schienen handelt. Bei Geschwindigkeiten von 0 bis 2 m/sec kann bei Stahlgußlaufrädern zwischen den Werten von $p = 40$ und $p = 20$ geradlinig interpoliert werden.

Abb. 154. Feste Drehkrane mit Katzen. Ausführung Demag.

Als Laufkranschienen kommen in Betracht[1]:

a) Flachschienen.

$b \cdot h =$	$50 \cdot 25$	$50 \cdot 30$	$50 \cdot 40$	$60 \cdot 30$	$60 \cdot 40$	mm
$G =$	9,81	11,8	15,7	14,1	18,8	kg/m

Diese Eisen werden auch in nachstehenden Formen geliefert:

abgerundet gewölbt abgekantet

`) Regelprofile.

Nr. 1 **Nr. 2**

Nr. 3 **Nr. 4**

Profil-Nr.	Abmessungen in mm			Quer-schnitt	Ge-wicht	Ab-stand	Für die Biegeachse				Raddruck in kg $R = D\,p\,(k - 2\,r)$* (Maße in cm) bei einem zul. Druck p in kg/cm² =			Rad-$\varnothing$ D
							$x - x$		$y - y$					
	Fuß-breite	Höhe	Kopf-breite	F	G	e_x	J_x	W_x	J_y	W_y	40	50	60	in
				cm²	kg/m	cm	cm⁴	cm³	cm⁴	cm³				mm
1	125	55	45	28,7	**22,5**	2,25	94,1	**29,1**	182	29,2	6240	7800	9360	400
2	150	65	55	41,1	**32,2**	2,65	185	**48,0**	329	43,8	11280	14100	16920	600
3	175	75	65	55,8	**43,8**	3,06	329	**74,0**	646	73,8	17600	22000	26400	800
4	200	85	75	72,6	**57,0**	3,52	523	**105**	989	98,9	25200	31500	37800	1000

* $k =$ Schienenkopfbreite; $r =$ oberer Abrundungshalbmesser.

[1] Siehe Stahl im Hochbau, 8. Aufl. S. 62.

c) Schwere Kranschienen.

Nr. 5 — Verein. Stahlwerke Nr. 1062 (Krupp K 9062)

Nr. 6 — Verein. Stahlwerke Nr. 1704 (Hoesch Nr. 6)

Nr. 7 — Verein. Stahlwerke Nr. 1101

Burbach Nr. 5 b

In bezug auf die Abrundungen und die Schrägen weisen die verschiedenen Werksauswalzungen von Nr. 5 und Nr. 6 Unterschiede auf, infolgedessen auch geringfügige Abweichungen in den statischen Werten.

Profil-Nr.	Abmessungen in mm			Quer-schnitt F cm²	Ge-wicht G kg/m	Ab-stand e_x cm	Für die Biegeachse				Größt-Raddruck in kg $R = Dp\,(k - 2\,r)$ (Maße in cm)
	Fuß-breite	Höhe	Kopf-breite				$x - x$		$y - y$		
							J_x cm⁴	W_x cm³	J_v cm⁴	W_v cm³	
5	200	85	90	79,2	62,2	3,65	582	120	1190	119	D = Rad-⌀
6	200	95	100	95,4	74,9	4,33	902	174	1370	137	k = Kopfbreite
7	220	105	120	130	120	4,70	1430	246	2390	217	r = oberer Abrundungs-halbmesser
5 b	200	100	100	97,9	76,9	4,54	1030	189	1150	116	p = zul. Druck in kg/cm²

Bezüglich der auf die Kranbahnträger übertragenen vertikalen Kräfte, die größten Raddrücke und Radstände bei ungünstigster Katzenstellung gibt, was die normalen Laufkrane anbelangt, die Tabelle auf S. 90 Auskunft. Die Kranbahnträger werden aber auch noch in waagerechter Richtung durch die Bremskräfte des Krans und der Katze beansprucht.

In DIN E 120, Grundsätze für die Berechnung und bauliche Durchbildung der Stahlkonstruktionen von Kranen (B.E.K.) ist bestimmt:

a) „die in Fahrtrichtung in Höhe der Schienenoberkante wirkende Bremskraft ist zu $^1/_7$ der Belastung aller gebremsten Räder anzunehmen".

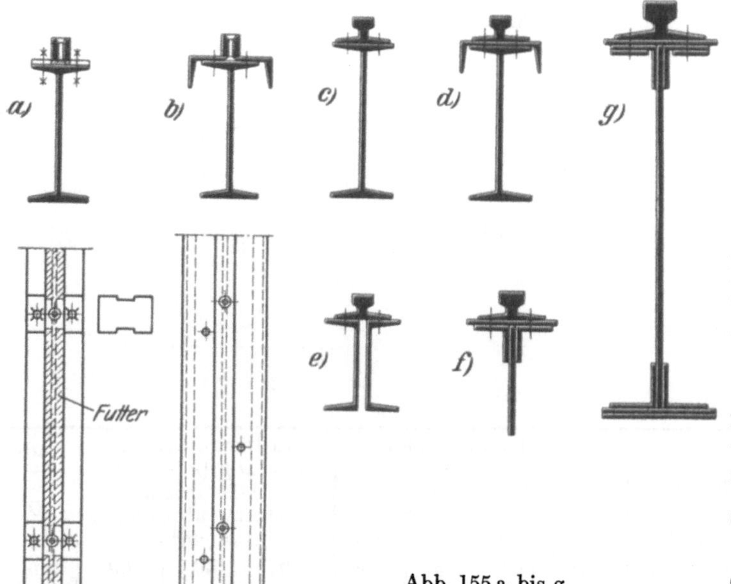

Abb. 155 a bis g.

Bei normalen Laufkranen ergibt sich demnach in Richtung der Schienen der Laufbahnträger eine waagerechte Kraft von $^1/_7$ des größten Raddrucks, vorausgesetzt, daß nur eines der beiden Räder abgebremst ist.

b) „die Fahrbahnen für Laufkrane können rechtwinklig zur Fahrtrichtung eine waagerechte Kraft in Höhe von $^1/_7$ der gebremsten Räder der Katze erhalten. Diese Kraft verteilt sich auf die beiden Fahrbahnen gleichmäßig, da sie durch Reibungsschluß übertragen wird".

Man kann damit rechnen, daß meist eine Achse der Katzenfahrräder gebremst wird. Die Raddrücke der Katze sind zusammen gleich der Nutzlast und dem Katzengewicht. Diese kann bei einer Tragkraft von 5 t bzw. 50 t zu 2,5 t bzw. 13 t angenommen werden. Dazwischen kann geradlinig interpoliert werden.

Als Querschnitte der Kranbahnträger kommen hauptsächlich die der Abb. 155 in Betracht.

Die Kranschienen in Regelform werden oft bei der Querschnittswahl unter entsprechender Bemessung der Vernietung als mittragend gerechnet. Mit Rücksicht auf die Auswechselbarkeit empfiehlt sich aber, dies nicht zu tun, vielmehr die Schienen nur in weiten Abständen mit den Laufbahnträgern zu verbinden. Die Querschnitte von Abb. 155e und f eignen sich besonders für den Obergurt von Fachwerkträgern. Es empfiehlt sich, diese und die vollwandigen Träger

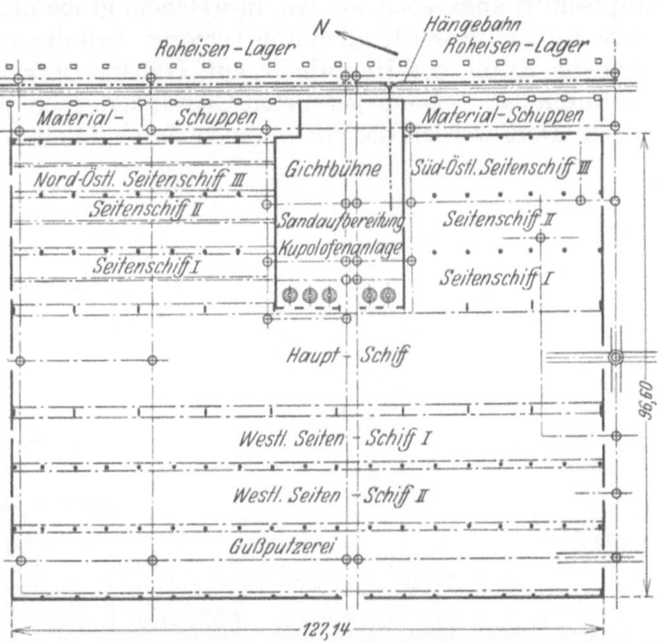

Abb. 156. Gießerei der Maschinenfabrik Eßlingen, Werk Mettingen. Traggerippe vom Verfasser entworfen.

durchlaufend anzuordnen. An Stelle der Fachwerkträger, deren Gurte außer für die Normalkräfte noch für zusätzliche Biegungsmomente zu berechnen sind, kommen auch unterspannte Balken in Betracht. An den Enden der Kranbahnträger müssen Prellböcke zur Begrenzung der Fahrstrecke des Laufkrans angeordnet werden.

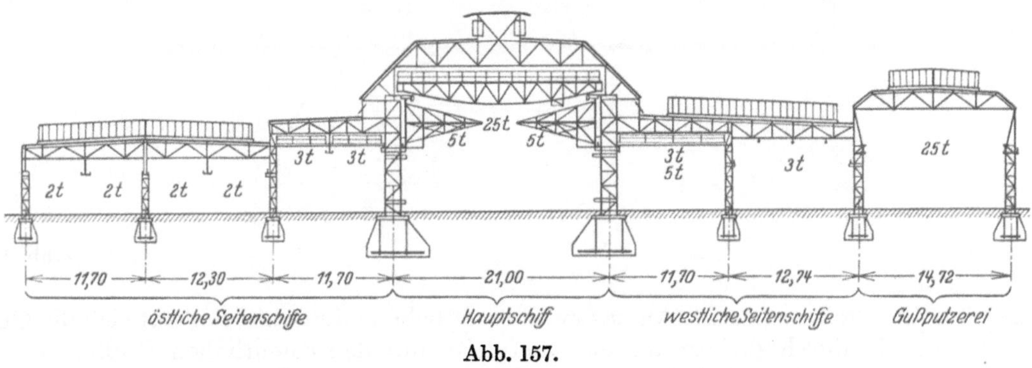

Abb. 157.

Es ist natürlich hier nicht der Ort, die Einzelheiten der Kranbahnträger zu besprechen. Dies muß Sonderwerken über die Stahlbauweise überlassen werden. Es soll jedoch an einem Beispiel gezeigt werden, wie die Gesamtgestaltung eines Traggerippes, zu dem auch die Kranbahnträger gehören, vor sich geht, wenn die Forderungen guter Tageslichtzuführung und Entlüftung außer der einer weitgehenden Kranausrüstung zu erfüllen sind.

Der Grundriß der Abb. 156 gehört zu einem Gießereibau, dessen Querschnitt in Abb. 157 dargestellt ist. Man kann deutlich unterscheiden ein 21 m weit gespanntes Hauptschiff mit großen Stützenentfernungen (14 m), sowie drei östliche und zwei westliche niedrigere und schmälere Seitenschiffe mit kleinen Stützenentfernungen (7 m). Ein Zwischenbau mit Gichtbühne, Sandaufbereitung und mit den Kupolöfen ist an die Haupthalle herangeschoben. Er unterbricht die drei östlichen Seitenschiffe.

Von den Anstichrinnen der Öfen kann das flüssige Eisen unmittelbar an die Krane des Hauptschiffs abgegeben werden, in welchem große und schwere Stücke gegossen werden. Die Seitenschiffe werden dadurch versorgt, daß die am Kupolofen gefüllten Gußpfannen durch die Krane der Haupthalle auf Transportwagen abgegeben werden, die auf einer quer durch das Gebäude geführten Gleisanlage nach den Seitenschiffen verbracht werden können. Dort werden die Gußpfannen durch Laufkrane und Führerstandslaufkatzen an

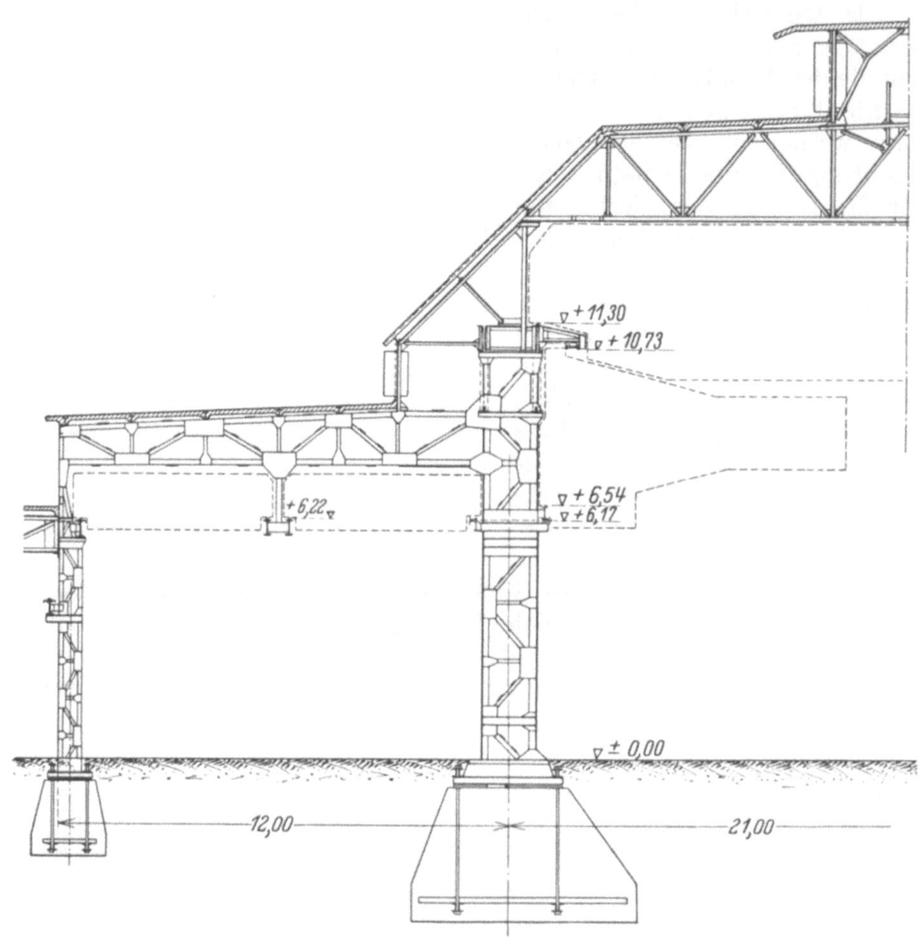

Abb. 160.

die gewünschte Stelle gebracht. An das zweite westliche Seitenschiff schließt sich die Gußputzerei an, die durch die erwähnten Quergleise mit den eigentlichen Gußhallen verbunden ist. Für die Grundrißbildung war die Scheidung der Fabrikation in das Gießen schwerer und leichter Stücke sowie der Weg des flüssigen Eisens maßgebend.

Bautechnisch bildet das Hauptschiff, auf dessen Querschnittsbildung wir noch eingehen wollen, mit den beiderseits anschließenden Seitenschiffen ein Ganzes. Damit drei Stücke des Förderguts unabhängig voneinander in der Längsrichtung der Halle transportiert werden können, sind außer Laufkranen seitlich Konsolkrane angebracht, bei denen wie bei den Laufkranen sich eine Katze quer zur Gebäudeachse bewegt. Diese Konsolkrane sind von besonderem Einfluß auf die Baukonstruktionen dadurch, daß sie zwei horizontale und eine vertikale Kranbahn erfordern und auf die Binderstützen große Momente ausüben. Die Kranausrüstung ist in den Abb. 158 und 159 besonders herausgezeichnet. Wenn nach rein betriebstechnischen Gesichtspunkten die Kranbahnhöhen bestimmt sind (Oberkante der Kranbahn des Laufkrans 11,30 m), ergibt sich der Querschnitt unter Einhaltung der lichten Kranprofile lediglich aus der Forderung guter Beleuchtung und Entlüftung unter Anwendung einer zweckmäßigen Tragkonstruktion. Diese ist in Baustahl St. 37 ausgeführt. Die Stützen und Hauptbinder der Seitenschiffe sind, wie Abb. 160 zeigt, zu im Fundament eingespannten Halbrahmen vereinigt. Außer den Dachlasten leiten diese Halbrahmen die Kranlasten und die Winddrücke in zweckmäßiger Weise nach dem tragfähigen Baugrund. Außer den Hauptbindern in der Querschnittsebene der 14 m entfernten Hauptstützen sind noch Zwischenbinder angeordnet. Zur Weiterleitung der auf sie entfallenden Lasten und der Kranlasten sind zwischen den Hauptstützen verschiedene vertikale und horizontale Träger eingebaut,

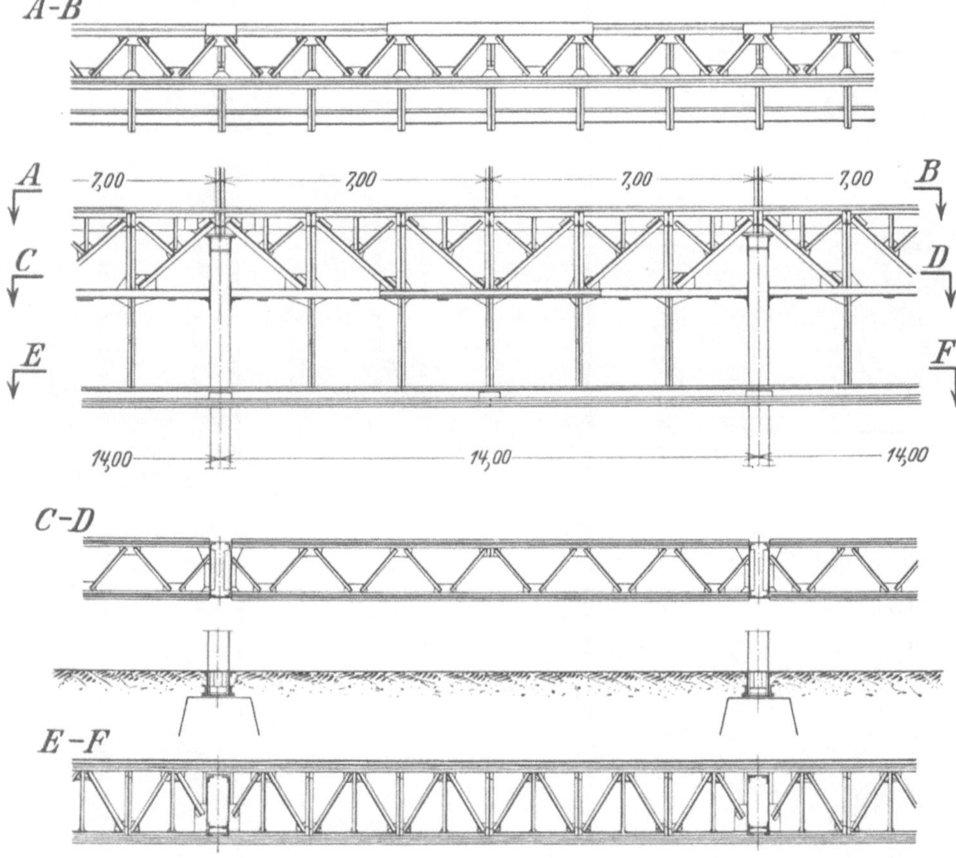

Abb. 160.

die aus Abb. 160 und 161 ersichtlich sind. Zwei vertikale Fachwerkträger mit oberen und unteren horizontalen Trägern bilden einen Kastenträger, auf dem die Zwischenbinder, die beiden unteren vertikalen vollwandigen Kranbahnträger von 7 m Stützweite und der untere horizontale 14 m gestützte Kranbahnträger aufgehängt sind. Das Tageslicht wird durch breite mansardenförmige Glasbänder nach dem Halleninnern so reichlich eingeführt, daß jede künstliche Beleuchtung beim Formen wegfällt. Die Abführung der beim Gießen entstehenden warmen Luft erfolgt durch Holzklappen im Dachfirst, die um vertikale Achsen drehbar sind, die entsprechende Luftzuführung durch Klappen unterhalb der Traufe der Glasflächen, wobei die Drehachsen auch horizontal liegen können.

Die Innenansicht des Hauptschiffs zeigt die Abb. 162, die Außenansicht der gesamten Anlage die Abb. 163.

7*

5 t
10,50
25 t
5 t
7,00
19,619
3 t
4,97
4,97
10,50
5 t
5 t
7,00
0,41
4,00
0,41
0,50
0,255
0,255
2,405
0,32
3,61
0,80
19,619
25 t
3 t
4,97
0,35
0,20
2,10
0,20

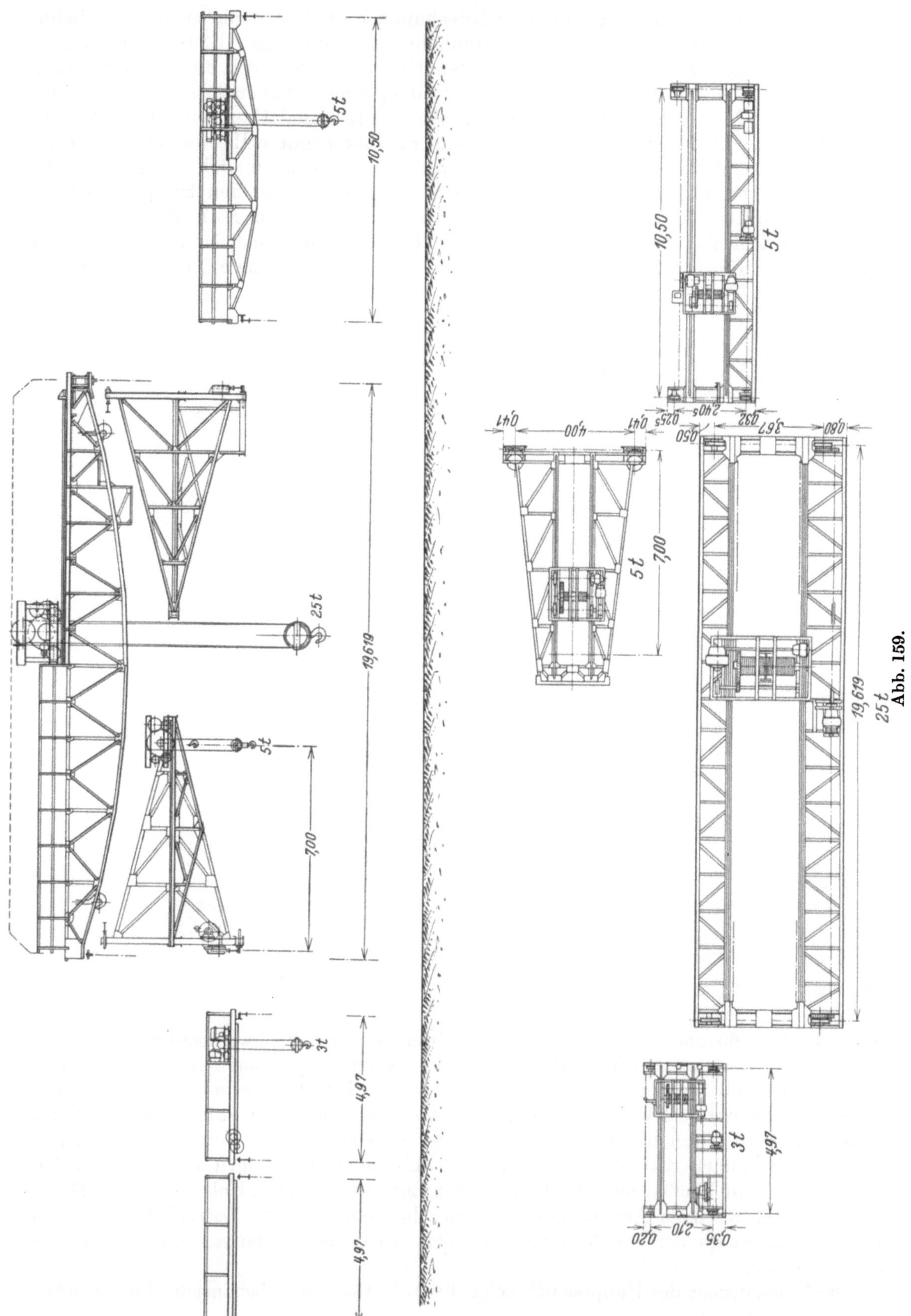

Abb. 159.

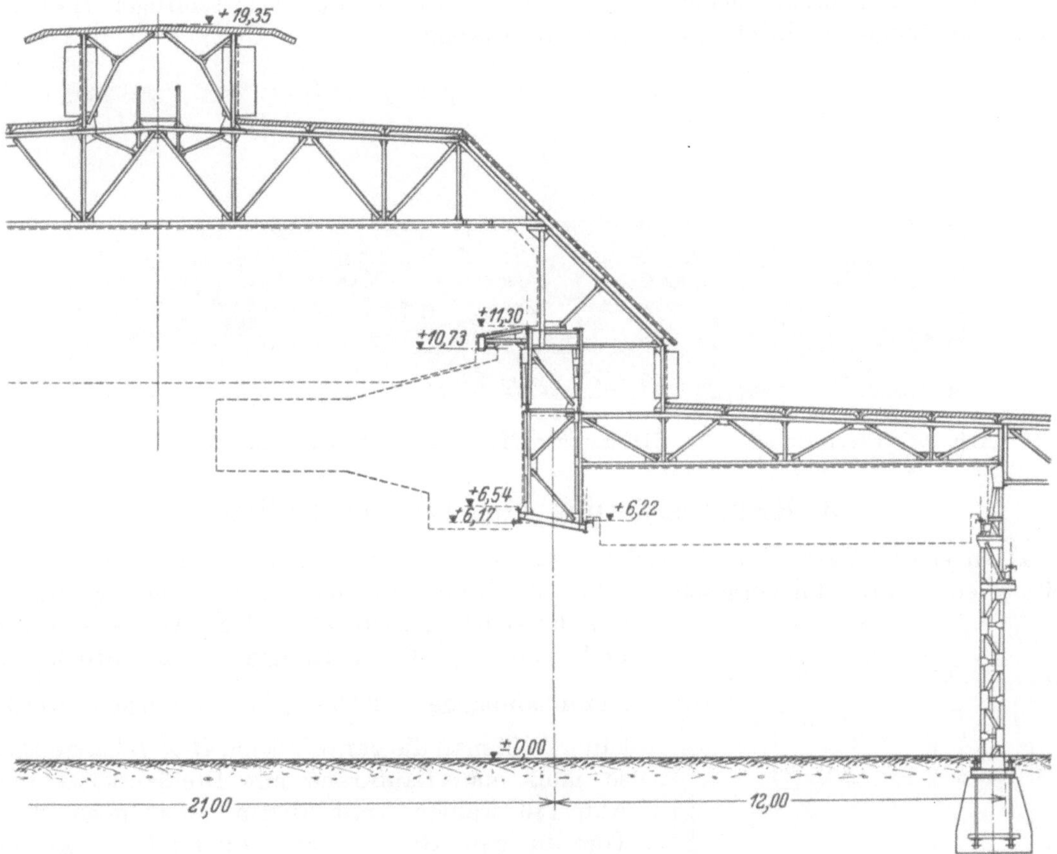

Abb. 161.

Abb. 162. Innenansicht des Hauptschiffs der Gießerei der Maschinenfabrik Eßlingen, Werk Mettingen.

Die oben kurz besprochenen Krane kommen bei ein- und mehrschiffigen Hallen in der im folgenden beschriebenen Weise zur Anwendung.

Abb. 163. Gesamtansicht der Gießerei der Maschinenfabrik Eßlingen, Werk Mettingen.

3. Kranausrüstung einschiffiger Hallen.

a) In einschiffigen Hallen werden meist Laufkrane verwendet und dazu beiderseits je eine Kranbahn vorgesehen (Abb. 164), wobei mit der Bezeichnung der Abb. 144

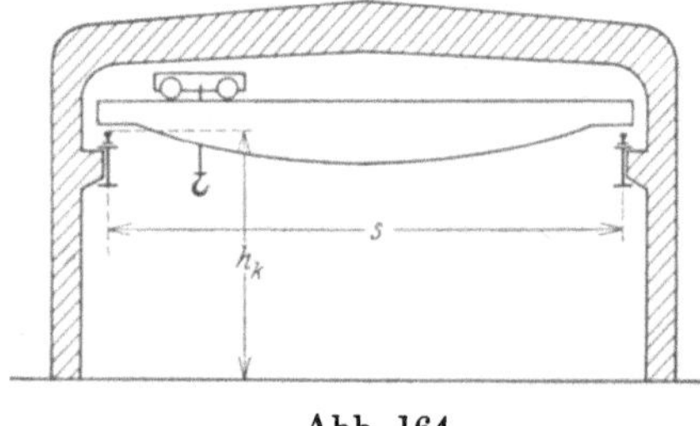

Abb. 164.

von der Gebäudebreite B ein Stück von $(s - (d + e))$ und von der Gebäudelänge L ein Stück von $\left(\text{Kranbahnlänge} - 2\left(k + \frac{h}{2}\right)\right)$ bestrichen werden kann. Will man die ganze Fläche $B \times L$ bestreichen, so muß man Laufkrane mit Drehlaufkatze nach Abb. 146 wählen, mit denen auch noch durch Tore in den Giebelwänden hindurch Werkstücke vom Freien ins Halleninnere gebracht werden können.

In Abb. 165 ist ein normaler Laufkran mit parabelförmigen Fachwerkträgern dargestellt, in den Abb. 166 und 167 solche mit zwischen den Hauptträgern laufender Katze.

Abb. 165. Normaler Laufkran. Ausführung M. E.

Bei dem Kran der Abb. 167 sind die Hauptträger zur Anpassung an das Hallentraggerippe als vollwandige Rahmenträger mit Zugband ausgeführt. Man beachte in diesen und in den folgenden Abbildungen auch die Kranbahnen.

Abb. 166. Laufkran mit zwischenlaufender Katze. Tragkraft 125 t, $s = 35$ m. Ausführung MAN.

b) Aus besonderen Betriebsgründen werden oft zwei Laufkrane übereinander angeordnet (Abb. 168 und 169). Das bedingt große Gebäudehöhen dann, wenn die Lasten des einen Krans über den andern Kran hinweggehoben werden sollen.

Abb. 167. Laufkran mit zwischenlaufender Katze. Tragkraft 40 t, $s = 22$ m. Ausführung Karl Flohr A. G., Berlin.

c) α) Man kann drei Arbeitsstücke unabhängig voneinander in der Hallenlängsachse transportieren, wenn man nach Abb. 170 unterhalb des Laufkrans beiderseits Konsolkrane laufen läßt (Abb. 171).

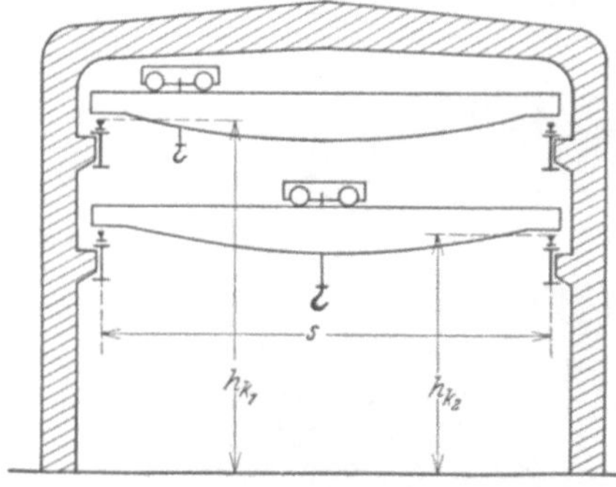

Abb. 168.

β) Wählt man dabei solche mit drehbarem Ausleger (Abb. 172), so hat man den Vorteil, daß man die ganze Hallenlänge bestreichen und dem Seil des Laufkrans oder sperrigen, von ihm gehobenen Lasten besser aus dem Weg gehen kann. Diesem betrieblichen Vorteil steht der Umstand gegenüber, daß bei Stellung des belasteten Auslegers parallel zur Kranbahn ein sehr großer Raddruck an dem vorderen vertikalen Laufrad auftritt, für den die Kranlaufbahn bemessen werden muß.

d) Bei großen Hallenbreiten werden vielfach

Abb. 169. Zwei Laufkrane übereinander. Ausführung Demag.

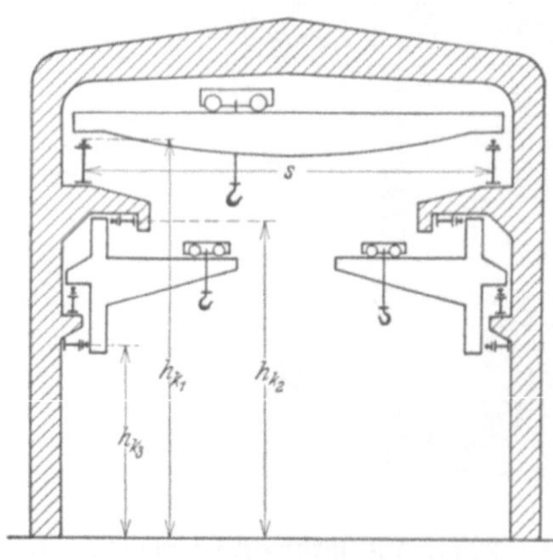

Abb. 170.

zwei (oder mehrere) Laufkrane nebeneinander, wie Abb. 173 zeigt, verwendet, und zwar dann, wenn in einem solchen Hallenschiff zwei voneinander ganz oder teilweise unabhängige Fabrikationsprozesse vor sich gehen. Die mittleren Kranbahnen müssen dann zweckentsprechend an den Dachbindern aufgehängt werden (Abb. 174).

e) Sollen Arbeitsstücke von einem Längsteil einer solchen Halle in den andern gebracht werden, so kann dies auf verschiedene Art geschehen. Entweder wählt man statt eines der normalen Laufkrane oder statt beider

α) einen solchen mit Drehlaufkatze (Abb. 175) oder

β) mit Auslegerkatze (Abb. 176). Der zum Kokillentransport dienende Kran ist besonders kräftig ausgebildet. Ein zweiter Kran fährt auf derselben Fahrbahn. Die Zange

Abb. 171. Laufkran: Tragkraft 15 t, $s = 27,5$ m. Konsolkrane: Tragkraft 5 t, Ausladung 11 m. Ausführung MAN.

Abb. 172. Zwei Laufkrane übereinander und Konsoldrehkrane. Ausführung M. E.

des Auslegers greift zur Bedienung der Gießgruben 5 m in die Gießhalle über, in der zwei 100-t-Gießkrane arbeiten.

Man kann auch nach Abb. 177 oder 178 vorgehen, wobei

γ) in Abb. 177 links ein Laufkran mit Ausleger und Untergurtlaufkatze verwendet wurde (Abb. 179), während

δ) in Abb. 178 auf den Untergurten der mittleren Kranbahnen eine Katze mit festem Drehkran läuft. Dabei kann der Drehkran entweder an seiner Spitze eine feste Rolle aufweisen oder aber auf dem Ausleger eine besondere Katze tragen (Abb. 180a und b).

Vielfach liegt das Bedürfnis vor, mit Hilfe der Krane Arbeitsstücke aus dem Halleninnern ins Freie und umgekehrt zu transportieren. Dies kann in beschränktem Maße, wie

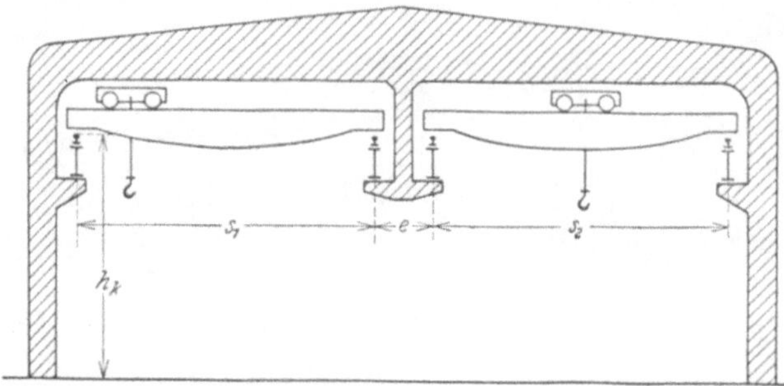

Abb. 173.

oben erwähnt wurde, durch Laufkrane mit Drehlaufkatze und Auslegerkatze (Abb. 181 und 182), besser durch Velozipedkrane geschehen, wenn deren obere Führungsschienen ins Freie geführt werden (Abb. 153).

Will man dasselbe mit normalen Laufkranen erreichen, so muß man die Kranbahnen nach außen verlängern und in den Giebelwänden entsprechende Öffnungen lassen, welche

Abb. 174. Laufkrane nebeneinander, Tragkraft je 10 t. Unterer Laufkran, Tragkraft 50 t. Ausführung Demag.

das Durchfahren des Krans mit Last erlauben. Der Verschluß der durch die Abmessungen des durchfahrenden Krans bedingten Öffnung kann auf dreierlei Art erfolgen. Man kann ein entsprechendes Wandstück auf Rollen setzen, die auf der Kranbahn laufen. Wenn der Kran aus der Halle herausfährt, nimmt er dieses Wandstück mit (siehe Abb. 183b). Die Halle ist, solange der Kran im Freien arbeitet, offen, was im Winter naturgemäß zu Unzuträglichkeiten führt. Ein Ausführungsbeispiel zeigt Abb. 184.

Bei der zweiten Art (siehe Abb. 183c) wird die Kranöffnung durch eine Klappe geschlossen. Der eben erwähnte Nachteil ist dabei vermieden. Ein entsprechendes Aus-

Abb. 175. Laufkrane mit Drehlaufkatzen. Tragkraft 30 t, $s = 13$ m. Ausführung MAN.

führungsbeispiel zeigt Abb. 185. Die mit Holz verschalte Kranklappe besteht aus einem vertikalen und einem horizontalen Fachwerkträger, welche durch Querverbände zu

Abb. 176. Laufkran mit Auslegerkatze. Tragkraft 10 t, $s = 14$ m. Ausführung Demag.

einem räumlichen Tragwerk vereinigt sind. An den oberen Knotenpunkten ist die Klappe an der Giebelwand gelenkig angeschlossen, und zwar so, daß die Klappe nach innen frei

ausschwingen kann. Auf möglichst dichten Abschluß der Klappe wurde Wert gelegt. Der
Antrieb der Klappe erfolgt mit Hilfe eines Drehstrommotors, welcher auf einer bequem

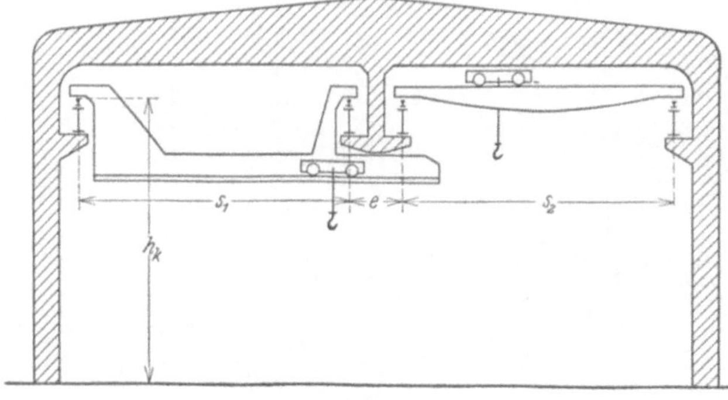

Abb. 177.

zugänglichen Bühne (zwischen den beiden ersten Bindern) aufmontiert ist. Der Motor
arbeitet mittelst einer elastischen Kupplung auf ein Schneckenradgetriebe, das in der

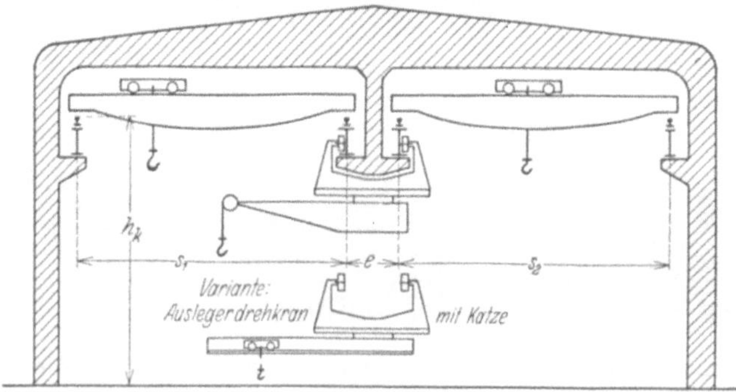

Abb. 178.

Mitte einer Transmissionswelle sitzt. An deren Ende sind weitere Stirnradübersetzungen
angeordnet, welche Kettenräder antreiben. Als Zugorgan dienen Gallsche Ketten, mit

Abb. 179. Kranausrüstung der Stahlbau-Werkstatt von Humboldt-Deutzmotoren A. G.

deren Hilfe die Klappe an zwei Punkten gefaßt ist. Das Schneckenradgetriebe ist so ausgebildet, daß die Verschlußklappe in jeder Lage mit Sicherheit in der Schwebe gehalten

wird. Ehe die Klappe in der höchsten Stellung anlangt, wird das Gestänge für eine Signaltafel betätigt. Dadurch kommt die sonst horizontal liegende Signaltafel in die vertikale Lage und wird sichtbar. Der Kranführer hat die Weisung, nur dann durch die Toröffnung

Abb. 180a. Kranausrüstung der Stahlbau-Werkstatt von Hilgers, Rheinbrohl.

zu fahren, wenn das Signal sich in dieser Stellung befindet. Nach Einschaltung der Antriebsbewegung erfolgt zunächst die Entriegelung der Kranklappe, dann erst die Bewegung. Das Ein- und Ausschalten der Bewegung der Klappe erfolgt durch den Kranführer mit Hilfe eines Fußtritthebels, der sich im Führerstand des Laufkrans befindet.

Abb. 180b. Drehlaufkatze mit Handbetrieb. Tragkraft 1 t, Ausladung 7 m. Ausführung Karl Flohr A. G., Berlin.

Der Kranführer hat also nicht nötig, wie es sonst vielfach üblich ist, sich mit einem anderen Arbeiter zu verständigen, welcher die Klappe vom Fußboden aus bedient. Damit die erwähnte Bedienung durch den Kranführer während der Fahrt des Krans erfolgen kann, befinden sich innerhalb der Halle drei, außerhalb der Halle zwei Umschalter mit dem Zweck, den Stromkreis zu schließen, damit der Hilfsmotor, welcher sich beim Wende-selbstanlasser befindet, in Bewegung gesetzt wird und so die Antriebsbewegung einleitet.

Abb. 181. Laufkran mit Auslegerkatze. Ausführung Demag.

Zum Öffnen der Kranklappe werden nicht ganz zwei Minuten benötigt, und zwar von dem Moment an, indem die Betätigung der Umschalter stattgefunden hat.

Unterhalb der eigentlichen Kranöffnung muß sich in beiden Fällen eine Öffnung an-schließen mit Dreh- oder Schiebetor. Der freistehende Wandteil muß durch Bockstützen B der Abb. 183a standfähig gemacht werden.

Abb. 182. Laufkran mit Auslegerkatze. Ausführung Demag.

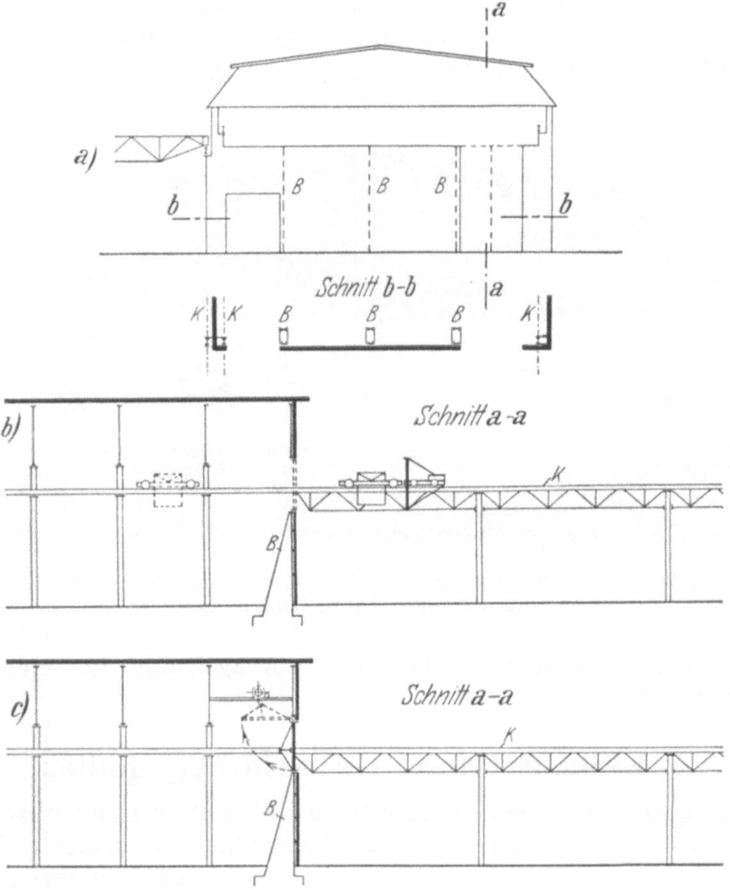

Abb. 183a bis c.

Abb. 184. Laufkran mit ausgefahrenem Wandstück. Ausführung Demag.

Die dritte Art des Verschlusses der Kranöffnung weist die in Eisenbeton ausgeführte Halle der Abb. 186 auf. Um dem Laufkran mit seiner Last Ausläufe nach der Straße zu ermöglichen, befindet sich in der straßenseitigen Giebelwand eine große mittlere Klapptür

Abb. 185. Kranklappe in einer Giebelwand (S. Weil G. m. b. H., Feuerbach, siehe I. Abschnitt, Abb. 20). Ausführung: Hilgers, Rheinbrohl.

und über ihr eine auf die ganze Hallenbreite durchgehende, hochziehbare Tafel aus leichter Eisenkonstruktion.

4. Kranausrüstung mehrschiffiger Hallen.

Bei mehrschiffigen, mit Kranen ausgerüsteten Hallen stellt sich vielfach das Bedürfnis heraus, Arbeitsstücke von einem Schiff in das benachbarte zu bringen.

a) Bei schweren Arbeitsstücken, z. B. Gießpfannen der Stahlgießereien, wird rechtwinklig zu der Hallenlängsrichtung ein Gleisstück eingelegt, auf dem ein Wagen den gewünschten Zweck erfüllt. Man

Abb. 186. Kranöffnung der Rohrlagerhalle München. Halle ausgeführt von Wayss & Freitag A. G. 1926.

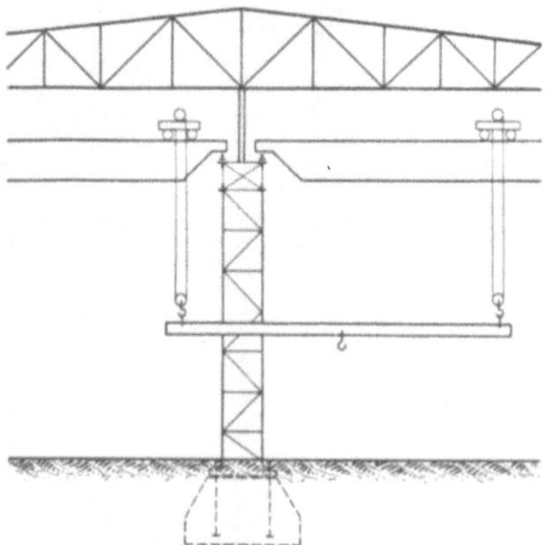

Abb. 187.

kann sich auch so helfen, wie es in Abb. 187 gezeigt ist. An den Kranhaken der beiden in derselben Querschnittsebene sich befindenden Krane zweier benachbarter Schiffe wird eine lange Traverse angehängt; die Last kann dann in einem Schiff angehoben und durch Verfahren der beiden Katzen ins andere Schiff verbracht werden.

b) Bei mittleren Gewichten kann man denselben Zweck erreichen durch Laufkrane mit Drehlaufkatze (Abb. 188 und 189) und mit Auslegerkatze (Abb. 190), sowie von Konsolkranen mit um 360° drehbarem Ausleger (Abb. 191 und 192).

Abb. 188. Laufkran mit Drehlaufkatze. Tragkraft 5 t. Ausführung Demag.

c) Bei Laufkranen mit Untergurtlaufkatze (Abb. 145 b und c) kann man nach Abb. 193 vorgehen und an den Untergurten der Hauptkranbahnen sekundäre Kranbahnträgerstücke als Übergangsbrücken anbringen, welche den Katzenbahnträgern der Krangerüste entsprechen und einen Übergang der Katzen von einem Hallenschiff in das benachbarte oder in das Freie gestatten. Zweckmäßigerweise werden die Übergangsbrücken automatisch gesichert, so daß die Krankatzen die Laufkrane nur verlassen können, wenn beide Krane genau an der Übergangstelle stehen.

d) Läßt man z. B. in einer dreischiffigen Halle die Konsolkrane der Längswände in Kurven auch an den Giebelwänden entlang unter den zwischen Mittelschiff und Seitenschiff befindlichen Hauptkranbahnträgern hindurchfahren, so ist damit eine ebenfalls verkehrstechnisch sehr gute Verbindung der einzelnen Hallenschiffe erreicht (Abb. 194).

Abb. 189. Laufkran mit Drehlaufkatze. Ausführung Demag.

5. Zusammenhang zwischen Gleisanlage und Kran.

Bei mit Laufkranen ausgerüsteten industriellen Einzelbauten kann die durch die Überbauung wertvolle Bodenfläche weitgehendst für die eigentliche Fabrikation freigehalten werden. Die Gleisstränge, welche in der Längsrichtung der Gebäude herein-

Abb. 190. Laufkran mit Auslegerkatze. Tragkraft 10 t, $s = 18$ m. Ausführung Demag.

Abb. 191. Konsoldrehkran mit vollem Drehkreis. Ausführung
Karl Flohr A. G., Berlin.

geführt werden, hält man so kurz wie möglich; es genügen im allgemeinen Gleislängen von 15 bis 18 m. Auf diesen Gleisen werden die Rohstoffe herangebracht und die fertigen Erzeugnisse weggeschafft. Die Laufkrane dienen in der Hauptsache dem Transport des Materials innerhalb der Werkstätten, der Entladung der ankommenden Rohgüter und Halbfabrikate sowie der Beladung der Eisenbahnwagen mit den Fertigfabrikaten. Müssen die Gleise rechtwinklig zur Hallenachse hereingeführt werden, so bleibt natürlich nichts anderes übrig, als die Gleise auf die ganze Hallenbreite durchzuführen.

Wenn Gleise unter Kranbahnen durchgehen, so wird man im allgemeinen das lichte Raumprofil von 4,8 m unterhalb der Unterkante der Kranbahn einhalten. Im übrigen müssen die Kranbahnen so hoch gelegt werden, daß bei der höchsten Hakenhöhe des Krans Materialien über den Kastenrand der Güterwagen gehoben werden können.

Abb. 192. Konsoldrehkran mit vollem Drehkreis. Ausführung Demag.

Abb. 193.

Abb. 194. In der Kurve fahrender Konsolkran. Ausführung MAN.

D. Der Aufbau der Traggerippe.

Hallenbauten bestehen aus der Dachhaut, deren Unterkonstruktion, den meist nur raumumschließenden Wänden und aus einem Haupttraggerippe, für das unter Beachtung der für den Industriebau maßgebenden Grundsätze die Ausführung in Stahl-, Eisen-beton-, Holzbauweise oder in Kombinationen dieser Bauweisen in Betracht kommt.

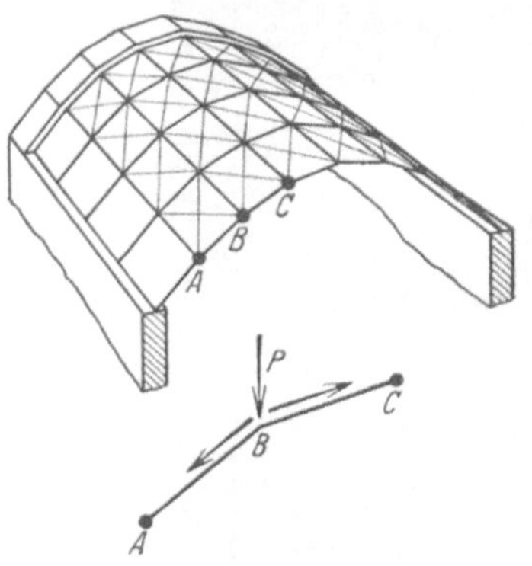

Abb. 195a.

Verhältnismäßig selten werden die Wände als Teile des Traggerippes herangezogen, d. h. grundsätzlich anders als die Dachhaut verwendet. Ein solches Hallentraggerippe hat die Aufgabe, alle möglichen Lasten (sein Eigengewicht, das Gewicht der Dachhaut, Schneelasten, den Winddruck auf das Dach, die Längs- und Giebelwände sowie die von den Hebezeugen ausgeübten senkrechten und waagerechten Kräfte) durch Fundamente auf den tragfähigen Baugrund weiterzuleiten. Das Gewicht der Dachhaut und die auf die Dachhaut entfallenden Kräfte werden bei dem meist zur Verwendung kommenden Binderdach, bei dem die Hauptelemente der Traggerippe in im allgemeinen gleich weit entfernten Gebäudequerschnitten liegen, zunächst auf Latten, Sparren und Pfetten und von diesen auf binder-ähnliche Gebilde weitergeleitet. Bei dieser Art des Aufbaus der Traggerippe hat man ein klar übersehbares und z. B. bei Abbruch eines Gebäudes leicht lösbares Gebilde, das aus einzelnen zu einander rechtwinklig verlaufenden, ebenen Trägern besteht. Zu den in den aufeinanderfolgenden Querschnittsebenen liegenden ebenen Trag-werken verwendet man insbesondere Binderscheiben, im Fundament eingespannte Stützen (senkrecht gestellte, einseitig eingespannte Scheiben), Pendelstützen (senkrecht gestellte Scheiben mit einem oberen und einem unteren Gelenk) und Scheiben, die so ge-

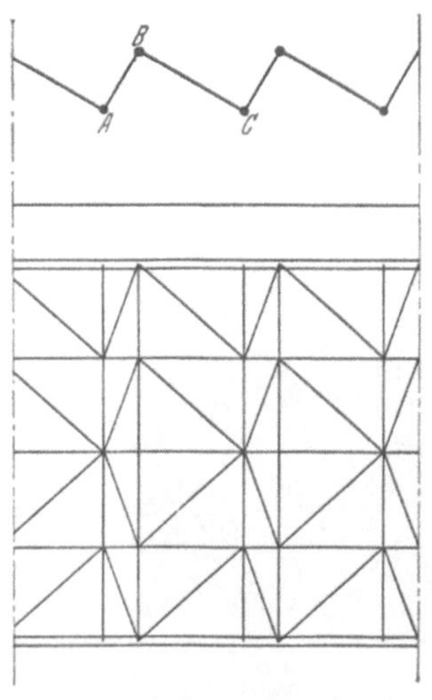

Abb. 195b.

lagert sind, daß sie als Bogen und Rahmen wirken. Alle diese Scheiben können vollwandig sein oder aus einzelnen Fach-werkstäben bestehen. Bei Ausführungen von Industrie-bauten in Stahl- und Holzbauweise kommen nur vereinzelt Raumtragwerke vor, z. B. Gebilde, die man sich aus dem Föpplschen Tonnenflechtwerk abgeleitet denken kann und die bei Sattel- und Sägedächern aus zwei parallel mit der Firstlinie verlaufenden Fachwerkträgern mit gemeinsamem Gurt unter der Firstlinie bestehen. Bei Eisenbetonbauten haben die mit dem Tonnenflechtwerk verwandten Faltwerke und Schalengewölbe neuerdings mehrfach Anwendung ge-funden.

In den Abb. 195a bis g sind solche Raumgebilde schema-tisch dargestellt. Mit dem Tonnenflechtwerk (Abb. 195a) hat A. Föppl[1] ein Tragwerk vorgeschlagen, das bei einem rechteckigen Raum seine Hauptabstützung auf den Wänden der Schmalseiten, den Giebelmauern, findet. Man hat zu unterscheiden: Sparren-, Pfetten- und Füllungsstäbe. Gleiche Lasten in den Sparrenebenen bringen nur in diesen Stabkräfte hervor, wenn das Sparren-polygon die Form des Seilpolygons für diese Lasten hat. Die Seitenwände müssen in diesem Falle den Auflagerdrücken dieser Sparren entsprechend bemessen werden. Ein aus-gesteifter Unterzug kann an Stelle der Längswände treten. Irgendeine in einem Punkt B wirkende Einzellast P kann man sich in zwei Komponenten in der Richtung BA und BC zerlegt denken. Durch diese Komponenten entstehen Stabspannungen in den ebenen,

---

[1] Siehe z. B. seine Mechanik Bd. 2: Graphische Statik.

von Stirnwand zu Stirnwand reichenden Fachwerkträgern von der Höhe AB bzw. BC, wobei in dem Pfettenstab B ein teilweiser Ausgleich der Gurtspannkräfte stattfindet. In dieser Weise können beliebig auf dem Dach verteilte, ungleichmäßige Dachlasten berück-

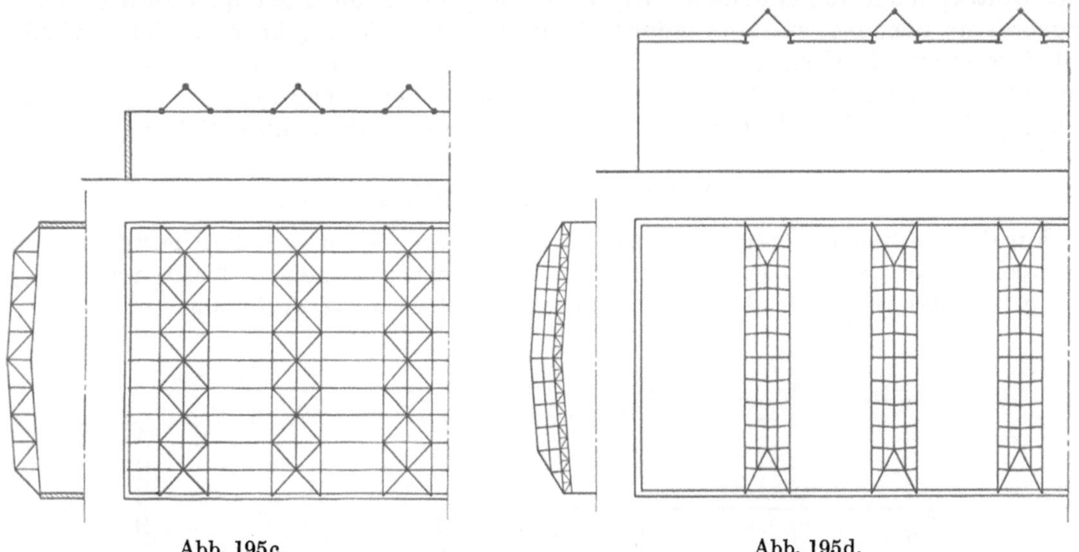

Abb. 195c. Abb. 195d.

sichtigt werden. Föppl erwähnt am angeführten Ort das Flechtwerk der Abb. 195b, bei dem Sägedächer ihre Unterstützung durch Fachwerkträger AB und BC finden, die z. B. auf den Längswänden oder auf Stützenreihen mit oberem durchgehendem, horizontalem Verbindungsstab aufgelagert werden können und die in den Linien A, B, C ... je eine gemeinsame Gurtung haben. Der Unterschied zwischen beiden Anordnungen besteht einer-

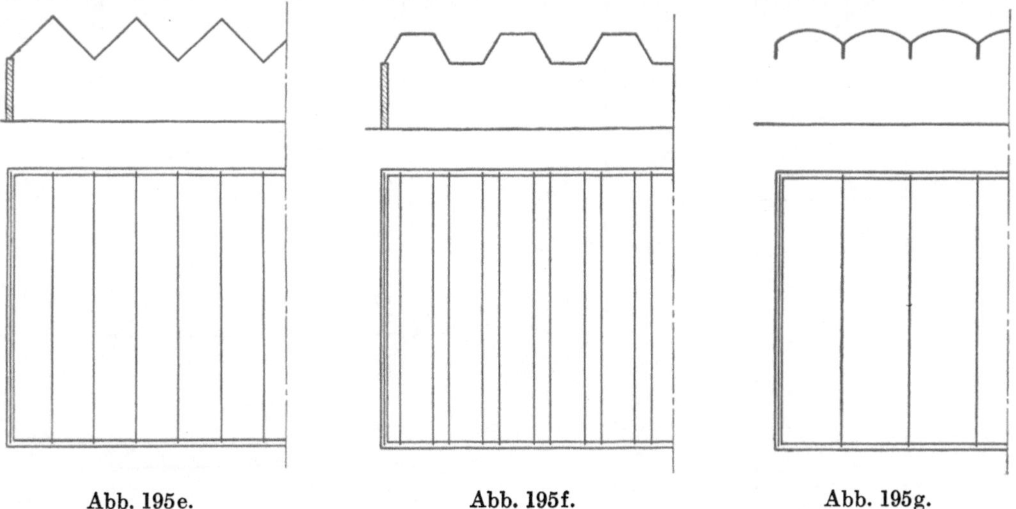

Abb. 195e. Abb. 195f. Abb. 195g.

seits in der abweichenden Querschnittsform der Tonne, andererseits darin, daß die Unterstützung auf Längswänden erfolgt (siehe auch IV. Abschnitt S. 206).

Auch bei Raupenoberlichtern kann man die unterstützenden Fachwerkträger in Ebenen parallel zu den Glasflächen legen (Abb. 195c). Bei den Oberlichtern nach Abb. 195d sind die Oberlichtzargen durch niedere Parallelfachwerkträger unterstützt, die selbst wieder nach Art der Langerschen Balken durch Sprengwerke ausgesteift sind. Diese liegen unter den Glasflächen und haben in deren First einen gemeinsamen Gurt.

Verwendet man statt der ebenen Fachwerkscheiben vollwandige Scheiben, so spricht man von Faltwerken, deren Wirkungsweise ähnlich gedeutet werden kann wie die der

Tonnenflechtwerke (Abb. 195e und f). Bemerkenswerte Raumüberdeckungen sind mit den Schalendächern erreicht worden (Abb. 195g). Bei deren neuesten Ausführungen kamen flache Kreissegmenttonnen mit freitragenden Mittelrandgliedern und aufgelagerten oder freitragenden Außenrandgliedern, sowie aussteifende, am Ende quer zu den Tonnen angeordnete Scheiben zur Anwendung. Eine gute Orientierung über die Schalendächer mit Literaturnachweisen gibt der Bericht von Fr. Dischinger für den ersten internationalen Kongreß für Beton und Eisenbeton in Lüttich über Eisenbetonschalendächer Zeiß-Dywidag zur Überdachung weitgespannter Räume (September 1930)[1].

1. Einschiffige Hallen.

Für den Aufbau der Traggerippe mit Binderdächern stehen, was die Übertragung von senkrechten Kräften und von in den Querschnittsebenen wirkenden Kräften anbelangt, drei grundsätzlich verschiedene Ausbildungsmöglichkeiten zur Verfügung.

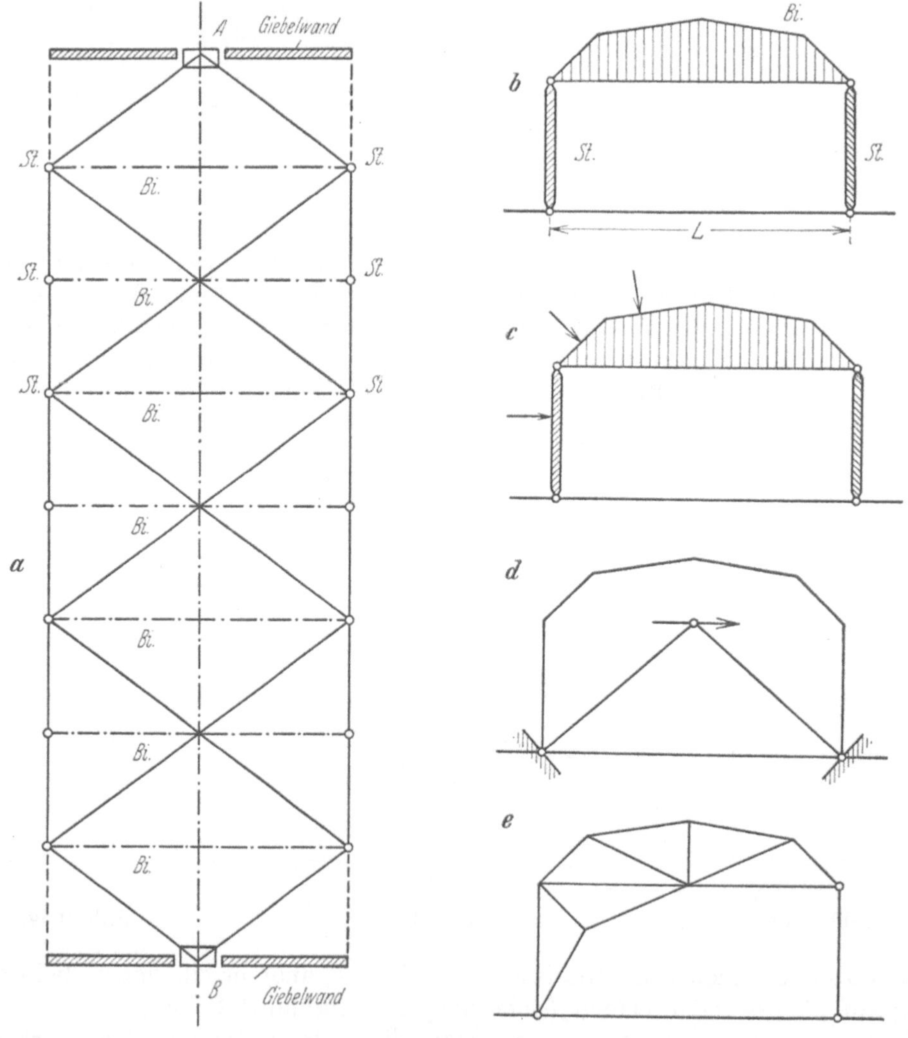

Abb. 196a bis e.

Type I.

Binderscheiben (*Bi*) auf Pendelstützen (*St*) gelagert, dazu ein von Giebelwand zu Giebelwand reichender horizontaler Träger (*A B*) wie auf Abb. 196a bis e. Senkrechte, auf

[1] Siehe auch Beton u. Eisen 1932 S. 101 ff.

die Binderscheiben entfallende Lasten werden durch die Pendelstützen, diese auf reinen Druck beanspruchend, auf deren Fundamente übertragen. Waagerechte und schräge Lasten wie in Abb. 196c werden teilweise in die Stützenfundamente, teilweise an den horizontalen, im Binderuntergurt angeordneten Träger AB und von diesem an die Giebelwände abgegeben. Diese müssen eine entsprechende bock-, rahmen- oder halbrahmenartige Trägerausfachung aufweisen. Bei einer großen Gebäudelänge sind unter Umständen weitere derartige Gebilde zwischen den Giebelwänden einzuschalten. Statt des horizontalen Trägers AB von der Breite L kann auch ein solcher von kleinerer Breite oder können schräge, z. B. in der Binderobergurtebene liegende Träger verwendet werden. An Stelle solcher Träger kann natürlich auch eine entsprechend ausgebildete, von Giebelwand zu Giebelwand durchgehende, steife Dachhaut treten.

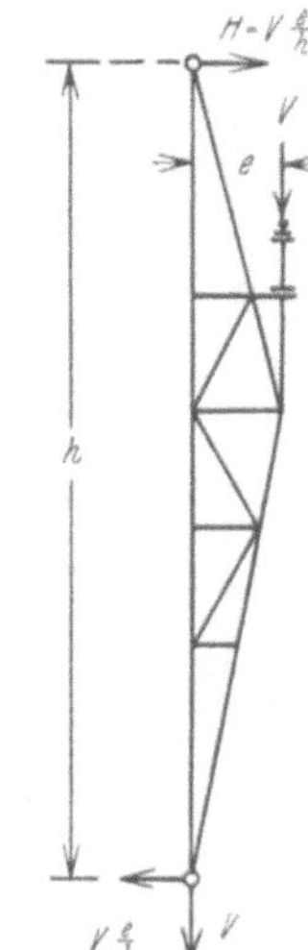

Werden auf den Pendelstützen Kranbahnträger aufgelagert, so ist die in Abb. 197 angedeutete obere horizontale Kraft von dem Träger AB aufzunehmen. Ein Innenbild einer solchen Halle, bei der außer Lasten von Laufkranen auch solche von Konsolkranen aufzunehmen sind, zeigt Abb. 198; sie hat allerdings statt der Pendelstützen unten eingespannte Stützen. Diese Einspannung ist jedoch an und für sich für die Stabilität des Traggerippes nicht notwendig. Sie erleichtert aber die Montierung und beeinflußt die Einzelausbildung der Stützen.

Abb. 197.

Abb. 198. Gießerei der Thyssen A. G. in Meiderich.

Type II.

Wie in Abb. 199 dargestellt ist, sind bei Type II die Binderscheiben (Bi) gelenkig auf im Fundament eingespannten Stützen (St) aufgelagert. — Statisch betrachtet ist die für die Aufstellung sehr bequeme Konstruktion eigentlich ein Rahmen mit zwei Zwischengelenken. Für die Bemessung der Einzelteile genügt es im allgemeinen, anzunehmen, daß die senkrechten Lasten so auf die Stützen weitergeleitet werden, wie wenn die

Binderscheibe als Balken gelagert wäre, und daß, was die Überleitung der Windkräfte anbelangt, die Binderscheibe starr ist. Unter dieser Annahme ist für symmetrisch ausgebildete Stützen in Abb. 200 der Kraftfluß für einige wichtige Belastungsfälle dargestellt. Dazu ist zu bemerken:

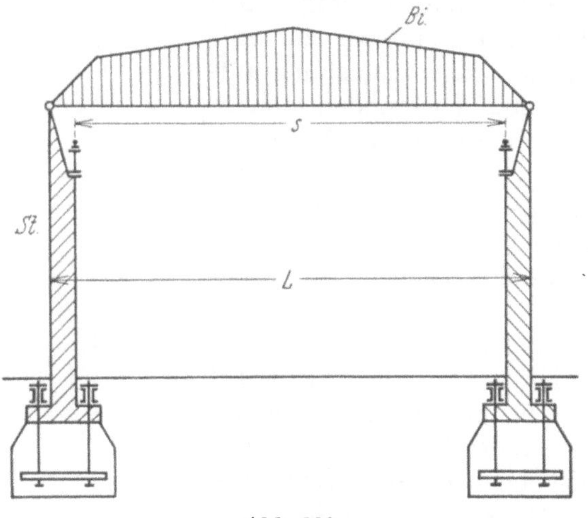

Abb. 199.

Belastungsfall 1: Eine senkrechte Belastung des Binders erzeugt die nach dem Hebelgesetz ermittelten Stützendrücke; außerdem werden strenggenommen durch diese Belastung zwei in den Gelenkpunkten angreifende, am Binder von außen nach innen wirkende horizontale Kräfte hervorgerufen, die jedoch vernachlässigt werden, da sie eine Verminderung der infolge der senkrechten Belastung erzeugten Zugkraft im Untergurt der Binder zur Folge haben.

Belastungsfall 2: Waagerechte Einzellast im Auflagerpunkt der Binderscheibe. Aus der Abbildung ist die dadurch hervorgerufene Belastung der Binderscheibe und der Stützen ersichtlich. Das Moment an der Einspannstelle der Stützen beträgt je $\sim \dfrac{P\,h}{2}$.

Belastungsfall 3: Gleichmäßig verteilte horizontale Belastung von p t/m Stütze, zusammen $W = p \cdot h$. Die Binderscheibe wird durch eine Druckkraft von $\sim \dfrac{3\,W}{16}$ belastet. Die aus der Abbildung ersichtliche Belastung der Stützen ergibt links ein Einspannmoment von $\dfrac{5\,p\,h^2}{16}$, rechts $\dfrac{3\,p\,h^2}{16}$.

Die Tragkonstruktionen der Type I und II können gleicherweise in Baustahl und

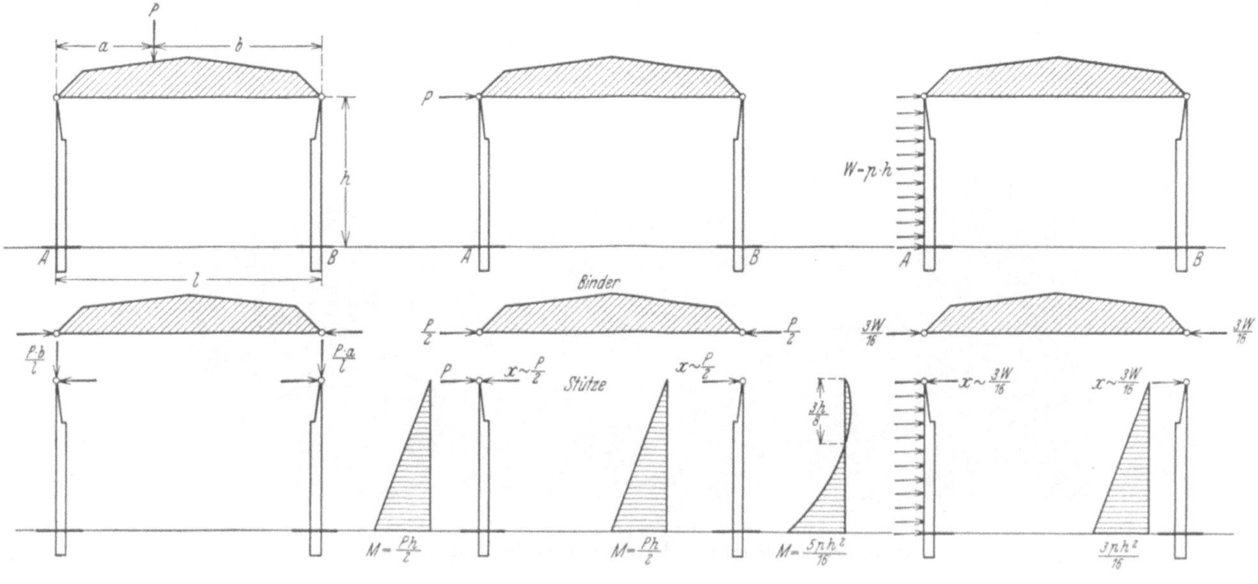

Abb. 200.

in Holz, die nach Type II auch in Eisenbeton — oft auch in der Kombination Holzbinder und Stahl- oder Eisenbetonstützen — ausgeführt werden.

Bei beiden Haupttypen kommen, was Form und Ausfachung anbelangt, außer vollwandigen Scheiben, die in Abb. 201 bis 206 dargestellten Binderscheiben, die sich auch zur Auflagerung mit einem festen und einem beweglichen Auflager, z. B. auf Mauerwerk eignen, in Betracht.

Die Form der Binder richtet sich insbesondere nach der Dachform. Diese beeinflußt auch das Trägersystem, für welches bei fachwerkartiger Ausbildung der Trägerscheiben drei Hauptmöglichkeiten in Betracht kommen:

a) Das einfache Dreiecksnetz, bei welchem Dreieck an Dreieck so gereiht wird, daß jedes Dreieck mit dem vorhergehenden und dem nachfolgenden nur je eine Seite gemeinsam hat.

b) Zwei Einzelscheiben mit Dreieckssystem, die in einem gemeinsamen Gelenk und außerdem durch einen Zugstab miteinander verbunden sind (sog. Polonceau- oder Wiegmannträger).

c) Bogenförmige Fachwerks- oder Vollwandscheiben mit Zugstab (Bogen mit Zugband).

Im übrigen sind bei der Systemausteilung die Forderungen zu berücksichtigen: möglichst wenig Knotenpunkte, möglichst kurze Druckstäbe, Vermeiden kleiner Winkel

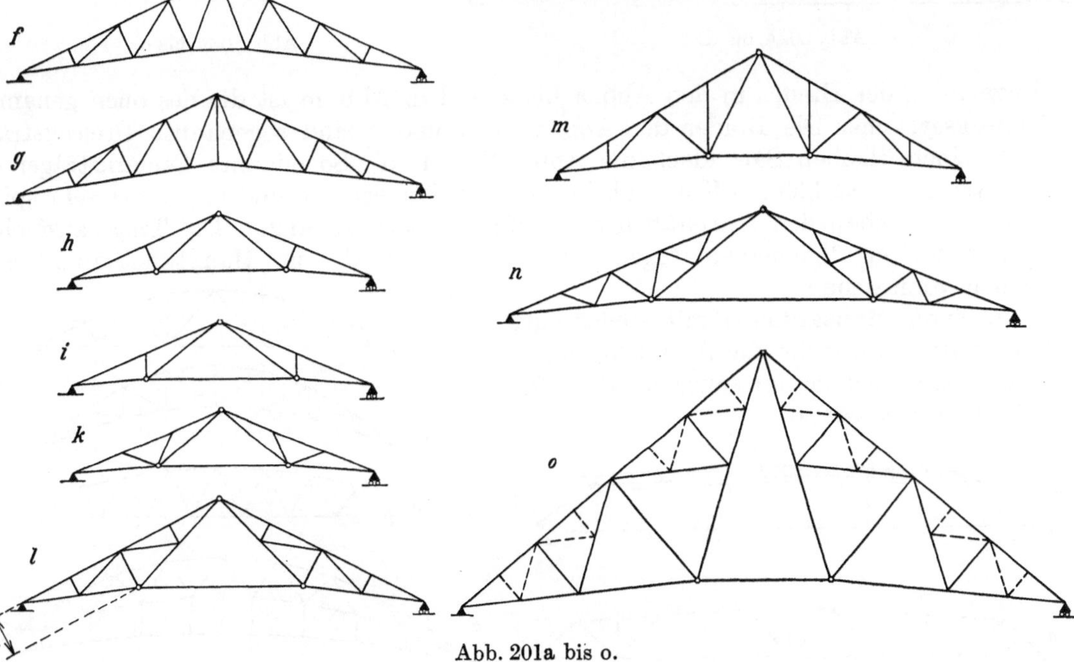

Abb. 201a bis o.

zwischen den Füllungsgliedern und den Gurtungen, Möglichkeit der Fertigstellung der ganzen Binder oder großer Binderteile in der Werkstätte, wobei zu beachten ist, daß Teile mit einer größeren Höhe [h' in Abb. 201 l] als das Lademaß nicht auf der Bahn verschickt werden können. Während man bei vollwandigen Scheiben unabhängig von der Pfettenentfernung ist, die ihrerseits wieder abhängt von der vorgeschriebenen Dachhaut, bedingen sich die Systemausbildung und die Pfettenentfernung gegenseitig insofern, als die Wahl beider so getroffen werden soll, daß die Forderung des Kostenminimums der ganzen Dachkonstruktion erfüllt ist. Bei großen Spannweiten empfiehlt sich (Abb. 202d) die Einschaltung eines sogenannten Zwischensystems, um Biegungsspannungen in den Gurtstäben zu vermeiden.

Von den Bindern der Abb. 201 bis 206 entsprechen:

1. einem steilen und mittelsteilen Satteldach die Abb. 201a bis o. Binder wie b werden deutscher Dachstuhl, wie d und e englischer Dachstuhl, wie h bis k einfacher Polonceaudachstuhl, wie l bis o zusammengesetzter Polonceaudachstuhl genannt. Die

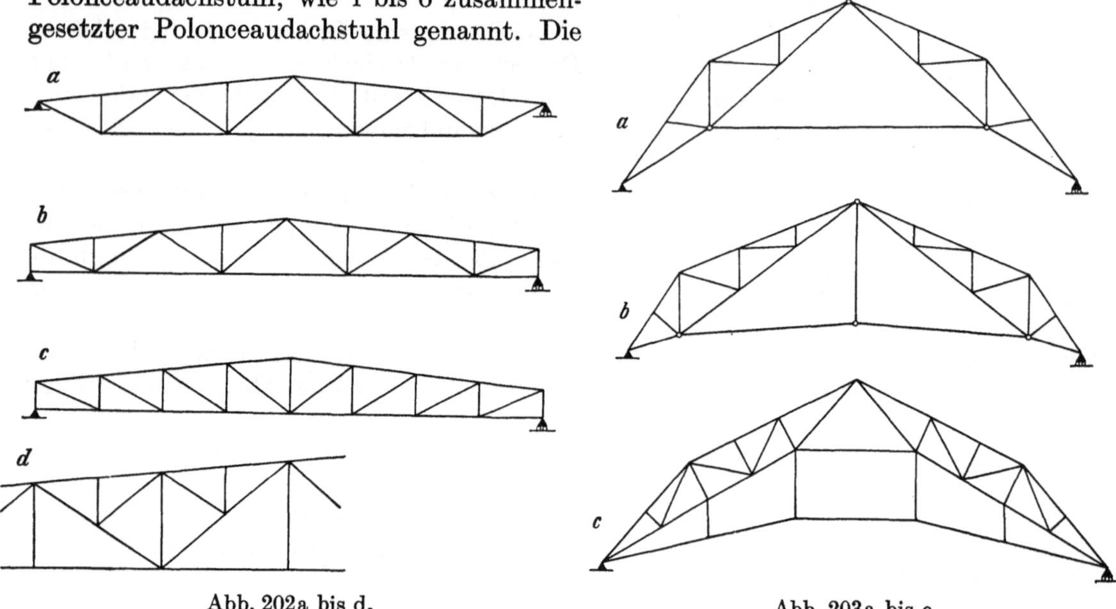

Abb. 202a bis d.   Abb. 203a bis c.

Ausfachung der Binder in den Abb. a bis k und in Abb. m ist die des oben genannten Dreieckssystems. Die Binder der Abb. a, b, d und e sind sogenannte Dreiecksträger.

2. einem flachen Satteldach die Abb. 202a bis d. Sogenannte Dreiecksträger sind hier wegen der zu kleinen Konstruktionshöhe in Trägermitte und wegen des sehr spitzen Winkels zwischen den Gurtstäben am Auflager nicht angängig. Die Trägerausfachung nach b ist im allgemeinen wegen der kleineren Anzahl der Hauptknotenpunkte der nach c vorzuziehen;

3. einem Mansarddach mit steiler mittlerer Satteldachfläche die Abb. 203a und b (Polonceau-Ausfachung), sowie die Abb. 203c (Bogen mit Zugband);

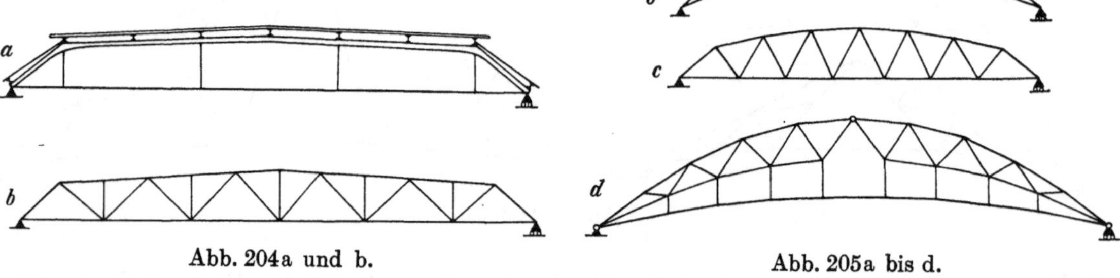

Abb. 204a und b.   Abb. 205a bis d.

4. einem Mansarddach mit flacher mittlerer Satteldachfläche, die Abb. 204a und b. Der Träger in Abb. 204a ist ein vollwandiger Bogenträger, dessen Horizontalschub durch ein Zugband aufgenommen wird;

5. einem Tonnendach die Abb. 205a bis d;

6. einem Dach mit Aufbau für Beleuchtung und Entlüftung (Dachreiter) die Abb. 206a bis d. Das Trägerstück für den Dachreiter kann organisch in die Binderscheibe einbezogen werden (Abb. 206a). Die Unterstützung der Dachhaut des Dachreiters kann

aber auch durch eine Anzahl Stäbe erfolgen, welche von einer normalen Binderscheibe ausgehen (Abb. 206b und c). Vielfach ist auf die Binderscheibe ein besonderer Dachreiterträger aufgesetzt (in Abb. 206d zwei aufeinander).

Wenn für eine in Eisenbeton auszuführende Dachkonstruktion eine große Konstruktionshöhe zur Verfügung steht, werden ausnahmsweise Eisenbetonfachwerkbinder verwendet. Dies sind jedoch nur Ausnahmefälle; denn die wirtschaftlichen Vorteile sind gegenüber vollwandiger Ausführung in den meisten Fällen gering. Der durch das verringerte Eigengewicht erzielte Vorteil wird meistens durch die hohen Kosten für Schalung und Arbeit bei der Herstellung aufgewogen. Bei der Systemwahl solcher Eisenbetonfachwerkträger empfiehlt es sich, entsprechend einem Vorschlag von Mörsch, mit Rücksicht auf eine einwandfreie Ausbildung der Knotenpunkte die Druckstreben so zu legen, daß sie den Winkel zwischen den Zugstreben und der unteren Gurtung halbieren. Besser als Binder in Fachwerksystem eignen sich bei Eisenbetonhallenbauten bogen- und sprengwerkförmige Scheiben mit Zugband.

Die Einspannung der als Fachwerk- oder vollwandige Träger ausgeführten Stützen kann entweder wie in Abb. 199 dargestellt, durch Verschraubung mit den Fundamenten oder durch Einlassen der Stützen in die Fundamente erfolgen.

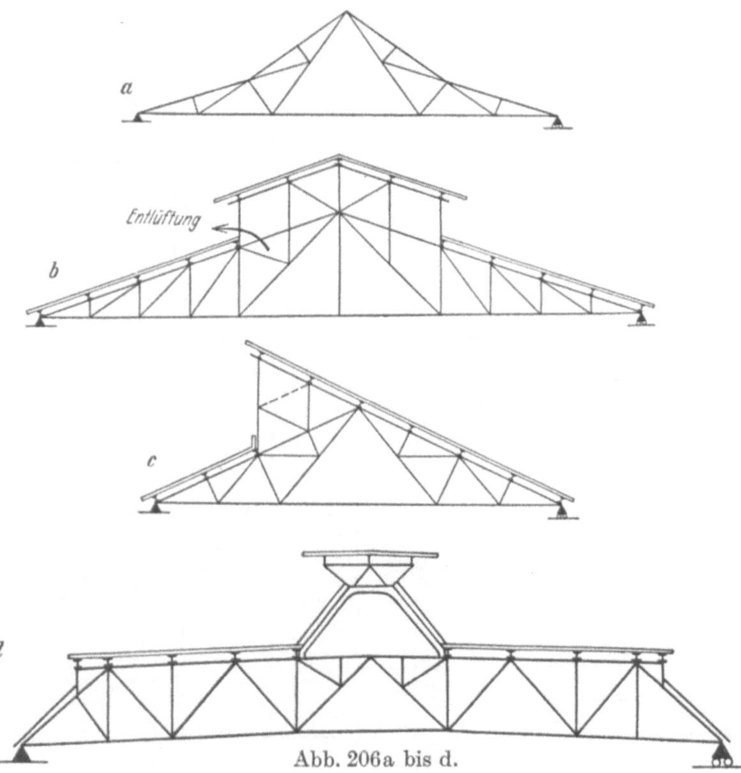

Abb. 206a bis d.

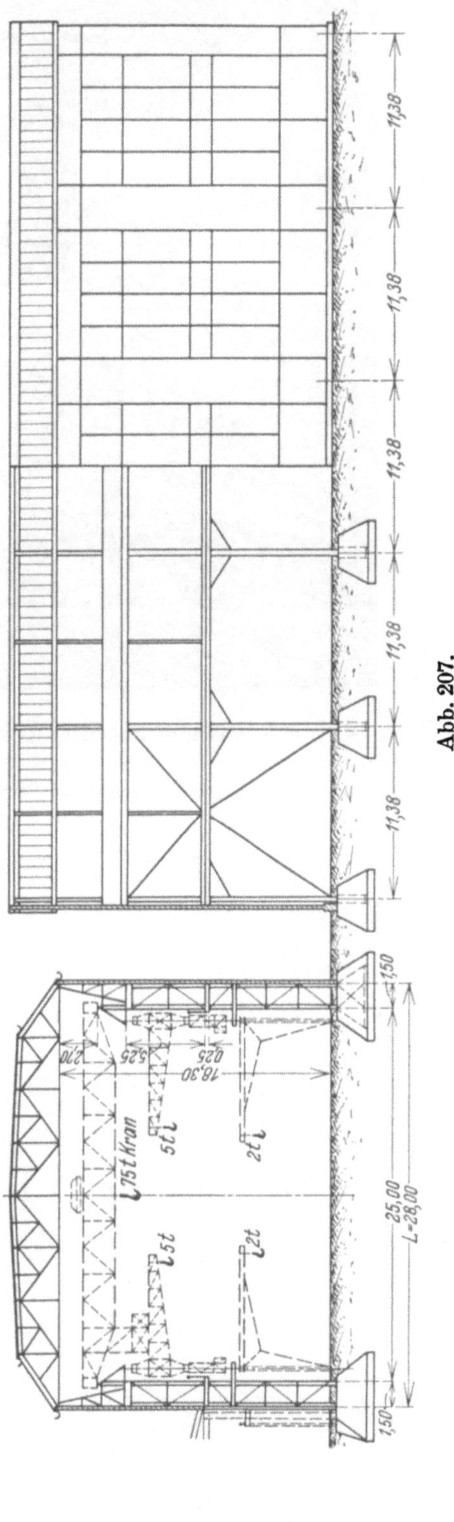

Abb. 207.

Abb. 208. Montierungshalle der E. Schieß A. G., Düsseldorf. Ausführung der Stahlkonstruktion MAN.
Baujahr 1914.

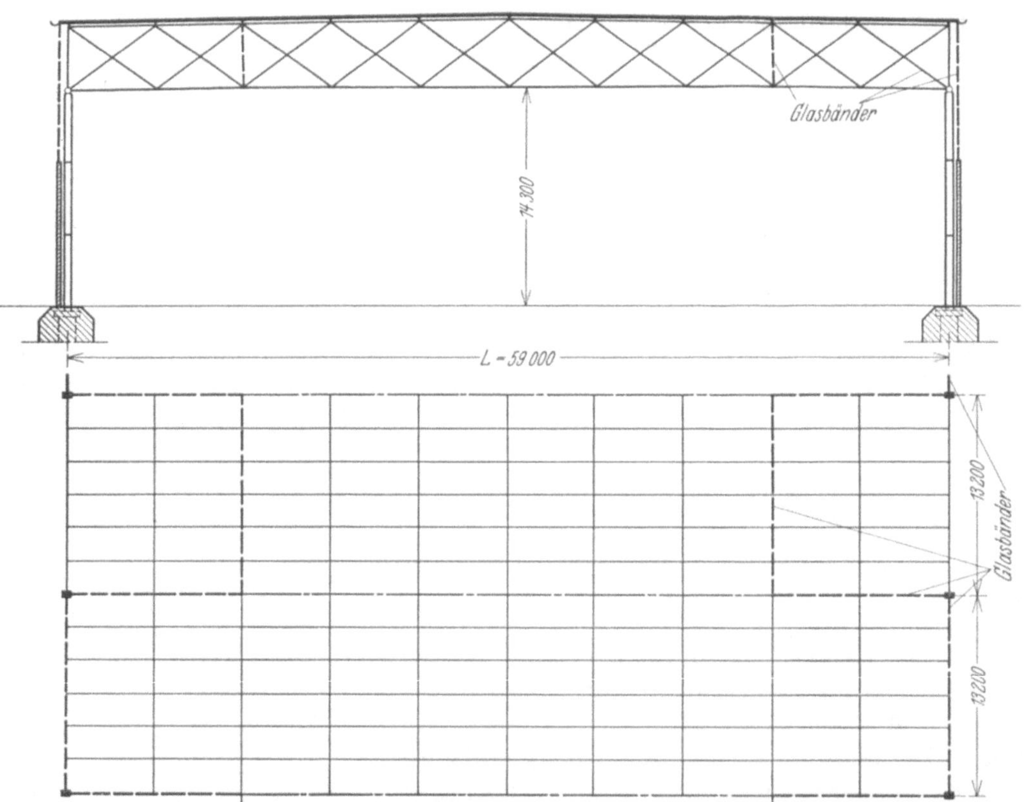

Abb. 209.

Bei vielen ausgeführten Bauten haben wir es infolge der Steifigkeit der Dachhaut mit einem Zwischending der Typen I und II zu tun.

Ausführungsbeispiele für Haupttype II: Die in Stahlbauweise ausgeführte Halle der Abb. 207 hat eine lichte Breite von 28 m bei einer Kranspannweite von 25 m. Die Nutz-

Abb. 210a. Messehalle Nr. 19 in Leipzig. Ausführung der Stahlkonstruktion: Breest & Co. Baujahr 1928.

last des Laufkrans beträgt 75 t, seine Kranbahn liegt in 15,5 m Höhe über dem Fußboden. Unterhalb dieses Krans laufen an den beiden Längsseiten der Halle Konsoldrehkrane, die bei 5 t Nutzlast eine Ausladung von 5 m haben. Der Hauptbinderabstand beträgt 11,38 m. Die Abb. 208 zeigt ein Innenbild der fertigen Halle.

In den Abb. 209 bis 215 sind die zu Type II gehörenden Leipziger Meßhallen Nr. 19 und 20, sowie die Ausstellungshalle 7 Berlin einander gegenübergestellt. Sie zeigen die modernen Bestrebungen nach einfacher, übersichtlicher Formung, die bei reinen Industriebauten durch wirtschaftliche Gesichtspunkte naturgemäß oft gehemmt werden. Man beachte bei der Halle Nr. 19 (Abb. 209 und 210a und b) die große Binderentfernung, das, verglichen mit der Dreiecksnetzausfachung, ruhig wirkende Rautensystem und die im Dach nach dem Boileauprinzip durchgeführte Tageslichtzuführung (man vergleiche bezüglich der Lichtbuchten auch Abb. 138, 139); bei der Halle Nr. 20

Abb. 210b.

(Abb. 211 bis 213) die noch größere Entfernung der Binder, deren vollwandige Ausbildung trotz der Stützweite von über 50 m, die aus Sparren und Pfetten bestehende Unterkonstruktion der Dachhaut, sowie die Tageslichtzuführung durch die kittlosen Glasbänder im oberen Teil der Seitenwände; bei der Halle 7 der Bauausstellung Berlin (Abb. 214 und 215) die Lichtzuführung durch Glaseisenbeton (System Luxfer) in den Wänden und in der Dachhaut.

Bei dem Bau der Abb. 216 und 217 (Holzbauweise) wurde zur Tageslichtzuführung ein sehr steil geneigtes Firstoberlicht mit einem flachen, satteldachförmigen, undurch-

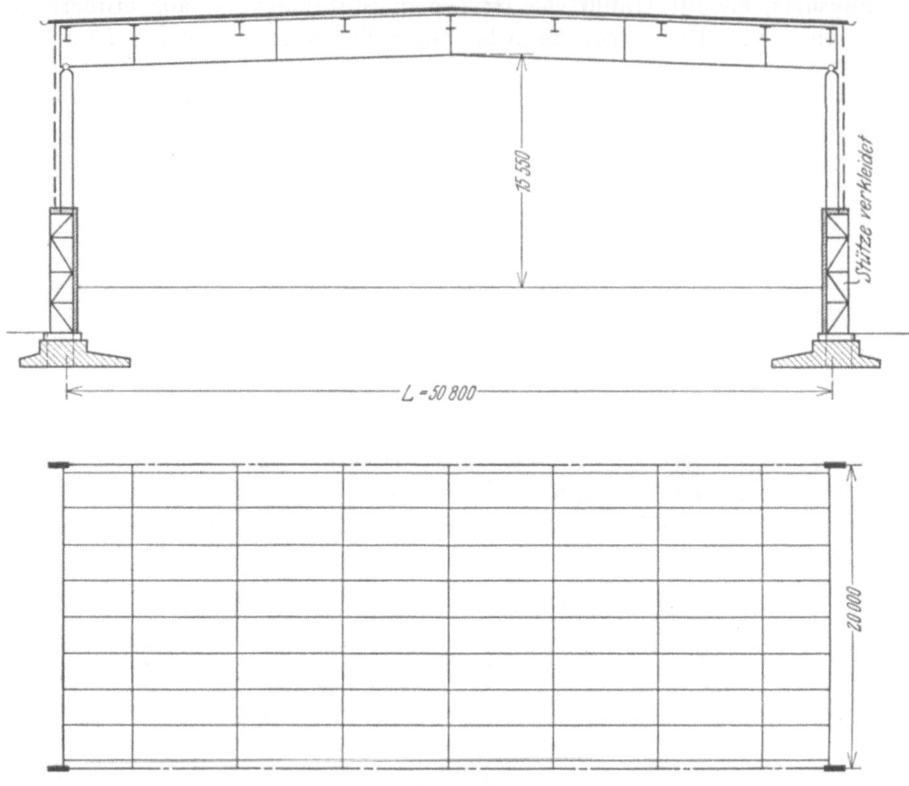

Abb. 211.

sichtigen Mittelstück gewählt. Bei dem in den Abb. 218a bis c, 219 und 220 dargestellten Bau (Eisenbetonbauweise) liegen auf den im Fundament eingespannten Stützen als Gerber-

Abb. 212. Messehalle Nr. 20 in Leipzig. Ausführung der Stahlkonstruktion: R. Patzschke, Leipzig. Baujahr 1929.

träger ausgebildete, mit den Stützen biegungssteif verbundene Unterzüge, die zugleich Kranbahnträger sind. Darauf lagern die 2,64 m entfernten Binder (Dreigelenkbogen mit

Zugband) von 22,7 m Stützweite. Der Obergurt der Kranbahnträger ist so ausgebildet, daß mit Rücksicht auf eine spätere Erweiterung beiderseits solche Binder aufgelagert werden können. Die Gurthälften der Binder sind auf dem Werkplatz vorbetoniert und

Abb. 213. Messehalle Nr. 20 in Leipzig.

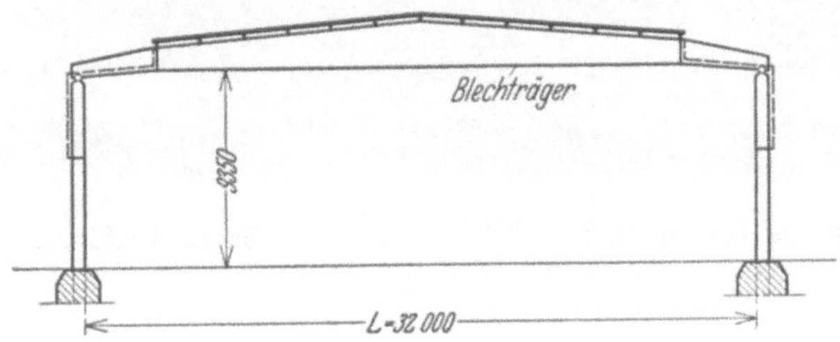

Abb. 214.

Abb. 215. Halle 7 der Bauausstellung Berlin. Ausführung der Stahlkonstruktion: Breest & Co. Glaseisenbeton System Luxfer. Baujahr 1928.

dann, wie aus Abb. 220 zu ersehen ist, mit Hilfe eines Turmdrehkrans versetzt worden. Dazu war nur in der Mitte der Halle ein einfaches Gerüst notwendig, von dem aus auch die Scheitellängsversteifung betoniert werden konnte. Die Dachhaut besteht aus fabrik-

Abb. 217. Montierungshalle von Werner und Pfleiderer, Feuerbach. Ausführung der Holzkonstruktion: K. Kübler A. G., Stuttgart.

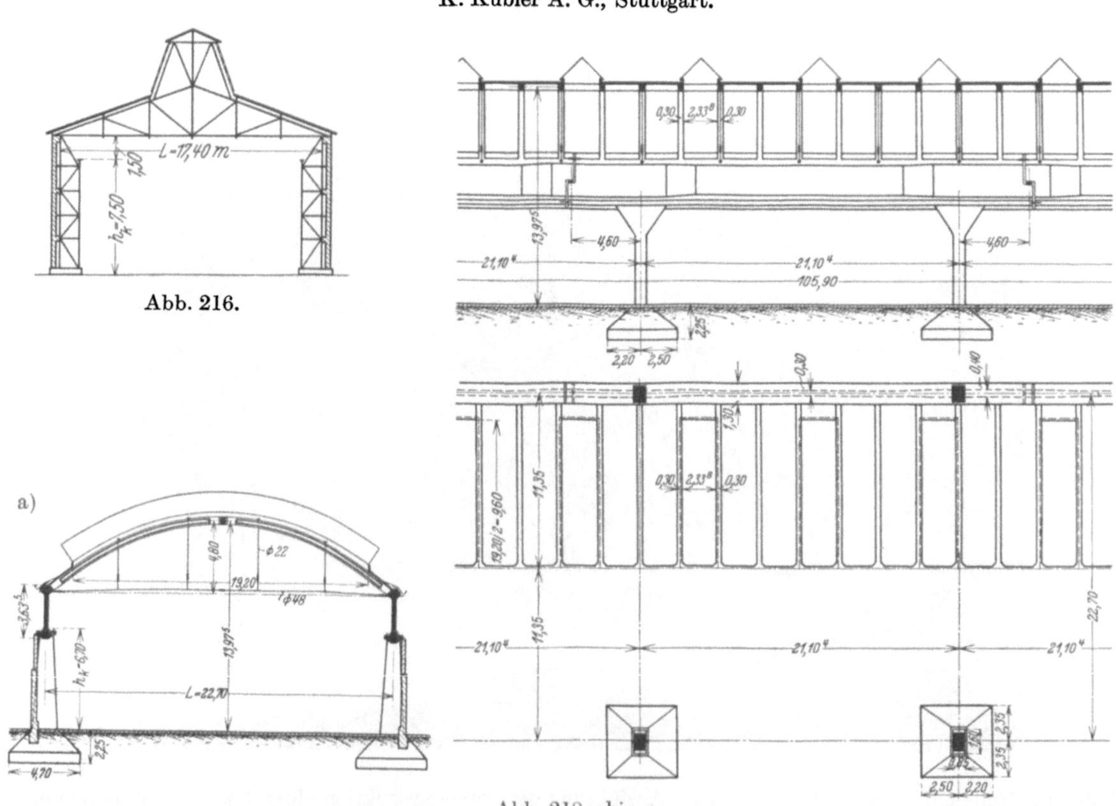

Abb. 216.

Abb. 218a bis c.

mäßig hergestellten Bimsbetonstegplatten, die in jedem dritten Feld zur Anbringung von Raupenoberlichtern unterbrochen sind, und die, um sie zur Aussteifung heranzu-

Abb. 219. Rohrlagerhalle des Städtischen Tiefbauamts München. Ausführung: Wayss & Freytag A. G., Baujahr 1926.

Abb. 220. Versetzen der Binder auf dem Gerüst.

ziehen, in eine feste Verbindung mit den Bindergurten gebracht sind. Dieses Beispiel zeigt das neuerdings auch bei anderen in Eisenbeton ausgeführten Industriebauten zu beobachtende Bestreben, die für den Stahl- und Holzbau charakteristischen Aufbau- und Montierungsarten auf jene Bauweise zu übertragen, um so die Bauzeiten abzukürzen und Umbau- und Abbruchmöglichkeiten zu erleichtern.

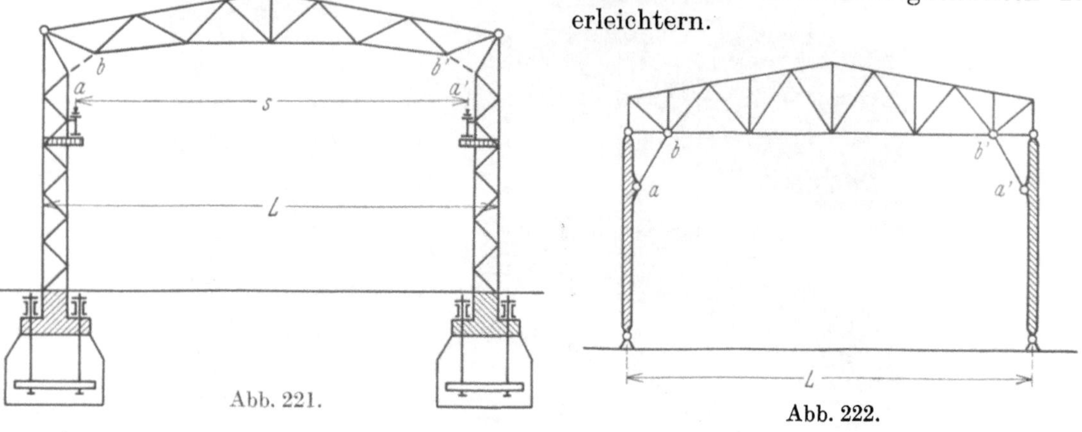

Abb. 221.

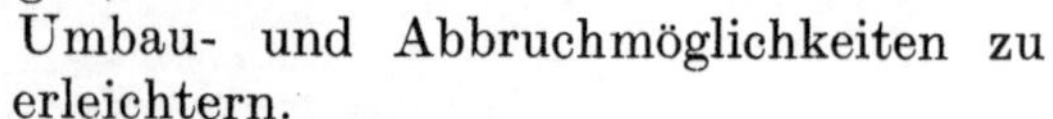

Abb. 222.

Type III.

Rahmen-(Bogen-)Träger in den Binderebenen. Denkt man sich in der grundsätzlich zu Type II gehörenden Konstruktion der Abb. 221 die beiden Stäbe ab und $a'b'$ ein-

Abb. 223. Gießereihalle Harburg. Ausführung der Stahlkonstruktion: Eggers & Co., Hamburg.

gezogen, so entsteht ein echter Rahmenträger, bei dem man nicht mehr streng Binder und Stützen unterscheiden, vielmehr nur noch von Binderriegel und Binderstiel sprechen kann. Aus einem ohne den horizontalen Träger $A\,B$ labilen, nach Abb. 196 gebildeten Träger kann man sich den Zweigelenkrahmen mit Fußgelenken der Abb. 222 durch Hinzufügen der beiden Stäbe ab und $a'b'$ abgeleitet denken. Den beiden Abb. 221 und 222 entsprechen die in den Abb. 223 (Stahlbauweise) und 224 und 225 (Holzbauweise) dargestellten Ausführungen. Zur Stabilität genügt es, wenn in Abb. 222 die beiden Stäbe ab und $a'b'$ entweder je nur auf Zug oder nur auf Druck widerstandsfähig sind.

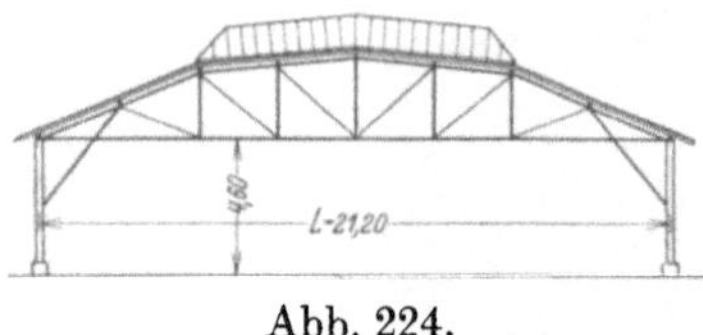

Abb. 224.

Wenn man nur einen der Stäbe einzieht, gelangt man zu statisch bestimmten Trägern, sogenannten Halbrahmen (unsymmetrische Dreigelenkbogen). Diese Halbrahmen, auch

Abb. 225. Wagenschuppen der Waggonfabrik Goosens, Lochner & Co., Aachen. Ausführung der Holzkonstruktion: K. Kübler A. G.

solche mit eingespannten Stielen, werden vielfach in der Form der Abb. 226 zum Aufbau der Traggerippe mehrschiffiger Hallen verwendet.

Bei einschiffigen Hallen macht man von diesen Halbrahmen Gebrauch, wenn auf einer Längsseite wie bei Flugzeug- und bei Flugzeugwerfthallen mit Rücksicht auf große Tore die Stützenentfernungen ein Vielfaches der Binder-entfernungen sind. Man geht dann z. B. wie auf Abb. 227 vor, wobei die normalen Binder (Bi) einerseits auf einer Pendelstütze, andererseits auf einem Unterzug (U) auf-liegen. Die Winddrücke auf die Seitenwände werden durch einen horizontalen Träger ($Hor. Trgr.$) auf die Hauptbinder ($H.Bi$) der Abb. 227c übertragen, deren vor-derer Stiel auch die Unterzugslasten aufnimmt. An Stelle der Hauptbinder kann (ähnlich wie bei Type I, Abb. 196) auch eine Giebelwand treten. Abb. 228 zeigt das unver-kleidete Traggerippe, Abb. 229 die Außenansicht je eines entsprechenden Ausführungsbeispiels.

Bei einschiffigen Hallen nach Haupttype III gibt es vielerlei Ausführungsarten, je nachdem Gelenke in den Rahmen eingeschaltet sind, hochliegende Zugbänder verwendet werden, die Rahmenstiele und Rahmenriegel Fachwerkausfachung zeigen oder vollwandig sind. Die einzelnen Ausführungsarten, deren schematische Ab-bildungen durchweg im gleichen Maßstab (ca. 1 : 500) ge-zeichnet sind, werden im folgenden in Verbindung mit charakteristischen Ausführungsbeispielen besprochen.

Ausführungsart a: Eingespannte Rahmen. Um die statische Wirkungsweise zu veranschaulichen, ist in Abb. 230a bis d der Kraftfluß bei einigen wichtigen Be-lastungsfällen dargestellt. Dazu sind in Abb. 230a die

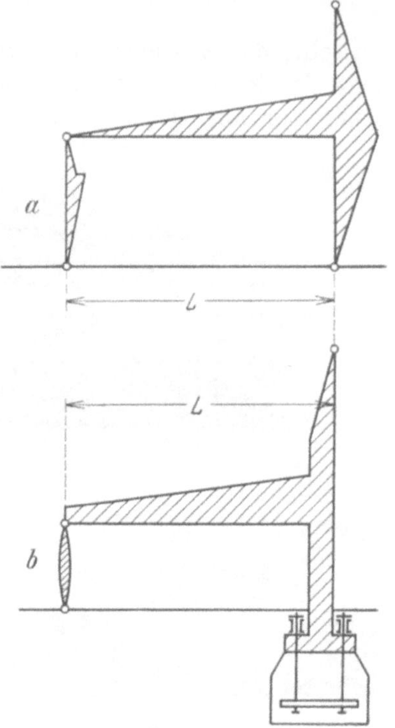

Abb. 226a und b.

Stützlinie und die Momentenlinie für ständige Last gezeichnet, in Abb. 230b die Stütz-linie infolge Winddruck von links, in Abb. 230c die Stützlinie infolge Kranbelastung. Infolge des Auflagerdrucks der Abb. 230a kann eine Winkeländerung der Achse des

Rahmenstiels an dessen Einspannstelle eintreten, weil die Fundamente, die Anker-
schrauben und der Untergrund nachgeben. Die Abb. 230d zeigt den Einfluß einer solchen
Drehung in der Form einer Winkeländerung an der Auflagerstelle der Stiele auf den Ver-
lauf der Momentenlinie. Aus dem Vergleich dieser mit der in Abb. 230a erkennt man, daß durch eine solche mögliche Auflagerdrehung die Einspannungsmomente verkleinert und die Riegelmomente vergrößert werden, daß sich also ein Momentenbild

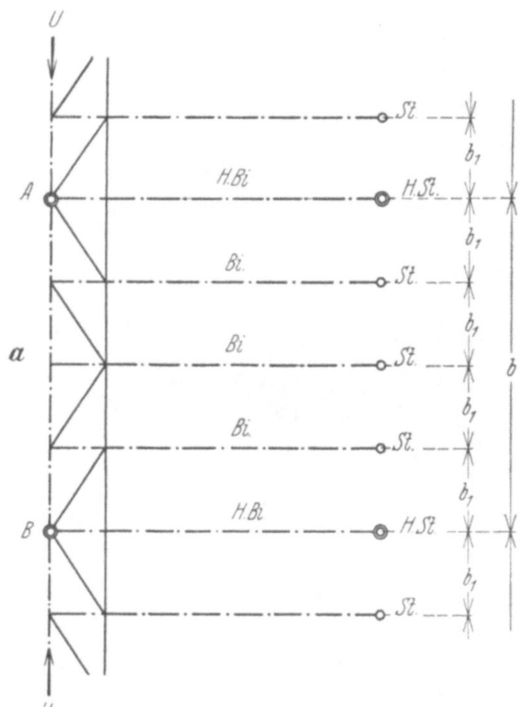

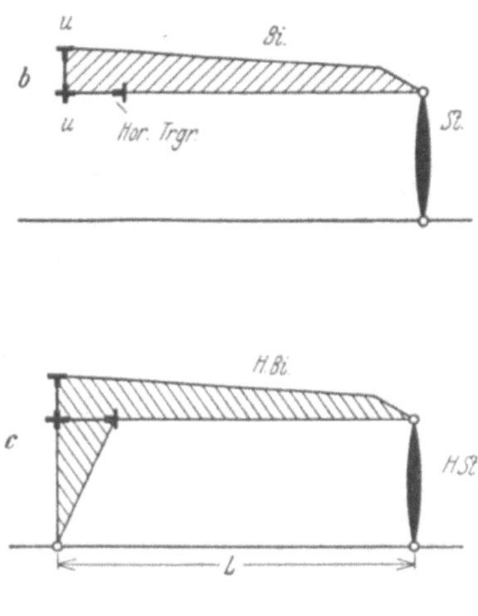

Abb. 227a bis c.

einstellt, das zwischen dem des eingespannten Rahmens und des mit zwei Fußgelenken
liegt. In der Abb. 230 und auch in allen folgenden sind die Momentenflächen an den
Stabseiten angetragen, wo bei reiner Biegung Zug entstehen würde.

Abb. 228. Traggerippe einer Flugzeughalle.

Abb. 229. Doppelflugzeug- und Werfthalle Berlin-Tempelhof. Baujahr 1925/26.

Die Verbindung des Stützenfußes mit dem Fundament kann durch eine Verankerung
wie die der Abb. 231 erfolgen. Dabei geht man zweckmäßigerweise, um das lästige und
zeitraubende Ausrichten der Stahlkonstruktionen, welches gewöhnlich erst nach Fertig-

stellung des ganzen Baues erfolgen kann, zu vermeiden, folgendermaßen vor: Nach
Fertigstellung der Fundamente mit den einbetonierten Ankern und Ankerbarren werden
kleine, z. B. aus U-Eisenstücken mit aufgenieteten Flacheisen bestehende Schienen
(*a* der Abb. 231), auf denen sich eine durch eine Körnerspitze hergestellte Marke befindet,

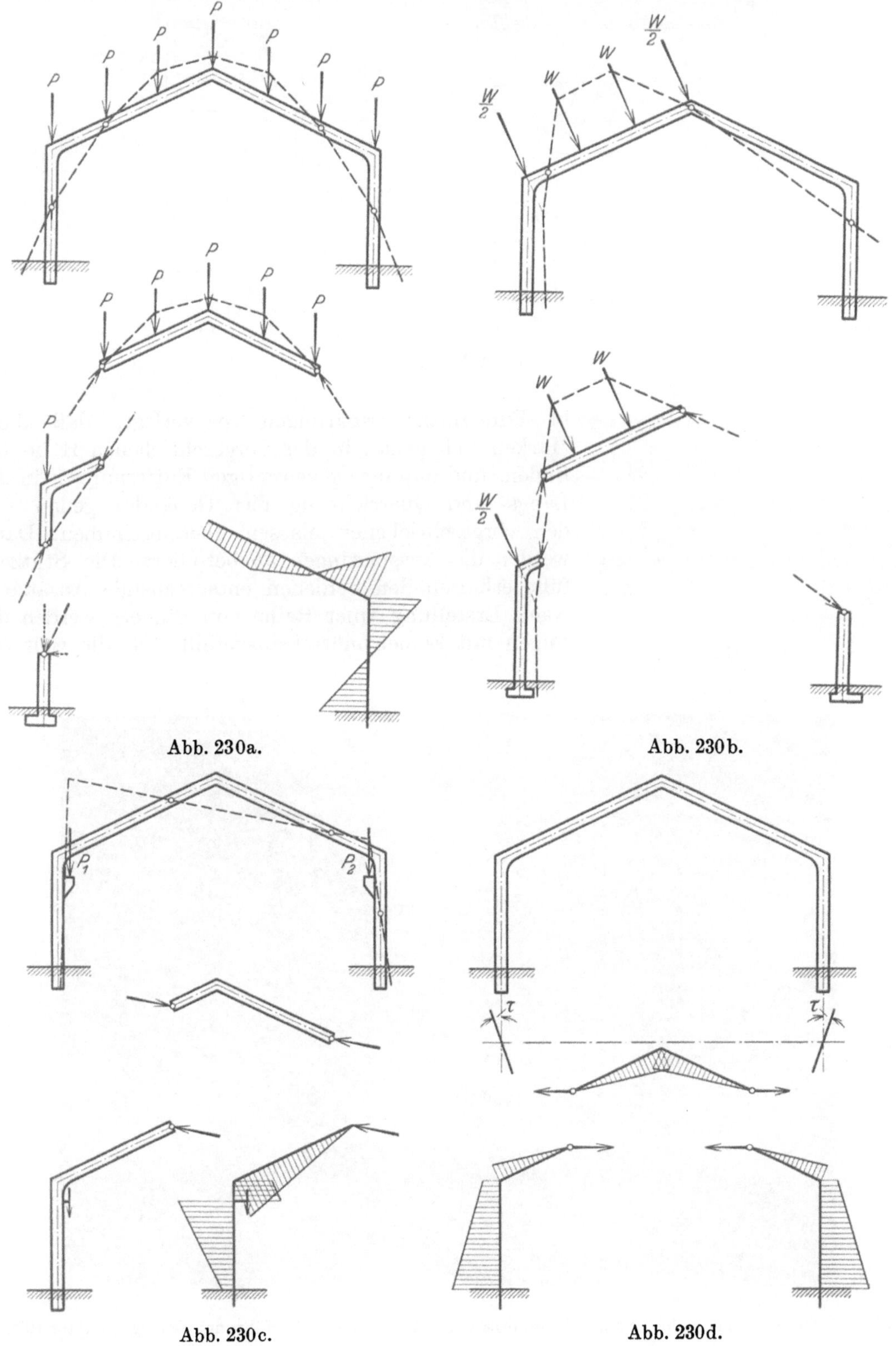

Abb. 230a.

Abb. 230b.

Abb. 230c.

Abb. 230d.

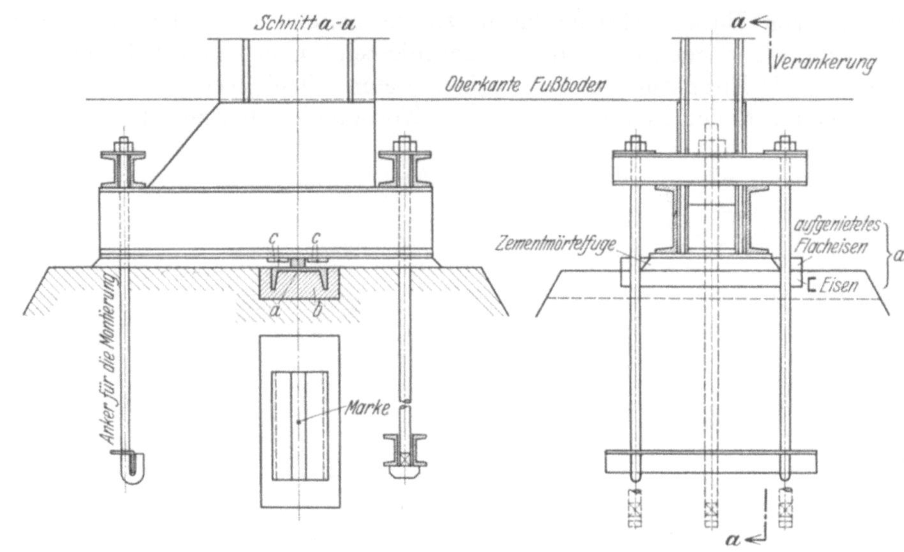

Abb. 231.

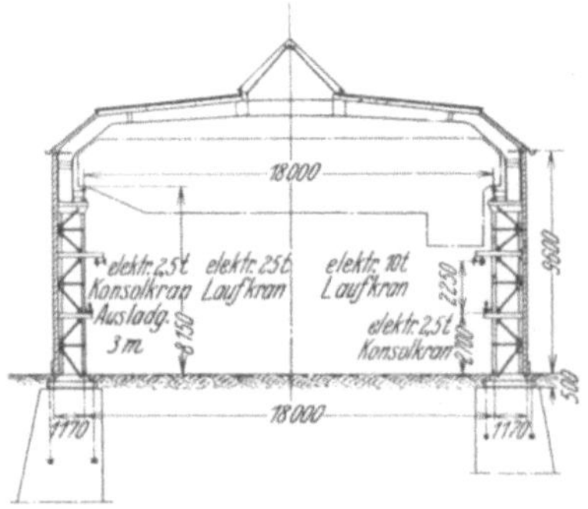

Abb. 232.

in Fundamentaussparungen so verlegt, daß diese Marken sich genau in der vorgeschriebenen Höhe befinden, und daß ihre gegenseitigen Entfernungen in der Längs- und Querrichtung des Gebäudes genau mit den vorgeschriebenen Massen übereinstimmen. Dann werden die Aussparungen ausbetoniert. Die Stützenfüße erhalten den Schienen entsprechende Ansätze c. Nach Erstellung einer Reihe von Bindern werden die Fugen mit Zementmörtel ausgefüllt. Für die weiteren

Abb. 233. Großturbinenhalle der Maschinenfabrik Voith, Heidenheim. Ausführung: Demag. Baujahr 1929.

ständigen Lasten wirkt der Binder als eingespannter Bogen, wobei nur noch die Innen-anker beansprucht werden.

Ausführungsbeispiele für diese Ausführungsart a zeigen die Abb. 223 (Stahlbauweise, Fachwerkausfachung), Abb. 232, 233 und 234 (Stahlbauweise, Riegel vollwandig, Stützen fachwerkartig) und Abb. 235 (Eisenbetonbauweise).

Abb. 234. Großturbinenhalle der Maschinenfabrik Voith, Heidenheim.

Die Halle der Abb. 232 (Gießerei der Maschinenfabrik Sangershausen A.G., Sangershausen, Ausführung: Hilgers) ist 20,34 m breit. Ihr Binderabstand beträgt 6,195 m, die Tragfähigkeit der beiden in 8,15 m Höhe laufenden Krane von 18 m Stütz-

Abb. 235. Turbinenhalle des Kraftwerks Harbke. Ausführung: Hochtief A. G., Essen.

weite 10 t und 25 t, die der 3 m ausladenden Konsolkrane 2,5 t. Die Dachhaut besteht aus Bimsbetonplatten. Die Belichtung der Halle erfolgt durch ein durchgehendes First-oberlicht und beiderseitige mansardförmige Oberlichter.

Die Breite der in den Lichtbildern Abb. 233 und 234 dargestellten Halle ist 34 m, die
Höhe 22,5 m. Die Tragfähigkeit des in 17 m Höhe laufenden Laufkrans von 30 m Stützweite beträgt 75 t. Außerdem sind noch Konsolkrane vorgesehen, die bei einer größten
Ausladung von 9,1 m eine Tragfähigkeit
von 8 t besitzen. Die undurchsichtige
Dachhaut besteht aus Bimsbetonkasset-
tenplatten. Die Tageslichtzuführung er-

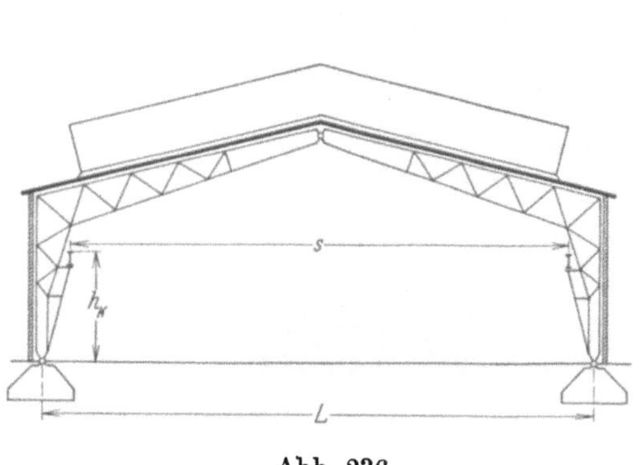

Abb. 236.

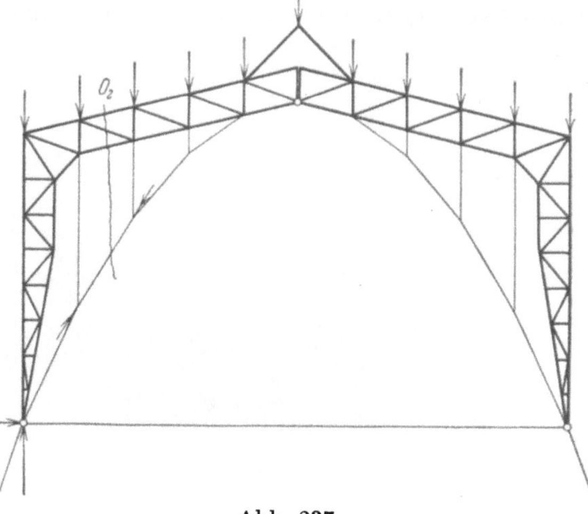

Abb. 237.

folgt außer durch Rohglasscheiben in den Wänden durch ein 13 m breites satteldach-
förmiges Firstoberlicht.

Ausführungsart b: Dreigelenkrahmen in Fachwerksystem (Abb. 236). Der Kraftfluß
bei ständiger Last wird durch die in Abb. 237 eingezeichnete Stützlinie deutlich. Die
Innenansicht einer entsprechenden Halle zeigt die Abb. 238 (Stützweite 35,18 m).

Abb. 238. Erweiterung der Gaszentrale III der Vereinigten Stahlwerke Dortmund. Ausführung: Dortmunder
Union. Baujahr 1919.

Hierher gehören auch die Binder von Luftschiffhallen, die wie in Abb. 239a und b
auf besondere Böcke gestellt sind, um so einigermaßen dem wirtschaftlich sich günstig
auswirkenden Kraftfluß der eingespannten Rahmen nahezukommen. Die eingeschriebenen

Maße beziehen sich auf die 1929 durch die G. H. H. erbaute Luftschiffhalle in Friedrichshafen.

Ausführungsart c: Vollwandige Dreigelenkbogen (Abb. 240 und 241). Die Binder des

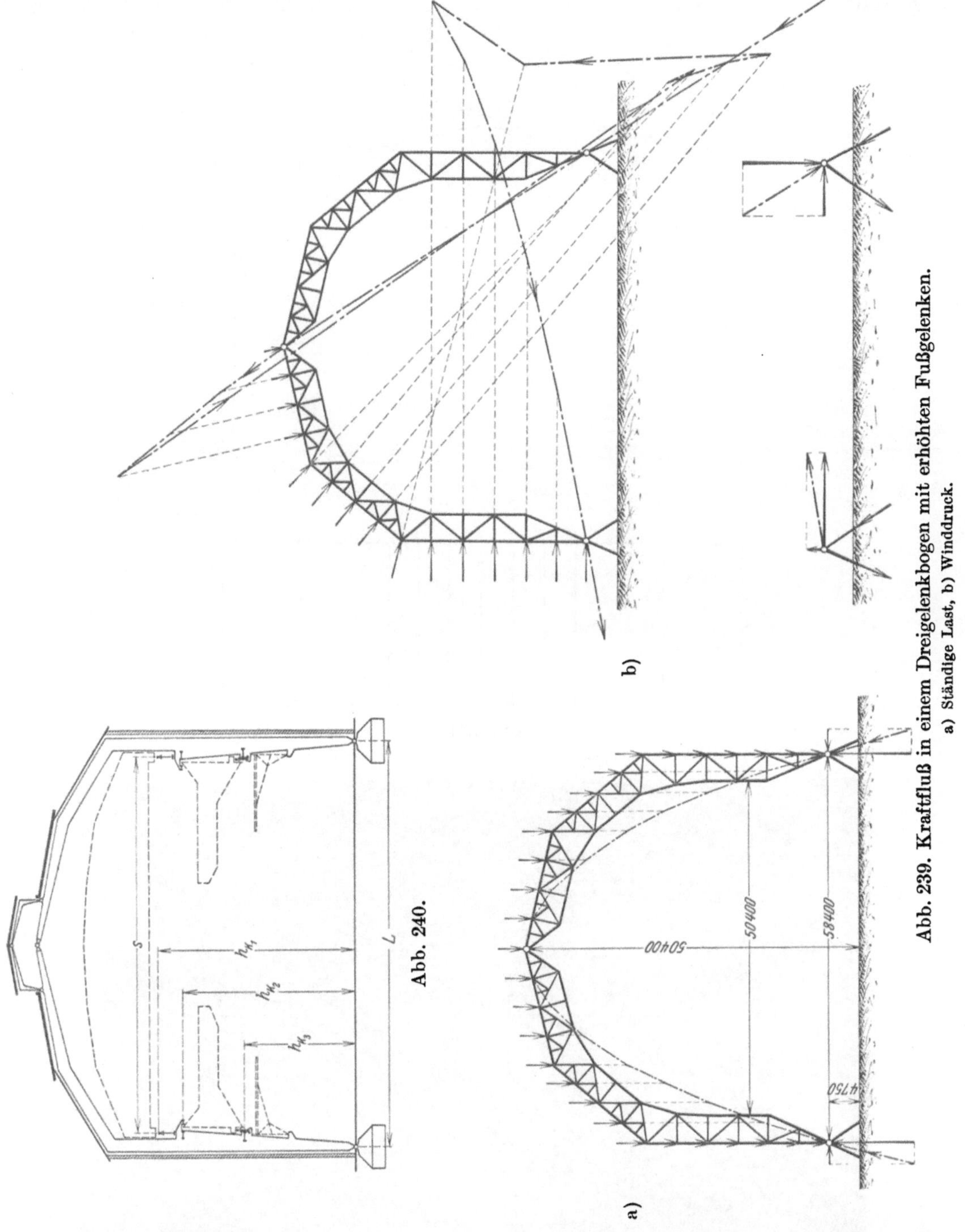

Ausführungsbeispiels der Abb. 242 und 243 (Innenansicht und Außenansicht) haben eine Stützweite von $L = 29,6$ m und einen Abstand von 10 m. Die Kranausrüstung besteht aus einem 75 t-Laufkran mit innenlaufender Katze, beiderseitigen Konsolkranen von 5 t Tragkraft bei einem Ausfahrmaß von 7,50 m, sowie aus Drehkranen von 2 t Tragkraft. Ursprünglich war das ganze Dach mit Glas eingedeckt. Bei einem Umbau der Halle wurde die Glasfläche wesentlich eingeschränkt. Die Abb. 244 und 245 zeigen das der Abb. 241 entsprechende Ausführungsbeispiel. Die Stützweite beträgt $L = 38,8$ m, der Binderabstand 12 m. In der Halle läuft in 16 m Höhe ein Dreimotorenlaufkran von 75 t Nutzlast und 36 m Stützweite. Ein Ausführungsbeispiel in Eisenbetonbauweise ist in Abb. 246 dargestellt.

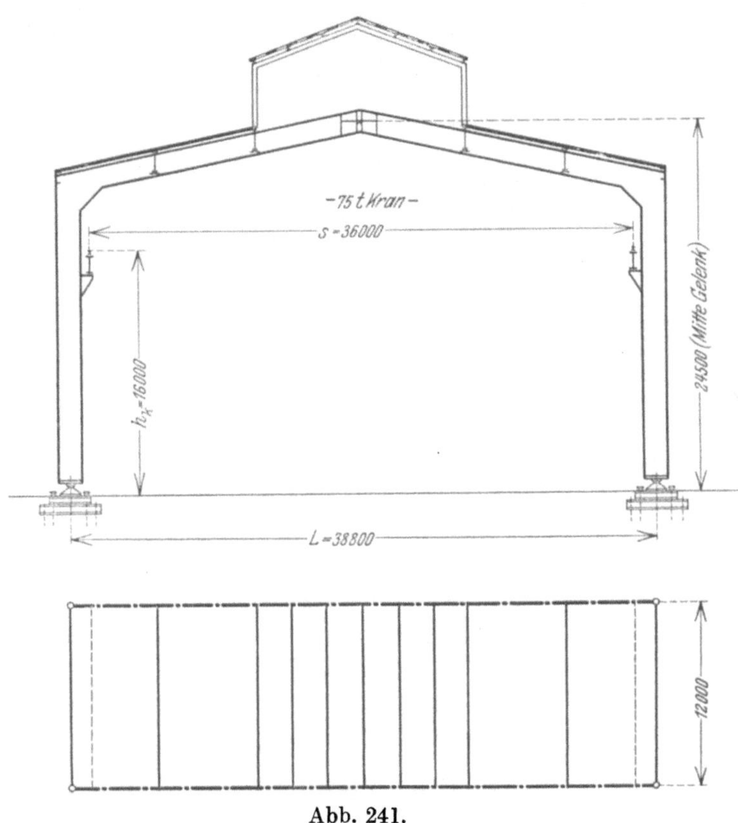

Abb. 241.

Abb. 242. Montierungshalle der Großmaschinenfabrik der AEG, Berlin. Ausführung der Stahlkonstruktion: Dortmunder Union. Baujahr 1913.

Ausführungsart d: Zweigelenkbogen in Fachwerksystem. Den schematischen Zeichnungen Abb. 247 bis 250 entsprechen die Lichtbilder der Abb. 251 bis 254, der Abb. 247 die Innenansicht 251, der Abb. 248 die Außenansicht Abb. 252 (Flugzeughalle), eine Bau-

Abb. 243. Montierungshalle der Großmaschinenfabrik der AEG, Berlin.

art, die sich wie die folgende auch ohne weiteres für rein industrielle Hallen eignet. Bei der Ausstellungshalle Abb. 249 und Abb. 253 sind die sehr weit gespannten Binder in die Oberlichter gelegt, die aus äußeren und inneren Glasflächen bestehen. Dadurch entsteht ein sehr wirkungsvoller Inneneindruck. Beim Bau der Abb. 250 sind die Stützen rechts

Abb. 244. Gasmaschinen-Gebläsehalle der August Thyssen-Hütte, Hamborn. Ausführung der Stahlkonstruktion: Flender A. G., Düsseldorf-Benrath. Baujahr 1928.

als Pendelstützen ausgebildet, so daß die im Abstand von 16,4 m angeordneten Hauptbinder als statisch bestimmte Halbrahmen wirken. Zwischen diesen befinden sich in der Mitte auf durchgehenden Längsträgern noch Zwischenbinder. Die Abb. 254 zeigt die Außenansicht dieser Halle, sowie die Portalkrane. An deren Untergurten laufen Drehlaufkatzen, die auf die im Innern befindliche Verladebrücke einfahren können.

Ausführungsart e: Vollwandige Zweigelenkbogen. In den Abb. 255 bis 260 sind eine
Anzahl solcher neuerdings bevorzugter Hallentraggerippe dargestellt. In den Abb. 261

Abb. 245. Gasmaschinen-Gebläsehalle der August Thyssen-Hütte, Hamborn.

bis 264 sind Lichtbilder solcher Hallen gezeigt. Dabei ist zu den einzelnen Ausführungsbeispielen folgendes zu bemerken:

Die Abb. 261 entspricht der Abb. 256. Die Binderstützweite beträgt $L = 20$ m; die
Kranstützweite 18,6 m. Die Binder sind Blechträger von 600 mm Höhe.

Abb. 246. Farbenfabriken Dormagen. Ausführung: Allgemeine Hochbau-Gesellschaft A. G., Düsseldorf.

Die Abb. 262 entspricht der Abb. 257, aus welcher alle Hauptmaße ersichtlich sind.
In 16,2 m Höhe liegt auf Konsolen die Kranbahn für einen Montagekran von 70 t Tragfähigkeit. Ferner nimmt voll Binder die in 8 m Höhe liegende Zwischendecke auf. Die

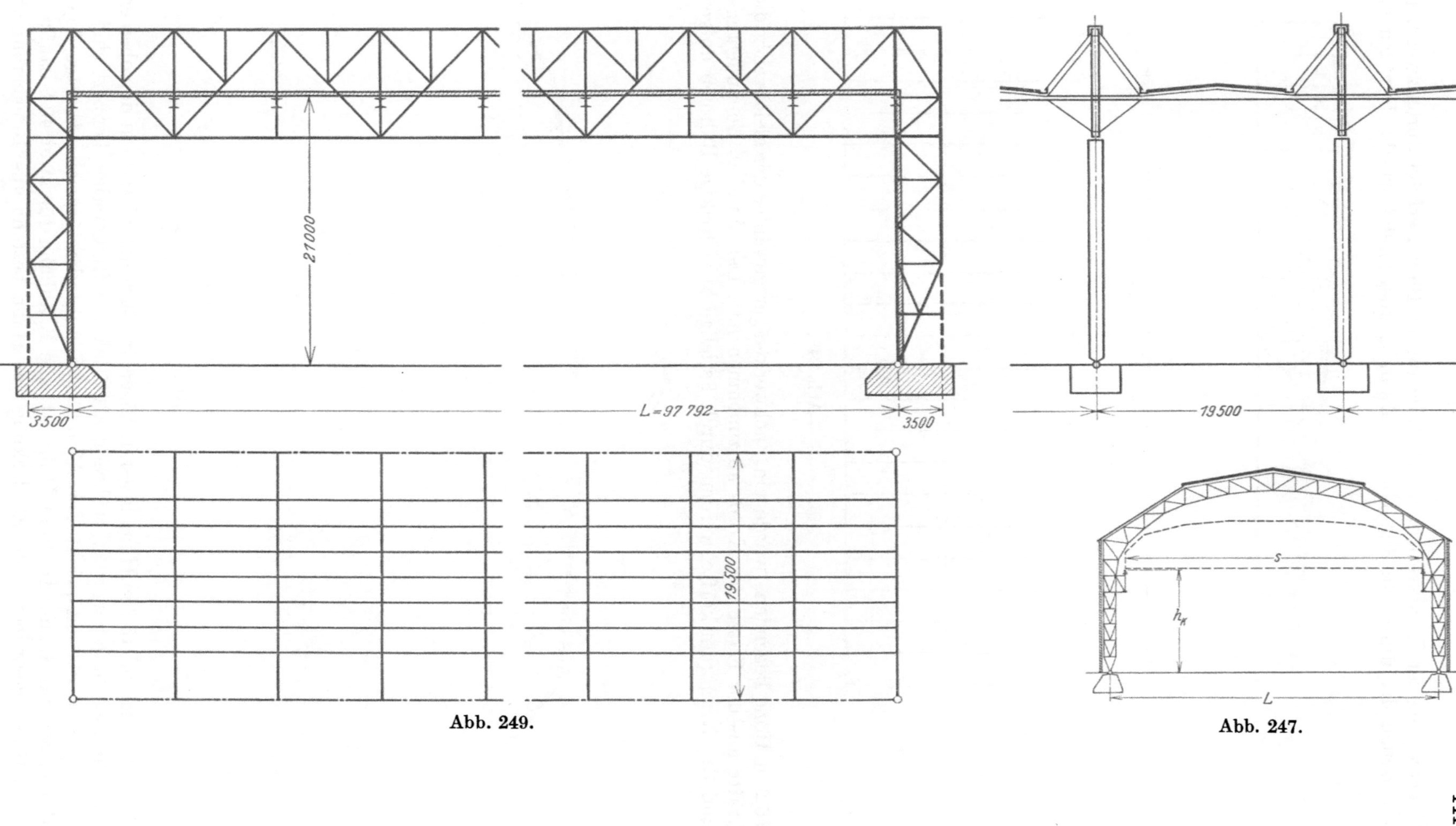

Abb. 249.

Abb. 247.

Übertragung der Windkraft quer zur Halle auf die Binder erfolgt durch zwei Längsriegel, von denen der untere in 8 m Höhe vollwandig ausgebildet wurde. Für den oberen, in

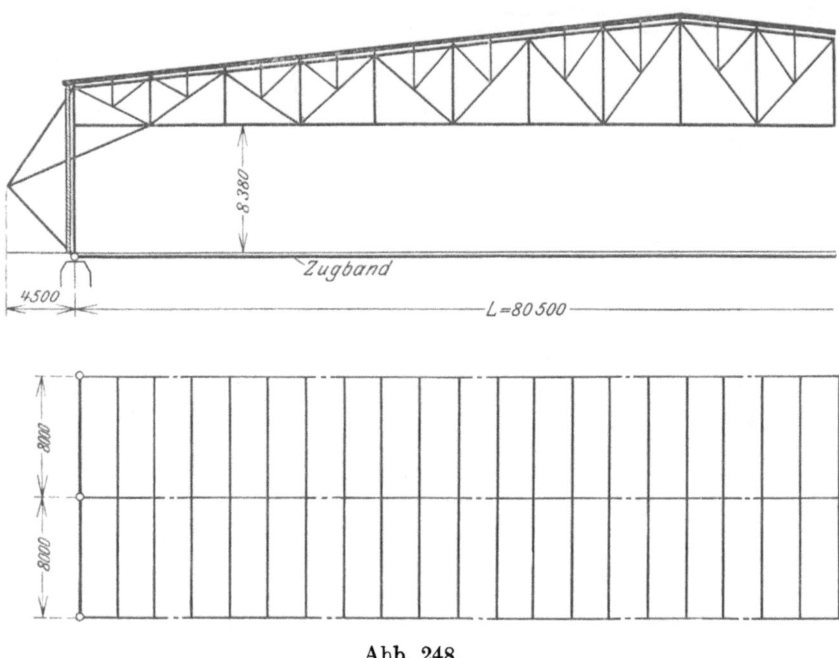

Abb. 248.

16,2 m Höhe liegenden, wurde ein Fachwerkträger gewählt, der gleichzeitig die Bremskräfte aus der Katze des Krans aufzunehmen hat. Der Wind in Gebäudelängsrichtung und die Kranbremskräfte werden durch 8stielige zweistöckige Rahmen aufgenommen,

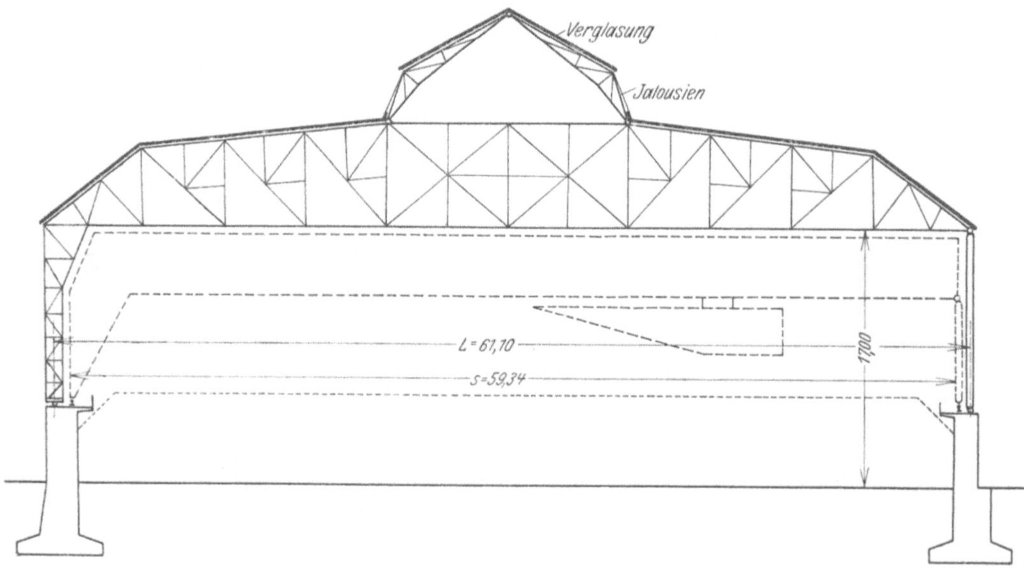

Abb. 250.

deren in 8 m und 16,2 m Höhe liegende Riegel im Zusammenhang mit den oben erwähnten Riegeln ausgebildet wurden, während als Stiele die Binderstiele benutzt sind.

Die Abb. 263 entspricht der Abb. 258. Die Binderstützweite beträgt 25,64 m, der Binderabstand 8,3 m. In 19 m Höhe ist eine Kranbahn für zwei 40 t-Laufkrane (siehe Abb. 167) angeordnet. Die Eindeckung der Halle besteht aus Bimsbetonplatten. Die

Abb. 251. Maschinenhalle der Ostdeutschen Ausstellung 1911 in Posen. Ausführung der Stahlkonstruktion: Breest & Co., Berlin. Baujahr 1911.

Abb. 252. Flugzeughalle B in Hamburg. Ausführung der Stahlkonstruktion: Später G. m. b. H., Hamburg. Baujahr 1926. (Siehe Bautechn. 1927.)

Abb. 253. Messehalle Nr. 7 in Leipzig. Ausführung der Stahlkonstruktion: MAN. Baujahr 1927/28.

Binderstützweite der Halle der Abb. 259[1] beträgt 31,2 m, der Binderabstand 10 m. In 11,0 m und 16,0 m Höhe sind Kranbahnen angeordnet, und zwar verkehren auf den oberen Kranbahnen zwei Laufkrane mit je 100 t Tragfähigkeit, auf den unteren zwei Lauf

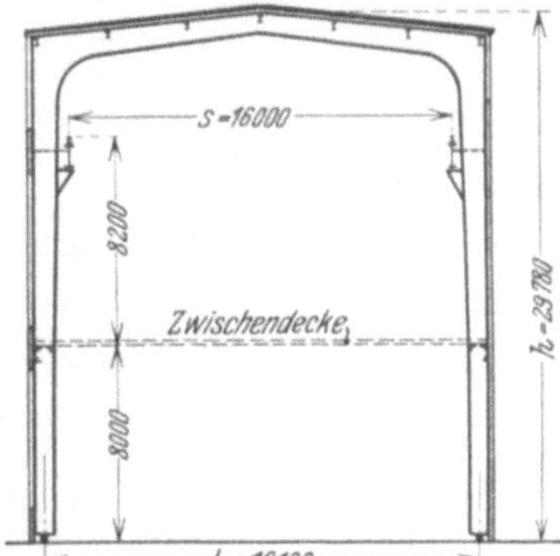

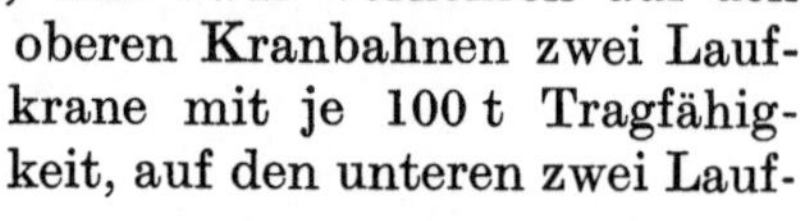

Abb. 254. Lagerhalle des Rheinischen Braunkohlen-Syndikats in Karlsruhe. Ausführung der Stahlkonstruktion: Eisenwerk Kaiserslautern. Baujahr 1914 (siehe: Stahlbau 1928).

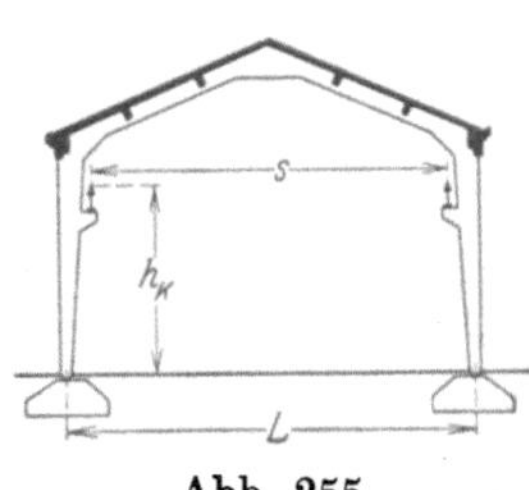

Abb. 255.

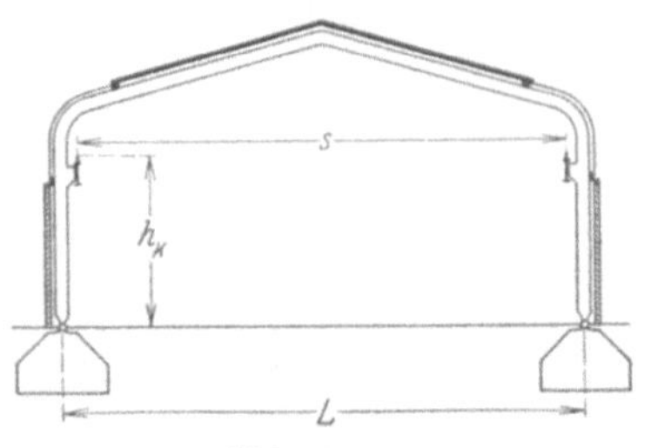

Abb. 256.

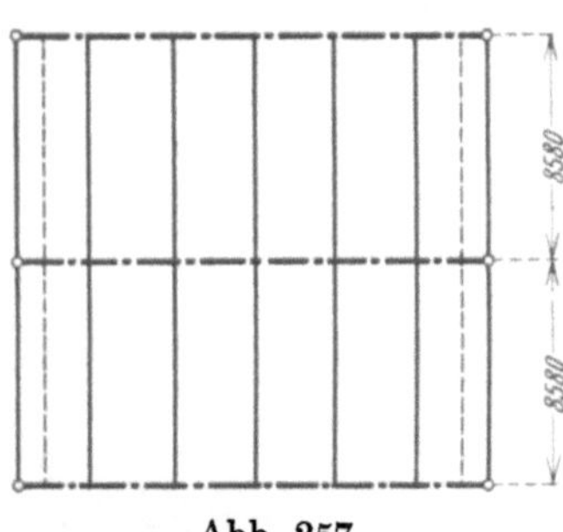

Abb. 257.

krane mit je 50 t Tragfähigkeit. Die Spannweite aller Krane ist 28,9 m. An einzelnen Binderstielen sind Schwenkkrane von je 2 t Tragkraft angebracht. Die Seitenwände der Halle bestehen, abgesehen von der 3,50 m hohen Brüstung und dem 2,35 m hohen

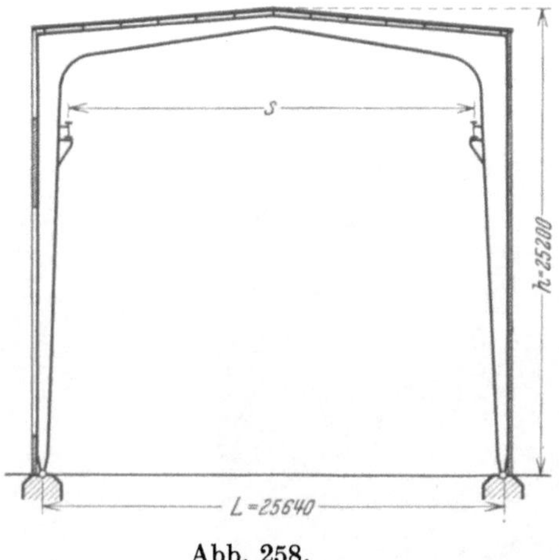

Abb. 258.

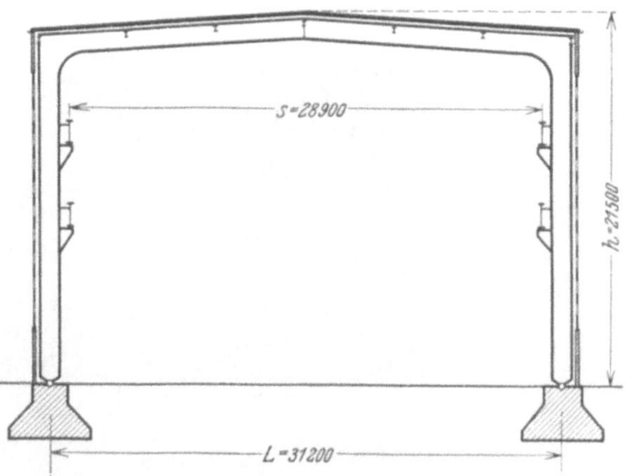

Abb. 259.

Fenstersturz, ganz aus Rohglas. Oberlichter sind keine angeordnet. Die Halle der Abb. 260[2] ist 43 m breit; die Binder bestehen aus Stahl St. 48, ihr Abstand beträgt 15,2 m. Die Binderauflager sind durch ein Zugband verbunden. Die Binderriegel und

---

[1] AEG. Berlin, Baujahr 1929, siehe Bauing. 1929.
[2] Kraftwagenhalle der Hamburger Hochbahn A.-G., Baujahr 1927, siehe Stahlbau 1928.

Binderstiele haben einwandige Blechträgerquerschnitte. Die Tageslichtzuführung erfolgt durch kurze Raupenoberlichter und durch Fenster in den Entlüftungsaufbauten. Die in

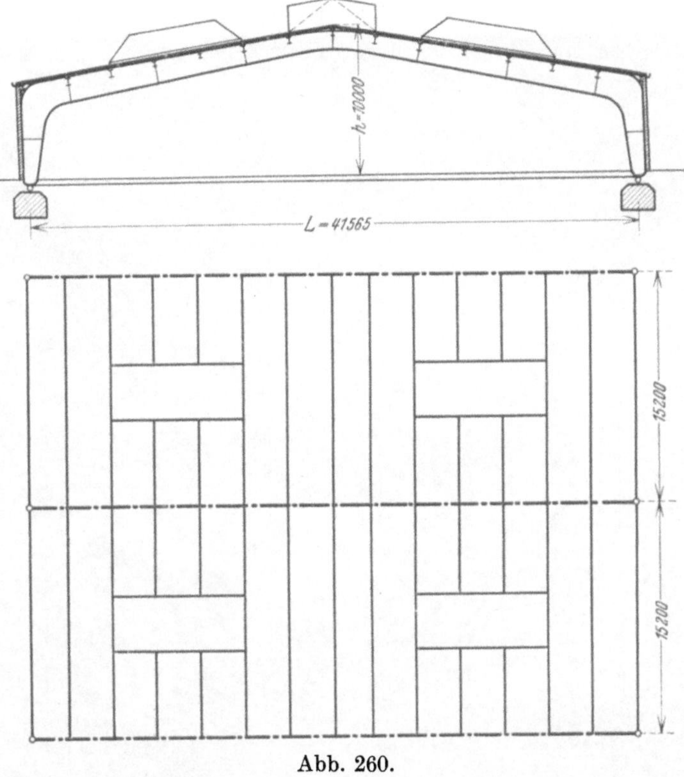

Abb. 260.

Eisenbeton ausgeführte Halle der Abb. 264 hat eine Breite von 14 m und eine Höhe von 9,15 m. Die Binder sind 5,3 m und 6,8 m voneinander entfernt. In 5,65 m Höhe läuft ein Kran von 11,5 m Stützweite.

Abb. 261. Ursprünglich Ausstellungshalle der Werkbundausstellung Köln. Ausführung der Stahlkonstruktion: Breest & Co., Baujahr 1919.

Ausführungsart f: Dreigelenkbogen mit oberem Zugband (Abb. 265 und Variante 266). Den Kraftfluß bei ständiger Last in einem solchen Binder (Abb. 265) zeigt die Abb. 267. Bei dem entsprechenden Ausführungsbeispiel (Abb. 268 und 269) beträgt die Stützweite der Hauptbinder 29,7 m, ihr Abstand 11,5 m. Zwischen den Hauptbindern sind Zwischenbinder angeordnet, die als Zweigelenkbogen mit Zugband (siehe Abb. 269) ausgebildet sind und auf dem am Traufenpunkt befindlichen Unterzug aufliegen. In Höhe von 10 m verkehrt ein Laufkran von 50 t Tragfähigkeit und 28 m Stützweite.

Abb. 262. Maschinenhalle der Kraftstation Wilmersdorf des Elektrizitätswerkes Südwest A. G. Berlin. Entwurf: Mensch, Berlin. Ausführung der Stahlkonstruktion: Steffens & Nölle A. G. Baujahr 1927 (siehe: Stahlbau 1928).

Abb. 263. Turbinenhalle des Großkraftwerks Klingenberg-Berlin. Ausführung der Stahlkonstruktion: Lauchhammer. Baujahr 1926 (siehe: Bauing. 1928).

Als Variante des Dreigelenkbogens mit oberem Zugband wird in Abb. 266 eine Halle gezeigt, deren eine Stütze als Pendelstütze ausgeführt ist. Der Binder kann also als Vier-

Abb. 264. Deutsche Sprengstoff A. G., Hamburg. Ausführung: Wayss & Freytag A. G.

gelenkbogen mit Zugband bezeichnet werden. Die Abb. 270 zeigt ein Lichtbild der ausgeführten Halle. Die Länge der Halle beträgt 83,16 m, die Spannweite der Eisenbeton-

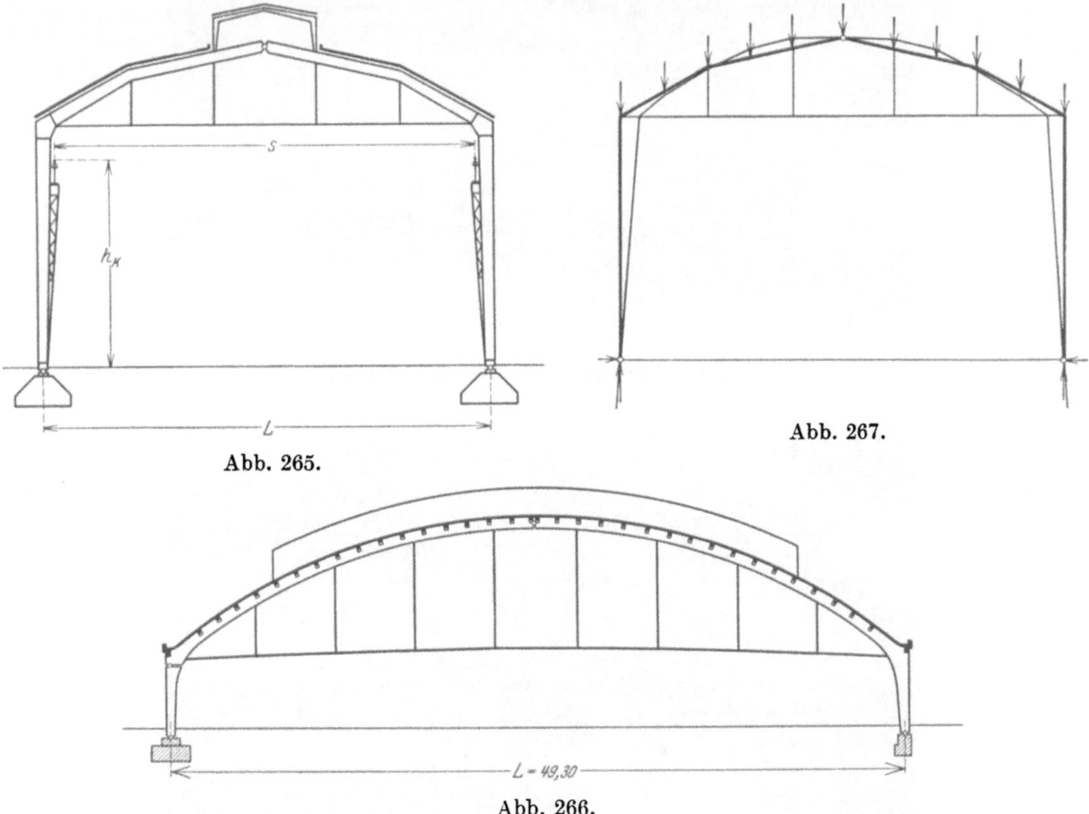

Abb. 265.

Abb. 267.

Abb. 266.

bogenbinder 49,3 m und die Höhe etwa 15 m. Der Abstand der Bogenbinder schwankt zwischen 5,6 und 6,1 m. Die Pfetten wurden auf dem Boden betoniert und nach dem Er-

Abb. 268. Gasmaschinenzentrale Buer (Westf.). Ausführung: Dortmunder Union. Baujahr 1912.

Abb. 269. Gasmaschinenzentrale Buer (Westf.).

Abb. 270. Wagenhalle der Ankerbrotfabrik A. G., Wien. Ausführung: Wayss & Freytag A. G. Baujahr 1923/24.

härten in die fertiggestellte Schalung der Hauptbinder verlegt. Die Dachhaut wurde mit Spritzbeton hergestellt und mit Inertolanstrich versehen. Außer einer durch die Bogenscheitel gehenden Längsfuge sind drei Querdehnungsfugen in der Dachhaut angeordnet.

Ausführungsart g: Zweigelenkbogen mit oberem Zugband (frei oder eingehüllt; Abb. 271 und 272). Der schematischen Zeichnung Abb. 271 entspricht das in Eisenbeton ausgeführte Beispiel der Abb. 273 (Zeichnung der Eisenbewehrung) und 274 (Innenansicht).

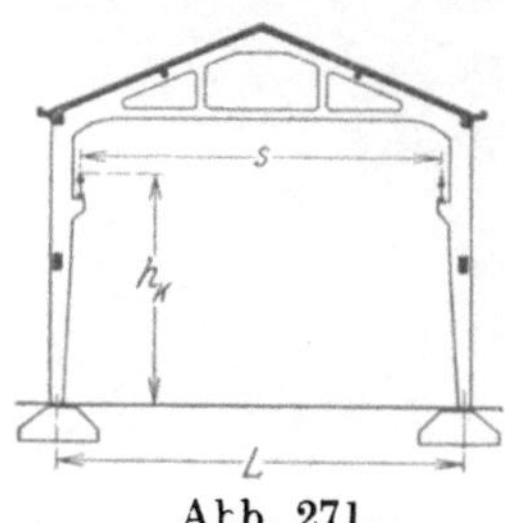

Abb. 271.

Die Stützweite L beträgt 12,80 m, der Binderabstand 6,50 m.

Ausführungsart h: Eingespannte Bogen mit Zugband (frei oder eingehüllt; Abb. 275). Abb. 276a zeigt den Kraftfluß der Binder dieser Halle ($L = 18,4$ m, Abstand 5,5 m) bei ständiger Last. In Abb. 276b ist die Drucklinie derselben Halle, jedoch ohne Anordnung eines Zugbandes unter derselben Last ermittelt. Der Vergleich der beiden Abb. 276a und b veranschaulicht den günstigen Einfluß eines hochliegenden Zugbandes, der sich in einer wesentlichen Querschnittsverminderung der Stiele und Riegel auswirkt.

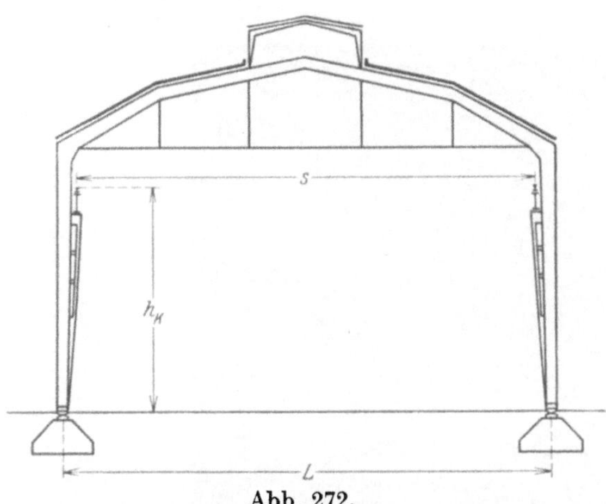

Abb. 272.

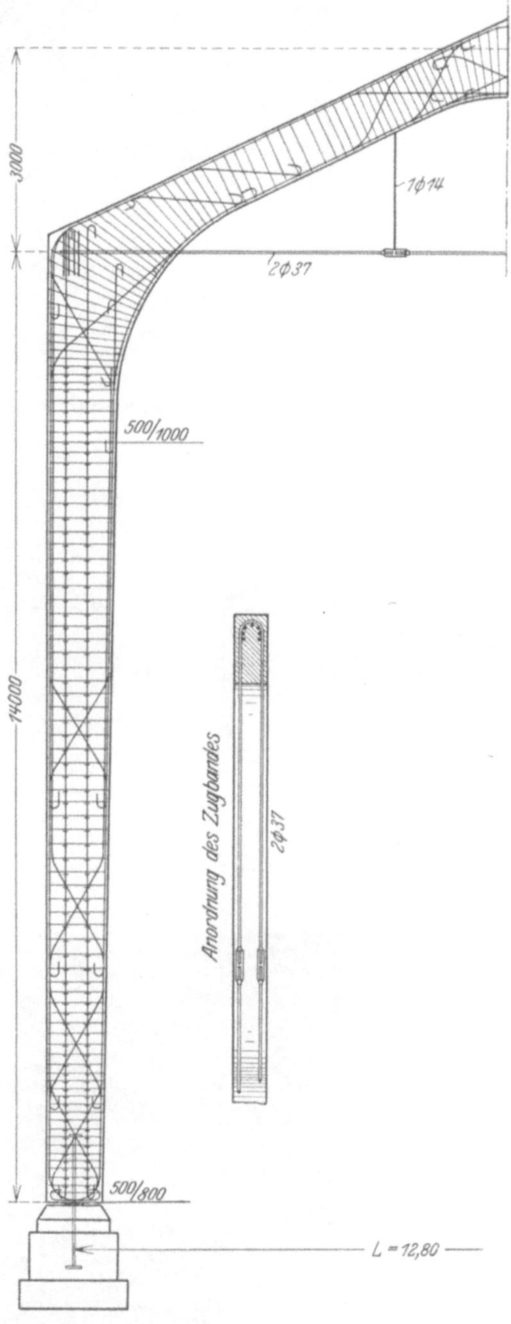

Abb. 273.

Die Abb. 277 und 278 entsprechen zwei hierher gehörenden Ausführungsbeispielen in Eisenbetonbauweise. Bei dem in der Abb. 278 dargestellten Traggerippe ist der 13,5 m große Abstand der 33,52 m weitgespannten Binder bemerkenswert. Diese sind übrigens als Bogen mit Zugband, die auf im Fundament eingespannten Stützen aufruhen, berechnet und ausgebildet. Um bei dem großen Binderabstand das Gewicht der Dachhaut und

Abb. 274. Ofenhaus der Portlandzementfabrik A. Märker, Harburg. Ausführung: Wayss & Freytag A. G.

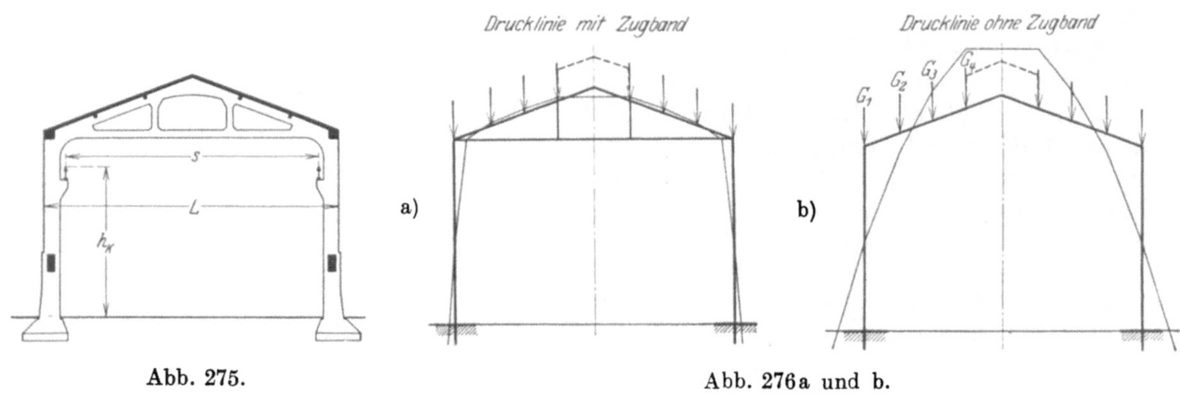

Abb. 275.   Abb. 276a und b.

Abb. 277. Zentralmaschinenhaus der Gewerkschaft Karl Alexander, Baesweiler. Ausführung:
Wayss & Freytag A. G.

ihrer Unterkonstruktion möglichst zu beschränken, wurden dafür unten auf dem Hallenfußboden sozusagen fabrikmäßig hergestellte Dachplatten und Pfetten in möglichst leichter
Ausführung verwendet. Auf diese Weise war nur für die Binder ein Schalgerüst nötig.

Abb. 278. Städtische Straßenbahnwagenhalle, Dresden. Ausführung: Wayss & Freytag A. G.

Beispiele von Schalendächern, über deren grundsätzlichen Aufbau in der Ein-
leitung zu diesem Unterabschnitt berichtet wurde, sind die Bauten der Abb. 279 und 280.
Der Abb. 279 entspricht eine Binderstützweite von 15,8 m, eine Schalenstärke von 6 cm
bei einem Binderabstand von 6 m. Aus der Abb. 280 kann man deutlich die früher er-

Abb. 279. Halle in den Zeiß-Werken Jena. Ausführung: Dywidag. Baujahr 1929/30.

wähnten, von Seitenwand zu Seitenwand der im Grundriß trapezförmigen Halle sich auf
16,8 bis 27,6 m spannenden Mittelrandglieder sehen. Die Schalenstärke beträgt 8 cm bei
einer Gewölbespannweite von 8,8 bis 12,9 m.

2. Längsversteifung der Hallen.

Im Anschluß an die Betrachtung der Tragkonstruktionen, die im Gebäudequerschnitt einschiffiger Hallen in Erscheinung treten, sollen im folgenden diejenigen be-

sprochen werden, die im Längenschnitt erscheinen und zur Aufnahme auch von Kräften dienen, die in der Längsrichtung des Gebäudes wirken, z. B. von Kräften, die durch Wind auf die Giebelwände, durch Anfahren und Bremsen der Krane hervorgerufen werden. Von den zu den Dachkonstruktionen gehörenden Teilen sind hier be-

Abb. 280. Wagenhalle im Elektrizitätswerk Jena. Ausführung: Dywidag. Baujahr 1930.

sonders die Pfetten und Windverbände zu erwähnen, welche die gemeinsame Aufgabe haben, den Stand der Binderfluchten und die auf Druck beanspruchten Gurte der Binder gegen Ausknicken zu sichern.

Ist diese Knicksicherung auch bei den Untergurten nötig, z. B. bei Bogenträgern, so sind dafür besondere Maßregeln erforderlich, z. B. Kopfstreben zwischen Pfetten und Bindern oder die Vorkehrungen, welche in Abb. 281 dargestellt sind. Dort sind Wind-

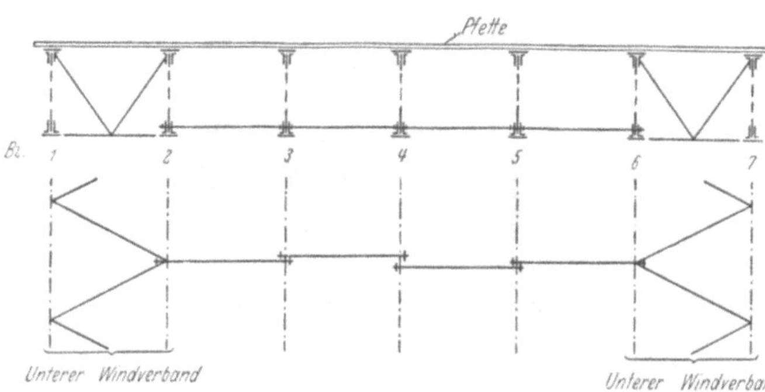

Abb. 281.

verbände auch in den Untergurtflächen zwischen den Binderpaaren (*1*), (*2*), sowie (*6*), (*7*) angeordnet, so daß jedes dieser Binderpaare, durch die Verbände als stabiles Raumtragwerk wirkend, beliebig gerichtete, auch in den Untergurtknotenpunkten angreifende Kräfte aufnehmen kann. Die Untergurtknotenpunkte der dazwischenliegenden Binder können dann in einfachen Fällen durch Rundeisen, die durch die Knotenbleche durchgesteckt und beiderseitig durch Muttern befestigt sind, nach beiden räumlichen Tragwerken eindeutig festgelegt werden.

Hierher gehören auch die Kranbahnträger. Sie müssen seitlich mit Rücksicht auf die horizontalen Krankräfte, z. B. infolge Bremsens der Katze, versteift werden und dienen bei mehrschiffigen Hallen vielfach zugleich als Unterzüge für die Aufnahme der Lasten der Zwischenbinder, die ihre Lasten nicht unmittelbar auf Stützen weitergeben können. Zur Überleitung der horizontalen Kräfte infolge Bremsens der Krane auf die Fundamente müssen zwischen einzelnen Stützen Verstrebungen nach Abb. 282a bis c vorgesehen werden. In dem Ausführungsbeispiel der Abb. 283 ist die Stützweite der durchlaufenden Kranbahnträger 9 m, die Binderentfernung 4,5 m. Die Zwischenbinder sind auf parallel-gurtigen Fachwerkträgern abgestützt. Das Kranbahnvollportal befindet sich an dem einen Ende der 54 m langen Halle. Wie man auch aus der Abb. 283 sieht, sind solche Längsverbände nicht nur in den Ebenen der Kranbahnstiele, sondern auch in den Ebenen der äußeren Stützenstiele notwendig, um die auf die Giebelwände entfallenden Winddrücke aufzunehmen. Dazu genügen die üblichen Dachverbände nicht. Man muß vielmehr wie an Hand der Abb. 284, eines einfachen Beispiels (symme-trische Halle), gezeigt werden soll, vorgehen. Dabei ist in Abb. 284a die oben beschriebene Type II, Ausfüh-rungsart a, zugrunde gelegt, aus der ja die beiden andern als Spezialfälle abgeleitet wer-den können. Die Wandflächen $A\,I$ und $B\,\bar{I}$ sind nur der Deut-lichkeit halber schräg ange-nommen. Wie Abb. 284 zeigt, bilden Binder (1) und (2) zu-sammen mit den Diagonalen D und Pfosten V ($=$ Pfetten-

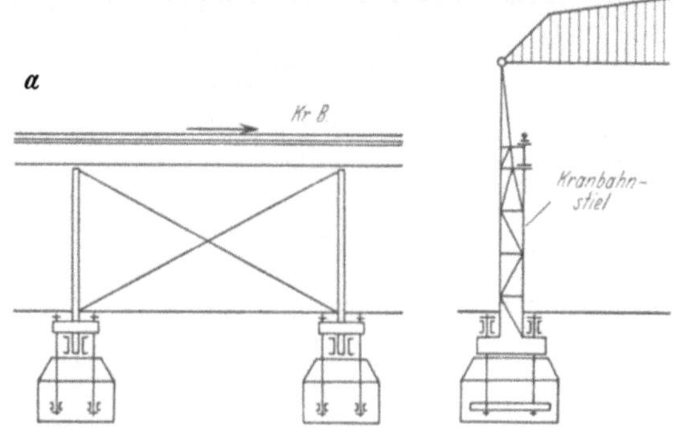

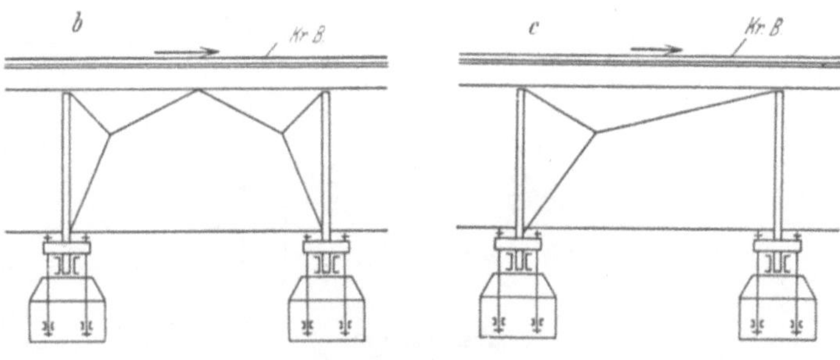

Abb. 282a bis c.

stücke, wenn nötig verstärkt) ein räumliches Tragwerk, das die von der Giebelwand her wirkenden Windkräfte W nach den Binderfundamenten übertragen kann. Betreffs der Wandausbildung und der davon abhängigen Größe der Kräfte W siehe im II. Ab-schnitt B, 4. Denkt man sich durch den räumlichen Träger den im Grundriß an-gedeuteten Schnitt ss, etwa als vertikal-zylindrischen Schnitt mit der Erzeugen-den ss, gelegt, so ergibt eine der Gleich-gewichtsbedingungen der an dem heraus-geschnittenen Trägerteil wirkenden Kräfte, nämlich die Bedingung: Σ der Projektionen dieser Kräfte auf die Längsrichtung der Halle $= 0$, mit den Bezeichnungen der Figur:

$$(D_2 + \bar{D_2})\sin\alpha_2 = W_2 + W_3 + \bar{W_2}$$

und wegen der Symmetrie:

$$D_2 = \frac{1}{2\sin\alpha_2}(W_2 + W_3 + \bar{W_2}),$$

d. h. die Werte von D und, wie sich ganz ähnlich beweisen läßt, auch die von V sind gleich groß wie die von D und V des in Abb. 284d gezeichneten, abgewickelten, ein-

Abb. 283. Preßwerk Wasseralfingen. Entwurf des Verfassers. Baujahr 1917.

fachen Balkenträgers $A'B'$. An den einzelnen Binderknotenpunkten wirken dement-sprechend die in die Richtungen der Obergurtstäbe fallenden Kräfte: $D\cos\alpha$, wodurch der erste und der zweite Binder, wie in Abb. 285a und b angegeben ist, wesentlich zusätzlich belastet werden. Fehlt Binder (*1*), so muß die Giebelwand imstande sein, die entsprechenden Kräfte der Abb. 285a aufzunehmen. Statt der Diagonale D_1 kann auch eine andere, z. B. eine portal- oder halbportalförmige Ausfachung des unteren Rechtecks zwischen A und I erfolgen. Bei der Dimensionierung der Füllungsstäbe ist darauf zu achten, daß bei

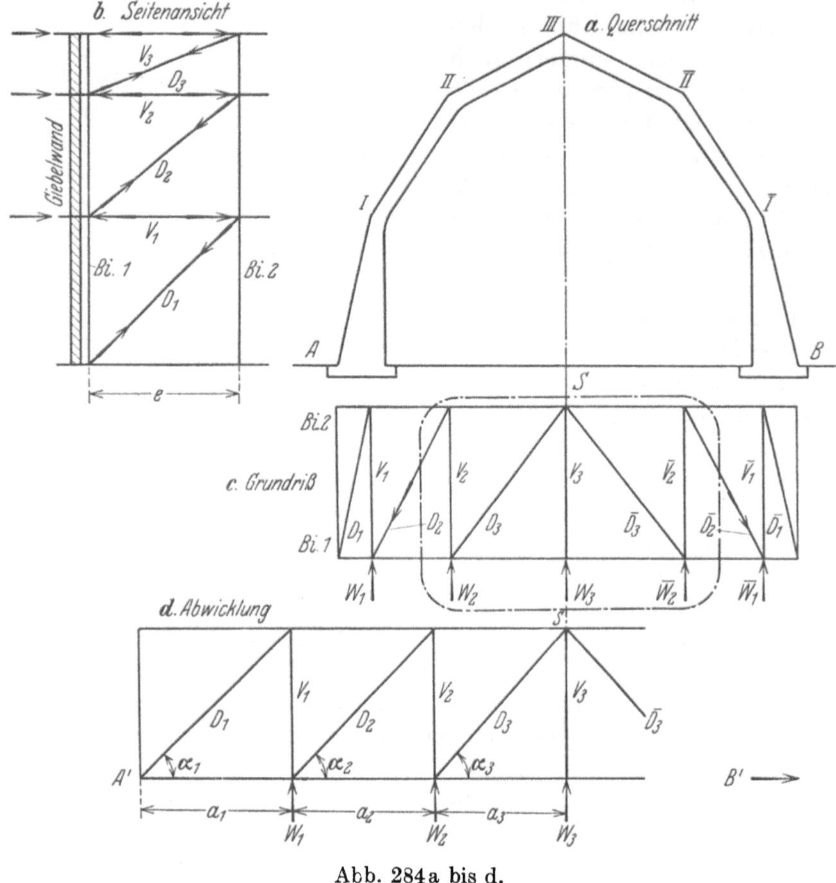

Abb. 284a bis d.

Saugwirkung des Windes die Kraftrichtungen sich umkehren können. Bei unsymmetrischen Belastungen und unsymmetrischen Gebäudequerschnitten ist der Kraftfluß im Raumfachwerk auf Grund seiner Auffassung als einfach statisch unbestimmtes Gebilde zu verfolgen.

Bei der Montierung oben beschriebener, in Stahl oder Holz auszuführender Hallen ist auf das rechtzeitige Einziehen der Winddiagonalen zu achten. Namentlich bei Holz-

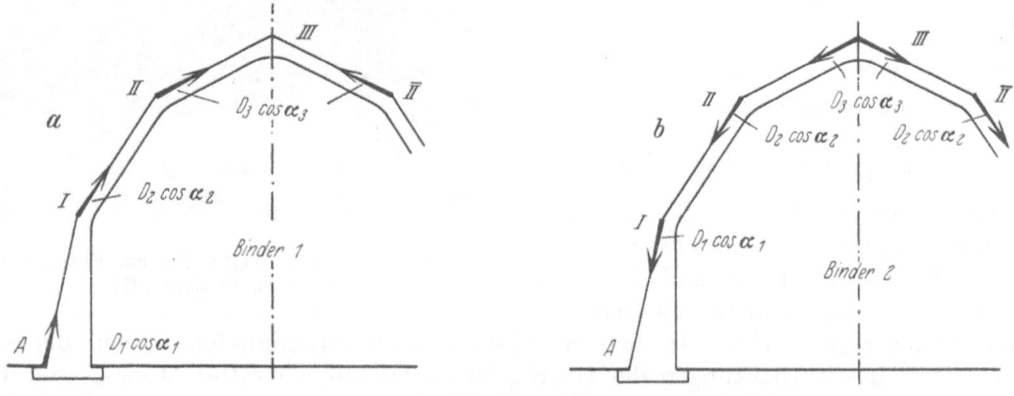

Abb. 285a und b.

hallen treten infolge der großen Windangriffsflächen im Bauzustand sehr erhebliche Längskräfte auf, denen auch die Anschlüsse der Pfetten bei Wind in Richtung (*1*), (*2*) und die auf Knicken beanspruchten Pfetten selbst bei Wind in Richtung (*2*), (*1*) gewachsen sein müssen. Hierbei addieren sich nach Aufstellung mehrerer Binder die Windkräfte in den Pfetten.

3. Mehrschiffige Hallen.

Für ihre Längsaussteifung gelten die unter 2. angegebenen Grundsätze. Trotzdem bei den im Gebäudequerschnitt in Erscheinung tretenden Teilen der Traggerippe keine wesentlich anderen Elemente

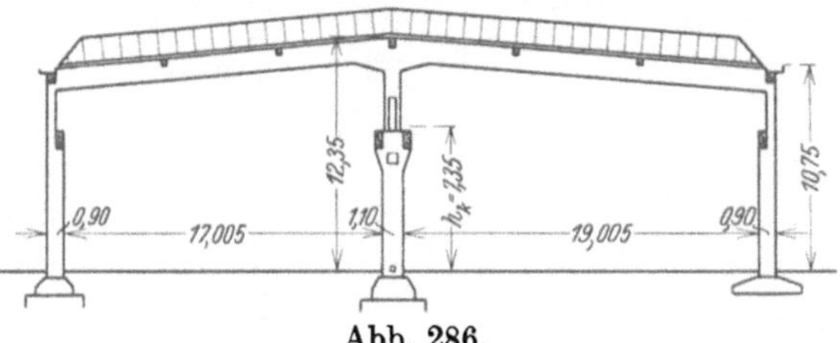

Abb. 286.

verwendet werden wie bei den einschiffigen Hallen, läßt sich für die Traggerippe der mehrschiffigen Hallen keine so weitgehende Systematik durchführen, wie es bei denen der einschiffigen Hallen möglich war. Von den vielen Aufbaumöglichkeiten, die es je

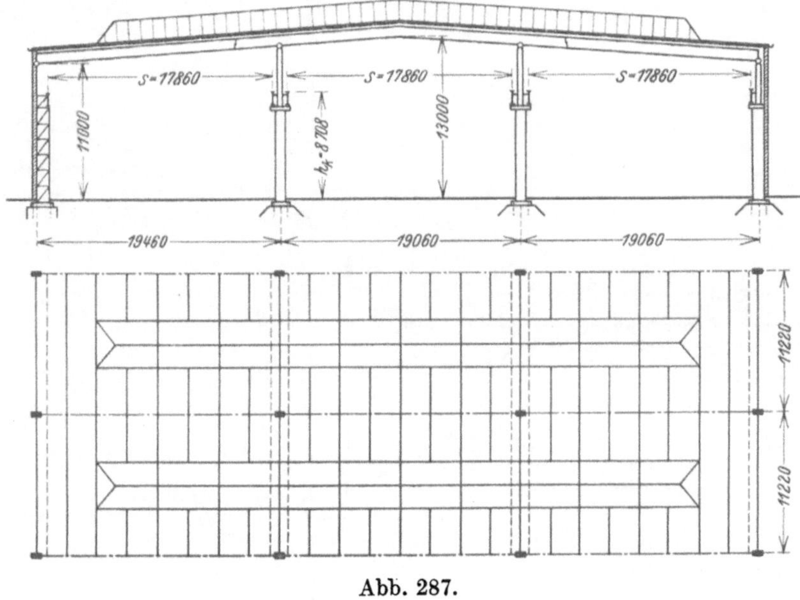

Abb. 287.

nach der Form der Hallengesamtquerschnitte und je nach der Anzahl der Hallenschiffe gibt, sollen einige typische gezeigt werden, und zwar zunächst für den Fall, daß die Binderscheiben unmittelbar auf Stützen aufgelagert werden können.

Man beachte, daß auch hier die schematischen, tatsächlichen Ausführungen entsprechenden Abbildungen alle im Maßstab 1 : 600 gezeichnet sind.

Bei den Abb. 286 bis 291 sind entsprechend der Type II der einschiffigen Hallen im Fundament eingespannte Stützen und darauf gelenkig aufgelagerte einfache oder durch-

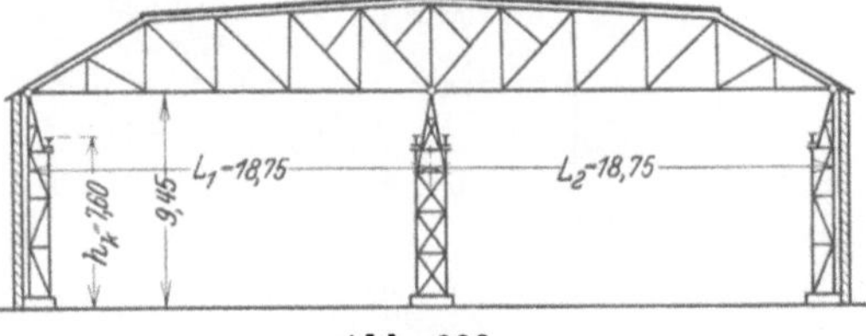

Abb. 288.

laufende Binderscheiben verwendet. Der Kraftfluß für diese Ausführungsart ist in Abb. 292a bis h dargestellt; dabei ist angenommen, daß alle Stützen das gleiche Trägheitsmoment besitzen. Im übrigen sind dieselben vereinfachenden Annahmen wie oben bei der einschiffigen Halle Type II gemacht.

Belastungsfall 1: Waagerechte Einzellast P am linken Binderauflager *1* nach a).

Wie in b) dargestellt ist, wird die Binderscheibe der linken Öffnung durch eine in der Richtung der Verbindungslinie der Auflagergelenke *1* und *2* wirkende Druckkraft von

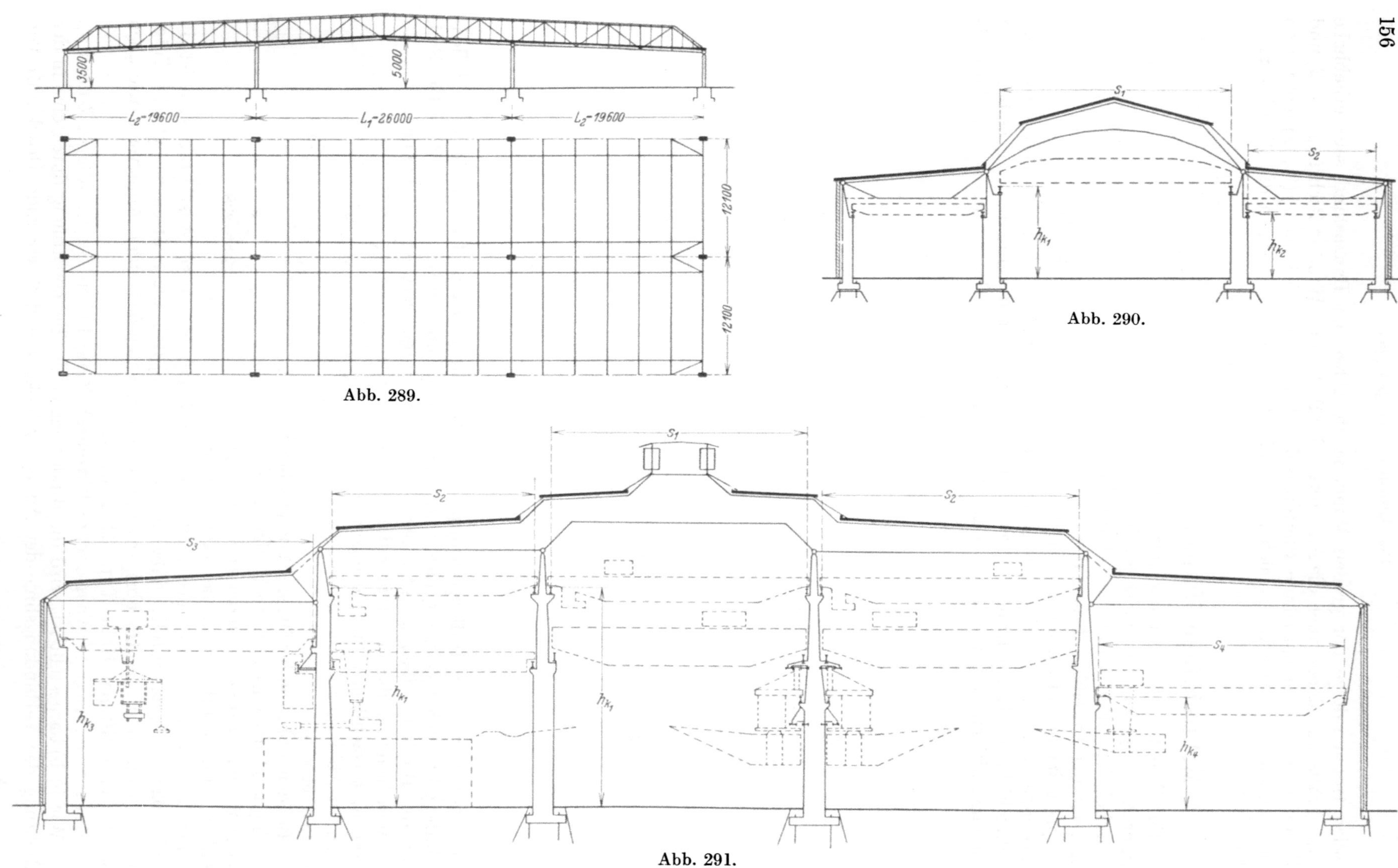

L_2=19600   L_1=26000   L_2=19600
3500   5000   12100   12100
Abb. 289.
S_1   S_2   h_K1   h_K2
Abb. 290.
S_1   S_2   S_2   S_3   S_4   h_K1   h_K1   h_K3   h_K4
Abb. 291.

$\tfrac{2}{3} P$ beansprucht, die Binderscheibe der rechten Öffnung entsprechend durch $\tfrac{1}{3} P$. Die Belastung der Stützen geht aus c) hervor. Die an jedem Stützenkopf auftretende Horizontalkraft $P/3$ erzeugt an den Einspannstellen die Momente $M = \dfrac{P\,h}{3}$.

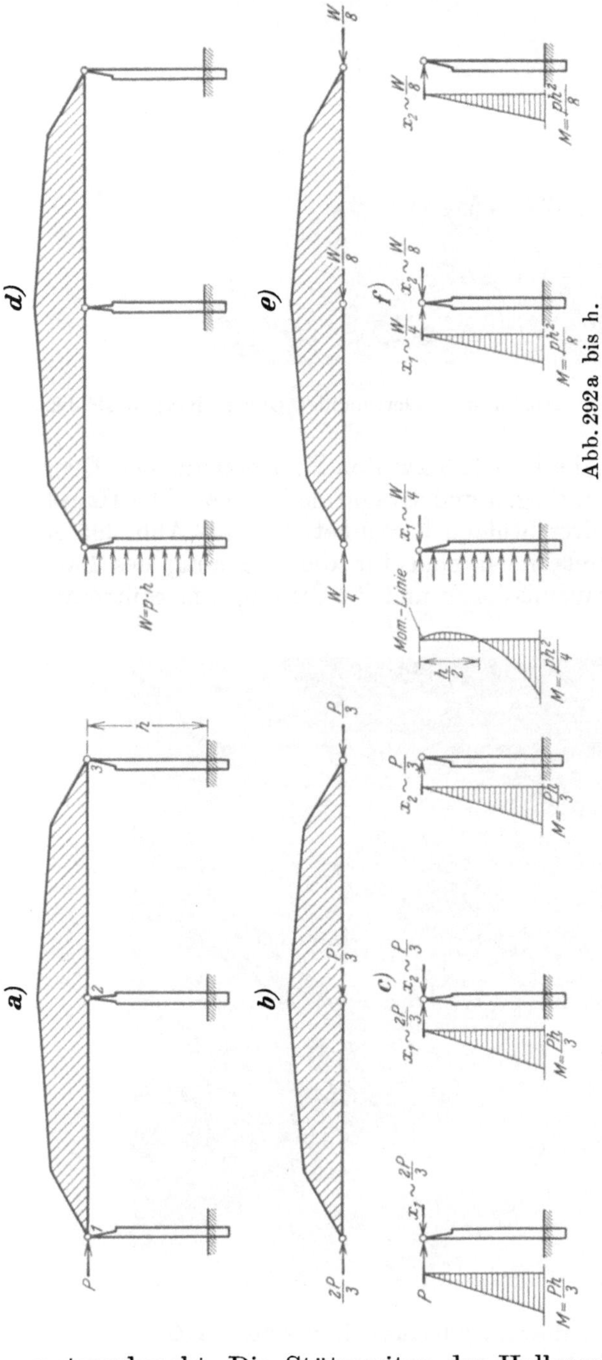

Belastungsfall 2: Gleichmäßig verteilte Horizontalkraft p t/m nach d).

Wie in e) dargestellt, wird die linke Binderscheibe durch eine Druckkraft von $\dfrac{W}{4}$, die rechte durch $\dfrac{W}{8}$ beansprucht, wobei $W = p \cdot h$ ist. Die Belastung der Stützen geht aus f) hervor. Die Momentenlinie der Außenstütze links hat in halber Höhe einen Nullpunkt. Das Einspannmoment derselben beträgt $M = \dfrac{p\,h^2}{4}$, das der beiden anderen Stützen $M = \dfrac{p\,h^2}{8}$.

Belastungsfall 3: Gleichmäßig verteilte ständige Last nach g).

Wie bei dem über drei Stützen durchlaufenden Träger mit veränderlichem Trägheitsmoment erhalten wir hier die in h) angegebenen Belastungen der Stützen.

Die Abb. 293 (Stahlbauweise) entspricht der Abb. 291. In der fünfschiffigen Halle ist ein modernes Stahlwerk

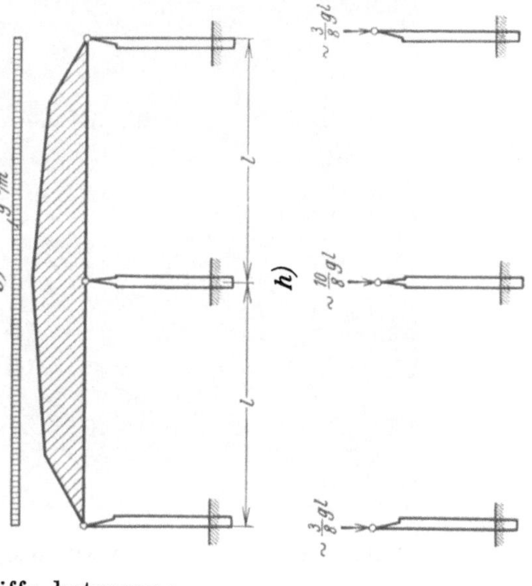

Abb. 292a bis h.

untergebracht. Die Stützweiten der Hallenschiffe betragen:

$$27 + 22{,}1 + 27{,}5 + 27{,}5 + 27 \text{ m.}$$

Die Abb. 294 (Holzbauweise) entspricht der Abb. 288. ($L = 18{,}75 + 18{,}75$ m, Binderentfernung 6 m.) Die Abb. 295 (Eisenbetonbauweise) entspricht der Abb. 286. Die Kranstützweiten sind verschieden, links 17 m, rechts 19 m. In der größeren Halle sind zwei Krane von 15 t und ein Kran von 40 t Tragfähigkeit vorgesehen, in der kleineren Halle drei 15 t-Krane.

Die Entfernung der vollwandigen Binder beträgt 6 m. In jedem Binderfeld erstreckt sich über die ganze Breite der Halle ein Raupenoberlicht von 2,8 m lichter Weite. An jedem dritten Oberlicht ist eine Entlüftungsvorrichtung eingebaut. Zur Unterstützung der Dachdecke und der Oberlichter dienen neben dem Hauptbinder zwei parallel zu diesem

Abb. 293. Stahlwerk Höntrop des Bochumer Vereins. Ausführung: Dortmunder Union. Baujahr 1922/23.

angeordnete Eisenbetonträger; sie belasten die in jedem zweiten Feld befindlichen Querträger (Pfetten), die auf dem Hauptbinder aufliegen und Kragarme besitzen. Die Hauptbinder sind als durchlaufende Balken auf drei Stützen berechnet. Die aus Abb. 295 ersichtlichen oberen Öffnungen in den Mittelstützen sind für die Begehung des Laufstegs, für Leitungen, Durchführung von Transmissionen und die Öffnung am Stützenfuß

Abb. 294. Lagerhalle der MAN, Werk Nürnberg. Ausführung: Karl Kübler A. G.

für die Rohrleitungen der Sammelheizung bestimmt. Die schematische Zeichnung der Abb. 287 entspricht den Montierungshallen der J. W. Erkens, Niederau bei Düren, Baujahr 1929[1], die der Abb. 289 einem Kaischuppen der Bremer Hafenverwaltung, Baujahr 1929[1].

---

[1] Siehe Stahlbau 1929.

In Abb. 296 ist an ein grundsätzlich nach Type II ausgebildetes Hauptschiff ein zweites angeschlossen, dessen Binderscheibe gelenkig an einer der Stützen des Hauptschiffs und auf einer Pendelstütze gelagert ist.

Abb. 295. Mechanische Werkstätte eines Hüttenwerks. Ausführung: Allgemeine Hochbau Gesellschaft Düsseldorf. Baujahr 1919/20 (siehe A. H. G. Schrift Nr. 38.)

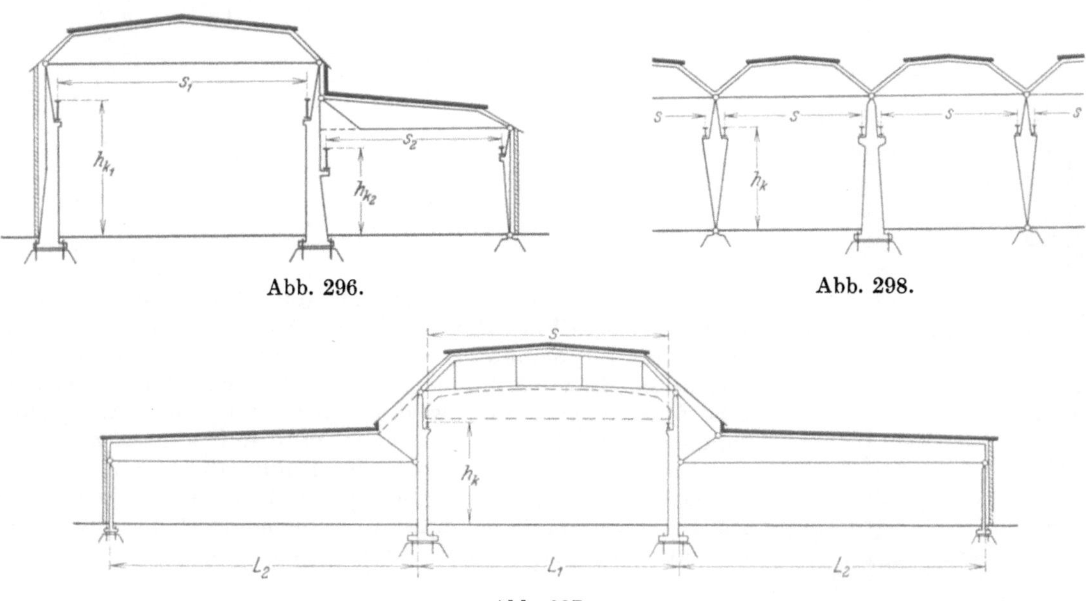

Abb. 296.

Abb. 298.

Abb. 297.

In Abb. 297 ist gezeigt, wie man in ähnlicher Weise eine dreischiffige Halle bilden kann. Die Außenstützen sind dabei so elastisch, daß sie für die statische Auffassung des ganzen Traggerippes als Pendelstützen aufgefaßt werden dürfen.

Aus Abb. 298 kann man ersehen, wie die Quersteifigkeit einer vielschiffigen Halle lediglich durch eine im Fundament eingespannte Stütze gewährleistet werden kann. In ähnlicher Weise ist auch das Traggerippe der in der Abb. 299 a

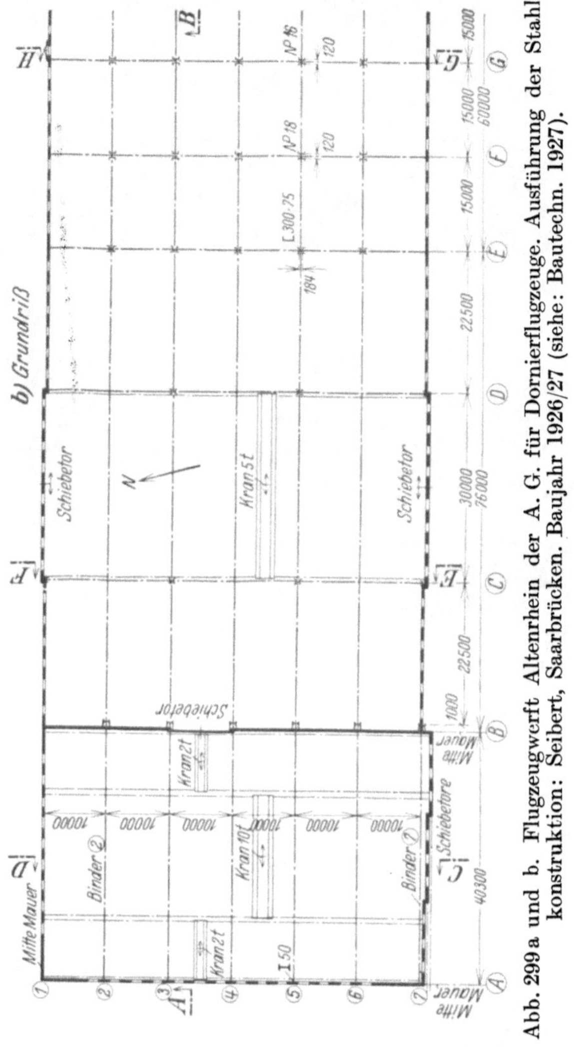

Abb. 299 a und b. Flugzeugwerft Altenrhein der A. G. für Dornierflugzeuge. Ausführung der Stahlkonstruktion: Seibert, Saarbrücken. Baujahr 1926/27 (siehe: Bautechn. 1927).

bis e dargestellten Flugzeugfabrik (einschiffige Montierungshalle, dreischiffige Bauhalle und zwei vierschiffige Werkstatthallen) aufgebaut. Die achtschiffige Werkstatthalle hat, wie unter Eingeschoßbauten (Abb. 363) gezeigt ist, ebenfalls eine feste Stütze, und zwar in ihrer Mitte. Um Wärmespannungen auszuschalten, müssen deshalb am Übergang zwischen der Bau- und Werkstatthalle die Binder dieser an der dort befindlichen Stütze beweglich gelagert werden. Die für die Längsaussteifung des Traggerippes dienenden Konstruktionen sind aus den Abb. 299 c, d und e zu ersehen.

Von den Aufbaumöglichkeiten der Traggerippe unter Verwendung mehrfachiger Rahmen kann nur eine kleine Auswahl gegeben werden, zunächst in den schematischen

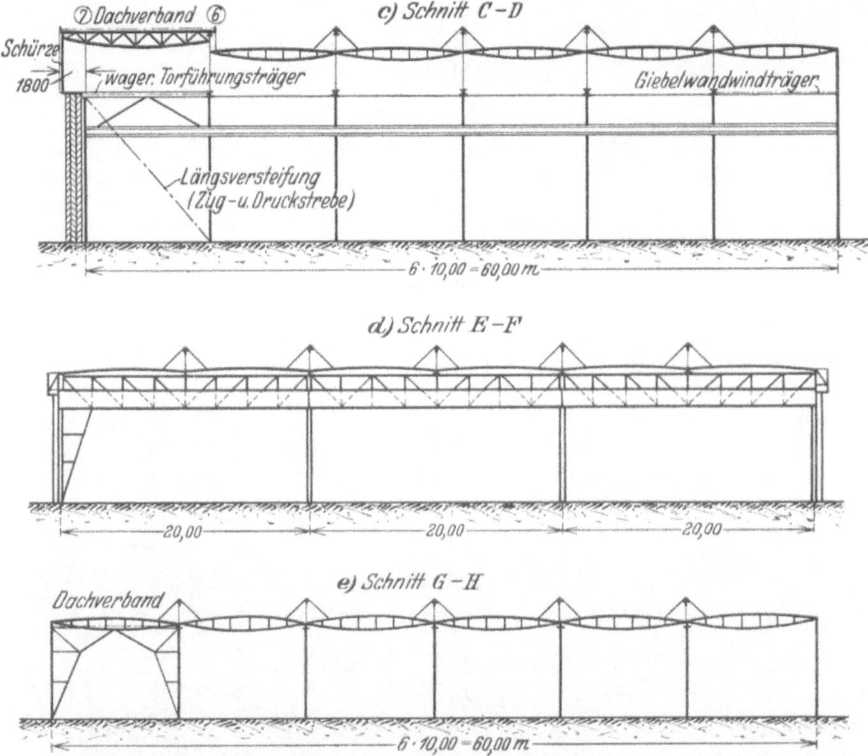

Abb. 299c bis e. Flugzeugwerft Altenrhein der A. G. für Dornierflugzeuge. Ausführung der Stahlkonstruktion: Seibert, Saarbrücken. Baujahr 1926/27 (siehe: Bautechn. 1927).

Abb. 300 bis 304, für den Fall, daß die einzelnen Schiffe gleich groß sind. Für den allgemeinen Fall (dreifachiger Rahmen ohne jede Gelenke) der Abb. 300 ist in Abb. 305a

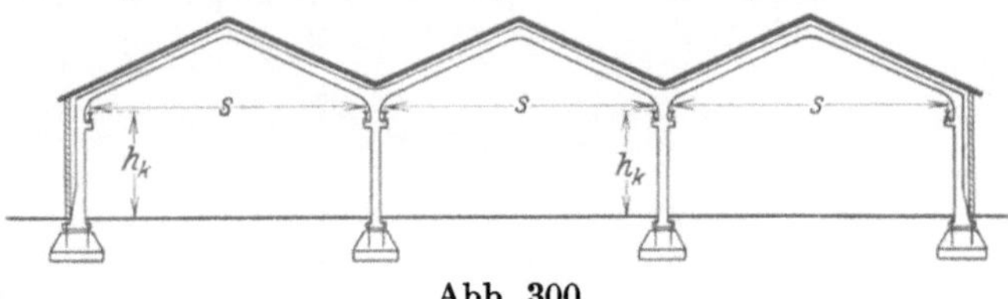

Abb. 300.

bis d der Kraftfluß gezeichnet; dabei ist angenommen, daß alle Stäbe das gleiche Trägheitsmoment besitzen.

Belastungsfall 1: Ständige Last, angreifend in den Pfettenanschlußpunkten nach a).

Der Verlauf der Stützlinie ist aus a) ersichtlich. Die gewählte Rahmenform ist günstig, da sie sich der Stützlinie gut anpaßt. Die Beanspruchung der unteren Teile der Rahmenstützen geht aus b) hervor. Die Momentenflächen sind auf der Seite aufgetragen, auf welcher Zug auftritt.

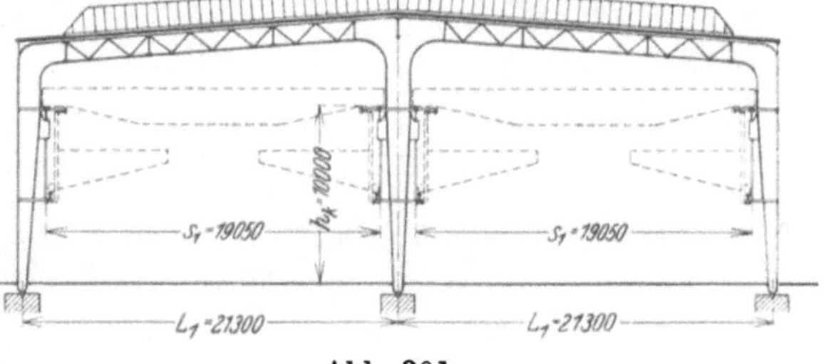

Abb. 301.

Belastungsfall 2: Winddruck von links nach c). Der Verlauf der Stützlinie ist aus c) ersichtlich. Die vom ersten Rahmenfeld auf das zweite ausgeübte Kraft K_1 erzeugt die Kräfte K_2 und K_3, die vom zweiten Rahmenfeld auf das dritte aus-

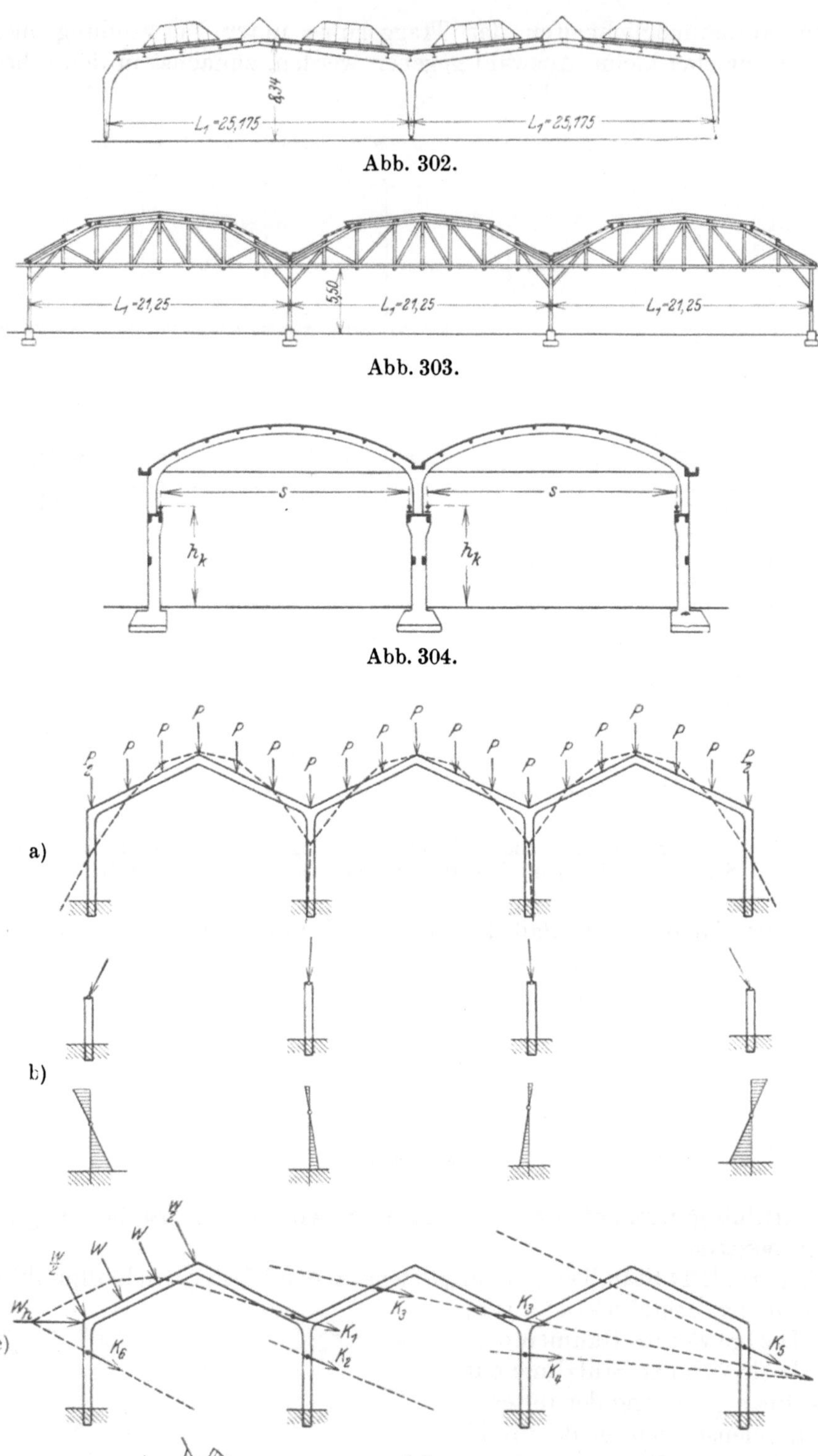

Abb. 302.

Abb. 303.

Abb. 304.

a)

b)

c)

d)

Abb. 305a bis d.

geübte Kraft K_3 schließlich die Kräfte K_4 und K_5. Der Momentenverlauf ist in d) dargestellt.

Ausführungsbeispiele zeigen die Abb. 306 und 307, zu denen folgendes zu bemerken ist:

Die Abb. 306 (Stahlbauweise) entspricht der Abb. 302. Die Breite der Halle beträgt $2 \cdot 25{,}175$ m; der Binderabstand 9,4 m. Außer den in jedem Hallenschiff angeordneten durchgehenden Firstoberlichtern und den Glasstreifen in den Mansardflächen sind noch in jedem Binderfeld Raupenoberlichter angeordnet.

Die Abb. 307 (Holzbauweise) entspricht der Abb. 303; die schematische

Abb. 306. Hauptwerkstatt Falkenried der Hamburger Hochbahn A.-G. Ausführung der Stahlkonstruktion: Eggers, Hamburg. Baujahr 1928.

Abb. 307. Dessauer Waggonfabrik A.G., Dessau. Ausführung der Holzkonstruktion: K. Kübler A.G.

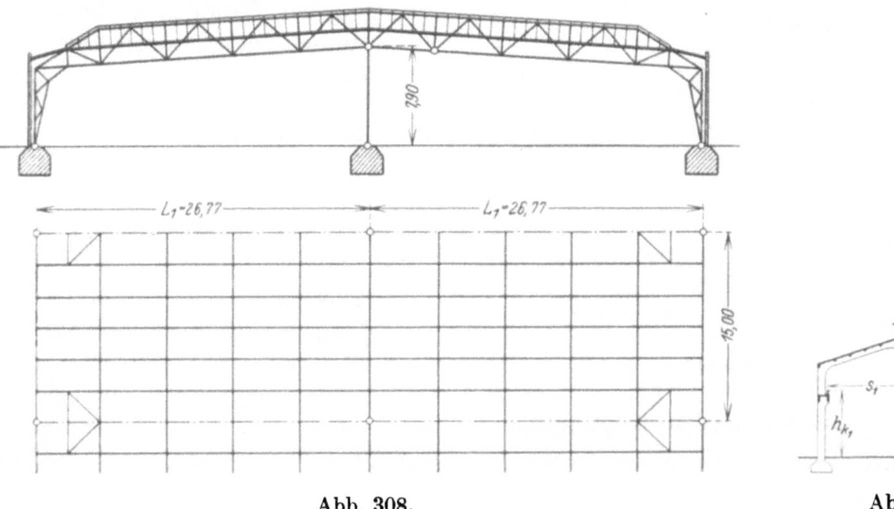

Abb. 308.

Abb. 309.

Abb. 301 entspricht einer Lokomotivausbesserungshalle in Mühlheim-Speldorf, Baujahr 1916 (Ausführung: Harkort).

Zwei gleiche oder annähernd gleiche Schiffe kann man auch dadurch erzielen, daß man den Riegel eines einfachigen Rahmens wie in Abb. 308 und 309 durch eine Pendelstütze, die auch Kranbahnträger aufnehmen kann, unterstützt.

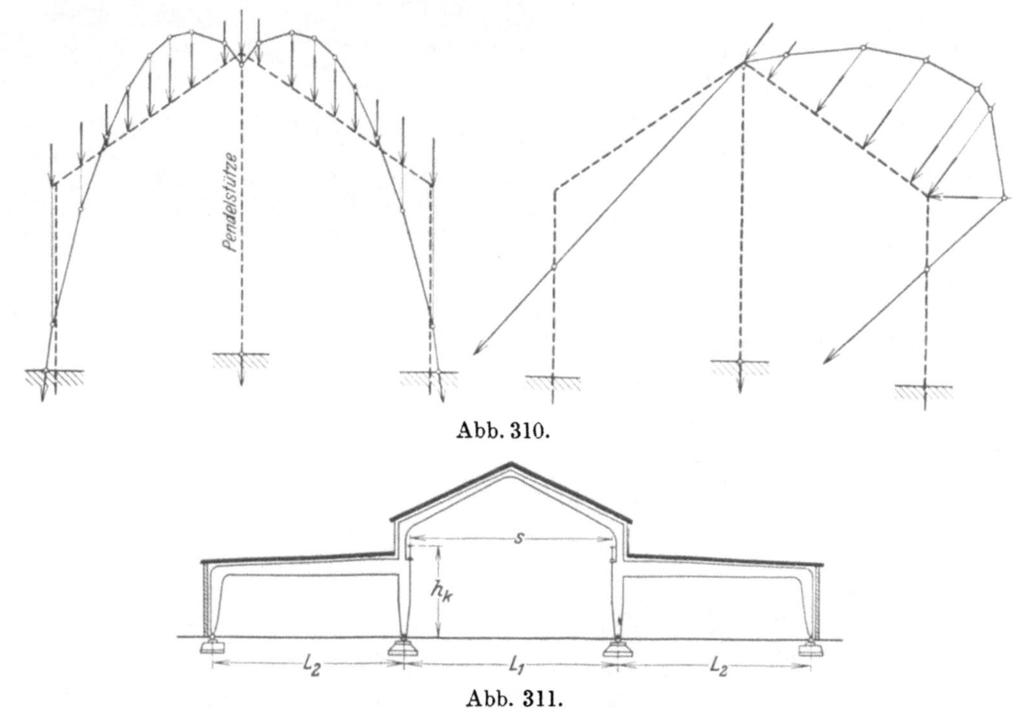

Abb. 310.

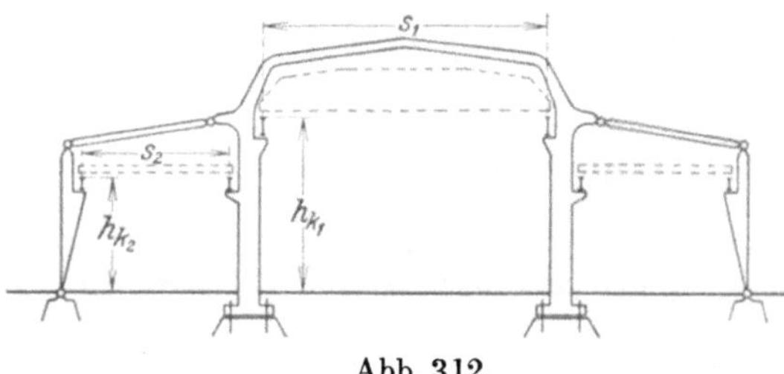

Abb. 311.

Die Halle der Abb. 308 (Straßenbahnwagenhalle der Rheinischen Bahngesellschaft in Düsseldorf, Baujahr 1925[1]) hat 130,6 m Länge und 53,7 m Breite. Bemerkenswert ist der große Binderabstand von 15 m; die Pfetten sind als Parallelfachwerkträger ausgeführt. Der Binder ist in statischer Hinsicht ein Dreigelenkbogen (Gelenk rechts der Mittelstütze) mit pendelnder Mittelstütze.

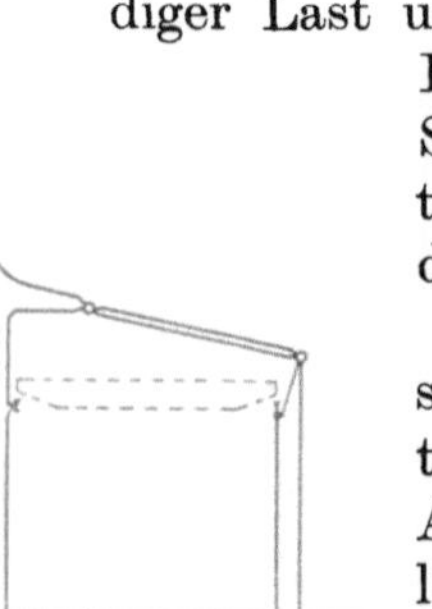

Abb. 312.

In Abb. 310 ist der Kraftfluß bei ständiger Last und bei Winddruck für einen Binder gezeichnet, der bei Satteldachform als eingespannter Rahmen mit mittlerer Pendelstütze wirkt.

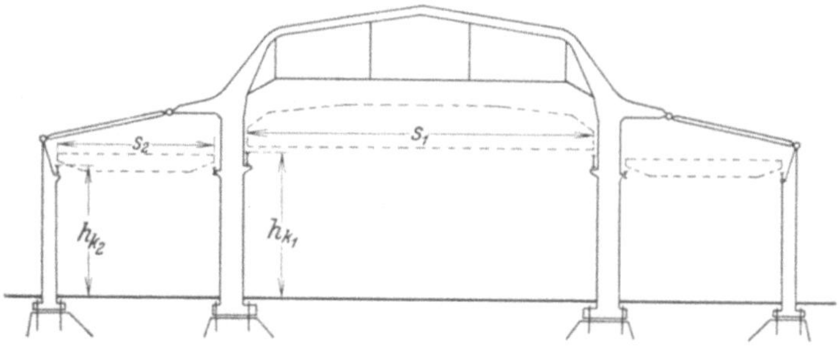

Für den Fall einer dreischiffigen Halle mit überhöhtem Mittelschiff zeigen die Abb. 311 bis 316 einige Möglichkeiten. Bei Abb. 311 sind Fußgelenke angenommen, in Abb. 312 und 313 ist das mittlere Traggerippe als einge-

Abb. 313.

spannter Rahmen mit Kragarmen ausgebildet, wobei in Abb. 313 noch ein Zugband aus ähnlichen Gründen, wie oben bei Besprechung der Type II erwähnt, eingeschaltet

---

[1] Siehe Stahlbau 1929.

wurde. Die Längswandstützen der Abb. 313 sind im Fundament eingespannt, vor allem zur Erleichterung der Montierung. Bei schmaler Ausbildung in der Querrichtung wirken sie ähnlich wie Pendelstützen und können für die Berechnung des Gesamtträgers als solche aufgefaßt werden.

Hierher gehörende Ausführungsbeispiele zeigen die Abb. 317 bis 324.

Die Abb. 317 bis 323 zeigen Ausführungen in Stahl. Die Binder des Mittelschiffs der Abb. 317 sind Dreigelenkbogen, die auf den Innenstielen der Zweigelenkrahmen der Außenschiffe aufruhen. Die Kranspannweite ist 16,40 m.

In Abb. 318 sieht man diagonallose Stiele, die in vollwandige Rahmenriegel übergehen, während bei der ganz ähnlich gebauten Halle der Abb. 319 die Stiele fachwerk-

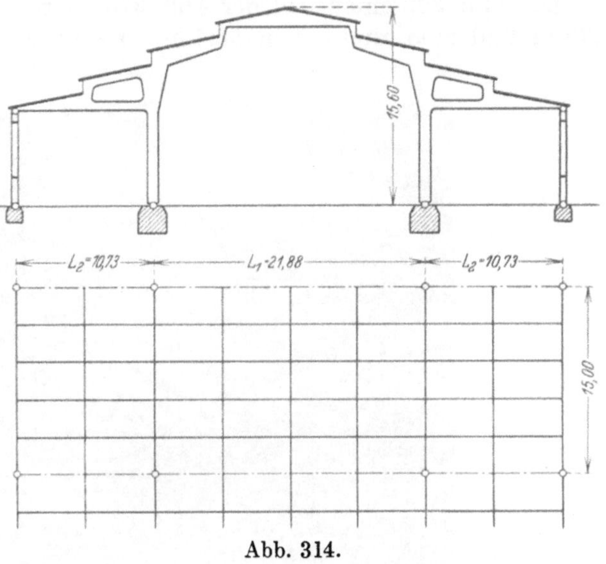

Abb. 314.

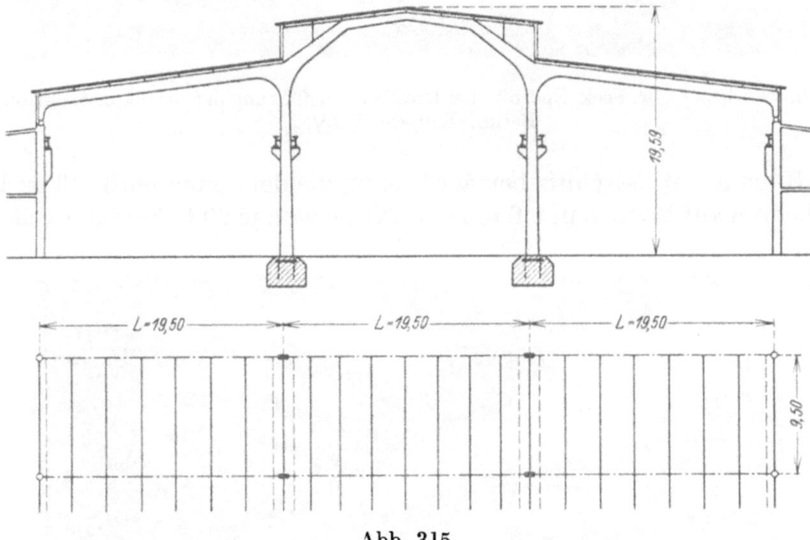

Abb. 315.

artig aufgeteilt sind. In beiden Fällen sind die Mansardoberlichter an den Bindern durch Streifen undurchsichtiger Dachhaut unterbrochen, um dem Beschauer die tragende Funktion der Binder nicht durch auf die ganze Hallenlänge sich erstreckende Glasbänder zu verschleiern.

Das Lichtbild der Abb. 321 entspricht der Abb. 314. Die Halle ist 195 m lang und 44 m breit. Sie besteht aus einem Hauptschiff und

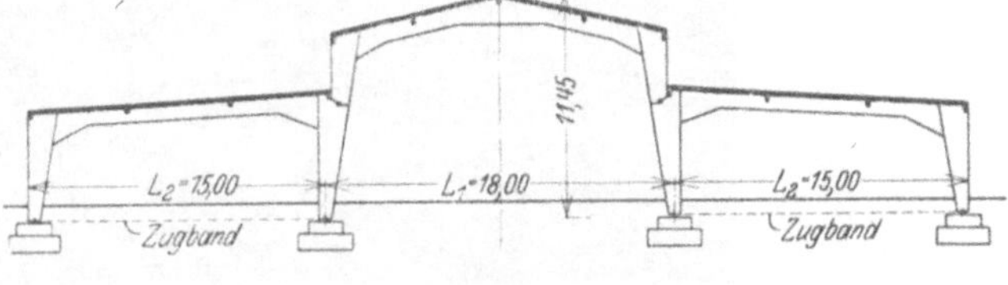

Abb. 316.

zwei Seitenschiffen. Die Höhe der Haupthalle beträgt 15,6 m und die der Seitenhallen 8 m. In einem Teil der Haupthalle ist eine Kranbahn eingebaut. Die Tagesbeleuchtung erfolgt ausschließlich durch senkrechte Glasflächen im treppenförmigen Dach. Die Binder passen sich dieser Form an. Sie sind als Blechträger ausgeführt. Die Dach-

haut ist eine Zomak-Leichtsteindecke, die durch eine doppelte Lage Asphaltpappe geschützt ist.

Die Abb. 322 entspricht der Abb. 315. Der dreischiffige Hallenbau hat eine Länge von
173 m und eine Breite von 58,5 m. Die Binder sind als vollwandige Blechträger aus-

Abb. 317. Maschinenfabrik Gebr. Seck, Sporbitz bei Dresden. Ausführung der Stahlkonstruktion: Breest & Co.,
Berlin. Baujahr 1916/17.

geführt. Die Höhe des Mittelschiffs beträgt 19,6 m, die der Seitenschiffe 13 m. In allen drei
Schiffen verkehren auf Bahnen in 9,6 m Höhe Krane von je 20 t Tragfähigkeit. Die Binder

Abb. 318. Ausstellungshalle Nürnberg, Ausführung der Stahlkonstruktion: MAN. Baujahr 1906.

der Seitenschiffe stützen sich auf Betonwände, wodurch Stützen an den Außenseiten vermieden werden konnten. Diese Art der Ausführung ist jedoch nicht empfehlenswert, da
die Montage der Stahlkonstruktion von der Fertigstellung der Betonwände abhängig ist,

was sich bei dieser Ausführung störend erwies. Die Stützen sind auch hier als Rahmenstützen durchgebildet, um einen freien Durchblick zu gewähren. Die Belichtung der Halle erfolgt durch senkrechte Lichtbänder beiderseits des Mittelschiffs und durch Oberlichter in jedem zweiten Feld der Seitenschiffe.

Abb. 319. Eisenwerk Wülfel, Hannover. Ausführung der Stahlkonstruktion: MAN. Baujahr 1907.

Bei der in Abb. 323 dargestellten dreischiffigen Halle ist im Mittelschiff ein hochliegendes Zugband angeordnet.

Abb. 320. Maschinenfabrik Ritter, Altona. Ausführung der Stahlkonstruktion: Eggers, Hamburg.

Die Abb. 324 zeigt eine Ausführung in Eisenbeton. Sie entspricht der Abb. 316. Der dreischiffige Hallenbau hat eine Länge von 129,5 m und eine Breite von 48 m. Die in 8,59 m Abstand angeordneten Binder bestehen aus zwei Zweigelenkrahmen von je 15 m Spannweite über den Seitenschiffen und einem auf die Seitenrahmen aufgesetzten Zweigelenkrahmen von 18 m Spannweite. Die Dachhaut ist als Holzsparrendach ausgeführt.

In den Abb. 325 und 326 ist eine hierher gehörende zweischiffige Anlage dargestellt, die sich bei Hinzufügen eines linken kleinen Schiffs auch für eine dreischiffige Halle eignen würde. Das Lichtbild (Abb. 326, Blick in das Außenschiff) zeigt, daß jede zweite Pfette durchgeht, während die anderen an den Oberlichtzargen aufhören.

Abb. 321. Messehalle Nr. 8 in Leipzig. Ausführung der Stahlkonstruktion: G.H.H. Baujahr 1924.
(Siehe: Bauing. 1925.)

Abb. 322. Messehalle Nr. 9 in Leipzig. Ausführung der Stahlkonstruktion: Mitteldeutsche Stahlwerke A.G.
Werk Lauchhammer. Baujahr 1923/24. (Siehe: Bautechn. 1924.)

Dreischiffige Hallen kann man auch dadurch erhalten, daß man die Riegel der in den Seitenschiffen angeordneten Rahmen nach dem Mittelschiff vorkragen läßt, wie

Abb. 323. Ausstellungshalle München. Ausführung der Stahlkonstruktion: MAN. Baujahr 1908.

Abb. 327 zeigt. Die Breite des Mittelschiffs beträgt 12,8 m, die der Seitenschiffe je 5,5 m; die Höhe 7,65 m (ohne Oberlicht). Die Seitenschiffe sind als zwei getrennte eingespannte Rahmen mit 3,9 m langen Auslegern ausgebildet. Die Breite des Firstoberlichtes beträgt 5 m.

Abb. 324. Kaischuppen im Freihafen von Danzig. Ausführung: Wayss & Freytag A.G. Baujahr 1927.

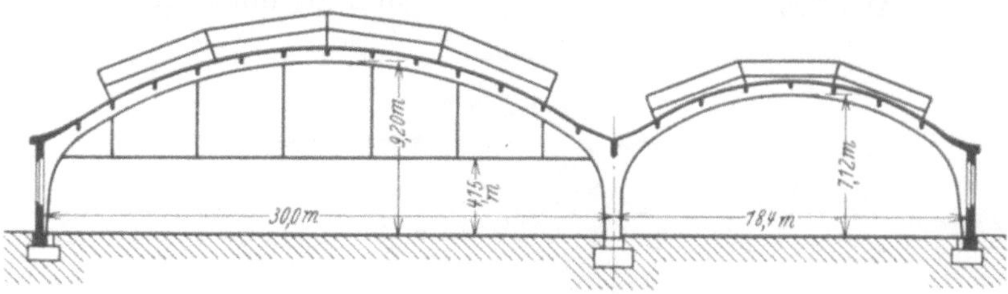

Abb. 325. (M. 1:500).

In den Abb. 328 und 329 sind statt der Vollrahmen Halbrahmen verwendet, um drei- und vierschiffige Hallen mit erhöhten Mittelschiffen zu schaffen, wobei der Halbrahmen

in Abb. 329 infolge der Fußeinspannung einfach statisch unbestimmt ist. Man beachte
die eigenartige Aufhängung der Kranbahn in Abb. 328, um in der Nähe der mittleren

Abb. 326. Metallwarenfabrik in Ligetfalu. Ausführung: Wayss & Freytag A.G. Baujahr 1913.

Abb. 327. Internationale Baumaschinenfabrik A.G.,
Neustadt a.d. Hardt. Ausführung: Wayss & Freytag A.G.

Stützen Platz für Werkzeugmaschinen
und deren Antrieb zu bekommen.

Bei vielschiffigen Hallen kann man
die Quersteifigkeit durch Einschaltung
eines Rahmens erhalten, z. B. eines Drei-
gelenkrahmens wie in Abb. 330 oder eines
Zweigelenkrahmens wie in Abb. 331
(Schmelzbau Martinwerk III, Kruppwerke, Baujahr 1916).

In Abb. 332 ist der Kraftfluß für eine
vielschiffige Halle dargestellt, die in den
Binderebenen durch die mit W_1, W_2 und
W_3 bezeichneten Windkräfte belastet ist.

Die Stützen der Reihen A, C, D usw.
sind Pendelstützen; durch sie können also
nur senkrechte Kräfte übertragen werden, während die Stütze in B mit der Binderscheibe $A B$ fest verbunden ist.

Die Kraft W_1 wird, wie im Kräfteplan 1 dargestellt ist, nach A_1 und R_1 zerlegt, R_1
sodann nach B_1 und H_1, wo $H_1 = W_1$ ist.

Die Kraft W_2 wird (Kräfteplan 2)
nach A_2 und R_2 zerlegt, R_2 sodann nach
B_2 und H_2.

Die Kraft W_3 wird (Kräfteplan 3)
nach C_3 und R'_3 zerlegt. Die am Halbrahmen angreifende Kraft R'_3 wird nun
nach A_3 und R_3 zerlegt, R_3 sodann
nach B_3 und H_3.

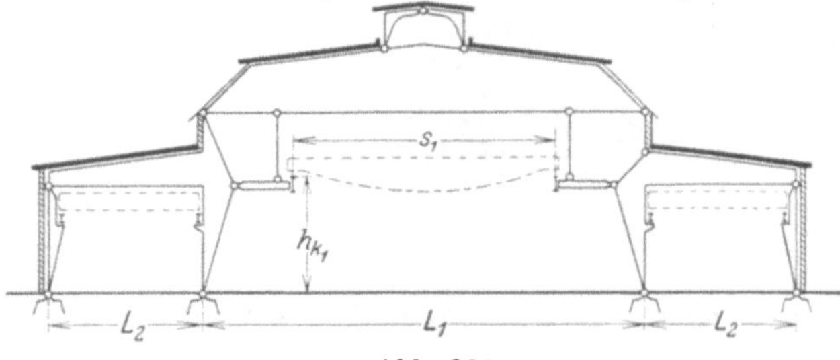

Abb. 328.

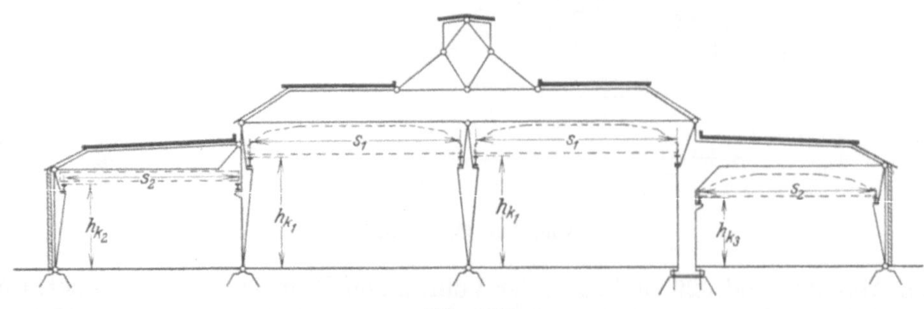

Abb. 329.

Abb. 333 zeigt die Innenansicht eines 32 m weit gespannten, 24 m im Lichten hohen Hallenschiffs, bei dem links Halbrahmen, rechts Pendelstützen angeordnet sind. Die gesamte Breite der Halle, die aus 9 Schiffen besteht, und bei deren Traggerippe das Aufbauprinzip der Abb. 332 durchgeführt ist, beträgt 177 m bei einer Länge von 251,28 m. Die Abb. 334 gibt die Außenansicht wieder.

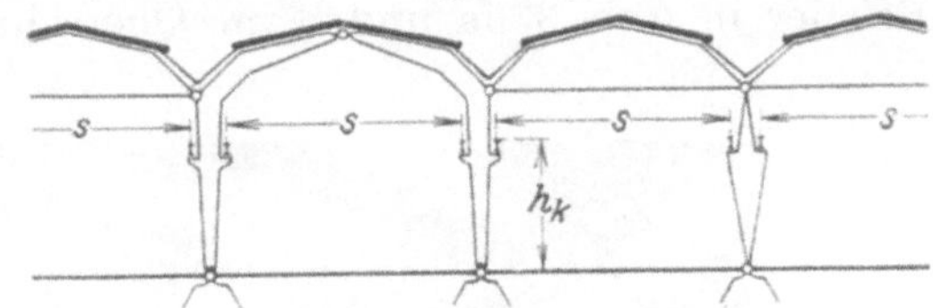

Abb. 330.

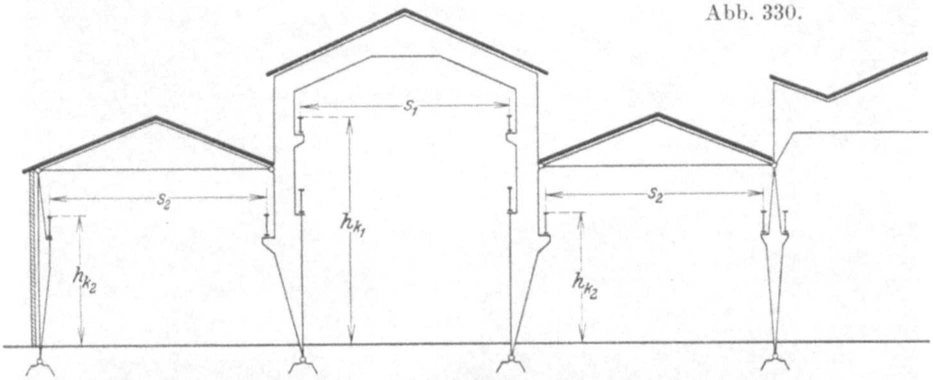

Abb. 331.

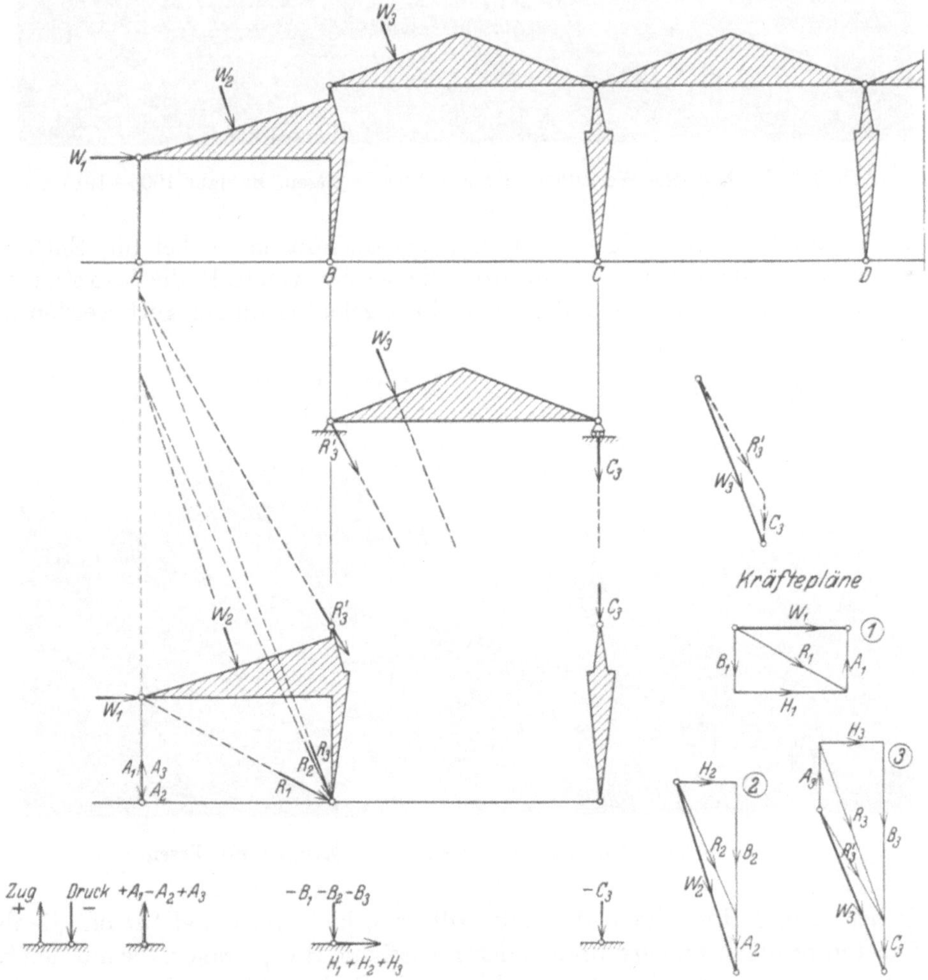

Abb. 332.

Durch die Stützenstellungen wird die Ausbildung des Traggerippes einer mehrschiffigen Halle wesentlich beeinflußt, wie noch an einigen Beispielen gezeigt werden soll.
Bei der in Abb. 335a und b im Querschnitt dargestellten Halle liegen die Stützen der

Abb. 333. Mechanische Werkstätte der Kruppwerke Essen. Baujahr 1906—1915.

Reihen A, B und C in verschiedenen Gebäudequerschnitten, wobei die Entfernungen
der Stützen in den Reihen A und B sehr groß, die der Stützen in Reihe C so sind, daß auf
diesen Stützen die durchlaufenden Binderscheiben gelenkig aufgelagert werden können.

Abb. 334. Mechanische Werkstätte der Kruppwerke Essen.

In den Reihen A und B geschieht dies mit Hilfe von kleinen Pendelstützen, die ihr Auflager auf kastenförmigen Trägern finden, deren vertikale Hauptträger, die auf den Stützen
aufgelagerten, z. B. als einfache oder durchlaufende Fachwerkbalkenträger ausgebildeten

Kranbahnträger sind. Zwischen ihren Obergurten und Untergurten befinden sich horizontale Verbände. Zur Aufnahme der Auflagerdrücke der kleinen Pendelstützen liegen zwischen den Kranbahnträgern biegungsfeste Querträger.

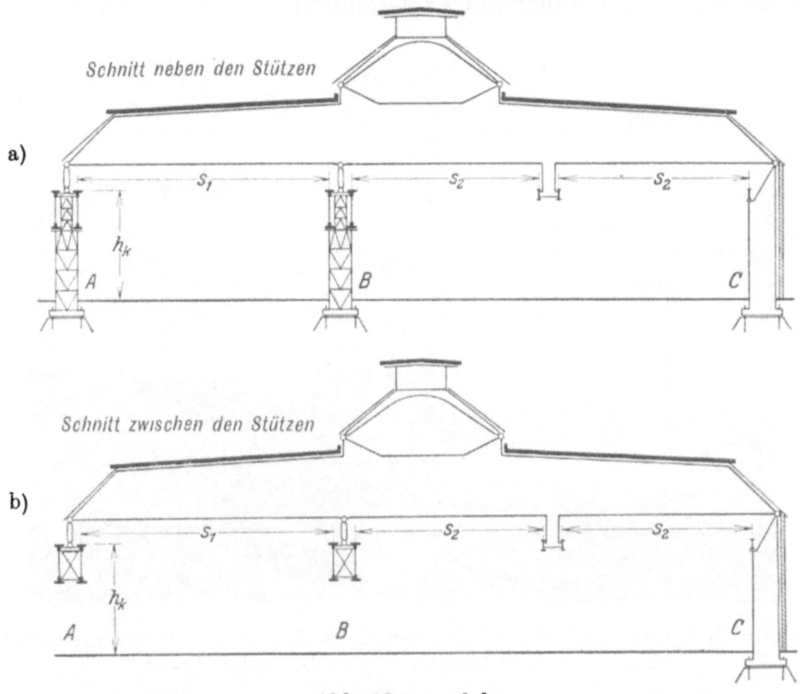

Abb. 335a und b.

Für die Gestaltung der folgenden Halle, der die schematische Abb. 336 und die Abb. 337 und 338 entsprechen, war von wesentlichem Einfluß die große Stützenentfernung von 12 m, wodurch Zwischenbinder in der Mitte zwischen den Hauptbindern notwendig wurden. Die Trägerarten der Haupt- und Zwischenbinder sind je zweifach statisch

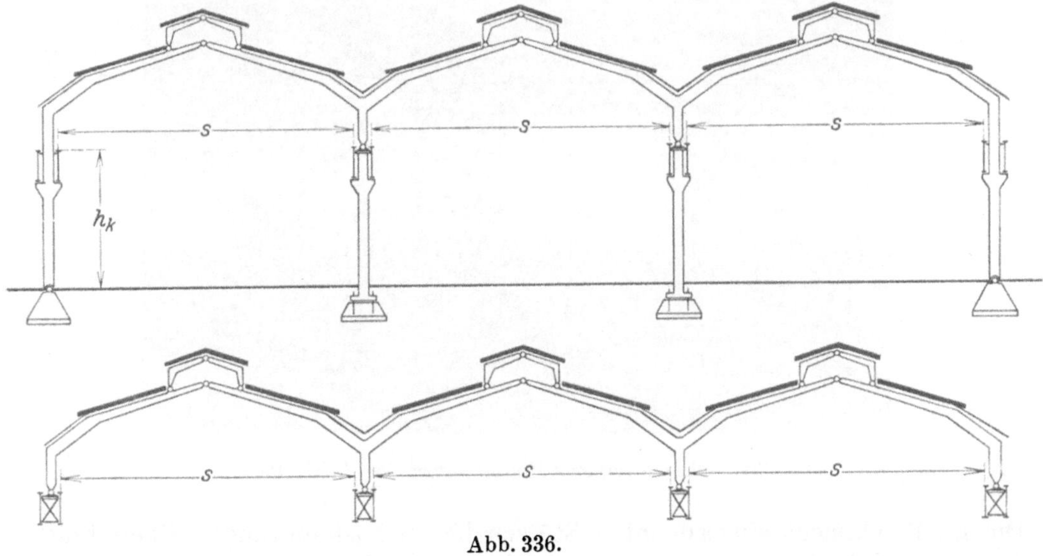

Abb. 336.

unbestimmt. Die auf die Zwischenbinder entfallenden Lasten werden auf die Kranbahnträger weitergeleitet, die einen oberen Verband und Queraussteifungen aufweisen. Ihr Auflager finden die Kranbahnträger auf konsolartigen Verbreiterungen der Rahmenstiele.

Die Kranausrüstung besteht in jedem Hallenschiff aus einem Laufkran von 23,65 m
Spannweite und 50 t Tragkraft bei 11 m Kranbahnhöhe, sowie beiderseitigen Konsolkranen von 2 t Tragkraft bei einem Ausfahrmaße von 8 m (von der lotrechten Achse der
waagerechten Rollen bis zur äußersten Laststellung).

Abb. 337. Lokomotivfabrik Henningsdorf der AEG, Berlin. Ausführung der Stahlkonstruktion: Dortmunder
Union. Baujahr 1912/13. (Siehe: Bautechn. 1923.)

Abb. 338. Lokomotivfabrik Henningsdorf der AEG, Berlin.

Die im Fundament eingespannten Stützen haben kastenförmigen Querschnitt. Die
dreiteilige Gabel der Hauptbinder weist doppelwandigen Querschnitt auf, die der Zwischenbinder I-förmigen Querschnitt. Diese Teile der Dachkonstruktion nehmen durch Vermittlung von rechtwinklig zur Dachneigung stehenden Pfetten die Dachhaut auf, die
in den mansardförmigen Dachflächen aus Bimsbetonstegplatten, im übrigen aus kitt-
freier Verglasung besteht. Am First ist durch einen Laternenaufbau, dessen Binder voll-

wandige Dreigelenkbogen sind, für die Entlüftung der Halle gesorgt. Bei einer nachträglichen Umdeckung der Dachhaut wurden die Glasflächen wesentlich vermindert.

Die dreischiffige Halle der Abb. 339 (Halle bei Soerabaga, Ausführung Breest & Co., Baujahr 1920) ist

$$9{,}75 + 20{,}0 + 9{,}75 = 39{,}5 \text{ m}$$

breit. Die aus Stegzementdielen bestehende Dachhaut ruht auf Gelenkpfetten, die die Dachlasten nach den in Entfernungen von 5,5 m liegenden Bindern übertragen. Die Stützen der beiden inneren Reihen, auf welchen die Hauptbinder der Mittelhalle gelenkig aufgelagert sind, haben Abstände von 11 m und sind mit den in ihren Achsen liegenden Binderscheiben der Seitenschiffe zu Halbportalträgern zusammengefaßt. Die Zwischenbinder der Mittelhalle übertragen ihre Lasten durch einen Unterzug auf die Hauptstützen,

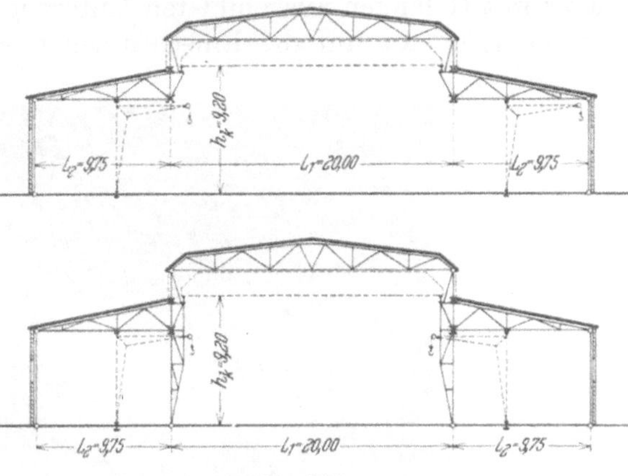

Abb. 339.

die Zwischenbinder des Seitenschiffs teils auf diesen Unterzug, teils direkt auf die in 5,5 m stehenden Außenstützen. Die Kranträger der Mittelhalle werden außer auf den Stielen der Halbportale noch auf den auskragenden Zwischenbindern der Seiten-

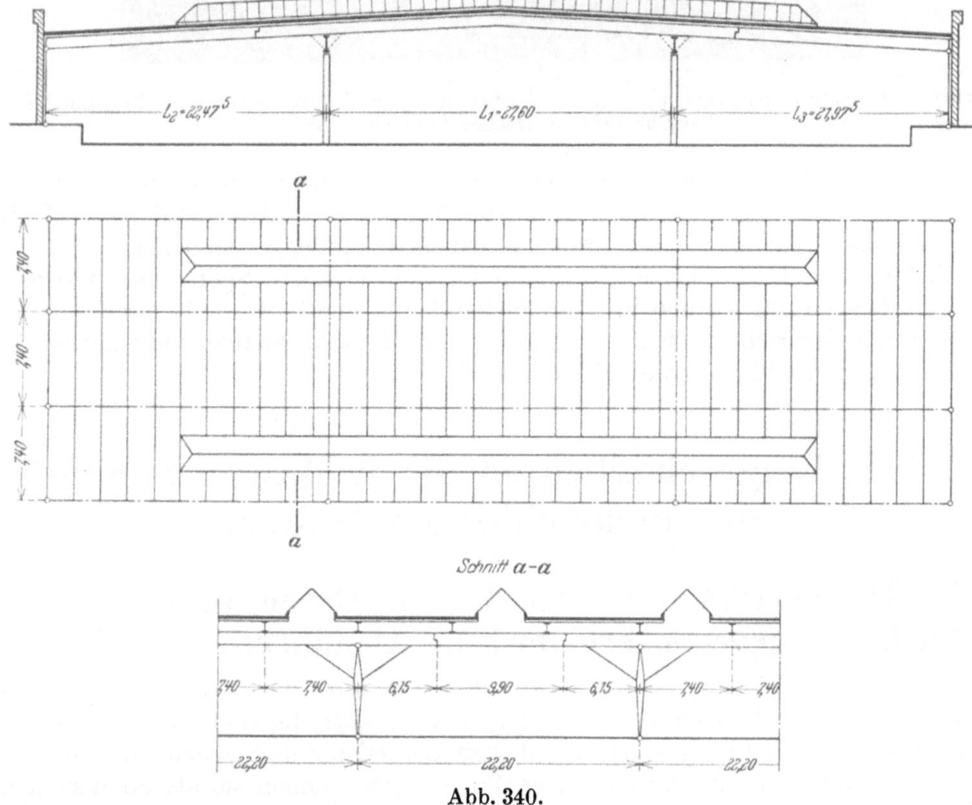

Abb. 340.

schiffe gelagert, so daß die Spannweite der Kranbahn 5,5 m beträgt. In dem Mittelschiff verkehrt ein 10 t-Kran von 18 m Stützweite bei 9,2 m Kranbahnhöhe, in den Seitenschiffen je ein 1,5 t-Velozipedkran.

Die Breite der in Abb. 340 dargestellten dreischiffigen Halle beträgt

$$22{,}475 + 27{,}6 + 21{,}975 = 72{,}05 \text{ m}.$$

Die als durchlaufende Blechträger von 1 m Höhe ausgebildeten Binder liegen in Abständen von 7,4 m. Die Außenstützen sind ebenfalls in 7,4 m Abstand angeordnet, während die Innenstützen $3 \cdot 7,4 = 22,2$ m voneinander entfernt sind. Durch die als Blechträger mit Gelenken ausgebildeten Unterzüge werden die von den Zwischenbindern herrührenden Lasten auf die Innenstützen übertragen. Die Dachhaut besteht aus Steg-

Abb. 341. Straßenbahnwagenhalle in Bochum. Ausführung der Stahlkonstruktion: Dortmunder Union. Baujahr 1924/25. (Siehe: Bautechn. 1931.)

zementdielen, die Belichtung erfolgt durch ein in jedem zweiten Binderfeld angeordnetes Raupenoberlicht von 50,5 m Länge. Die Abb. 341 zeigt ein Innenbild dieser Halle.

Die vorstehend dargestellten Gestaltungsgrundsätze industrieller Hallen gelten natürlich auch für Luftschiff-, Flugzeug-, Bahnhof-, Ausstellungs-, Sport- und Markthallen. Von diesen Hallenarten wurden im vorhergehenden solche Beispiele besprochen, die sich auch für rein industrielle Bedürfnisse eignen und für den Neubau industrieller Hallen in irgendeiner Hinsicht wegweisend sind.

IV. Die Eingeschoßbauten als wichtiger Sonderfall der mehrschiffigen Hallen.

A. Allgemeines. Die vier Typen. Deren verschiedene Ausführungsarten, erläutert an Ausführungsbeispielen.

Als industrielle Eingeschoßbauten (Flachbauten, Shedbauten) werden solche Industrieeinzelbauten bezeichnet, bei denen, soweit Betriebsgründe eine Rolle spielen, es genügen würde, die im Grundriß meist weit ausgedehnten Flächen mit einer ebenen Dachdecke zu versehen. Im Aufbau ihrer Traggerippe können sie als Sonderfall mehrschiffiger Hallen aufgefaßt werden. Es gilt in dieser Beziehung, was bei der Besprechung der Hallen, insbesondere auch über die Aussteifung gegen waagerechte Kräfte, gesagt wurde. Diese Eingeschoßbauten dienen denselben Zwecken wie die Einzelgeschosse industrieller Mehrgeschoßbauten und treten an deren Stelle, wenn die Grundstückspreise niedrig sind und wenn die Art der Fabrikation — schwere Arbeitsstücke und Maschinen — sowie die Transportverhältnisse die ebenerdige Anordnung als zweckmäßig erscheinen lassen.

Als Vorteile der Eingeschoßbauten gegenüber Mehrgeschoßbauten werden ins Feld geführt: die geringen Baukosten, bezogen auf den m^2 Arbeitsfläche, die besseren Beleuchtungsverhältnisse bei Tage, die Vermeidung von besonderen Feuerausgängen, von Treppenhäusern und Aufzügen, die einfacheren Arbeitsvorgänge und Transportverhältnisse, die Möglichkeit, auf großen Flächen mit wenig Stützen auszukommen, die größere Übersichtlichkeit und leichtere Überwachung, die leichte Aufstellungsmöglichkeit schwerer Arbeitsmaschinen, sowie die kurze Bauzeit.

Raumhöhe und Stützenentfernungen sind bei einem Eingeschoßbau kleiner als bei einem industriellen Hallenbau, dem ein Raum großer Breiten- und Höhenab-

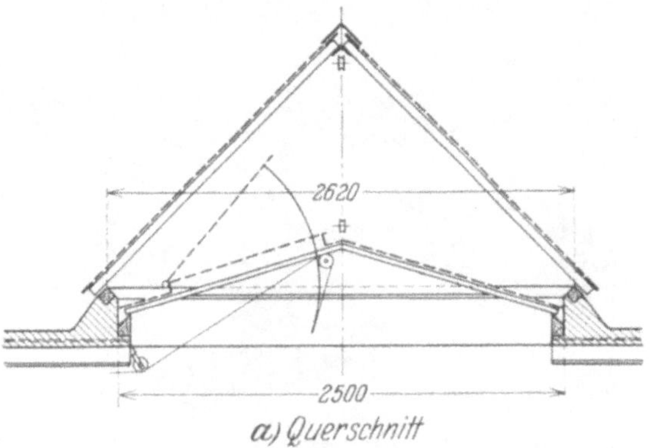

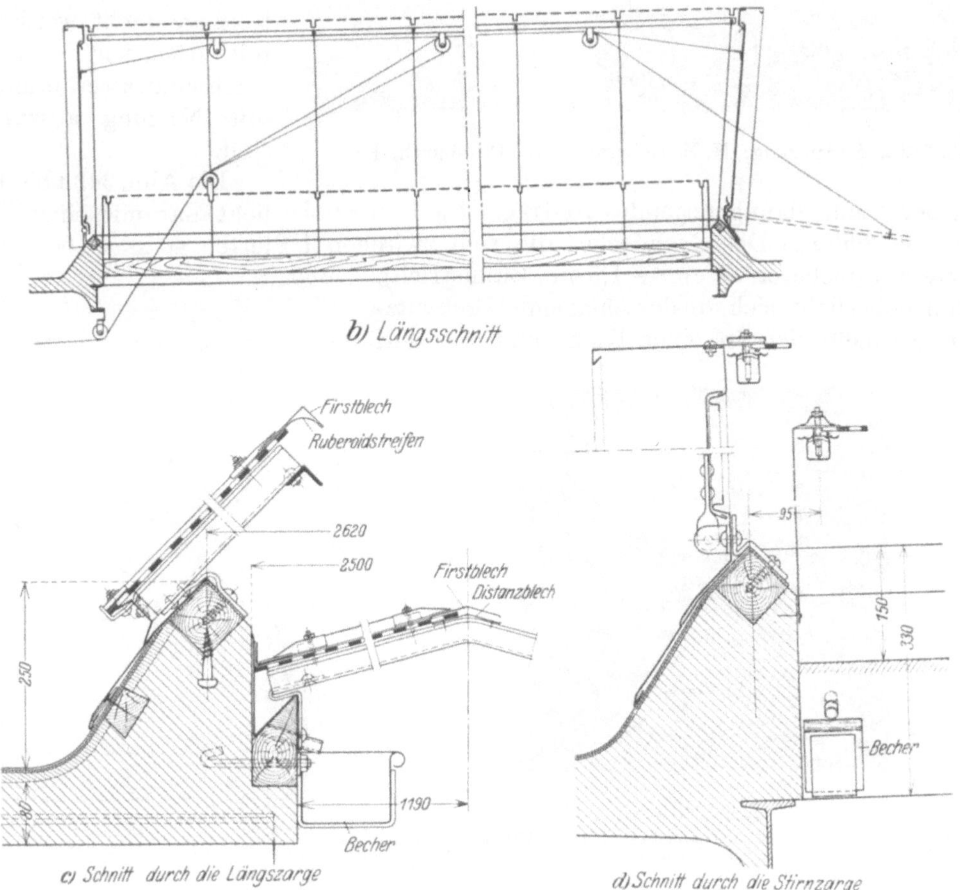

Abb. 342 a bis d. Ausführung: J. Eberspächer, Eßlingen.

messungen entspricht. Die bauliche Gestaltung der Eingeschoßbauten wird wesentlich beeinflußt von der Tageslichtzuführung, der Abführung des auf das Dach niedergehenden Regenwassers, der bisweilen notwendigen Befestigung von Transmissionen an der Tragkonstruktion der Dachdecke und den nach Betriebsgrundsätzen zu wählenden Stützenentfernungen. Bei vielen Neubauten ist deutlich das Bestreben, mit möglichst wenig Stützen auszukommen, zu erkennen. Deshalb werden in diesem Abschnitt die dafür bestehenden Möglichkeiten des Aufbaus der Traggerippe ausführlich behandelt werden.

Die Tageslichtzuführung erfolgt durch Glasflächen, die mit Rücksicht auf Verschmutzung, Dichtheit, Unterhaltung und das erwünschte Abrutschen des Schnees nicht wesentlich weniger als 45⁰ geneigt sein sollen. Diese Glasflächen können auf zweierlei Weise in das Dach eingebaut werden:

a) In der Dachdecke werden rechteckige, mit Zargen eingefaßte Öffnungen ausgespart, auf denen satteldachförmige Oberlichter in der Form von Raupen- und Firstoberlichtern erstellt werden. Zur besseren Isolierung können Innenoberlichter angebracht werden, die mit Rücksicht auf die Schwitzwasserabführung mit Neigung auszuführen sind.

Abb. 343a. Ausführung: H. H. Robertson Co., Pittsburgh, Pa.

Die Abb. 342a bis d stellt ein in der Dachneigung liegendes freitragendes Raupenoberlicht dar mit einer lichten Weite von 2,50 m. Die Dachdecke, die sich zwischen I-Pfetten spannt, besteht aus armiertem Bimsbeton (8 cm + 1,5 cm Rauhstrich). Am Innenoberlicht sich niederschlagendes Schwitzwasser sammelt sich in einer Rinne und wird auf

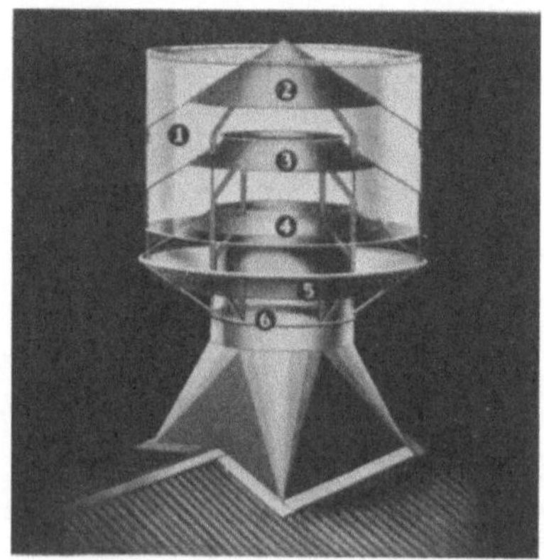

Abb. 343b.

1 Saugmantel, 2 Kappe, 3 und 4 Jalousieringe, 5 Windführungsringe, 6 Schlot.

beiden Seiten am tiefsten Punkt der Rinne durch je ein Röhrchen nach einem Becher abgeführt, in dem es verdunsten kann. Die Abb. 342a und b zeigen auch die Anordnung der Entlüftung: Klappflügel im Innenoberlicht und vollständig aufklappbare Giebelwände im Außenoberlicht. Aus den Abb. 342c und d

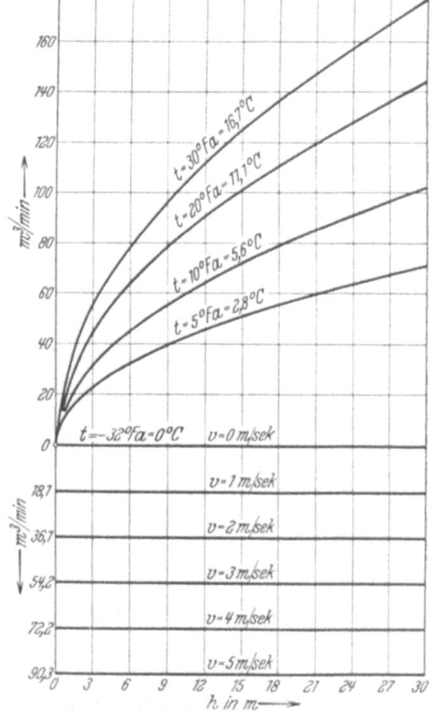

Abb. 343c.

gehen alle bemerkenswerten Einzelheiten des Oberlichts, deren Auflagerung und der Verwahrungen hervor. Solche herausklappbaren Giebelwände bewirken eine gute Entlüftung. Sie läßt sich durch Lüftungsaufsätze, deren Schlote bei doppelten Glasflächen durch beide durchzuführen sind, vermehren. Mit Rücksicht auf die Entlüftung empfiehlt es sich, Raupenoberlichter nicht auf größere Längen durchgehen zu lassen, sondern sie in gewissen Abständen zu unterbrechen und an diesen Stellen die normale Dachhaut durchzuführen (siehe z. B. Abb. 354).

Abb. 343a zeigt für amerikanische Industriebauten charakteristische, schlotartige Lüftungsaufsätze, mit denen jene auffallend reichlich versehen sind. Ihre Wirkung hängt ab von dem Temperaturunterschied zwischen Innen- und Außenluft, von ihrer Höhe über den genügend groß zu bemessenden Lufteintrittsöffnungen, von der Windstärke und weiter von der Durchgangsfläche der Aufsätze. Diese selbst ist natürlich letzten Endes abhängig von dem für den betreffenden Raum notwendigen Luftwechsel.

Den konstruktiven Aufbau eines solchen regensicheren, schlotförmigen Lüftungsaufsatzes (Ausführung: H. H. Robertson Co., Pittsburgh) zeigt die Abb. 343b. Aus der Abb. 343c können die Luftmengen entnommen werden, die ein solcher Aufsatz bei einem Schlotquerschnitt von 1 m² abführt. Man sieht z. B. aus der Abbildung, daß bei einem Temperaturunterschied von 5,6° C, einem

Abb. 344. Kabelwerk der SSW, Berlin.

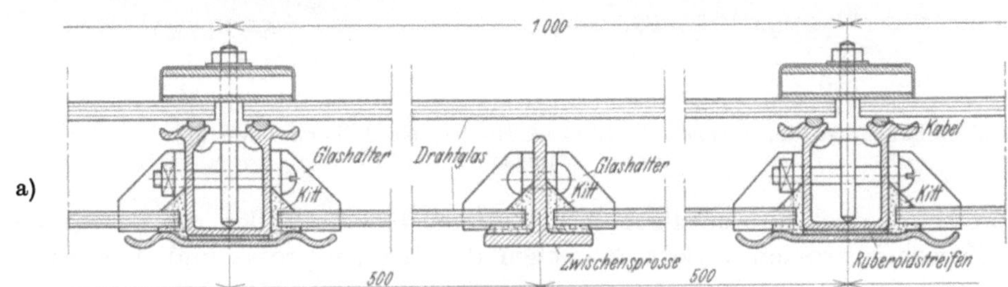

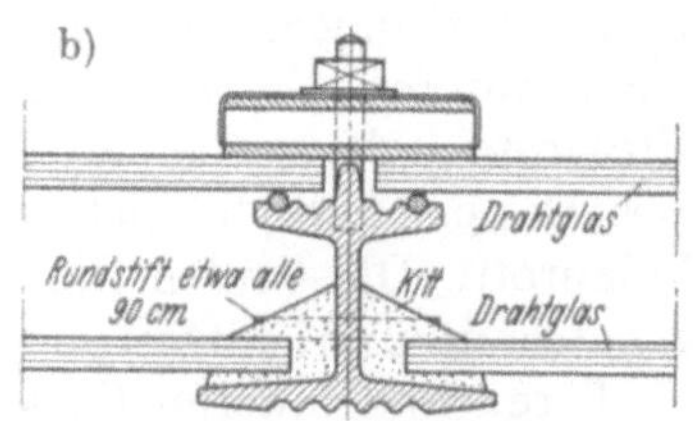

Abb. 345a und b. Ausführung:
J. Eberspächer, Eßlingen.

Höhenunterschied von 15 m zwischen den Lufteinlaß- und den Luftaustrittsöffnungen und einer Windgeschwindigkeit von 4 m/sec eine Luftmenge von rund 144,5 m³/min abgeführt wird. Die abgeführten Luftmengen sind ziemlich genau proportional den Schlotquerschnittsflächen. Bei gewöhnlichen Fabrikgebäuden hält man einen 2- bis 4fachen Luftwechsel in der Stunde für notwendig, bei Gießereien z. B. einen 10- bis 15fachen.

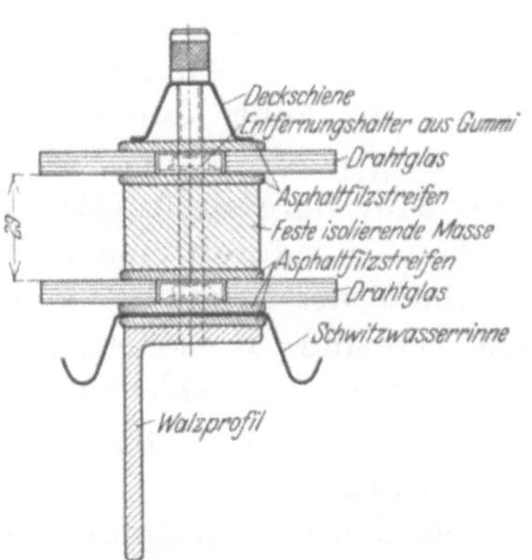

Abb. 345c. Ausführung:
H. H. Robertson Co., Pittsburgh, Pa.

Bei den meisten Eingeschoßbauten des Siemens-Konzerns sind die Lichtzuführungsöffnungen wie auf Abb. 344 angeordnet, wobei die Glasfläche in dem weniger steilen Teil der Aufbauten liegt. In dem steileren, undurchsichtigen Teil befinden sich Lüftungsjalousien.

b) Bei gewissen Fabrikationsprozessen (z. B. in der Textilindustrie) dürfen mit Rücksicht auf den Herstellungsvorgang oder auf die herzustellende Ware keine Sonnenstrahlen in den Fabrikationsraum gelangen. Dieser Forderung wird man durch die Sägedachform gerecht, wenn die genügend steil angeordneten Glasflächen nach Norden gerichtet werden. Solche Sägedächer erfordern allerdings gegenüber den satteldachförmigen Oberlichtern eine größere abgewickelte Dachfläche und wegen der größeren Abkühlungsflächen größere Heizungskosten. Die vielen Rinnen sind teuer, sie bilden Schneesäcke und bringen im Laufe der Zeit nicht unerhebliche Unterhaltungskosten mit sich, wenn nicht für die Rinnen allerbester Baustoff unter sorgfältiger Verarbeitung verwendet wird. Besonders gut haben sich metallüberzogene, genietete Stahlblechrinnen bewährt.

Um den Wärmedurchgang durch die Glasflächen bei Sägedächern zu verringern, wurden oft doppelte Glasflächen angeordnet. Für kittlose Verglasung in der äußeren Fläche zeigen die Abb. 345a, b und c die entsprechenden Einzelheiten, die Abb. 345a diejenigen bei Verwendung einer Rinnensprosse. Die Auflagerung und Befestigung der äußeren Glastafeln erfolgt genau so wie sonst bei einem kittlosen Glasdach. Die inneren Glasscheiben, welche nur die halbe Breite der äußeren haben, sind in Kitt auf den an

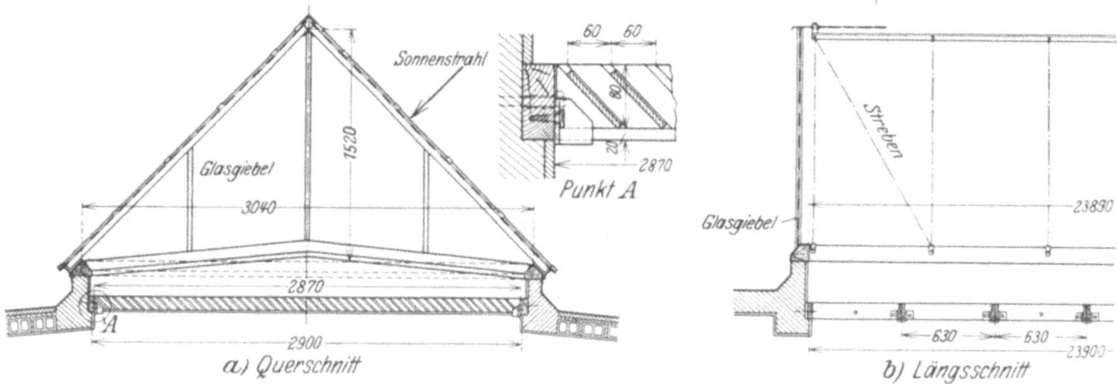

Abb. 346a und b. Fabrikbau der Firma J. G. Lieske & Häbler, Großschönau. Ausführung: J. Eberspächer, Eßlingen.

an die Sprosse angeschraubten flachen Profileisen bzw. auf den aus ⊥-Profilen bestehenden Zwischensprossen verlegt. Zwischen der Rinnensprosse und dem Flacheisen ist ein Ruberoidstreifen eingelegt, der das Flacheisen gegen Abkühlung durch die Außentemperatur schützt, um so die Bildung von Schwitzwasser zu verhindern. Bei der Stegsprosse der Abb. 345b ist die innere Glasscheibe auf dem unteren Flansch aufgelegt und außer durch die Verkittung durch Rundeisenstifte festgehalten, die durch den Steg gesteckt sind. Eine amerikanische Ausführung eines Doppeloberlichts ist in Abb. 345c dargestellt. Als Sprosse dient ein gewöhnliches Walzprofil. Die beiden Glasflächen sind durch eine isolierende feste Masse voneinander getrennt und mittels der Schraube der Deckschiene auf der Sprosse festgehalten. Die äußeren und inneren Glasscheiben sind zur Isolierung und zur weichen Auflagerung je zwischen Asphaltfilzstreifen eingebettet. Zur Ableitung von Schwitzwasser ist zwischen Sprosse und innerer Glasscheibe eine auf beiden Seiten durch Asphaltpappstreifen isolierte Schwitzwasserrinne eingeschaltet.

Bei den satteldachförmigen Oberlichtern hilft man sich vielfach gegen die Sonnenstrahlen in einfachster Weise dadurch, daß man einen Kalkanstrich auf die Scheiben aufbringt. Wirkungsvoller wäre es, eine Glassorte zu verwenden, welche die ultravioletten und infraroten Strahlen nicht durchläßt. Auch Innenoberlichter bieten einen gewissen Schutz gegen die Nachteile der Sonnenstrahlen, mehr noch gegen die im Sommer mit der Besonnung verbundenen, oft sehr unangenehmen Wärmestrahlen, wenn z. B. entsprechend der Anordnung der Abb. 342 für eine gute Durchlüftung des Luftraums zwischen den beiden Oberlichtern gesorgt wird. Bemerkenswert sind auch neuere Bestrebungen, die Innenoberlichter so anzuordnen, daß die Sonnenstrahlen abgehalten werden. Dies wird, wie in der Abb. 346a und b gezeigt ist, mit Hilfe einer waagerechten Sonnenschutz-decke dadurch erreicht, daß unter dem Oberlicht unter 45° Glasstreifen von 100 mm Breite in 60 mm Entfernung angeordnet werden. Ist ein satteldach-förmiges Oberlicht z. B. von Osten nach Westen orientiert, so können die von der Südseite herkommenden Sonnen-strahlen keine Blendung im Innern des Gebäudes hervorbringen. Von Norden her dagegen kann das Himmelslicht ziemlich ungehindert in den Raum ge-langen, wie dies aus Abb. 347 ersicht-lich ist.

Für die bauliche Gestaltung be-stehen trotz der oben erwähnten, be-triebstechnisch sehr einfachen Forde-rung erstaunlich viele Möglichkeiten. Bei den bekanntgewordenen Ausfüh-rungen lassen sich vier Haupttypen, die in Abb. 348 schematisch dargestellt sind und bei diesen wieder verschiedene „Ausführungsarten" unterscheiden. Beide sollen im folgenden an Hand von durchweg im gleichen Maßstab gezeich-neten schematischen Abbildungen, die das für die bauliche Gestaltung Wesent-liche zum Ausdruck bringen und von Ausführungsbeispielen besprochen werden.

Abb. 347. Sonnenschutzvorrichtung beim Fabrikbau der Firma J. G. Lieske & Häbler, Großschönau.

In den schematischen Abbildungen bedeutet:

Sp = Sparren	St = Stütze
Pf = Pfette	$Zw\ St$ = Zwischenstütze
Bi = Binder	Z = Zarge.
U = Unterzug	

Die Glasflächen sind im Grundriß der Zeichnungen als durchkreuzte Rechtecke dargestellt.

Stichwortartig können die einzelnen Haupttypen, wie folgt, gekennzeichnet werden:

Haupttype   I: Flache Satteldächer mit Raupen-oberlichtern

Haupttype II: Flachdächer mit gleich hohen Stützen in den einzelnen Querschnittsebenen

Haupttype III: Hallenförmige Eingeschoßbauten

Haupttype IV: Sägedächer.

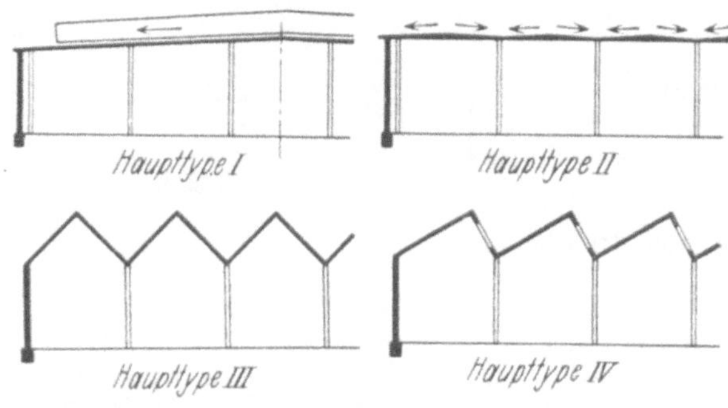

Abb. 348.

Bei Eingeschoßbauten kommt öfters der Fall vor, daß in einzelnen Schiffen Kran-bahnträger für leichte Laufkrane eingebaut und diese Kranbahnträger zur Befestigung der Haupttransmissions- und Vorgelegewellen herangezogen werden müssen. Diesen An-forderungen genügen drei wichtige Möglichkeiten der Stützengestaltung (Abb. 349a bis c).

Die in der Abb. 349a mit 6 m eingeschriebene Höhe bis Unterkante Kranbahnträger
verhindert erfahrungsgemäß einen zu großen Riemenverschleiß, bedingt aber eine verhält-

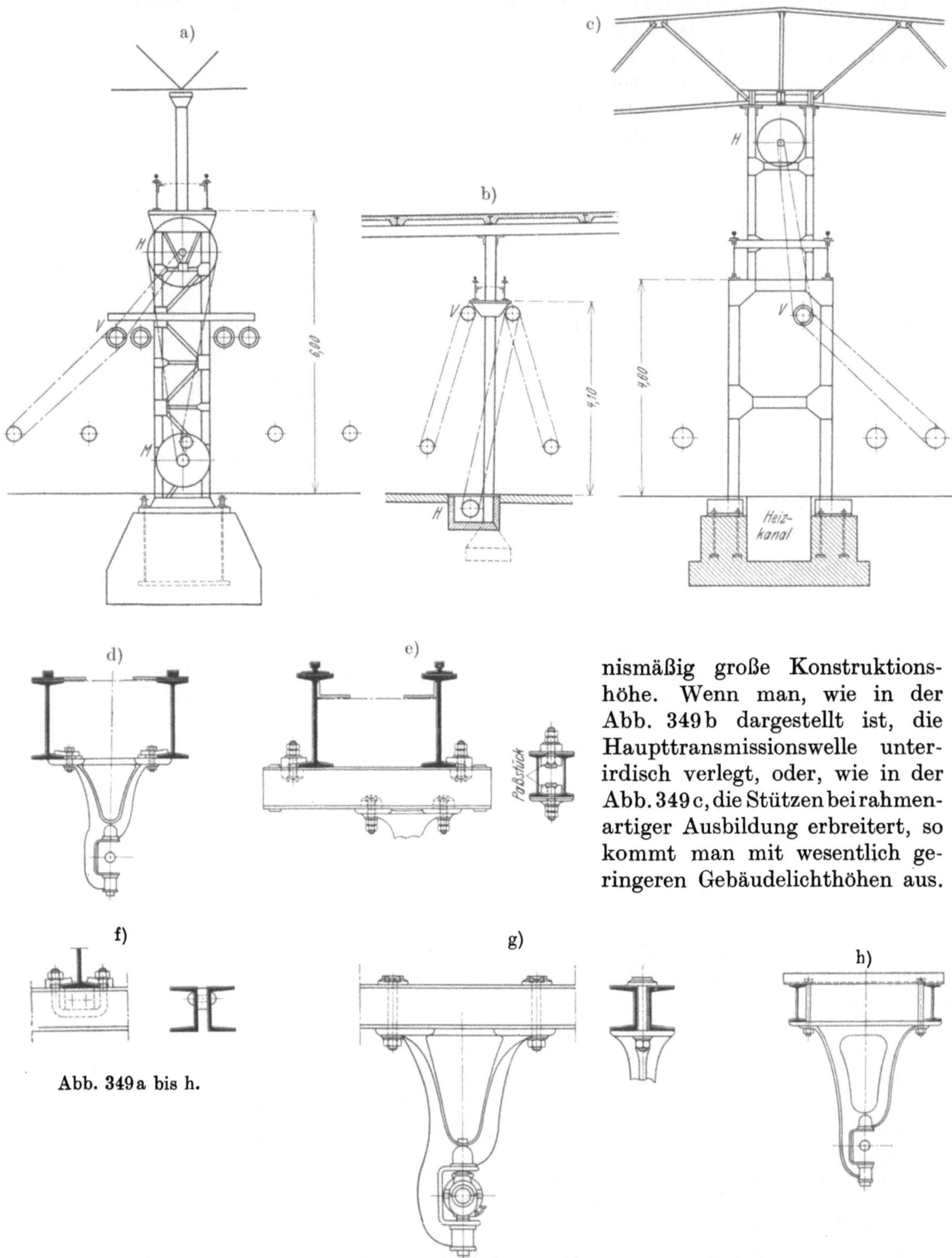

Abb. 349a bis h.

nismäßig große Konstruktionshöhe. Wenn man, wie in der
Abb. 349b dargestellt ist, die
Haupttransmissionswelle unter-
irdisch verlegt, oder, wie in der
Abb. 349c, die Stützen bei rahmen-
artiger Ausbildung erbreitert, so
kommt man mit wesentlich ge-
ringeren Gebäudelichthöhen aus.

Die Lager der Haupttransmissionswelle können entweder unmittelbar wie in Abb. 349d
an den Kranbahnträgern befestigt werden oder mittelbar mit Traversen (Abb. 349e),
die an die Kranbahnträger angeklemmt werden. Für die Befestigung der Vorgelegewellen

benützt man im Falle der Abb. 349a Vorgelegeträger, die parallel zu den Kranbahnträgern verlaufen und an den Stützenkonsolen angeschraubt werden. An diesen Vor-

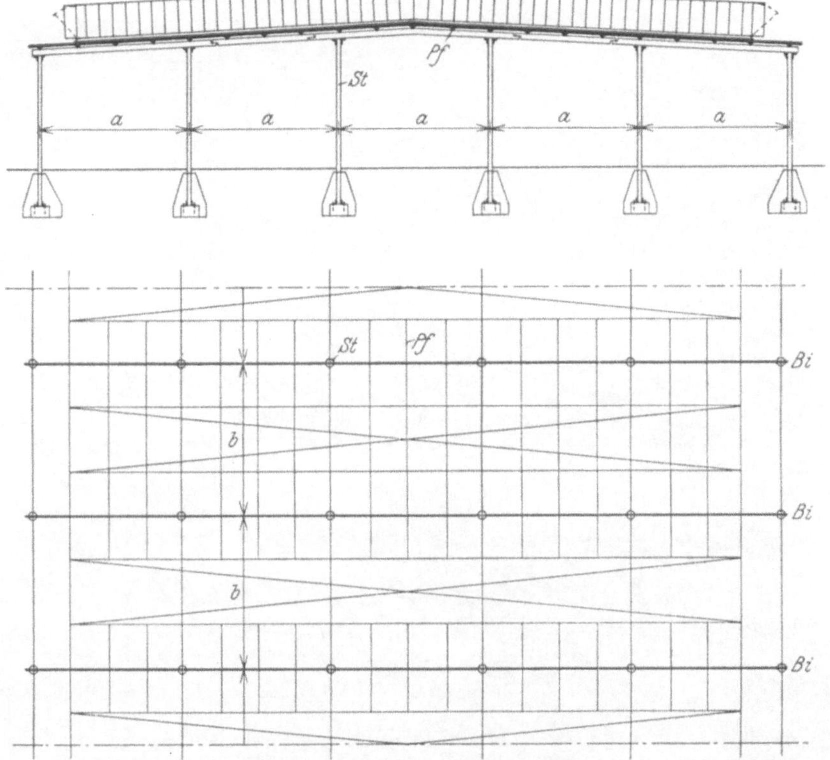

Abb. 350. Haupttype I, Ausführungsart a. Stützenentfernungen z. B. $a = 8$ m, $b = 8$ m.

gelegeträgern können, wie in Ab. 349f, Traversen angehängt werden und daran die Lager der Vorgelegewelle (Abb. 349g). Man kann sie aber auch mittelbar daran, wie in Abb. 349h, befestigen.

Abb. 351. Haupttype I a; $a = 8$ m, $b = 8$ m. Holzbearbeitungswerkstätte der ME. Entwurf des Verfassers. Baujahr 1910.

1. Haupttype I.

Bei den Bauten nach Haupttype I ist die Dachfläche als flaches Satteldach ausgebildet, das über mehrere Schiffe weggeht. Die in den Gebäudequerschnittsebenen liegenden, parallel zu den Oberlichtern verlaufenden Binder sind dabei der Dachneigung angepaßt. Bei dieser Anordnung sind Wasserabfallrohre im Gebäudeinnern und Zwischen-

rinnen zur Ableitung des Regenwassers weitgehendst vermieden, was für die Gebäude-
unterhaltung von nicht zu unterschätzender Bedeutung ist.

Abb. 352. Haupttype Ia; $a = 14$ m, $b = 8$ m. Mechanische Werksttäte der ME. Entwurf des Verfassers.
Baujahr 1909.

Abb. 353. Haupttype Ia; $a = 13 + 16 + 13$ m, $b = 7{,}5$ m. Straßenbahn-Wagenhalle in Leipzig. Ausführung:
A.G. für Bauausführungen Hoch-, Tief- und Eisenbetonbau Leipzig. Baujahr 1924/25.

Ausführungsart a (Abb. 350). Die Binder sind vollwandige, durchlaufende Träger,
in die nach dem Gerberprinzip Gelenke eingebaut werden können. Die Pfetten gehen
immer nur über zwei Binder weg und kragen bis zu den Oberlichtzargen vor. Die Stützen
sind durch Einlassen in die Fundamente eingespannt.

Ein einfaches Ausführungsbeispiel zeigt Abb. 351. Wesentlich größere Stützenentfernungen in Richtung der Binder hat der Bau der Abb. 352. Hier ist auch zu sehen,

Abb. 354. Straßenbahn-Wagenhalle in Leipzig. Außenansicht.

wie, entsprechend Abb. 349a, die Haupttransmissionswellen mit Hilfe von Hängelagern unmittelbar an den Kranbahnträgern, und wie die Vorgelegewellen an besonderen Vorgelegeträgern mit Hilfe von verschiebbaren Traversen befestigt sind. Aus der Abb. 353

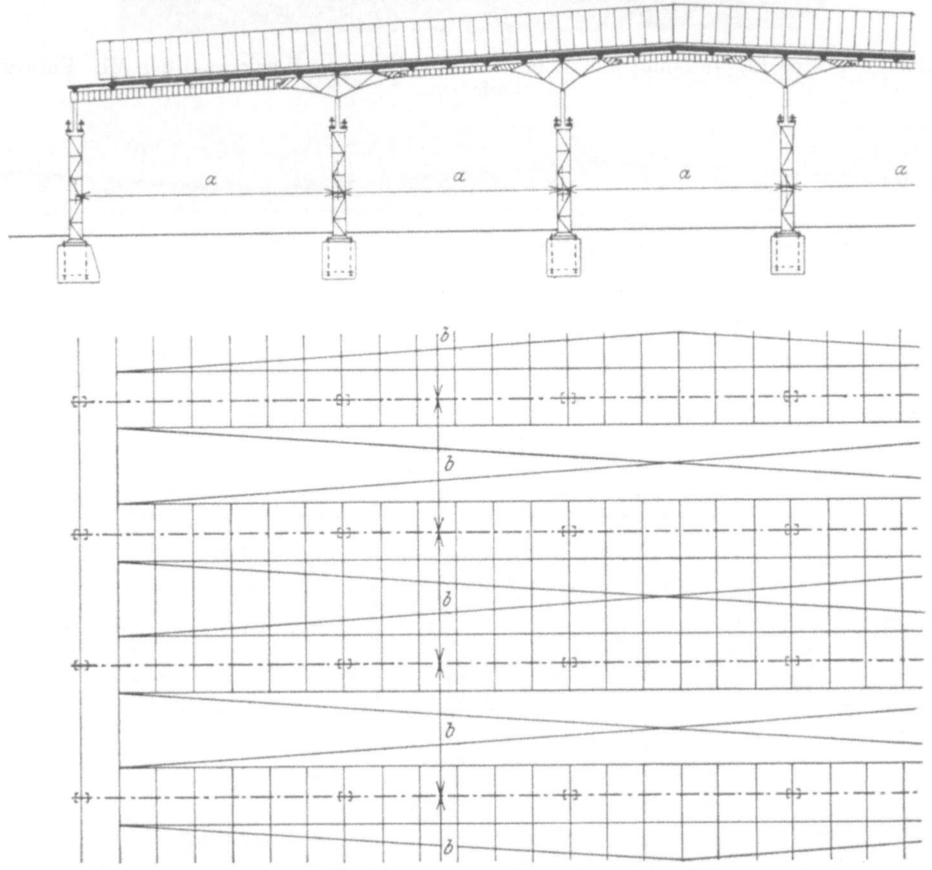

Abb. 355. Haupttype I, Ausführungsart a, Variante. Stützenentfernungen z. B. $a = 12$ m, $b = 7$ m.

und 354, einer Ausführung in Eisenbeton, sieht man, wie mit Rücksicht auf die Entlüftung die raupenförmigen Oberlichter nicht über den First weggehen.

Variante zu Ausführungsart a (Abb. 355 und 356). Die Binder sind durchlaufende Gerberträger. Die durch die Dachneigung an den Zwischenstützen zur Verfügung stehende

Konstruktionshöhe über den Kranlichtraumprofilen ist zur teilweisen Ausbildung der im übrigen vollwandigen Binder in Fachwerksystem benützt worden.

Abb. 356. Haupttype Ia, Variante; $a = 12$ m, $b = 8$ m. Untergestellschlosserei der ME. Entwurf des Verfassers.

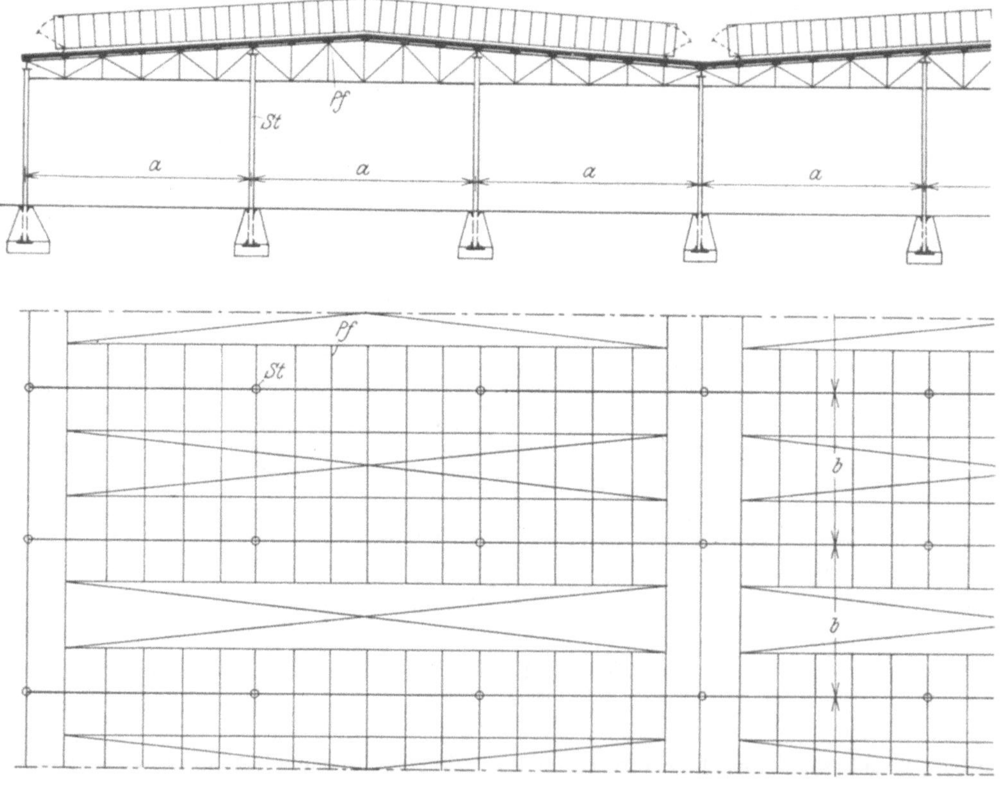

Abb. 357. Haupttype I, Ausführungsart b. Stützenentfernungen z. B. $a = 12$ m, $b = 8$ m.

Ausführungsart b (Abb. 357). Die Binder sind Fachwerkbalkenträger mit waagerechtem Untergurt, an dem bequem Transmissionsträger befestigt werden können. Bei dem Bau der Abb. 358a bis c sind Holzfachwerkbinder bis zu 27 m Stützweite verwendet worden. Die Oberlichter liegen in sämtlichen Binderfeldern.

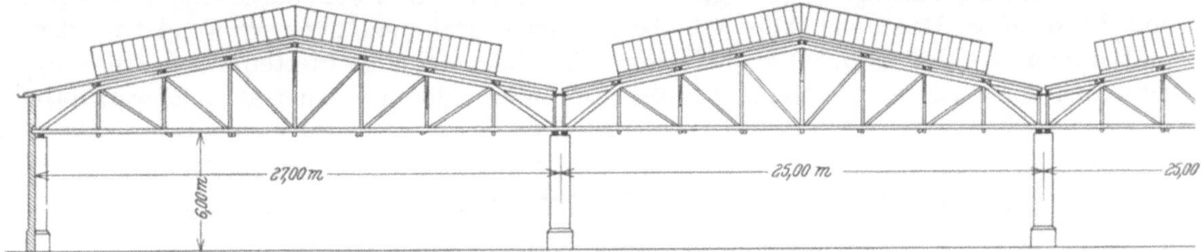

Abb. 358a.

Abb. 358b. Haupttype Ib; $a = 25$ bis 27 m, $b = 7$ m. Werkstättenanlage München-Ost der RBD München. Ausführung der Holzkonstruktion: Karl Kübler A.G. Baujahr 1922/23.

Abb. 358c. Werkstättenanlage München-Ost der RBD München.

Ausführungsart c (Abb. 359 bis 364). Die Binder liegen, um an Gebäudehöhe zu sparen, in den Oberlichtern. Die Pfetten sind also am Binderuntergurt befestigt und können vorteilhaft weiter noch an den Binderobergurten durch Zugeisen, die zugleich den Binderobergurt gegen Ausknicken sichern, aufgehängt werden. Die beiden Zugeisen bilden in diesem Fall zusammen mit den Vertikalen der Binder eine Armierung der durchgehenden Pfetten über den Stützen (Bauweise Z.H.). Die Dachaufsicht einer entsprechenden Ausführung zeigt Abb. 361. Bei dem in Abb. 362 dargestellten Beispiel sind die oben an Hand der Abb. 349c besprochenen Rahmenstützen verwendet worden.

Bei dem Bau der Abb. 363a bis f kamen fischbauchförmige Pfetten zur Ausführung, bei denen der Obergurt als biegungsfester Stab, alle anderen Glieder als Fachwerkstäbe

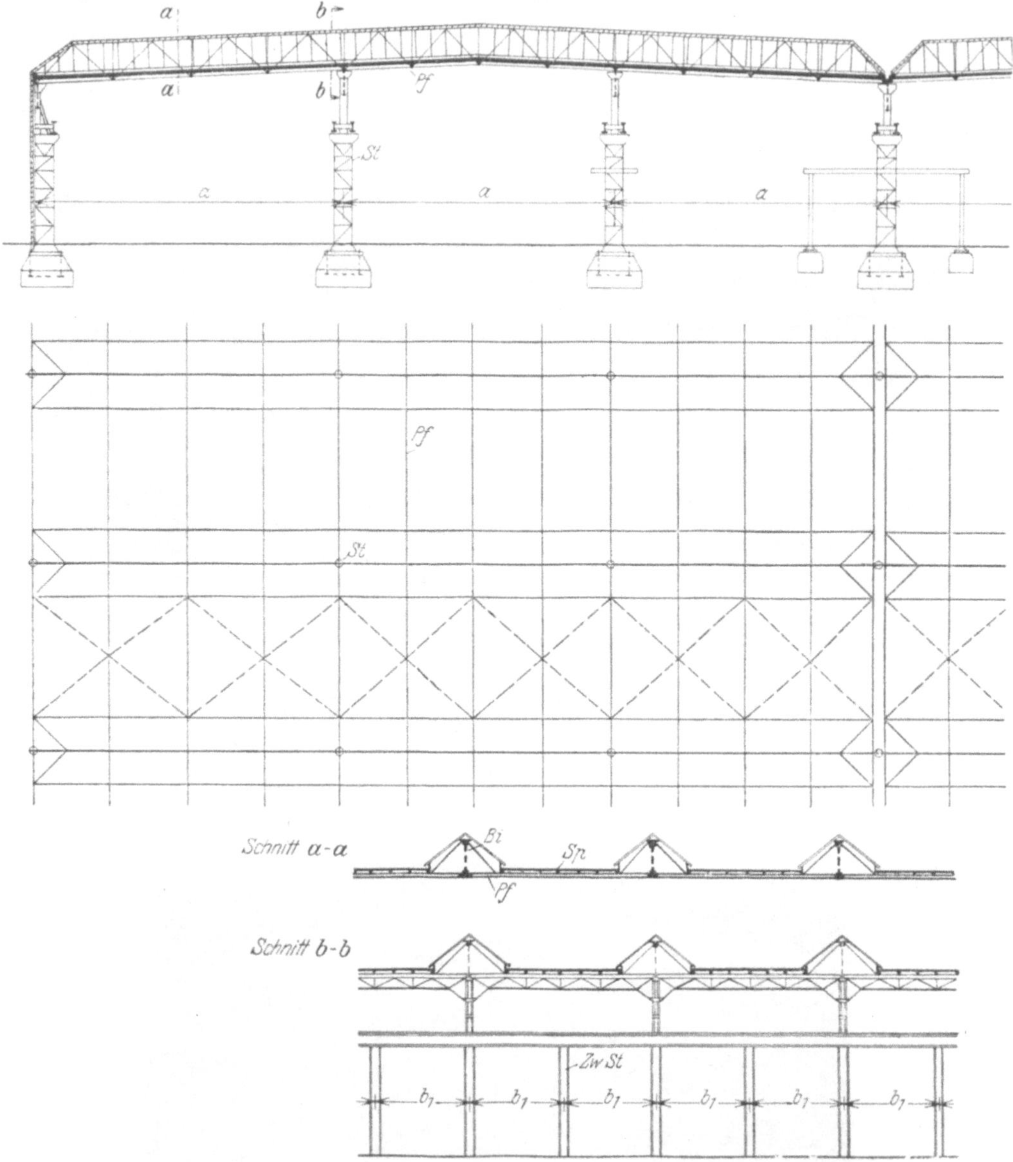

Abb. 359. Haupttype I, Ausführungsart c. Stützenentfernungen z. B. $a = 15{,}5$ m, $b = 10$ m.

aufgefaßt wurden, die Pfette im ganzen also als unterspannter Balken. Die First- und Traufausbildung der Oberlichter ist in der Abb. 363e dargestellt. Die Betonzarge und der Binderobergurt sind mit einer Holzauflage versehen, um die Sprossen unabhängig von den Stahlkonstruktionen verlegen und die Dachpappe an der Traufe an das Holz annageln zu können. Zu beachten sind die zeichnerisch dargestellten Einzelteile: Glashalter, Traufabschlußblech, Zargeneinfassung (je verzinktes Eisenblech) und Sprossenschuh, der das mit der Betonzarge eingelassene Holz umfaßt und an dem leicht Ungleichmäßigkeiten der Unterkonstruktion vor der Montierung des Oberlichts ausgeglichen werden können. Der bei freitragenden Raupenoberlichtern übliche Firstwinkel ist hier unnötig, weil die Sprossen dort auf dem eisernen Unterbau aufgelagert werden können. Das winkelförmige Firstblech besteht aus Kupfer, da es schwer zugänglich ist. Unter dem Firstblech liegt ebenso wie unter den Glasdeckschienen ein Ruberoidstreifen.

Die Ausbildung der bei den großen Breitenabmessungen des Gebäudes nicht vermeidbaren Zwischenrinne ist in Abb. 363f dargestellt. Bei der Bemessung des Querschnitts und des Gefälles solcher Zwischenrinnen kann man mit Rücksicht auf den großen Schaden, den einbrechendes Regenwasser an den Betriebseinrichtungen und an den Waren verursachen kann, gar nicht weit genug gehen. Die für die Abmessungen städtischer Kanalnetze zugrunde gelegten Regenmengen genügen hier meist nicht. Bei solchen Rinnen kann eine mangelhafte Ausführung

Abb. 360. Haupttype Ic; $a = 20$ m, $b = 10$ m. Signalfabrik Henningsdorf der AEG. Ausführung der Stahlkonstruktion: Breest & Co.

sich später sehr unangenehm bemerkbar machen. Im vorliegenden Fall ist eine Rinne aus verzinktem Eisenblech (1,5 mm st.) gewählt. Dieser Baustoff ist haltbarer als reines

Abb. 361. Haupttype Ic. Eisenbahnwerk Schweidnitz. Ausführung des Glasdachs: J. Eberspächer. Baujahr 1924.

Abb. 362. Haupttype Ic; $a = 16,5$ m, $b = 11,25$ m. Neubau Wanderer-Werke Sigmar. Ausführung der Stahlkonstruktion: MAN. Baujahr 1925.

Zink und zeigt kleinere Wärmedehnungen. Die Blechstöße sind wasserdicht genietet, nicht gelötet, da an den Lötstellen wegen der dort vorhandenen Säurerückstände erfahrungsgemäß zuerst Korrosionserscheinungen auftreten. Die ganze Rinne muß den Tem-

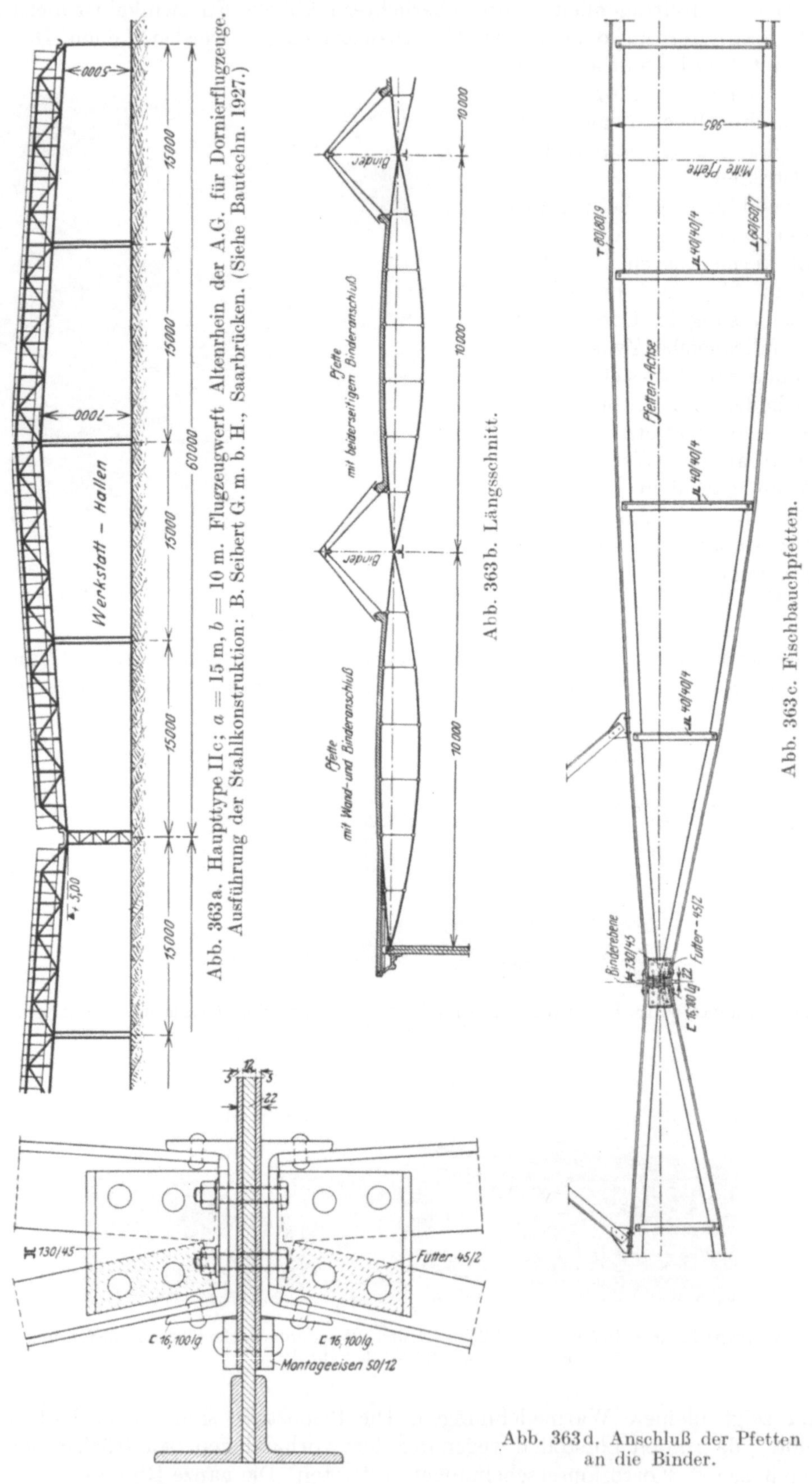

Abb. 363a. Haupttype IIc; $a = 15$ m, $b = 10$ m. Flugzeugwerft Altenrhein der A.G. für Dornierflugzeuge. Ausführung der Stahlkonstruktion: B. Seibert G. m. b. H., Saarbrücken. (Siehe Bautechn. 1927.)

Abb. 363b. Längsschnitt.

Abb. 363c. Fischbauchpfetten.

Abb. 363d. Anschluß der Pfetten an die Binder.

peraturschwankungen folgen können. Sie liegt lose auf ihrer Holzunterlage und kann sich in den Rinnenhaken in der Längsrichtung verschieben.

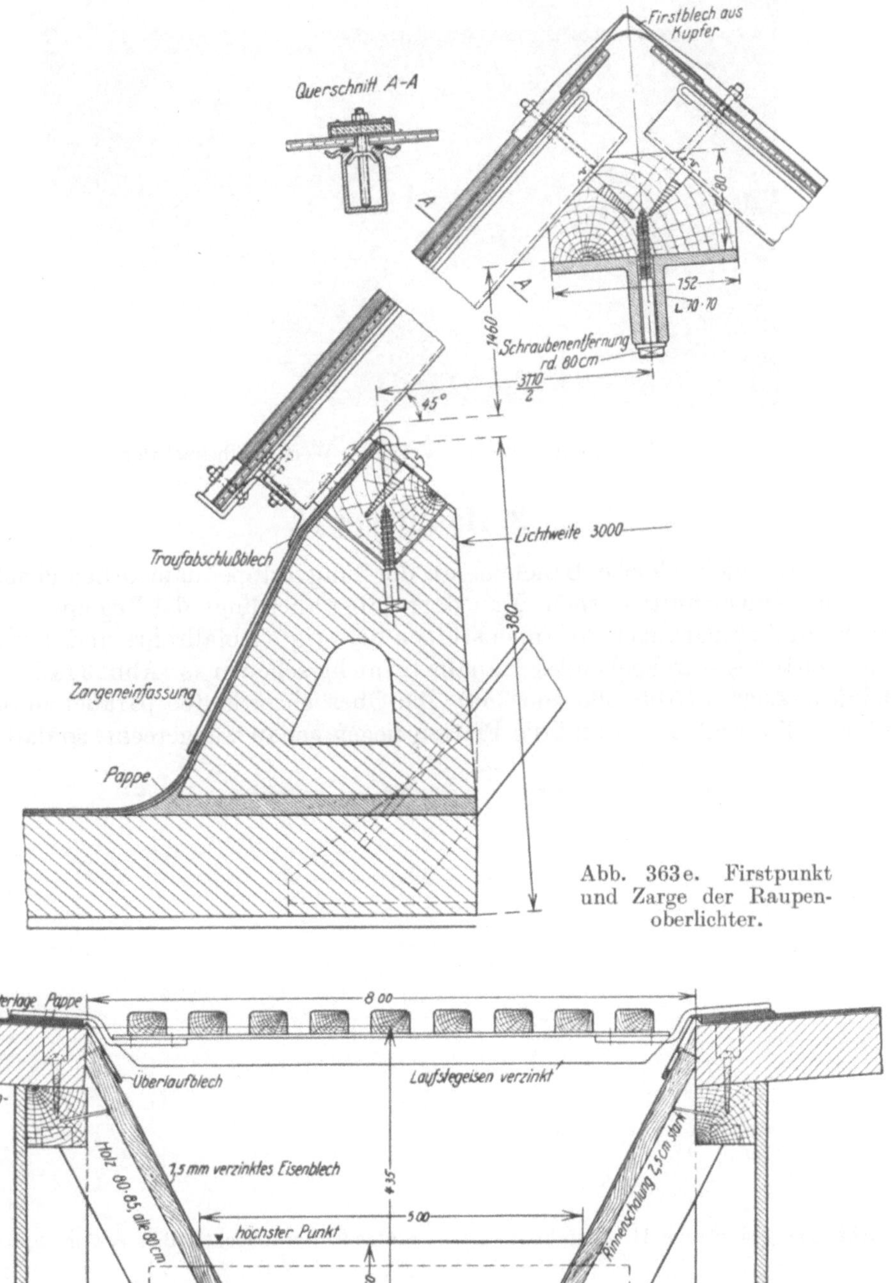

Abb. 363e. Firstpunkt und Zarge der Raupen- oberlichter.

Abb. 363f. Zwischenrinne.

Anstatt einen vertikalen Binder im Oberlicht zu verwenden, kann man (Abb. 364) auch zwei Fachwerkträger anordnen, die unter und parallel zu den Glasflächen liegen (Variante der Ausführungsart c).

Abb. 364. Haupttype IIc. Variante. Werft Wilhelmshafen.

2. Haupttype II.

Sie gestattet viele gleiche Bauelemente der Traggerippe, namentlich gleiche Stützenhöhen in den Querschnittsebenen. Man darf dabei allerdings die Regenwasserabführung durch z. B. an Aussparungen der Innenstützen befestigte Abfallrohre und durch ein innerhalb des Gebäudes durchgehendes Kanalnetz nicht scheuen (s. Abb. 348).

Ausführungsart a (Abb. 365 und 366). Die Oberlichter laufen parallel zu den Pfettenunterzügen (Bindern). Diese und die Pfetten liegen genau waagerecht, so daß die Hänge-

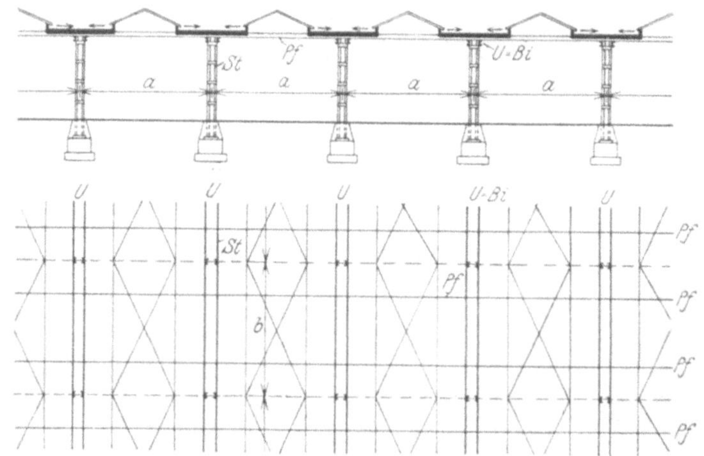

Abb. 365. Haupttype II, Ausführungsart a. Stützenentfernungen z. B. $a = 7$ m, $b = 7$ m.

lager der Haupttransmissionswelle unmittelbar an den Unterzügen, die der Vorgelege an den Vorgelegeträgern, die an den Pfetten angehängt sind, befestigt werden können. Das sehr einfache Traggerippe besteht aus Stahl, die Dachvoutendecke aus Bimsbeton. Durch entsprechende Aufbetonierung ist das erforderliche Gefälle für die Entwässerung erzielt. In der Abb. 367 a bis c ist der Antrieb der Haupttransmissionswelle durch einen etwas über Fußbodenhöhe stehenden Motor gezeigt. Die entsprechende Stütze ist abweichend von den übrigen als Doppelstütze ausgebildet; die Unterzüge (Binder) sind an dieser Stelle unterbrochen.

Ausführungsart b (Abb. 368). Die Anordnung ist ganz ähnlich der Ausführungsart a. Das Traggerippe besteht aus Eisenbeton. Bei dem ausgeführten Bau der Abb. 369 sind

Abb. 366. Haupttype IIa; $a = 7$ m, $b = 7$ m. Werkzeug-Maschinenfabrik A. Schütte, Köln. Ausführung der Stahlkonstruktion: MAN. Baujahr 1911. (Siehe Werkst.-Techn. 1912.)

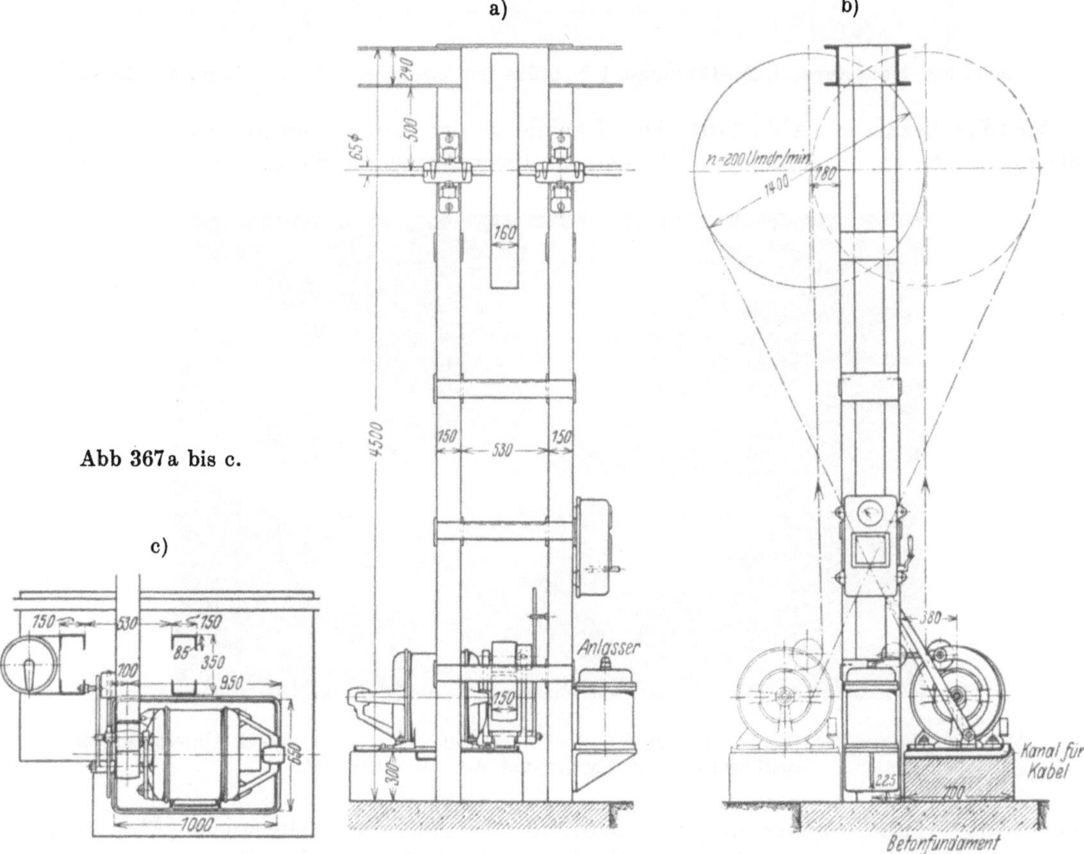

zur Baubeschleunigung die Pfetten (Nebenträger) unten vorbetoniert und durch einen Kran versetzt worden.

Werden bei dieser und der vorhergehenden Ausführungsart die Binder mit der Dachhaut in eine durchgehende Neigung verlegt, so stimmt sie mit der Ausführungsart a der Haupttype I überein.

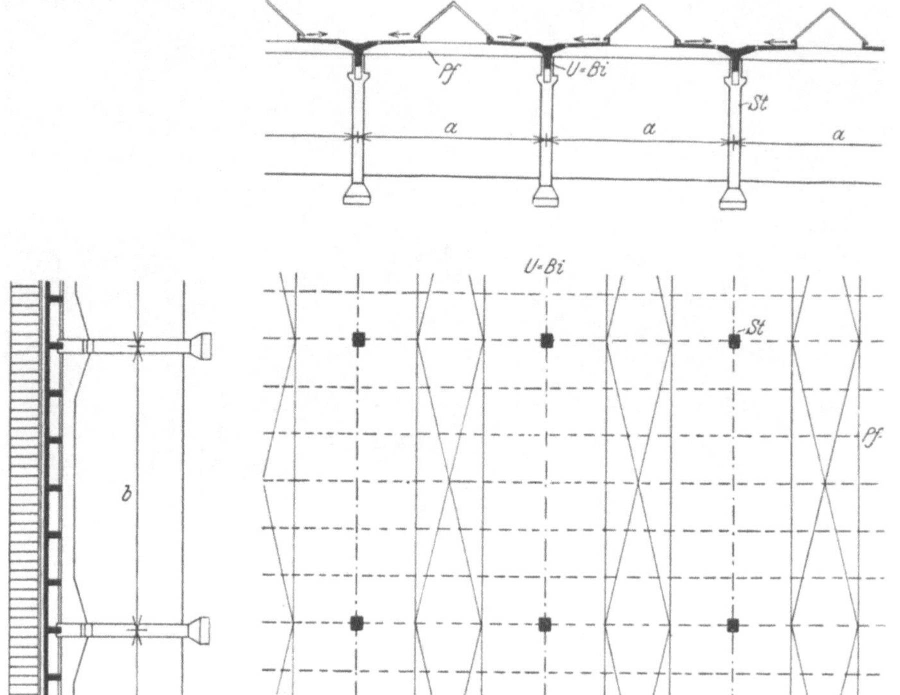

Abb. 368. Haupttype II, Ausführungsart b. Stützenentfernungen z. B. $a = 10$ m, $b = 15$ m.

Ausführungsart c (Abb. 370). Die Dachdecke ist der Isolierung wegen als Eisenbetonrippendecke ausgebildet; die Rippen übernehmen in diesem Fall die Funktion

Abb. 369. Haupttype II b; $a = 10,2$ m, $b = 15,0$ m. Daimler-Benz A.G., Werk Untertürkheim.
Ausführung: Wayss & Freytag A.G. Baujahr 1922.

der Pfetten. Man beachte in dem Lichtbild des Ausführungsbeispiels (Abb. 371) die 2,5 m breiten Innenoberlichter und die Regenabfallrohre an den Stützen.

Bei dieser und bei den folgenden Ausführungsarten verlaufen die Oberlichter rechtwinklig zu den Bindern (Hauptträgern).

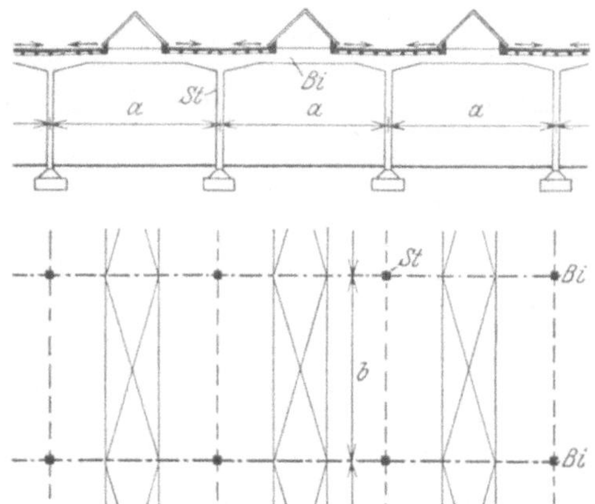

Abb. 370. Haupttype II, Ausführungsart c. Stützenentfernungen z. B. $a = 7$ m, $b = 8$ m.

Abb. 371. Haupttype IIc; $a = 6,5$ bis $7,3$ m, $b = 8$ m. Spinnerei Wangen.
Ausführung: Wayss & Freytag A.G. Baujahr 1922.

Abb. 372. Haupttype IIc, Variante. $a = 5,0$ m, $b = 7,4$ m. Spinnerei und Weberei Offenburg.
Ausführung: Dywidag.

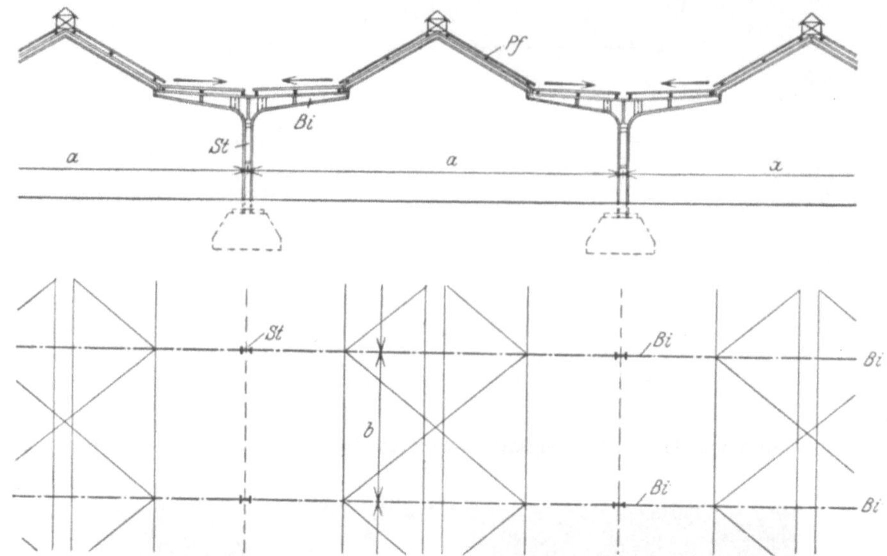

Abb. 373. Haupttype II, Ausführungsart d. Stützenentfernungen z. B. $a = 20$ m, $b = 8$ m.

Abb. 374. Haupttype IId; $a = 20$ m, $b = 8$ m. Porzellanfabrik der AEG Henningsdorf. Ausführung der Stahlkonstruktion: Breest & Co., Berlin.

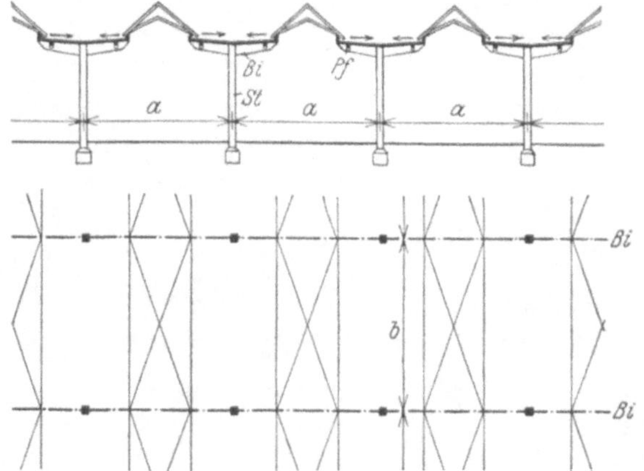

Abb. 375. Haupttype II, Ausführungsart e. Stützenentfernungen z. B. $a = 6$ m, $b = 8$ m.

Bei dem Bau der Abb. 372 sind die rechtwinklig zu den Oberlichtern verlaufenden Binder nur in jedem zweiten Feld unter den Oberlichtern durchgeführt. Diese Ausbildung bildet den Übergang zu der Ausführungsart d und e.

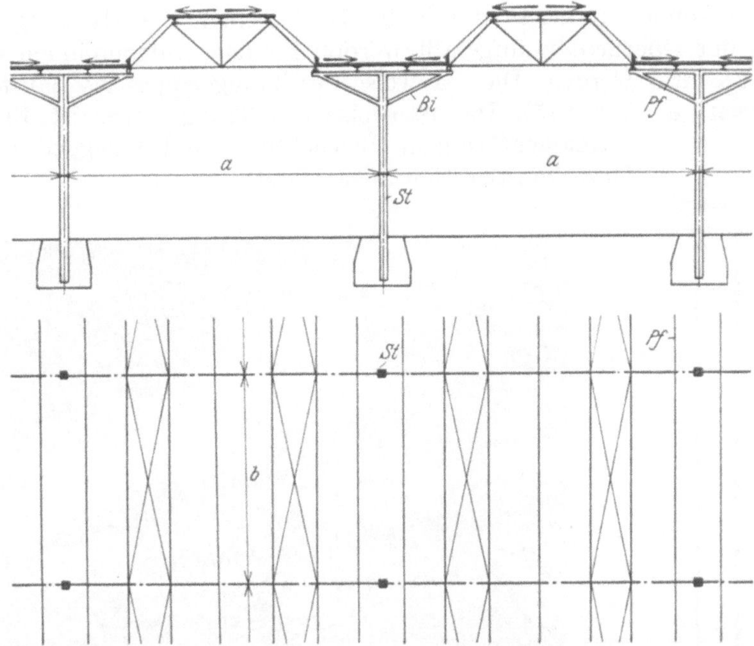

Abb. 376. Haupttype II, Ausführungsart f. Stützenentfernungen z. B. $a = 17$ m, $b = 11$ m.

Abb. 377a. Haupttype IIf; $a = 17$ m, $b = 11$ m. Wagenbauwerkstätte Kassel.

Abb. 377b. Wagenbauwerkstätte Kassel.

Ausführungsart d (Abb. 373 und 374). Die Binder gehen unter den Oberlichtern nicht durch; sie wirken statisch ähnlich wie die Binder einstieliger Bahnsteigdächer.

Die Windkräfte können teilweise durch die Dachdecken, die als waagerechte Träger auf die Länge der Oberlichter aufgefaßt werden können, aufgenommen und nach den Wänden weitergeleitet werden. Die Bauweise des Traggerippes ist Baustahl.

Ausführungsart e (Abb. 375). Die Bauweise des Traggerippes ist Eisenbeton. Die satteldachförmigen Oberlichter sind freitragend ohne besondere Unterkonstruktion ausgebildet.

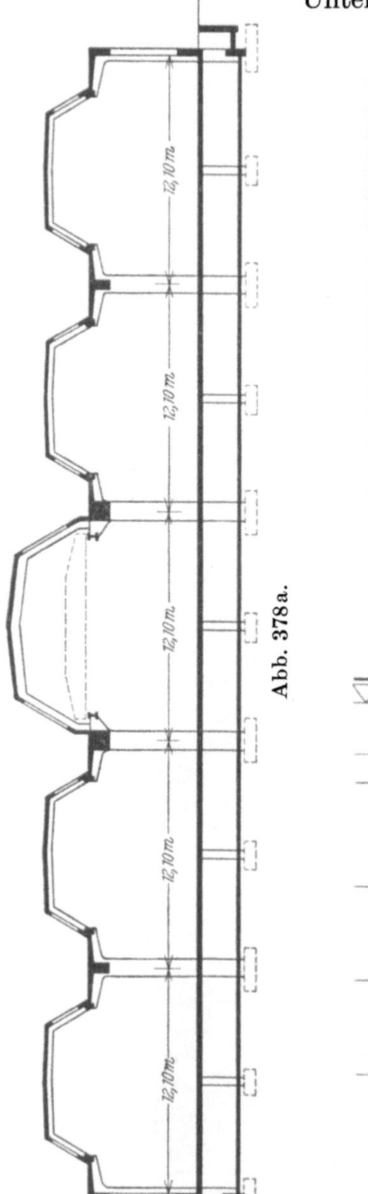

Abb. 378a.

Abb. 378 b. Ingenieurlaboratorium der Ford Motor Co. in Dearborn.
Entwurf: Albert Kahn Inc., Detroit.

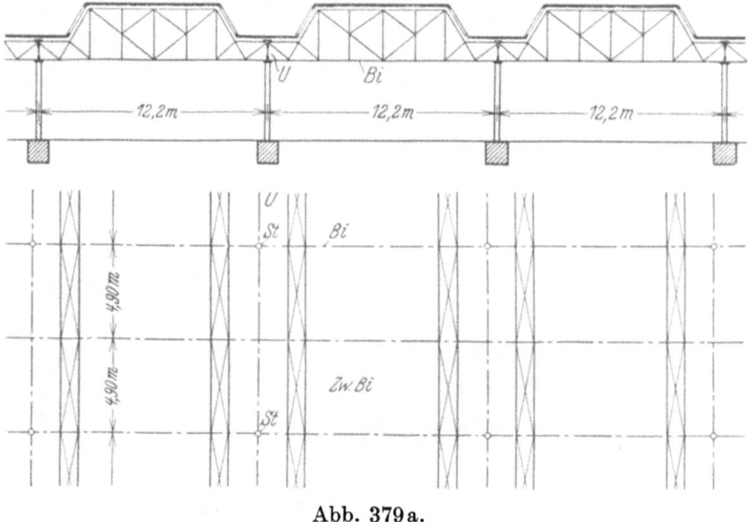

Abb. 379 a.

Ausführungsart f (Abb. 376 und 377). Auf den Kragarmen der bahnsteigartigen Binder sind trapezförmige Fachwerkbinder aufgelagert, die in der Mitte eine undurchsichtige Dachhaut, seitlich mansarddachförmige Oberlichter haben.

Die Abb. 378 a und b zeigt ein hier einzureihendes amerikanisches Beispiel, das Ingenieurlaboratorium der Ford Motor Co. in Dearborn. Das Traggerippe besteht im unteren Teil aus Eisenbeton, der bei amerikanischen Eingeschoßbauten nur ausnahmsweise Verwendung findet, im oberen Teil aus Stahl.

Dieselbe Dachform (mansardenförmige Aufbauten) weisen zwei weitere, in der allerletzten Zeit entstandene amerikanische Bauten auf. In dem einen (Abb. 379 a und b) werden Flugzeugmotore hergestellt, in dem anderen (Abb. 380a und b) Flugzeuge. Das Traggerippe des erstgenannten Gebäudes zeigt einen sehr einfachen Aufbau,

Abb. 379 b. Flugzeugfabrik Pratt & Whitney. Hartford, Conn. Entwurf: Albert Kahn Inc., Detroit.
Baujahr 1929.

Unterzüge in der Längsrichtung (l = 9,8 m) und der Dachform angepaßte Dachbinder von 12,2 m Stützweite und 4,9 m Entfernung. Bei dem anderen Gebäude hat

Abb. 380 a. Flugzeugfabrik Glenn Martin. Baujahr 1929.

man eine möglichst stützenlose Konstruktion dadurch angestrebt, daß man, ähnlich wie bei den Boileaudächern, je zwei parallele Binder in den Dachaufbauten angeordnet

Abb. 380 b. Flugzeugfabrik Glenn Martin.

hat. Der Unterschied gegenüber einem Boileaudach besteht nur darin, daß die Glasflächen geneigt sind.

Wie bei der Behandlung des Aufbaus der Traggerippe einschiffiger Hallen (im III. Abschnitt D, 1) gezeigt wurde, können solche wellenförmige Dächer auch als Faltwerke ausgebildet werden. Auch die Verwendung von Schalendächern kommt in Betracht. Die Abb. 381 zeigt ein solches Ausführungsbeispiel. Es sind dort bahnsteigdächerartige Gebilde aneinandergereiht. Die Binderscheiben, durch welche die Schalen ausgesteift werden, haben Abstände

Abb. 381. Postkraftwagenhalle Nürnberg. Ausführung: Dywidag. Baujahr 1929.

von 13,3, 16,6 und 13,5 m. Zwei bis drei der 9 m breiten Streifen der undurchsichtigen Dachhaut werden an den Stellen der Binderscheiben miteinander verbunden zwecks Überleitung von Seitenkräften. Die Oberlichtöffnungen 3 m i. L. ohne solche Verbindungsstücke lassen zwanglos Temperatur- und Schwindänderungen zu.

Durch die Verwendung des Pond-Daches das im III. Abschnitt, B, bei der Entlüftung der Hallenbauten (S. 84) erwähnt wurde, erhalten viele amerikanische Eingeschoßbauten ein ganz eigenartiges Aussehen. Von den beiden Abb. 382 und 383 stellt die erste eine Maschinenwerkstätte, die zweite eine Autozusammen-

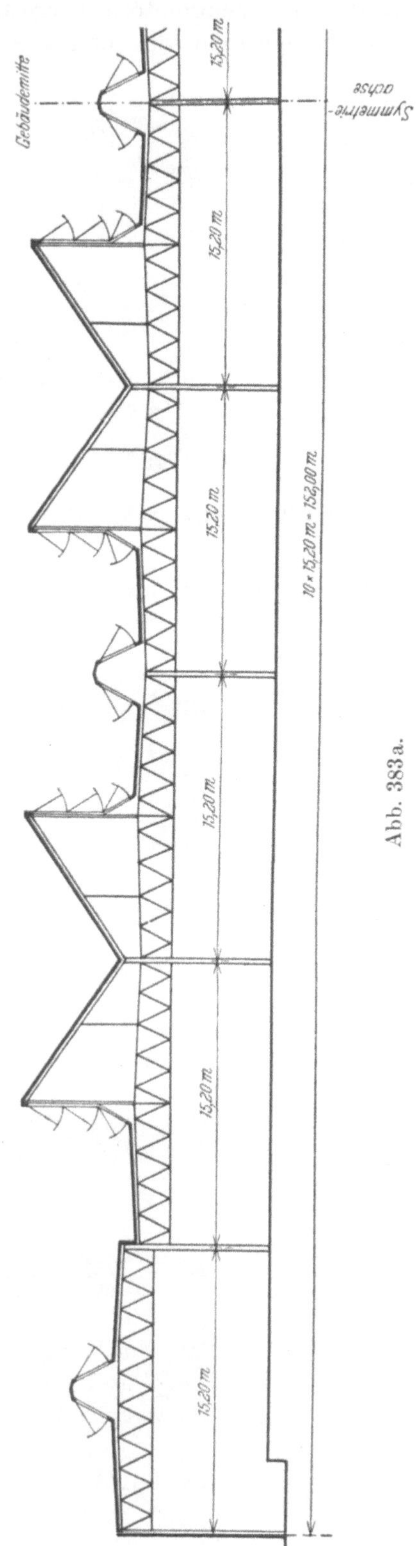

Abb. 382. Maschinenwerkstätte der National Pneumatic Co., Rahway N. J. Entwurf: Conrad Neff.

Abb. 383a.

bauwerkstätte (Assembly Plant) dar. In beiden Fällen war man, wie bei allen zu dieser Haupttype II gehörenden Bauten, bestrebt, möglichst vielen Bauelementen der Traggerippe gleiche Abmessungen zu geben.

Bei den bisher unter Haupttype II beschriebenen Anordnungen kann die Decke vollständig eben sein. Es muß dann durch Ausgleichbeton für das Dachgefälle nach den Ab-

Abb. 383 b. Ford Assembly Plant der Ford Motor Co., Chicago. Entwurf: Albert Kahn Inc., Detroit.

fallrohren zu gesorgt werden. Die Decke kann aber auch selbst quer geneigt sein, wie bei Abb. 373, wo Zwischenrinnen vorhanden sind.

Bei dem Ausführungsbeispiel zu Haupttype II, f (Abb. 377) sind die Streifen der undurchsichtigen Dachhaut mit durchgehendem Längsgefälle von 6 % versehen, so daß ein Längenschnitt entsteht ähnlich dem Querschnitt der Abb. 350. Dies ist auch der Fall bei dem Bau der Abb. 384 und 385, bei denen die bahnsteigartigen Binder im oberen

Abb. 384. Haupttype II d; $a = 15\,\mathrm{m}$, $b = 11\,\mathrm{m}$. Eisenbahnhauptwerkstätte Delitzsch. Ausführung der Stahlkonstruktion: MAN. Baujahr 1906.

Teil fachwerkartig aufgelöst sind. Diese beiden Abbildungen gehören zu einem Gebäude, das 107,25 m breit und 236 m lang ist. Das Dachgefälle von 5 % ist auf je die halbe Gebäudebreite durchgeführt, so daß überhaupt keine Zwischenrinnen und Abfallrohre im Gebäudeinnern notwendig wurden.

Große Stützenentfernungen kann man bei Lage der Binder und Form der Oberlichter wie bei den Ausführungsarten c und d auch dadurch erzielen, daß man zwei Fachwerkbinder unter und parallel zu den Glasflächen der satteldachförmigen Oberlichter legt, d. h. daß man grundsätzlich so, wie in Abb. 386 dargestellt ist, vorgeht

(Schweizer Patent 19 813 und 29 267). Die in der Mitte durchbrochenen, vollwandigen Unterzüge übernehmen die Funktion der Binder. Ihre Entfernung beträgt in der Abb. 386 16,5 m. Die Oberlichter sind 8,6 m breit.

Abb. 385. Haupttype IIf; $a = 25$ m, $b = 11$ m. Eisenbahnhauptwerkstätte Delitzsch. Ausführung der Stahlkonstruktion: MAN. Baujahr 1906.

Bei den flachen Dachneigungen der Bauten nach den Haupttypen I und II verwendet man als Bekleidung der Dachdecke eine fugenlose, völlig zusammenhängende, geschlossene Dachhaut. Dafür stehen zur Verfügung: Metallbleche, Pappen (Teerpappen und

Abb. 386. Reparaturwerkstätten Landquart, Rhätische Bahnen. Ausführung: Löhle & Kern A.G., Zürich. Baujahr 1910.

teerfreie Pappen wie Ruberoid, Bitumitekt usw.) und plastische Dachschutzmassen wie Arco, Dursit, Paratekt, Bituplast und viele andere. Auch Holzzementdächer sind für kleine Stützweiten der Binder unter Umständen empfehlenswert.

3. Haupttype III.

Sie ermöglicht eine größere Dachneigung. Das ist mit Rücksicht auf die Dachdeckung (z. B. Ziegeldach), auf gute Entlüftung und mit Rücksicht auf die gute Ableitung des

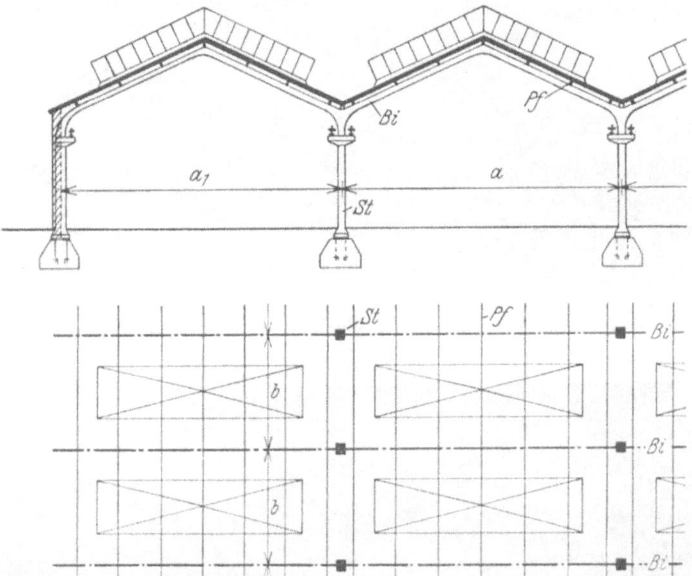

Abb. 387. Haupttype III, Ausführungsart a. Stützenentfernungen z. B. $a = 15$ m, $a_1 \sim a$, $b = 7$ m.

an der Unterseite der Dachdecke auftretenden Schwitzwassers erwünscht. Der Innenraum hat hallenartiges Aussehen (siehe Abb. 348).

Ausführungsart a (Abb. 387). Die Binder sind durchlaufende Rahmenträger. Die Oberlichter können parallel zu den Bindern liegen, in der Form von Raupenoberlichtern (Abb. 388), oder in die Dachhaut eingelegt sein. Es können auch Firstoberlichter verwendet werden (Abb. 389). Bei dem Ausführungsbeispiel der Abb. 388a und b sind die Binder als gelenklose Rahmenbinder ausgeführt[1]. Dadurch, daß die Stöße zwischen den Riegeln und den Stielen in der Nähe der Momentennullpunkte gelegt wurden, ergab sich eine außerordentlich einfache, in kurzer Zeit mit Hilfe von zwei Turmdrehkranen durchgeführte Montierung des 140,3 m langen Baues. Die Längssteifigkeit seines Traggerippes ist durch den Einbau von je vier Portalen in den mittleren Stützenreihen, durch Dachverbände in den entsprechenden Binderfeldern und, während des Montierungszustandes, durch Kreuzverbände in den äußeren Stützenreihen erreicht.

Bei dem Ausführungsbeispiel der Abb. 389 geschieht die Beleuchtung durch Firstoberlichter. Im Scheitel und an den Fußpunkten der Binder sind Gelenke eingeschaltet, so daß

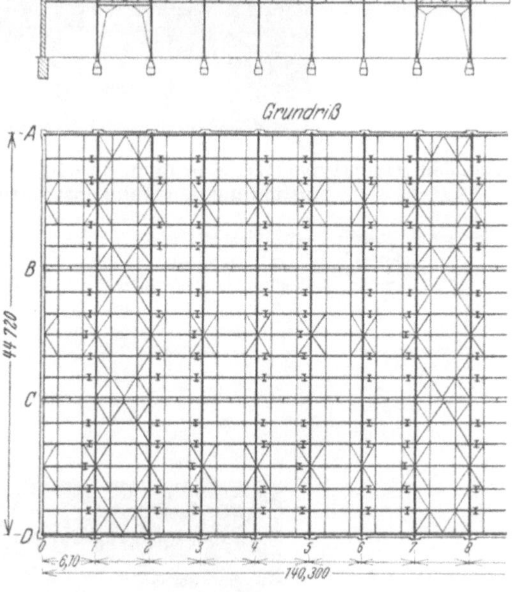

Abb. 388a. Haupttype IIIa; $a = 14,8$ m, $b = 6,1$ m. Daimler-Benz A.G., Werk Sindelfingen. Entwurf des Verfassers. Baujahr 1916.

---

[1] **Maier-Leibnitz:** Berechnung einfacher und mehrfacher Rahmen. Stuttgart 1917.

bei zweischiffiger Anordnung ein einfach statisch unbestimmtes Gebilde in den Querschnittsebenen entsteht.

Abb. 388b. Daimler-Benz A.G., Werk Sindelfingen, Montierungsbild.

Abb. 389. Haupttype IIIa. $a = 14$ m, $b = 10$ m. Verkehrshalle der Deutschen Werkbundausstellung Köln.
Ausführung der Stahlkonstruktion: Breest & Co., Berlin. Baujahr 1914.

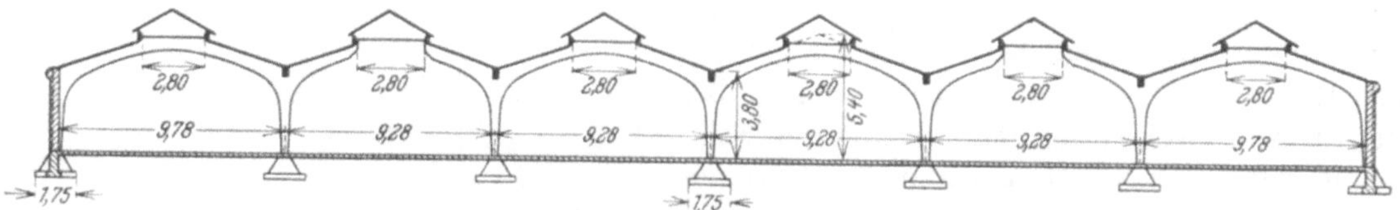

Abb. 390a.

Abb. 390b. Haupttype IIIa; $a = 9,28$ m; $b = 7,05$ m. Tuchweberei Fritz Cohen in M.-Gladbach. Ausführung:
Allgemeine Hochbaugesellschaft A.G., Düsseldorf. Baujahr 1921/22.

Das Traggerippe des Baues der Abb. 390 besteht aus Eisenbeton. Auf beiden Seiten schließen Querhallen an. Die Oberlichter von 2,8 m lichter Weite haben eine untere Rohglasdecke erhalten. Bei der Benützung des Raumes als Weberei hat sich gezeigt, daß durch das Doppeloberlicht die Sonnenstrahlen genügend gebrochen werden, so daß

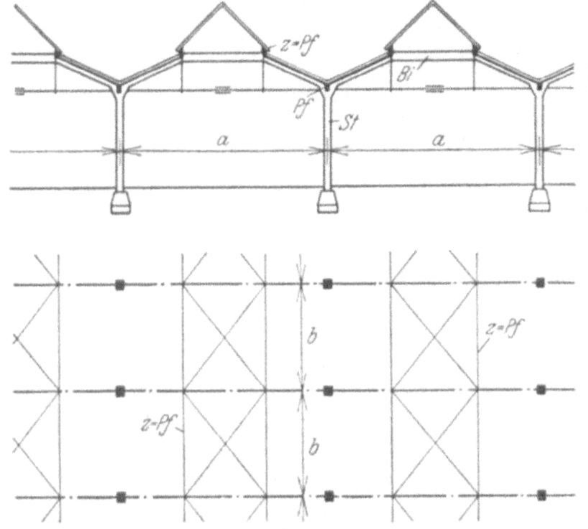

Abb. 391. Haupttype III, Ausführungsart b. Stützenentfernungen z. B. $a = 10$ m, $b = 5$ m.

Abb. 392. Haupttype IIIb; $a = 10$ m, $b = 7,10$ bis $8,20$ m. Opelwerke Rüsselsheim. Ausführung: Wayss & Freytag A.G. Baujahr 1912.

sie im Arbeitsprozeß nicht mehr störend empfunden werden. Die 7,02 m entfernten Rahmenbinder haben Fußgelenke, die beiden äußersten kragen bis zu den Oberlichtzargen vor, ebenso die beiden mittleren.

Ausführungsart b (Abb. 391). Die Firstoberlichter liegen rechtwinklig zu den zweckmäßigerweise als Sprengwerke ausgebildeten Bindern.

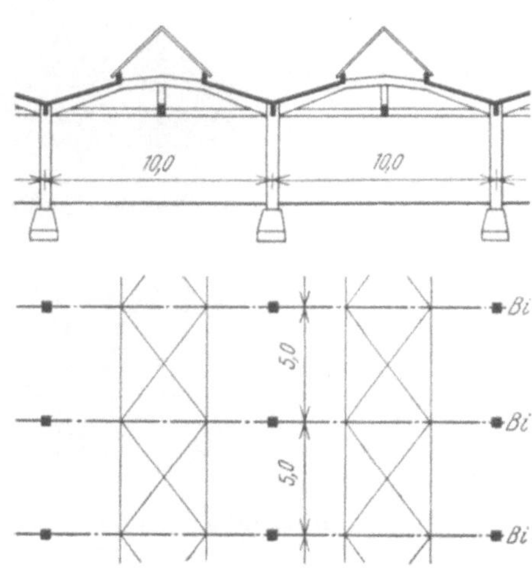

Abb. 393. Haupttype IIIb; $a = 9,90$ m, $b = 9$ m. Rheinische Metallwaren- und Maschinenfabrik Düsseldorf-Derendorf. Ausführung: Dywidag. Baujahr 1916/18.

Abb. 394.

Die aus Rundeisen bestehenden, mit Spannschlössern versehenen Zugbänder können dabei sichtbar sein (Abb. 392). Sie können aber auch ebenso wie die Aufhängeisen auf Abb. 393, mit Beton umkleidet sein. Dies kann nötig werden, wenn infolge der Kranbelastung die Säulenköpfe seitlich gehalten werden müssen. Sollen Transmissionen an diesen Bindern aufgehängt werden, so treten an Stelle der Zugbänder biegungsfeste

Stäbe (Abb. 394), deren Lasten teilweise in der Mitte auf die Firstpunkte der Binder übertragen werden und dadurch eine andere Binderform rechtfertigen.

Ausführungsart c (Abb. 395a und 395b). Das Satteldach erstreckt sich über zwei Felder; die Firstlinie des Firstoberlichts liegt über einer Stützenreihe.

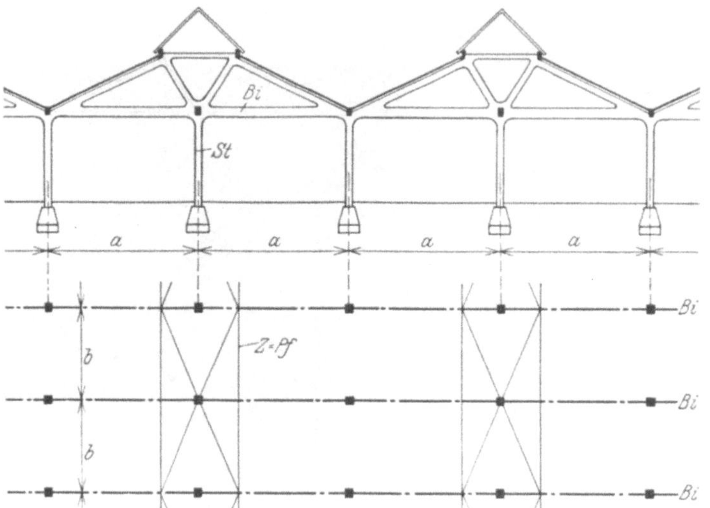

Abb. 395a. Haupttype III, Ausführungsart c. Stützenentfernungen z. B. $a = 8$ m, $b = 5$ m.

Man beachte bei dem Ausführungsbeispiel (Abb. 395b) die an den Längsträgern angeschlossenen Hängesäulen zur späteren Befestigung von Transmissionen.

Bei den Ausführungsarten a, b und c können die Decken entweder zwischen die Binder oder auch in der Form von Rippendecken zwischen die zugleich als Zargen die-

Abb. 395b. Haupttype IIIc; $a = 8$ m, $b = 4,9$ m. Deckenfabrik Nagold.
Ausführung: Wayss & Freytag A.G. Baujahr 1908.

nenden Pfetten unter den Kehlen eingespannt werden. Die Regenwasserabführung erfolgt von den Kehlen, die Aufbetonierungen oder besondere Kehlrinnen aufweisen, nach an den Stützen angebrachten Abfallrohren.

Ausführungsart d (Abb. 396a und b). Unter Verwendung der auf S. 117 genannten Schalendächer kann man ebenfalls hier einzureihende Eingeschoßbauten ausbilden. Die Abb. 396a und b stellen einen Kai-Schuppen im Südwesthafen in Hamburg dar[1], der sich ohne weiteres auch als industrieller Einzelbau eignen würde. Der Schuppen ist

---

[1] Siehe Bautechn. 1932 S. 200.

$2 \times 24{,}375$ m breit, die Entfernung der Mittelrandglieder beträgt 9,16 m. Im ganzen sind 36 Schalengewölbe verwendet worden. Die Schalenstärke ist 5,5 cm im Scheitel,

Abb. 396a. Haupttype III d. Kaischuppen am Südwesthafen in Hamburg. Ausführung: Dywidag. Baujahr 1930/31.

an den Übergängen zu den aussteifenden Binderscheiben und an den Randgliedern nimmt sie auf 8 cm zu. Die lichte Höhe des Schuppens ist 7 m. Seine Entwässerung erfolgt durch Rinnen, die zwischen den mit einem Halbmesser von 7,5 m geformten Kreißsegmenttonnen entstehen. Sie wird dadurch erleichtert, daß die Gewölbe und die

Abb. 396b. Luftbild des Kaischuppens.

Randglieder in einem von der Hallenlängsachse nach beiden Seiten verlaufenden Gefälle von ungefähr 2% liegen. Das 331 m lange Gebäude ist durch Dehnungsfugen in 7 Abschnitte geteilt. An diesen Stellen sind die Stützen und Randglieder doppelt ausgebildet. Die Tageslichtzuführung erfolgt außer durch Seitenfenster durch die in den beiden Abbildungen ersichtlichen satteldachförmigen Oberlichter.

4. Haupttype IV, Sägedächer (siehe Abb. 348).

Sie werden unrichtigerweise oft mit Sheddächern bezeichnet; „shed" bedeutet aber im englischen einfach „Schuppen". Sägedach dagegen heißt „saw-tooth-roof". Die Gründe, die zu ihrer Anwendung im industriellen Bauwesen geführt haben, wurden schon oben kurz erwähnt. Vor allem gewährleisten Sägedächer eine ideale natürliche Beleuchtung. Das reine Nordlicht ist übrigens schon lange in Ateliers wegen seiner

Abb. 397. Radioapparate Fabrik Atwater-Kent, Philadelphia. Entwurf: Ballinger Co., Philadelphia. Baujahr 1930.
(Aus Building Age 1930.)

Gleichmäßigkeit benützt worden. Es ist im Lauf des Tages und des Jahres verhältnismäßig gleichmäßig, weil es das vom Himmel oder den Wolken reflektierte Sonnenlicht ist. Durch seine Verwendung werden die bei gewöhnlichen Fenster- und Oberlichtanordnungen außerordentlich großen, bei vielen Arbeitsvorgängen unerwünschten Schwankungen der Tageslichtzuführung vermieden, auch die Blendung durch die Sonnenstrahlen, sowie deren Einwirkung auf gewisse Waren, wie Farbstoffe, Gummi- und Textilwaren.

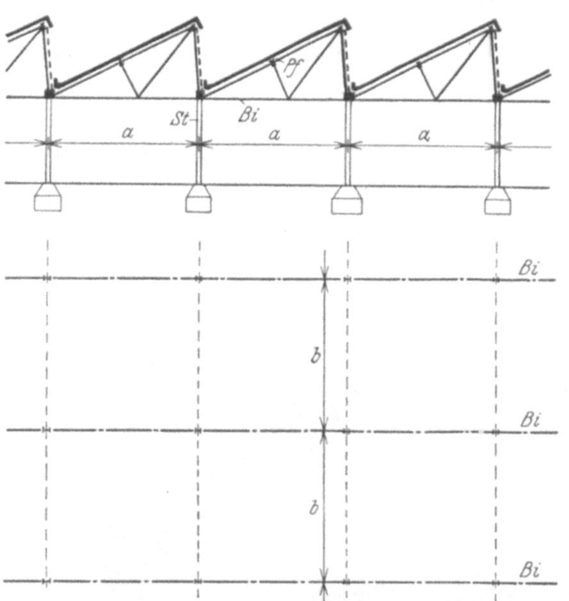

Abb. 398. Haupttype IV, Ausführungsart a. Stützenentfernungen z. B. $a = 8$ m, $b = 8$ m.

Man vermeidet aber auch die große Treibhaushitze, die im Sommer unter großen Glasflächen eintritt. Bei gewöhnlicher Fenster- und Oberlichtanordnung dringen mit den Sonnenstrahlen die Wärmestrahlen in das Gebäudeinnere ein und erzeugen dort die lähmende Hitze, deren man sich, auch mit einer sehr kostspieligen Entlüftungseinrichtung, kaum erwehren kann.

Diesen von der Industrie heute mehr denn je erkannten und geschätzten Vorteilen stehen beim Sägedach als Nachteile einige Gestaltungsschwierigkeiten im ganzen des Entwurfs und in Einzelheiten gegenüber. Die genaue Nordlage der Glasflächen läßt sich bei rechteckigen Grundrissen leicht erreichen, wenn eine der Hauptachsen des Gebäudes in der Nord-Süd-Richtung liegt. Bei den beiden amerikanischen Eingeschoßbauten der Abb. 397 mit zusammen 126000 m² Grundfläche sind die Glasflächen diagonal zum Gebäudegrundriß gelegt worden. Wie im folgenden eingehend dargelegt wird, macht es heute keine Schwierigkeiten mehr, mit wenig Innenstützen auszukommen, um in der Maschinenaufstellung und im Gang der Fabrikation unbehindert zu sein, ebensowenig wie solche Konstruktionsteile des Traggerippes zu vermeiden, die das Aussehen stören und in den Innenraum hervortreten, wie z. B. Sägedachzugstäbe oder Füllungsstäbe. Dem Nachteil der größeren Dachabwicklung kann man durch doppelte Glasflächen und durch eine gut isolierende, wenn nötig, doppelte, undurchsichtige Dachhaut wirksam begegnen. Für die Regenwasserableitungsvorrichtungen und die Verwahrungen stehen

Abb. 399. Chicago North Shore & Milwaukee RR. Ausführung des Glasdaches: H. H. Robertson Co., Pittsburgh.

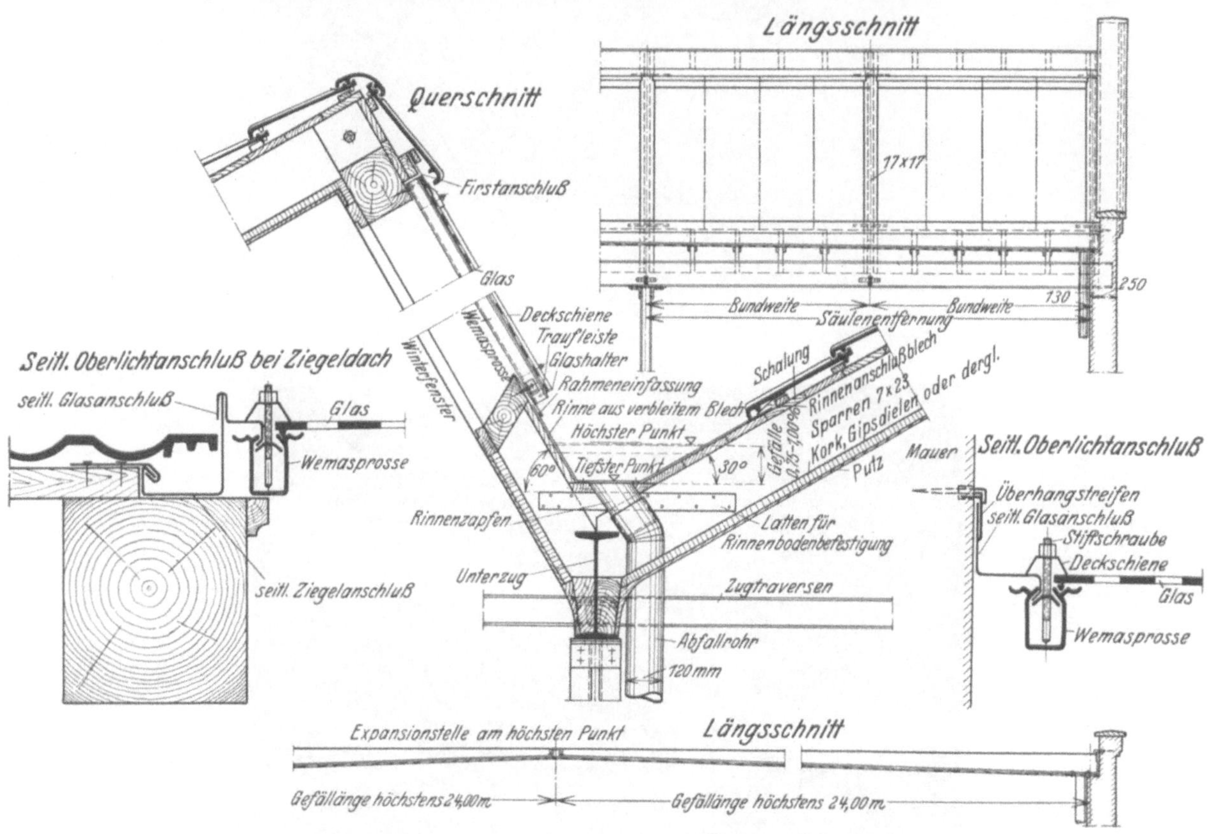

Abb. 400.

heute eine große Anzahl gut durchgebildeter Einzelausführungen zur Verfügung, welche die Dachunterhaltungskosten auf ein Mindestmaß beschränken. Auch eine gute äußere Gestaltung der Sägedachbauten ist bei einigem guten Willen möglich.

Ausführungsart a (Abb. 398). Als Binder sind Fachwerkträger in Dreieckform verwendet, die unmittelbar auf den Stützen aufliegen. Wenn bei größeren Stützenentfer-

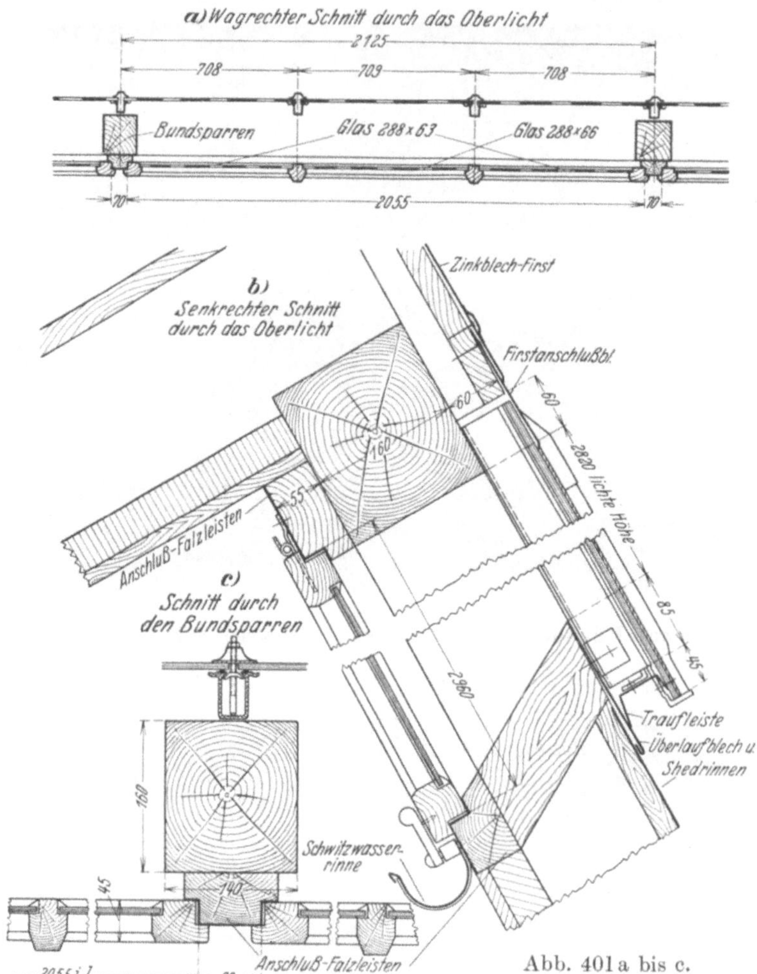

Abb. 401 a bis c.

Abb. 402. Dampfwaschanstalt Müller, Korntal. Ausführung des Glasdachs: J. Eberspächer, Eßlingen.

nungen Zwischenbinder angeordnet werden müssen, so sind diese auf Unterzügen zu lagern (Abb. 399). Wie aus dieser Abbildung zu ersehen ist, sind die Glasflächen in ihrem oberen Teil auf große Längen aufklappbar.

Vielfach ordnet man die Sägedachbinder bei kleineren Stützenentfernungen nach der Abb. 400 (Ausführung J. Eberspächer) an, wobei an Stelle der Sägedachbinder eine z. B. 6,5 m weit gespannte Holzkonstruktion tritt. Aus der Abb. 400 sind alle ihre Einzelheiten zu ersehen, die der herunterklappbaren Holzinnenfenster aus der Abb. 401.

Bei dem Bau der Abb. 402 (Lichtbild) sind die I-Träger, welche die Holzkonstruktionen tragen, auf weitgespannten Unterzügen abgestützt, so daß bei dieser im Aufbau sehr einfachen Konstruktion sich nur sehr wenige Stützen im Innenraum ergeben. Streng genommen handelt es sich hierbei um eine Ausführungsart, welche unter d, S. 221 näher beschrieben ist.

Ausführungsart b (Abb. 403 bis 408). Bei Ausführung in Eisenbeton sind die Binder Rahmenträgerscheiben in Dreiecksform mit Zugband. Bei kleinen Stützenentfernungen ruhen die Binder unmittelbar auf den Stützen auf (Abb. 404); bei größeren Stützenentfernungen werden Zwischenbinder nötig, die auf den als Unterzüge wirkenden Traufpfetten abgestützt sind (Abb. 405 und 406).

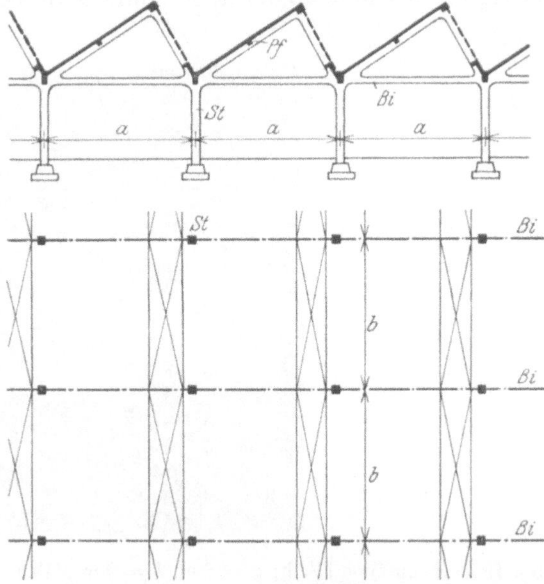

Abb. 403. Haupttype IV, Ausführungsart b. Stützenentfernungen z. B. $a = 8$ m, $b = 8$ m.

Bei dem Bau der Abb. 407 ist jedes Zugband am Firstpunkt mit zwei Zugstangen aufgehängt; außerdem sind in das Zugband Ankerschienen zur Anbringung von Transmissionen einbetoniert. Aus Abb. 406 ist zu ersehen, wie mit Hilfe der an den biegungsfesten Zuggurt angehängten U-Eisen leicht die Transmissionsträger für die Befestigung der Lager der Transmissions- und der Vorgelegewellen angebracht werden können.

Abb. 404. Haupttype IV, b; $a = 7,5$ m, $b = 5,4$ m. (Dachdecke zwischen die Binder gespannt.) Kammgarnspinnerei Gautzsch A. G. Ausführung: Kell & Löser A. G. Baujahr 1925.

Mit Rücksicht auf das Aussehen und die Beleuchtung (bessere Reflexwirkung) können die aus Abb. 403 ersichtlichen Zwischenpfetten unter der Dachdecke vermieden werden, wenn man diese entweder zwischen den Bindern oder zwischen First- und Traufpfette als Platte mit Hauptbewehrung in einer Richtung, oder als Rippendecke mit unterer Verschalung spannt. Statt der Rippen wurden auch schon vorbetonierte Träger ver-

14*

wendet. Um die Firstpfette mit Rücksicht auf den Lichteinfall niedrig zu halten, kann sie zwischen den Bindern durch Pfosten nach dem Traufbalken abgestützt werden.

Abb. 409a und b zeigt einen Bau mit doppelten Oberlichtern, die in verschieden geneigten Ebenen angeordnet sind. Man beachte auch die geknickte Form der Säge-

Abb. 405. Haupttype IV, b; $a = 6$ m, $b = 9$ m. (Decke zwischen First- und Traufpfette gespannt.) Waffenfabrik Steyr. Ausführung: Wayss & Freytag A. G. Baujahr 1913/14.

dachbinder. Sie ermöglicht eine begehbare Rinne mit einer Dachbekleidung, die einer normalen, flachgeneigten Dachdecke entspricht. Die Sommerfenster sitzen außen, die Winterfenster innen. Der Raum zwischen beiden wird durch eingelegte Heizschlangen angewärmt. Man erreicht auf diese Weise, daß ein allmählicher Wärmeausgleich vom Gebäudeinnern zum Zwischenraum zwischen den Fenstern und zur Außenluft stattfindet.

Abb. 406. Haupttype IV, b; $a = 7,50$ m, $b = 9,24$ m. Waffenfabrik Mauser A. G. Oberndorf. Ausführung:
Dywidag. Baujahr 1915/17.

Bei dem Bau der Abb. 410a, b und c sind bei den undurchsichtigen Sägedachflächen die oben erwähnten, vorbetonierten Sparren verwendet und dazwischen Hourdis (Ziegelhohlkörper) verlegt. Darüber ist ein Überbeton von 4,5 cm aufgebracht. In diesem Überbeton sind die Ripphölzer befestigt, welche die Lattung und Biberschwanzdeckung tragen. In den vorbetonierten Sparren sind die erforderlichen Latten und Dübel vorgesehen zur Aufbringung eines Unterputzes, der eine glatte schräge Deckenfläche auf die ganze Länge des Baus von ungefähr 70 m ergibt. Durch die gewählte Anordnung wurde vollständige Tropfsicherheit bei dem Bau erreicht.

Abb. 407. Haupttype IV, b; $a = 8$ m, $b = 7$ m. Robert Bosch A. G. Feuerbach. Ausführung: Tiefbau- und Eisenbeton-Gesellschaft. Baujahr 1925.

Ausführungsart c (Abb. 411). Man kann die Untergurte der rahmenartigen Binder auch weglassen und die Binder als durchlaufende, unsymmetrische Rahmen mit im Fundament eingespannten oder auf dem Fundament gelenkig gelagerten Stielen ausführen.

Abb. 408. Haupttype IV, b; $a = 8$ m, $b = 8$ m. Weberei Richard Möbius, Ullrichsberg. Ausführung: Rudolf Wolle, Leipzig. Baujahr 1923/25.

Der Aufbau eines solchen Eisenbetontraggerippes tritt deutlich in Abb. 412 hervor. Bei diesem Bau sind vorbetonierte, auf der First- und Traufpfette aufruhende Sparren verwendet worden. Dazwischen liegen Ziegelhohlkörper (Hourdis), die eine gute Isolierung gewährleisten. Die Sparren sind in ähnlicher Weise ausgebildet wie die in der Abb. 410c. Sie haben ebenfalls eine untere Breite von 14 cm. Da der in dem Bau befindliche Betrieb gegen Schwitzwasser nicht sehr empfindlich ist, so erhielt das Dach keinen Unterputz. Die Isolierung zwischen den Sparren wird lediglich durch die Hourdis mit Überbeton erreicht.

Abb. 409a. Haupttype IV, b; $a = 6{,}9$ m, $b = 6{,}9$ m. Kammgarnspinnerei Leipzig A. G. Ausführung: Ed. Züblin & Co. Baujahr 1907.

Bei dem Stahltraggerippe der Abb. 413a, b und c ist $a = 8$ m, $b = 11{,}0$ m. Das Gebäude ist, soweit es sich um das Sägedach handelt, $32 \times 8 = 256$ m lang und 55 m breit. In der Längsrichtung wechseln bis zur Fundamentunterkante heruntergeführte

Abb. 409b. Kammgarnspinnerei Leipzig A. G.

sägedachförmige Rahmenbinder mit Dreigelenkbogen ab, deren Auflagerpunkte in Traufhöhe liegen.

Bei dem Bau der Abb. 414 wurde ein in drei von vier Feldern zugbandfreies Sägedach dadurch hergestellt, daß in den beiden äußersten Feldern die von Giebelwand zu Giebelwand reichende Steifigkeit der undurchsichtigen Eisenbetondachhaut (Träger von

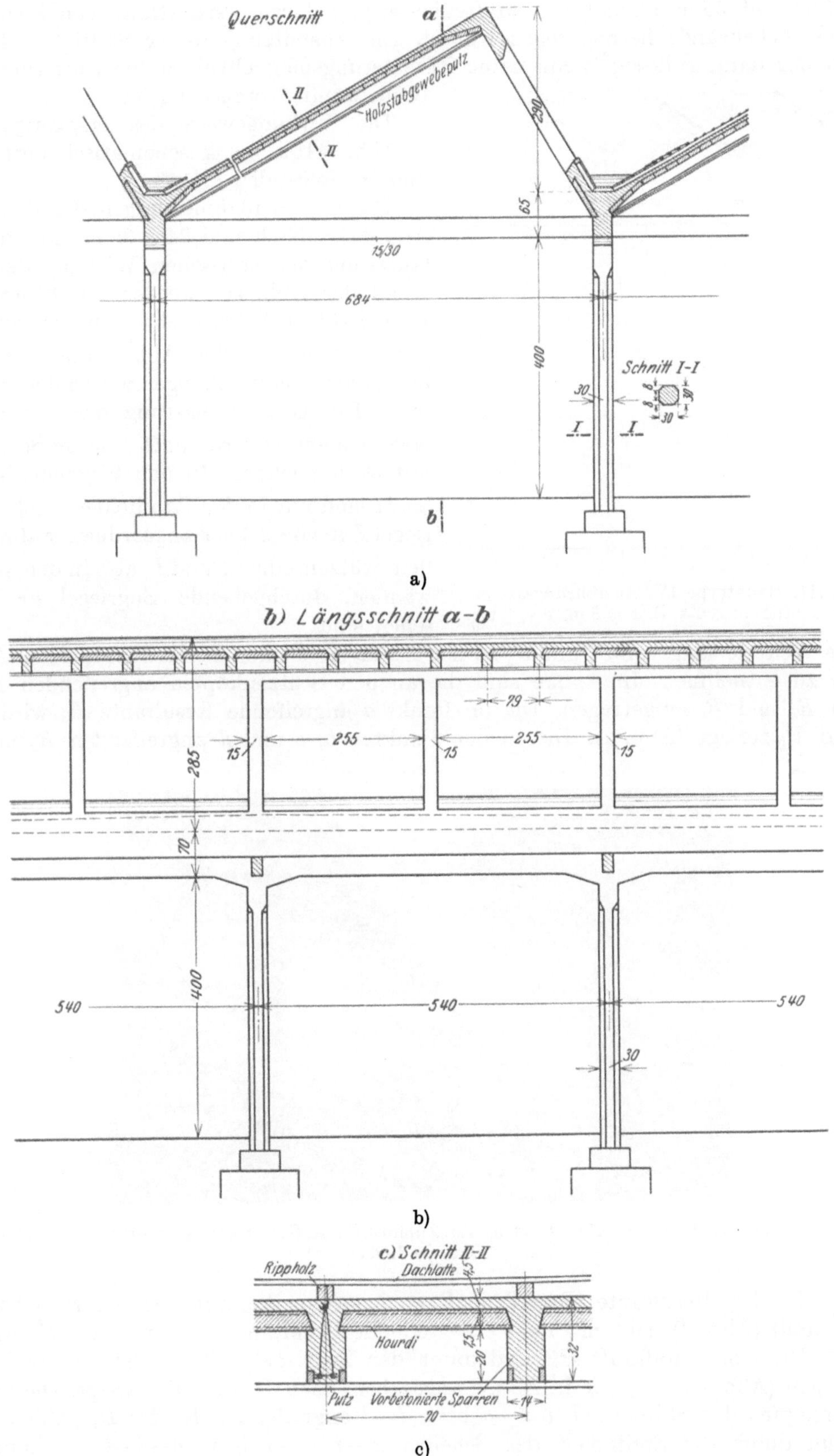

Abb. 410a bis c. Robert Schwarzenbach & Co., Wollmatingen. Ausführung: Ed. Züblin & Co. Baujahr 1922.

4 m Höhe auf 35 m Länge) zur Kräfteüberleitung durch Vermittlung von Zugriegeln auf die Giebelwände herangezogen wurde[1]. Die Ausnutzung dieser Steifigkeit ist natürlich nur dann zulässig, wenn keine Erweiterungsmöglichkeit unter Entfernung der Giebelwände vorzusehen ist.

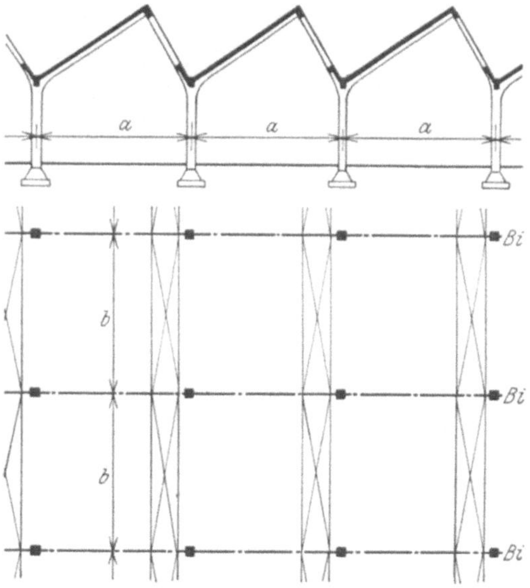

Die Wirkungsweise des Traggerippes ist in Abb. 415a bis k schematisch dargestellt und im folgenden erläutert.

Die Grundrißabmessungen des Baues der Abb. 415a bis h sind 24×35 m. Für die Erläuterung der statischen Wirkungsweise an Hand der Abb. 415 werden alle Stützen als Pendelstützen betrachtet und in den Stützenreihen II bis $\overline{II}$ der Abb. f die Sägedachbinder als Dreigelenkbogen wirkend angenommen. Die Gesamtbelastung der Dreigelenkbogenscheibe $\overline{af}$ wird mit G_1, die der Scheibe $\overline{bf}$ mit G_2 bezeichnet. In den Stützenreihen II bis $\overline{II}$ sind nur in den Randfeldern rechts Zugriegel ZR von d bis e angeordnet, während in den Stützenreihen I und $\overline{I}$, also in den Giebelwänden, durchgehende Zugriegel ae vorgesehen sind.

Abb. 411. Haupttype IV, Ausführungsart c. Stützenentfernungen z. B. $a = 8$ m, $b = 8$ m.

Die Weiterleitung von G_1 und G_2 zu den Auflagergelenken a und b ist aus den Abb. a und b zu entnehmen. In Abb. c sind die an den Stützenköpfen angreifenden Resultanten R_a und R_b eingetragen. Die im Punkt a angreifende Resultante R_a wird nach D_1 und V_1 zerlegt (Abb. d). Die in den Punkten b, c und d angreifenden R_a und R_b

Abb. 412. Haupttype IV, c. $a = 6{,}7$ m, $b = 6$ m. Ed. Züblin & Co. A. G. in Kehl. Ausführung: Ed. Züblin & Co. Baujahr 1908.

ergeben je eine Resultante $R = V_1 + V_2 = G_1 + G_2$, die mit der Stützenachse zusammenfällt (Abb. d). Die im Punkt e angreifende Resultante R_b wird nach H_e und V_e zerlegt. Die Horizontalkraft H_e wird durch den Zugriegel ZR auf den Stützenkopf d übertragen (Abb. d) und, wie in Abb. e angegeben, nach D_1 und V_3 zerlegt. Die an den Stützenköpfen der Stützenreihen a—a bzw. d—d angreifenden Kräfte D_1 (Abb. f) werden nun durch die Steifigkeit der Scheiben a—f—f—a bzw. d—i—i—d (Länge L,

---

[1] Bauing. 1926 S. 374.

Breite B) auf die ebenen, aus Stäben zusammengesetzten Träger der Giebelwände übertragen (Abb. g). Die Weiterleitung der in den Punkten a und d der Giebelwandstützen
angreifenden Resultanten $2,5 \cdot D_1$ ist aus Abb. h ersichtlich. Es entstehen also eine

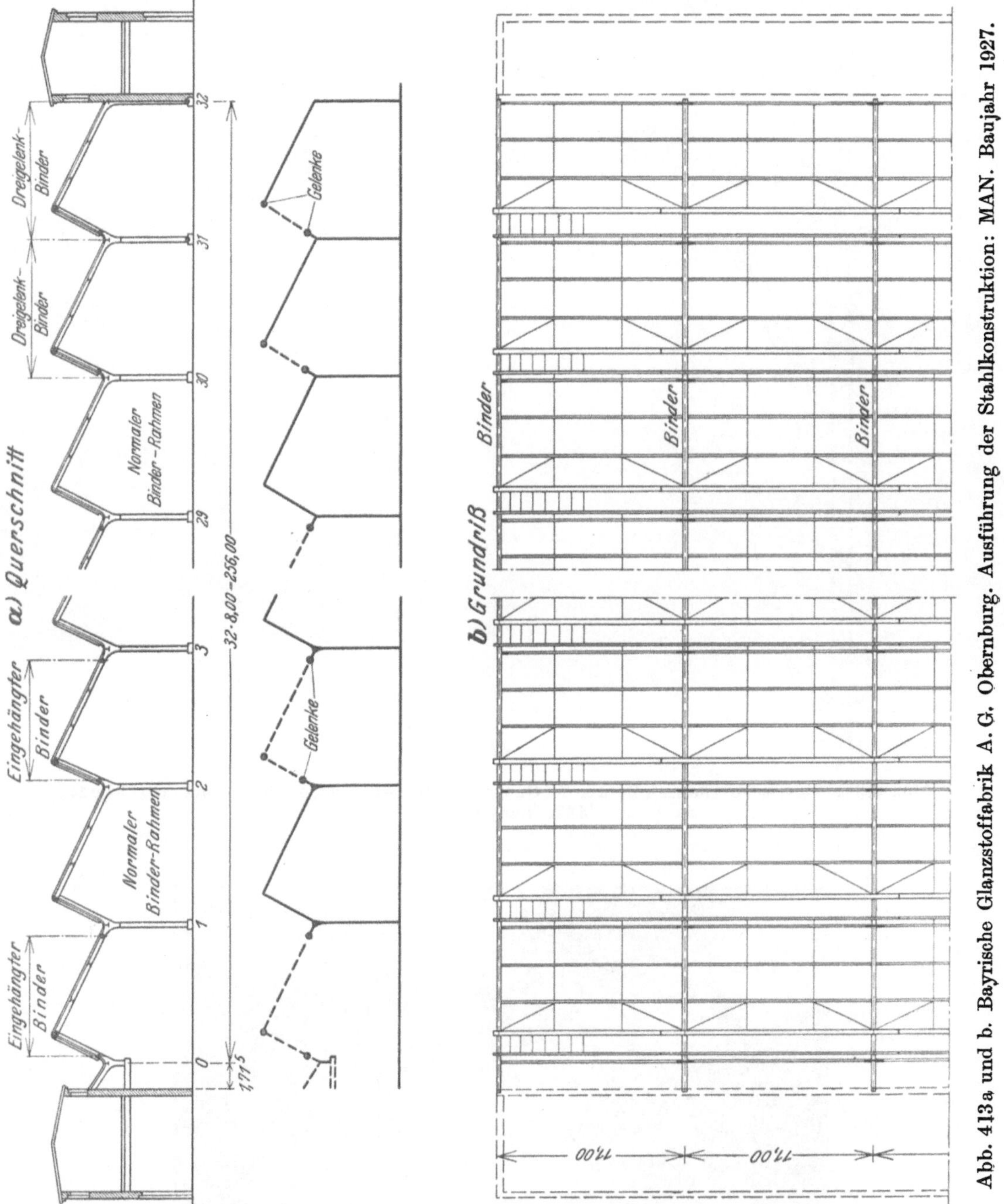

Abb. 413 a und b. Bayrische Glanzstoffabrik A. G. Obernburg. Ausführung der Stahlkonstruktion: MAN. Baujahr 1927.

Belastung bzw. Entlastung der Stützen a bzw. d und Horizontalkräfte H_z im Zugriegel, die sich aufheben.

Falls die auf die einzelnen Dreigelenkbogen wirkenden Lasten (G_1 und G_2) nicht
gleich groß sind, muß die Steifigkeit der Scheiben b—g—g—b und c—h—h—c für die
Kraftübertragung herangezogen werden. Dies ist auch der Fall bei horizontalen, auf
die Stützen oder auf die Dachhaut wirkenden Lasten. Die in den Giebelwänden an den

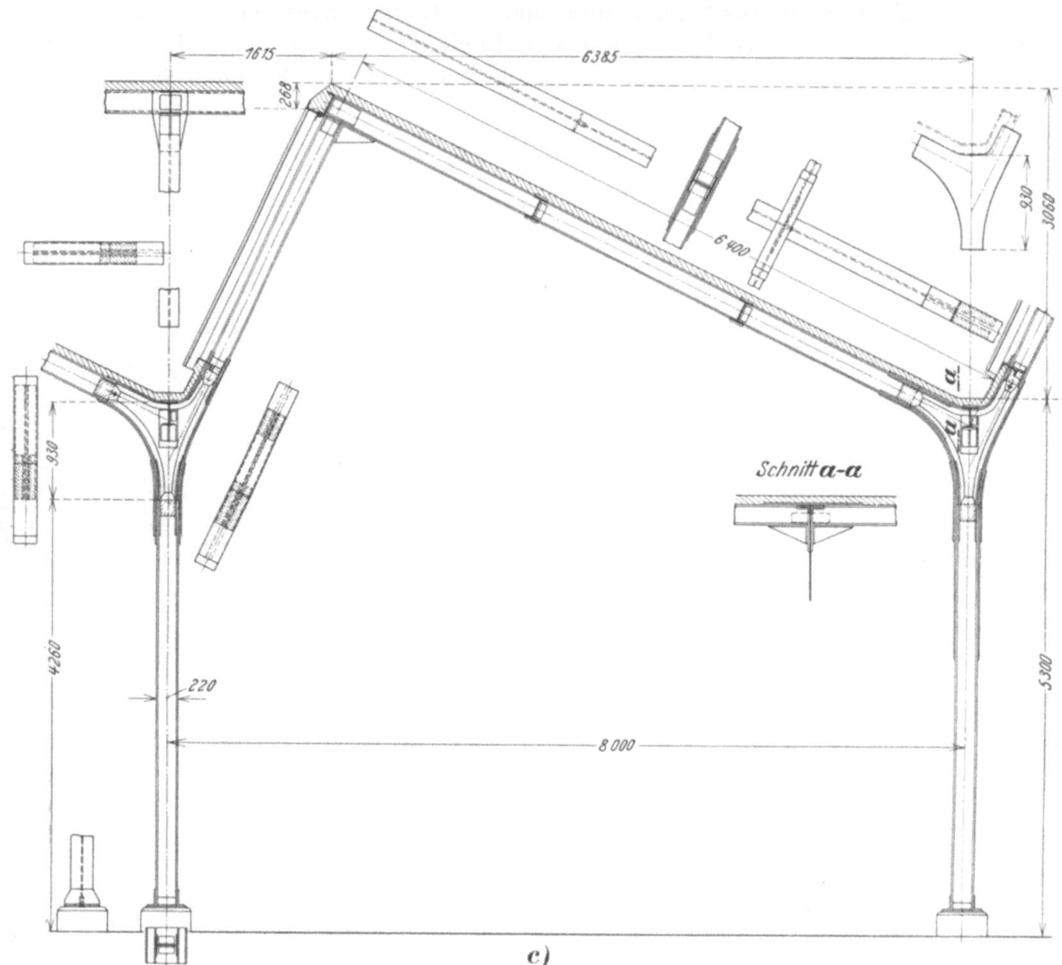

Abb. 413 c. Bayrische Glanzstoffabrik A. G. Obernburg. Ausführung der Stahlkonstruktion:
MAN. Baujahr 1927.

Abb. 414. Haupttype IV, c Variante; $a = 6$ m, $b = 7$ m. Färberei Reichel, Grüna. Ausführung:
Rudolf Wolle, Leipzig. Baujahr 1922.

Stützenköpfen a, b, c und d angreifenden Kräfte H_z heben sich nicht mehr auf; es werden also noch Druckstreben D_r (Abb. g und h) zur Überleitung der Kräfte in die Fundamente erforderlich. Mauerwerk in den Giebelwänden kann im allgemeinen solche Druckstreben D_r entbehrlich machen.

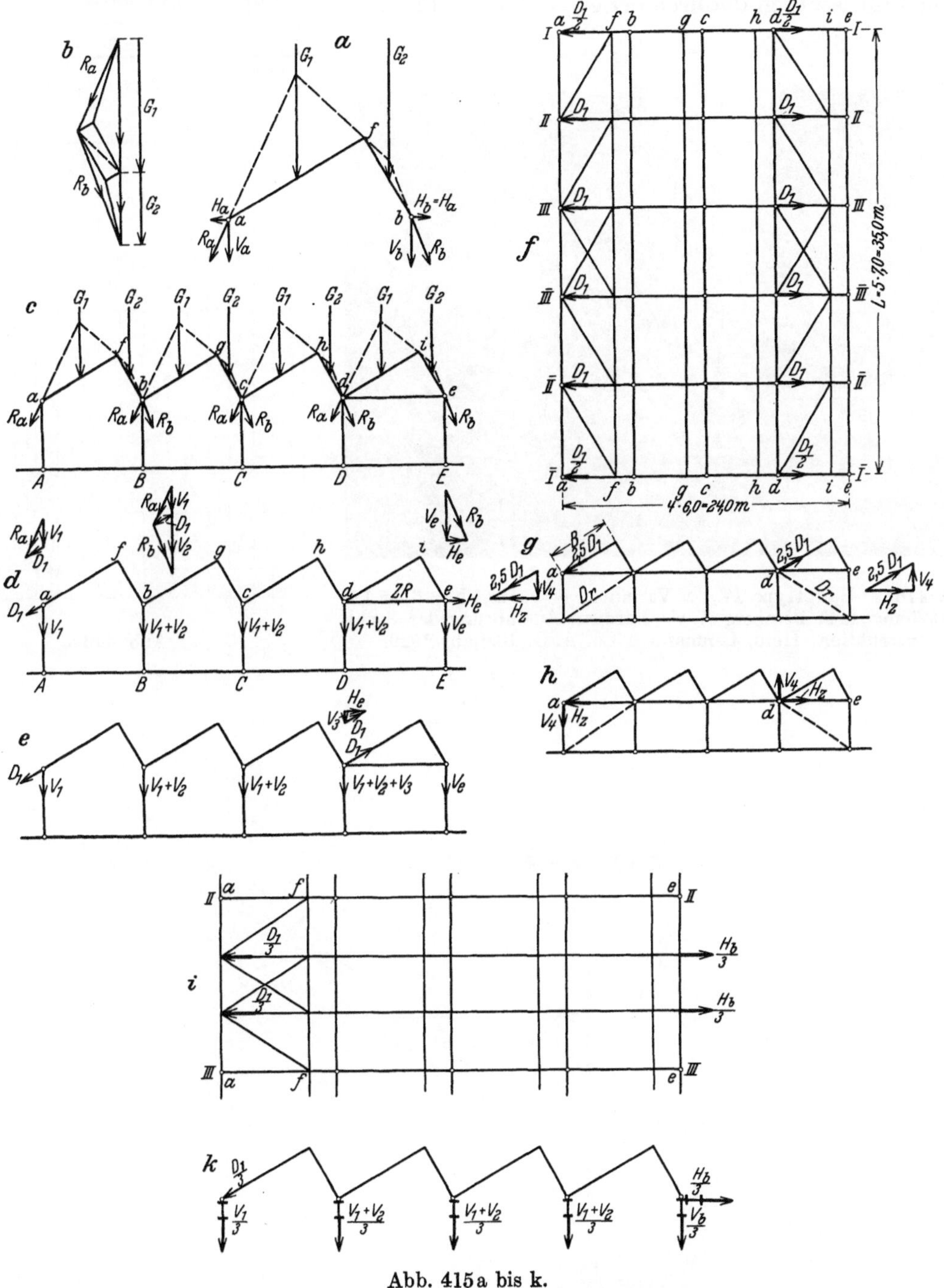

Abb. 415a bis k.

Bei Anordnung von Zwischenbindern, z. B. in den Drittelspunkten zwischen den Stützenreihen II und III (Abb. i und k), wirkt die undurchsichtige Dachhaut zwischen a und f und II und III als ebener Träger zur Aufnahme der beiden Lasten $\dfrac{D_1}{3}$. Zur Weiterleitung der in der Reihe e entstehenden, waagerechten Lasten $\dfrac{H_b}{3}$ muß der

Unterzug entsprechend bemessen werden. Die senkrechten an den Binderauflagern entstehenden Lasten der Unterzüge zeigt die Abb. k.

Bei dem Bau der Abb. 416a und b wurde auf eine große Gebäudetiefe ein zugbandfreies Sägedach mit nur wenig Innenstützen dadurch erzielt, daß die 5,125 m

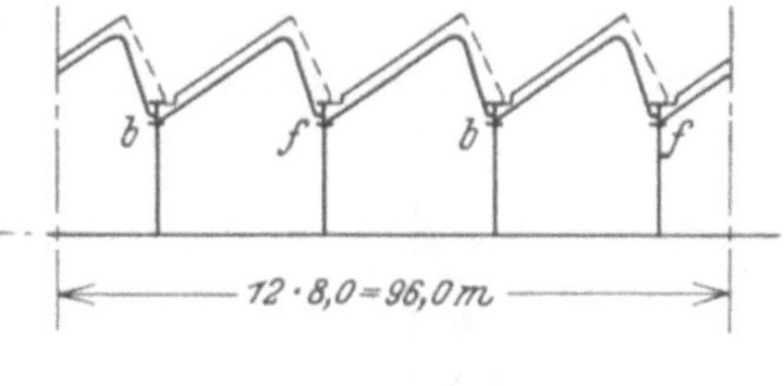

Abb. 416a. Haupttype IV, c Variante; $a = 8\,\mathrm{m}$, $b = 6 \cdot 5{,}125 = 30{,}75\,\mathrm{m}$. I. P. Bemberg A. G. Barmen. Ausführung der Stahlkonstruktion: Hein, Lehmann & Co. A. G. Baujahr 1929.

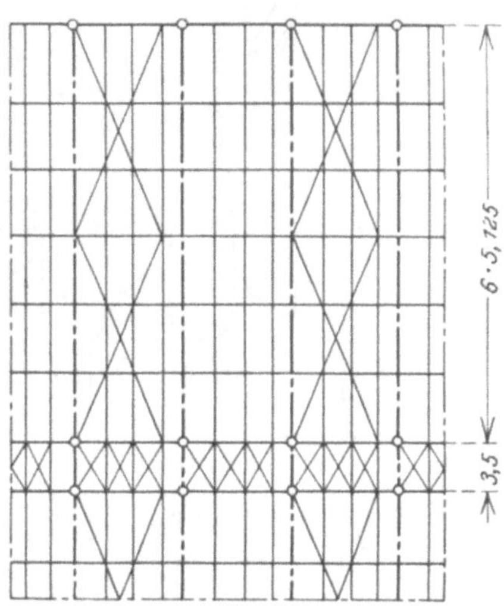

Abb. 416b.

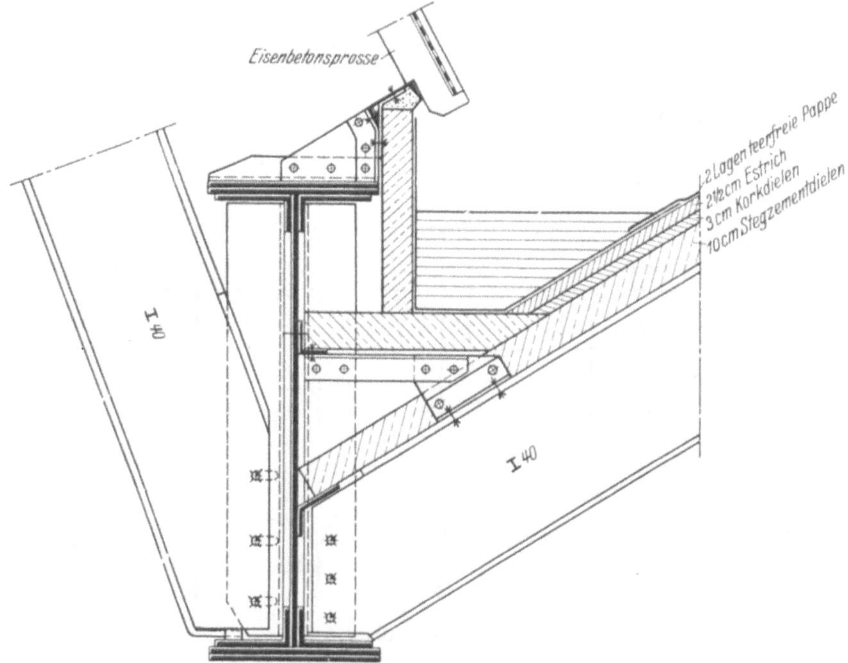

Abb. 417a.

entfernten Sägedachbinder auf 30,75 m weit gespannten Unterzügen aufgelagert wurden. Der Abstand der Unterzüge beträgt 8 m. In jedem zweiten undurchsichtigen Dachteil sind von Giebelwand zu Giebelwand durchgehend Verbände angeordnet, die zusammen mit

Portalen zwischen den Stützen dem Gebäude die nötige Quersteifigkeit geben. Statisch wirken die Sägedachbinder als Balken auf zwei Stützen mit festem und beweglichem Auflager. Die Anschlüsse der Binder an die Unterzüge sind, wie aus Abb. 417a ersichtlich, ausgeführt. Der bewegliche Anschluß wurde durch Anordnung von Langlöchern erzielt.

Die Anordnung der festen und beweglichen Auflager der Binder ist aus der schematischen Abb. 417b zu ersehen. Die Überleitung der vertikalen Kräfte erfolgt wie beim Balken auf zwei Stützen, und ergibt die aus der Abb. 417c ersichtliche Belastung der Unterzüge. Der Kraftfluß der Windkraft W_1 ist in Abb. 417d dargestellt. Infolge W_1 entsteht eine vertikale Belastung B_3 des Unterzugs l und eine Belastung des Unterzugs k

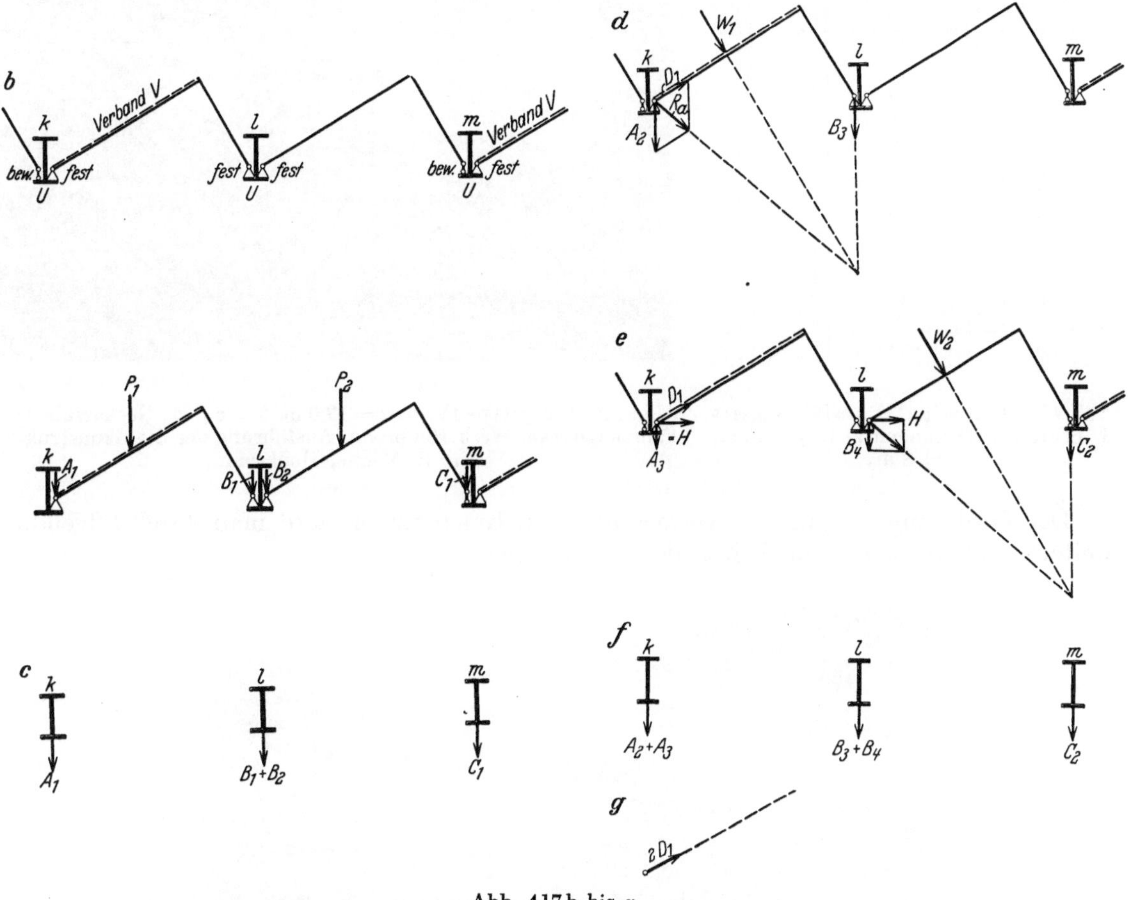

Abb. 417b bis g.

durch R_a; dabei wirkt der Unterzug l wie ein waagerechtes Auflager. Die Resultante R_a wird nach A_2 und D_1 zerlegt, ergibt also eine vertikale Belastung des Unterzugs k und eine Kraft D_1 in der Ebene des Verbands V. Die Überleitung der Windkraft W_2 ist aus Abb. 417e ersichtlich. Die Unterzüge l und m erhalten vertikale Belastungen B_4 und C_2. Die am Unterzug l angreifende Horizontalkraft H wird durch den Sägedachbinder kl auf den Unterzug k übertragen und ergibt dort eine vertikale Zusatzbelastung A_3 des Unterzugs k und eine weitere Kraft D_1 in der Ebene des Verbands V. Die Belastung der Unterzüge ist aus Abb. 417f zu ersehen, die des Verbandes V aus Abb. 417g, falls $W_1 = W_2$ ist.

Ausführungsart d (Abb. 418). Um bei verhältnismäßig großer Stützenentfernung in der Gebäudequerrichtung eine gleichmäßige Tageslichtzuführung zu erhalten, werden zwischen den Stützen kleine Sägedachaufsätze, die auf Unterzügen und auf dazwischen gespannten Nebenträgern aufruhen, angeordnet. Die Abb. 419 zeigt Unterzüge aus

Stahl, während bei der Abb. 420 die Unterzüge als durchlaufende Eisenbeton-Rahmen-binder mit geradem Obergurt hergestellt sind. Die Sägedächer selbst sind hier in Holz konstruiert.

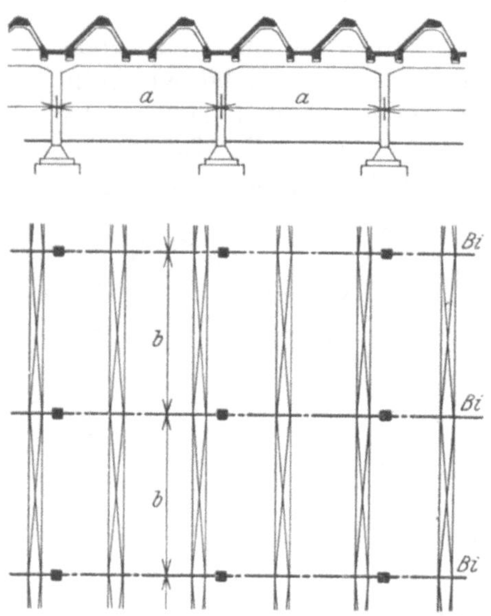

Abb. 418. Haupttype IV, Ausführungsart d. Stützenentfernungen z. B. $a = 10$ m, $b = 8$ m.

Abb. 419. Haupttype IV, d. $a = 13{,}0$ m, $b = 5{,}5$ m. Neckarsulmer Fahrzeugwerke, Werk Heilbronn. Ausführung der Stahlkonstruktion: E. Mehne, Heilbronn.

Der Forderung möglichster Vermeidung von Innenstützen wird man durch folgende weitere drei Aufbaumöglichkeiten der Traggerippe gerecht.

Abb. 420. Haupttype IV, d. $a = 16$ m, $b = 5$ m. Filmfabrik Wolfen, Kreis Bitterfeld. Ausführung: Wayss & Freytag A. G.

Ausführungsart e (Abb. 421). Durch Einschalten eines Obergurtstabes zwischen den Firstpunkten der dreieckförmigen Sägedachbinder entsteht ein trapezförmiger Parallel-träger, der für große Stützenentfernungen in der Gebäudequerrichtung geeignet ist. Wird der Obergurtstab auch über den Stützen durchgeführt, so ergibt sich im allge-meinen eine Baustoffersparnis an den als durchlaufende Balken wirkenden Bindern. Die der Witterung ausgesetzten Teile des Obergurtes müssen sorgfältig durch Umkleidung geschützt werden.

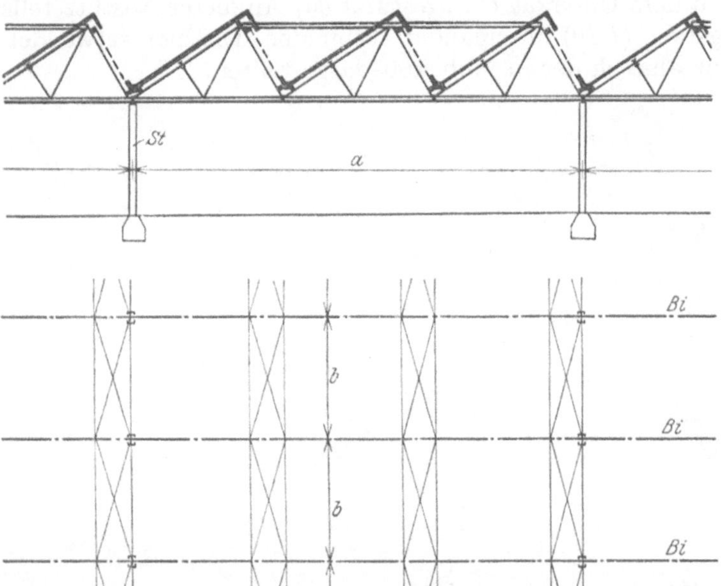

Abb. 421. Haupttype IV, Ausführungsart e. Stützenentfernungen z. B. $a = 24$ m, $b = 7$ m.

Da heute große stützenlose Räume angestrebt werden, sollen im folgenden einige Ausführungsbeispiele dieser Ausführungsart näher betrachtet werden, um die für die verschiedenen Bauweisen charakteristischen Lösungsmöglichkeiten zu erläutern.

1. Beispiel: Haupttraggerippe aus Baustahl (Abb. 422a bis k und 423a und b). Der Bau erstreckt sich bei einer Binderstützweite von 41,76 m auf ungefähr 80 m Länge. Die Rinnen waren also in ein Gefälle zu legen, das sich auf je 40 m erstreckt. Die Binderentfernung ist 7,45 m. Die Untergurtknotenpunkte zweier be-

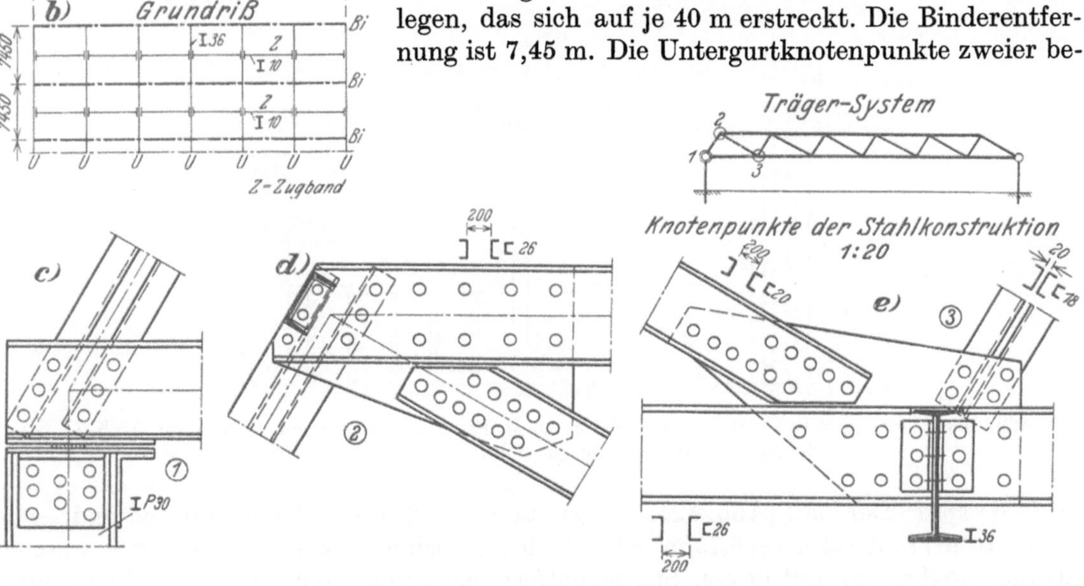

Abb. 422a bis e. Baumwollspinnerei und Weberei G. M. Eisenlohr, Dettingen. Entwurf: Arch. G. Stahl, Stuttgart. Ausführung: J. Schneider, Stuttgart-Berg.

nachbarter Binder (kastenförmige Gurtquerschnitte) sind durch Unterzüge aus *I 36* verbunden, die zugleich Traufpfetten sind. Auf diese stützen sich die hölzernen Sparren ab, die ihr oberes Auflager auf einer Firstpfette finden. Sie besteht aus zwei Teilen: einem U-Eisen *16* und einem Holzbalken, der selbst wieder durch einen Holzpfosten *Pf* (Abb. 422k) nach dem Unterzug *U* abgestützt ist. An dieser Abstützstelle sind die Unterzüge durch Zugstäbe (*I 10*) miteinander verbunden. Die hier verwendete Holzkonstruktion ist also ganz ähnlich der in Abb. 400 dargestellten.

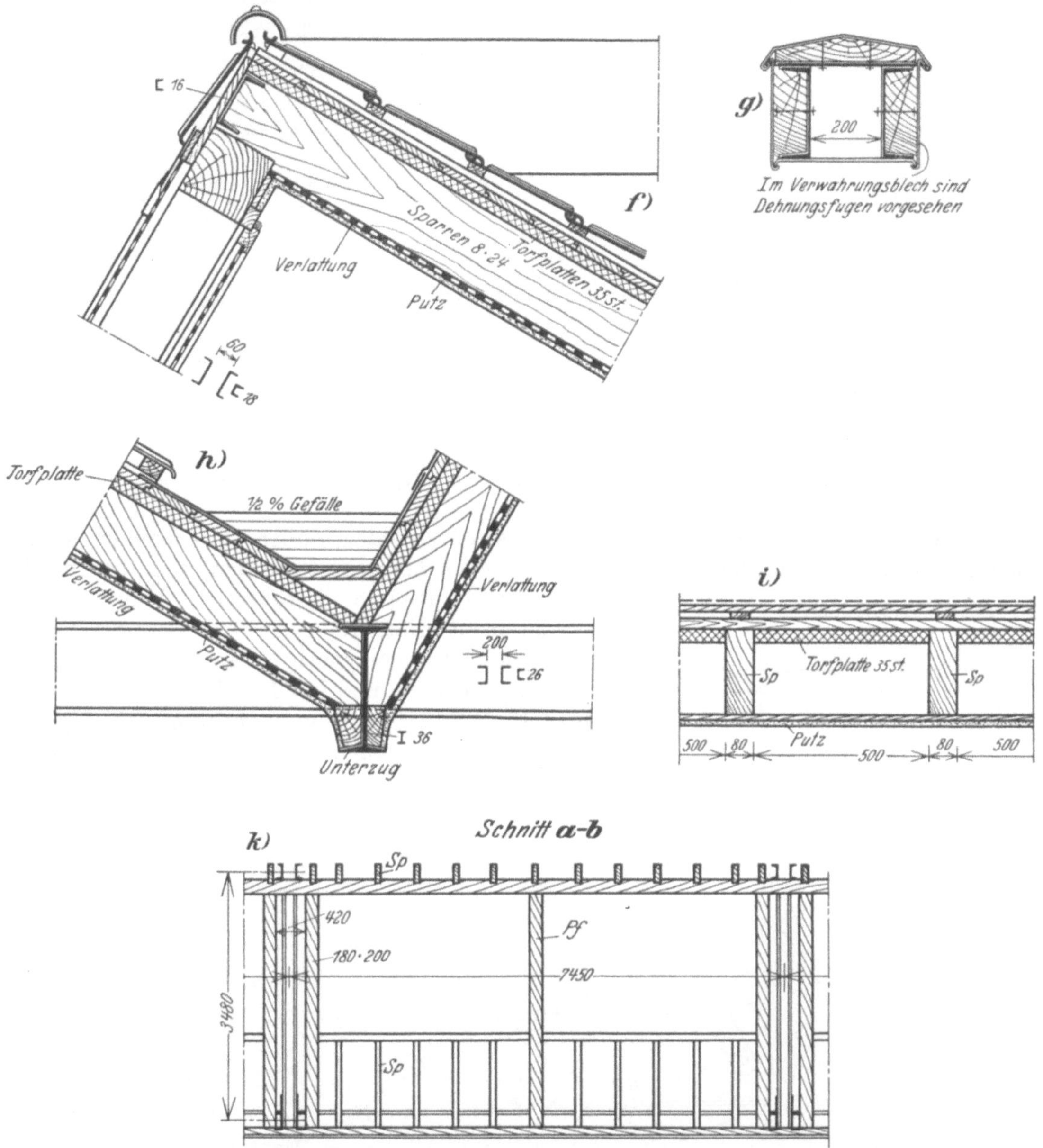

Abb. 422f bis k. Baumwollspinnerei und Weberei G. M. Eisenlohr, Dettingen. Entwurf: Arch. G. Stahl, Stuttgart. Ausführung: J. Schneider, Stuttgart-Berg.

2. Beispiel: Der Bau (Abb. 424a bis g) hat 82,77·36,00 m Grundrißfläche und — bis Unterkante Traufträger — 6,75 m lichte Höhe. Er schließt sich auf einer Seite an einen Mehrgeschoßbau an, auf dessen Stützenentfernungen von 5,5 m im Sägedachbau durch Wahl der Binderspannweiten von 3·5,50 = 16,50 m Rücksicht genommen wurde. In der Querrichtung verlangte die Aufstellung der Maschinen eine Stützweite von 12,0 m. Die flachen Seiten der Sägedächer sind als Rippendecken mit isolierenden Bimshohlkörpern ausgeführt (Abb. 424f). Sie stützen sich auf die First- und Traufpfetten ab.

Abb. 423a. Innenansicht.

Abb. 423b. Draufsicht auf das Dach.

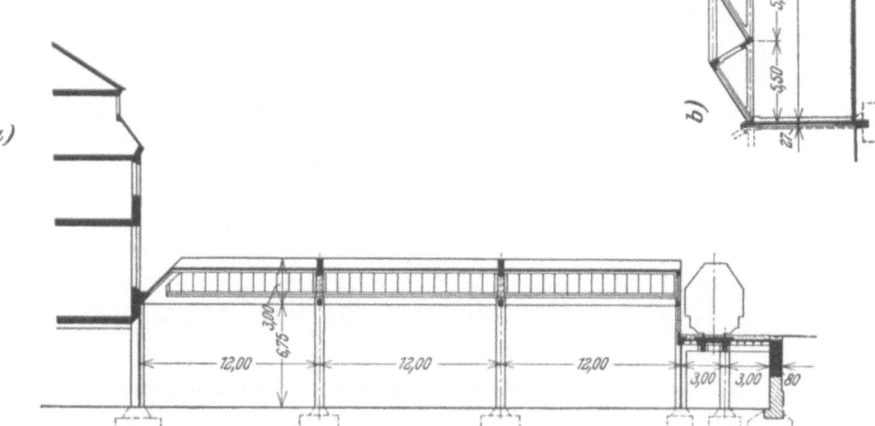

Abb. 424a und b. Haupttype IV, e. $a = 16,5$ m, $b = 12$ m. Papierfabrik Scheufelen, Oberlenningen.
Ausführung: Wayss & Freytag A. G. Baujahr 1930.

15

Diese sind als durchlaufende Träger über drei Felder gerechnet, deren Auflager die End-stützen und die beiden Fachwerksbinder bilden. Gegen den angrenzenden Hochbau wurden die Dachflächen unter 45⁰ abgewalmt, um den Lichteinfall in diesen nicht zu beeinträchtigen. Der Mehrgeschoßbau und der Eingeschoß-bau sind durch eine Fuge getrennt. Weitere zwei Fugen sind quer in Über-einstimmung mit denen des Stock-werksbaus vorgesehen worden. Für die Stäbe der Fachwerkbinder ergab die Berechnung eine sehr starke Be-wehrung, insbesondere für die Zug-glieder, so daß die Führung der Eisen besondere Maßregeln verlangte. Mit welcher Sorgfalt man bei der Armie-rung vorgehen mußte, zeigen die Abb. 424e und f. Sorgfältige Durchbildung erforderte auch die Führung der Trauf-trägerbewehrungseisen.

Abb. 424c. Inneres des Sägedachbaues mit Durchblick durch das Untergeschoß des Mehrgeschoßbaues.

Abb. 424d. Inneres des Sägedachbaues.

In den beiden Außenfeldern sind die Mittelstützen, im Mittelfeld die beiden Halbstützen fest mit dem Bin-der verbunden. Die übrigen Stützen sind gelenkig an die Binder angeschlos-sen. Die Gelenke sind aus sich kreu-zenden Eisen gebildet. In der Quer-richtung sind die hohen Stützen fest, die niedrigen Stützen auf der Stütz-mauer gelenkig an das Dach angeschlos-sen; sämtliche Stützen sind in die Fundamente fest eingespannt. Die in-folge einer angenommenen Verlänge-rung bzw. Verkürzung der Dachkon-struktion von 0,3 mm/m entstehen-den Zusatzmomente sind bei der Bemessung der Stützen in Rechnung gestellt worden. Wegen der großen Höhe der Stützen waren die zusätzlichen Kräfte leicht aufzunehmen.

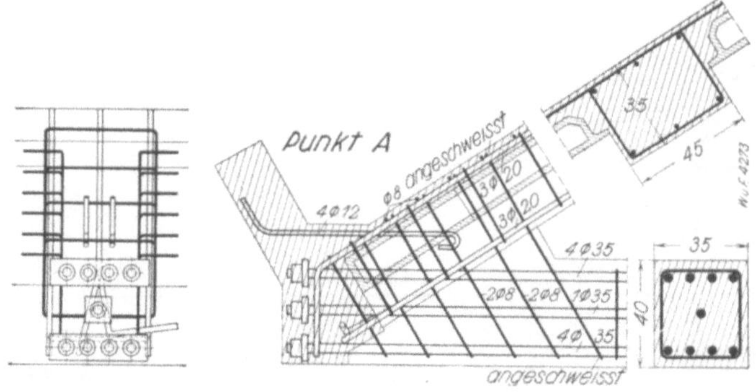

Abb. 424e. Bewehrung des Knotenpunktes A des Fachwerkbinders.

Der Winddruck auf die senkrechten Wände wird von den leicht bewehrten Stampf-betonpfeilern getragen, so daß also die Eisenbetonkonstruktion des Sägedaches nur die auf die Dachfläche selbst wirkenden Windkräfte aufzunehmen hat. Hierzu werden die schrägen, massiven Dachdeckenplatten herangezogen, die sich von Außenwand zu Außenwand auf 36,0 m frei spannen. Die zusätzlichen Auflagerkräfte werden den mit den oberen Trägern rahmenartig verbundenen Endstützen zugeleitet. Bei der geschützten Lage des Bauwerks kann der Wind nur von einer Seite her auftreten. Die Einzelausbildung der Rinne und des Oberlichtfirstpunktes zeigt Abb. 424g.

3. *Beispiel*: Aus der Abb. 424e und f geht hervor, daß die Einzelausbildung eines Eisenbetonfachwerkbinders größerer Abmessungen sehr große, wenn auch nicht unüberwindliche Schwierigkeiten macht. Um diese zu vermeiden, sind bei den Bauten der Abb. 425 und 426 als Binder Bogenträger aus Eisenbeton verwendet worden, die nach der Stützlinie für ständige Last geformt sind. Der Schub wird dabei durch ein Zugband aus Profileisen aufgenommen. Die Traufpfetten werden durch eine besondere Hängekonstruktion mit dem Bogen verbunden. Die Firstbalken werden entweder auf den Bogen abgestützt oder in Verbindung mit dem Bogen hergestellt. Von den Stützen jeder Binderreihe wird eine als eingespannte Stütze zur Aufnahme der waagerechten Kräfte ausgebildet, die übrigen als Pendelstützen. Auch auf der eingespannten Stütze ist der Bogen gelenkig gelagert.

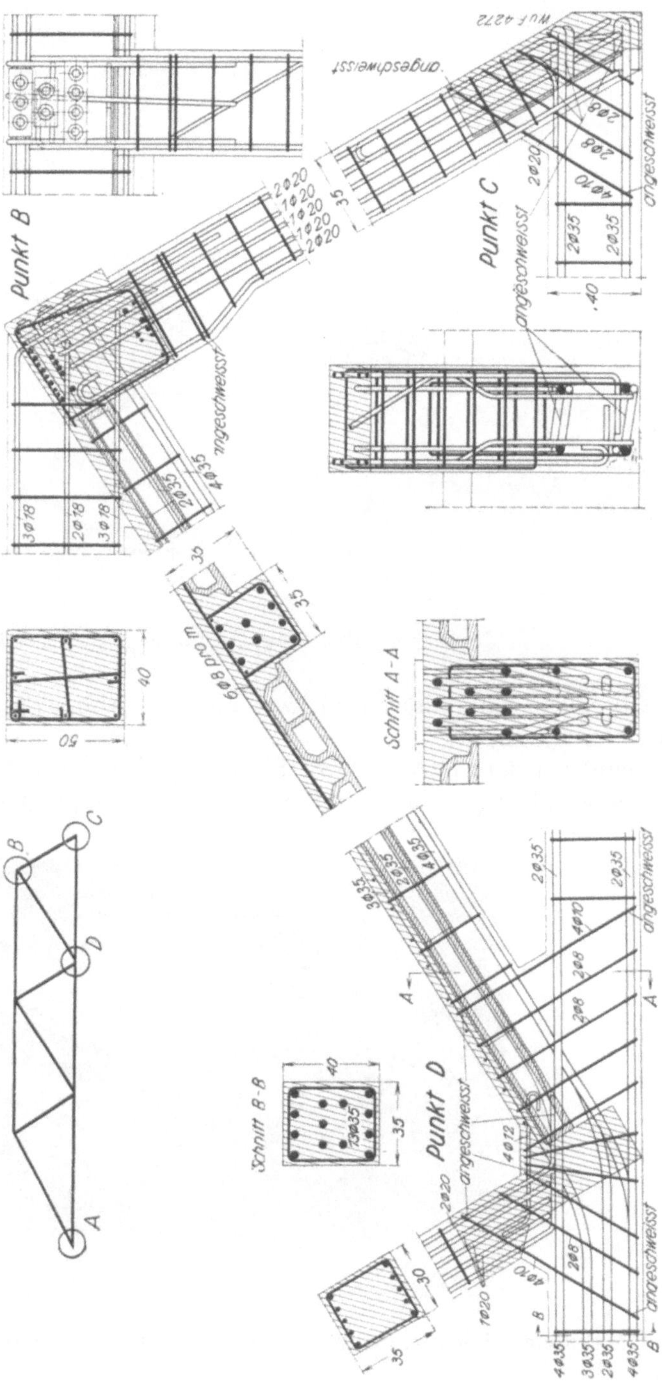

Bei den Ausführungen der beiden Abb. 425 und 426 (D.R.P. a.) beträgt der Binderabstand 8 m, die Binderstützweite 30 m. Nach Angaben der bauausführenden Firma lassen sich diese Maße bis auf 10 bzw.

Abb. 424f. Bewehrung der Knotenpunkte *B*, *C* und *D* des Fachwerkbinders.

36 m steigern, ohne daß wesentliche Preiserhöhungen eintreten. Für die Dachplatten sind der Isolierung wegen 15 cm hohe Hohlsteine verwendet worden.

4. *Beispiel*: Bei dem Bau der Abb. 427 ist reine Holzbauweise verwendet worden. Die Binderstützweite ist 20,22 m, die Binderentfernung beträgt 5,7 m. Das System der

15*

Binder ist in der Abb. 427a dargestellt. Man sieht daraus, daß der Obergurt, soweit er im Freien läuft, noch durch zwei Zwischenstäbe gegen Ausknicken in der Binderebene gehalten ist. Diese Haltestäbe werden in die durch teerfreie Pappe bewirkte Verwahrung

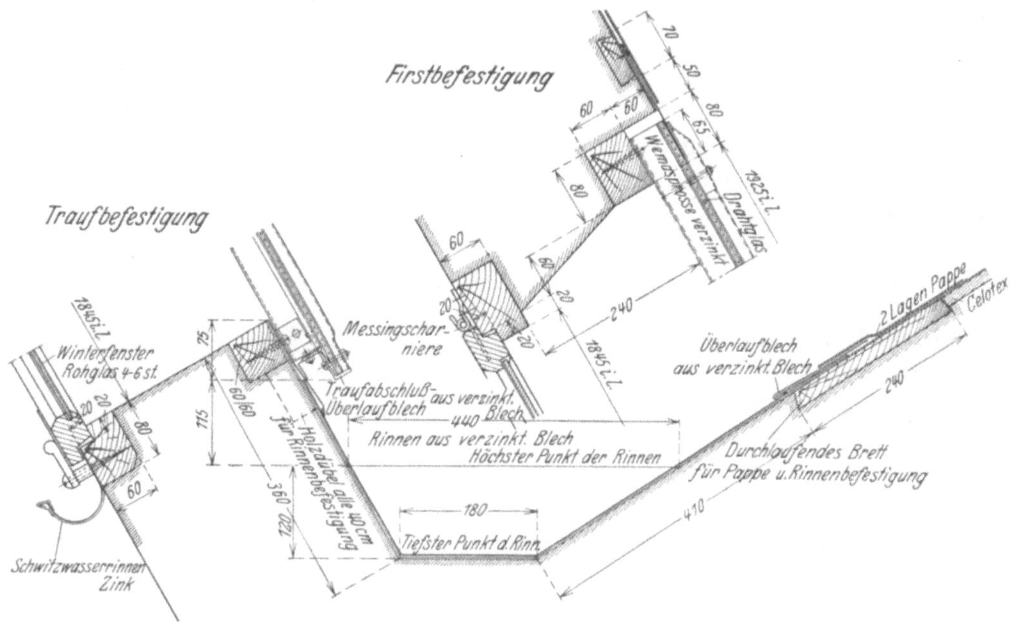

Abb. 424g. Ausführung: J. Eberspächer.

der Obergurte mit einbezogen, wie aus der Abb. 427c, welche die äußere Dachform zeigt, ersichtlich ist.

Ausführungsart f (Abb. 428). Sie ermöglicht große Stützenentfernungen in der Gebäudelängsrichtung, also parallel zu den Sägedachglasflächen, dadurch, daß Unter-

Abb. 425. Concordia Spinnerei und Weberei A. G., Marklissa. Ausführung: I. W. Roth A. G.. Neugersdorf i. S.

züge U von Stütze zu Stütze gespannt sind, auf die in normalen Entfernungen die Sägedachbinder auflagern. Die Unterzüge können, wie die Abb. 429a, b und c zeigen, senkrecht stehen, wobei dann zweckmäßigerweise die eigentlichen Sägedachbinder als Koppelträger mit unter den Dachkehlen liegenden Gelenken ausgebildet werden. Dabei muß zur Sicherung des Unterzugs gegen seitliches Ausknicken und zur Übertragung von

Kräften in der Querrichtung des Gebäudes z. B. dadurch gesorgt werden, daß die Sägedachbinder im ersten linken Feld ein festes Auflager erhalten.

Abb. 426. C. A. Hentschel, Sohland. Ausführung: I. W. Roth A. G.

Man kann bei dieser Ausführungsart auch so vorgehen, wie aus den Abb. 430 und 431 zu ersehen ist. Der Unterzug ist hier etwas geneigt. Diese schräge Lage hat den Vorteil,

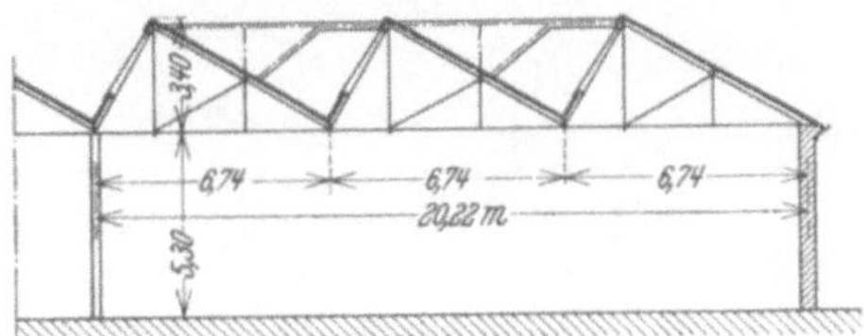

Abb. 427a.

Abb. 427b. I. G. Farben, Werk Rottweil. Ausführung der Holzkonstruktion: Karl Kübler A. G. Baujahr 1925.

daß die Füllungsglieder unmittelbar hinter der Glasfläche liegen, wodurch der Träger weniger ins Auge fällt, als wenn er in einigem Abstand von der Glasfläche liegt. Durch

Abb. 427c. Draufsicht auf das Dach.

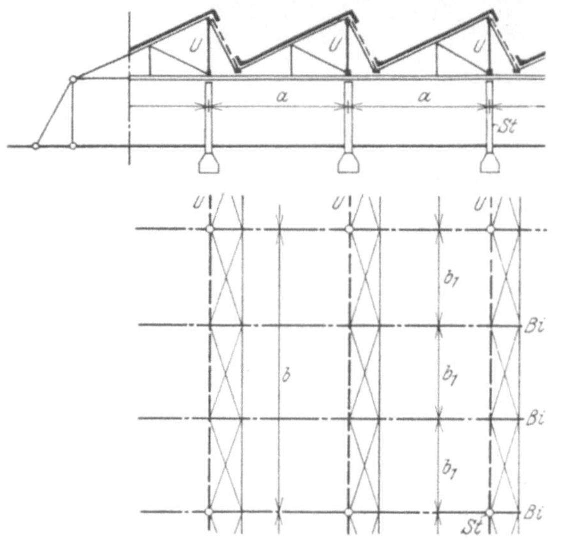

Abb. 428. Haupttype IV, Ausführungsart f. Stützenentfernungen z. B. $a = 8$ m, $b = 18$ m, $b_1 = 6$ m.

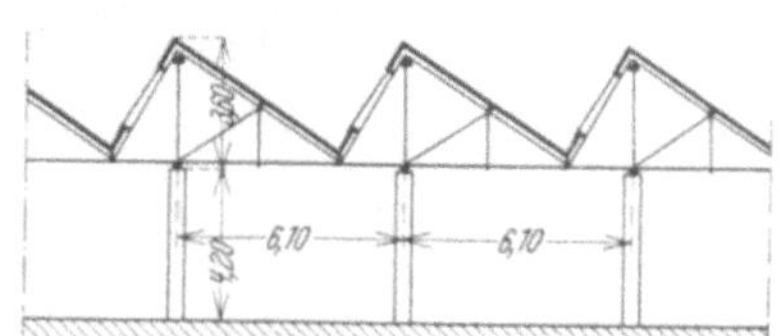

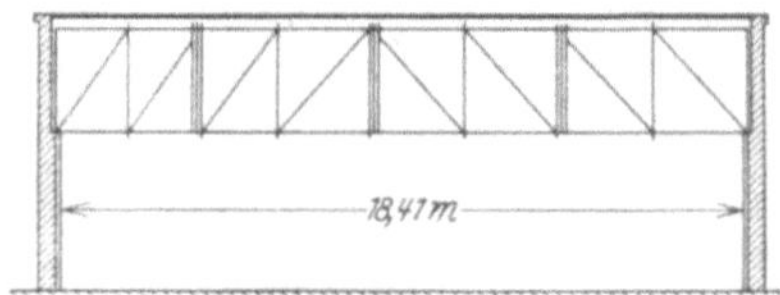

Abb. 429a und b.

Abb. 429c. Haupt-
type IV, f; $a = 6{,}10$ m,
$b = 18{,}40$ m. Ausfüh-
rung der Holzkon-
struktion: Karl Kübler
A. G. Baujahr 1919.

die Schräglage des Gitterträgers entsteht in jeder Sägedachbinderreihe ein Horizontal-schub, der irgendwie aufgenommen werden muß.

Abb. 431. Haupttype IV, f, Variante; $a = 7$ m, $b = 25{,}4$ m, $b_1 = 4{,}7$ m. Eisenmann Werke A. G. Breslau, Vertretung der Robert Bosch A. G. Ausführung der Stahlkonstruktion: Fisch & Co. Breslau.

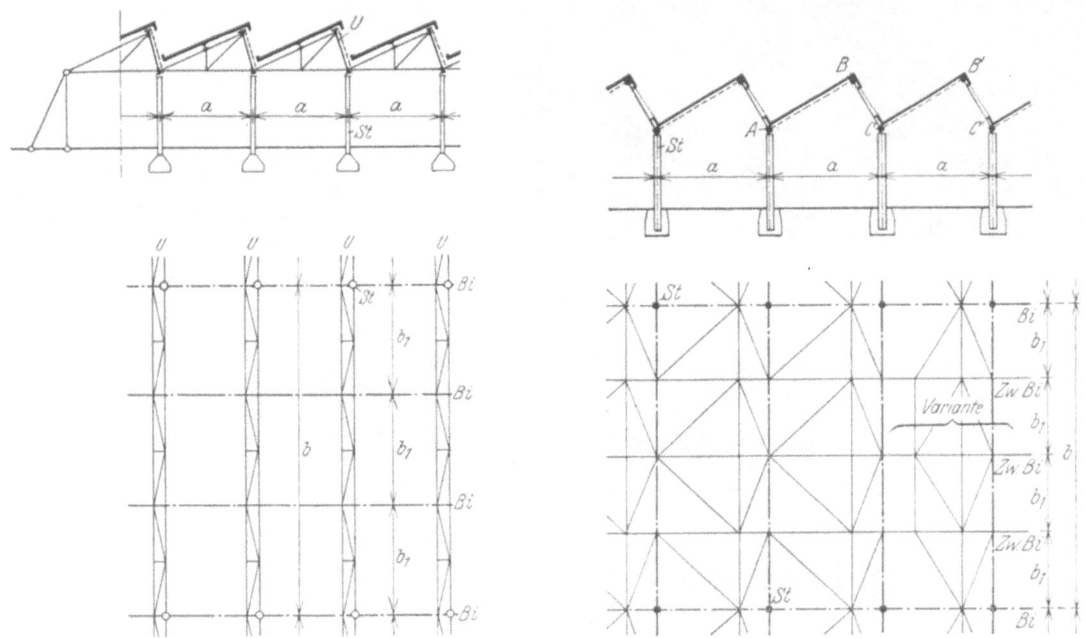

Abb. 430. Haupttype IV, Ausführungsart f, Variante. Stützenentfernungen z. B. $a = 5$ m, $b = 18$ m, $b_1 = 6$ m.

Abb. 432. Haupttype IV, Ausführungsart g. Stützen-entfernungen z. B. $a = 6$ m, $b = 16$ m.

Ausführungsart g (Abb. 432). Will man bei der im vorhergehenden besprochenen Ausführungsart f die in den Raum hereinragenden Sägedachbinder vermeiden, so kann

man dies dadurch erreichen, daß in den beiden Dachflächen $A\,B$ und $B\,C$ der Abb. 432
Fachwerkträger entweder von Giebelwand zu Giebelwand oder von Stützenreihe zu
Stützenreihe durchgeführt werden. Die Pfosten der in den Dachschrägen liegenden

Abb. 433. Schaltanlage des Kraftwerkes Beznau a. d. Aare der Nordschweizerischen Kraftwerke.
Ausführung: Conrad Zschokke A. G.

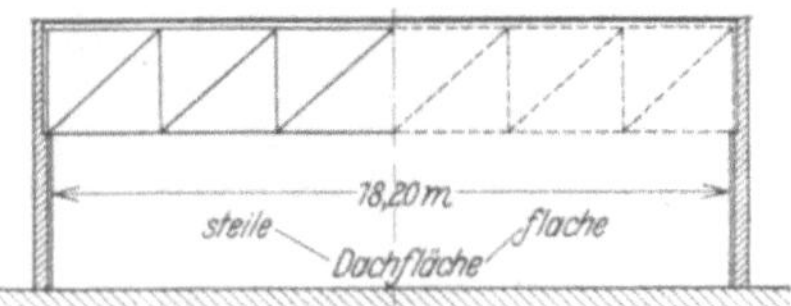

Abb. 434 b.

Abb. 434 a. Haupttype IV, g; $a = 6{,}5$ m,
$b = 18{,}2$ m. Fabrikbau I. Eberspächer, Eßlingen. Ausführung der Holzkonstruktion:
Karl Kübler A. G. Baujahr 1918.

Abb. 435. Ardross Worsted Co., Philadelphia. Entwurf.: The Ballinger Co.

Fachwerkträger müssen zur Aufnahme der Dachhaut, die auch noch durch Pfetten
unterstützt sein kann, biegungsfest ausgebildet sein. Diese Pfosten sind also entweder
als Sparren oder als eine Art Zwischenbinder (Zw.Bi.) der Abb. 432 aufzufassen. Wie in
der Abb. 432 angedeutet ist, genügt es unter Umständen, den in der Dachfläche $C\,B'$

gelegenen Fachwerkträger nur auf einen Teil der Breite $C\,B'$ durchzuführen. Eine entsprechende schweizerische Ausführung ist aus Abb. 433 zu ersehen.

In der Abb. 434a und b ist eine Ausführung in Holz gezeigt, wobei der 18,2 m weit gespannte Fachwerkträger auf einem Eisenbetontraggerippe in der Ebene der Giebel-

Abb. 436. Haupttype IV, Ausführungsart e und g kombiniert. I. G. Farbenindustrie A. G., Werk Premnitz.
Ausführung: Karl Kübler A. G. Baujahr 1927. Innenansicht.

Abb. 437. I. G. Farbenindustrie A. G., Werk Premnitz. Flugbild.

wand auflagert. Bei dieser Ausführung hat es sich gezeigt, daß an Stelle des Fachwerkträgers unter der undurchsichtigen Dachhaut nicht einfach die Bretterschalung dieses Dachteils treten kann. Es mußten bei diesem Bau nachträgliche Verstärkungen eingezogen werden.

In den im Gebäudequerschnitt befindlichen Stützenreihen müssen Konstruktionen vorhanden sein, welche die Auflagerdrücke der in den Dachflächen liegenden Fachwerkträger aufnehmen können. Im Fall der Abb. 432 genügen dafür einfache Dreiecksbinder, die auf der Abb. 433 ersichtlich sind.

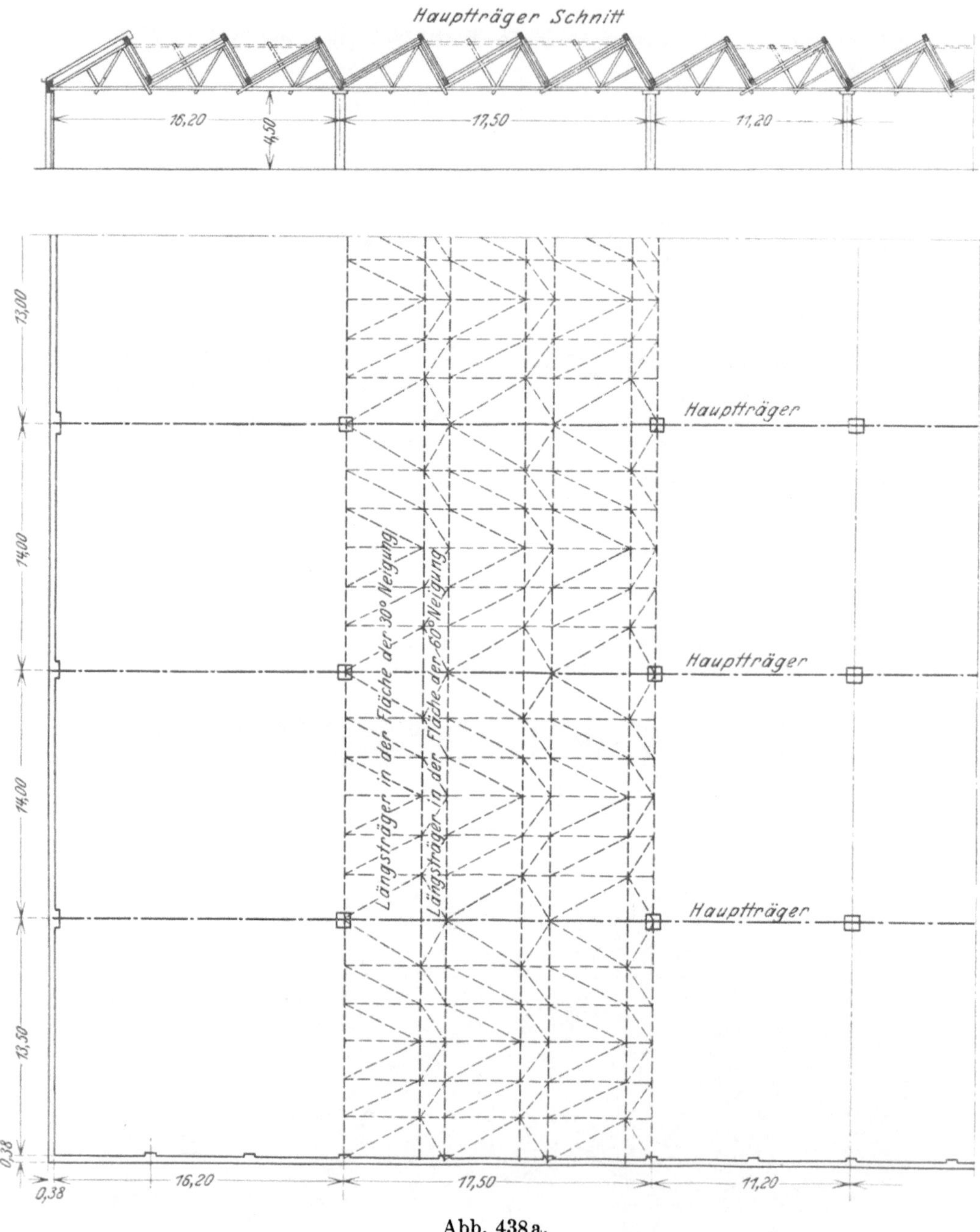

Abb. 438a.

Man kann auch quer zu den Oberlichtern sehr große Stützenentfernungen erzielen, wenn man bei den genannten Bindern Obergurtstäbe nach der Ausführungsart e einschaltet. Die Abb. 435 zeigt ein amerikanisches Ausführungsbeispiel für einen stützenlosen Raum von 26,8 m auf 51,2 m mit einem Traggerippe aus Baustahl (Super-Span-Saw-Tooth), die Abb. 436 und 437 ein Traggerippe ganz aus Holz. Dabei sind die Stützweiten der in den 30⁰ und 60⁰ geneigten Dachflächen liegenden Fachwerkträger 14 m, während die rechtwinklig zu den Firstlinien verlaufenden Unterzüge eine Stützweite

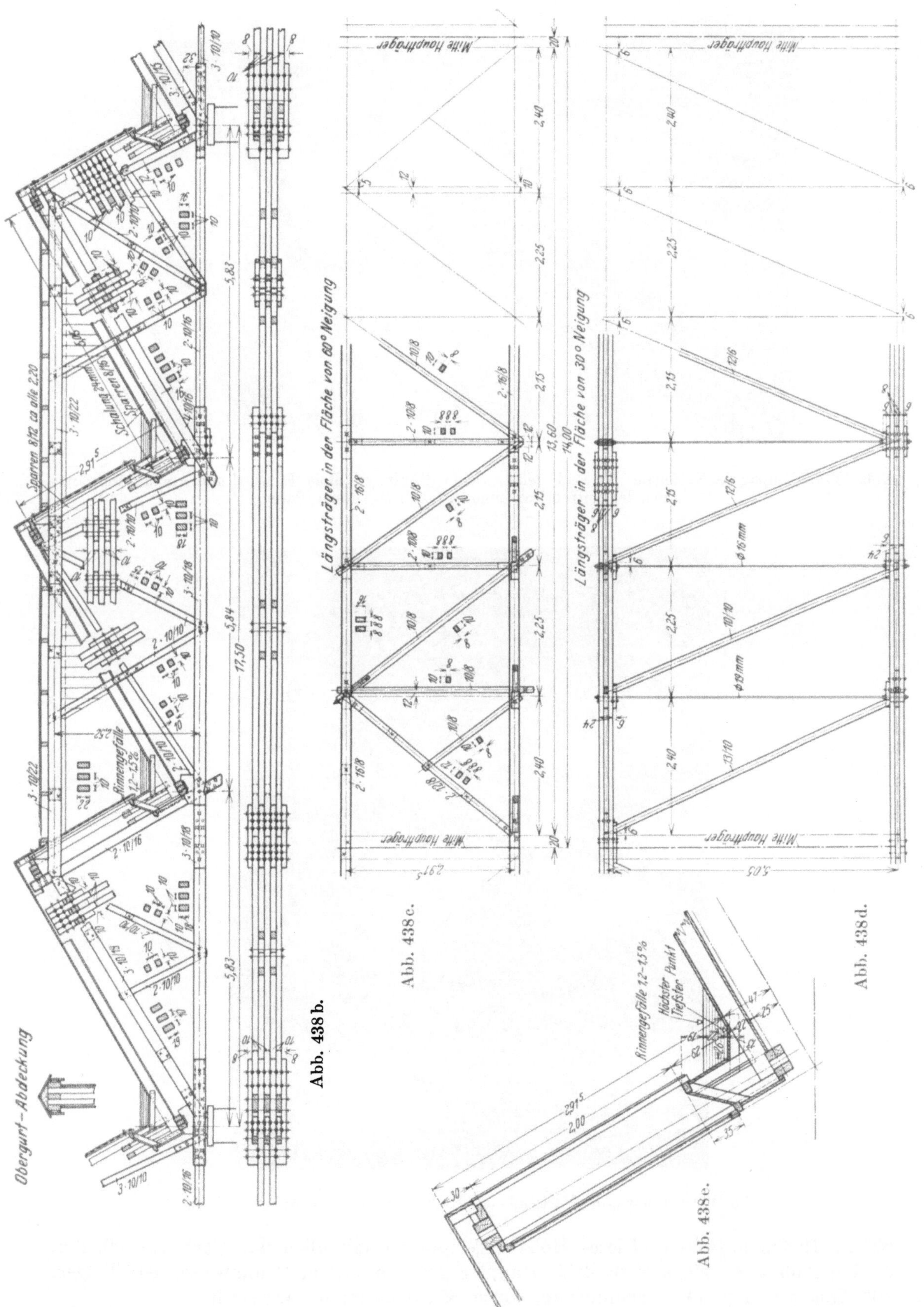

Obergurt–Abdeckung
Abb. 438 b.
Längsträger in der Fläche von 60° Neigung
Mitte Hauptträger
Mitte Hauptträger
Abb. 438 c.
Längsträger in der Fläche von 30° Neigung
Mitte Hauptträger
Mitte Hauptträger
Abb. 438 d.
Rinnengefälle 1,2–1,5%
Höchster Punkt
Tiefster Punkt
Abb. 438 e.

Abb. 439a. Compagnie Nationale des Radiateurs, Usine d'Aulnay s. Bois. Entwurf und Ausführung: Sté. Ame. des Entreprises Limousin, 20 rue Vernier Paris.

Abb. 439b. Compagnie Nationale des Radiateurs, Usine d'Aulnay s. Bois.

bis zu 19,5 m aufweisen. Dieses Holztraggerippe ist mit allen wichtigen Einzelheiten in den Abb. 438a bis e (Grundriß, Hauptträger von 17,5 m Spannweite, 60⁰ Träger, 30⁰ Träger von je 14 m Spannweite, sowie Sägedachrinne) dargestellt.

Ausführungsart h. Das erwünschte Nordlicht enthält man auch bei den Schuppendächern der Abb. 439a und b, bei denen parabelförmige Fachwerkbinder für die Auflagerung der massiven Dachhaut und der sichelförmigen Glasflächen dienen.

B. Kritischer Vergleich der Typen und Ausführungsarten an Hand eines bestimmten Falles.

Welche Ausführungsart der vier Typen in einem bestimmten Fall zu wählen ist, läßt sich natürlich nicht allgemein beantworten. Um aber die Gesichtspunkte für die

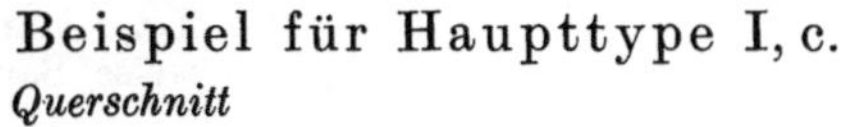

Beispiel für Haupttype I, c.

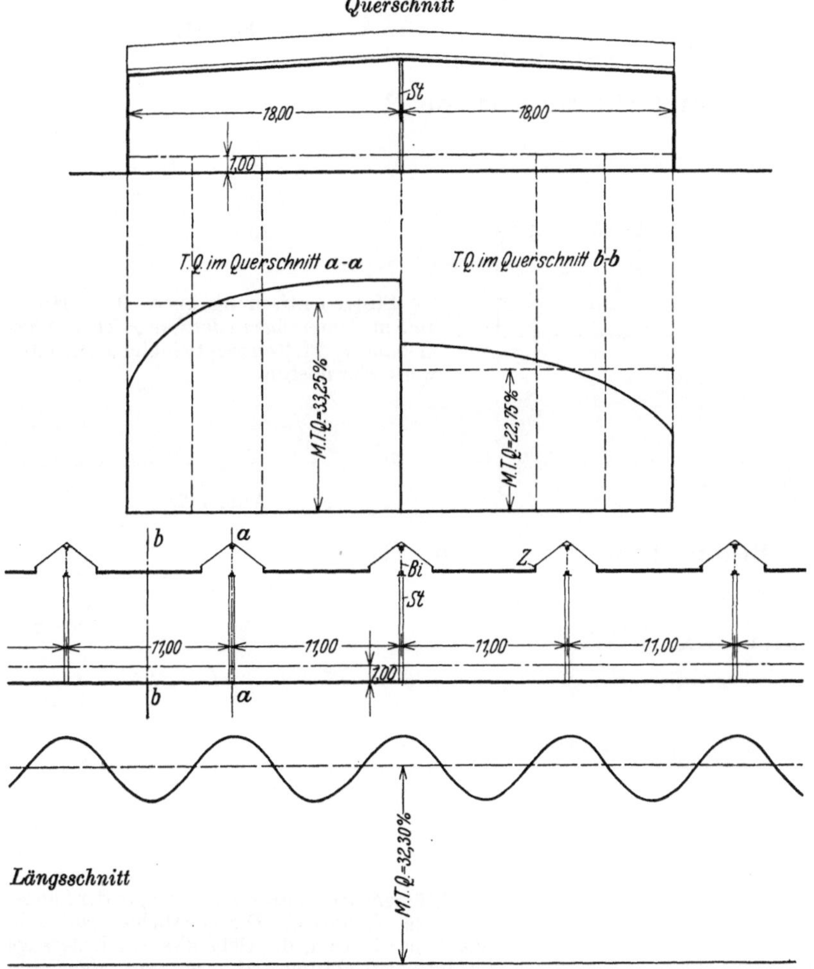

Die Oberlichter laufen quer in einer Entfernung von 11 m (2 × 5,5 m). Die Mittelstützen können bei entsprechendem Mehraufwand an Baustoff für die Binder auch wegbleiben. Bei der Bestimmung des T. Q. ist auf die Verdunklung durch die Binder keine Rücksicht genommen. Bauweise Baustahl.

Abb. 440.

Auswahl der wichtigsten Möglichkeiten darzulegen, sollen diese im folgenden für ein bestimmtes Beispiel, und zwar für einen Eingeschoßbau von 36 m Breite und beliebiger Länge einer kritischen Betrachtung unterzogen werden.

Die folgenden, hierzu gehörenden Abbildungen sind in demselben Maßstab gezeichnet. Soweit sie den früheren schematischen Abbildungen entsprechen, ist Text nur insoweit beigefügt, als er von den früheren Angaben abweicht oder diese ergänzt. Bei den verschiedenen Ausführungsarten ist darauf Rücksicht genommen, daß an den Eingeschoßbau sich ein Hochbau anschließt, dessen Stützenentfernungen 5,5 m betragen. In einem Einzelfall ist gezeigt, wie es zu vermeiden ist, daß dem Hochbau-Erdgeschoß zuviel Licht weggenommen wird (Abb. 457). Das Anbringen von Transmissionen an der Trag-

Beispiel für Haupttype II, a.

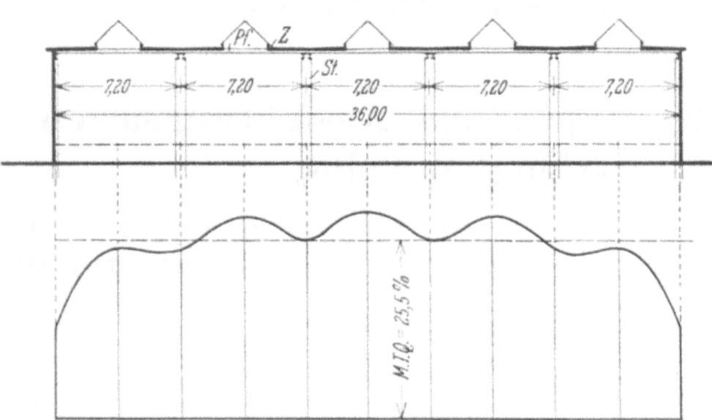

Stützenentfernung quer: 7,2 m, längs: 5,5 m. Diese Entfernung kann bei entsprechendem Mehraufwand an Baustoff auch auf 11 m gesteigert werden. Die sechs satteldachförmigen Oberlichter liegen in der Längsrichtung des Baues. Zweckmäßigerweise werden sie zur Erleichterung der Entlüftung unterbrochen, so daß die Giebelwände der Oberlichter für die Entlüftung verwendet werden können. (Auf diese Maßregel ist bei der Bestimmung des T.Q. keine Rücksicht genommen.) Bauweise Baustahl.

Abb. 441.

Beispiel für Haupttype II, b.

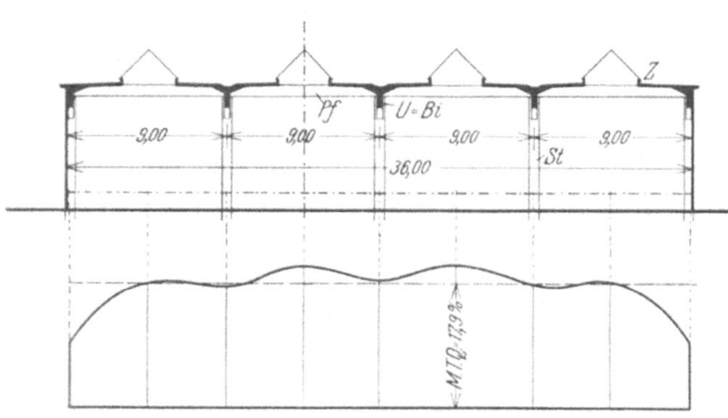

Stützenentfernung quer: 9 m, längs: 16,5 m. Unterzüge in der Längsrichtung des Gebäudes, Pfetten rechtwinklig dazu. Bauweise Eisenbeton.

Abb. 442.

Beispiel für Haupttype II, c.

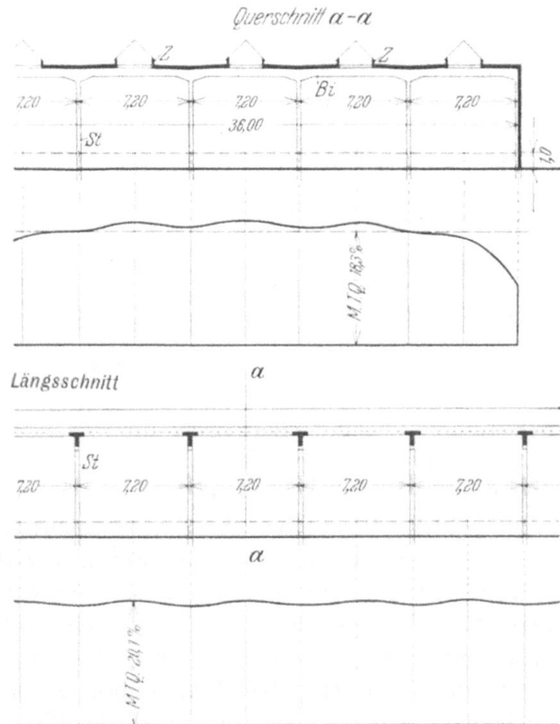

Stützenentfernung quer: 7,2 m, in der Längsrichtung ebensoviel. Die Oberlichter laufen in der Längsrichtung des Gebäudes, die Unterzüge in der Querrichtung und gehen unter den Oberlichtern durch. Bauweise Eisenbeton.

Abb. 443.

Beispiel für Haupttype II, d.

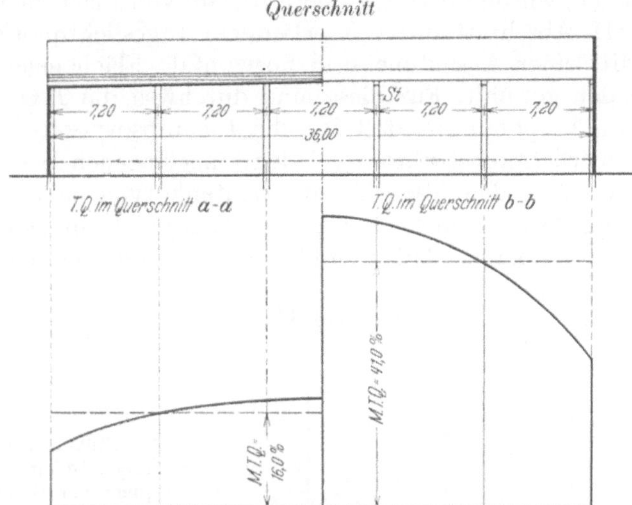

Stützenentfernung längs: 16,5 m (3 × 5,5 m), quer: 7,2 m. Die Oberlichter laufen quer. Bauweise Baustahl.

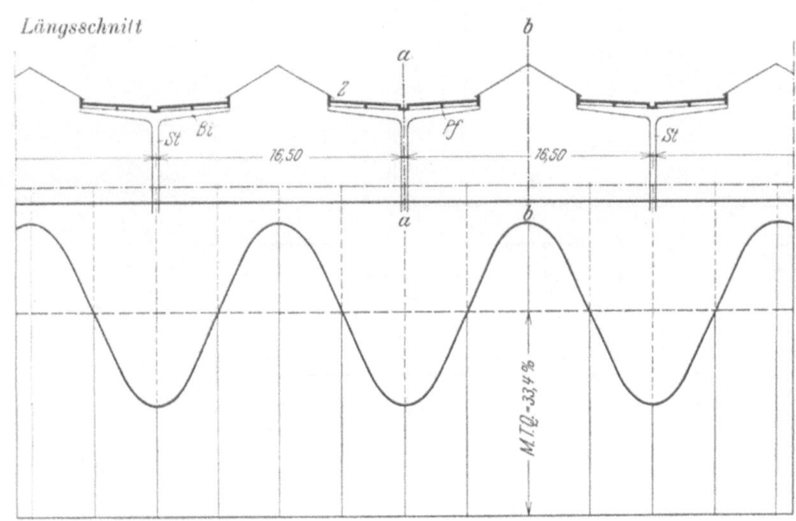

Abb. 444.

Beispiel für Haupttype II, e.

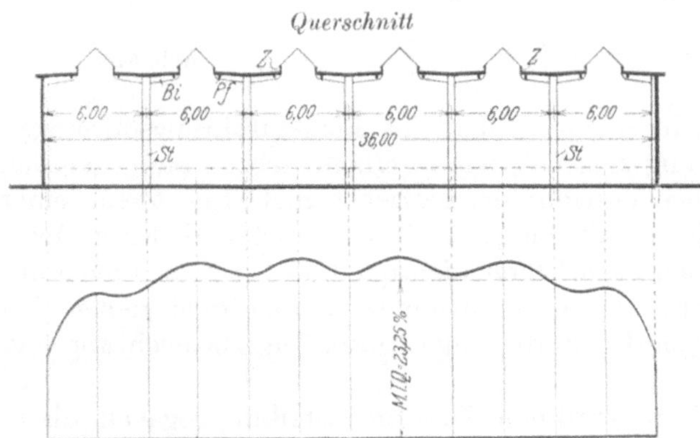

Stützenentfernungen quer: 6 m, längs: 5,5 m. Bauweise Eisenbeton.

Abb. 445.

konstruktion der Dachdecke hat keine ausschlaggebende Bedeutung. Für die Stützen sind meist große Entfernungen angestrebt, in der Längsrichtung möglichst ein Vielfaches von 5,5 m.

Um die verschiedenen Ausführungsmöglichkeiten bezüglich der Tageslichtzuführung miteinander vergleichen zu können, wurde für eine größere Anzahl von Flächenelementen des Eingeschoßbaues der im III. Abschnitt unter A erläuterte Tageslichtquotient (abgekürzt T. Q.) ausgerechnet. Mit einer Ausnahme sind horizontale Flächenelemente in 1 m Abstand über dem Fußboden gewählt. Für diese sind durchweg die T. Q. in demselben Maßstab aufgetragen. Zu beachten ist, daß auf die Lichtabsorption durch das Glas der Oberlichter und der Oberlichtkonstruktion bei den eingetragenen Werten noch keine Rücksicht genommen ist. Aus den Tageslichtquotientenkurven wird deutlich, mit welcher Oberlichtanordnung das jeweilig erwünschte Tageslicht an bestimmten Stellen des Raums erreicht werden kann. Auf Grund solcher Untersuchungen kann

Beispiel für Haupttype II, f.

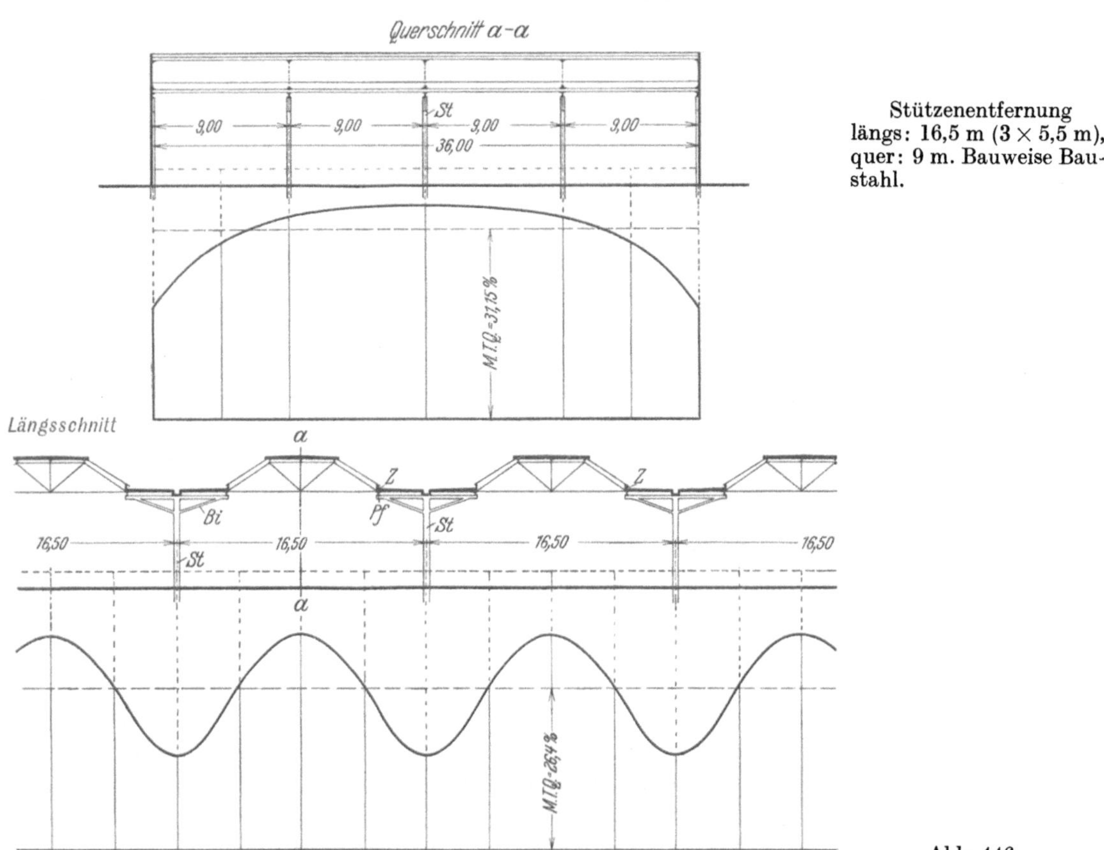

Abb. 446.

z. B. auch die Aufgabe gelöst werden, in einem Neubau die Lichtzuführungsöffnungen so anzuordnen, daß dieselbe Lichtwirkung entsteht, wie in einem Arbeitsraum, der sich lichttechnisch erfahrungsgemäß für einen bestimmten Betrieb eignet. Der Zweck einer solchen Untersuchung ist also zugleich der, diejenige Ausführungsart und deren Oberlichtabmessungen herauszufinden, die den natürlichen Lichtquell, der sich im Freien auf ein horizontales Flächenelement auswirkt, am besten ausnützt, und so im einzelnen Fall den Ausgleich schaffen zu helfen zwischen den Forderungen guter Tagesbeleuchtung und billiger Heizung.

Am Schluß der folgenden Untersuchung wird eine Zusammenstellung gegeben, die es ermöglicht, abzulesen, wieviel Glasfläche, wieviel normale Dachfläche, welche mittlere Beleuchtungsstärke usw. sich für den Quadratmeter Grundriß bei den im folgenden behandelten Lösungsmöglichkeiten ergeben. Durch Einsetzen von Preisen für den Quadratmeter Glasfläche, Dachfläche usw. läßt sich in einem bestimmten Fall auf einfache

Weise ein Bild über die Preisgestaltung der in Betracht kommenden Ausführungsarten gewinnen.

Beispiel für Haupttype III, a.

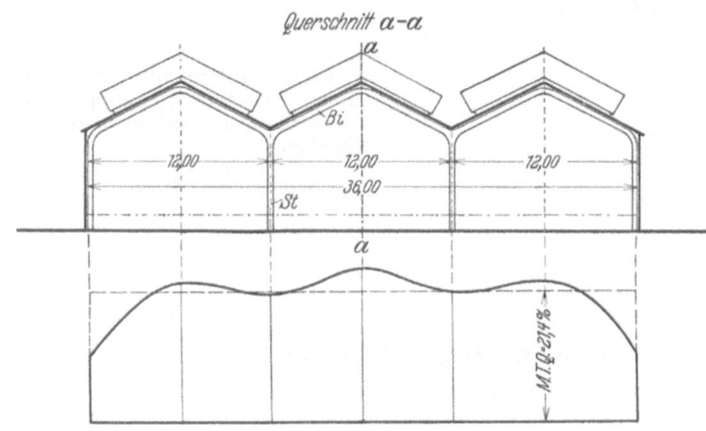

Stützenentfernung
quer: 12 m, längs: 7,3 m.
Bauweise Baustahl.

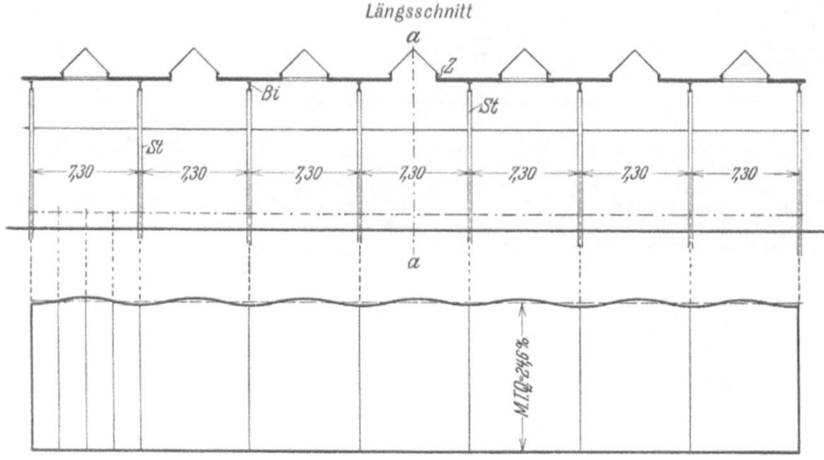

Abb. 447.

Beispiel für Haupttype III, b.

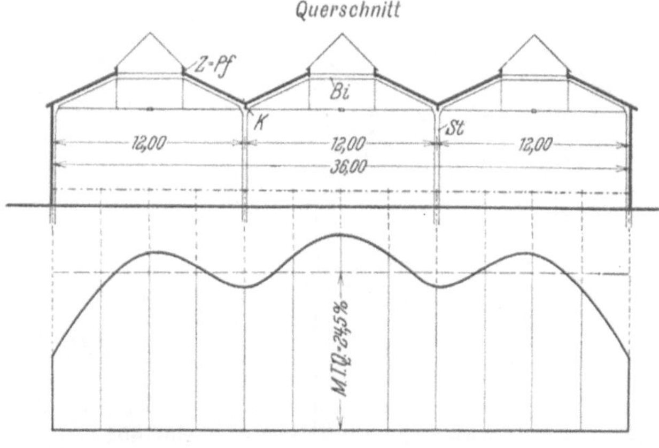

Stützenentfernungen quer: 12 m, längs:
5,5 m. Bauweise Eisenbeton oder Baustahl.

Abb. 448.

Beispiele für Haupttype IV. Es werden nur Ausführungsarten vorgeführt, bei denen
große Stützenentfernungen möglich sind, zunächst für den Fall, daß der Bau in seiner

Beispiel für Haupttype III, c.

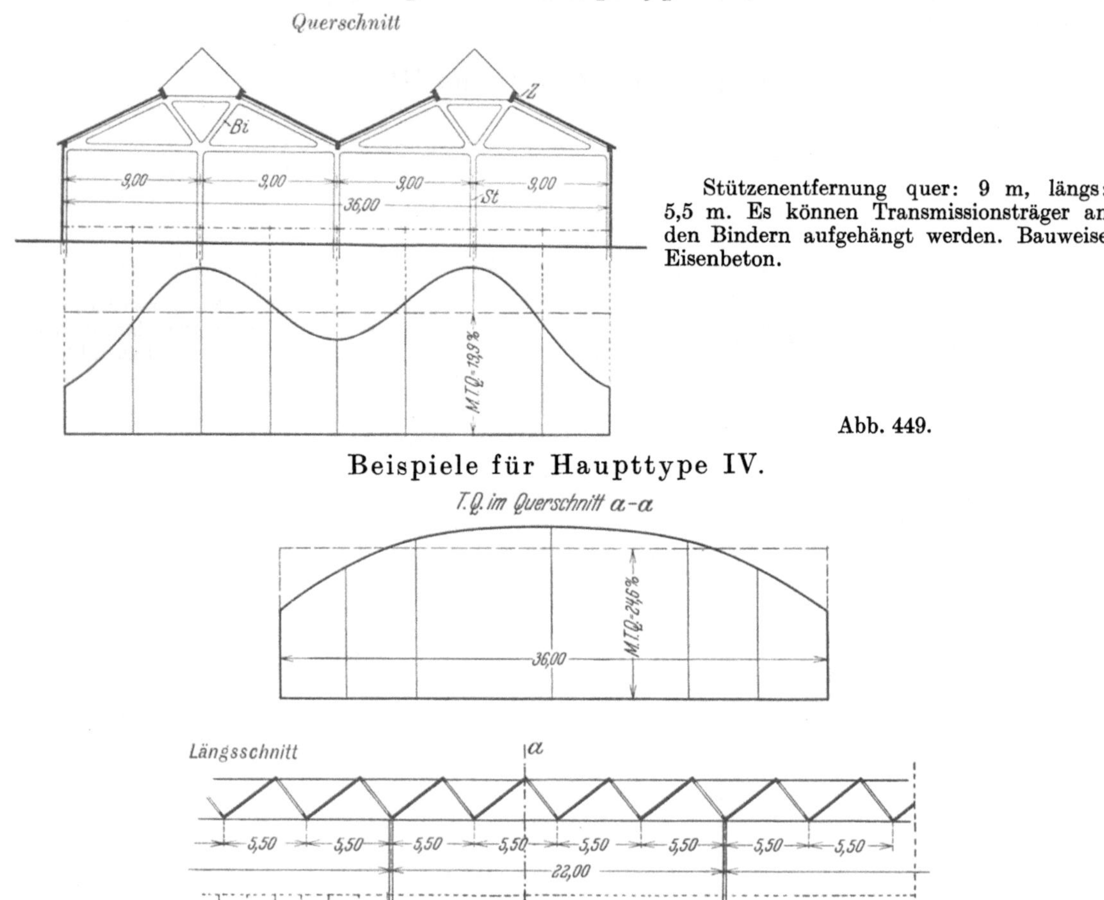

Stützenentfernung quer: 9 m, längs: 5,5 m. Es können Transmissionsträger an den Bindern aufgehängt werden. Bauweise Eisenbeton.

Abb. 449.

Beispiele für Haupttype IV.

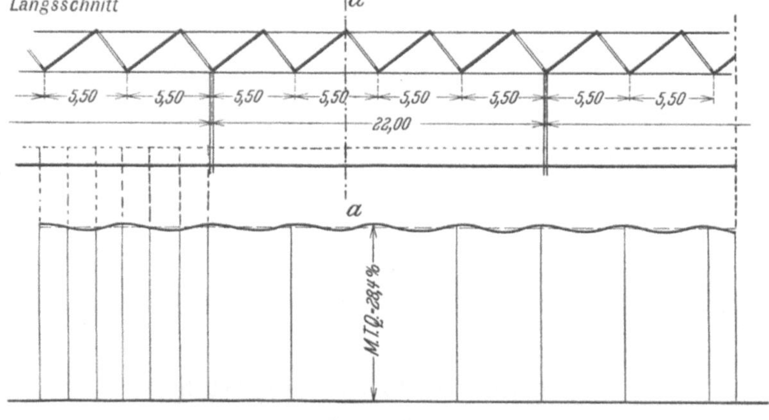

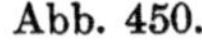

Abb. 450.

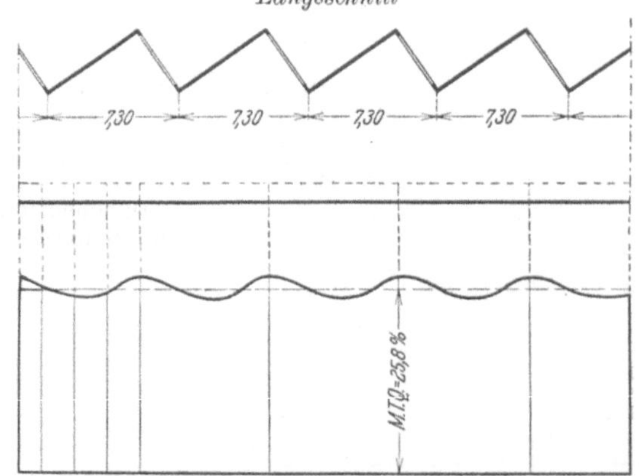

Abb. 451.

Längsrichtung von Süden nach Norden geht. Aus Abb. 450 sind die T.Q. zu ersehen bei einer Sägedacheinheit von 5,5 m, in Abb. 451 die bei einer Einheit von 7,3 m. Man

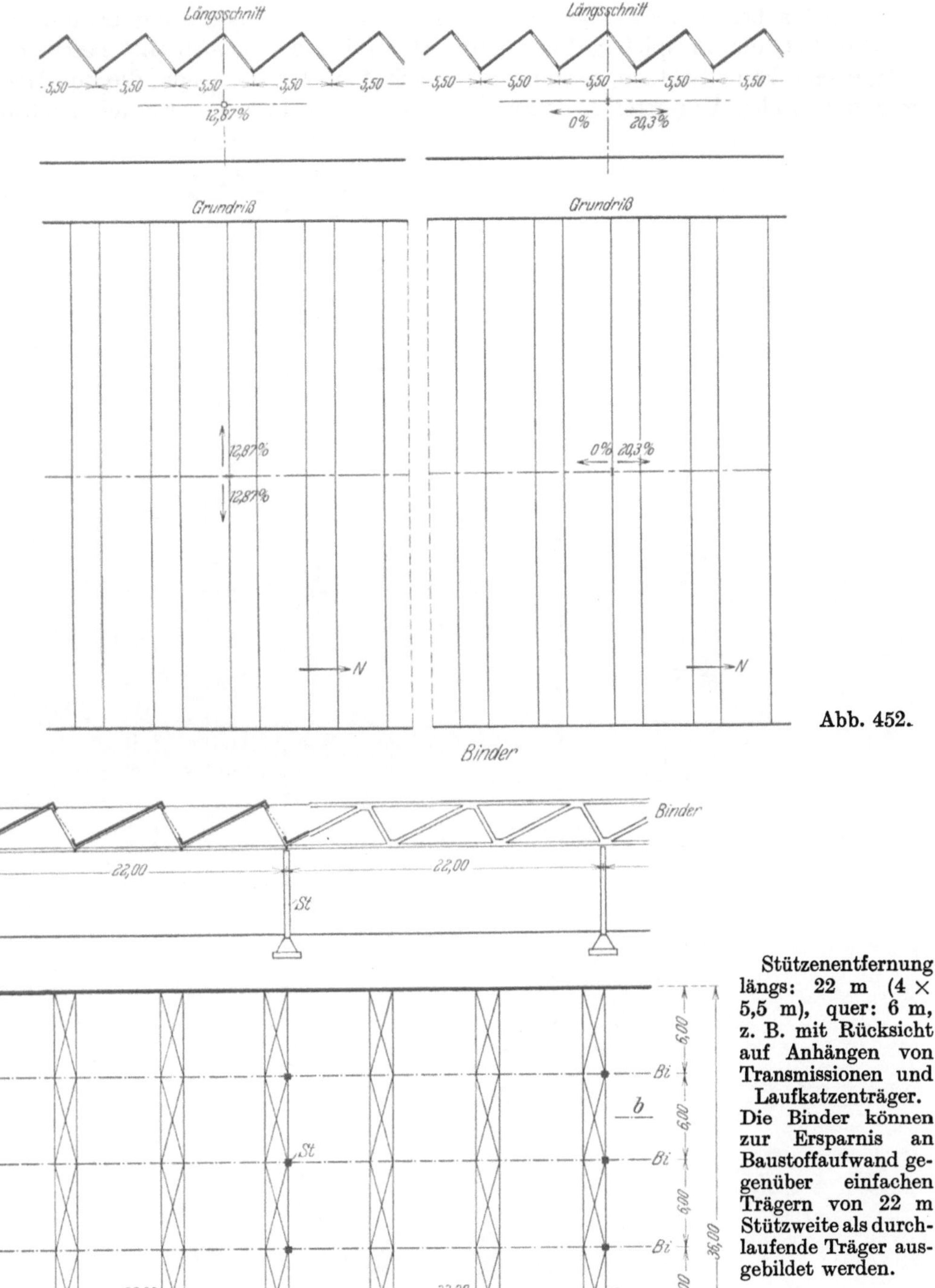

Stützenentfernung längs: 22 m (4 × 5,5 m), quer: 6 m, z. B. mit Rücksicht auf Anhängen von Transmissionen und Laufkatzenträger. Die Binder können zur Ersparnis an Baustoffaufwand gegenüber einfachen Trägern von 22 m Stützweite als durchlaufende Träger ausgebildet werden.

Abb. 453.

sieht, daß die Unterschiede nicht groß sind. Es ist deshalb bei den folgenden Erörterungen die mit dem angrenzenden Hochbau in Einklang stehende Teilung von 5,5 m beibehalten worden. In Abb. 452 ist das Ergebnis der Untersuchung der T.Q. für ein senkrecht stehendes Flächenelement eingetragen. Ein Beispiel für Ausführungsart e in Stahl zeigt die Abb. 453; ein Beispiel in Eisenbeton ist an Hand der Abb. 424 beschrieben.

Will man keine Stützen, so kann man nach Abb. 454 vorgehen, die der Ausführungsart g entspricht. Unmittelbar unter den beiden Dachflächen werden Fachwerkträger

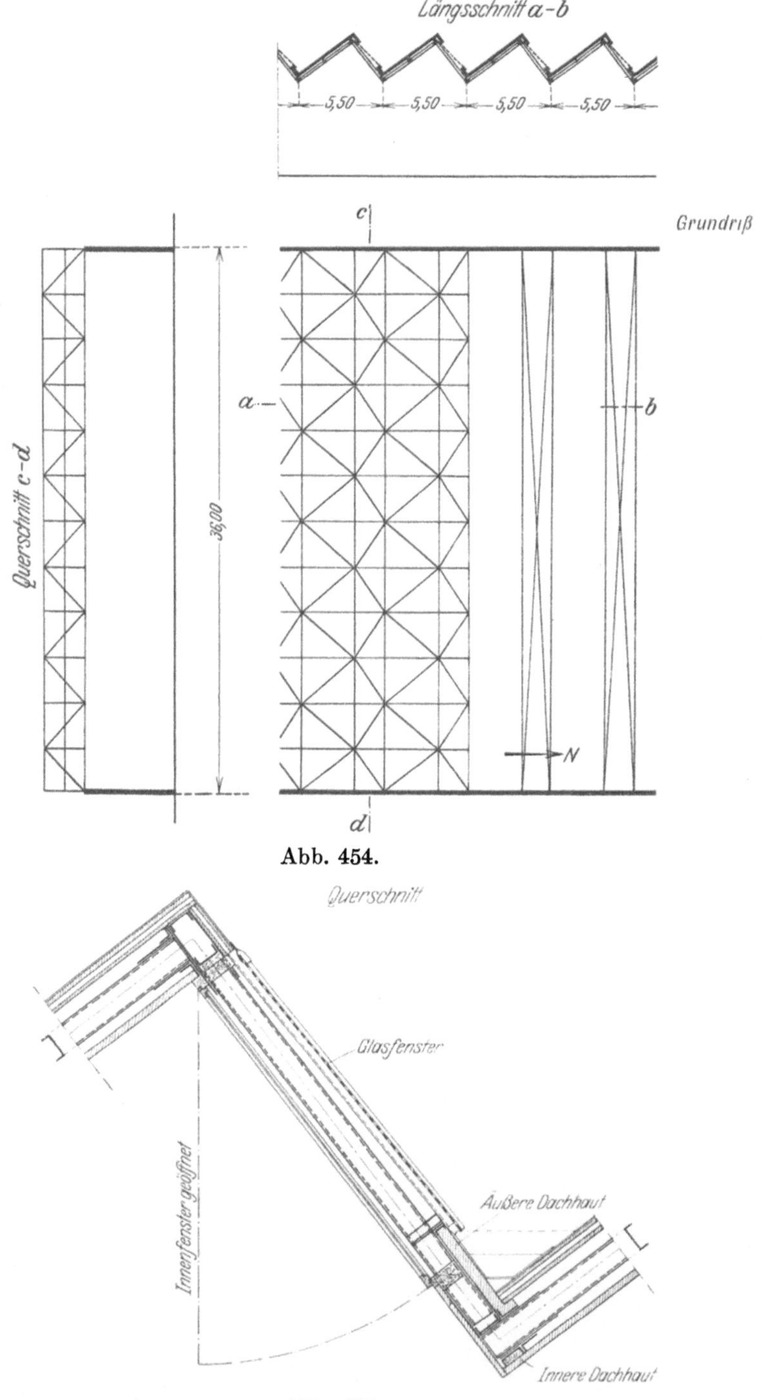

Abb. 454.

Abb. 455.

von einer Giebelwand zur anderen durchgehend angeordnet, welche die auf sie wirkenden Kräfte unmittelbar auf die Giebelwände und von da auf die Fundamente überleiten. Die Regenwasserabführung erfolgt in besonderen Kehlrinnen, die den Giebelwänden zu nach beiden Seiten Gefälle haben. Wenn man, wie die Abb. 455 zeigt, eine äußere und innere Dachhaut anordnet, was schon mit Rücksicht auf die Wärmehaltung empfehlenswert ist, treten Fachwerkstäbe im Innern nicht in Erscheinung.

Man kann auch eine Kombination der Ausführungsarten e und g wählen, wie es in den Abb. 456 dargestellt ist. Der Unterzug in der Mitte des Eingeschoßbaus gestattet,

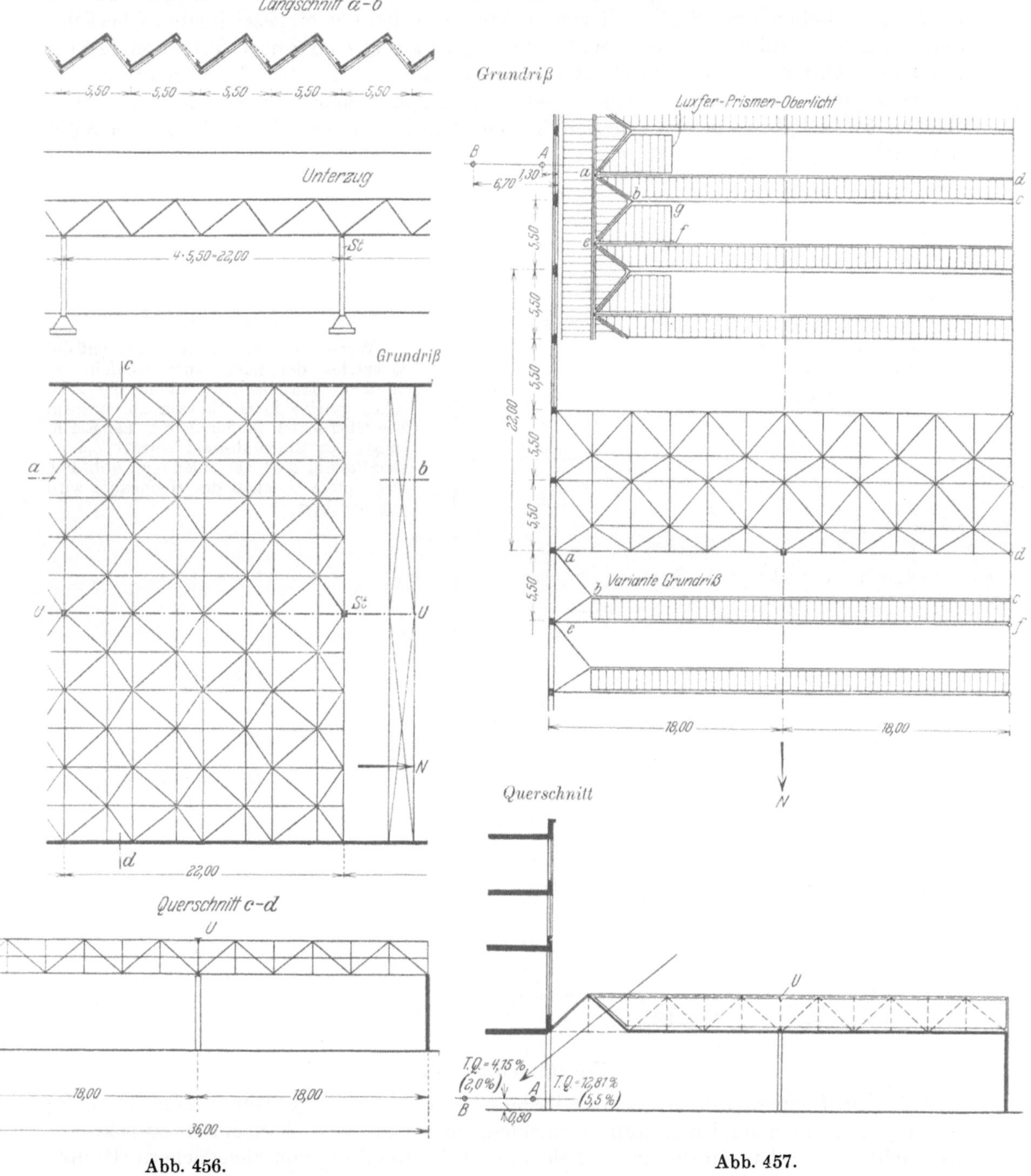

Abb. 456.   Abb. 457.

die unter den Dachflächen liegenden Fachwerkträger leichter zu bemessen. Eine vollkommen stützenlose, zugbandfreie Sägedachkonstruktion hätte man übrigens auch durch Verwendung des in Abb. 416 gezeigten Aufbaus des Traggerippes erreichen können, wenn man an Stelle der 30,75 m weitgespannten, vollwandigen, als Balken wirkenden

Unterzüge, um mit einer kleineren Konstruktionshöhe auszukommen, 36 m weit gespannte vollwandige Rahmenträger verwendet hätte.

Die in Abb. 457 dargestellte Anordnung eignet sich besonders gut dazu, dem Untergeschoß eines anschließenden Hochbaus reichlich Tageslicht zuzuführen. In den horizontalen Flächenelementen der Punkte A und B, welche in einem Gebäudequerschnitt in der Mitte zwischen zwei Stützen liegen, ergeben sich bei der eingezeichneten Oberlichtanordnung, d. h. infolge der Oberlichter $a\,b\,c\,d$, $a\,b\,e$ und $b\,e\,f\,g$ noch T. Q. von 12,81 % und 4,15 %. Ordnet man die Oberlichter so an, wie in dem Grundriß der Variante gezeigt ist, wobei die abgeschrägten Sägedächer rechteckige Glasbänder nur in den steilen Flächen $b\,c\,f\,e$ haben, so ergeben sich in den Punkten A und B nur T. Q. von 5,5 % und 2,0 %.

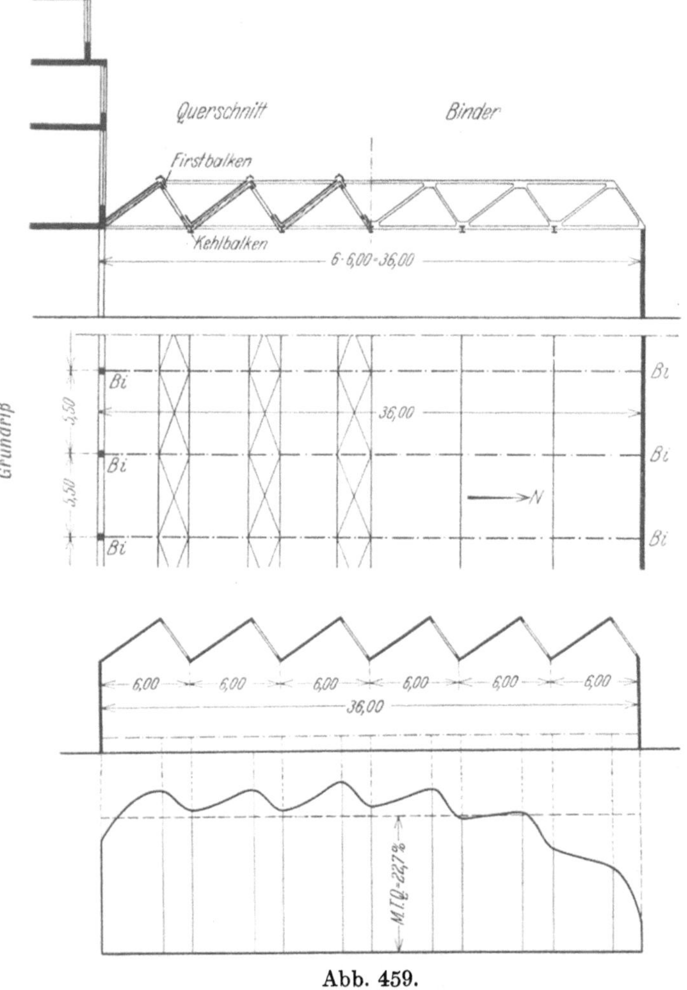

Wenn die Nord-Süd-Richtung mit der Querachse des Baues zusammenfällt, so braucht man bei Anwendung der Ausführungsart e keine Stützen anzuordnen. Die Oberlichter laufen in der Längsrichtung. Der Binderabstand beträgt 5,5 m. Den Verlauf der T. Q.-Linien zeigt Abb. 459. Das untere Geschoß des Hochbaues wird gut belichtet.

Abb. 458.

Abb. 459.

Zusammenfassung.

Will man Sonnenstrahlen und damit die eine treibhausartige Temperatur erzeugenden Wärmestrahlen im Innenraum vermeiden, da sie für viele Fabrikationszwecke unerwünscht sind, so kann dies nur geschehen durch Verwendung von Sägedächern (Haupttype IV). Abb. 453 bis Abb. 458 zeigen einige für große Stützenentfernung geeignete Anordnungen. Die Abb. 453 bis 457 setzen die Nordrichtung in der Gebäudelängsrichtung voraus, die Abb. 458 rechtwinklig dazu. Solche Sägedächer erfordern allerdings, wie früher schon ausgeführt wurde, gegenüber den satteldachförmigen Oberlichtern eine größere abgewickelte Dachfläche und wegen der größeren Abkühlungsflächen größere

Heizungskosten; die vielen Rinnen sind teuer, sie bilden Schneesäcke und bringen unter Umständen im Laufe der Zeit nicht unerhebliche Unterhaltungskosten mit sich. Bei den Sägedächern ist noch zu beachten, daß die Reflexwirkung, wenn die Innendecken weiß gestrichen sind, eine rechnerisch nicht erfaßte Vergrößerung des T. Q. hervorruft, besonders dann, wenn, wie es in Amerika oft geschieht, auch die äußeren Dachflächen weiß gestrichen werden (siehe z. B. Abb. 51).

Einen guten Überblick über die Eignung der verschiedenen Ausführungsmöglichkeiten und ihrer Wirtschaftlichkeit gibt folgende Zusammenstellung, die zeigen soll, wie man unter den verschiedenen, in einem bestimmten Einzelfall in Betracht kommenden Möglichkeiten endgültig auswählen kann. Man kann auf Grund einer solchen Zusammenstellung sehr rasch die Kosten eines Quadratmeters irgendeiner der Ausführungsmöglichkeiten berechnen, sobald man vorher die Kosten des eigentlichen Traggerippes festgestellt hat.

Zusammenstellung.

Abb. Nr.	Glasfläche in % der Grundfläche	Dachfläche in % der Grundfläche	Zargenlänge in lfdm/m²	Oberer Anschluß der Glasflächen in lfdm/m²	Zwischenrinnen in lfdm/m²	Mittlerer räumlicher Tageslicht-Quotient %
440	43,7	67,4	0,182	—	—	28,2
441	48,6	73,6	0,278	—	—	25,5
442	49,0	73,3	0,222	—	—	17,9
443	44,5	77,7	0,278	—	—	18,05
444	47,3	60,6	0,121	—	—	28,7
445	48,3	76,6	0,333	—	—	23,25
446	36,6	74,5	0,061	0,061	—	23,4
447	47,4	87,0	0,306	—	—	20,7
448	48,2	76,6	0,167	—	—	24,5
449	41,2	81,2	0,111	—	—	19,9
450	49,0	89,0	—	0,182	0,182	24,6
451	46,3	90,0	—	0,136	0,136	22,3
459	43,3	93,4	—	0,180	0,180	22,7

Bemerkung: Mittlerer T. Q. für Quer- und Längenschnitte siehe Abbildungen.

V. Mehrgeschoßbauten.

Im allgemeinen dienen die Mehrgeschoßbauten denselben industriellen Zwecken wie die Eingeschoßbauten. Sie werden als Bearbeitungsräume, aber auch vielfach als Lagerräume verwendet. Sie treten an Stelle von Eingeschoßbauten namentlich bei beschränkten Platzverhältnissen, hohen Grundstückspreisen und auch dann, wenn, wie z. B. bei Mühlen, die Räume wegen der Zweckmäßigkeit des Betriebsvorgangs übereinander liegen müssen. Die bauliche Gestaltung von Mehrgeschoßbauten wird wesentlich beeinflußt von der Art und Möglichkeit der Tageslichtzuführung, von den nach betrieblichen und bautechnischen Gesichtspunkten zu wählenden Stützenstellungen, sowie von den Verkehrs- und Transportmitteln (Gänge, Treppen, Aufzüge, Krane).

A. Die tragenden und raumumschließenden Bauelemente.

1. Allgemeines.

Es handelt sich um die Geschoß- und Dachdecken, die diese unterstützenden Balken, die Unterzüge der Balken, die Stützen, die Wände und die Bauteile, die zur Quer- und Längssteifigkeit des ganzen Gebäudes erforderlich sind.

Für die Bemessung der einzelnen Teile sind, abgesehen von den zulässigen Beanspruchungen der Baustoffe, die üblichen, meist behördlich vorgeschriebenen Belastungen, insbesondere die von der Art der Fabrikation abhängigen Nutzlasten maßgebend.

Die deutschen Hochbauvorschriften verlangen, daß in Werkstätten und in Fabriken für leichteren Betrieb als Nutzlast mindestens 500 kg/m² anzunehmen ist. Die im Einzelfall zu wählenden Belastungen sind auf Grund sorgfältiger Erhebungen des Betriebssachverständigen festzusetzen. Dabei sind die verhältnismäßig hohen zulässigen Beanspruchungen der Baustoffe zu beachten, ein Umstand, dem nur eine verhältnismäßig geringe Überlastbarkeit der einzelnen Bauteile entspricht.

Die Wände neuerer Mehrgeschoßbauten werden wie die von Hallenbauten auf ihre raumumschließende Funktion beschränkt. Die auf sie entfallenden Lasten, auch die Wandgewichte, werden den Außenstützen zugewiesen, die nicht notwendigerweise in der Wandebene liegen müssen, sondern auch gegen die Wände zurückgesetzt werden können. In diesem Fall ruhen die Wände auf den auskragenden Decken. Abgesehen von der Möglichkeit der Erzielung größerer Fensteröffnungen hat die Trennung der Außenwand in raumumschließende Wand und Außenstützen den Vorteil, daß diese mit den andern statisch bedingten Bauteilen zu einem einheitlich wirkenden Traggerippe verbunden werden können, so daß z. B. eine Rahmenwirkung in der Querrichtung erreicht werden kann, was bei einer in Mauerwerkspfeiler aufgelösten Wand nicht möglich ist. Zu beachten ist weiter bei der Entscheidung über die Wahl zwischen der gemischten Bauart und der Skelettbauweise, daß sich Mauerwerkspfeiler und Stahl- oder Eisenbetonstützen in bezug auf Formänderungen unter Belastungen verschieden verhalten, und daß bei der Skelettbauweise sich ein rascherer Baufortschritt erzielen läßt.

Als Bauweise für die Traggerippe kommt verhältnismäßig selten die reine Holzbauweise vor. Die Traggerippe im ganzen und ihre Teile werden meist entweder in Baustahl oder in Eisenbeton ausgeführt.

Bei Eisenbetonbauten größeren Umfangs sind Schwind- und Wärmefugen in das Traggerippe einzuschalten, wodurch die Quer- und Längssteifigkeit aber nicht vermindert werden darf.

2. Die Decken und ihre Unterkonstruktion.

Werden für die Deckenbalken I-Träger gewählt, so werden die Decken je nach den Belastungs- und Betriebsverhältnissen selten in Holz (bei Mühlen wegen der zahlreichen Deckendurchbrüche), meist entweder in Eisenbeton (z. B. als Voutendecke, Rippendecke mit oder ohne Füllkörper) oder als Steineisendecken ausgeführt.

Sind außer den Decken auch die übrigen Teile des Traggerippes ganz aus Eisenbeton, so kommen für die Decken entweder Platten mit Hauptbewehrung in einer Richtung oder kreuzweise armierte Platten oder Pilzdecken oder Rippendecken mit statisch unwirksamen Füllkörpereinlagen oder ohne solche in Betracht. Man kann die Rippendecken unter Wegfall der Balken (Nebenträger) auch unmittelbar von Unterzug zu Unterzug spannen. Im folgenden sind für die Gebäudegrundrißverhältnisse der Abb. 460 einige Möglichkeiten von Decken und Unterkonstruktionen der Decken — durchweg für eine Nutzlast von $p = 700$ kg/m² berechnet — einander gegenübergestellt.

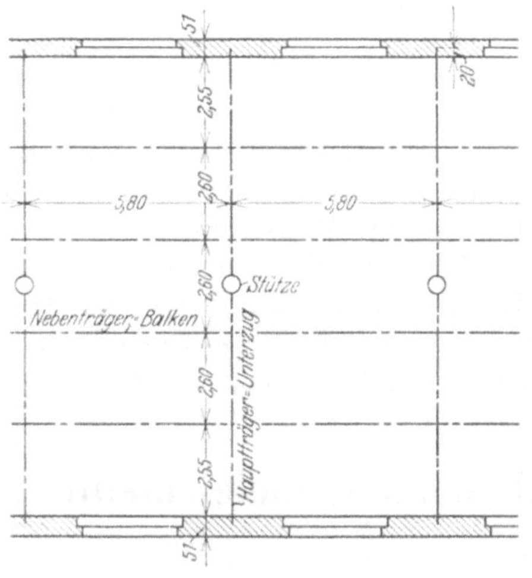

Abb. 460.

Die Steineisendecke der Abb. 461 ist nach den entsprechenden deutschen Vorschriften für solche Decken bemessen. Die Nebenträger werden bei dem Anschluß an den Unterzug I 50 nach Abb. 462 statisch als einfache Balken auf zwei Stützen aufgefaßt, wobei sich als notwendiges Profil I 36 ergibt. Wird beim Anschluß nach Abb. 463 verfahren (obere Kontinuitätslaschen und gewährleistete untere Druckübertragungsstellen), so kommt man mit I 28 aus; man erzielt also bei den Deckenträgern eine wesentliche Gewichtsersparnis. Den Anschluß des Unterzugs I 50 an die Mittelstütze, die im oberen Geschoß aus zwei U-Eisen NP 28 besteht, im darunterliegenden Geschoß noch durch ein I-Eisen 26 verstärkt ist, zeigt Abb. 464, den Stützenfuß Abb. 465.

Die Abb. 466 und 467 zeigen die Einzelheiten einer Volldecke aus Eisenbeton auf Nebenträgern, die, wie der

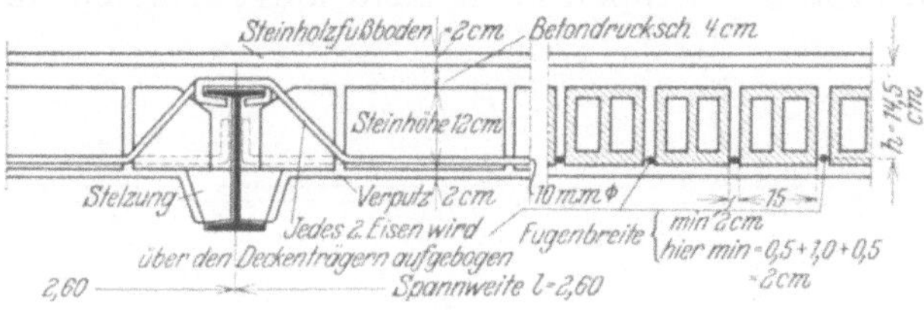

Abb. 461.

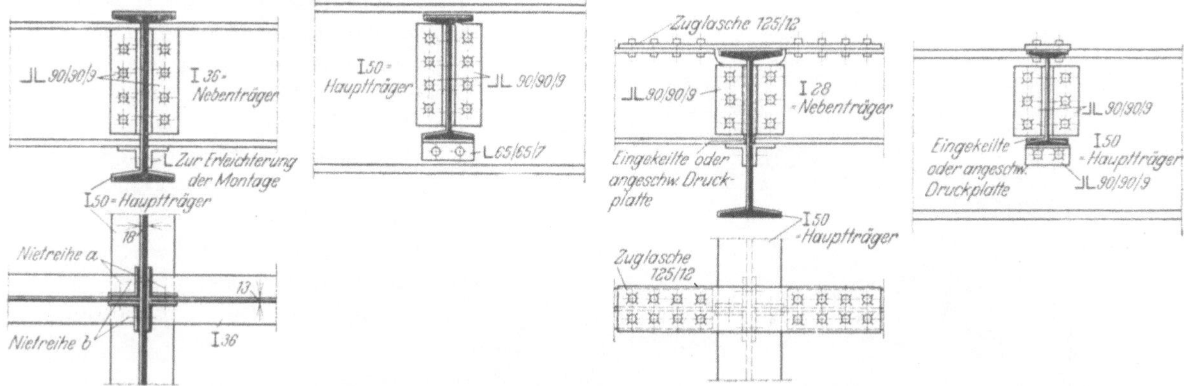

Abb. 462.   Abb. 463.

Unterzug, als Plattenbalken ausgebildet sind. Die Verwendung von Eisenbetonrippendecken, die von Unterzug zu Unterzug gespannt sind, geht aus den Abb. 468 und 469 hervor. Solche Eisenbetonrippendecken sind aufgelöste Decken mit höchstens 70 cm lichtem Rippenabstand und einer mindestens 5 cm starken Druckplatte. Sie können zur Erzielung der ebenen Unteransicht statisch unwirksame Hohlstein- oder andere Füllkörpereinlagen enthalten. Sie fallen unter die „Bestimmungen für Aus-

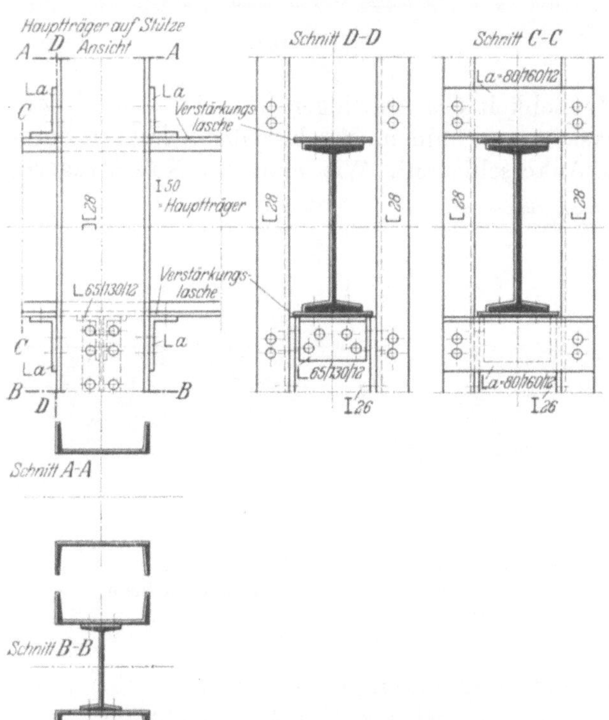

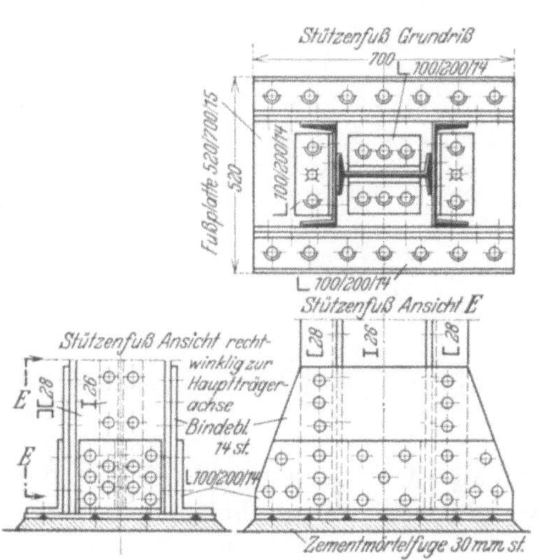

Abb. 464.   Abb. 465.

führung von Bauwerken aus Eisenbeton". Die Stärke der Druckplatte soll $\geqq$ $^1/_{10}$ des
lichten Rippenabstandes und nicht < 5 cm sein. Im Bereiche der negativen Momente,
die von den Rippen nicht mehr aufgenommen werden können, müssen Vollbetonstreifen
eingeschaltet werden. Im Beispiel
sind Bimsbetonhohlsteine als Füllkörper verwendet. Die Aufnahme
der negativen Momente, übrigens
auch der Schubspannungen wird
bei diesen Remy-Körpern erleichtert durch die Verwendung schmä-
lerer Schlußsteine (Abb. 469c, d,
e). Die Unterzüge können I-Träger
sein (I 50 mit Verstärkungslaschen
über den Stützen) oder Eisenbe-
tonplattenbalken (Abb. 469c).

Bei amerikanischen Industriebauten verwendete Deckenarten
zeigen die Abb. 470a bis i.

Bei der Wahl der Deckenart
und ihrer Unterkonstruktion ist
auch auf die unter Umständen

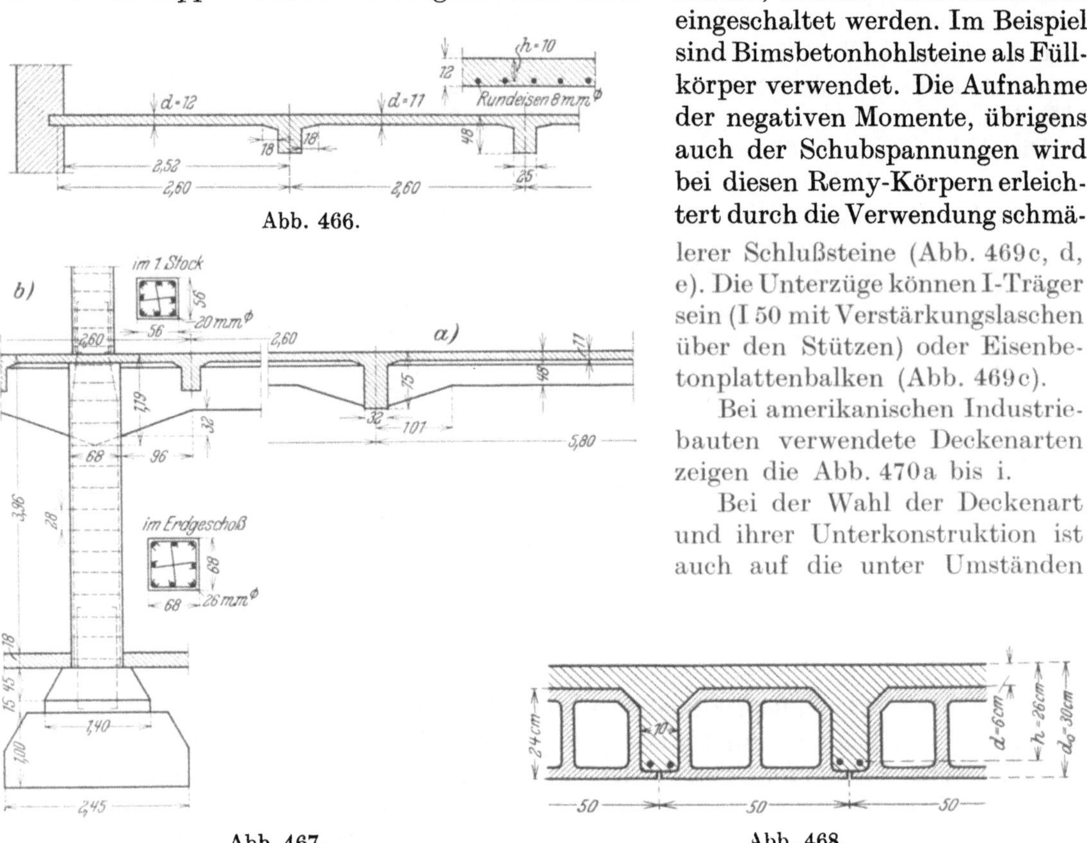

Abb. 466.

Abb. 467.

Abb. 468.

erst später auftretende Forderung der Möglichkeit des Anbringens von Transmissionen,
Hängebahnen, Flaschenzügen usw. Rücksicht zu nehmen. Bei Eisenbetonträgern empfiehlt sich dazu das Einbetonieren von Ankerschienen[1]. Wie man bei Nebenträgern,

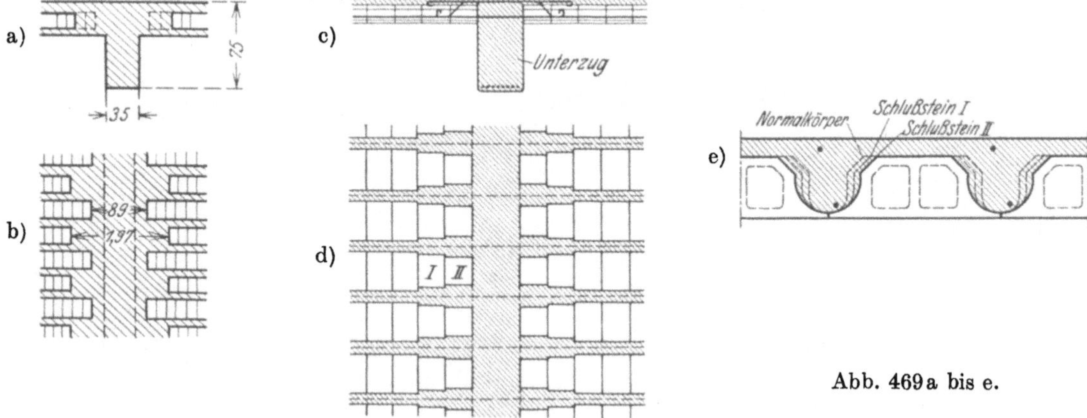

Abb. 469a bis e.

die aus I-Trägern bestehen, und dazwischen gespannten Steineisendecken sich unter
weitgehendster Raumhöhenausnutzung helfen kann, ist aus Abb. 471 ersichtlich.

---

[1] Profile der gebräuchlichen Ankerschienen siehe: Stahl im Hochbau, 8. Aufl., S. 65. Düsseldorf, Berlin
1930.

Als Fußbodenbeläge[1] kommen hauptsächlich in Betracht: Zementglattstrich, wenn nötig metallisch gehärtet, Holz in Form von Holzpflaster oder von Riemenböden auf Ripphölzern und Steinholz auf Beton aufgebracht. Man muß sich bei dem letztgenannten Belag gegen die Möglichkeit der Korrosion der Unterkonstruktion der Decke sichern.

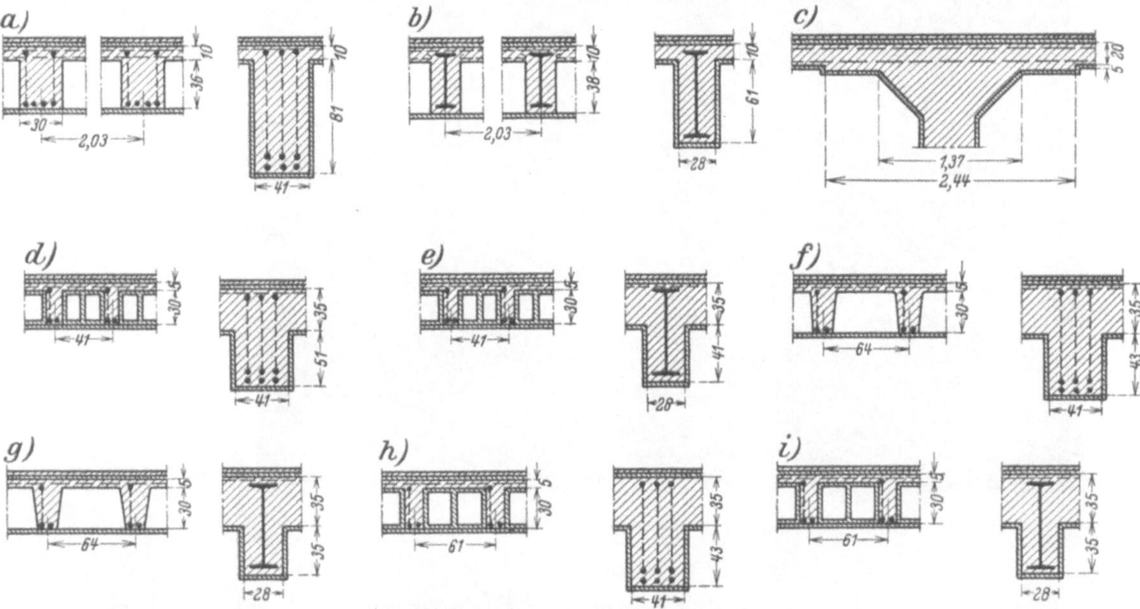

Abb. 470a bis i. Amerikanische Deckenarten.

a Eisenbetondecke, Nebenträger und Unterzüge aus Eisenbeton, *b* Eisenbetondecke, Nebenträger und Unterzüge aus Stahl, *c* Pilzdecke, *d* Steineisendecke zwischen Unterzügen aus Eisenbeton gespannt, *e* dieselbe Decke zwischen Unterzügen aus Stahl, *f* Eisenbetonrippendecke ohne Hohlkörper zwischen Unterzügen aus Eisenbeton, *g* dieselbe Decke zwischen Stahlunterzügen, *h* Eisenbetonrippendecke mit Gipsfüllkörpern zwischen Unterzügen aus Eisenbeton, *i* dieselbe Decke zwischen Unterzügen aus Stahl.

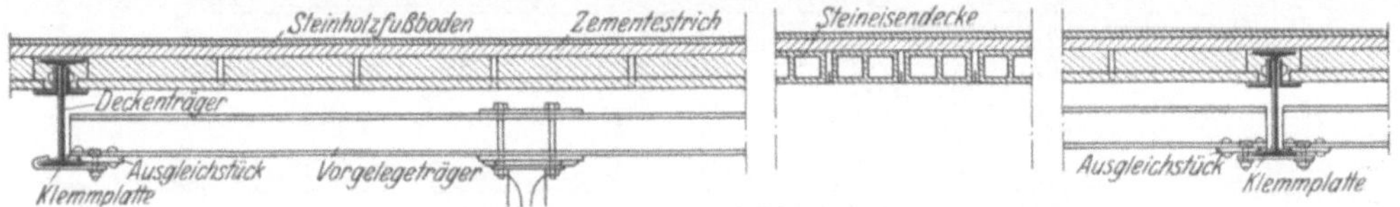

Abb. 471. Befestigung der Vorgelegeträger an den Deckenträgern. (Aus Werkst.-Tech. 1922, S. 220.)

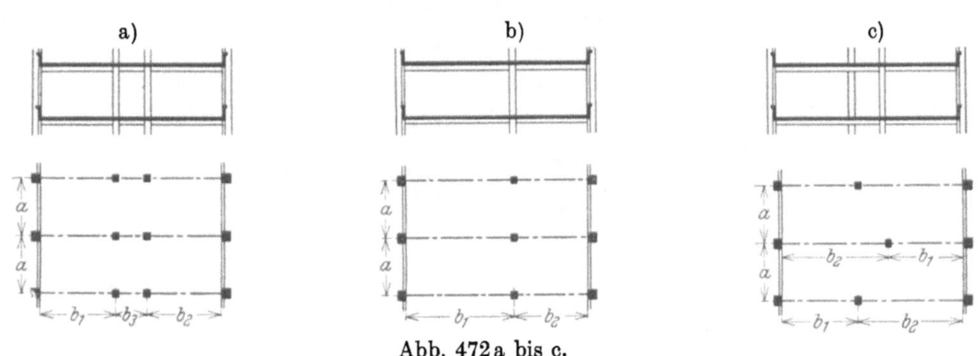

Abb. 472a bis c.

3. Stützenstellung, Kranausrüstung, Anordnungsmöglichkeiten der Deckenunterkonstruktion.

Die meisten industriellen Mehrgeschoßbauten weisen eine oder zwei mittlere Stützenreihen auf (Abb. 472a und b). Für die Entfernungen b_1 und b_2 bei einer Stützenreihe, ebenso für die von b_1, b_2, b_3 bei zwei Stützenreihen sind neben licht- und bautechnischen

---

[1] Siehe AWF: Fußböden und Fahrbahnen. Berlin 1931.

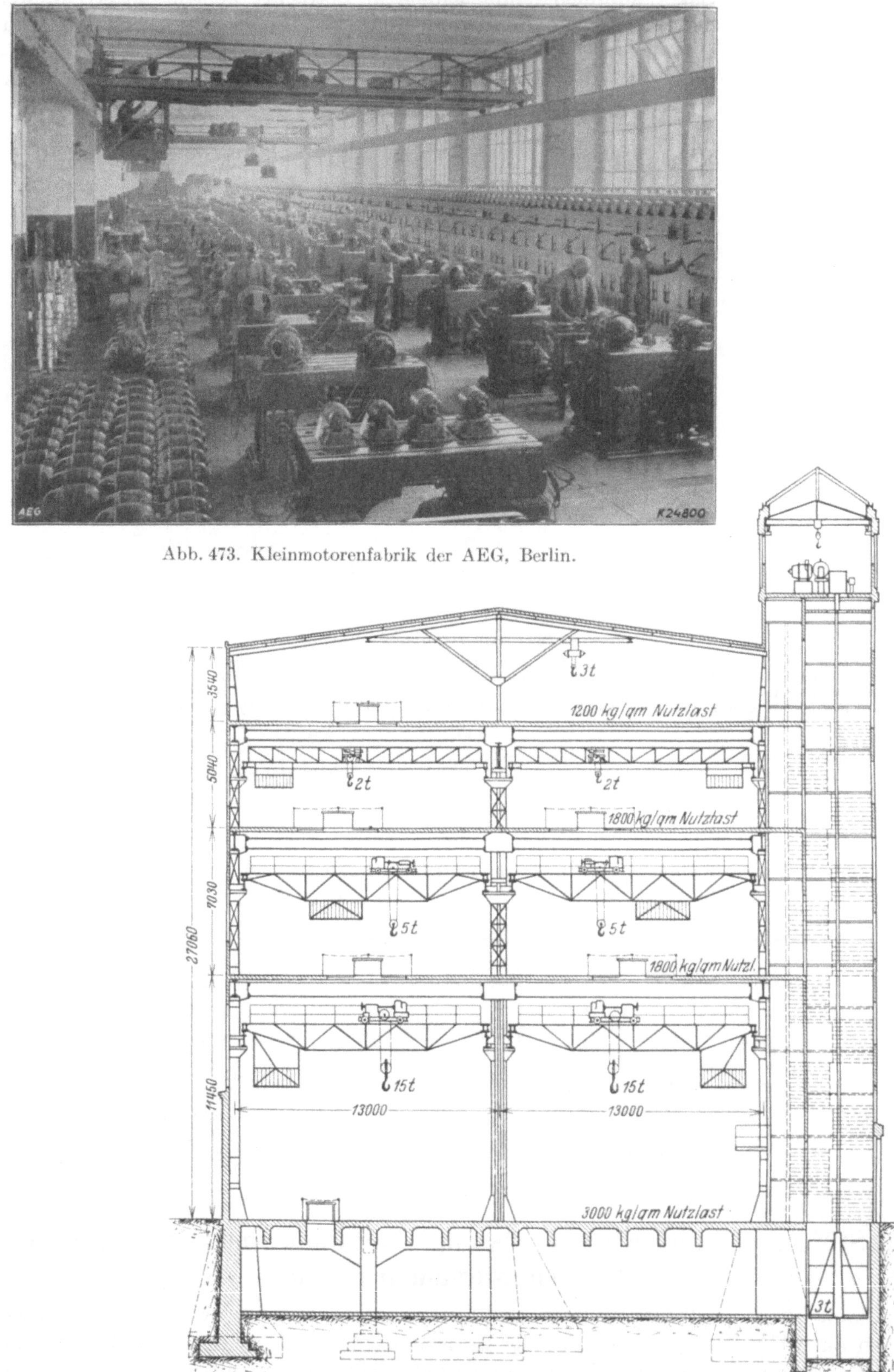

Abb. 473. Kleinmotorenfabrik der AEG, Berlin.

Abb. 474. Hauptlagergebäude der Demag, Duisburg. Ausführung: Demag. Baujahr 1921.

vor allem betriebstechnische Gesichtspunkte maßgebend. Bei der Ausführung nach Abb. 472c sind die Stützen versetzt, um freier über den Raum verfügen zu können.

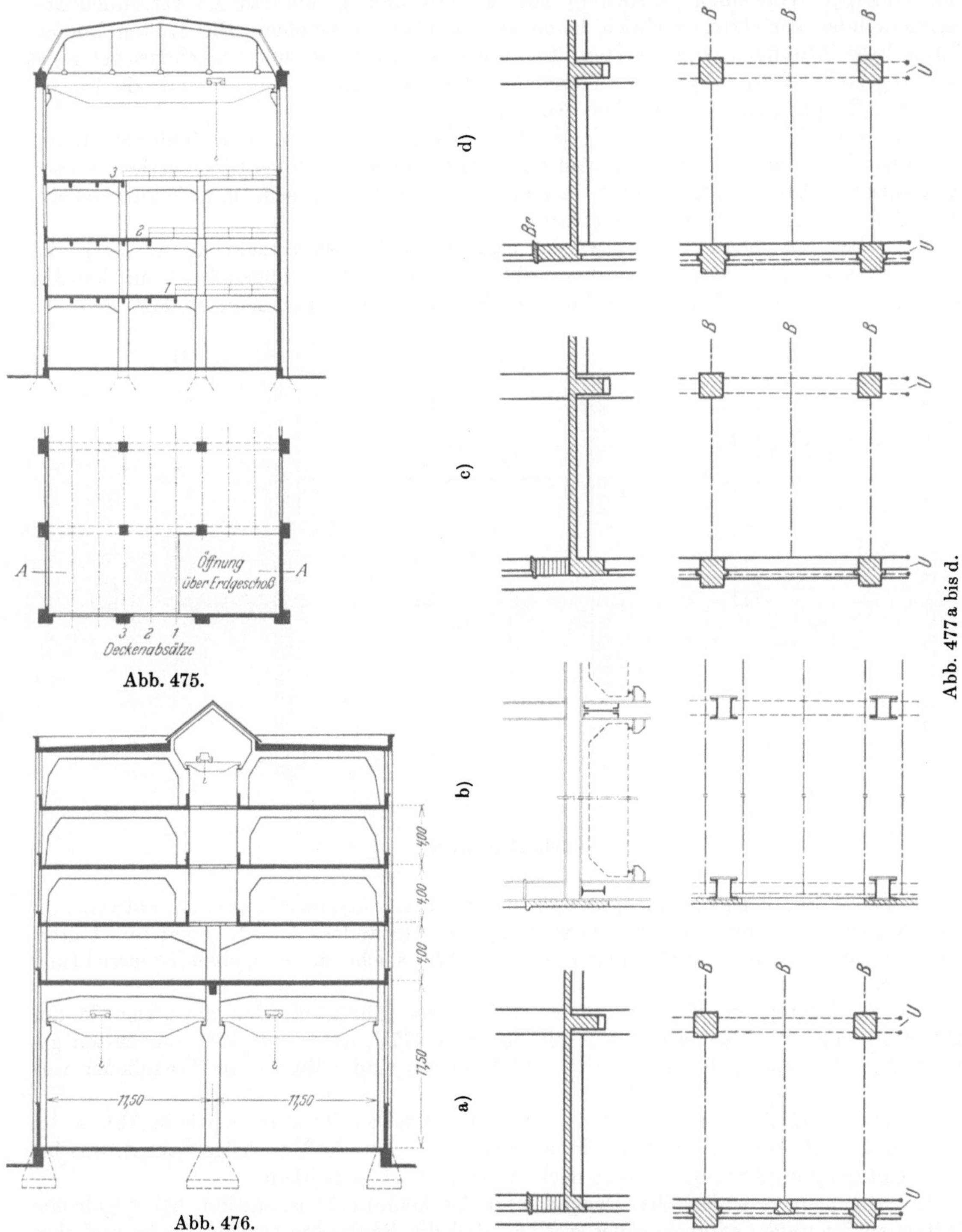

Abb. 475.

Abb. 476.

Abb. 477 a bis d.

Ähnlich wie bei manchen Eingeschoßbauten kommt auch bei Mehrgeschoßbauten der Einbau von Laufkranen in Betracht (Abb. 473). Bezüglich der lichten Raumprofile der Krane und der Ausbildung der Kranbahnen ist im III. Abschnitt C alles Notwendige gesagt.

Die Abb. 474 zeigt ein Lagerzwecken dienendes, reichlich mit Hebezeugen versehenes Gebäude (27 m breit, 30 m hoch und 65 m lang). Die unteren drei Stockwerke haben

Ausrüstungen mit Laufkranen, das oberste hat eine mit Weichen und Drehscheiben versehene Hängebahnanlage (Elektrofahrzug). Das Erdgeschoß hat Gleisanschluß. Für den Transport von einem Stockwerk zum andern sind in den Decken verschließbare, gegeneinander versetzte, reichlich bemessene Lucken vorgesehen. Die Lasten können durch diese Öffnungen vom obersten Stockwerk bis zum Keller und umgekehrt gefördert und abgestellt werden. Weitere Transportmittel sind Elektrokarren und die im angebauten Treppenhaus befindlichen Aufzüge.

Abb. 475 und 476 zeigen zwei weitere Möglichkeiten, auch unterhalb des Krangeschosses befindliche Stockwerke vom Kran zu bedienen. In diesen Stockwerken müssen aufklappbare Podeste oder Absätze in den Decken vorhanden sein, um die zu transportierenden Lasten aufzunehmen und abzugeben.

Wie oben auseinandergesetzt wurde, besteht die Unterkonstruktion der Decke im allgemeinen aus Balken (= B in den Abbildungen) und Unterzügen (= U in den Abbildungen). Wenn bauwirtschaftliche Gründe zur Geltung kommen, so legt man die

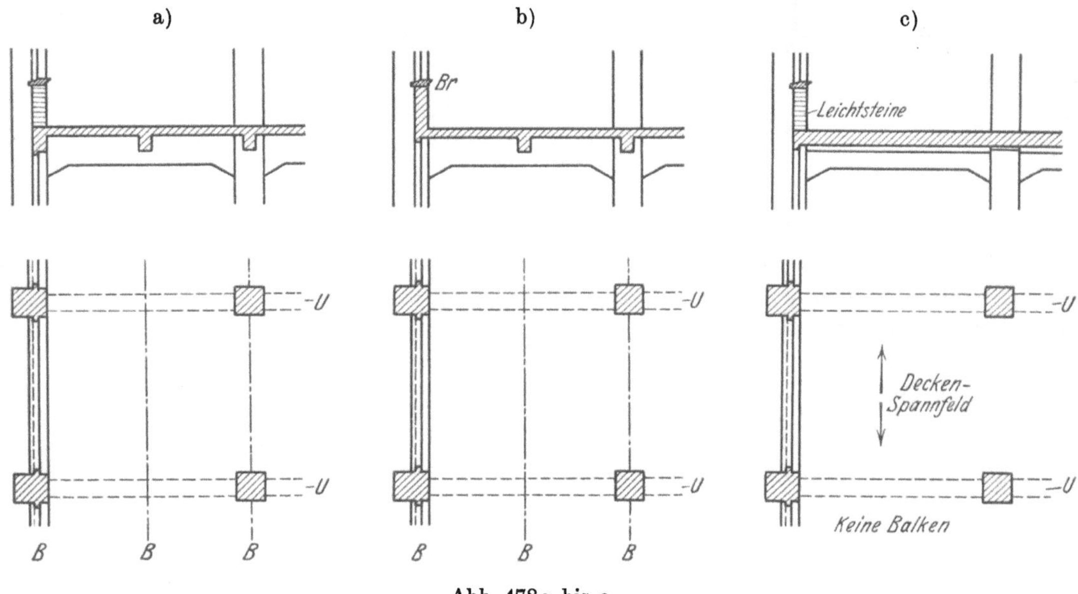

Abb. 478a bis c.

Unterzüge in der Richtung der größeren der beiden Stützenentfernungen, entweder in der Längsrichtung oder in der Querrichtung des Gebäudes. Anordnungen mit Unterzügen in der Gebäudelängsrichtung zeigt Abb. 477, solche in der Gebäudequerrichtung Abb. 478.

Der Forderung, die Fenster möglichst hoch zu führen, werden die Beispiele der Abb. 477b und 477c am wenigsten, die der Abb. 477d, 478b und 478c am besten gerecht. Die Brüstungen (= $Br.$ in den Abbildungen) sind teilweise als Tragglieder verwendet.

Die Balken (Nebenträger) können auch ganz wegfallen, wenn man, wie in Abb. 478c, die Decken z. B. in der Form von Rippendecken zwischen die Unterzüge spannt, was bei einer Unterzugsentfernung bis 5 m noch wirtschaftlich sein kann.

Im allgemeinen sollen die Decken und Deckenunterkonstruktion bei gegebenen Stützenentfernungen so angeordnet werden, daß die Baukosten für die Decke und ihre Unterkonstruktion möglichst klein werden. Diese Kosten werden stark beeinflußt durch Nebenbedingungen, wie z. B. durch die Forderung einer ebenen Deckenuntersicht ohne vorstehende Balken, und noch weitergehend dadurch, daß man versucht, ohne vorstehende Unterzüge auszukommen, oder daß man bei Unterzügen eine vorgeschriebene Konstruktionshöhe einhalten muß.

4. Die Wände.

Auch für die nur raumumschließenden Wände gibt es, wie an Hand der im folgenden vorgeführten Ausführungsbeispiele noch gezeigt wird, verschiedene Ausbildungsmöglichkeiten, z. B. Umkleidung der Außenstützen mit Mauerwerk oder mit Werksteinplatten, die selbst wieder hintermauert sein können, Sichtbarlassen der Eisenbetonaußenstützen und Eisenbetonfensterstürze, sowie Ausführung der Wände, soweit sie nicht als Fenster ausgenützt sind, in Mauerwerk oder in Eisenbeton unter eventuellem Einbeziehen der Fensterbrüstungen in das Traggerippe. Aus Gründen der Raumbenützung und wegen der Anbringungsmöglichkeit von Leitungen empfiehlt es sich, die inneren Wandfluchten geradlinig ohne Stützenvorsprünge durchzuführen.

B. Tageslichtzuführung.

1. Allgemeines.

Zur Beurteilung der Größe und Anordnung der Fensterflächen benutzt man zweckmäßigerweise den im III. Abschnitt A eingeführten Begriff des Tageslichtquotienten (T. Q.), durch den das Verhältnis der Beleuchtungsstärke irgendeines Flächenelements zu der eines waagerecht liegenden Flächenelements unter freiem Himmel ausgedrückt wird.

Wie der T. Q. für ein waagerechtes und ein senkrechtes je in Brüstungshöhe liegendes Flächenelement bei unendlich langer ununterbrochener Fensterfläche berechnet werden kann, wurde an Hand der Abb. 118

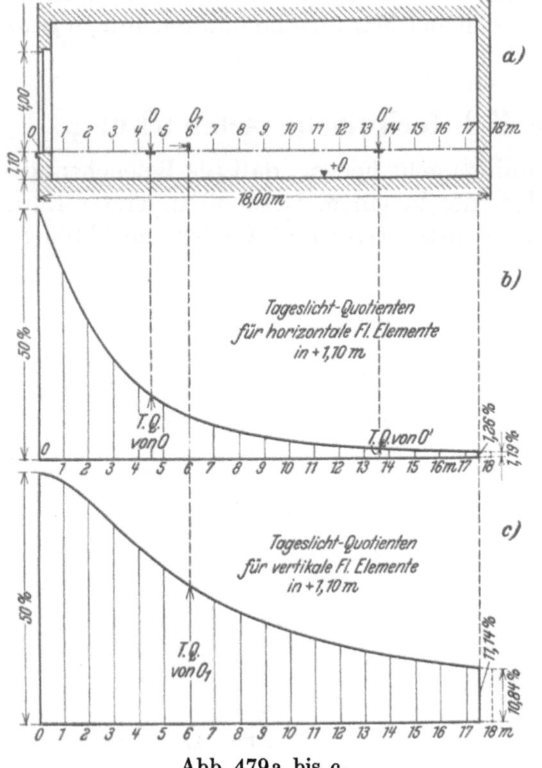

Abb. 479a bis c.

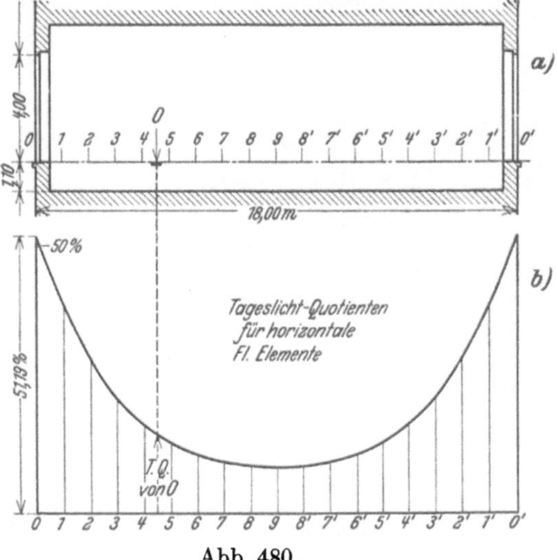

Abb. 480.

und 119 im III. Abschnitt A gezeigt. Im ersten Fall wurde der T.Q. gefunden zu:

$$\text{T.Q.} = \frac{F'}{\pi}, \qquad (1)$$

im zweiten Fall zu:

$$\text{T.Q.} = \frac{F''}{\pi}. \qquad (2)$$

In den Abb. 479b und 479c sind die nach (1) und (2) berechneten T.Q. für einen einseitig durch 4 m hohe Fenster unbegrenzter Länge erhellten Raum von 18 m Tiefe unter den entsprechenden, in Brüstungshöhe gelegenen Punkten aufgetragen.

Bei einem zweiseitig erhellten Raum (Abb. 480) erhält man den T.Q. für ein waage-rechtes Element durch Addieren der T.Q. der beiden entsprechenden symmetrischen Punkte O und O' der Abb. 479. Die T.Q. der vertikalen Elemente werden durch die hinzutretende linke Fensterfläche nicht geändert.

Bei den vorhergehenden Untersuchungen, welche das Gesetz der Abnahme des T.Q. vom Fenster nach innen zu anschaulich machen sollen, und auch bei den folgenden, spezielle Fensteranordnungen berücksichtigenden Untersuchungen ist angenommen, daß keine Behinderung der Lichtzuführung vom Himmelsgewölbe her erfolgt (freistehendes Gebäude). Trifft diese Voraussetzung nicht zu, so sind die Überlegungen anzuwenden, welche bei den Hallenbauten besprochen wurden. Weiter sind Licht nichtabsorbierende Klarglasscheiben vorausgesetzt. Bei lichtzerstreuendem Glas (Mattglas, teilweise auch bei Drahtglas) verteilt sich der auf die Fenster fallende, durch sie eintretende Licht-strom (kleiner als bei Klarglas wegen der größeren Absorption) etwas anders auf die einzelnen Flächenelemente, vor allem auch durch die andersartige Reflexwirkung, z. B. der Decken. Lichttechnisch ist im Vergleich mit den Eingeschoßbauten zu sagen, daß bei den Mehrgeschoßbauten mit beiderseitigen oder einseitigen Fenstern nicht die Gleich-mäßigkeit der Tageslichtzuführung erzielt werden kann wie bei Eingeschoßbauten, vor allem, wenn hier die Glasflächen nach Norden gerichtet sind. Im Gegensatz dazu wechselt bei Mehrgeschoßbauten die Beleuchtungsstärke an jeder einzelnen Stelle der Arbeitsplätze im Lauf des Tages sehr stark. Auch die Nachteile, die mit dem Eindrin-gen von Sonnenstrahlen verknüpft sind, lassen sich bei Mehrgeschoßbauten nur in ganz bestimmten Fällen vermeiden.

2. Fensteranordnungen und ihre lichttechnische Auswirkung.

Aus der Auswertung der Gleichungen (1) und (2) geht hervor, daß die Beleuchtungs-stärke eines in Betracht gezogenen Flächenelements in einem Geschoß in erster Linie von der Fensterhöhe, dann aber auch von der Fensterbreite und Pfeilertiefe abhängt,

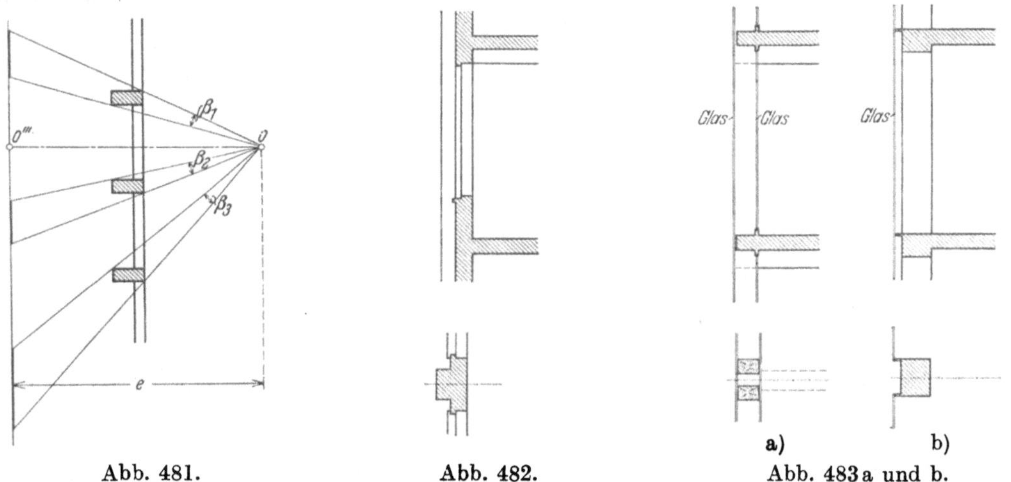

Abb. 481.   Abb. 482.   Abb. 483a und b.

wie ein Blick auf die Grundrißskizze Abb. 481 zeigt, in welche die Projektionsebene des im III. Abschnitt unter A erläuterten Lichtmeßblatts II für ein horizontales Flächen-element bei O eingezeichnet ist.

Die normale Fensteranordnung zeigt Abb. 482. Bei Abb. 483a und b sind die Wände ganz aus Glas. In Abb. 483a[1] befindet sich vor und hinter den Außenstützen des Zwei-geschoßbaus je eine durchgehende Glaswand ohne Brüstung, in Abb. 483b sind die Außenstützen außen sichtbar (siehe auch Abb. 484, Fenstergrößen 4,35 m · 10 m).

---

[1] Spielwarenfabrik M. Steiff, Giengen a. Br., erbaut 1904 und damit wohl das erste Glashaus für Fabri-kationszwecke.

In den Abb. 485a und b sind die Außenstützen zurückgesetzt, um möglichst viel Tageslicht in die breiten Geschosse einzuführen.

Abb. 484. Fagus G. m. b. H., Alfeld. Entwurf: W. Gropius.

Die Abb. 486 und 487 zeigen ein amerikanisches Gebäude mit einer solchen Fensteranordnung bei einer Gebäudebreite von 36 m. Mit der Auskragung ist eine Baukostenersparnis verknüpft, weiter Erleichterungen in der Aufstellung von Werkbänken und Leitungen an den Fenstern.

Ob es sich empfiehlt, auch die Fensterbrüstungen zu verglasen, ist umstritten. Wenn man eine treibhausartige Wirkung der Glasflächen im Sommer vermeiden will, empfiehlt es sich, die Gebäude mit

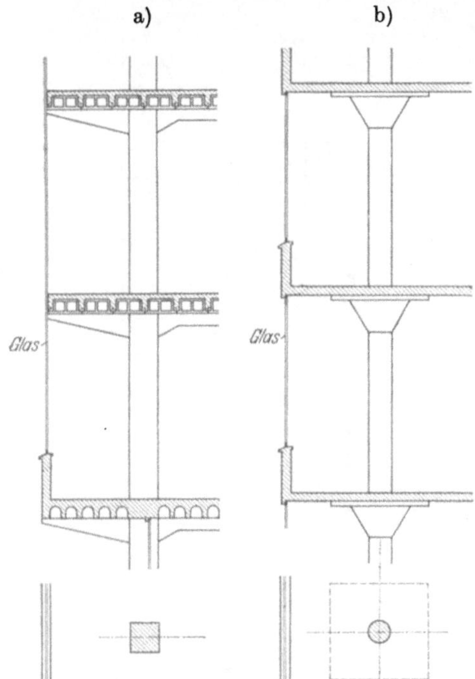

Abb. 485a und b.

Abb. 486. James Lees & Sons Co. Bridgeport Pa. Entwurf: The Ballinger Co. Philadelphia.

ihrer Längsachse in die Richtung WO zu legen, wie es bei der Ausführung nach Abb. 483a mit gutem Erfolg geschehen ist. Die eine Längswand erhält dann überhaupt keine Sonnenstrahlen, die andere im Sommer nur kurze Zeit um Mittag sehr steil einfallende, die keine große Hitze im Innenraum erzeugen. Bei dieser Lage des Gebäudes erhält man, vorausgesetzt, daß die schmalen Ost- und Westseiten des Gebäudes nicht verglast sind, eine im Laufe des Tages nicht stark wechselnde Innenbeleuchtung, wie sie für Ein-geschoßbauten mit nach Norden gerichteten Glasbändern charakteristisch ist, ohne allerdings die dort erzielbare Gleichmäßigkeit der Beleuchtungsstärken zu erreichen.

Die Abb. 488 und 489 entsprechen den Fensteranordnungen der Abb. 482 und 485b. Für beide Fälle sind die T.Q. für horizontale Flächenelemente in einer Höhe von 80 cm über dem Fußboden aufgetragen. Die unteren Kurven geben die T. Q. für einseitige Beleuchtung, die oberen Kurven für doppelseitige. In der Abb. 489 (Glasfläche 38 % der Grundfläche) ist der Fall durchgehender Glasbänder behandelt, wobei die Brüstungen auf Auskragungen der Deckenkonstruk-

Abb. 487. James Lees & Sons Co., Bridgeport Pa.

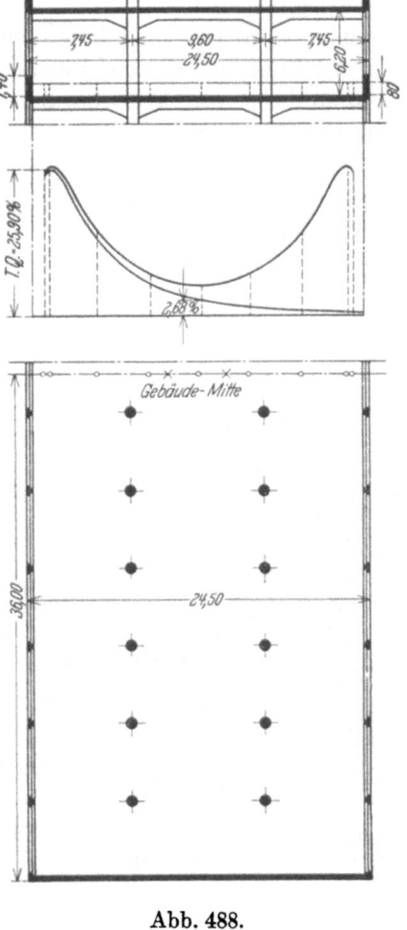

Abb. 488.

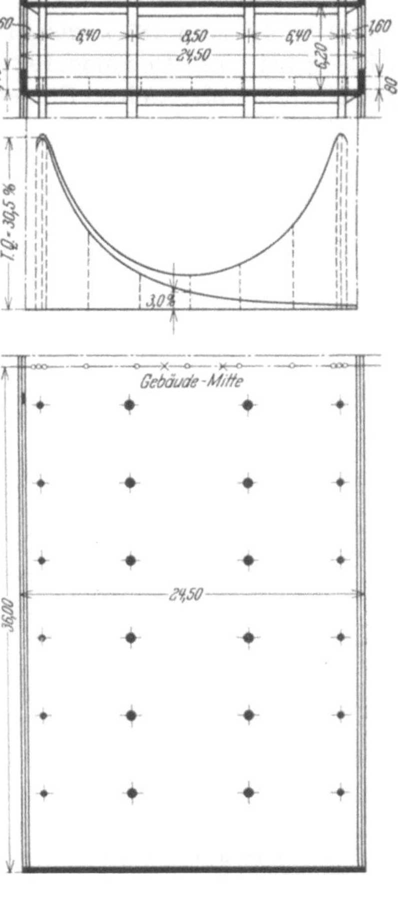

Abb. 489.

tion stehen. Die Abb. 488 (Glasfläche 34 % der Grundfläche) bezieht sich auf den Normal-fall, daß möglichst schmale Pfeiler in der Außenwand liegen. Man sieht aus dem Vergleich beider Ausführungsarten, daß entgegen vielfach geäußerter Meinung die Beleuchtungsverhältnisse in beiden Fällen nicht sehr verschieden sind.

Vergleicht man übrigens die Beleuchtungsverhältnisse dieser Mehrgeschoßbauten mit denen der in dem vorhergehenden Abschnitt behandelten Eingeschoßbauten und bedenkt man, daß, wie die Beobachtung an einem wie in Abb. 488 ausgeführten Bau zeigt, die Lichtverhältnisse in der Mitte des Gebäudes noch recht günstig sind, so ist daraus zu schließen, daß bei der üblichen Art der Tageslichtzuführung von Eingeschoßbauten bei

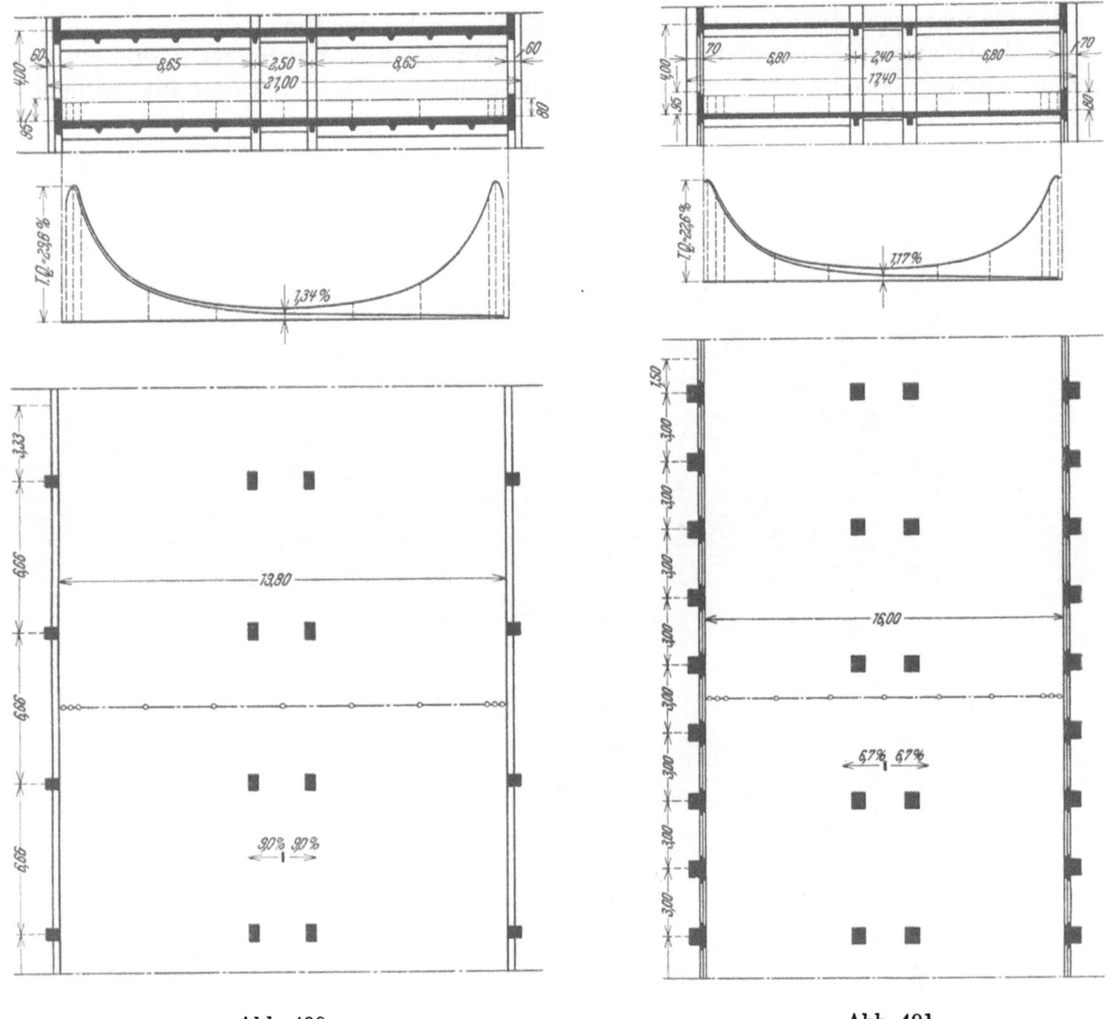

Abb. 490.   Abb. 491.

diesen überreichlich Glas vorhanden ist. Es ist zu überlegen, ob man nicht an Glasfläche mit Rücksicht auf die leichtere Heizbarkeit der Räume sparen könnte.

Die Abb. 490 und 491 zeigen die Ergebnisse lichttechnischer Untersuchungen, welche für die Ausführungsbeispiele der Abb. 496 und 497 durchgeführt wurden. Man sieht, welch große lichttechnische Behinderung in kurzen Abständen angeordnete Außenpfeiler bilden. Trotzdem der Bau der Abb. 490 eine 3,80 m größere lichte Breite hat, beträgt die Beleuchtungsstärke eines horizontalen Flächenelements in der Gebäudemitte noch 1,34 % gegenüber 1,17 % in der Querschnittsmitte des Baus der Abb. 491. Noch deutlicher wird der Unterschied der Beleuchtungsstärken bei der Untersuchung eines vertikalen Flächenelements. Beim Bau der Abb. 490 ergibt sich ein T. Q. von 9,0 %, bei demjenigen der Abb. 491 nur ein solcher von 6,7 %.

17*

C. Ausführungsbeispiele mit besonderer Berücksichtigung der Traggerippe.

Man kann für die Ausbildung der Traggerippe, was die Bauweisen anbelangt, folgende Fälle unterscheiden:

I. Außenstützen aus Mauerwerk, das übrige Tragwerk aus Baustahl oder Eisenbeton.

II. Traggerippe ganz aus Baustahl.

III. Traggerippe aus Eisenbeton.

IV. Traggerippe, teilweise aus Stahl, teilweise aus Eisenbeton.

I. Als Beispiel für den Fall, daß die Außenstützen aus Mauerwerk bestehen, das übrige Tragwerk aus Baustahl, dienen die Bauten der Abb. 492, 493 und 494, zu denen im einzelnen zu bemerken ist:

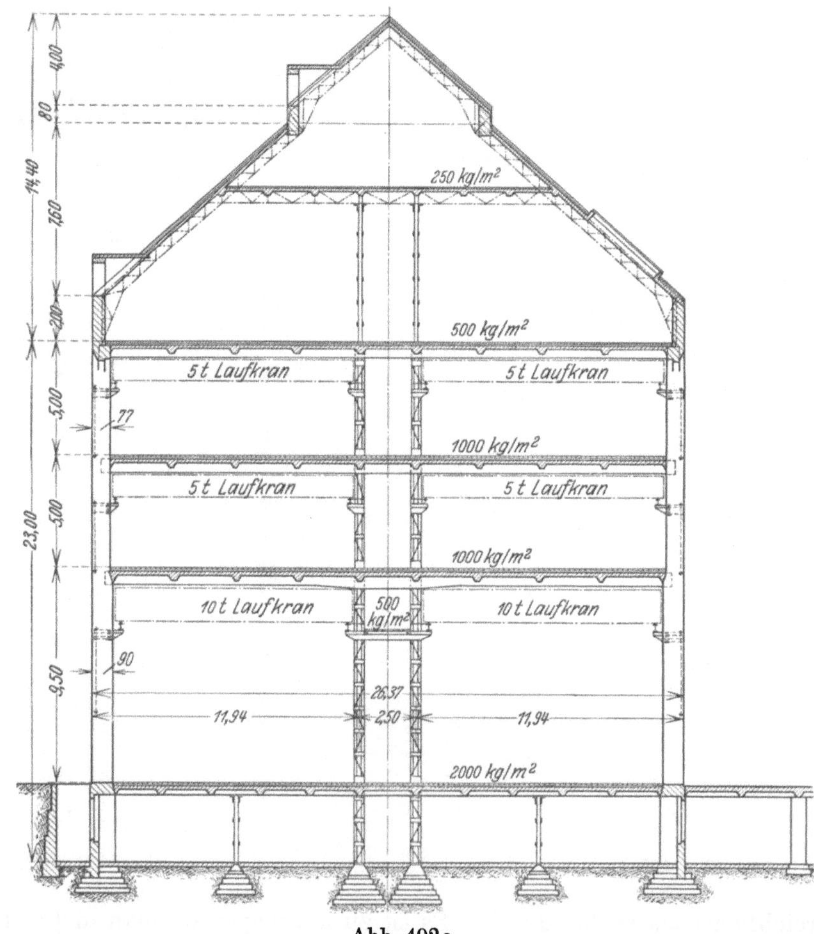

Abb. 492a.

In dem Mehrgeschoßbau der Abb. 492a und b werden Fräs- und Bohrmaschinen hergestellt. Die drei unteren Geschosse sind beiderseits des durch die Zwischenstützen gebildeten Mittelgangs mit Laufkranen versehen. Die Nutzlasten der Decken sind in der Abbildung eingeschrieben. Der Fußboden besteht aus 2,2 cm starken Ahornbrettern, die je eine 5 cm starke Unterlage aus Kiefernholz und aus Schlackenbeton haben.

In dem verhältnismäßig breiten Bau der Abb. 493 werden Kleinmotoren hergestellt. Im Erdgeschoß (Abb. 473) verkehren Laufkrane. Bemerkenswert ist einerseits die Ausbildung der Brüstungen, die gestattet, die Fenster sehr hoch zu führen, andererseits der lichttechnisch ungünstige Einfluß starker gemauerter Außenstützen, die im übrigen eine „architektonisch" sehr wirkungsvolle Außenansicht des Gebäudes bewirken (Abb. 494).

Abb. 492 b.　Ludw. Loewe & Co. A. G. Werkzeugmaschinenfabrik Charlottenburg.

II. Traggerippe aus Baustahl. In den Abb. 495, 496, 497, 498 und 499 sind die Stahlskelette einiger neuerer industrieller Bauten dargestellt, und zwar 1. solche ohne Zwischenstützen, 2. mit zwei nahe beieinander liegenden Zwischenstützen und 3. solche mit zwei Mittelstützen, wobei die Stützenabstände in der Querrichtung ungefähr gleich groß sind. Unter den Abbildungen sind Teile des Grundrisses gezeichnet, aus denen die Stützenstellungen, die Unterzüge und die Deckenträger zu ersehen sind.

Dem Traggerippe fallen zweierlei Aufgaben zu:

a) Die Aufnahme der Eigenlast des Gerippes, der Deckeneigengewichte und der Nutzlasten.

b) Die Aufnahme der Windlasten auf das Skelett während des Bauzustandes und auf das fertige Bauwerk.

Dem entsprechen zwei grundsätzlich verschiedene Aufbaumöglichkeiten des Traggerippes:

α) Die Balken und Unterzüge werden für die senkrechten Lasten statisch als einfache oder durchlaufende Balken aufgefaßt, die Stützen als eine Art biegungsfeste Pendelstützen oder richtiger, als vertikal gestellte, einfache oder durchlaufende Balken, die vor allem vertikale, teilweise exzentrisch wirkende Lasten aufzunehmen haben. Durch solche exzentrische Lasten entstehen in Deckenhöhe waagerechte Kräfte. Diese werden zusammen mit den Windkräften durch die als waagerechte, sehr steife Scheiben aufzufassenden Decken aufgenommen und von diesen auf Innen- oder Außenwände übertragen. Die Wände müssen

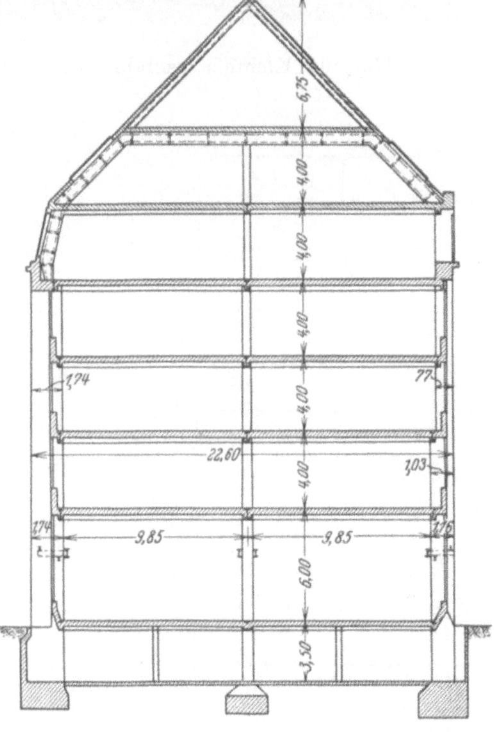

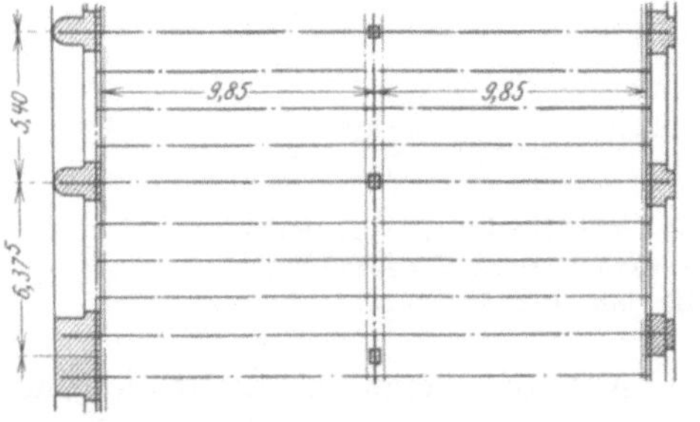

Abb. 493.

natürlich dem den erwähnten Kräften entsprechenden Kraftfluß, der nach den Wandfundamenten weitergeht, unter Umständen durch von oben nach unten stärker werdende Armierungen angepaßt werden.

Abb. 494. Kleinmotorenfabrik der AEG, Berlin. Baujahr 1910.

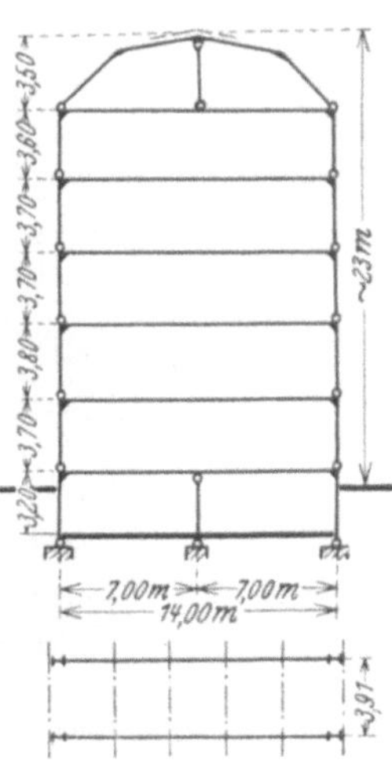

Abb. 495. Wurstfabrik Konsum-Verein Berlin-Lichtenberg. Baujahr 1928 (s. Stahlbau 1929).

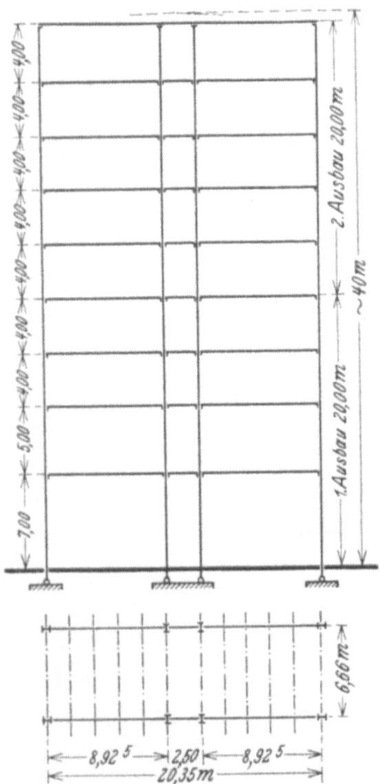

Abb. 496. Hochbau A 8 des Kabelwerks Oberspree der AEG Berlin. Baujahr 1928 (s. Stahlbau 1929).

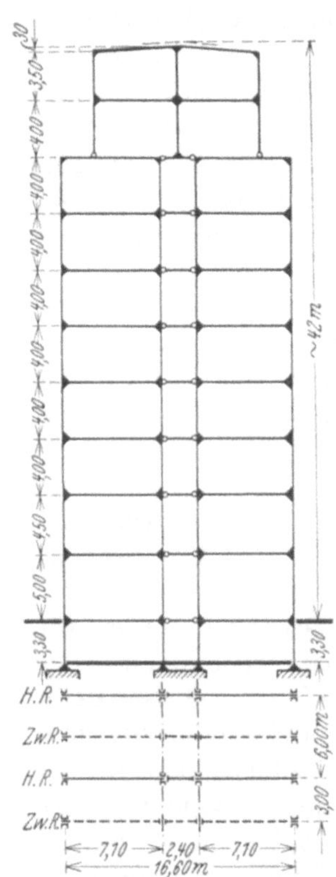

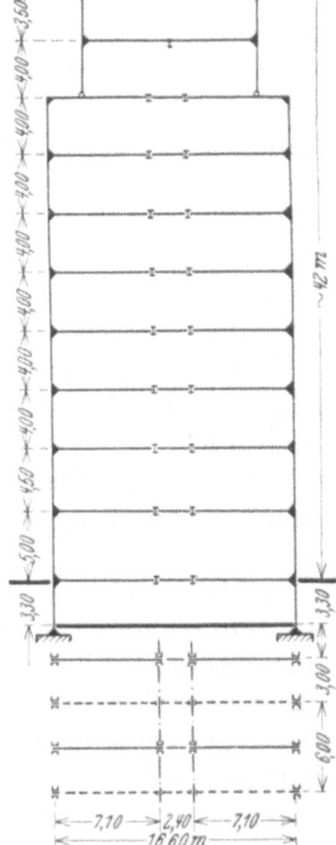

Abb. 497a u. b. Schaltwerkhochhaus der SSW, Berlin. Baujahr 1928 (s. Stahlbau 1928).

Abb. 500 zeigt im Lichtbild das Stahlskelett des Baues der Abb. 474. Man sieht
deutlich die dem geschilderten Kraftfluß entsprechenden Verstrebungen in den Giebel-

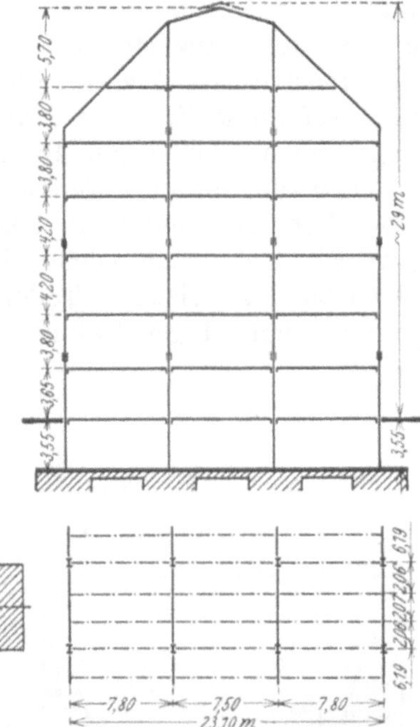

Abb. 498. Brotfabrik Gebr. Wittler, Berlin.
Baujahr 1928 (s. Stahlbau 1928).

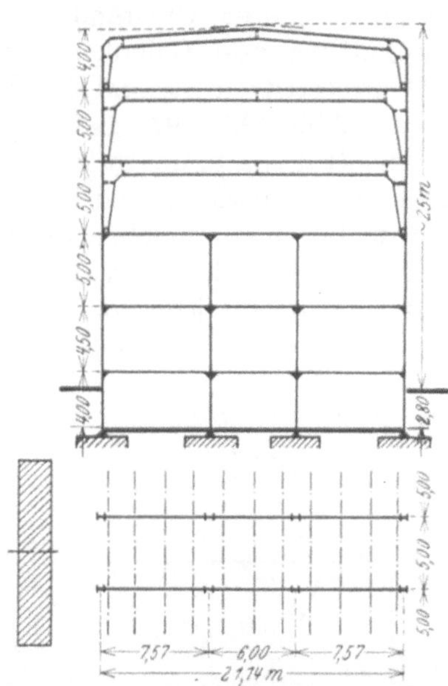

Abb. 499. Webereigebäude Oppach
der V. D. K. Hamburg. Baujahr 1929
(s. Stahlbau 1930).

wänden. Die Weiterleitung der auf die Deckenscheiben abgegebenen Kräfte kann auch auf in Stützenfluchten angeordnete, vielfachige Stockwerkrahmen erfolgen, die dadurch entstehen, daß man die in diesen Stützenfluchten liegenden Balken oder Unterzüge mit den Stützen biegungsfest verbindet und diese Verbindungen entsprechend bemißt. Dabei ist zu beachten, daß solche Rahmengebilde, z. B. die in den Außenwänden, in unverkleidetem Zustand nur einen Bruchteil der Steifigkeit haben, die bei eingebauter Wand vorhanden ist.

β) Unterzüge und Stützen werden zu rahmenartigen Gebilden verbunden. Diese werden statisch als solche aufgefaßt und für die anfallenden senkrechten Lasten als Rahmenträger bemessen. Wenn versteifende Wände fehlen, oder, wenn man infolge von Trennungsfugen, wie es bei Eisenbetonbauten oft der Fall ist, von der Steifigkeit von Quer-

Abb. 500. Wandversteifung des Traggerippes eines Lagergebäudes.
Ausführung: Demag. Baujahr 1921.

wänden keinen Gebrauch machen kann, sind die Rahmen auch für Windkräfte zu berechnen, unter Umständen nur für diejenigen während des Bauzustandes. Durch Einschaltung von Gelenken, deren wirtschaftliche und konstruktive Zweckmäßigkeit nicht unbestritten ist, und durch Kombination der beiden Aufbaumöglichkeiten, gibt es, wie die Abb. 495, 497, 499 zeigen, vielerlei Ausführungsformen. Man wählt Rahmengebilde oft deshalb, um möglichst niedrige Tragkonstruktionen zur Aufnahme der Decken-Eigen- und Nutzlasten zu erhalten. Das Stahlskelett der Abb. 497 zeigt in den Querschnittsebenen, in welchen die beiden Mittelstützen angeordnet sind, ein solches Tragwerk, das abgesehen von den beiden obersten Geschossen aus zwei gleichen Teilen besteht, von denen jeder durch senkrechte Aneinanderreihung einfacher Rahmen ent-

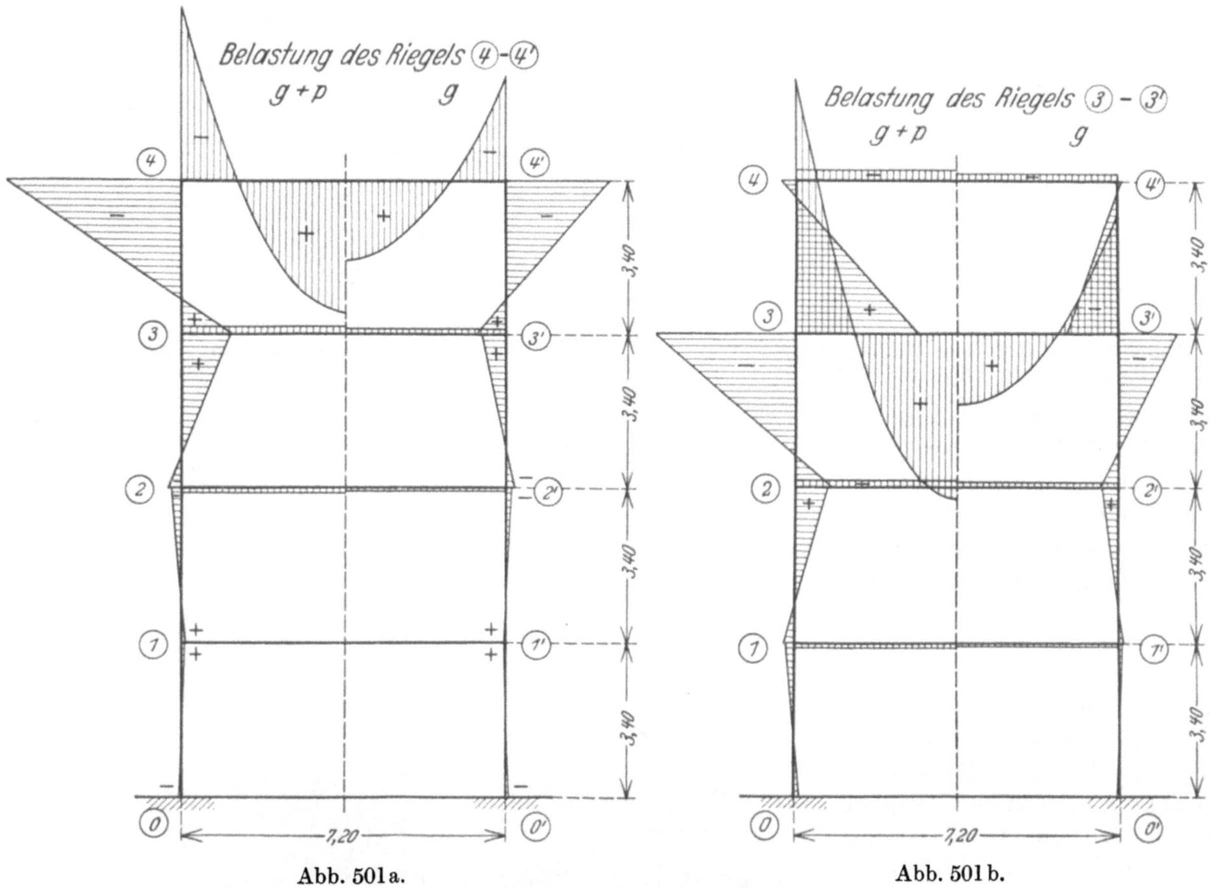

Abb. 501a.   Abb. 501b.

standen gedacht werden kann. Diese beiden Mehrgeschoßrahmen sind in Deckenhöhe durch gelenkige Zwischenstücke miteinander verbunden. Um die Wirkungsweise eines solchen Rahmengebildes für vertikale Lasten anschaulich zu machen, sind für einen vierfachigen Geschoßrahmen die Momentenbilder für gleichmäßig verteiltes Eigengewicht g und für Eigengewicht $+$ Nutzlast $g + p$ der einzelnen Riegel in den Abb. 501a, b, c und d gezeichnet und außerdem in Abb. 501e die Momentenverteilung für die ständige Last. Die Momentenflächen sind wie üblich an der Seite aufgetragen, wo die Fasern Zug erhalten.

Bei dem Traggerippe der Abb. 497a wurde die biegungsfeste Verbindung zwischen Rahmenriegeln und -stielen dadurch erzielt, daß die I-förmigen Riegel zwischen die aus zwei U-Eisen bestehenden Stiele gelegt und mit diesen durch Keile biegungsfest verbunden sind. Bei diesem Bau sind die Rahmengebilde auch noch für horizontale Lasten bemessen, weil man bei der großen Länge des Gebäudes sich auf die Steifigkeit der Giebelwände nicht verlassen wollte.

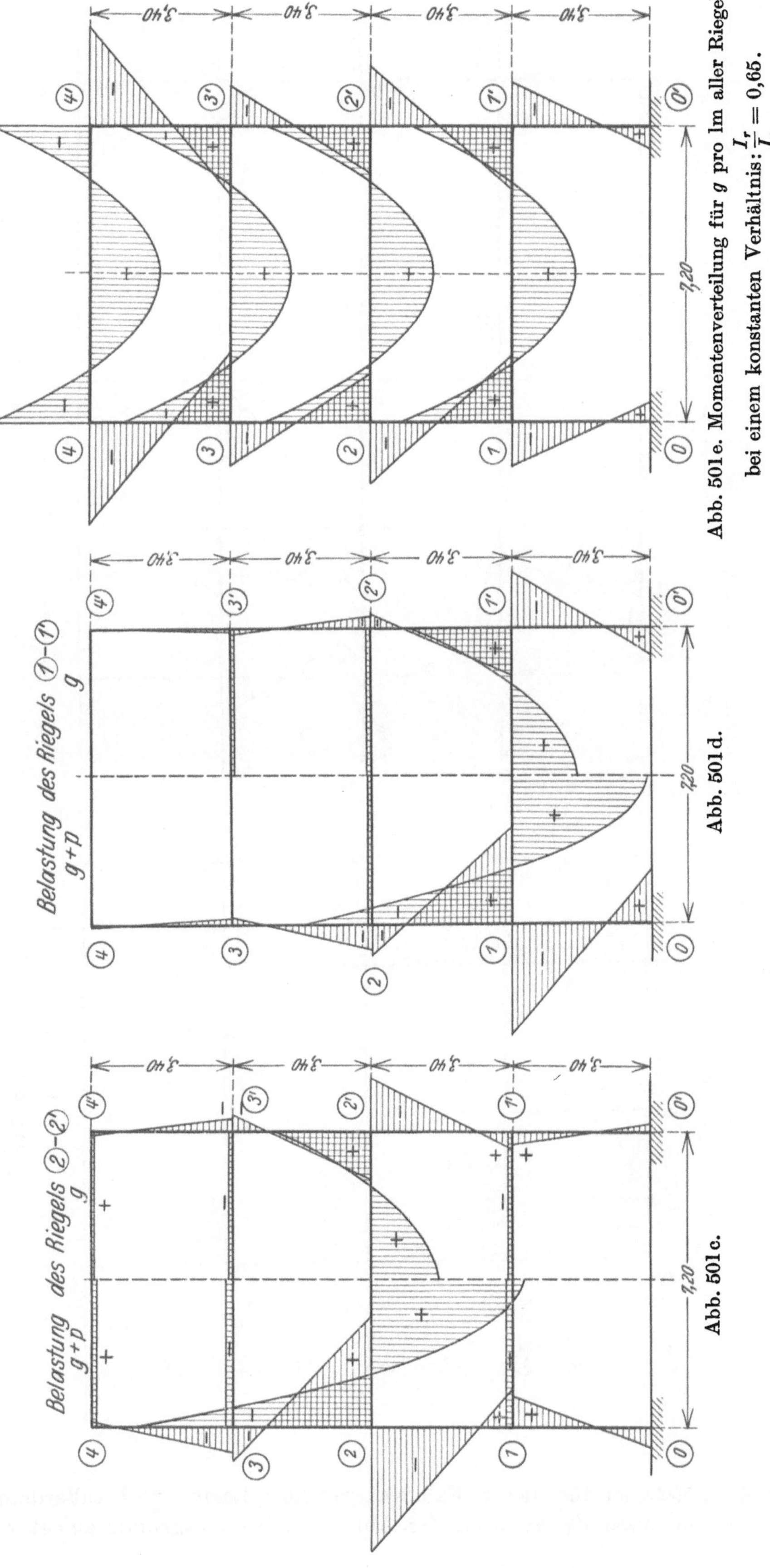
Abb. 501e. Momentenverteilung für g pro lm aller Riegel
bei einem konstanten Verhältnis: $\frac{I_r}{I_s} = 0{,}65$.

Belastung des Riegels 1—1
g
g+p
Abb. 501d.

Belastung des Riegels 2—2
g
g+p
Abb. 501c.

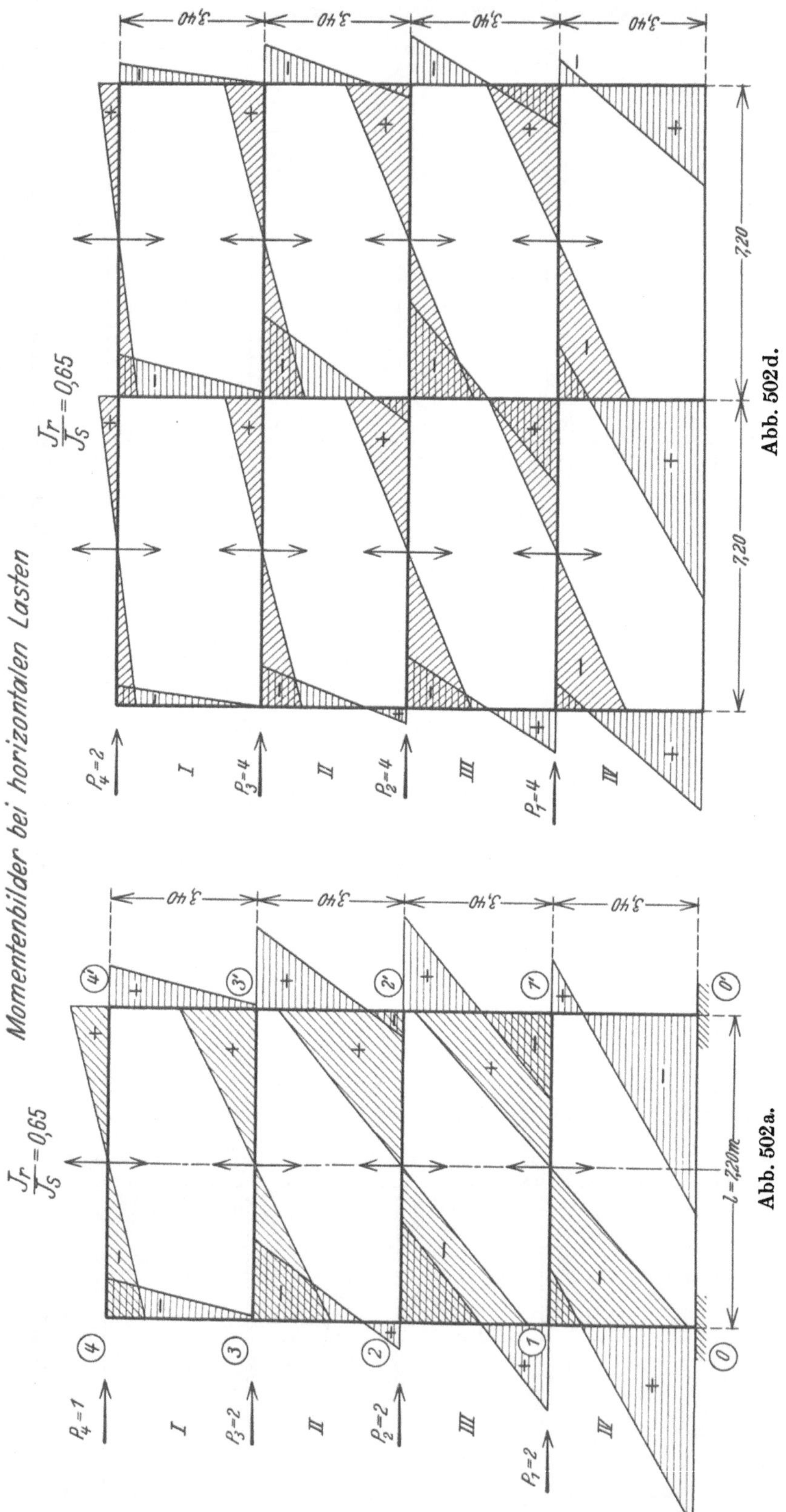

In der Abb. 502a ist für diesen Fall waagerechter Lasten und außerdem derselben
Querschnittsverhältnisse, die auch bei den Abb. 501a bis e zugrunde gelegt wurden, das

entsprechende Momentenbild gezeigt. Vielfach werden in der Praxis solche Rahmen für einen Kraftfluß bemessen, welcher in Abb. 502c gezeichnet ist. Das entsprechende Momentenbild zeigt Abb. 502b. Man würde zu diesem auf Grund der Lehren der Elasti-

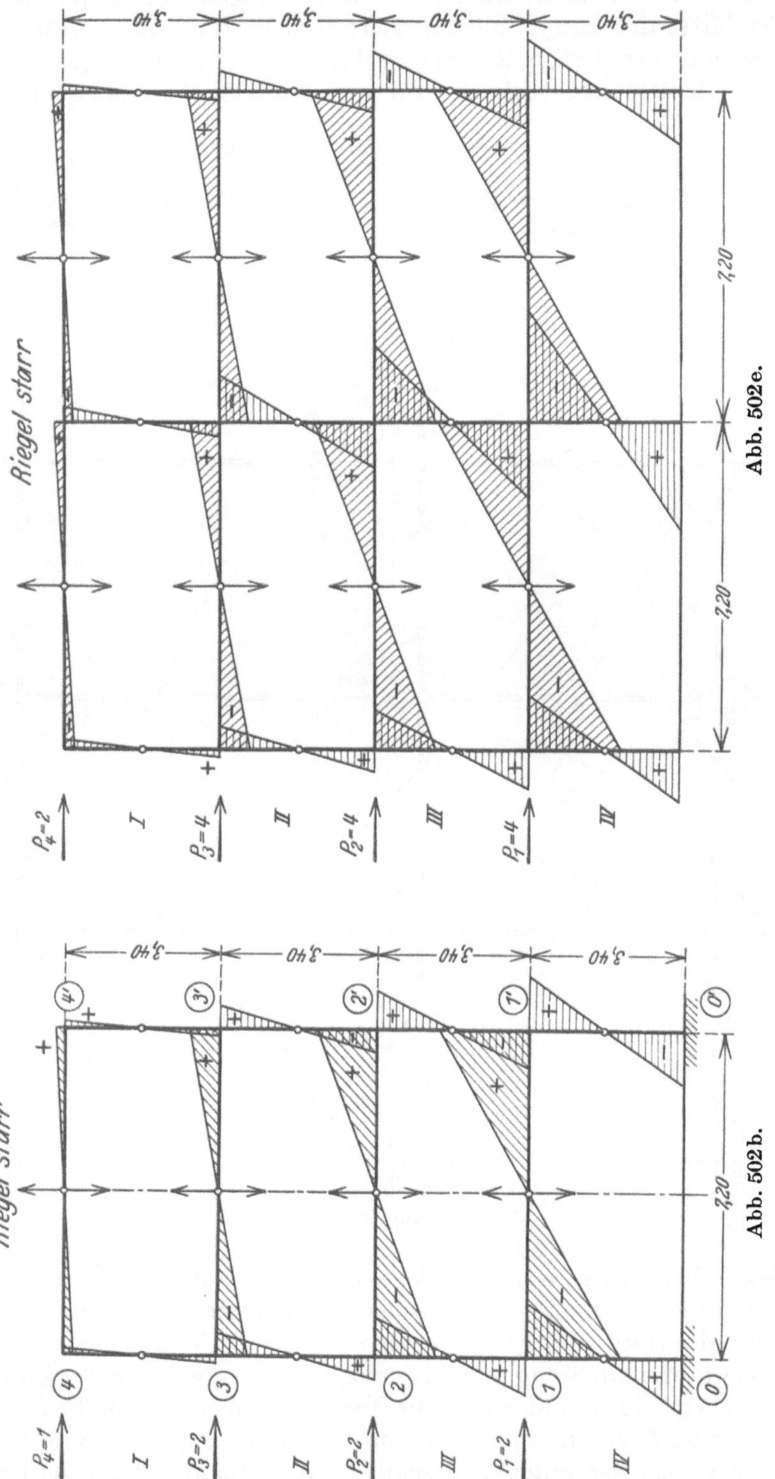

zitätstheorie gelangen, wenn man die Rahmenriegel im Vergleich mit den Rahmenstielen als starr ansehen könnte. Der Vergleich der beiden Abb. 502a und b zeigt nicht unbeträchtliche Verschiedenheiten in den Momentenbildern. Mit Rücksicht auf die für die

tatsächliche Tragfähigkeit solcher Gebilde geltenden, früher bei der Besprechung der
Stahlbauweise erwähnten Gesetze, kann man aber ernstlich nichts gegen die Verwendung der Annäherungsmethode einwenden. Dabei stellt man sich den zweistieligen Stockwerkrahmen aus aufeinandergestellten Dreigelenkbogen bestehend vor, die Riegelgelenke in der Mitte der Riegel, die Stielgelenke jeweils in halber Höhe der Geschosse.
Handelt es sich um dreistielige Rahmengebilde (Abb. 502d und e), so kann man diese
für waagerechte Kräfte mit Hilfe der für den Fall der Abb. 502a und b gefundenen

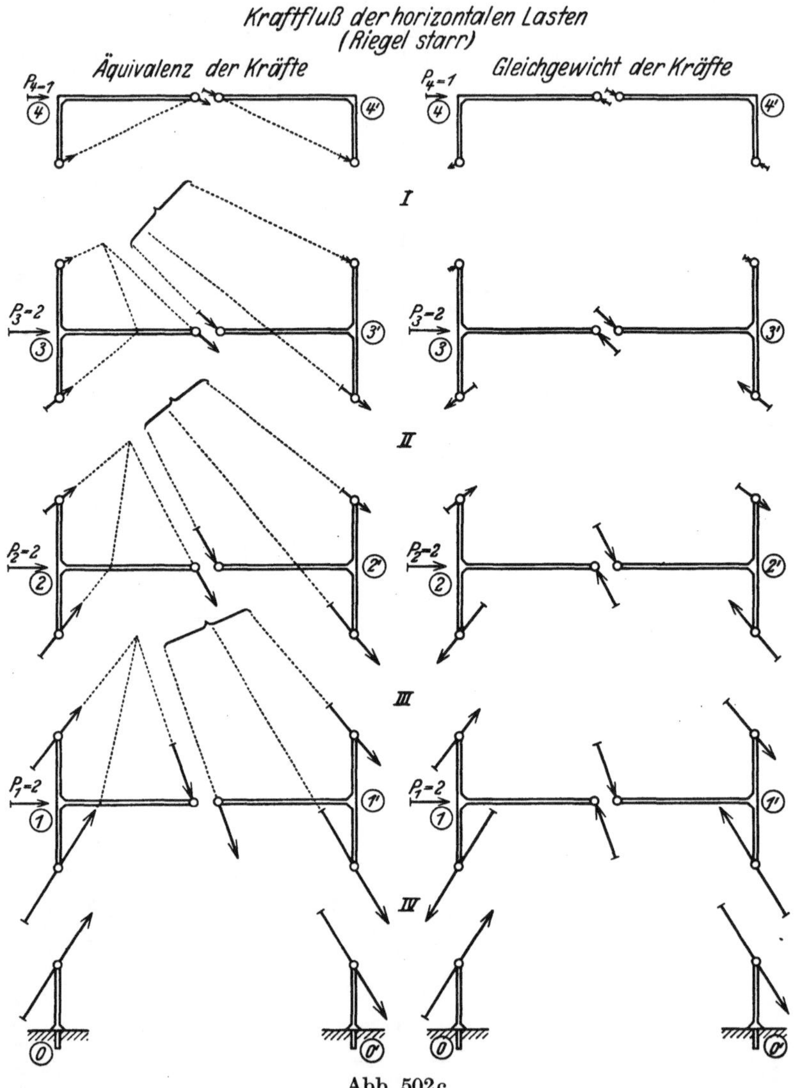

Abb. 502c.

Ergebnisse leicht berechnen, wenn die Außenstiele ein halb so großes Trägheitsmoment
haben wie die Innenstiele. Das entsprechende Momentenbild ergibt sich durch Überlagerung zweier Momentenbilder wie die der Abb. 502a. Ein angenähertes Momentenbild
(Abb. 502e) bekommt man, wenn man in analoger Weise das Momentenbild der Abb. 502b
benützt. In den Abb. 502b und e sind die Momente im selben Maßstab aufgetragen. In
der Abb. 502a bzw. 502d in einem $2\frac{1}{2}$ bzw. 1,25mal so großen Maßstab aufgetragen.

Verbindet man bei der unter α) geschilderten Aufbaumöglichkeit der Skelette, wie
es z. B. bei den amerikanischen Hochhäusern beinahe durchweg geschieht, die Unterzüge und Stützen biegungsfest miteinander, so entsteht, vom Standpunkt der Elastizitätstheorie aus betrachtet, ein statisches Gebilde, das streng genommen zu der zweiten

Aufbaumöglichkeit gehört, das also für vertikale Lasten auch als Rahmen wirkt. Gegen seine vereinfachte Berechnung für vertikale Lasten nach der Auffassung der Aufbaumöglichkeit α) und für horizontale Lasten nach der Aufbaumöglichkeit β) läßt sich aber mit Rücksicht auf die tatsächliche Tragfähigkeit von Stahltragwerken nichts einwenden.

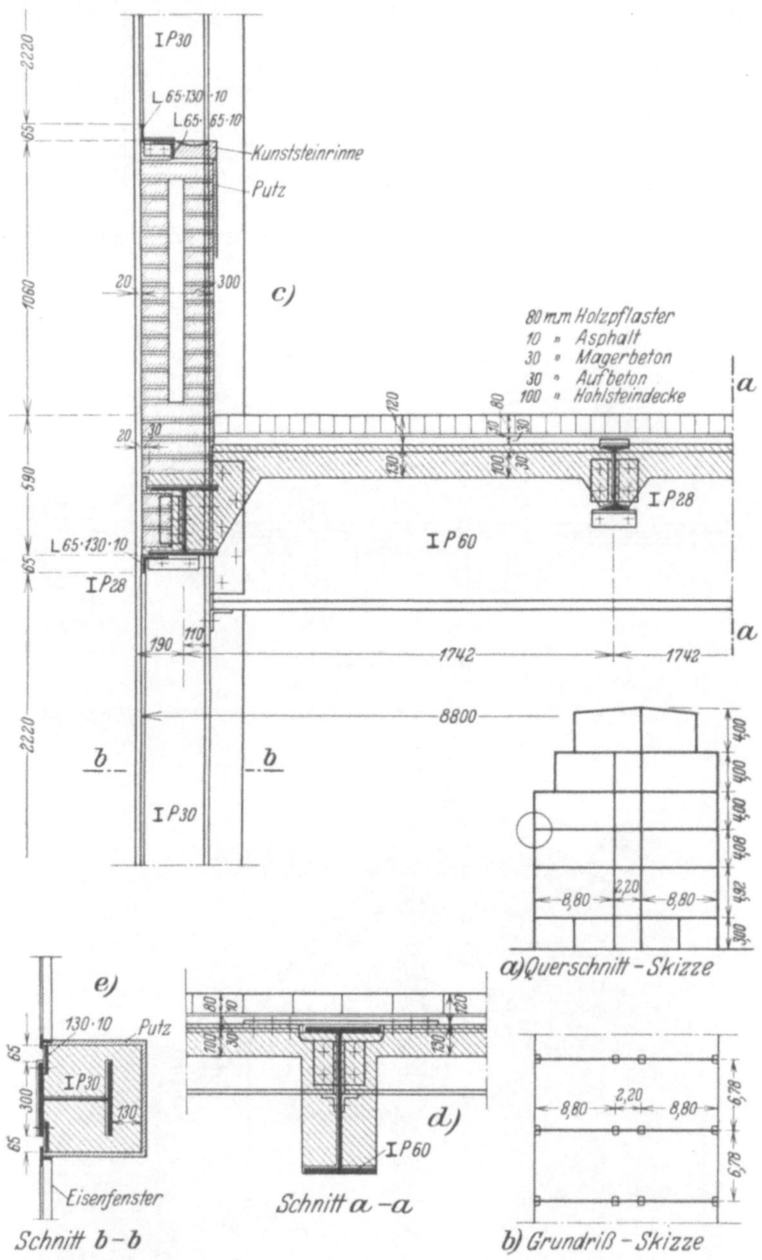

Abb. 503a bis e. Einzelheiten des Fabrikgebäudes Drontheimer Str. 32/34 der AEG, Berlin.

Im folgenden sollen noch einige Einzelheiten von Gebäuden mit Stahlskeletten besprochen werden.

Die Abb. 503 und 504 gehören zu einem Gebäude, das mit dem Bau der Abb. 496 eine gewisse Ähnlichkeit hat. Man sieht daraus die Anordnung des Fußbodens, der Decken, der Deckenbalken, der Unterzüge, der Brüstungen, der Brüstungsträger und der Stützen. Diese Stützen sind, wie bei Eisenfachwerkwänden von Hallenbauten, außen

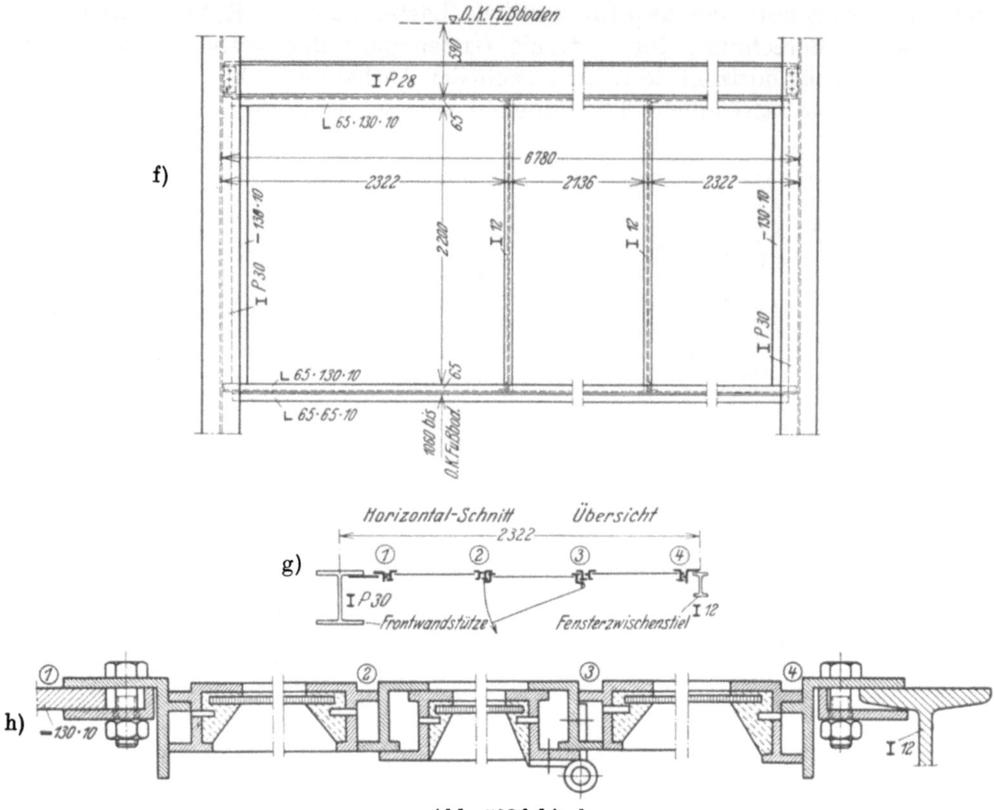

Abb. 503f bis h.

Abb. 504. Fabrik Drontheimer Str. 32/34 der AEG, Berlin. Entwurf: AEG-Bauleitung. Baujahr 1928
(siehe Aufsatz E. Heideck: Bauing. 1929).

sichtbar gelassen; sie bestehen aus Breitflanschträgern. An den inneren Flächen ihrer äußeren Flanschen sind Flacheisen angenietet, in denen die Fensterrahmen befestigt

Abb. 505. Hochbau A 8 des Kabelwerks Oberspree der AEG, Berlin. Baujahr 1928 (siehe: Aufsatz E. Heideck: Industriebau 1930).

Abb. 506. Hochbau A 8 des Kabelwerks Oberspree.

sind. Diese finden in zwei vertikal gestellten I-Eisen NP 12 ihre weitere seitliche Auflagerung (Abb. 503f). In dieser einfachen Weise ist auf die verhältnismäßig große Stützenentfernung von 6,78 m die deutlich auf Abb. 504 ersichtliche Zwischenstützung der

Abb. 507. Hochbau A 8 des Kabelwerks Oberspree.

Fensterbänder erreicht. Die Abb. 505, 506 und 507 gehören zu dem Bau der Abb. 496. Man sieht auf Abb. 505 den Fabrikationsraum mit den feuersicher ummantelten Deckenträgern, Unterzügen und Stützen, auf Abb. 506 und 507 die teilweise nach außen vorspringenden I-förmigen Außenstützen mit ihren sichtbaren Außenflanschen.

Die Abb. 508 und 509 gehören zu dem Bau der Abb. 497a und b. Die Außenstützen sind hier ummauert, die Treppenhäuser und Aufzugschächte liegen außerhalb der Fluchten der äußeren Stützen.

III. Traggerippe aus Eisenbeton werden grundsätzlich wie die aus Stahl aufgebaut. Für die Bemessung ihrer Tragelemente werden die Traggerippe vielfach dem monolithischen Charakter des Eisenbetons entsprechend statisch als reine Rahmengebilde aufgefaßt. Die deutschen Eisenbetonbestimmungen gestatten, wenn die Unterzüge quer zum Gebäude verlaufen und als durchlaufende Träger aufgefaßt werden, eine vereinfachte Berechnung. Sie besteht darin, daß die Innensäulen nur auf mittigen Druck berechnet zu werden brauchen, während die Außenstützen noch zusätzliche, nach einfachen Formeln zu

Abb. 508. Schaltwerkhochhaus der SSW, Berlin. Entwurf: Bauleitung der SSW (Hertlein). Baujahr 1928.
(Siehe: Stahlbau 1928.)

berechnende Momente aufnehmen müssen, die der Rahmenwirkung, wie sie oben in den Abb. 501a bis e veranschaulicht ist, entspricht.

Der Hochbau der Abb. 510 ist 99,0 m lang, 24,67 m breit und 28,50 m hoch und vollständig als Eisenbeton-Skelettbau ausgebildet worden. Von den vier Geschossen

Abb. 509. Montierungsbild vom Schaltwerkhochhaus der SSW.

finden die beiden unteren als Arbeits-, die oberen als Lagerräume Verwendung. Die unterste und die oberste Decke sind als Rippenhohldecken, die beiden mittleren als Hohlkörperdecken mit Bimsbetonhohlsteinen ausgeführt worden. Als Nutzlasten sind in

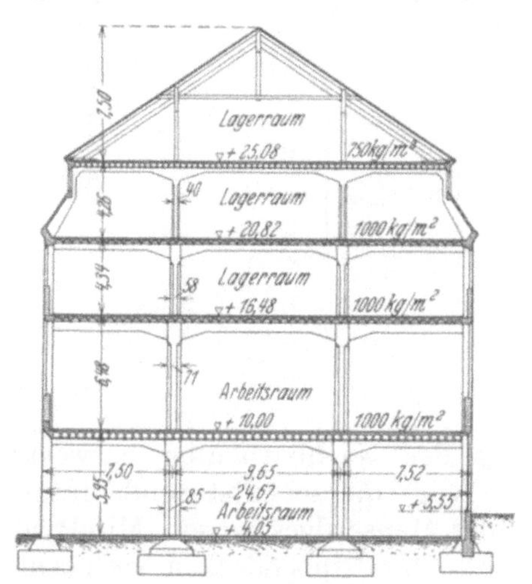

Abb. 510a. Papierfabrik Scheufelen, Oberlenningen. Ausführung: Wayß & Freytag A.G. Baujahr 1929.

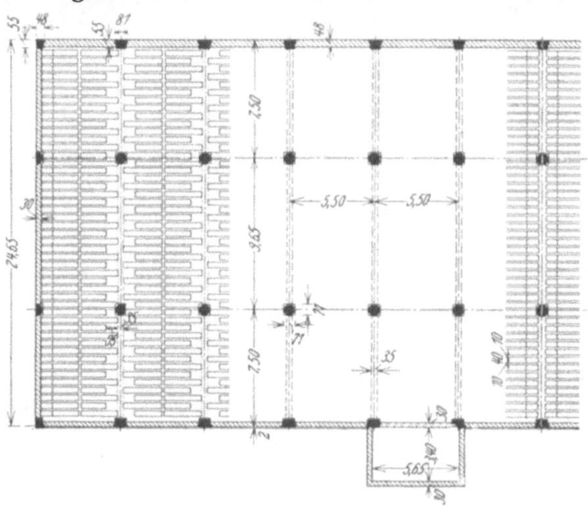

Abb. 510b. Decke über dem Erdgeschoß, Stützen des 1. Stockwerks.

Rechnung gestellt für die oberste Decke 750, für die übrigen 1000 kg/m². Im Querschnitt des Gebäudes (vgl. Abb. 510a) erscheinen zwei Zwischenstützen, auf denen mit Feldweiten von 7,52, 9,65 und 7,50 m die Unterzüge aufliegen. Die Decke selbst spannt sich zwischen diese Unterzüge, die mit den Außenstützen rahmenartig verbunden sind. Der Säulenabstand in der Längsrichtung beträgt 5,50 m. Konstruktiv ist die Ausbildung der geknickten Dachstützen erwähnenswert, die eine Angleichung an die äußere

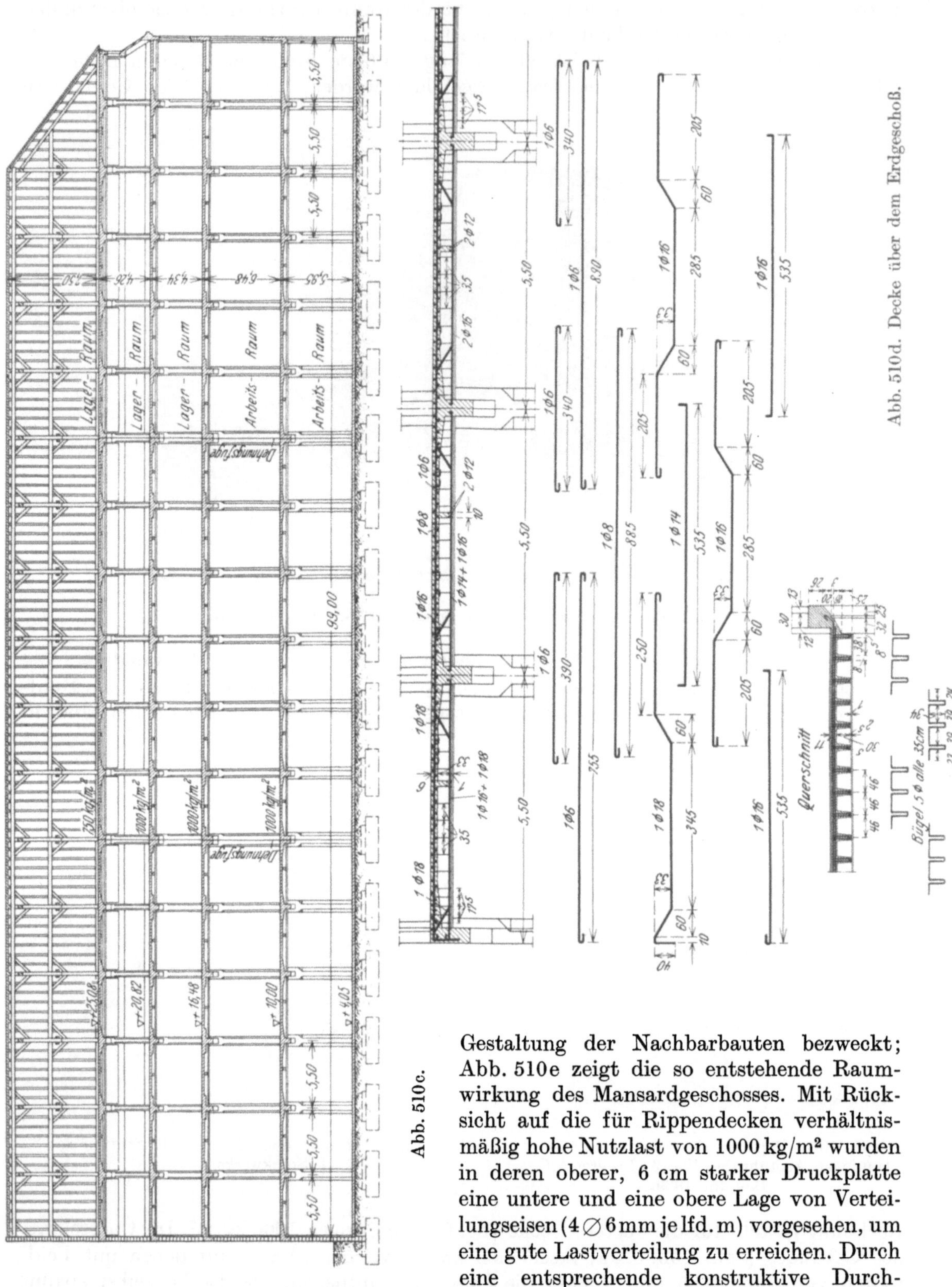

Abb. 510c.

Abb. 510d. Decke über dem Erdgeschoß.

Gestaltung der Nachbarbauten bezweckt; Abb. 510e zeigt die so entstehende Raumwirkung des Mansardgeschosses. Mit Rücksicht auf die für Rippendecken verhältnismäßig hohe Nutzlast von 1000 kg/m² wurden in deren oberer, 6 cm starker Druckplatte eine untere und eine obere Lage von Verteilungseisen (4 ⌀ 6 mm je lfd. m) vorgesehen, um eine gute Lastverteilung zu erreichen. Durch eine entsprechende konstruktive Durchbildung und durch die Verwendung hochwertigen Portlandzements kam man trotz der hohen Nutzlasten mit sehr niedrigen Trägerhöhen und geringen Stützenquerschnitten aus. Die Ausfachung der Außenwände beschränkte sich auf den Einbau von 25 cm starken Brüstungen aus Ziegelhohlsteinen. Aus Abb. 511a und b sind die doppelt verglasten Fenster zu ersehen. In den Fachen mit den Fenstern der Abb. 511b sind Tore mit Stahlrahmen eingebaut. Man beachte den oberen Fensterabschluß, der so ausgebildet ist, daß möglichst viel Tageslicht in das Gebäudeinnere gelangen kann. Die Abb. 512a

Abb. 510e.

und b zeigen bei diesem Bau verwendete Tore, die vom Führerstand der Elektrokarren aus bedient werden können.

In Abb. 513 ist ein Bau dargestellt, bei dem die Zwischenstützen in den unteren Geschossen gegeneinander versetzt sind. Die oberen Geschosse sind mit Hilfe von aufeinander gesetzten Zweigelenkrahmen stützenlos gehalten.

Abb. 510f.

Der Mehrgeschoßbau der Abb. 514a bis c hat nur eine mittlere Stützenreihe. Die Decken sind für Nutzlasten von 2000 kg/m² im Erdgeschoß, von 1500 kg/m² im ersten und zweiten Geschoß und von 1200 kg/m² im dritten und vierten Geschoß berechnet worden. Für die Decken, Deckenträger und Außenstützen wurde normaler Handelszement verwendet, hochwertiger Zement nur für die umschnürten Mittelsäulen. Dehnungsfugen wurden in der Gebäudelängsrichtung in Entfernungen von 55 m angeordnet.

18*

Bezüglich der Ausbildung der Decken und ihrer Unterkonstruktion siehe die Abb. 514a und b.

Bei dem amerikanischen Mehrgeschoßbau der Abb. 515a bis f mit Pilzdecken ruhen die gemauerten Brüstungen auf Auskragungen der Decke auf, dazu ist die Pilzdecke

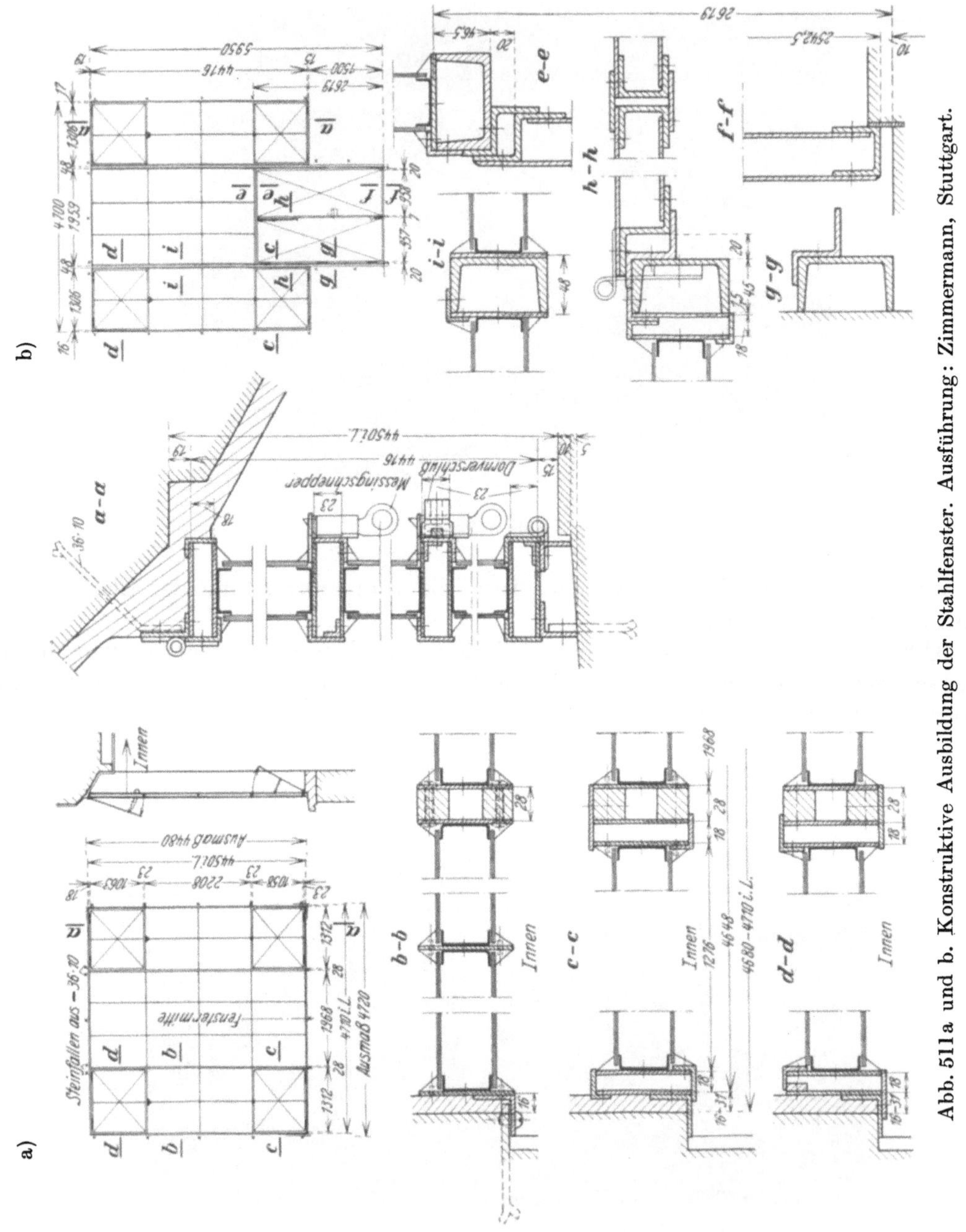

Abb. 511a und b. Konstruktive Ausbildung der Stahlfenster. Ausführung: Zimmermann, Stuttgart.

über den Außenstützen nach Abb. 515c auf die Breite der Stützenköpfe verstärkt. Um Glasbrüche des durchlaufenden Glasbandes infolge Hebung und Senkung des Brüstungsträgers durch ungleichmäßige Belastung der Felder und durch Längenänderung der Stahlfensterrahmen infolge Temperatur zu vermeiden, sind die Fenster sowohl in waagerechter wie in senkrechter Richtung entsprechend Abb. 515e und f befestigt. Der Fensterrahmen ruht mittels weichem Holz auf dem mit Blech verkleideten Fenstersims auf. Oben kann sich der Fensterrahmen zwischen der inneren Fläche des Winkeleisens und

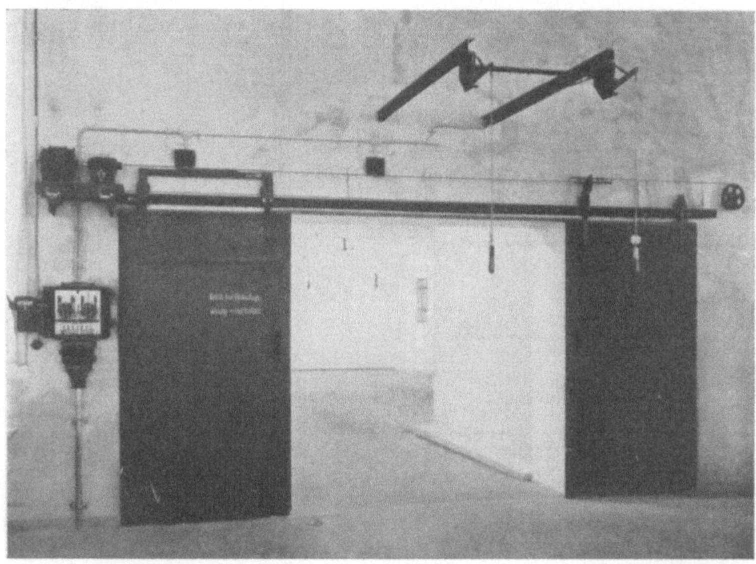

Abb. 512a.

der Klemmplatte verschieben, seitlich zwischen der Außenfläche des T-Eisens und einem mit dem T-Eisenflansch verschraubten Deckblech.

Typische amerikanische industrielle Mehrgeschoßbauten zeigen die Abb. 516 bis 519. Der Bau der Abb. 516 dient der Fabrikation von Kleinmotoren, derjenige der Abb. 517 der Herstellung von Karosserien, der Bau der Abb. 518 als Lagerhaus. Damit in den Fabrikationsräumen der Gummifabrik der Abb. 519 die beim Arbeitsprozeß entstehende Hitze und der Dunst durch die Fenster leicht abziehen können, sind die Fenster als Glasbänder ausgebildet worden, die um eine obere waagerechte Achse aufgeklappt werden können.

IV. Der Frage der Vereinigung der Stahl- und Eisenbetonbauweise bei Traggerippen wird neuestens ernsteste Beachtung geschenkt. Schon heute ist diese Kombination bei vielen ausgeführten Stahlskelettbauten insofern vorhanden, als unter Verzicht auf die Anordnung von Stahlbalken die Decken als durchlaufende Eisenbetondecken, z. B. als Rippendecken ausgeführt werden. Es liegt der Gedanke nahe, den

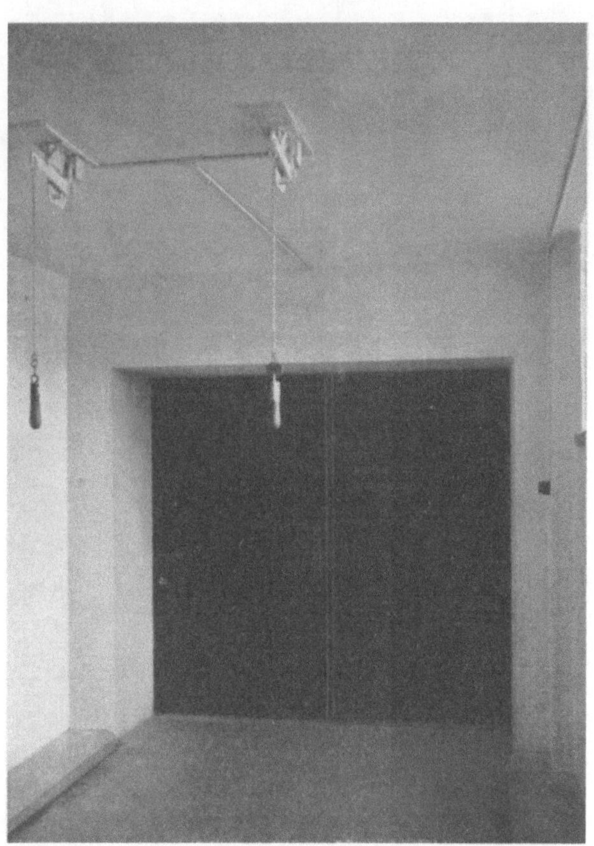

Abb. 512b.

Stützen, die aus Gründen der Feuersicherheit und, soweit es sich um Außenstützen handelt, zum Schutz gegen Witterungseinflüsse einbetoniert werden, eine steife Armierung zu geben, diese steife Armierung für einen Teil der Eigenlast zu bemessen und

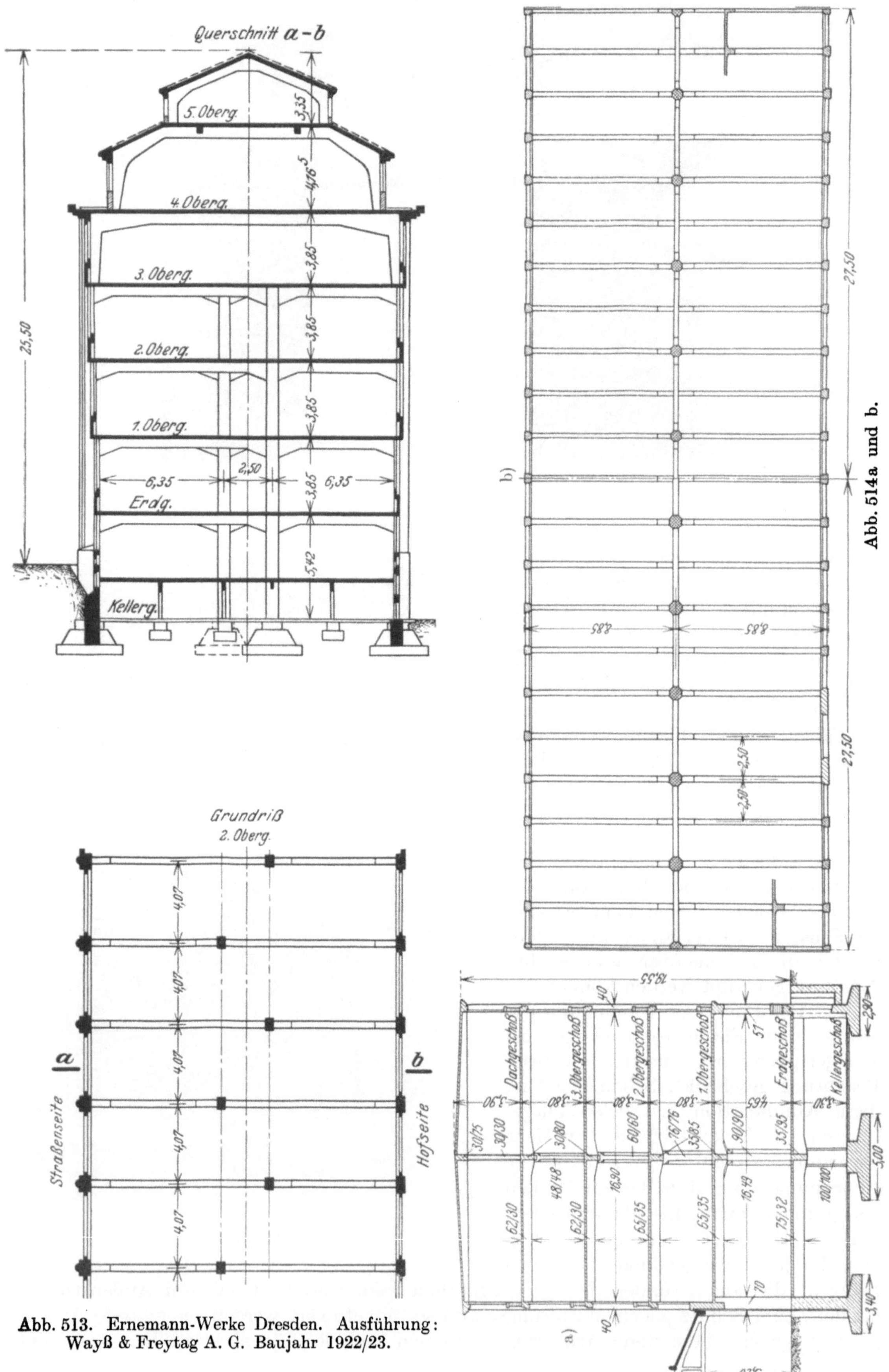

Abb. 513. Ernemann-Werke Dresden. Ausführung:
Wayß & Freytag A. G. Baujahr 1922/23.

im übrigen den einbetonierten Stützen unter entsprechender Ausnutzung der vorbeanspruchten Armierung die übrigen Lasten zuzuweisen. Allerdings ist nicht zu verkennen,

Abb. 514c. Hochbau G 14 der Opelwerke Rüsselsheim. Ausführung: Carl Brandt. Baujahr 1927.

daß bei einer solchen kombinierten Bauweise gewisse Vorteile der reinen Stahlbauweise verloren gehen und ihr Wesen verwischt wird. Der steifarmierten Stütze entsprechen

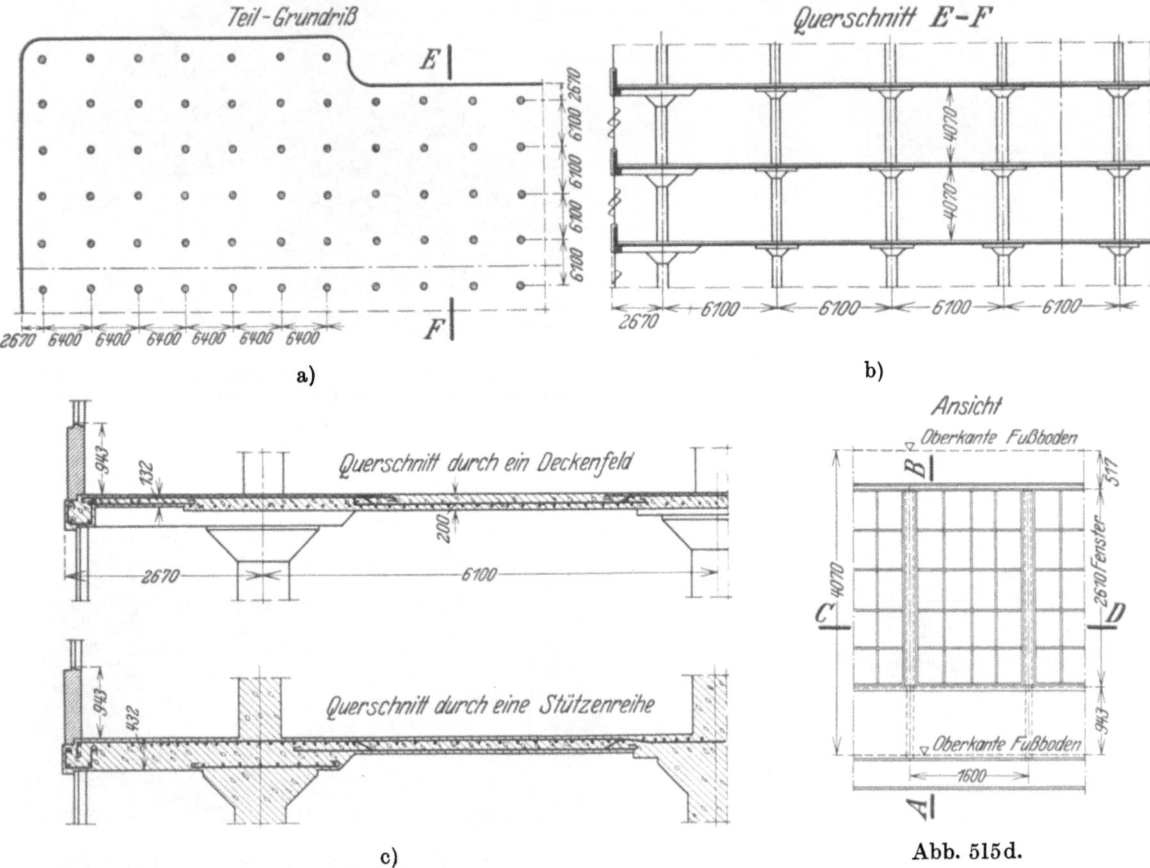

Abb. 515a bis c. Starret-Lehigh-Building New York (aus: Architectural Forum 1931).

natürlich Kostenersparnisse. Solche lassen sich auch erzielen, wenn man das Zusammenwirken der Decken mit den aus Baustahl hergestellten Balken und Unterzügen und der Wände mit den Wandträgern und Brüstungen ausnützt. Bei amerikanischen Mehr-

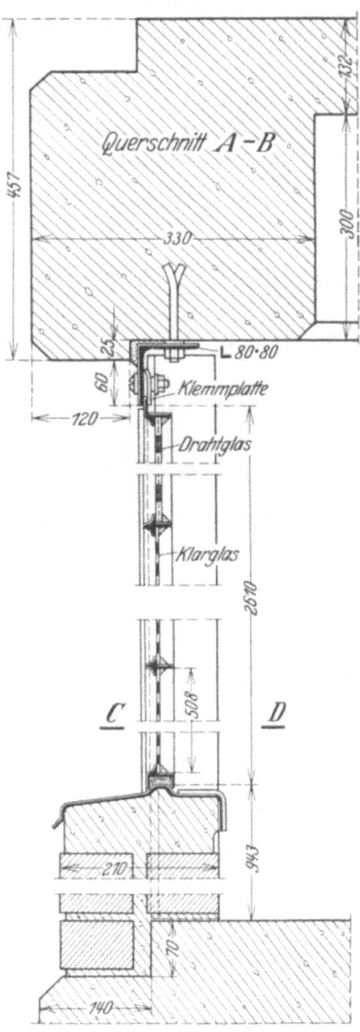

Abb. 515e.

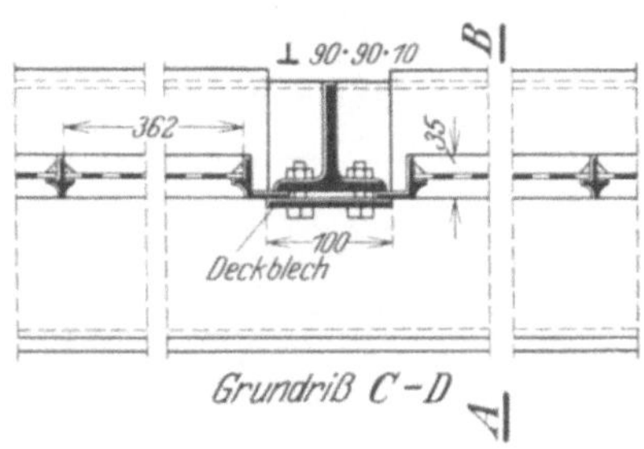

Abb. 515f.

Abb. 516. Bau Nr. 7 der General Electric Co. Windsor, Conn.
Entwurf: Wm. M. Bailey Co. (Aus: Lupton Catalogue.)

Abb. 517. Fisher Body Corporation, Detroit, Mich.
Entwurf: Smith, Hinchman & Grylls (aus: Lupton
Catalogue).

Abb. 518. Versandhaus Detroit Railway & Harbour Termi-
nals Co., Detroit. Entwurf: Albert Kahn Inc.

geschoßbauten findet man öfters Stützen, die in den unteren Geschossen aus Stahl, in
den oberen Geschossen aus Eisenbeton bestehen, um auf diese Weise gleiche Stützen-
querschnitte auf die ganze Gebäudehöhe zu erhalten.

Abb. 519. Firestone Tire & Rubber Co. Acron, Ohio. Entwurf: Osborn Engineering Co. (aus: Lupton Catalogue).

D. Gesamtanordnung mehrgeschossiger Industriebauten.

Die einfachste, auch lichttechnisch wirkungsvollste Form ist die des freistehenden Einzelbaus mit rechteckigem Grundriß. Sie ist auch bei den früher besprochenen Bauten der Abb. 496 und 497 gewählt worden. Die Breite eines solchen Baus richtet sich nach der von der Geschoßhöhe abhängigen Höhe der Fensteröffnungen. Wie die bisherigen Beispiele zeigen, schwanken die Gebäudebreiten außerordentlich. Bei großen Breiten muß durch entsprechende konstruktive Maßregeln dafür gesorgt werden, daß eine gute Tageslichtzuführung bis in die Gebäudemitte erreicht wird. Die Höhe des ganzen Baus ist meist durch baupolizeiliche Bestimmungen (z. B. Hauptgesimshöhe kleiner als Straßenbreite) beschränkt.

Besondere Aufmerksamkeit erfordert der Einbau der Treppen und Aufzüge, die entweder innerhalb des rechteckigen Grundrisses oder in Anbauten dazu erscheinen (Abb. 520a und b). Der Fall a gewährleistet Übersichtlichkeit und Unbehindertheit des Betriebs; der Einbau von Kranen ist ohne weiteres möglich. Dem Fall b entsprechen etwas bessere Tageslichtverhältnisse in den Räumen links und rechts vom

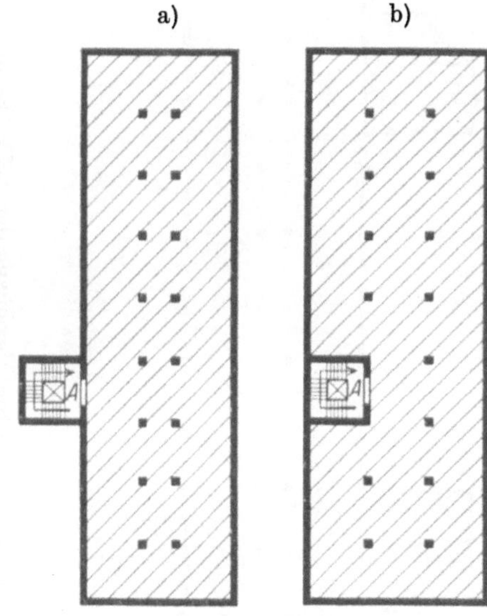

Abb. 520a und b.

Treppenhaus. Wenn eine Verlängerung des Gebäudes nicht in Frage kommt, kann man den Giebelwänden Treppenhäuser vorlagern (siehe Abb. 521, Grundriß des Gebäudes

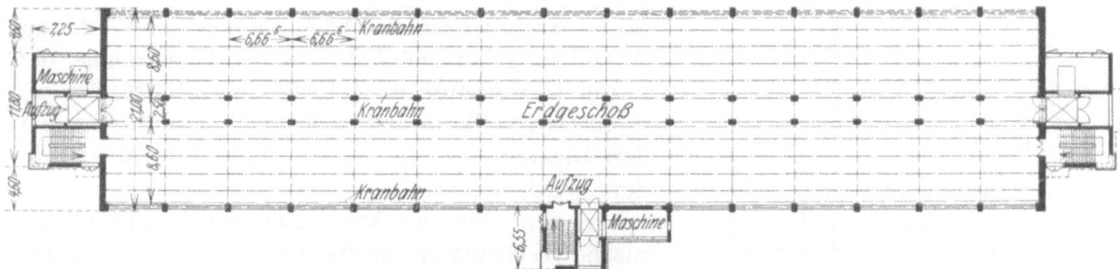

Abb. 521. Hochbau A 8 des Kabelwerks Oberspree der AEG, Berlin.

mit Traggerippe nach Abb. 496). Die Treppenhäuser und Aufzugsschächte des Gebäudes mit Querschnitt nach Abb. 497 zeigt die Grundrißzeichnung Abb. 522. Für die Anzahl der Treppenanlagen ist die behördlich vorgeschriebene Bedingung entscheidend,

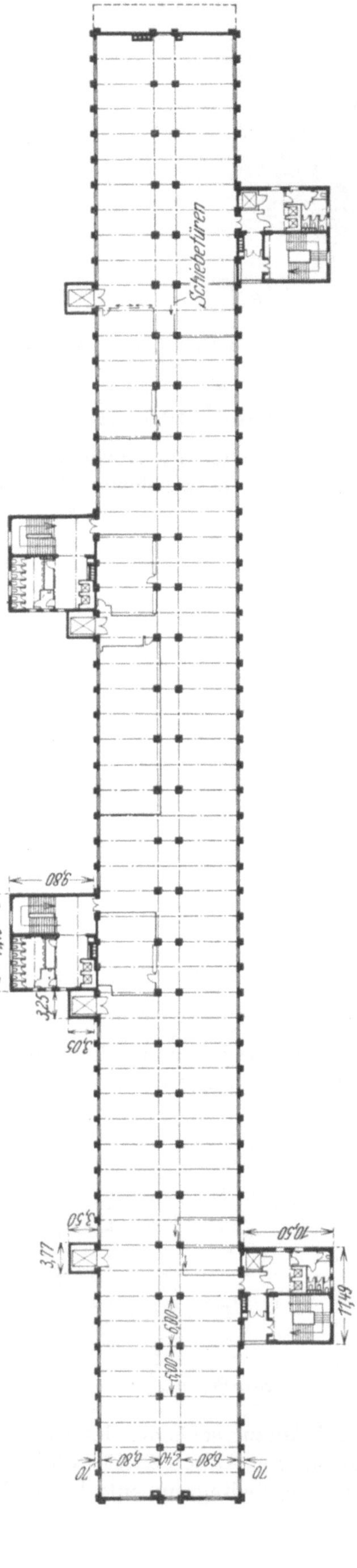

daß kein Arbeitsplatz von einer Treppe eine größere Entfernung als z. B. 25 m haben darf.

Bei größeren Grundstückabmessungen werden
zwei und mehr solcher Längsbauten mit rechteckigem Querschnitt in großen Abständen nebeneinander gestellt, daß die Tageslichtzuführung nicht
allzusehr behindert wird. Wegen der Reflexwirkung
sind die Innenwände möglichst hell zu halten. Zur
Verbindung der Längsbauten sind meist schmale
Querbauten notwendig, in denen Treppen und Neben-

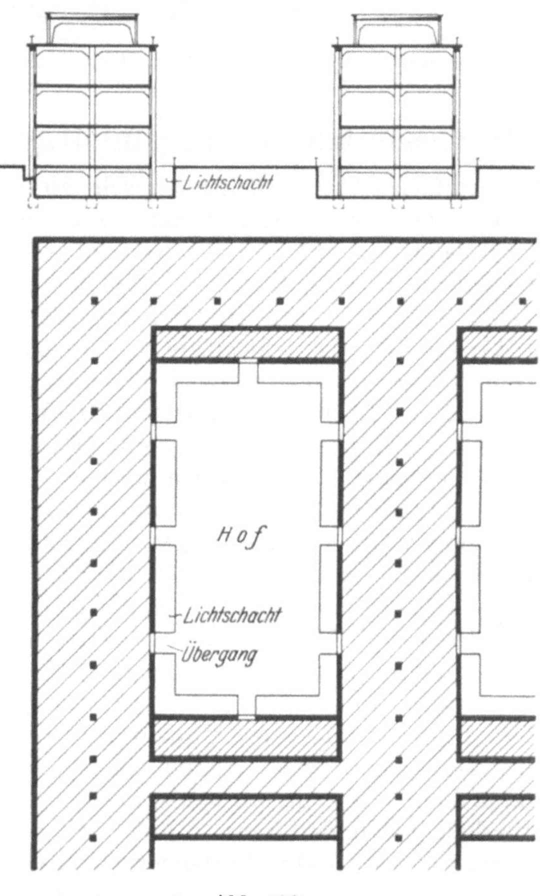

Abb. 523.

räume untergebracht werden können (Abb. 523 und
Ausführungsbeispiel Abb. 524). Zu beachten ist, daß
durch Querbauten in Gebäudequerschnitten neben
diesen bei vollkommen freier Sicht und durchgehenden Glasbändern der T. Q. auf die Hälfte vermindert wird.

In dem Bau der Abb. 524 a und b sind mechanische Werkstätten für die Herstellung von Anlagen,
Apparaten und Instrumenten der Schwachstrom-
technik untergebracht. Die Nutzfläche beträgt etwa
55 000 m², nach vollem Ausbau 100 000 m². Die Gie-
bel sind provisorisch mit doppelten Prüßwänden
abgeschlossen. In der Mitte der Gesamtanlage be-

Abb. 522. Schaltwerkhochhaus der SSW, Berlin.

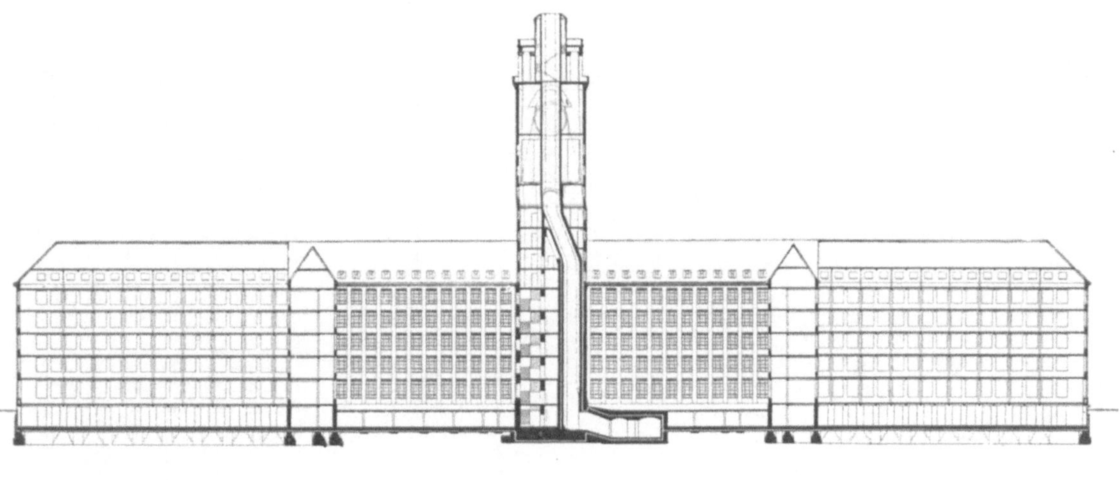

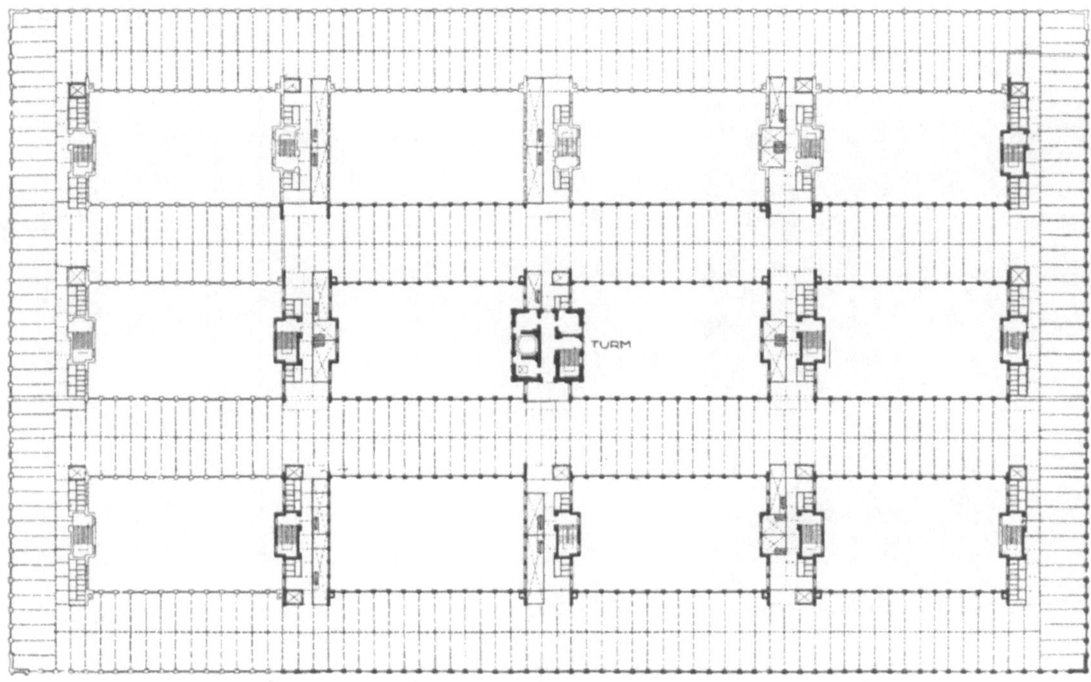

Abb. 524a. Wernerwerk M, Siemensstadt-Berlin. Entwurf: Bauleitung der SSW (Hertlein). Baujahr 1916/17, erweitert 1923. (Maßstab ca. 1 : 1350.)

Abb. 524b. Wernerwerk M, Siemensstadt-Berlin.

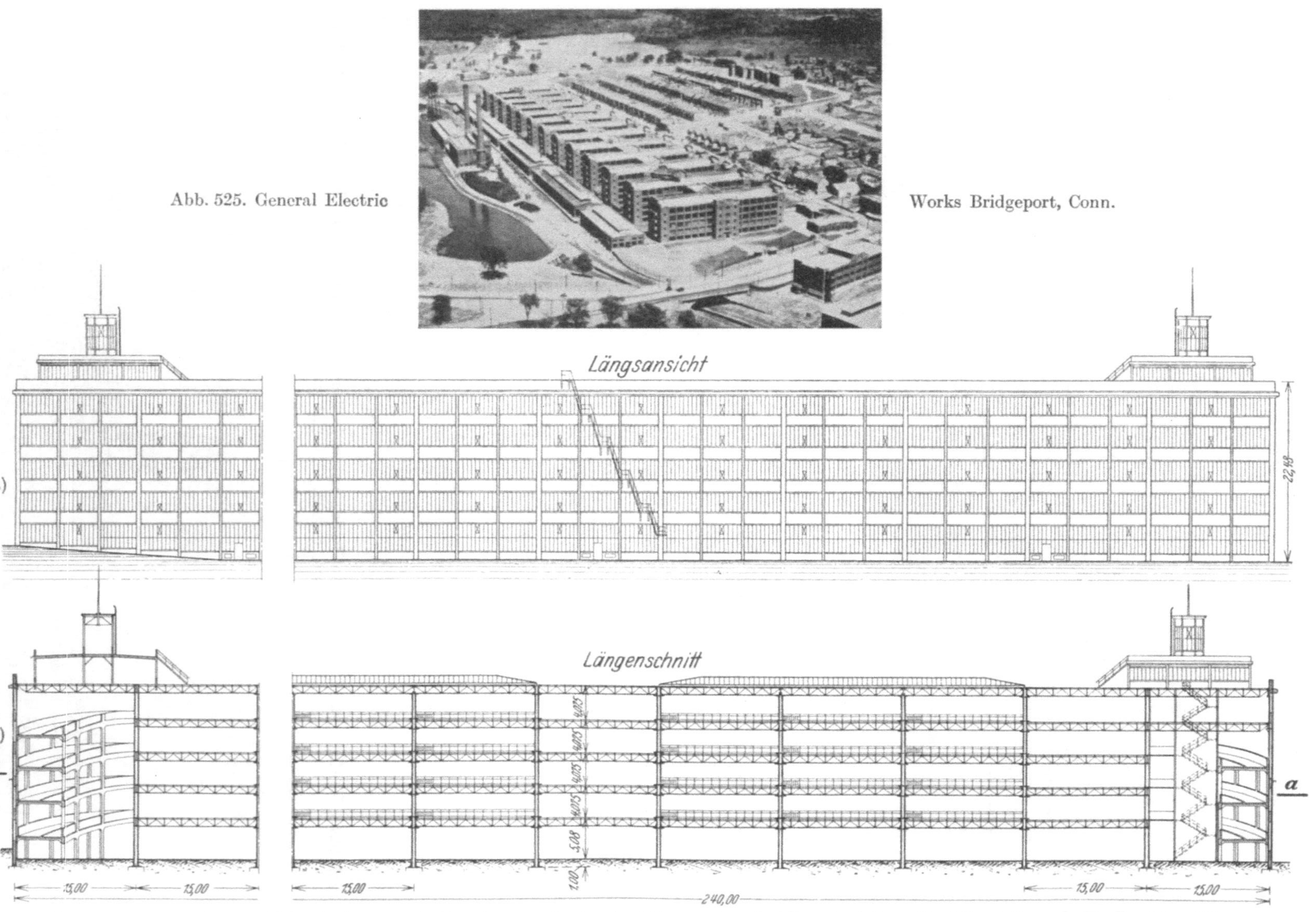

Abb. 526a und b. Automobilfabrik Peugeot in La Garenne-Paris. Ausführung der Stahlkonstruktion: B. Seibert G. m. b. H. Baujahr 1931.

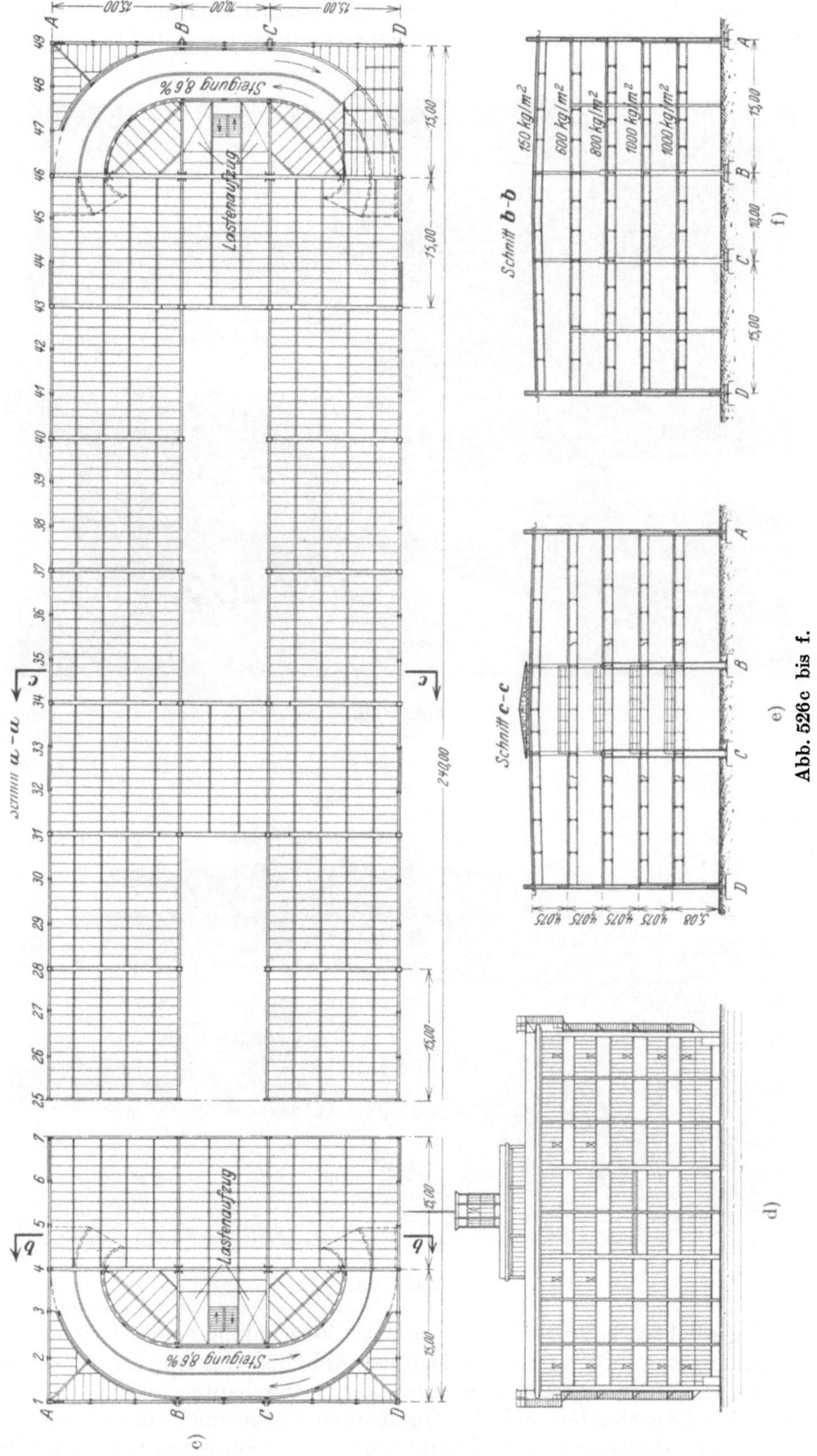

Abb. 526c bis f.

findet sich ein 70,8 m hoher Turm von 13·13 m Grundfläche. Er enthält Schornstein,
Wasserbehälter, Uhrenstube und Plattform für Versuchsanlagen. Die Fassade zeigt
rote Verblender, die Hoffassade gelbe Ziegel wegen der besseren Reflektierung des Lichtes.

Abb. 526g.

Abb. 526h.

Bessere Tageslichtverhältnisse lassen sich unter Vermeidung von Lichthöfen durch eine
Reihenanordnung wie in der Gesamtanlage der Abb. 525 erzielen, bei der die einzelnen
parallel gestellten Mehrgeschoßbauten durch kurze Querbauten verbunden sind.

Das aus zwei Längsbauten und vier Querbauten bestehende Bauwerk der Abb. 526a
bis h dient in der Hauptsache zum Zusammenbau von Autos am fließenden Band. Im

linken Querbau befindet sich eine bis ins vierte Stockwerk sich erstreckende Beton-
rampe, im rechten Querbau eine solche bis zum dritten Stockwerk. Diese Rampen
können von Lastwagen mit einer Tragfähig-
keit von 12 t befahren werden. An den beiden Enden des Baus befinden sich auch je
zwei elektrisch betriebene Lastenaufzüge
mit einer nutzbaren Schalengröße von
5,3 · 2,5 m und mit einer Tragkraft von
2 t. Zwischen den Lastenaufzügen liegt eine
Treppenanlage. Die in den Längswänden
eingezeichneten, leiterartigen Treppen können im Falle eines Brandes als Feuerleitern
zur Rettung der Belegschaft benutzt wer-

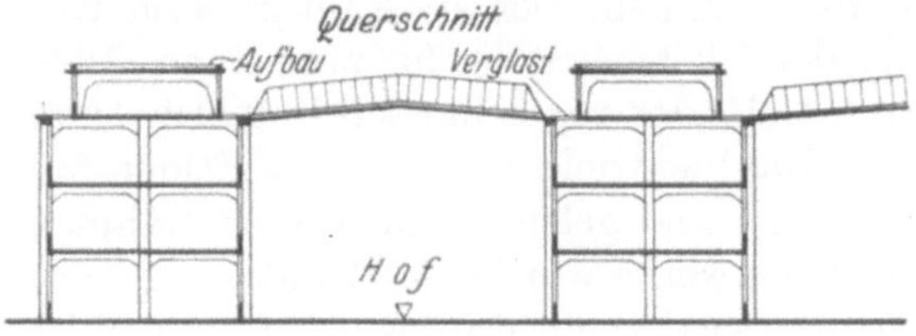

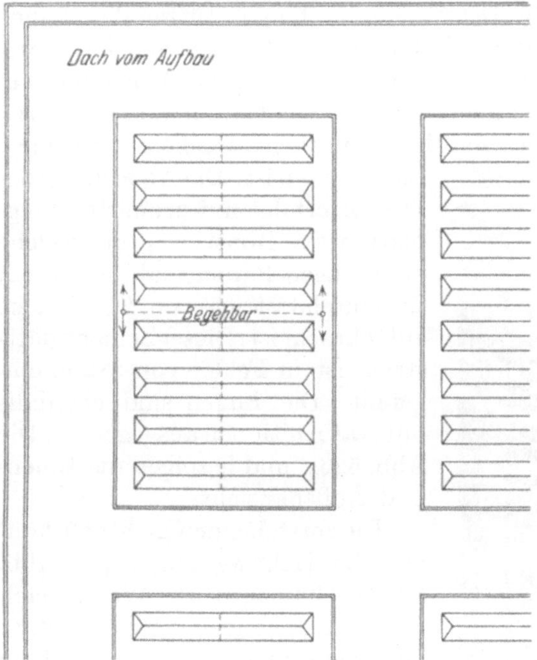

Abb. 527.

Abb. 528. Deutsche Waffen- u. Munitionsfabrik,
Karlsruhe. Ausführung der Eisenbetonkonstruktion:
Dywidag.

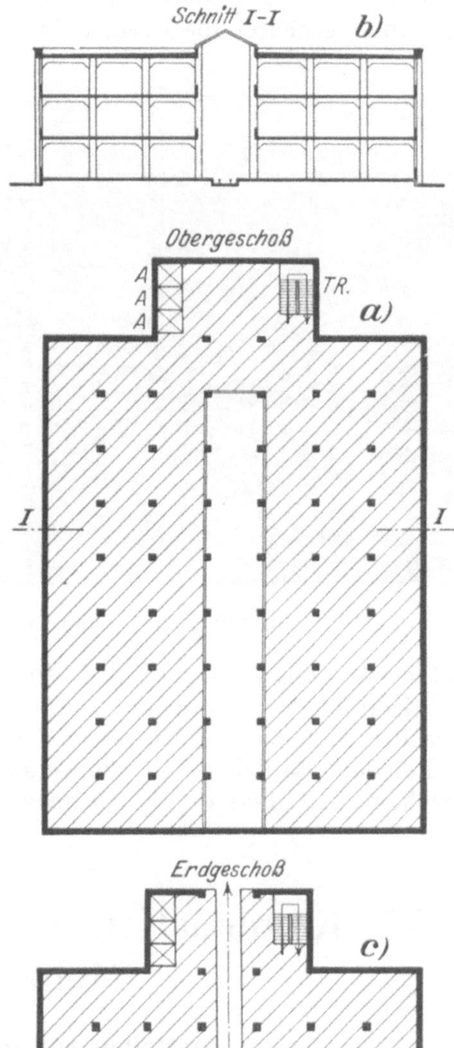

Abb. 529.

den. Die Nutzlasten der einzelnen Decken sind in der Zeichnung eingetragen. In den
Gebäudeecken neben den Rampen und in den Aufbauten der Endfelder sind Büros,
Lager und Aufzugswinden untergebracht. Bezüglich der statischen Wirkung des Bau-
werks ist folgendes zu erwähnen. Der Wind auf die Längswände wird durch die auf

der Schnittzeichnung *c—c* (Abb. 526e) ersichtlichen Rahmen der Reihen *7, 16, 19, 31, 34* und *43* aufgenommen. Es handelt sich hierbei in jeder Reihe um zwei unabhängig voneinander durchgebildete, aufeinander gestellte Rahmen. Der erste reicht vom Erdgeschoß bis zum dritten Stock, der zweite von dem dritten Stock bis zum Dach. Diese Rahmen begrenzen die Lichtschächte, die durch Geländer abgeschlossen sind. Die Querriegel der Rahmen ragen an beiden Seiten der Rahmenstiele in die 15 m Felder hinein. Die anschließenden Unterzüge der 15 m Felder sind gelenkig mit diesen Rahmenriegeln verbunden. Während der Montierung des Bauwerks wurden Verbände eingebaut, welche nach dem Ausbetonieren der Deckenfelder wieder entfernt wurden. Der Wind auf die Längswände wird von den ausbetonierten Decken auf die Rahmen übertragen. Der Wind auf die Giebelwände wird durch die Decken hindurch den Stützen der Reihen *A, B, C, D* zugewiesen. Die Betonrampen sind vollständig unabhängig von der Stahlkonstruktion errichtet, mit einem allseitigen Spielraum von 15 cm, so daß Formänderungen der Stahlkonstruktion ungehindert vor sich gehen können. Um Risse in den Decken zu vermeiden, erhielten die Deckenfelder alle 15 m eine Bewegungsfuge, welche mit Bitumen

Abb. 530. Cadillac Motor Co.

ausgegossen ist. Die Abdeckung des Daches erfolgt mit armierten Stegplatten aus Bimsbeton, auf welche zwei Lagen Pappe und hierauf ein Zementglattstrich von 2 cm Dicke aufgebracht ist. Dieser Zementglattstrich ist in Felder von 2·2 m eingeteilt. Die Fugen sind ebenfalls mit Naturbitumen ausgegossen. Die Abb. 526g und h zeigen die Innen- und Außenansicht.

Die entstehenden Lichthöfe können überdacht werden, wie die Abb. 527 bis 530 zeigen. Die Wände nach den Höfen können unter Umständen wegbleiben. Es entstehen dann Bauwerke, die nahe verwandt sind mit den im nächsten Abschnitt erwähnten und an Hand von Abbildungen gezeigten Hallen und seitlichen Mehrgeschoßbauten. Dort sind auch kurz die wichtigen Mehrgeschoßbauten in U- oder gabelförmiger Anordnung mit dazwischen liegenden Hallen- oder Eingeschoßbauten beschrieben.

Bei dem Bau der Abb. 530 verkehrt in dem Lichthof ein Kran, von dem aus die einzelnen Geschosse durch vorkragende Podeste bedient werden können.

VI. Kombinationen von Hallen-, Eingeschoß- und Mehrgeschoßbauten.

a) Hallen mit seitlichen Eingeschoßbauten,

wobei alle Schiffe parallel sind. Bei Besprechung des Traggerippes mehrschiffiger Hallen sind hierher gehörende Beispiele schon gezeigt worden (siehe III. Abschnitt Abb. 156, 299).

Bei dem Ausführungsbeispiel der Abb. 531 und 532 (Werkzeugmaschinenfabrik) erscheint eine Mittelhalle mit elektrischen Laufkranen von 12 t Tragkraft. Ihre Haupttragkonstruktionen sind vollwandige Rahmenträger. In den vier Seitenschiffen rechts sind Transmissionsgerüste für das Anbringen der Haupttransmissions- und Vorgelegewellen der Werkzeugmaschinen eingebaut. Die vier Seitenschiffe links sind mit elektrischen 3 und 5 t-Laufkranen ausgerüstet. Sie dienen lediglich dem Zusammenbau der

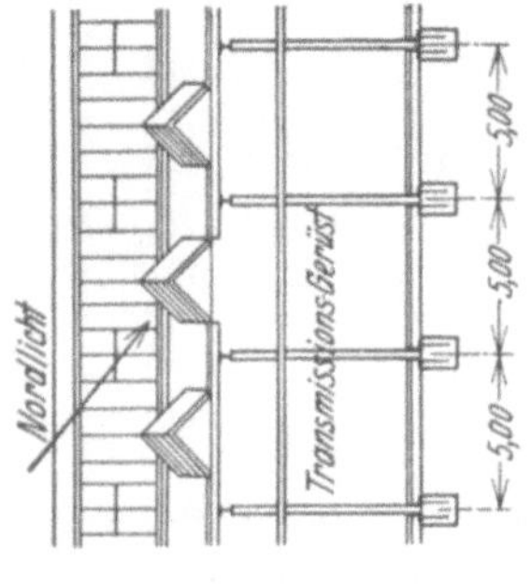

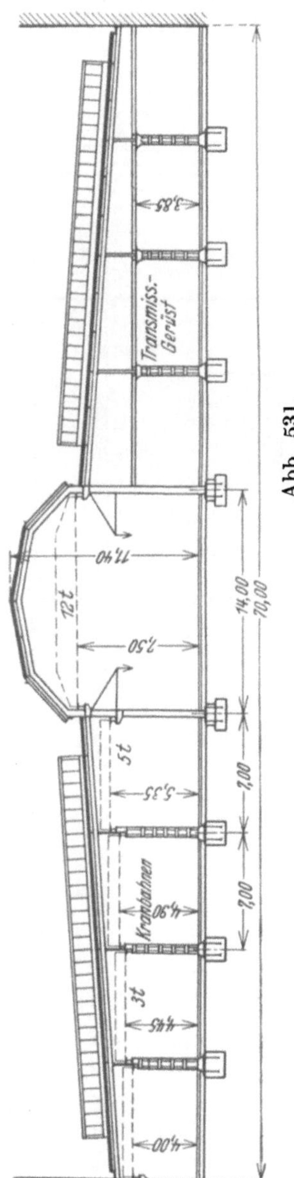

Abb. 531.

Abb. 532. Fritz Werner A. G., Berlin-Marienfelde. Ausführung der Stahlkonstruktion: Breest & Co. Baujahr 1915/16 (siehe: Veröffentlichungen der Fritz Werner A. G., Heft 2. Berlin 1920).

Abb. 533. Holzbearbeitungsfabrik Spandau. Ausführung der Stahlkonstruktion: Breest & Co. Baujahr 1916.

Abb. 534. Holzbearbeitungsfabrik Spandau.

Maschinen. Der dargestellte 70 m breite und 150 m lange Bau liegt zwischen einem Hochbau von U-förmiger Grundrißform. Die nach der Innenseite des Hufeisens gewandten

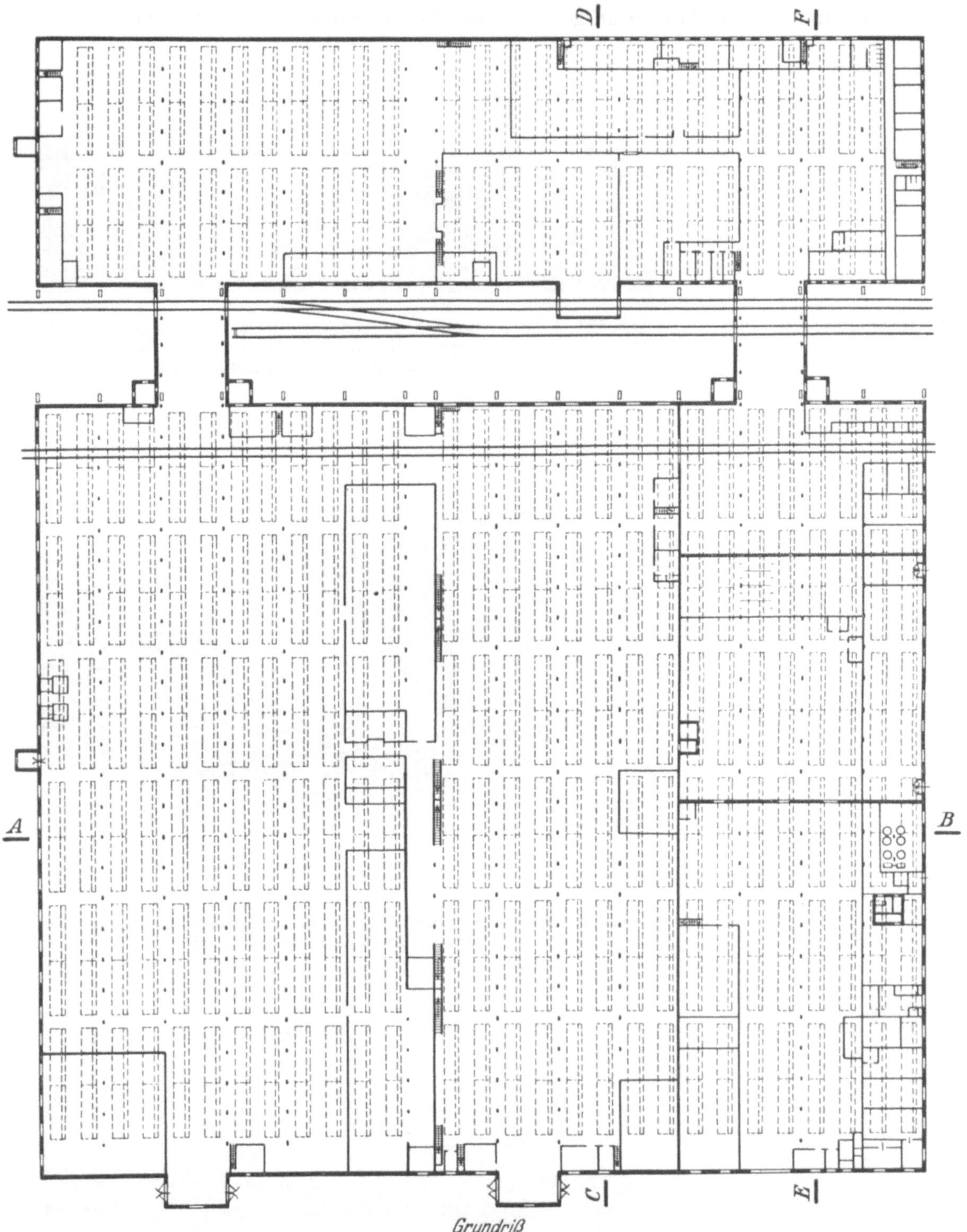

Abb. 535a. Schaltwerk Siemensstadt-Berlin.

Gebäudeflächen sind mit weißen Glasurblendern verkleidet, um eine möglichst große Lichtfülle zum Flachbau zuzulassen. Die Abb. 533 und 534 zeigen je eine Innen- und Außenansicht einer ganz ähnlichen Anlage (Holzbearbeitungsfabrik). In den Bauten der Abb. 535a bis d und 536 (Maßstab ca. 1:1200) von 36 000 m² Grundfläche werden elektrische Schaltanlagen hergestellt.

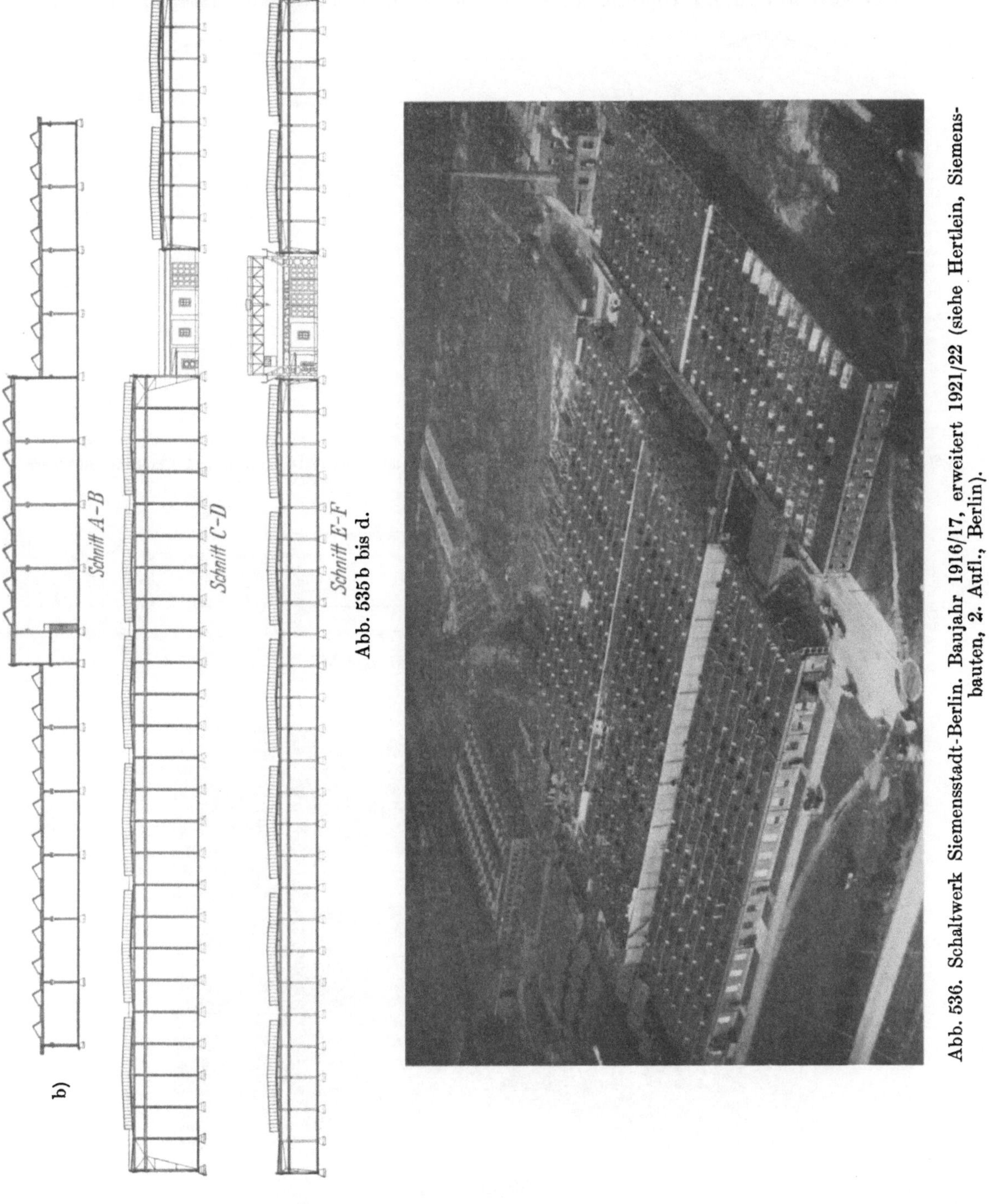

b) Eingeschoßbauten mit rechtwinklig dazu verlaufenden Hallenbauten.

Bei dieser Gebäudeart (Abb. 537) dienen die Eingeschoßbauten der Einzelanfertigung als Bearbeitungswerkstätten, die eine Querhalle für die Zubringung und Lagerung der Rohstoffe, die andere für die Montierung, Versand und Lagerung der fertigen Maschinen.

Die Kranbahnen des Eingeschoßbaus kragen in die Querhalle herein und erleichtern dadurch wesentlich den Materialtransport innerhalb der Anlage.

Bei dem Ausführungsbeispiel der Abb. 538, 539 und 540 sind auf beiden Seiten. der 12 m weit gespannten Zubringungshalle 48 m lange Bearbeitungswerkstätten. In deren

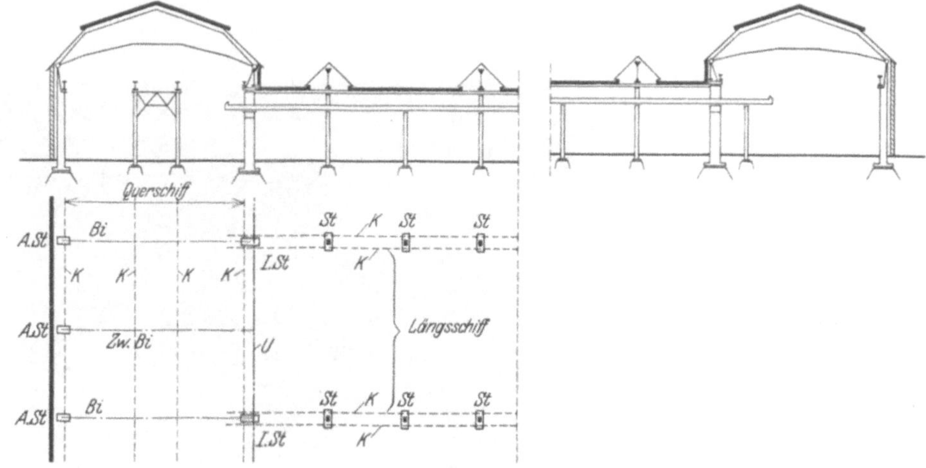

Abb. 537.

A. St. Außenstütze, *I. St.* Innenstütze, *St.* Stütze der Längsschiffe, *U* Unterzug mit angehängter Kranbahn, *K* Kranbahn, *Bi* Binder des Querschiffs, *Zw. Bi* Zwischenbinder des Querschiffs.

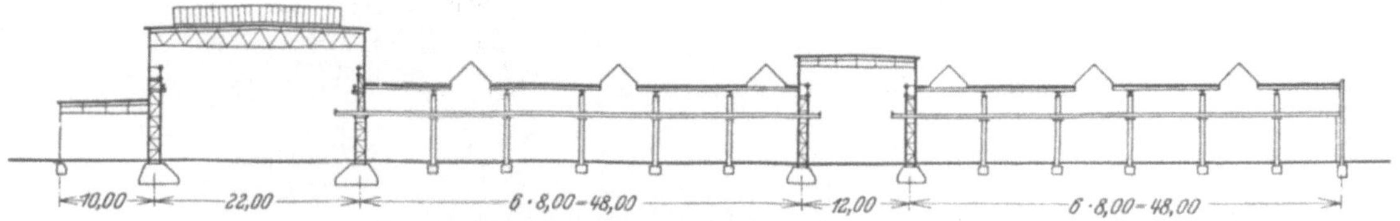

Abb. 538. Mechanische Werkstätte der ME.

Abb. 539. Montierungshalle.

Endschiffen gehen die Kranbahnen durch die Zubringungshalle unter deren Kranbahnen durch, ohne daß dadurch deren Kranverkehr wesentlich behindert wird (Abb. 540).

Das Traggerippe eines solchen Gebäudes kann auch aus Eisenbeton bestehen, wie die Abb. 541 (Schiffbauhalle) zeigt, wobei die vorkragenden Kranbahnen Stahlkonstruktionen sind. Die Querhalle ist 25 m breit.

c) Rechtwinklig zueinander verlaufende Hallenbauten.

Denselben betriebstechnischen Zweck kann man mit dem im Grundriß gabelförmigen
Bau der Abb. 542 erzielen. Die Bearbeitungswerkstätten sind dreischiffig. Die Kran-

Abb. 540. Zubringungshalle.

Abb. 541. Schiffbauhalle Wilton in Schiedam bei Rotterdam. Ausführung: Heinrich Butzer, Dortmund.
Baujahr 1920/21.

bahnen des Mittelschiffs kragen auch hier in die zur Montierung und zu Versand- und
Lagerzwecken dienende Querhalle herein. Die Höfe zwischen den Bearbeitungshallen
dienen Lagerzwecken und erleichtern die Tageslichtzuführung in die Seitenschiffe der
Bearbeitungshallen.

Bei dem Ausführungsbeispiel der Abb. 543 bis 546, das zu der Gesamtanlage der
Abb. 31 gehört, ist das Traggerippe aus Stahl ausgeführt. An den Dachbindern der Ver-

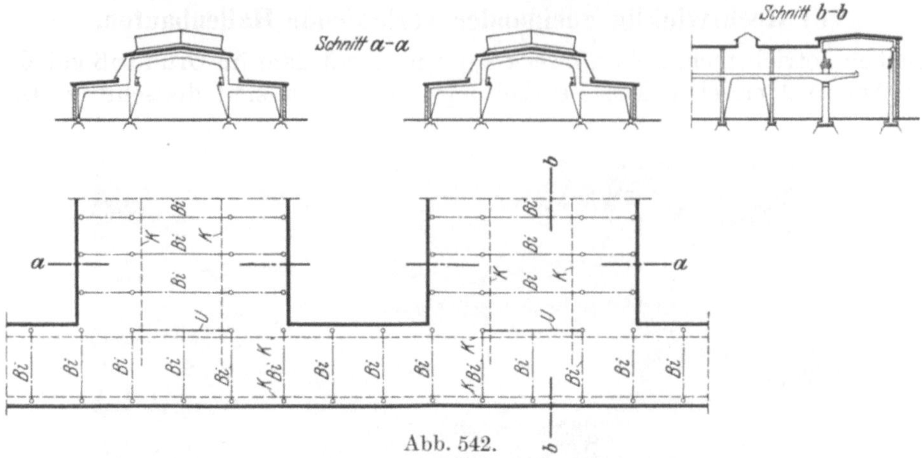

Abb. 542.

Bi Binder des Längs- bzw. Querschiffs, *K* Kranbahn, *U* Unterzug mit angehängter Kranbahn, *o* Stütze bzw. Binderstiel.

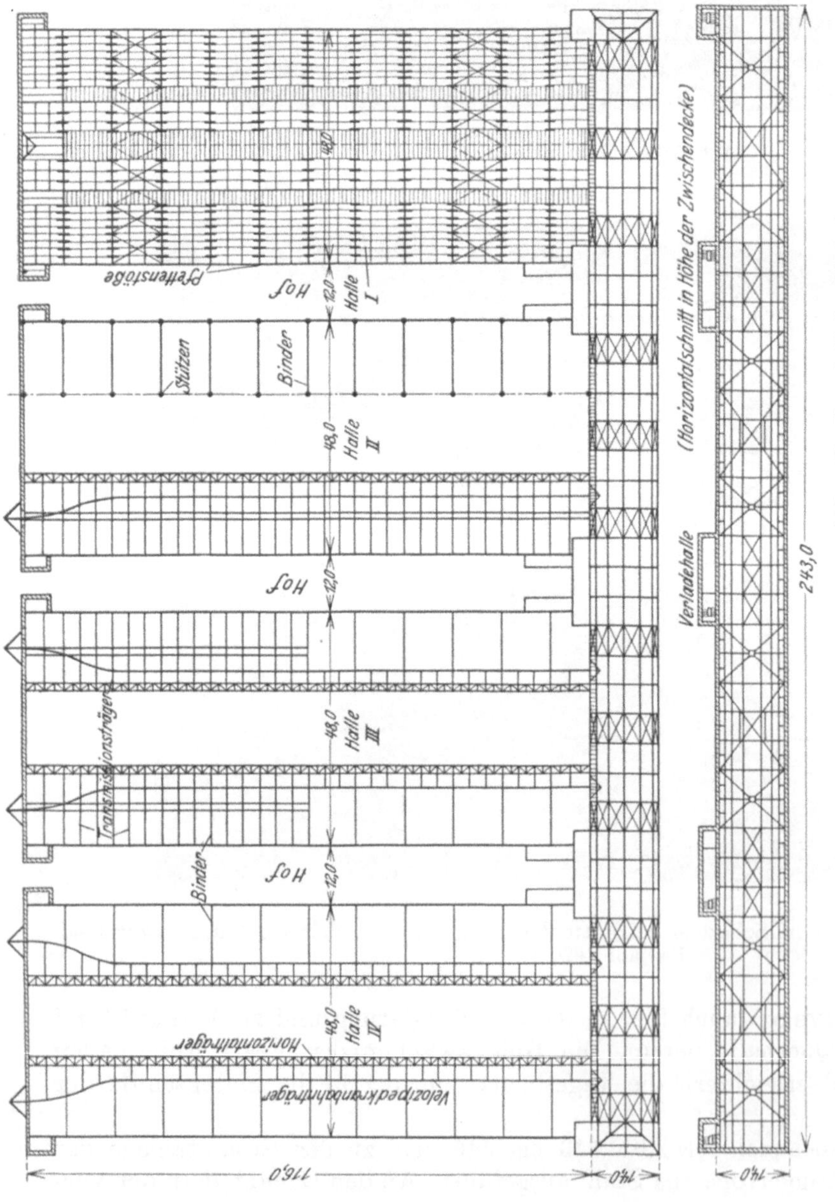

Abb. 543. Grundriß der Verlade- und Fabrikationshallen.

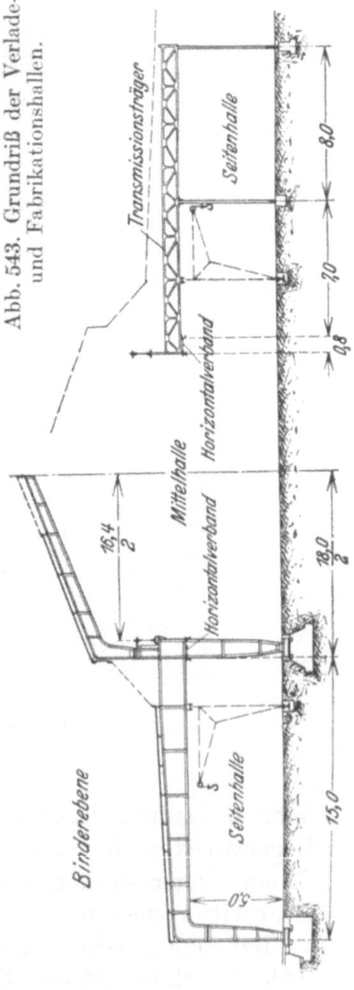

Abb. 544. Querschnitt der Fabrikationshallen.

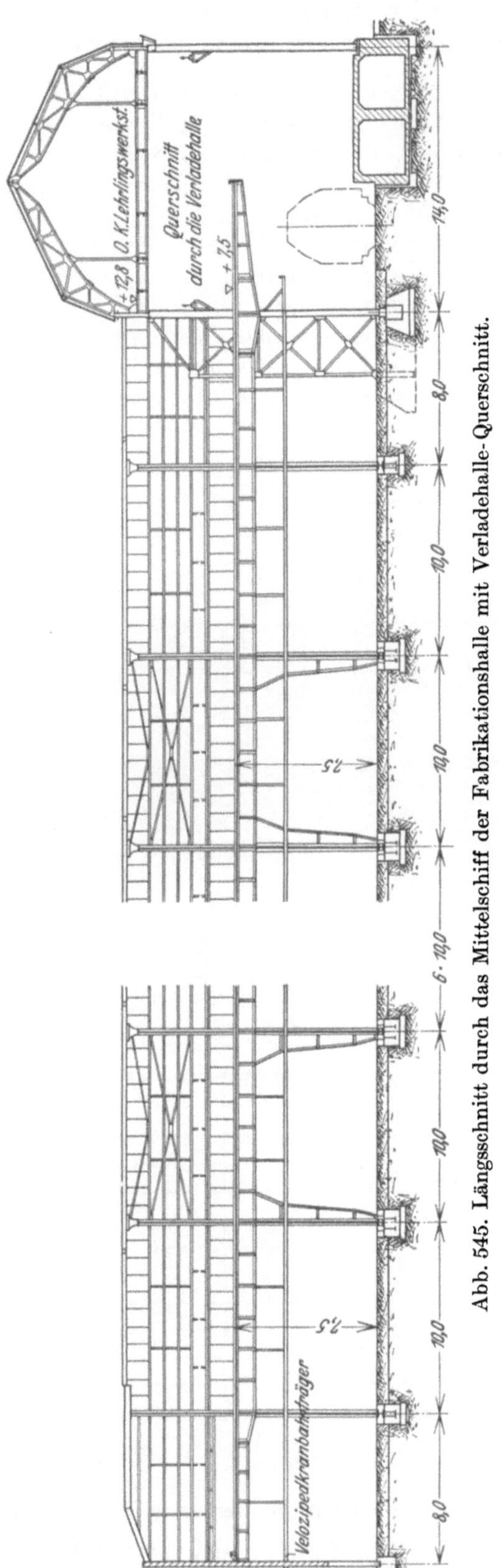

Abb. 545. Längsschnitt durch das Mittelschiff der Fabrikationshalle mit Verladehalle-Querschnitt.

ladehalle, die als Dreigelenkbogen mit Zugband ausgeführt sind, ist ein Fabrikationsgeschoß für leichtere Arbeiten (Sattlerei, Klempnerei) angehängt. Die Binder ruhen auf Pendelstützen. Die waagerechten Kräfte in der Querrichtung der Verladehalle werden durch einen in der Decke der Verladehalle liegenden Windverband (Abb. 543) auf Gitterböcke (eingespannte, senkrecht gestellte Fachwerkscheiben, Abb. 545), die in den Seitenwänden der

Abb. 546. Mühlenbauanstalt und Maschinenfabrik Gebr. Seck in Sporbitz b. Dresden. Entwurf und Teilausführung: Breest & Co. Baujahr 1917/18 (siehe Bauing. 1920).

Treppenhäuser untergebracht werden konnten, übertragen. In die Verladehalle ist eine Rampe eingebaut, die zur Lagerung versandfertiger Maschinen dient. Die innere Hälfte des Schiffes nimmt das Verladegleis auf. Die Wagen können direkt von den Kranen der in die Verladehalle hineinragenden Kranbahnen der Fabrikationshallen oder von dem die Verladehalle in ganzer Länge bestreichenden 5 t Kran be- und entladen werden. In der Unterkellerung der Rampe befinden sich die Wasch-

und Ankleideräume. Die Seitenschiffe der Fabrikationshallen dienen der Einzelbearbeitung. Sie sind je mit einem Velozipedkran von 2 t Tragfähigkeit ausgestattet, dessen obere Führungsschiene am Binderuntergurt angebracht ist und in zwei weiteren Zwischen-punkten nach einem Horizontalverband abgestützt ist (Abb. 543). Diese Krane können sowohl das Außengleis an der Stirnwand der Halle als auch die Verladehalle bedienen. Man beachte auch die in Abb. 543 und 544 ersichtliche Art des Einbaus von Transmissionsträgern in den Seitenschiffen. Die Mittelschiffe, in denen die Maschinen und Apparate zusammengebaut werden, sind mit Laufkranen von 5 t Tragkraft ausgerüstet. Diese Krane können die Fertigfabrikate unmittel-

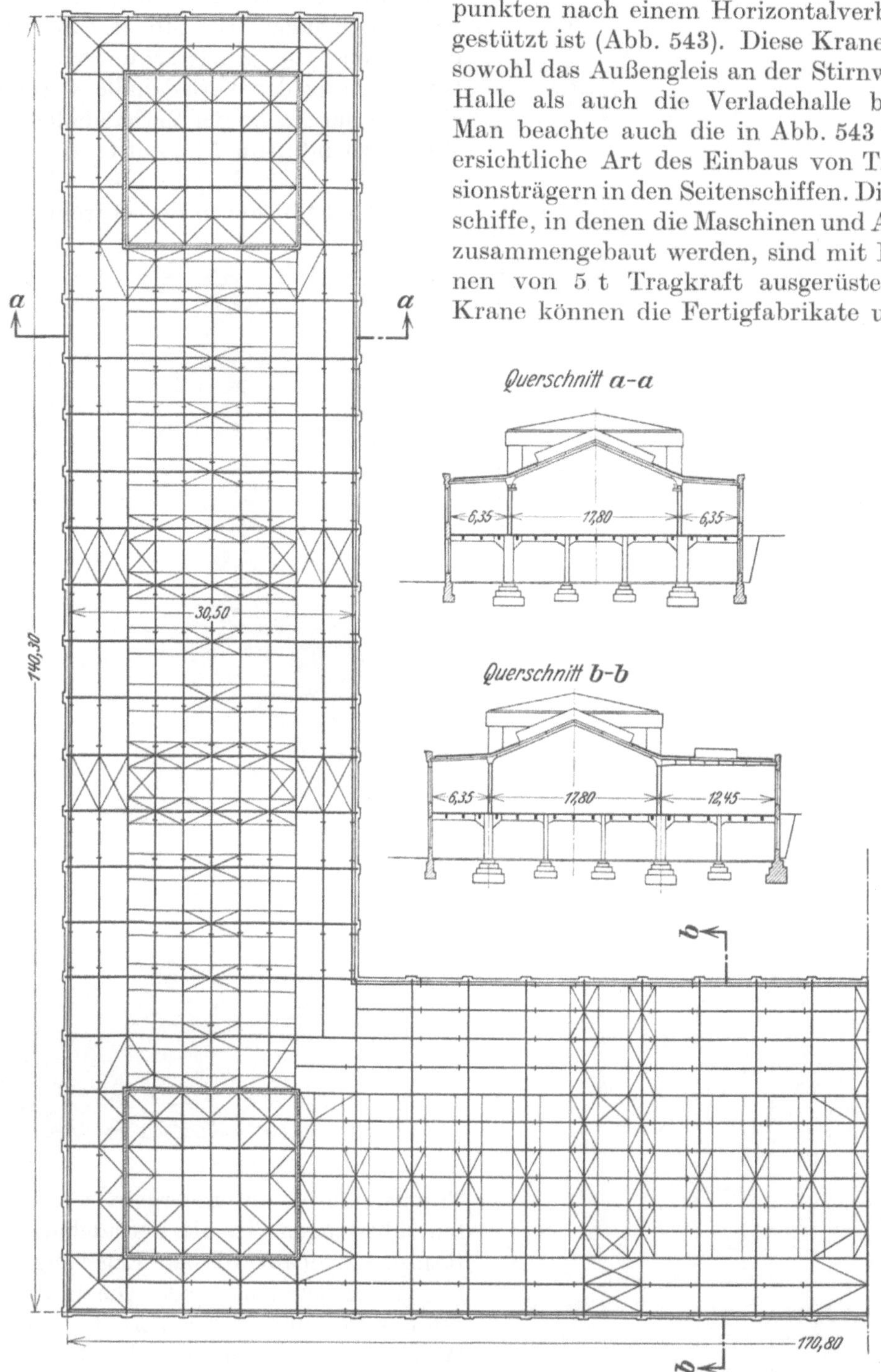

Ab. 547. Daimler Benz A.G., Werk Sindelfingen. Stahltraggerippe: Entwurf des Verfassers. Baujahr 1917.

bar in die Eisenbahnwagen verladen oder an den Kran in der Verladehalle zur Weiterbeförderung übergeben. Die Binder der Seitenschiffe sind Zweigelenkrahmen, die der Mittelschiffe Dreigelenkbogen (s. Abb. 317), beide aus Gründen des Aussehens vollwandig ausgeführt.

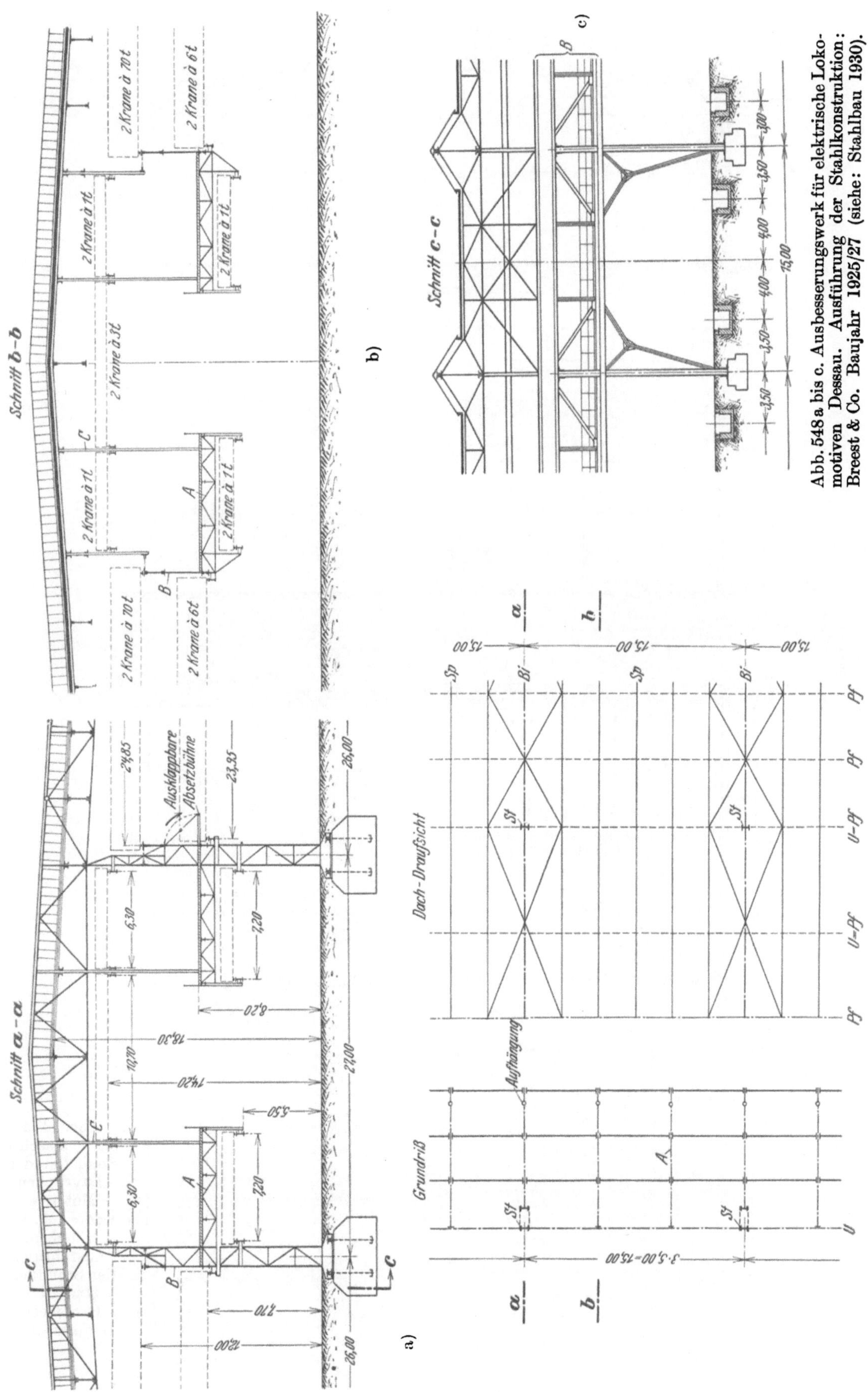

Abb. 548 a bis c. Ausbesserungswerk für elektrische Lokomotiven Dessau. Ausführung der Stahlkonstruktion: Breest & Co. Baujahr 1925/27 (siehe: Stahlbau 1930).

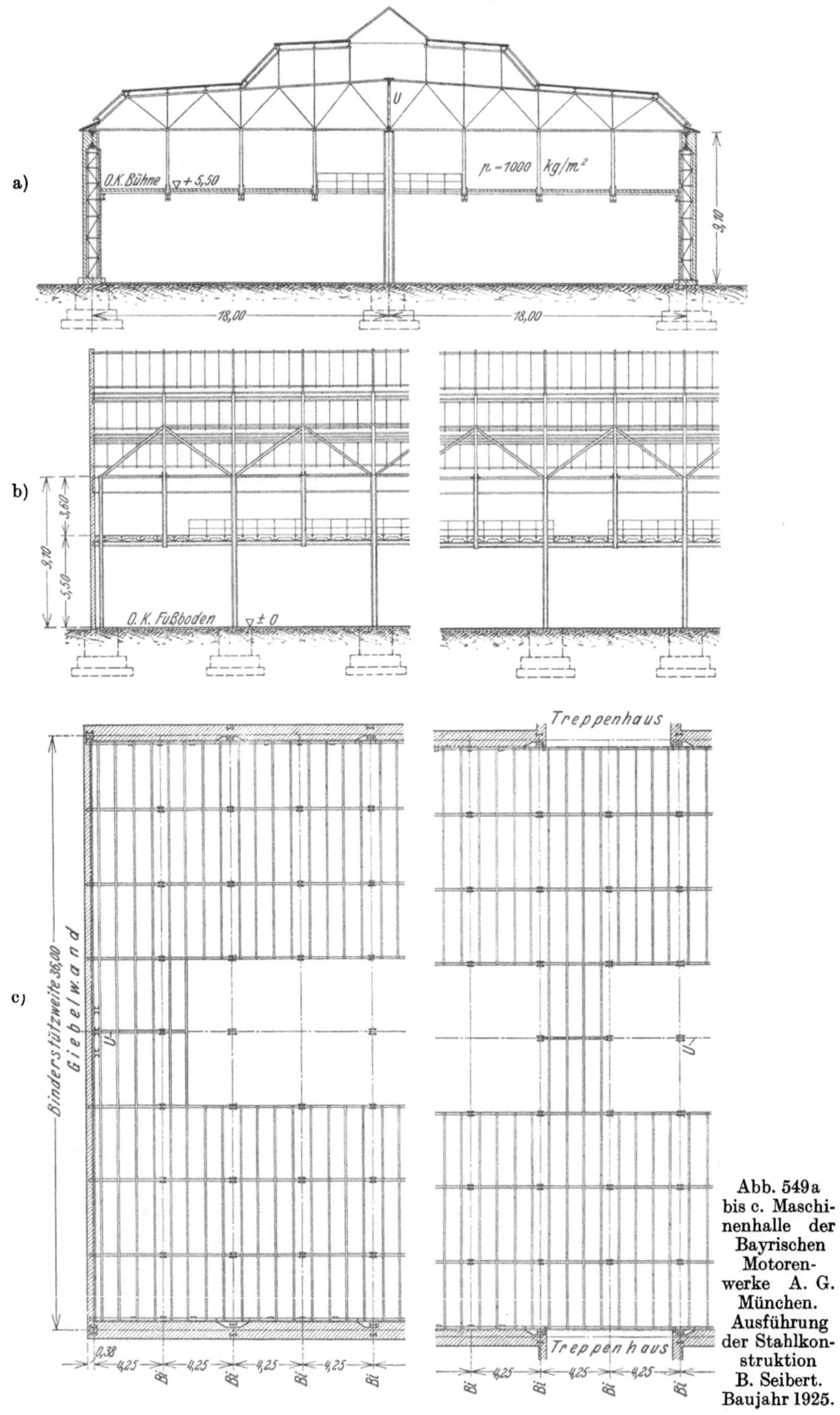

Abb. 549a bis c. Maschinenhalle der Bayrischen Motorenwerke A. G. München. Ausführung der Stahlkonstruktion B. Seibert. Baujahr 1925.

Abb. 549d. Maschinenhalle der Bayrischen Motorenwerke A. G., München. Montierungsbild.

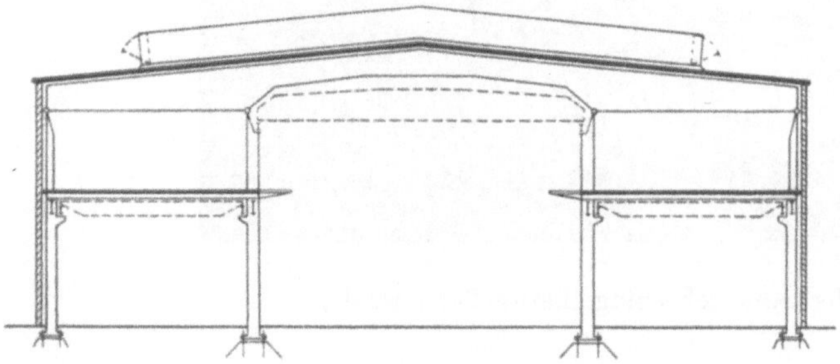

Abb. 550a.

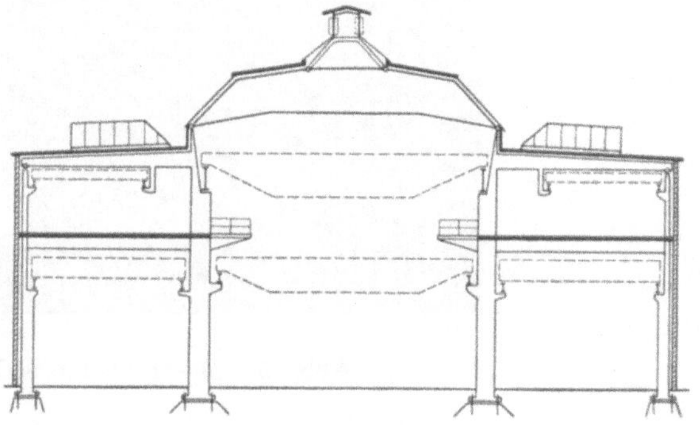

Abb. 550b.

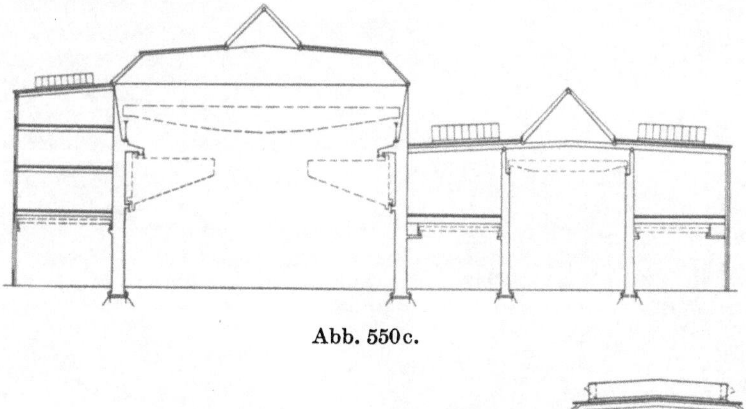

Abb. 550c.

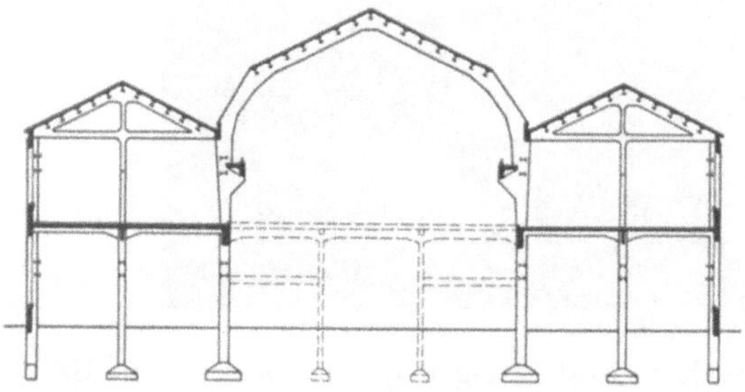

Abb. 550d.

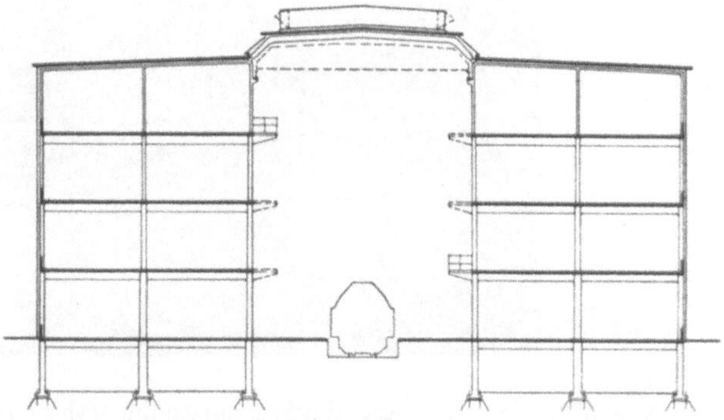

Abb. 550e.

In dem Ausführungsbeispiel der Abb. 547 ist ein Bau von U-förmigem Grundriß dargestellt, bei dem die Querschnitte je eine dreischiffige Anlage zeigen.

Abb. 551. Maschinenfabrik Hermann Schoening, Berlin-Borsigwalde.

Abb. 552. Ernst Schiess, Werkzeugmaschinenfabrik Düsseldorf. Ausführung der Stahlkonstruktion: Hein, Lehmann & Co. A. G. Baujahr 1916.

d) An der Dachkonstruktion aufgehängte Bühnen.

Aus betrieblichen Gründen können zur besseren Grundrißausnützung an der Dachkonstruktion aufgehängte Arbeitsbühnen erwünscht sein. Die Abb. 548 (Ausbesserungs-

werk für elektrische Lokomotiven), sowie Abb. 549 (Motorenfabrik) zeigen entsprechende
Ausführungsbeispiele.

Die Binder des Baus der Abb. 548 liegen bei einem Abstand von 15 m in den Raupenoberlichtern. Die Pfetten sind fachwerkartig ausgebildet. Die 5 m voneinander entfernten

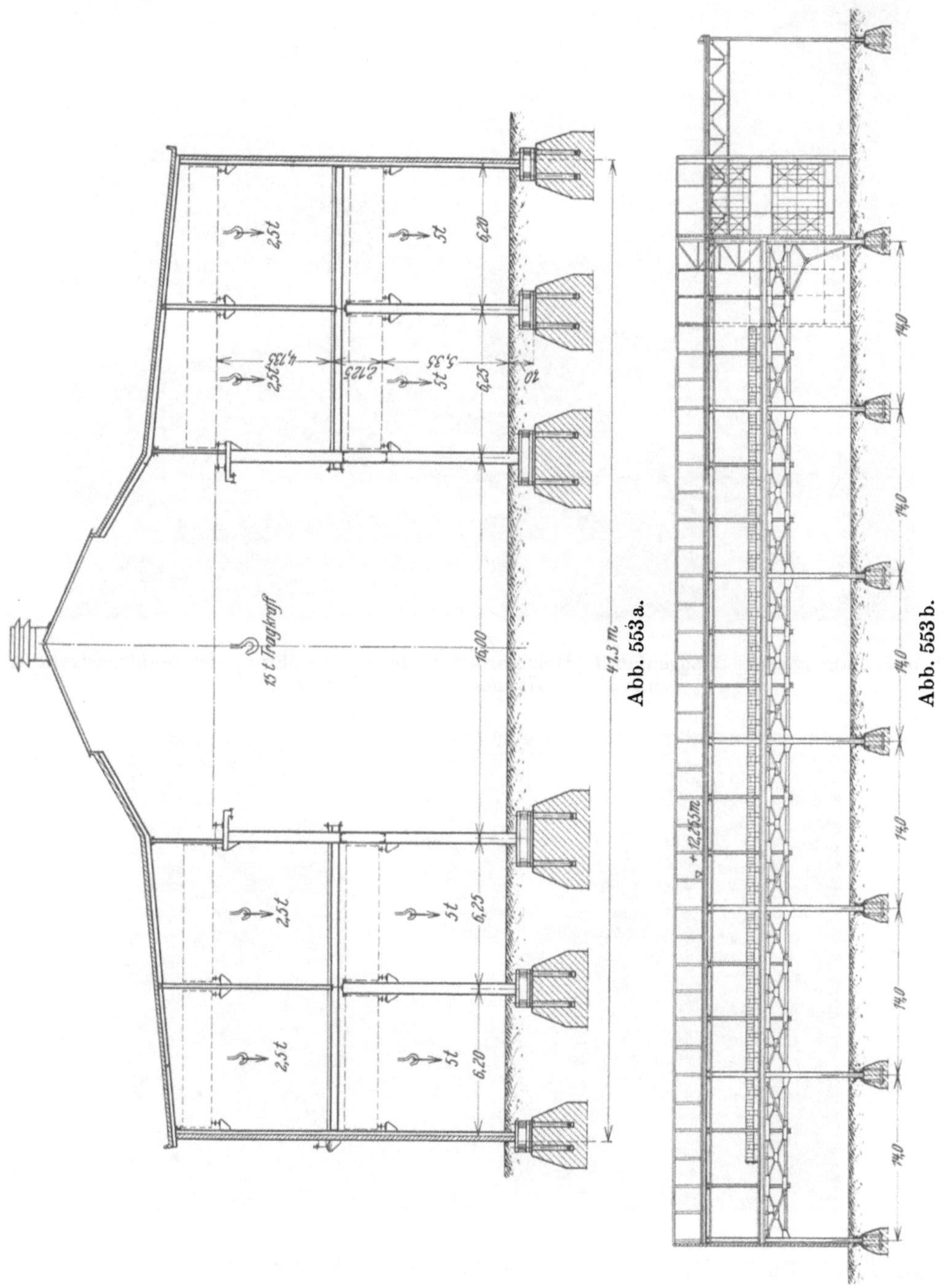

Unterzüge *A* der Arbeitsbühne sind einerseits aufgelagert auf dem Hauptkranbahnträger *B*
und andererseits aufgehängt an dem Unterzug *C*, der zugleich als Pfette dient. Der Kranbahnträger *B* ist zur Gewinnung von Raum für ausklappbare Absetzbühnen als Hänge-
werk mit strebenlosen Mittelfeldern (unterspannter Balken) ausgeführt (Abb. 548c). Der
Untergurt des Unterzugs *C* dient zugleich als Kranbahnträger für die beiderseitigen

Krane. Unterhalb der Arbeitsbühne sind an den Unterzügen Kranbahnen für 1 t-Krane angehängt. Das Erdgeschoß ist mit den Arbeitsbühnen durch Aufzüge verbunden, die für die Beförderung gleisloser Elektrokarren eingerichtet sind.

Abb. 554. Hannoversche Waggonfabrik, Holzbearbeitungshalle. Ausführung der Stahlkonstruktion: Louis Eilers, Hannover; Kran: Demag.

Abb. 555. Robert Bosch A. G. Werk Feuerbach. Ausführung: Wayß & Freytag A. G. Baujahr 1910.

Bemerkenswert ist die Art der Montierung des in den Abb. 549a bis d dargestellten Traggerippes, das über einer 33 m breiten und 8 m hohen Halle (Abb. 549d) zu erstellen war, ohne daß eine Störung des Betriebs in dem alten, dicht mit bei Tag und Nacht laufenden Maschinen besetzten Gebäude stattfinden durfte.

Zunächst wurden die beiden 36 m voneinander entfernten Reihen der im Fundament eingespannten, in 8,5 m Abstand angeordneten Außenstützen aufgestellt und darauf die durchlaufenden, vollwandigen Binderunterzüge verlegt. An einem Ende der alten Halle wurden nacheinander auf einer Zulage je zwei Dachbinder mit 36 m Stützweite und 4,25 m Abstand nebst den zugehörigen, nach beiden Seiten auskragenden Pfetten,

Abb. 556. Maschinenfabrik Grafenstaden. Ausführung: Ed. Züblin & Co. A. G. Baujahr 1918/19.

den Dachaufbauten und Verbänden zusammengebaut, dann hochgezogen und über das bestehende Gebäude weg auf den erwähnten Blechträgern bis an den endgültigen Platz verschoben. Nachdem sämtliche dreizehn Binderpaare herübergefahren waren, erfolgte die Ausmauerung der Außenwände und die Eindeckung des Daches. Die alte Halle konnte nun abgebrochen und eine Mittel-
stützenreihe aufgestellt werden. Die Binder wurden durch Auf-
lagerung auf diese Stützen und durch Lösung vorläufiger Ober-
gurtanschlüsse in je zwei Halbbin-
der von 18 m Stützweite verwan-
delt. Daraufhin wurde die für 1000 kg/m² Nutzlast bemessene Zwischenbühne an den Bindern aufgehängt.

e) Hallenbauten mit seitlich anschließenden Galerien (Mehr-geschoßbauten).

Dabei bilden die oberen Stock-
werke Arbeitsflure, die nach der Halle zu offen sind (Abb. 550a

Abb. 557. Ateliers Esders, Paris. Ausführung: A. u. G. Perret. Baujahr 1919 (aus Behne: Der moderne Zweckbau).

bis e). In den Mehrgeschoßbauten kann die Einzelbearbeitung, in dem Hallenbau die Montierung und der Versand der industriellen Erzeugnisse vorgenommen werden. Wie in den schematischen Figuren angedeutet ist, können von den Stockwerksdecken aus einzelne von dem Hallenkran bedienbare Podeste in die Halle hineinragen. Für diese Gebäudeart gibt es je nach den betrieblichen Bedürfnissen viele Ausführungsmöglichkeiten, wie die Ausführungsbeispiele Abb. 551 bis 558 zeigen.

Der Bau der Abb. 551 dient der Herstellung von Bohrmaschinen, derjenige der Abb. 552 und 553 der Serienherstellung von Karusseldrehbänken. Der Aufbau des Stahltraggerippes ist in Abb. 553a und b dargestellt.

In der Holzbearbeitungshalle der Abb. 554 verkehrt in der 22,9 m weit gestützten Halle ein elektrischer Laufkran. Die 7,6 m entfernten Binder kragen von den Seitenschiffen hervor und lassen das 12 m breite Oberlicht frei.

Traggerippe in Eisenbeton zeigen die Bauten der Abb. 555, 556 (entspricht der Abb. 550d, Verwendung von vorbetonierten Sparren) und 557. Infolge Verzichts auf die Kranbahn konnte bei diesem Gebäude eine besonders elegante Innenansicht erzielt wer-

Abb. 558. Ford Motor Co., Karosseriefabrik, Detroit, Mich. (aus: Lupton Catalogue).

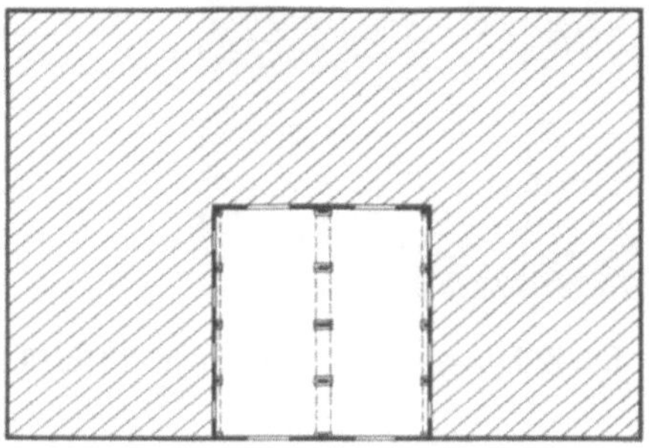

Abb. 559a.

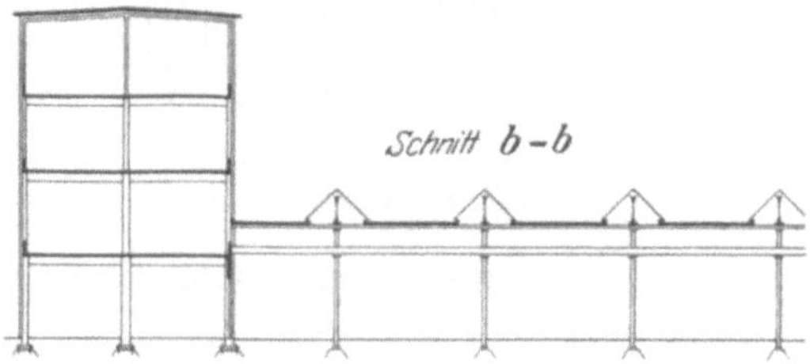

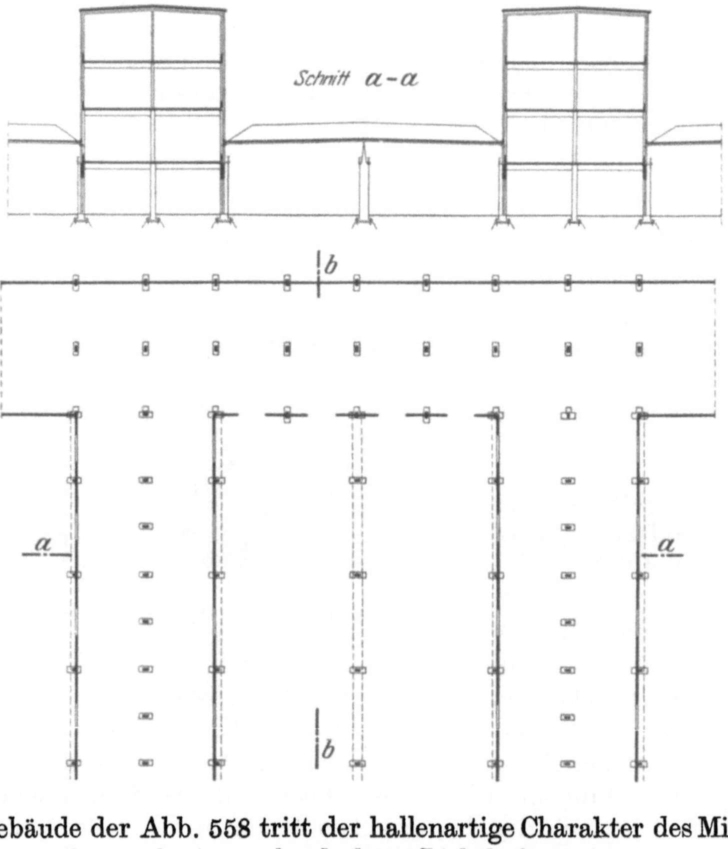

Abb. 559b.

den. Bei dem Gebäude der Abb. 558 tritt der hallenartige Charakter des Mittelbaus stark zurück. Man könnte ihn auch einen überdeckten Lichthof nennen.

f) Mehrgeschoßbauten mit dazwischen liegenden Hallen- oder Eingeschoßbauten.

Diese Bauten bieten ähnliche Verwendungsmöglichkeiten wie die vorhergehend erwähnten Kombinationen. Die Mehrgeschoßbauten können dabei eine U- oder gabelförmige Grundrißform wie in Abb. 559a und b haben. Bei dem Ausführungsbeispiel der Abb. 560, 561a und b beachte man die Vorkehrungen für die reichliche Lichtzuführung in die Geschosse des Mehrgeschoßbaus.

Abb. 560. Fabrik für Hochspannungsmaterial der AEG, Berlin. Baujahr 1909.

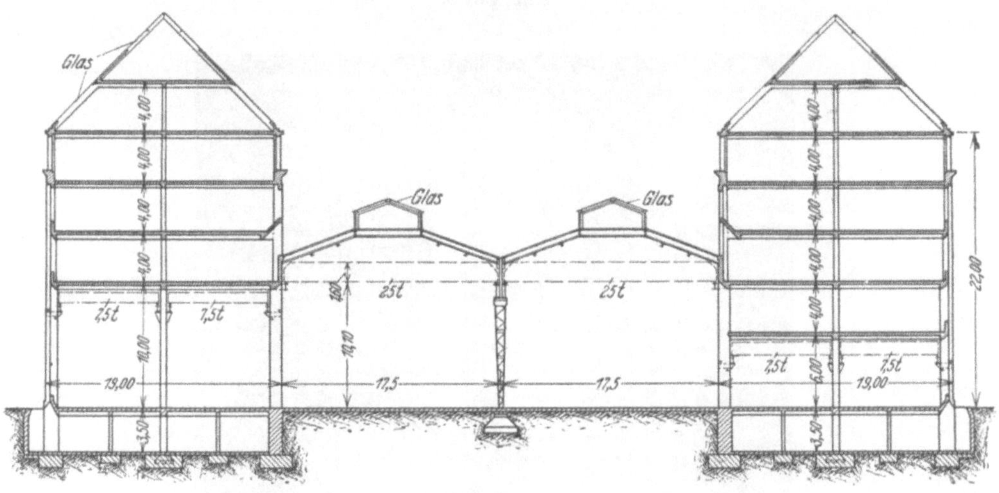

Abb. 561a.

Der gabelförmige Bau der A. O. Smith Corporation Milwaukee (Abb. 562 und 563) dient als Forschungslaboratorium. In dem überdachten Hof wird die Materialprüfung vorgenommen. Das Traggerippe des Hochbaus und des Hallenbaus besteht aus Stahl. In den 13,7 m breiten Seitenflügeln sind Zwischenstützen vermieden. Die in der Längsrichtung etwa 6 m entfernten Außenstützen sind, damit Leitungen in ihnen hochgeführt werden können, hohl und so groß, daß sie begangen werden können. Die Unterzüge, welche sich von Stütze zu Stütze in der Querrichtung spannen, sind ebenfalls hohle, beschlupfbare Kastenträger. In der Längsrichtung der Seitenflügel spannen sich auf den Unterzügen aufgelagerte I-Träger. Auf den I-Trägern sind 5 mm starke Stahlplatten aufgeschweißt (Battledeck). Der eigentliche Fußboden besteht aus Holzblöcken, die in Asphalt auf einer 7,5 cm starken Zementmörtelunterlage verlegt sind. Ein Teil der Fußböden besteht aus Terrazzo. Die Kastenträger und Stützen sind mit Rabitz umgeben, außen erhielten die Stützen eine Aluminiumverkleidung. An dem Traggerippe der Fußböden ist eine Rabitzdecke angehängt, die von der Unterkante der I-Träger 20 cm entfernt ist, so daß zwischen der Rabitzdecke und dem Fußboden leicht Leitungen verlegt werden können. Für eine reichliche Tageslichtzuführung ist durch V-förmige von unten bis oben zwischen den Stützen durchgehende Glasflächen gesorgt. Diese Fenster können

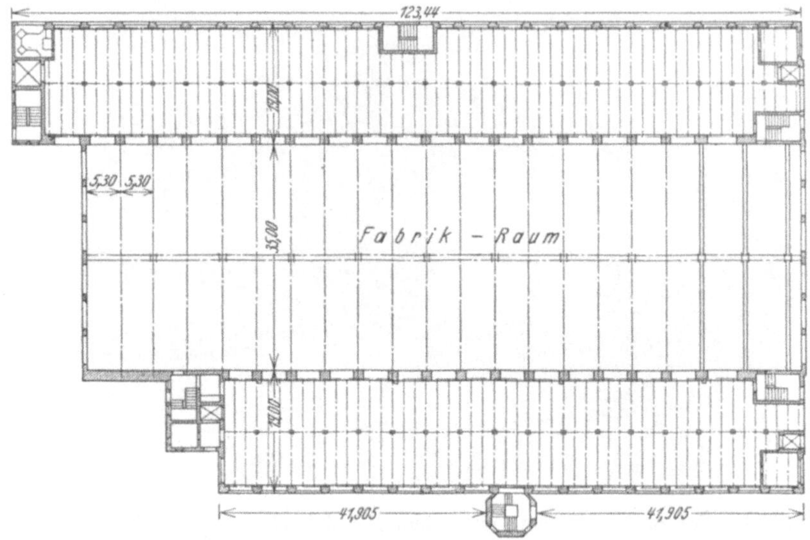

Abb. 561b.

Abb. 562. Forschungsgebäude der A. O. Smith Corporation, Milwaukee, Wis. Baujahr 1931 (The Architectural Forum Bd. 55 S. 526 und 597).

nicht geöffnet werden, weil im ganzen Gebäude für mechanische Entlüftung gesorgt ist, die mit einer Heiz- und Luftverbesserungsanlage kombiniert ist.

Der Bau der Abb. 564 dient als Schreinereigebäude. Der Bau hat eine Nutzfläche von ca. 12 000 m², wovon etwa 10 000 m² der Fabrikation dienen. Der Eingeschoßbau hat durchschnittlich 4,55 m Höhe und Stützenentfernungen von 9×9 m. In ihm sind die Holzbearbeitungsmaschinen untergebracht. Der viergeschossige Hochbau, in dem sich die Werkstätten für die Weiterbearbeitung, das Furnieren, Polieren und Zusammensetzen, befinden, hängen durch drei schmale 6 m breite Bauten mit dem Eingeschoßbau

zusammen. In der Verlängerung dieser Verbindungsbauten sind über dem Eingeschoßbau Aufbauten errichtet, in denen Ankleide- und Waschräume der Arbeiter untergebracht
sind. Die Traggerippe beider Bauten bestehen aus Eisenbeton. Die Lage der Treppenhäuser und Aufzüge ist aus der Abbildung zu ersehen.

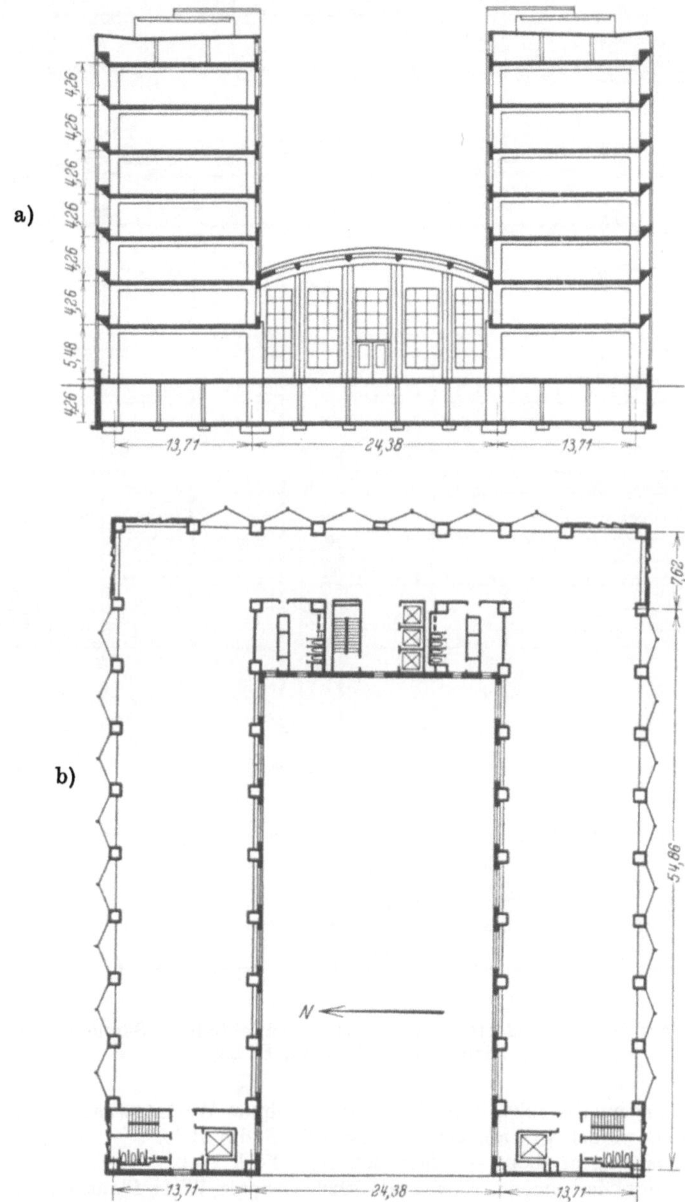

Abb. 563a und b.

Literatur.

Außer den in den Fußnoten genannten Werken und Zeitschriftenaufsätzen.

1. Utz, L.: Moderne Fabrikanlagen. Leipzig 1907.
2. Bernhard, K.: Der moderne Industriebau in technischer und ästhetischer Beziehung. Z. VDI 1912 S. 1141 u. f.
3. Buff, C. F.: Werkstattbau, 2. Aufl. Berlin 1923.
4. Franz, W.: Die Fabrikbauten. Handbuch der Architektur, Teil 4, 2. Halbb., Heft 5. Leipzig 1923.
5. Hütte, Des Ingenieurs Taschenbuch Bd. 3, 25. Aufl. Abschn. 7. Fabrikanlagen von W. Franz, O. M. Müller und Stodieck. Berlin 1928.

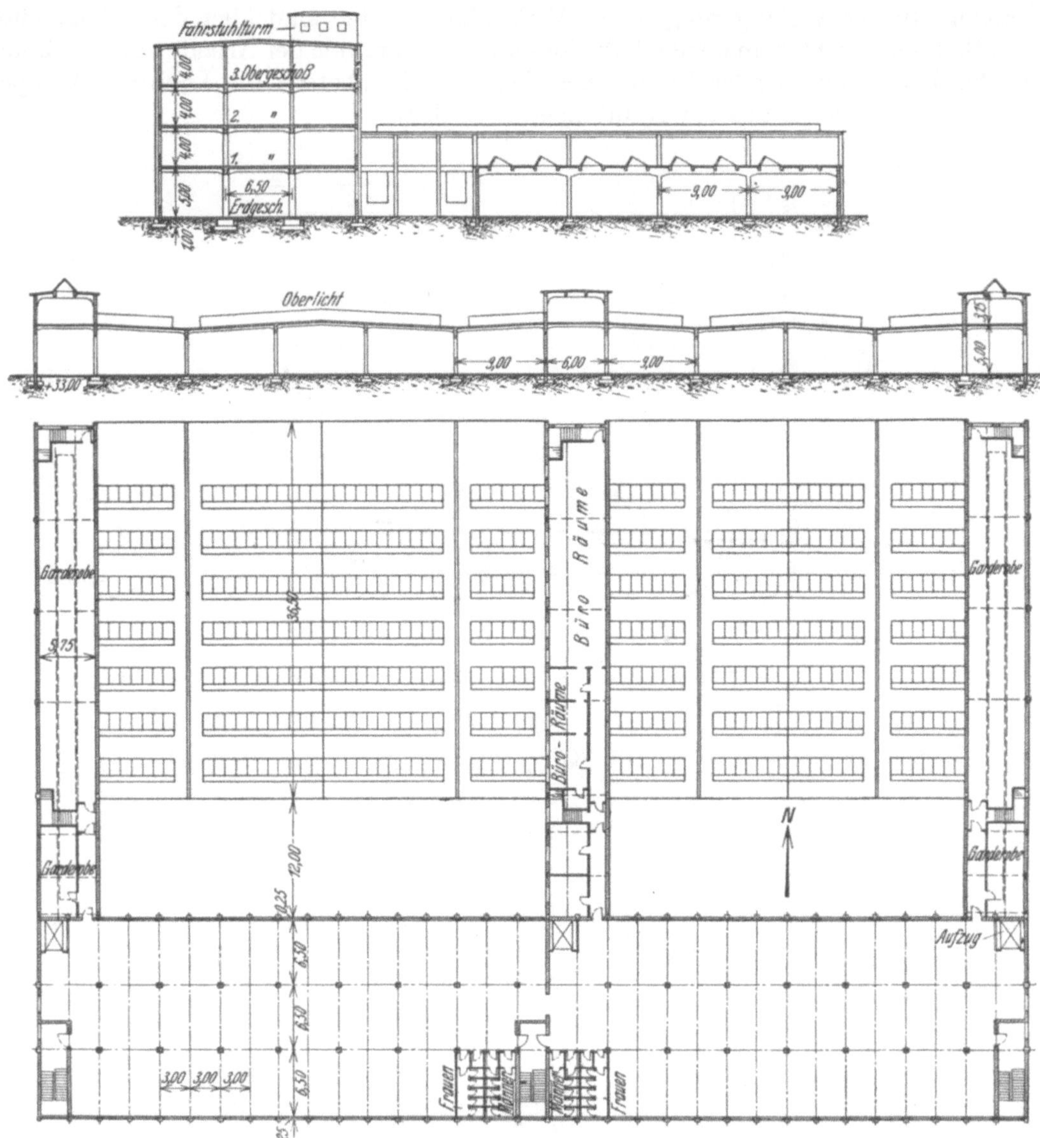

Abb. 564. Tischlerei der S & H in Gartenfeld. Entwurf: Bauabteilung Siemenskonzern. Baujahr 1930
(siehe: Bauwelt 1930, H. 28).

6. Taschenbuch für Bauingenieure 1928, 5. Aufl. S. 764. Abschnitt Werkstattbau von F. Bleich.
7. Beiheft 18 zum Zbl. Gewerbehyg. Fabrikbau (40 Seiten). Berlin 1930.
8. Tyrell, H. G.: Engineering of shops and factories. New York 1912.
9. Atkins, P. M.: Factory Managment. New York 1926. Chapter VIII: Plant Layout. Chapter IX: The
   Construction of a factory building.
10. Bergen, T. A.: Industribyggnader. Stockholm 1918.

Für die Gestaltung der Einzelbauten enthalten Beiträge die Lehrbücher über Stahlbauweise, Eisenbetonbauweise und Holzbauweise, weiter die Zeitschriften: Bauingenieur, Bautechnik mit Beilage der Stahlbau,
Bauzeitung, Deutsche Bauzeitung, Eisenbau (bis 1922 erschienen), Industriebau (bis 1930 erschienen),
Zentralblatt der Bauverwaltung, auch Stahl und Eisen und Glückauf (Beispiele aus dem Bergbau und Hüttenwesen). Eine Zusammenstellung von Veröffentlichungen über Industriebau, die in der Zeitschrift des VDI,
sowie in den Zeitschriften Die Werkstattechnik und Der Betrieb bis 1921 erschienen sind, ist in 3. enthalten.

Stahlhochbauten. Ihre Theorie, Berechnung und bauliche Gestaltung. Von Dr.-Ing. **Friedrich Bleich.** Erster Band. Mit 481 Abbildungen im Text. VIII, 558 Seiten. 1932. Gebunden RM 66.50

Das Werk erscheint in zwei Bänden. Der erste Band enthält im wesentlichen die allgemeine und kritische Darlegung der Grundlagen der üblichen Berechnungs- und Bemessungsverfahren, sowie eine eingehende Aufstellung des aus der Elastizitäts- und Festigkeitslehre, sowie aus der Baustatik herangeholten Rüstzeuges der Stahlbaupraxis. Dem eigentlichen Stahlhochbau ist der Abschnitt über Trägerbauten und Stahlgeschoßbauten gewidmet.

Der erste Band zerfällt in acht Hauptabschnitte, wobei in den ersten sieben Abschnitten, um Wiederholungen zu vermeiden, im wesentlichen alles das zusammengefaßt wurde, was als theoretische oder erfahrungsgemäße Grundlage für die Berechnung und Durchbildung der Stahlhochbauten angesehen werden kann. Im II. Abschnitt, der den Flußstahl als Baustoff behandelt, wurde ganz besonders die Bedeutung der Zähigkeit des Baustoffes für die Sicherheit der Stahlhochbauten hervorgehoben und der Grund gelegt für das Verständnis der in den folgenden Abschnitten an verschiedenen Stellen wiederkehrenden Erörterungen über den Einfluß der Zähigkeit des Stahles, insbesondere aber für das Verständnis der im V. Abschnitt zum ersten Male dargelegten allgemeinen Methoden zur Berechnung statisch unbestimmter Systeme unter Berücksichtigung des elastisch-plastischen Verhaltens des Baustoffes. Der VI. Abschnitt zeigt, wie die in der Hochbaupraxis vorkommenden dynamischen Aufgaben mit verhältnismäßig einfachen Mitteln bewältigt werden können.

Der zweite Band, der in Jahresfrist erscheinen wird, bringt die Dach- und Hallenbauten, die Kranbahnen, die räumlichen Tragwerke wie Kuppeln, Wassertürme usw., die Funk- und Leitungsmaste, die Bunker und die Siloanlagen sowie die Treppen.

***Der Stahlskelettbau** mit Berücksichtigung der Hoch- und Turmhäuser. Vom konstruktiven Standpunkte behandelt für Ingenieure und Architekten von Professor Dr.-Ing. **Alfred Hawranek**, Brünn. Mit 458 Textabbildungen. VIII, 286 Seiten. 1931. Gebunden RM 38.—

Das Buch von Prof. Hawranek gibt einen ausgezeichneten Überblick über den heutigen Stand des Stahlskelettbaues. Die ganze Behandlung des Stoffes läßt den erfahrenen Konstrukteur erkennen, der vielfach aus Eigenem schöpft und ein reiches Material von den besten Firmen gesammelt hat. Die Gliederung ist klar und übersichtlich. Nach der Besprechung der allgemeinen Gesichtspunkte, die beim Entwerfen zu beachten sind, werden die einzelnen Elemente je für sich erörtert (Decken, Wände, Stützen, Rahmen, Verbände usw.), und zwar sowohl im Hinblick auf ihre rechnerische Behandlung als auch mit Rücksicht auf die konstruktiven Möglichkeiten. Sehr eingehend wird die Ausführung von Stahlskelettbauten dargelegt, wobei dem Schweißverfahren ein besonderer Abschnitt gewidmet wird, ferner die Ausbildung und Herstellung von Gründungen. Erwähnungen verdienen auch die lehrreichen Beispiele europäischer Turm- und Hochhäuser und amerikanischer Wolkenkratzer. Die Literaturnachweise am Schluß der wichtigsten Kapitel sind sehr wertvoll. *„Beton und Eisen"*

***Stahl im Hochbau.** Taschenbuch für Entwurf, Berechnung und Ausführung von Stahlbauten. Achte, nach den neuesten Festlegungen bearbeitete Auflage. Mit Unterstützung vom Stahlwerks-Verband Aktiengesellschaft, Düsseldorf, und Deutschen Stahlbau-Verband, Berlin, herausgegeben vom Verein deutscher Eisenhüttenleute, Düsseldorf. XXIV, 761 Seiten. 1930. Gebunden RM 12.—

(Das Werk erschien gemeinsam im Verlag Stahleisen m. b. H., Düsseldorf, und Julius Springer, Berlin.)

. . . Die vorliegende achte Auflage enthält gegenüber der (erst im Jahre 1928 herausgekommenen) siebenten Auflage eine Reihe wichtiger Neuerungen. Die fortgeschrittene deutsche Industrienormung wurde weitgehend berücksichtigt, zahlreiche Tabellen sind neu aufgenommen, viele ergänzt bzw. erweitert worden. Die Ministerialerlasse und die wichtigsten baupolizeilichen Vorschriften aus den letzten Jahren haben ebenfalls Aufnahme gefunden. Trotzdem ist der Umfang und dementsprechend der — sehr niedrige — Preis unverändert geblieben. Eine vollständige Aufzählung aller Verbesserungen würde den hier verfügbaren Raum überschreiten, es sei daher nur zusammenfassend festgestellt, das die neueste Auflage mit sehr großer Sorgfalt umgearbeitet wurde und viel mehr bietet als die früheren. Die kurze Zeitspanne zwischen der siebenten und achten Auflage beweist am besten, welchem allgemeinen Bedürfnis das Taschenbuch entspricht. *„Beton und Eisen"*

***Amerikanischer Eisenbau in Bureau und Werkstatt.** Von **F. W. Dencer,** C. E., Oberingenieur im Werk Gary der „American Bridge Company", Mitglied der „American Society of Civil Engineers" und der „Western Society of Engineers". Deutsche Übersetzung von Dipl.-Ing. R. Mitzkat, Hörde. Mit 328 Textabbildungen. XII, 366 Seiten. 1928. Gebunden RM 32.—

Ein ganz vorzügliches und interessantes Buch liegt hier vor, das die gesamte Organisation amerikanischer Eisenkonstruktionswerkstätten von den Arbeiten im Konstruktionsbureau über die Materialbeschaffung und Werkstattarbeit bis zur Montage der Stahlbauten vor Augen führt . . . Wir können an Hand des Buches von der Entwurfszeichnung bzw. von der Auftragserteilung an das Entstehen eines Bauwerkes verfolgen und bekommen Einblicke in die Zeichensäle und deren Organisation, in die Durchführung der statischen Berechnungen, der Ausarbeitung der Werkzeichnungen und Stücklisten bis zur Materialbestellung. Ein besonderes Kapitel beschäftigt sich mit den Bearbeitungsvorschriften, um dann ganz besonders auf die speziellen Eigenarten des Brücken-, Hoch- und Industriebaues, auf die Bearbeitung von Guß- und Maschinenteilen, des Schiff- und Behälterbaues einzugehen. Der Beschaffung des Materials und dessen Abnahme muß besondere Aufmerksamkeit gewidmet werden . . . *„Schweizerische Bauzeitung"*

**Auf alle vor dem 1. Juli 1931 erschienenen Bücher wird ein Notnachlaß von $10\,^0/_0$ gewährt.*

*__Statik der Tragwerke.__ Von Professor Dr.-Ing. __Walther Kaufmann__, Hannover. Zweite, ergänzte und verbesserte Auflage. („Handbibliothek für Bauingenieure", IV. Teil, Band 1.) Mit 368 Textabbildungen. VIII, 322 Seiten. 1930. Gebunden RM 19.50

*__Die Statik des ebenen Tragwerkes.__ Von Professor __Martin Grüning__, Hannover. Mit 434 Textabbildungen. VII, 706 Seiten. 1925. Gebunden RM 45.—

*__Die Tragfähigkeit statisch unbestimmter Tragwerke aus Stahl bei beliebig häufig wiederholter Belastung.__ Von Professor __Martin Grüning__, Hannover. Mit 6 Textabbildungen. IV, 30 Seiten. 1926. RM 3.30

*__Die gewöhnlichen und partiellen Differenzengleichungen der Baustatik.__ Von Dr.-Ing. __Friedrich Bleich__, Wien, und Professor Dr.-Ing. __E. Melan__, Wien. Mit 74 Abbildungen im Text. VII, 350 Seiten. 1927. Gebunden RM 28.50

*__Die Berechnung statisch unbestimmter Tragwerke nach der Methode des Viermomentensatzes.__ Von Dr.-Ing. __Friedrich Bleich__. Zweite, verbesserte und vermehrte Auflage. Mit 117 Abbildungen im Text. VI, 220 Seiten. 1925. Gebunden RM 15.—

*__Rahmen und Balken.__ Eine vollständige, leichtfaßliche Entwicklung gebrauchsfertiger Rahmenformeln auf rechnerischer Grundlage für 23 verschiedene Rahmenformen. Mit Formeln für die Berechnung von Balken auf 2 bis 6 Stützen mit freien und mit eingespannten Endauflagern nebst einem Anhang mit Durchbiegungsformeln, Bemessungstabellen für Eisenbeton und Tabellen über Pfahlrammungen. Von __Jürgen Staack__, Bauingenieur in Hamburg. Mit mehr als 1000 Rahmen- und über 300 Balken-Belastungsfällen sowie 448 Abbildungen. VIII, 281 Seiten. 1931. RM 19.—; gebunden RM 20.—

*__Theorie der Rahmenwerke auf neuer Grundlage.__ Mit Anwendungsbeispielen. Von Professor Dr.-Ing. __L. Mann__, Breslau. Mit 76 Textabbildungen. VI, 123 Seiten. 1927. RM 9.—; gebunden RM 10.50

*__Die Knickfestigkeit.__ Von Privatdozent Dr.-Ing. __Rudolf Mayer__, Karlsruhe. Mit 280 Textabbildungen und 87 Tabellen. VIII, 502 Seiten. 1921. RM 20.—

__Taschenbuch für Ingenieure und Architekten.__ Unter Mitwirkung von Professor Dr. __H. Baudisch__, Wien, Dr.-Ing. __Fr. Bleich__, Wien, Professor Dr. __Alfred Haerpfer__, Prag, Dozent Dr. __L. Huber__, Wien, Professor Dr. __P. Kresnik__, Brünn, Professor Dr. h. c. __J. Melan__, Prag, Professor Dr. __F. Steiner__, Wien, herausgegeben von Dr.-Ing. __Fr. Bleich__ und Professor Dr. h. c. __J. Melan__. Mit 634 Abbildungen im Text und auf einer Tafel. X, 706 Seiten. 1926. Gebunden RM 22.50

***Der Bauingenieur in der Praxis.** Eine Einführung in die wirtschaftlichen und praktischen Aufgaben des Bauingenieurs. Von Professor **Theodor Janssen**, Regierungsbaumeister a. D. Zweite, neubearbeitete und erweiterte Auflage. V, 494 Seiten. 1927. Gebunden RM 23.50

Junk-Herzka, Der Bauratgeber. Handbuch für das gesamte Baugewerbe und seine Grenzgebiete. Neunte, vollständig neubearbeitete und wesentlich ergänzte Auflage. Herausgegeben unter Mitwirkung hervorragender Fachleute aus der Praxis von Ingenieur **Leopold Herzka**, Wien. Mit zahlreichen Tabellen und 724 Abbildungen im Text. XVI, 785 und 35 Seiten. 1931. Gebunden RM 38.50

Allgemeine Baubetriebslehre. Von Zivilingenieur **Maximilian Soeser**, Dozent für Baubetriebslehre an der Technischen Hochschule in Wien. Mit 89 Textabbildungen. V, 277 Seiten. 1930. Gebunden RM 18.60

Handbuch des Maschinenwesens beim Baubetrieb. Herausgegeben von Dr. **Georg Garbotz**, o. Professor an der Technischen Hochschule Berlin.

Erster Band:

I. Teil. Die Einrichtung und der Betrieb maschinell arbeitender Baustellen. Von Oberingenieur Dr.-Ing. **Otto Walch**, Privatdozent an der Technischen Hochschule Berlin.

II. Teil. Die Verwaltung und Instandhaltung der Geräte und Baustoffe. Von Dr. **Georg Garbotz**, o. Professor an der Technischen Hochschule Berlin. Mit 313 Textabbildungen. VIII, 448 Seiten. 1931. Gebunden RM 58.—

***Kostenberechnung im Ingenieurbau.** Von Dr.-Ing. **Hugo Ritter**. Zweite, umgearbeitete und erweiterte Auflage. VIII, 148 Seiten. 1929. RM 7.50; gebunden RM 9.—

***Preisermittlung und Veranschlagen von Hoch-, Tief- und Eisenbetonbauten.** Ein Hilfs- und Nachschlagebuch zum Veranschlagen von Erd-, Straßen-, Wasser- und Brücken-, Eisenbeton-, Maurer- und Zimmer-Arbeiten von **M. Bazali †**, Gew.-Studienrat Ingenieur, vormals Lehrer an den Technischen Schulen in Glauchau. Vollständig neubearbeitet von Dr.-Ing. **Ludwig Baumeister**, Regierungs-Baumeister a. D. Sechste, neubearbeitete und erweiterte Auflage. VIII, 463 Seiten. 1927. Gebunden RM 12.—

Material- und Zeitaufwand bei Bauarbeiten. 132 Tabellen zur Ermittlung der Kosten von Erd-, Maurer-, Putz-, Estrich- und Fliesen-, Asphalt-, Dichtungs- (Isolierungs-), Beton- und Eisenbeton-, Zimmerer-, Dachdecker-, Spengler- (Klempner-), Tischler- (Schreiner-), Beschlag-, Glaser-, Maler-, Anstreicher-, Klebe-, Hafner- (Ofen- und Herdsetzer-), Entwässerungs-, Brunnenmacher-Arbeiten. Von **Arnold Ilkow**, Zivilingenieur für das Bauwesen und Baumeister. Dritte, verbesserte und vermehrte Auflage. IV, 68 Seiten. 1927. RM 4.40

Der Bauingenieur. Zeitschrift für das gesamte Bauwesen. Mit Beiblatt: Die Baunormung. Mitteilungen des Deutschen Normenausschusses. Herausgegeben von Professor Dr.-Ing. **E. Probst**, Karlsruhe. Berichtet über das Gesamtgebiet des Bauwesens, Baustoffe und Baukonstruktionen, die Probleme der modernen Statik, wirtschaftliche Fragen und verfolgt auch die für den Bauingenieur so wichtigen Normungsfragen. Erscheint vierzehntägig. Preis vierteljährlich RM 7.50 (Einzelheft RM 1.60) zuzügl. Porto.

** Auf alle vor dem 1. Juli 1931 erschienenen Bücher des Verlages Julius Springer - Berlin wird ein Notnachlaß von 10⁰/₀ gewährt.*